위생설비공학

Sanitary Engineering

김영호 지음

북스힐

머리말

위생설비는 모든 기술분야 중에서 가장 오랜 역사와 전통을 가지고 있는 분야이다. 태어나면서부터 먹고 배설하는 일이 시작되기 때문이다.

고대 인류의 25세에 불과했던 평균수명이 오늘날 세배 가깝게 늘어난 이유는 무엇보다도 깨끗한 물을 마실 수 있었기 때문이다.

우리는 늘 물을 사용한다. 그래서 물에 대해서는 잘 알고 있다고 생각한다. 그러나 따지고 보면 이는 착각일 뿐이다. 물이 어떻게 만들어졌는지, 지구상에 존재하는 물의 양은 갈수록 증가하는지 아니면 줄어드는지 등 한가지 질문에도 답하기 어렵기 때문이다.

위생설비는 바로 이러한 물을 다루는 기술이며 공학이다. 특히 사람이 먹는 물과 사람이 사용된 물이 핵심이다. 그러므로 중심에는 사람이 있다. 사람을 기준으로 물을 공급하고 사람을 기준으로 사용된 물을 처리해야 가장 잘하는 것이다. 수도꼭지를 틀면 즉시 물이 나와야 하고, 그 물의 양과 수압과 온도가 적정해야 하고, 오염되지 않아야 한다. 변기나 욕조의 오염된 물은 즉시 배수 되어야 한다. 몇 시간이나 며칠씩 모아두었다가 흘려보내도 되는 것이 아니다.

그러므로 위생설비는 과학적 기본이론이 동원되어야 계산과 해석이 가능하고 거기에 의학적 지식도 가미되지 않으면 사람의 건강을 담보하지 못하는, 사실상 어려운 공학이다. 지킬 위(衛)와 생명 생(生)를 합친 즉, '생명을 지키는 설비'라는 한자어를 사용 한데는 그만한 이유가 있는 것이다.

그동안 우리나라에서 다루어진 위생설비 기술분야는 몇 가지 문제점을 안고 있다. 첫째는, 많은 이들이 위생설비를 단순하고 쉬운 분야로 생각하는 경향이 있다. 둘째는, NPC와 HASS-206을 혼용함에 따른 오류를 깨닫지 못한 것이다. 그래서 결과적으로 우리의 위생설비는 국민에게 만족스러운 물 사용환경을 제공하지 못했다.

이 책은 그동안 모르고 지내왔던 문제점을 바로잡는 계기가 되고, 실무를 다루는 이들에게는 올바른 위생설비 구축방법을 제공할 것이다. 설계에 필요한 제반 방식과 데이터는 자연발생적으로 우리나라 위생설비의 기본이 된 NPC와, 그리고 현재 국제적으로 통용되는 인터내셔날 코드를 기본으로 하였음을 밝혀 둔다. 이 책을 보는 이들이 위생설비를 옳게 이해 하는데 도움이 되기를 기대하는 바이다.

끝으로, 어려운 여건에서도 이 책의 발행을 흔쾌히 허락해 주신 (주)북스힐 출판사 조승식 사장님과 좋은 책을 만드느라 노고를 아끼지 않으신 관계자 여러분께 깊은 감사를 드린다.

저자

차례

1장 총론 • 1

1. 위생설비공학 ········· 3
   1.1 새니터리 엔지니어링과 위생설비공학 ········· 3
   1.2 설비 ········· 4
2. 위생설비 기술의 발전 ········· 6
   2.1 고대와 중세 ········· 6
   2.2 수세식 변기의 발달 ········· 11
3. 현대의 위생설비 ········· 12
   3.1 하드웨어와 소프트웨어 ········· 12
   3.2 기술기준으로서의 코드 ········· 13
   3.3 1920~1940년대의 집중적인 연구 ········· 14
4. 위생설비 코드의 확립 ········· 18
   4.1 코드와 법 ········· 18
   4.2 코드의 종류 ········· 20
   4.3 대표적인 국가제정 코드 ········· 22
   4.4 단체코드 ········· 25
5. 한국의 위생설비 ········· 28
   5.1 요약 ········· 28
   5.2 NPC 출현 전후 ········· 29
   5.3 HASS 제정 이후 ········· 30
6. 주요용어 ········· 33
   6.1 용어의 선정 ········· 33
   6.2 용어의 정의 ········· 34
   6.3 약자 ········· 51

2장 재료와 표준 • 57

1. 위생설비에 사용되는 재료 ··· 59
   1.1 재료에 대한 일반 요구사항 ··· 59
   1.2 사용이 인증된 재료 ··· 59
2. 배관재료별 적용 표준 ··· 60
   2.1 표준관련 단체명 ··· 60
   2.2 관과 관이음쇠 ··· 61
   2.3 관의 이음, 이음 재료, 커플링 및 개스킷 ··· 66
3. 위생기구 표준 ··· 68
   3.1 위생기구 ··· 68
   3.2 위생설비 기구 ··· 70
   3.3 밸브 및 부속품 ··· 71
4. 기타 표준 ··· 73
   4.1 기타 ··· 73
   4.2 자격, 설치 및 테스트에 대한 관행 및 표준 ··· 74
5. 용도별 배관재 사용범위 ··· 75
   5.1 음용수 배관용 ··· 75
   5.2 위생배수 및 기타 배관용 ··· 77

3장 위생기구 및 설치기준 • 83

1. 수도미터 ··· 85
   1.1 수도미터의 종류 ··· 85
   1.2 설치기준 ··· 90
2. 수세식 변기 등의 위생기구 ··· 92
   2.1 수세식 변기 발달의 효과 ··· 92
   2.2 변기에 대한 역학적 해석 ··· 93
   2.3 세척방식에 따른 변기의 종류 ··· 97
   2.4 변기에 준하는 기구 ··· 102
   2.5 물받이 용기 ··· 105
3. 수도밸브와 이에 준하는 밸브 ··· 110
   3.1 수도밸브 ··· 110
   3.2 기타 밸브 ··· 116

4. 건물 및 시설의 용도별 위생기구 설치기준 ········· 121
4.1 건물 및 시설의 유형 ········· 121
4.2 위생기구 최소 설치 수량 ········· 121

4장 급수 시스템 • 129

1. 물에 대한 기본이론 ········· 131
1.1 유체역학적 성질 ········· 131
1.2 물리적 기계적 성질 ········· 136
1.3 급수 시스템의 요건 ········· 137
2. 급수 부하 ········· 143
2.1 기본적인 고려사항 ········· 143
2.2 설계용 급수량 ········· 147
2.3 급수부하 계산 ········· 151
3. 급수 시스템 설계 ········· 163
3.1 급수 압력 ········· 163
3.2 상수도 직결 급수방식 ········· 167
3.3 고가탱크 방식 ········· 168
3.4 부스터 펌프시스템 ········· 185
3.5 압력탱크 방식 ········· 193
3.6 고층 건물의 급수방식 ········· 198
4. 관지름 선정 ········· 201
4.1 마찰저항과 유량계산 ········· 201
4.2 유량-관마찰손실 선도 ········· 206
4.3 관 균등표 ········· 214

5장 온수공급 시스템 • 221

1. 온수 ········· 223
1.1 온수의 특성 ········· 223
1.2 온수온도 ········· 228
2. 온수공급 방식 ········· 230
2.1 설계의 요점 ········· 230
2.2 열원 기준의 온수 공급방식 ········· 233

2.3 배관방식 ··· 236
2.4 온수의 분배 ··· 242
2.5 팽창탱크 ··· 246
2.6 온수 배관에서의 부압발생 방지 ··· 248
3. 온수부하 계산 ··· 251
3.1 기본적인 자료 ··· 251
3.2 기구급수 부하단위법 ··· 260
3.3 가열량과 저탕량 선도 사용 ··· 267
4. 가열장치 용량계산 ··· 280
4.1 보일러 일반 ··· 280
4.2 온수 공급용 보일러 ··· 280
4.3 난방 보일러 겸용 ··· 281
4.4 온수기 ··· 283

6장 온수공급 시스템의 보호 • 289

1. 음용수 오염방지 ··· 291
1.1 시스템 보호의 필요성 ··· 291
1.2 오염의 원인 ··· 292
1.3 음용수 오염 방지법 ··· 298
1.4 역류방지밸브와 진공브레이커 ··· 300
2. 워터해머 ··· 310
2.1 이론적 해석 ··· 310
2.2 워터해머 압력 ··· 312
2.3 워터해머로 인한 충격압력 조절법 ··· 317
2.4 워터해머 흡수기 ··· 318
2.5 역류가 있는 배관계통의 워터해머 ··· 327
3. 동결방지 ··· 332
3.1 배관계통의 동결 ··· 332
3.2 전통적인 동결 방지법 ··· 334
3.3 동결방지 기구를 사용하는 방법 ··· 341
4. 감압 ··· 348
4.1 감압의 기준 ··· 348
4.2 감압밸브 ··· 350
4.3 감압밸브의 성능 ··· 354
4.4 감압밸브 선정 및 설치 ··· 357

7장 위생배수 시스템 • 367

1. 위생배수 일반 ······ 369
1.1 위생배수의 구분 ······ 369
1.2 위생배수 시스템 ······ 371
2. 위생배수관 내의 유동 ······ 373
2.1 배수관 내 공기압력 ······ 373
2.2 단상류와 2상류 ······ 374
2.3 입상관 내의 유동 ······ 376
2.4 횡주관 내의 유동 ······ 381
3. 위생배수 배관의 설계 ······ 384
3.1 위생기구의 배수특성 ······ 384
3.2 배수부하 ······ 386
3.3 배수관 크기 선정기준 ······ 391
3.4 배수관의 용량 계산 1 ······ 395
3.5 배수관의 용량 계산 2 ······ 402
4. 트랩, 청소구와 배수역류 방지밸브 ······ 410
4.1 트랩 ······ 410
4.2 배수관용 청소구 ······ 420
4.3 배수역류 방지밸브 ······ 425

8장 우수배수 시스템 • 435

1. 우수배수 일반 ······ 437
1.1 우수배수 ······ 437
1.2 1차와 2차 지붕배수 시스템 ······ 438
2. 우수배수 방식 ······ 444
2.1 중력식 배수 방식 ······ 444
2.2 사이펀식 방식 ······ 447
3. 건물 우수배수 시스템 설계 ······ 448
3.1 설계 원칙과 기준 ······ 448
3.2 우수배수관 ······ 449
3.3 우수배수관의 크기 ······ 454
3.4 우수의 이용 ······ 458

9장 통기 및 통기시스템 • 463

1. 통기 이론 ··· 465
   1.1 개요 ··· 465
   1.2 통기 시스템에 작용하는 기압 ··· 468
   1.3 배수관 내 기압변동이 트랩 봉수에 미치는 영향 ··· 469
2. 기구 통기의 종류 ··· 471
   2.1 전통적인 통기방식 ··· 471
   2.2 대체 통기방식 ··· 477
3. 통기 시스템 설계 ··· 480
   3.1 배수 시스템과의 관계 ··· 480
   3.2 통기관 설계 ··· 482
   3.3 DFUs 기준의 통기관 선정 ··· 491
4. 통기관 설치 ··· 497
   4.1 통기 배관망 ··· 497
   4.2 두 개 통기관의 연결지점 ··· 501
   4.3 통기 시스템의 배관 재료와 테스트방법 ··· 502
   4.4 통기구 막힘 ··· 503

10장 의료시설에 대한 특수요구 • 507

1. 공통사항 ··· 509
   1.1 일반사항 ··· 509
   1.2 안전을 위한 조치 ··· 510
   1.3 오염방지 ··· 510
2. 특수 기구나 장비 ··· 511
   2.1 병상싱크 및 환자변기 세척기 ··· 511
   2.2 살균기 및 환자변기용 스티머 ··· 513
   2.3 살균기용 통기 및 통기입상관 ··· 515
   2.4 중앙집중식 진공시스템의 배수 ··· 516
   2.5 흡출기 ··· 518

11장 검사 및 시험 • 523

1. 공통사항 ··· 525
1.1 검사 ··· 525
1.2 시험 ··· 528
2. 급·배수 시스템의 검사 및 시험 ··· 534
2.1 배관계통에 대한 시험 ··· 534
2.2 급수·급탕 시스템 ··· 534
2.3 배수 및 통기 시스템 ··· 538

부록 • 543

부록 1. 기구급수 부하단위와 기구배수 부하단위 ··· 545
1.1 기본 개념 ··· 545
1.2 WSFUs에 대한 유량 환산 ··· 548
1.3 기구배수 부하단위(DFU) ··· 549
부록 2. WSFUs에 대한 유량 ··· 551
부록 3. 관의 재질별 치수 ··· 558
3.1 강관과 스테인리스강관 ··· 558
3.2 동관 ··· 563
3.3 주철관(AWWA C-150) ··· 566
3.4 PVC, CPVC, PE관 ··· 567
부록 4. 관종별 유속기준 관지름 선정표 ··· 568
4.1 아연도 강관(STD) ··· 569
4.2 동관(K형) ··· 570
4.3 동관(L형) ··· 571
4.4 동관(M 형) ··· 572
4.5 PVC, CPVC, PE 플라스틱 파이프(Sch40) ··· 573
4.6 PVC, CPVC, PE 플라스틱 파이프(Sch80) ··· 574
4.7 CPVC 플라스틱 튜빙(동관과 같은 치수) SDR 11 ··· 575
4.8 H-PEX 플라스틱 튜빙(동관과 같은 치수) SDR 9 ··· 576
4.9 복합 플라스틱 파이프(PE-AL-PE, PEX-AL-PEX) ··· 577

■ 연습문제 해답 ··· 579
■ 찾아보기 ··· 601

SANITARY ENGINEERING

1장

총론

1. 위생설비공학
2. 위생설비 기술의 발전
3. 현대의 위생설비
4. 위생설비 코드의 확립
5. 한국의 위생설비
6. 주요용어

1 위생설비공학

1.1 새니터리 엔지니어링과 위생설비공학

(1) 새니터리 엔지니어링

영어권에서 사용되는 새니터리 엔지니어링(Sanitary Engineering)은 인간 사회에서 나오는 폐기물의 안전한 제거와 건강한 식수 공급을 통하여 인류의 질병 예방을 목적으로 하는 공학분야이다.

학문적으로는 '육체적, 정신적 그리고 사회적인 복지의 증진을 위하여 물리적 환경을 공학적 수단으로 제어하는 학문'이라고 정의한다.

영국에서 이루어진 이 분야의 최초연구(19세기 중반)는 각종 질병을 감소 시키는 것에 중점을 두었으며, 이를 런던의 하수처리 시스템에 적용하여 많은 초기 성과를 얻어 냈다.

결국 새니터리 엔지니어링은 도시하수를 모아 폐수와 오수로 분리 배출하는 기술에 의해서 달성되었으며, 그 결과가 미국에 전파되어 이 분야의 기술이 정립되었다.

새니터리 엔지니어링은 상하수도, 소방, 수력학, 생명 안전, 건축학, 도시공학, 미생물학, 병리학은 물론 환경과학과 기술의 다양한 분야와 밀접한 관련이 있다.

그러므로 언급된 다른 여러 관련 분야와 협력관계를 유지하는 것은 국가적으로 매우 중요한 일이다. 그래서 새니터리 엔지니어링은 다른 분야와의 연구가 매우 활발하다.

(2) 위생설비공학

새니터리 엔지니어링은 위생설비(衛生設備) 또는 위생설비공학(衛生設備工學)으로 사용된다. 서양의 과학기술을 먼저 받아들인 일본에 의한 번역이지만, 한자는 다수의 국가에서 공통으로 사용되는 문자이고 우리 말이기도 하다.

초기에는 학문적으로 기계공학 계열에서만 다루던 이 분야가, 1960년대에 들어 건축분야로도 확대되었다. 그러면서 강의교재로 급배수설비(給排水設備) 또는 건축설비(建築設備)라는 제목이 사용되기 시작하였다. 이는 위생설비공학에서의 열 및 유체역학적 이론 부분을 축소하고, 건축적인 부분을 가미함으로써 그 분야를 전공하는 이들의 접근을 쉽게 하기 위함이었다[1]. 그러므로 핵심적인 내용은 동일한 것이다.

위생은 사람의 목숨을 지킨다는 뜻이고, 이에 대하여 급배수는 물을 넉넉히 주고, 안에 있는 오염된 물을 밖으로 즉시 내보낸다는 의미이다. 그러한 역할을 하는 시스템이 바로 설비이다.

위생설비공학은 인류의 질병 예방을 목적으로 하는 넓은 범위 중에서 가장 핵심 부분인 "사람이 먹는 물과, 사람이 오염시킨 물"을 다루는 기술분야이며 또는 그것들을 주된 연구대상으로 한다. 사람이 먹는 물이란 모든 종류의 물 중에서 최상위에 있는 물이 된다. 그러므로 사람을 기준으로 한 것이라면 주변의 동·식물에도 좋은 물이 될 것이다. 또한, 사람으로부터 발생되는 오·폐수는 최우선으로 처리해야 하는 대상이다.

결과적으로 위생설비에서 다루는 대상은 물 즉, 기본적으로 냉·온수와 위생배수 이다. 냉·온수는 유체공학적으로 단상유동(單相流動)이며, 위생배수는 액상의 물과 기상의 공기가 함께 유동하는 2상유동(二相 流動)이다. 그러므로 위생설비에서 사용되는 여러 가지 방법은 물을 다루는 그 외의 설비 즉, 난방이나 냉방설비 및 소방설비 등에서도 그대로 적용된다. 예를 들어, 배관에서의 관마찰저항을 계산하고, 관의 크기를 결정하는 방법은 다른 설비에서도 똑같이 사용된다.

즉, 위생설비공학은 다른 물을 다루는 설비의 기본이 된다.

1.2 설비

(1) 설비의 의미

설비(設備)란 갖추어진 상태를 말하는 것이다. 이는 배관공학에서 '배관이란 관이 관이음쇠, 밸브, 기타 기계 장비에 연결되고 또한 행어와 서포트 등으로 적절하게 지지되고 있는 상태'를 말한다[2] 라는 표현과 동일하다.

설비는 필요한 장비와 배관과 밸브 등의 모두 구성요소를 갖추고 있는 시스템 이다. 또한 시스템이란 같은 일을 반복적으로 수행하는 것을 말한다. 그러므로 스위치를 누르면(On) 즉시 작동되는 것이 설비이다. 예를들면 수도꼭지를 열면 물이 즉시 나와야 한

---

1. 일본으로부터 이루어진 일이지만, 그 영향으로 우리나라에서도 통일한 결과가 되었다.
2. 참고문헌 1. p7.

다. 한참을 기다려야 물이 나온다면 그것은 설비가 아니다.

설비란 건축물에 설치하는 급수, 급탕, 오수, 배수를 비롯하여, 공기조화, 냉난방, 가스, 소방, 배연, 승강기, 쓰레기처리, 진공청소, 냉동, 냉장, 세탁, 주방, 주차설비, 방음 방진, 수처리, 수질 및 대기오염방지 설비 등을 총칭하는 것으로 사실상 광범위한 분야이다. 어떤 설비가 되던 다음과 같은 원칙이 적용된다.

(2) 설비에 적용되는 원칙

1 과대한 안전율로 인한 낭비가 없을 것

설비에 대한 최대의 오류는 과대한 안전율을 적용하는 것이다. 그 결과는 낭비를 초래하게 되고, 관리 유지비의 상승으로 이어져 경제적인 손실이 불가피해 진다. 반면에 조악(粗惡)한 기구나 장치에 대해서는 면죄부를 주는 결과가 된다.

안전율을 적정하게 적용하면 저급한 자재, 기구, 장비 등이 도태될 것이고, 잘된 설계와 그렇지 못한 설계의 구분이 확실해진다.

2 공학적 판단에 의한 원가절감

실무적으로 많이 사용되는 말 중의 하나가 원가절감이다. 내용년수가 60년인 철근콘크리트조 아파트의 경우, 라이프 사이클 코스트(LCC)를 100이라 하면 초기투자비 대 유지관리 비용은 대략 25 대 75 정도라는 통계치가 있다.

이는 유지관리비가 초기투자비의 3배가 된다는 것이다. 그럼에도 불구하고 일반적으로 원가절감의 의미는 주로 초기투자비를 줄이는 것으로 이해된다.

초기투자비를 줄이기 위한 원가절감이 공학적인 판단, 예를들면 과대하게 선정된 부분이 있을 경우 이를 적정하게 조정하여 달성된 것이라면, 바람직한 원가절감이 된다. 그러나 시스템 성능 유지를 위해 설치되어야 할 기구를 제외 하거나, 기준 보나 낮은 등급의 자재나 기구를 대체함으로 인하여 발생한 차이를 원가절감으로 판단 한다면, 그 결과는 엄청난 관리 유지비의 증가로 이어질 수 있고, 나아가 방대한 국부손실을 초래할 수도 있다.

설계단계에서는 물론이고, 시공 과정에서도 유지관리를 고려하지 않으면 안 된다.

3 코드와 표준의 준수

건설분야를 비롯한 공업분야에 적용되는 코드와 표준은 시스템이나 시스템 구성요소들이 압력에 대한 안전과 품질을 보장할 수 있는 최소한의 기준을 제공하는 것이다.

즉 코드와 표준은 공사결과에 대한 성능을 보증하기 위한 최소한의 기술적 기준으로 국민에게 안전한 시설과 환경을 제공하기 위한 것이며, 목표는 최소한의 비용으로 적절하고 건전한 설비시스템을 보장하는 것이다.

그러므로 설계로부터 공사 준공에 이르기까지의 전 공정에서 해당 분야를 지배하는 코드와 이에 따른 표준을 잘 준수하여야 한다.

코드(경우에 따라서는 표준도 해당)는 국가(또는 국가로부터 위임을 받은 기관)에 의해서만 제정 공고되며, 법률의 일종임을 간과해서는 안된다.

2 위생설비 기술의 발전

2.1 고대와 중세

(1) 고대의 화장실

선사시대[3]를 제외하고, 이 책에서는 ①로마 시대(AD 395 멸망)까지를 고대, ②WWⅠ 발발 전까지를 중세, ③그 이후를 현대로 구분[4]하는 기준을 따랐다.

위생설비는 모든 기술분야 중에서 가장 긴 역사와 전통을 가지고 있는 분야 이다. 모든 문명의 발상지에서 발견된 우물, 지하수로, 하수로, 욕실, 변소 등의 유적들로부터 우리는 고대사회의 위생설비 기술 정도를 이해할 수 있을 뿐만 아니라, 오늘날과 비교하여 결코 비위생적이라고 말할 수 없음을 알 수 있다.

각기 다른 지역의 문명이 서로 비슷한 시기에 시작된 것처럼, 화장실 특히 물을 흘려보냄으로써 배설물을 처리하는 것은 고대 도시 어디에서나 사용되었던 방법이었다.

3. 구~신석기, 청동기, 철기시대까지

4. 참고문헌 2.

원시적인 형태의 수세식 화장실은 강이나 호수 등 수원으로부터 물을 끌어들여 도랑(trench)으로 흐르게 만들고 그 위에 쪼그리고 앉거나, 걸터앉아 사용하는 두 가지 방식 중의 하나이다. 또한 물과 같이 흘려보내면 습식 화장실(wet toilet), 용기 등에 받아 모아두는 형태이면 건식 화장실(dry toilet)로 구분되었다.

이를 현대식으로 표현하면 squatting toilets(준거식, 蹲踞式)과 sitting toilet(좌식, 座式)이고, 수세식과 비수세식 화장실이 된다.

(2) 중세의 경험

1 유럽이 겪은 재앙

중세의 문화가 가장 번성하였던 유럽의 대도시는 대단히 비위생적이었다. 실내 화장실은 변기통(chamber pots) 위에 변좌(seat)가 있고 은폐를 위해 목재로 만든 장롱(欌籠)이나 벽장(壁欌) 안에 두었다. 배설물이 담긴 변기통을 들고 집 밖 멀리까지 가서 비우고 오곤 했지만, 점차 그 거리가 짧아져 가까운 해자(垓字, moat)에 버리거나 드디어는 습관적으로 건물 주위나 도로에 쏟아 버렸다.

그 결과 도시와 하천의 물은 오염되고, 강의 하류에 사는 사람들은 오염된 하천수를 사용함으로써 자주 발생하는 페스트나 콜레라 같은 전염병에 걸려 수많은 사람이 죽었다.

14세기 중반에는 전 유럽을 휩쓸었던 전염병(흑사병)으로 당시 유럽 인구의 1/3에 해당하는 2 500만여 명이 사망하였다. 19세기(1854~1866)에는 세계적으로 콜레라가 7차례 발생하였으며, 세계 인구의 20%가 사망한 것으로 되어있다. 그 중 유럽을 휩쓸었던 콜레라는 오염된 테임즈강 물에서 비롯된 것으로, 1854년 한 해에만 영국인 2만 명이 사망하였다.

1885년 로베르트 코프[5]가 콜레라균을 발견 함으로써 세계적인 전염병이 진정되긴 하였지만, 불결한 환경, 특히 물의 오염이 인간 세상에 얼마나 심각한 영향을 미치는지를 확인하게 되어 결국 위생설비를 과학화하지 않으면 안 된다는 사실을 깨닫게 되었다. 그리고 처음으로 산업의 혁명을 일으킨 영국 으로부터 위생설비의 현대화가 시작되었다.

---

5. Heinrich Hermann Robert Koch(1843.12.11~1910.5.27, 獨) 의사, 미생물학자. 세균학의 아버지. 탄저균(1877년), 결핵균(1882년), 콜레라균(1885년) 등을 발견하였다.

2 상수도와 급수설비의 시작

로마의 멸망 후 1000년 간의 급배수위생설비의 암흑시대[6]가 깨진 것은 런던에 상수도가 건설된 1582년 이다. 당시 유럽은 급격한 인구 증가로 인해 도시의 경우에는 상수도가 절실했던 시대였다. 상수도라고는 하지만 테임즈강 물을 그대로 가압 송수하여 사용하는 정도였다.

영국에서 수질확보를 위한 정수방법으로 완속모래여과법이 채용된 것이 1804년 이다. 당시는 산업혁명의 영향으로 생산활동이 증대되고 산업화가 촉진되어 도시에 인구가 집중되었기 때문에, 하천의 오염이 심각해서 콜레라 등 각종 수인성 전염병이 창궐했다. 이러한 상황에서 위생적인 상수도 생산을 목적으로 시작된 일이지만, 살균하는 방법은 알지 못했다.

1830년 뉴욕에 수도국이 설립되고 시가지에 최초의 상수도관이 매설 되었다. 1870년대 초에는 미국에 온수 보일러가 출현하고, 단독주택을 포함한 소규모 건축물에 급수가 공급됨으로서 주방과 욕실에 급수와 함께 급탕 사용이 가능하게 되었다. 규모가 큰 건물들에서는 저탕탱크를 두어 상시 급탕도 가능했다

1884년에는 미국이 급속모래여과법을 도입하여 완속모래여과법으로는 불가능 했던 세균 제거가 가능하게 되었으며, 음용수 수질기준을 갖출 수 있게 되었을 뿐만 아니라, 개량된 주철관과 펌프 등의 기자재가 생산 됨으로서 1884년 인류 최초로 런던에 완벽한 상수도가 갖추어졌다.

그리고 이 기술은 즉시 유럽과 미국 등 세계 각국에 전파되었으며, 현재에도 세계 각국에서 그대로 사용되고 있다.

3 하수도와 배수설비

하수도의 시작은 16세기 초로, 런던에 건설된 하수도이다. 그러나 종말처리장이 없이 오수와 배수를 그대로 하천으로 흘려보내는 정도였으므로 하천의 오염은 심각할 수 밖에 없었다.

19세기 말부터 약품 침전처리장이 건설되기 시작하여 20세기 초에 완성(1882~1934) 되었다. 뒤이어 1936년 활성오니법(活性汚泥法)을 적용한 오수 처리장이 건설되었다.

---

6. 참고문헌 2

건물 내에 위생배수관이 설치되기 시작한 것은 1845~1850년경으로, 미국에서 법적으로 건물 내부에 위생배수관 설치를 허용했기 때문이다. 이로써 건물에 위생기구 설치가 가능해지고, 화장실의 개발이 촉진되는 계기가 되었다.

그 이전에는 건물 내부에는 위생배수 배관을 둘 수가 없었다. 동파 등으로 문제가 심각했기 때문이다. 따라서 극소수의 주택, 즉 동파 방지가 가능하도록 난방이나 보온을 할 수 있는 상류층에서나 위생기구를 실내에 설치하여 사용할 수 있었다. 그 외 건물에는 외부에 우수배관 만을 두었다. 또 설치된 위생기구도 주방에는 목재나 얇은 철판재의 싱크, 세탁실에는 목재 대야, 철판재 욕조나 변기를 갖춘 특별히 수작업으로 만든 목욕실 정도였고, 트랩 설치의 필요성은 인식되지 못했다.

1845~1860년은 미국식 실내 화장실이 자리를 잡은 시기이다. 위생기구들이 조잡한 실정이었지만 건물에는 위생설비를 갖추어가는 시대였다. 위생기구 설치 위치는 중요한 조건이 아니어서, 싱크와 세탁대는 주방과 1층에, 세면기와 욕조는 여러 층 여기저기에 설치되었다. 그러므로 기구별로 각각의 배수관을 두어야 했다. 변기는 별도로 구획된 방(toilet room)이나 건물 밖에 설치하고, 트랩이나 배수관은 동결방지가 유리한 지층에만 설치하였다.

변기 설치 의무화는 1848년으로, 영국은 '공중보건법(National Public Health Act)'으로 신규주택에는 어떠한 종류이던 변기의 설치를 의무화했고, 미국은 공중보건법과 위생설비코드[7]를 제정하였다.

1860년대 들어 미국에는 위생설비를 갖춘 다세대주택이 건설되기 시작했고. 1870년대 초에는 집 밖에 있던 화장실은 점차 줄어들고, 수세식 변기를 실내 또는 실외 화장실에 설치하고 오수관은 건물 배수주관에 직접 연결하는 방식의 적용이 확대되었다.

4 음용수의 오염방지 필요성 인식

초기의 배관방식은 역류(backflow)나 크로스커넥션(cross connection)에 대한 고려가 전혀 없었기 때문에 물의 오염으로 인한 심각한 피해를 경험하게 된다.

1850년대에 들어 건물에 적용할 수 있는 위생설비에 관한 코드의 필요성이 대두되었는데, 이는 급수설비는 음용, 조리용과 목욕 등 위생용으로 사용하기에 적합해야 하고,

---

7. Plumbing Code-1870, 이것은 1923년 제정된 Plumbing Code(별명 Hoover Code)에 흡수되었다.

배수설비는 변기 세척수 등의 오·배수를 안전하게 처리할 수 있어야 한다는 인식에 따른 것이다.

5 통기이론의 확립

1874년 미국에서 통기 이론이 발표되었다. 배수관을 통하여 악취나 하수가스 냄새가 실내로 들어오는 이유가 위생기구나 배수관에서의 사이펀 또는 역압작용으로 인하여 트랩의 봉수가 손실되기 때문이다. 그러나 이를 방지할 방법을 알지 못했던 시대였으므로 매우 획기적인 발전이 아닐 수 없었다.

"봉수가 손실되는 원인은 봉수면 양쪽에 작용하는 압력의 불균형 때문이다. 그러므로 양쪽에 작용하는 압력(배수관의 공기압과 기구 트랩 출구의 압력)을 같게 만들면 봉수가 유지된다. 그 방법은 통기관을 설치하는 것이다" 라는 것을 입증한 것이 바로 통기이론이다.

이 통기이론은 급격히 전파되어 위생설비에 적용되었다. 가장 중요한 발전은 건물 내부에 냄새가 없는 위생설비를 갖출 수 있게 되었다는 것이었다.

1875년에는 통기관을 갖춘 배수시스템의 상세, 즉 통기관의 설치법, 시험결과 보고서, 사용결과에 대한 경험 등이 소개되어 미국 전역에 전파되었다.

주택은 물론 대형건물에도 내부 공기를 오염시키지 않는 위생배수설비 설계가 가능하게 되었다. 냄새의 실내 유입이라는 난점이 사라짐으로써 건물 내부에 급·배수설비 설치는 가속되었다.

이후 집단주택에는 주거단위별로 주방싱크가 설치되고, 단독주택 등 개인 소유의 주택에는 변기와 주방싱크 외에 세탁대, 욕조, 세면기 등을 편리한 위치에 설치하여 사용할 수 있게 되었다.

이로써 1880년부터는 집단주택이나 학교의 건물 밖에 두었던 화장실은 모두 사라지게 되었다.

2.2 수세식 변기의 발달[8]

(1) 수세식 변기의 시작

수세식 변기에 대한 연구는 영국에서 시작되어 영국에서 끝이 났다.

1569년 하링톤[9]의 발명품 명칭인 Ajax[10]은 인류 최초의 수세식 변기(flushing toilet)로 블리고 또한 '수세식 변기의 시작'[11]으로 기록된 것이다.

수세식 변기를 water closet이라 하고, 약자로 WC를 쓰는 기원이 되었다.

물탱크와 세척밸브(flush valve)로 구성되며 저장된 물이 일시에 흘러내림에 따라 배설물이 처리되는 시스템이라 사용 시 소음이 매우 큰 것이 단점이었다. 그러나 이 두 가지 요소는 현대의 변기에서도 그대로 사용되고 있다.

실용화로 이어지지는 못했으나, 산업혁명과 관련기술 발전의 시작으로 기록된 사건이 되었으며, 다른 발명가들이 수세식 변기 고안을 시도하기 200여 년 전의 일이다. 그리고 변기발전의 시초가 된 하링톤에게는 수세식 변기의 아버지(father of the water closet)라는 경칭이 붙게 되었다.

(2) S-트랩이 사용된 수세식 변기의 완성

그 후 S-트랩이 사용된 변기(1775년), 실용적인 변기(1778년) 등 개선된 변기의 출현이 계속되었으며, 1880년대에는 현대 변기와 유사한 일체형 도기제(陶器. ceramic)변기(1885년)가 개발되면서 대량 생산이 가능해졌다.

이는 유럽과 미국 등 세계 여러 나라에 판매되는 상품이 됨으로써, 일반 대중의 주택에도 변기가 설치될 수 있게 되었다. 대한제국의 왕실 등에 설치된 변기도 그중의 하나였다.

결과적으로 오늘날의 수세식 변기는 하링톤 이후 4세기, 300여 년간의 개선과 보완을 반복하여 완성된 것이다.

---

8. 참고문헌 3. pp263-270, 참고문헌 4, pp4.22-5~4.22-6
9. John Harrington(1560.8.4~1612.11.20, 英), 작가. 발명가.
10. 당시 변소를 가리키는 사투리 Jakes에서 따온 것이며, 정식 명칭은 Valve Closet 이다
11. The true roots of the modern dry flush toilet.

(3) 현대의 수세식 변기

현재 우리가 사용하는 수세식 변기는 보울(bowl)에 물을 잡아둠으로써 냄새를 막아 주는 수봉 트랩의 형태에 따라 S, U, J, P 등 4가지 형태로 보편화 되었다.

그러나 이것이 완성은 아니다. 앞으로도 변기는 계속 진화할 것이다. 최종적으로는 물 소비량을 획기적으로 줄이거나, 물을 전혀 사용하지 않으면서 냄새 문제를 완벽하게 해결할 수 있는 형태로 발전할 것이다.

3 현대의 위생설비

3.1 하드웨어와 소프트웨어

(1) 하드웨어 측면

위생설비 발전사를 다룰 때의 현대라는 시대적 구분은 앞에서 설명된 것과 같이 WW I 이후의 기간이다.

위생설비의 기본요소가 갖추어진 시기는 19세기 중반이고, 이로부터 한 세기 후인 20세기 중반에 들어서 현대적 배수시스템이 확보되었다.

이로써 하드웨어 측면에서의 위생설비 기술이 완성된 것이다. 이 분야의 많은 기술이 영국에 의하여 주도되었으며, 특히 상·하수도와 위생기구 생산 기술의 경우는 시작과 끝을 맺었다.

그 후 20세기 말까지는 거의 변화된 것이 없다. 이러한 상황은 21세기에는 위생기구 분야가 지금까지 이룩한 것에 비해 훨씬 더 많이 발전될 것이라는 전망을 가능하게 하는 것이다.

(2) 소프트웨어 측면

소프트웨어 측면에서의 발전은, 미국에서 위생설비에 대한 이론적 기술적 정립이 이루어졌다는 것이다. 1920~1940년대의 집중적인 연구결과는 현대 위생설비 기술의 기본이 되었기 때문이다.

위생설비시스템을 해석하고 실험과 연구를 통하여 관내 유체유동에 대한 제반 현상을 과학적으로 입증하였음은 물론, 설비를 갖추기 위해 필요한 기자재에 대한 표준을 제정하여 대량 생산이 가능하게 만들었다.

가장 중요한 성과는 실험과 연구결과를 융합하여 만들어진 NPC[12]이고, 이것은 즉 소프트웨어 측면에서 위생설비 기술의 완성을 뜻한다.

급수・급탕시스템에 비하여 오・배수・통기시스템(DWV Systwm)의 유동 현상은 훨씬 복잡하다. 전자는 단상류이고 후자는 2상류의 유동이기 때문이다. '현대적인 오・배수・통기시스템'이 급수・급탕시스템 보다는 한 세기나 늦게서야 갖추어질 수밖에 없었던 이유이다.

현대적인 오・배수・통기시스템이란 ①관로(管路, plumbing)를 통한 배수, ②수봉식 트랩(水封式 water seal trap)에 의한 하수 가스의 실내 유입 차단, ③통기관에 의한 봉수(封水, water seal) 보호 그리고, ④관경 결정이론을 적용하여 구성된 시스템이라고 정의 한다.

3.2 기술기준으로서의 코드

(1) 코드란 무엇인가

현대의 위생설비는 잘 만들어진 절차에 따라 단계를 밟으면 된다. 그것이 바로 코드(Code) 이다.

코드는 규약(規約), 규범(規範), 관례(慣例), 법도(法道) 등으로 모두 법을 뜻 하는 말이다. 설계로부터 공사의 준공에 이르기까지 전 공정에 대한 일반적인 기준이다.

(2) 코드의 개발

코드의 개발은 전쟁 후 대량의 복구공사를 동시에 시행하기 위한 필요성에서 출발하였다. 모든 전쟁은 인명 피해는 물론 건물이나 시설을 파괴하게 되고 언젠가는 끝이 나게 된다. 그리고 전쟁 후에는 파괴된 것을 다시 복구하는데 전력을 기울인다. 이것이 인류

---

12. National Plumbing Code(1955)

의 역사이다.

미국의 남북전쟁(1861~1865) 후 복구공사를 효율적으로 수행하기 위해서 만들 어진 프러밍 코드(Plumbing Code, 1870), 1차 세계대전(WWⅠ) 종전 후의 프러밍 코드(일명 Hoover Code, 1928), 2차 세계대전(WWⅡ) 종전 후의 NPC(National Plumbing Code, 1955)가 대표적인 예이다.

공통점은 모두 미국에서 제정된 것이지만, 제정한 국가뿐만 아니라 세계 여러 국가가 이를 위생설비의 기본으로 사용한다는 점이다. NPC는 후에 NSPC로 재탄생되며, 한국의 위생설비 역시 NPC를 토대로 하여 발전한 것이므로, 현재의 NSPC를 적용하는데 문제 될 것이 없다.

'사람이 먹는 물과 사람이 사용하여 오염시킨 물'을 핵심적으로 다루는 분야가 위생설비이다. 그러므로 위생설비 코드는 당연히 '음용수 오염방지'를 기본으로 한다. 따라서 위생설비 분야 코드의 역할은 매우 중요하다.

(3) 기존이론과 새로운 연구결과의 융합

위생설비 기술의 이론적 정립은, 기존의 수력학 이론과 방정식만으로는 해결할 수 없었던 부분을 집중적으로 연구하여 얻은 결과가 융합된 것이다.

수 많은 연구자들이 전문분야별 연구를 수행했고, 결과들이 집합되어 이루어진 것이 프러밍 코드이다. 즉 모든 연구는 코드에 사용될 자료와 방법을 만들기 위한 과정이며 노력이었다.

3.3 1920~1940년대의 집중적인 연구[13]

(1) 위생설비 기술의 정립

위생설비 기술의 정립은 앞에서도 설명된 것과 같이 하드웨어 측면에서는 영국이 소프트웨어 측면에서는 미국의 주도로 이루어졌다.

특히 1920~1940년대 미국에서 이루어진 연구의 대부분은 BMS의 헌터가 주도 했거

13. 참고문헌 3. pp274~282

나, 합동연구 또는 외부연구팀의 협력으로 이루어진 것이다.

이러한 연구결과는 우선 BMS 기준으로 발행되고, 최종적으로는 프러밍 코드의 기본 자료로 사용되었다.

(2) 연구의 주도자 후버와 헌터

후버[14]는 1921년 상무부 산하 기구인 NBS[15]에 BMS[16]를 신설하고 헌터[17]를 '위생설비 기술분야' 전담 겸 A40[18]의 책임자로 임명하였다.

헌터의 임무는 미국 내 위생설비시스템을 조사 분석하고 연구하여 표준화와 설계, 시공에 필요한 제반 기준을 만들어 내는 일이었다. 그는 40여 년간 조직의 책임자로 있으면서 오늘날 우리가 사용하고 있는, 즉 위생설비 기술의 현대화를 이룩 하였다.

연구결과는 NBS의 기술기준으로, 다시 이후에 제정되는 프러밍 코드의 기본이 되었다. 또한 현대적인 위생기구(수도꼭지, 변기, 욕조, 싱크 등)와 배관 구성 요소에 대한 표준이 만들어지고, 이에 따라 대량 생산이 가능하게 되자 건물 내에 현대적인 위생설비가 갖춰질 수 있게 되었다.

그들의 업적을 기려 '현대 위생설비 기술기준의 아버지[19]'로 추앙된다.

현대의 위생설비의 기본으로 적용되고 있는 주요 연구는 다음과 같다.

(3) 현대적 위생설비의 기본이 된 주요 연구

1 위생설비에 대한 권장기준

주택과 유사 건물에서의 위생설비에 대한 권장기준(Recommended Minimum Requirements for Plumbing in Dwellings and Similar Buildings, 1923)은 위생설비

---

14. Herbert C. Hoover(1874~1964). 1921년 미국의 상무부 장관으로 임명되어 1928년까지 8년간 재직, 그 후 미국의 대통령(31대 1929~1933)이었다.
15. National Bureau of Standard(표준국)
16. Building Materials and Structures Division(건축자재 및 구조 연구부)
17. Roy B. Hunter(1893~1973)
18. ASA의 Sectional Committee(전문위원회)인 Plumbing Division(위생설비 관련 분야 전담)
19. The fathers of modern plumbing codes are really Herbert C. Hoover and Roy B. Hunter

에서 기본적으로 갖추어야 할 범위를 제시한 것이다. 자재의 성능 기준으로부터 설계, 시공, 유지관리 등 모든 공정에서 적용해야 할 기준이다. 후에 위생배수 입상관에서의 유동해석이 포함되고, 여기서 위생배수 입상관 설치에 대한 기준과 자료가 추가되면서 모든 건물에 적용할 수 있는 '위생설비에 대한 권장기준(Recommended minimum requirements for plumbing. BH 13)'으로 수정되었다.

1928년에는 이를 기준으로 Plumbing Code(Hoover Code라는 별명으로 불림)가 제정되었다. 1936년에는 코드의 내용이 대폭 보완되고, 1940년에는 Plumbing Manual이 되었으며 이것이 발전된 것이 NPC 이다.

2 위생설비시스템의 부하 추정법

위생설비시스템의 부하 추정법(The Method of Estimating Load in Plumbing System, BMS 65, 1940)는 적정 유량과 관지름 선정법에 관한 연구이다. 급수와 배수량 계산에 기구단위(Fixture Unit, Load Factor, FU)의 개념을 도입하여 동시사용 유량을 구하고, 이를 기준으로 관지름을 구하는 방법이 제시되었다.

그림 1과 같이 기구단위 합계값(FUs)-유량(demand of load, GPM)의 관계를 선도화 하고 그 명칭을 '급수량 추정곡선(Curve for Estimating Supply Demands)' 이라고

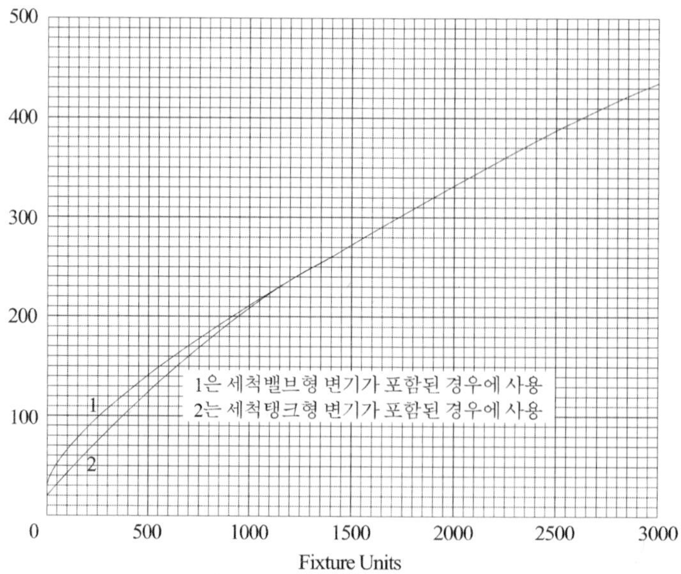

그림 1 급수량 추정곡선(Hunter Curve, BMS 65, 1940)

하였다. 다른 표현으로 'Hunter Curve'라고도 한다. 이 연구의 핵심내용이기도 하다. 현재는 기구급수부하단위(WSFUs)-동시사용유량 선도로 사용된다. 이 보고서에서 제시된 방법이 NPC의 '기본 유량계산법'이 되었다.

3 위생설비 매뉴얼

위생설비 매뉴얼(Plumbing Manual, 1940)은 1923년의 '주택과 유사 건물에서의 위생설비에 대한 권장기준'을 보완한 것이다. 독립된 개념의 기구배수 부하단위(Drain Fixture Unit, DFU)를 사용하여 배수관 지름을 구하는 방법이 추가되었으며, 위생설비 시스템의 최대수요(동시사용유량)를 추정하고 이를 기준으로 배관의 크기를 결정하는 방법이 확립되었다.

이 매뉴얼의 제정으로 ①대형건물에서도 위생설비가 가능하게 되고 ②배관을 통한 오수의 수송이 용이해 졌으며, ③위생설비의 운전이 훨씬 안전하고, ④경제적인 위생설비가 가능하게 되었다.

이 매뉴얼은 여러 관련단체와 기관[20]이 참여하여 감수된 것이며, 헌터가 기술 자문역을 맡았다. 현대적인 프러밍 코드의 기초가 되었다.

4 건물의 급수 시스템

건물의 급수 시스템(Water-Distributing Systems for Buildings, BMS 79, 1941)에서는 선도를 사용하여 관지름을 구하는 방법이 제시되었다. 이 전의 BMS 65에서는 FUs를 기준으로 유량을 구한 다음, 수식을 사용하여 관지름을 결정하던 것에 비하여 훨씬 간편한 방법을 사용할 수 있게 된 것이다.

선도는 Williams-Hazen 방정식에서의 관종별 조도에 따른 유량계수(윌리암-하젠 계수) C와 4개 변수 즉 유량(Q), 유속(v), 관지름(d), 관마찰손실(s) 간의 상호관계를 표시한 것이다. 관의 재질별, 조도에 따른 C값을 기준으로 ①동관(매끄로운 관), ②대체로

---

20. United States Housing Authority, Federal Housing Administration, Federal Home Loan Bank Board. Farm Security Administration. National Bureau of Standards. Forest Service(F. P. Laboratory). Public Buildings Administration. Public Health Service, Construction Division (War), Yards and Docks(Navy). Office of Indian Affairs. Veterans' Administration. Bureau of Agricultural Chemistry and Engineering.

매끄러운 관(fairy smooth pipe), ③대체로 거친 관(fairy rough pipe), ④거친 관(rough pipe) 등 4종류로 구분된 유량-관마찰손실(flow rate-uniform pipe friction loss) 선도가 제시되었다(**제4장 그림 10~13** 참조).

부하계산에서 기본적으로 구해지는 유량을 기준으로 하여 유속(또는 관마찰 손실)을 적용하여 관지름을 구할 수 있도록 한 것이다.

현재는 재질별, 즉 동관, 강관, 스테인리스강관, 주철관, PVC관 용 등이 제시되고 있으므로, 사용하고자 하는 관 종에 적합한 선도를 사용할 수 있다.

5 배수입상관의 유량

배수입상관의 유량(Capacities of plumbing stacks in buildings, BMS Report 132. Robert S. Wyly and Hebert N. Eaton, 1952.5.28)에서는 건물의 배수시스템 설계에 대한 일반 원칙이 제시되고, 터미널속도(terminal velocity), 터미널길이(terminal length)의 개념이 정립되었다.

4 위생설비 코드의 확립

4.1 코드와 법

(1) 코드와 표준

1 코드 준수의 의무

코드는 법의 이종이다. 다라서 이를 준수하는 것은 의무사항이다.

특히 건설분야에서의 코드는 공사결과에 대한 성능을 보증하기 위한 최소한의 기술적 기준으로 국민에게 안전한 시설과 환경을 제공하기 위한 것이다.

우리가 사용하는 코드의 예는 건축기계설비 설계기준과 건축기계설비 공사 표준시방서 등으로, 국가가 제정한 것과 지방정부나 공공 발주기관이 제정한 것이다. 전자는 설계, 시공, 유지관리, 제조 등 전 공정에 적용되지만 그 중에서도 주로 설계기준으로 사용되며 후자는 주로 공사용으로 사용된다.

이에 대하여 표준(standard)은 코드에 적용할 설계값 제시를 위한 것이다.

코드에 맞춰 설계하고 설계에 따른 시공을 위해서는 배관재를 포함하여 배관구성 요소에 대한 재료와 사용등급을 결정해야 하고, 그렇게 하기 위해서는 각 요소별 표준을 적용해야 한다.

코드는 위생설비시스템 전체를 대상으로 하고, 표준은 시스템을 구성하는 각각의 요소를 대상으로 한다. 즉 코드에 적용하기 위하여 표준이 있는 것이다.

2 제정 권한

코드나 표준을 제정하는 일은 전문적인 지식과 경험을 가진 많은 고급 인력과 비용이 필요하다. 그러므로 국가(또는 국가에 소속된 공공기관이나 위임을 받은 단체)에 의해서 이루어진다.

법률이 국가에 의해서만 제정되는 것과 같은 원리이다.

(2) 코드와 표준 사용 원칙

만약 한 국가가 직접 제정한 코드나 표준이 없다면, 그 국가에서는 자체적으로 건설공사를 수행할 수 없는가? 그렇지 않다. 국제적으로 통용되는 코드와 표준을 사용하면 된다. 이것이 코드와 표준의 사용에 대한 원칙이다.

코드나 표준이 만들어지는 것은 한 국가의 역할이지만, 일단 그것이 완성된 이후의 사용에 대해서는 국경이 없다.

예를 들면, 외국의 한 국가가 한국 표준(KS)를 적용하여 제품을 생산하고, 이것을 세계시장에 판매할 경우을 상정해 보자. 그 국가에 대하여 '왜 한국 표준을 적용하였나'라고 따질 수 없다. 오히려 제정된 코드나 표준이 국제적으로 많이 사용될수록 제정한 국가의 권위는 상승하게 될 것이고, 직간접적으로 경제적인 이득을 보게 되기 때문이다.

한국의 수많은 원자력 발전소나, 산업시설이 BPVC[21]나 압력배관코드[22]를 적용하여 완성된 것이라는 사실로도 그 원칙을 잘 이해할 수 있다. 모든 건설공사가 스스로의 코

21. ASME Boiler and Pressure Vessel Code(BPVC)
22. ASME B31 Pressure Piping

드와 표준만으로 건설될 수 없기 때문이다.

(3) 다른 국가 제정 코드나 표준의 활용

캐나다의 경우는 자체적으로 제정된 표준(CSA)이 있지만, 그것이 없는 품목에 대해서는 미국의 코드나 표준을 그대로 사용한다.

유럽의 통합 표준인 EN은 영국, 독일, 프랑스 3국의 표준 중에서 허용공차가 가장 큰 표준을 기준으로 한 것이다. 또한 이 3국 간에는 자국이 제정한 표준이 없는 경우에는 다른 국가의 표준을 그대로(자국어로 번역만 하여) 사용한다.

이처럼 코드나 표준은 스스로 제정하여 사용해야만 하는 것은 아니다. 직접 제정하지 않더라도, 다른 국가가 제정한 것을 잘 선택하여 사용하는 것도 코드나 표준을 활용하는 경제적이며 효율적인 방법이다.

그래서 최근 유수한 코드 제정기관이나 단체들이 기존의 코드명에 『International』을 추가하여 자국에서 만이 아니라 국제적으로 사용할 수 있는 코드나 표준임을 강조하는 것이다.

이와 같은 현상은 앞에서 언급했던 것처럼, 자국의 코드나 표준이 다른 국가에서 많이 사용될수록 제정한 국가의 과학기술 수준이 높게 평가되는 결과일 뿐만 아니라 경제적인 효과 또한 지대하기 때문이다. 코드나 표준이 이제는 고가의 상품이 된 것이다.

좋은 물건이 많이 팔리는 것과 같이 세계적으로 널리 사용되는 코드나 표준이 되기 위해서는 잘 만들어져야 한다.

우리가 외국의 코드나 표준을 적용하는 이유나 국제적인 대형 건설공사에 BPVC, Power Piping, NSPC 같은 특정 국가가 제정한 것을 사용하는 이유는 그것들이 잘 만들어졌기 때문이다.

4.2 코드의 종류

(1) 코드의 다양성

국제적으로 통용되는 위생설비 관련 코드는 여러 가지가 있다. 그 이유는 위생설비 분야가 인간 사회에 그만큼 중요하다는 의미가 된다. 하나로는 안심할 수 없어 이중 삼중으로 잠금장치를 설치하는 것과 같은 이치이다.

사람이 먹는 물을 기본으로 다루는 관계로 '음용수 오염' 같은 사고가 발생 한다면 이는 국소적인 일로 끝나는 것이 아니고 국가 전체, 국민 모두에게 영향을 주는 사회적인 문제로도 번지기 때문이다.

그래서 급수·급탕시스템에서의 음용수 오염방지 같은 일은 국가의 주도로 이루어지지 않으면 안 되는 것이고, 어느 정도 강제가 불가피하다.

그래서 법의 한 종류로서 코드가 존재하는 것이다.

(2) 제정 주체에 따른 코드 종류[23]

법이 법-시행령-시행규칙의 체계로 이루어지는 것처럼 코드의 체계도 유사하다.

①국가 제정코드(National Code)와 ②단체 제정코드(Local Code)로 구분된다.

전자는 당연히 국가(또는 이를 대행하거나 위임받은 기관)가 제정한 것이며, 후자는 관련단체(지방정부, 공공단체 등)가 제정하는 것이다. 그러므로 국가 제정 코드는 국가 전체에 그 효력이 미치는 것이며, 단체 제정코드는 제한된 지역이나 특정 조직에서 관리 감독하는 건설사업에만 그 효력이 미친다.

이와는 다른 구분으로, Model Code라는 표현도 사용되는데, 이는 공용(共用) 코드라는 의미이다. 한 기관이나 조직에서만 제한적으로 사용되는 것이 아니라, 둘 이상의 기관이나 조직에서 공동으로 사용되는 코드라는 뜻이다.

그러므로 국가 제정코드나 단체 제정코드는 모두 모델 코드에 해당한다.

미국을 예를 보면, 앞에서 언급된 NSPC는 ANSI A40.8을 기준으로 한 국가제정 코드이므로 당연히 모델 코드이고, UPC, SPC, NPC 등은 단체가 제정하고 적용되는 지역이 구분됨으로 역시 모델 코드이다.

(3) 코드의 형식

통용되는 코드의 형식은 ①설계기준으로서의 용도와 ②공사 시방서로서의 용도로 구분된다.

---

23. 참고문헌 5. pp 6~15.

①은 설계, 시공, 유지관리, 제조 등 모든 분야에 적용하는 것이다. 그래서 사용된 수식, 방식 및 각종 데이터에 대한 이론적 근거가 제시되고, 정리된 표와 수많은 그림과 선도를 사용한다. 이에 비하여 ②는 공사에 적용되는 것으로, 주로 설명으로 이루어져 있고 꼭 필요한 도표와 그림만이 사용된다.

이와 같은 차이는 해당 코드의 제정 목적(purpose)과 적용 범위(scope)에 대한 설명으로부터 확인된다.

4.3 대표적인 국가제정 코드

(1) 미국의 국가코드

1 이전의 국가코드-NPC

국제적으로 통용되는 위생설비 분야의 대표적인 코드이다. 역사적으로는 1955년에 제정된 것으로, 1928년에 제정된 Plumbing Code(일명 Hoover Code)를 융합한 것이다. NPC[24]는 후에 NSPC로 변경되었다.

NPC는 현대 사회에 미친 영향이 매우 크다. 미국에서는 NPC 출현 후의 달라진 사회상을 "현대적 위생설비는 미국인의 생활방식을 확 바꿔 놓았다[25]"고 표현했다. 또한 한참 후에 집필된 Plumbing History에서는 NPC에 "코드의 할아버지[26]"라는 명예를 부여하였다.

'20세기에 들어 위생설비기술이 정립되었다"라는 것은 이 코드가 나온 시점을 기준한 것으로, NPC가 나온 이후에 비로소 진정한 의미의 초고층 건물, 즉 위생설비를 제대로 갖춘, 타워형 마천루(摩天樓, skyscraper)의 건설이 가능해졌다.

NPC는 위생설비기술 분야를 지배하는 대표적인 코드로서, 형식과 내용은 이후에 제

---

24. 1955년 제정된 ASA A40.8을 기본으로 하여 만들어짐. American Standard of National Plumbing Code.
보통 National Plumbing Code로 불린다. 서문에는 단행본으로 출판되기까지의 경위를 "정부, 산업계 및 각 직능 분야별 대표 단체가 합동하여 위생설비 분야 전반에 적용할 수 있는 코드로 개발된 것이며, 완성되기까지는 무려 30년 이상이 소요되었다" 라고 설명하고 있다.
25. Modern plumbing enhances the American way of life.
26. Granddaddy of Codes, the A40 Standard which is really a Plumbing Code.

정되는 모든 모델 코드의 기준이 되었다.

2 현재의 국가코드-NSPC

NSPC는 NPC의 변경된 명칭으로 1972년 판과 1993년 판이 있으나, 공식적인 초판은 1993년에 발행된 것이다[27]. 이는 기본이 된 New A40.8이 보류된 상태에 있다가 그 해(1933년)에 'ANSI New A40.8 American Standard of National Plumbing Code'로 정식 발표되었기 때문이다. New A40.8 은 1955년에 제정된 A40.8을 대체한 것이며, 이를 기준으로 발간된 코드가 NSPC 이다.

NSPC의 제정목적은 "사람의 건강과 안전(위생적 위험으로부터의 보호)을 위한 적절한 설계, 시공 및 유지관리 등의 실천요강을 제시한다"는 것이다.

이 코드에 적용된 위생설비의 표준유량 계산법 즉, WSFU와 DFU를 기준으로 급배수량을 계산하는 기구급수부하하단위법(fixture unit method)은 개발된지 90여 년이 넘었으며, 미국의 경우는 현재까지 유일한 급배수량 계산법으로 사용되고 있다. 이 코드의 사용의 최대장점은 WSFU와 DFU로 급배수시스템의 설계가 완성된다는 것이다.

코드를 최신 상태로 유지하고 모든 이해 당사자의 의견을 반영하기 위해 면허를 가진 도급자, 기술자, 검사관으로 구성 NSPC 위원회에서는 매년 코드를 검토하고 3년 주기로 수정 보완본을 출판한다.

제정한 미국은 물론 북미지역, 한국과 일본을 비롯하여 전 세계 수 많은 국가에서 위생설비 기술기준으로 사용된다. 위생설비에 관한 내용을 포함하는 기계설비 분야의 모든 서적과 핸드북[28]은 NSPC의 자료를 인용한다.

---

27. NPC가 ASA A40.8(1955)을 기준으로 한 것이라면, NSPC는 ANSI New A40.8을 기준으로 만들어진 것이다. A40.8이 1960년대에 들어와서도 보완이 이루어지지 못하자, 1972년 A40.8의 개정 보완을 위한 새로운 코드 위원회가 구성되고, A40.8의 형식과 내용을 기본으로 하여 New A40.8(개정안)이 만들어졌다. 그러나 위원회와 ANSI 간의 협의가 잘 이루어지지 못하여 개정안은 즉시 승인되지 않았다. 합의가 늦어지는 상황은, 결과적으로 위원회의 대표이자 관련 직능단체인 PHCC가 직접 National Standard Plumbing Code(NSPC, 1972)를 만들어 내는 계기가 되었다. 당시는 초고층의 대형건축물 건설이 한창이던 시기라, 대형 시스템에 적용할 수 있는 발전된 프러밍 코드가 절실했기 때문이다. 업계를 대표하는 PHCC는 직면한 문제들 해결해야 할 책임이 있었다. 그러기 위해서 지방정부와 주정부, 코드 관리기관과 업계에 최신의 코드를 제공하여 그들의 편의를 극대화시키는 것이었다. 이 때의 NSPC는 ANSI로부터 미승인 상태의 New A40.8(수정안)을 기본으로 한 것이므로 일종의 가본(假本, 臨時版)인 셈이다.

NSPC는 오늘날 위생설비 기술분야의 가장 권위 있는 코드로서 모든 모델 코드의 기본이다.

그간의 관리책임은 PHCC였으나 2017년부터 IAPMO[29]로 이전되었다.

(2) 일본의 국가코드–HASS 206

급배수위생설비 기술규준(規準)이라는 제목으로 1967년 제정된 일본의 국가 코드로, 수차에 걸쳐 개정이 이루어졌다. 1976년에는 NSPC와는 다른 관지름 선정법, 1982년에는 신정통기(stack vent) 방식이 추가되었다. 1991년에는 코드명을 '위생설비 규준과 해설'로, 2000년에는 '급배수위생 설비 규준과 해설' 로 수정되고, 단체명의 변경에 따라 코드명도 HASS[30]에서 SHASE[31] 206이 되었다.

급수량 계산방법으로는 ①NSPC의 '기구급수 부하단위법'을 포함하여, ②고유의 급수량 계산법인 '물사용율과 기구급수단위에 의한 방법', ③간편법으로 '기구이용율로 부터의 예측법'과 ④'신급수부하단위법"을 제시하고 있다.

사용상의 유의점은 NSPC의 용어 FU(Fixture Unit)가 사용되지만 기구별 부하 생성효과에 따라 부여된 값(숫자)은 다르다는 것이다. 이 코드에서 제시된 ②, ③, ④방식을 적용할 때에만 1FU = 14 LPM이다.

(3) 한국의 국가코드–건축기계설비 설계기준

1 설계기준

한국의 위생설비에 관한 국가 코드는 위임을 받은 설비공학회에 의해서 제정된 ①급배수위생설비 기술기준(1999), ②건축기계설비 설계기준(2002 제정, 2005과 2010 개정)이 있다. ①은 착수 후 10여 년 만에 완성되었지만 HASS를 참고로 했기 때문에 NSPC

---

28. ASHRAE Handbook, Piping Handbook, ASPE Databook.
29. International Association of Plumbing and Mechanical Officials.
30. Heating, Air-Conditioning and Sanitary Standard.
31. The Society of Heating, Air-Conditioning and Sanitary Engineers of Japan(이전 명칭은 The Society of Heating, Air-Conditioning and Refrigerating Engineers of Japan)

와 상충되는 문제점을 안고 있었다. 그리고 그 이후에 새로운 기준이 제정되자 더 이상의 보완이 이루어지지 않다가 최신의 기준에 흡수되었다. ②는 UPC 즉 미국의 단체코드(설계기준이 아닌 특정 지역의 공사 시방서)를 참고로 한 것이다. 2005년 개정 시 미국의 국가코드이며 설계기준인 NSPC를 근거로 대폭 수정됨으로써 공식적으로 우리나라 위생설비가 원래의 NSPC 기준으로 통일되는 결과가 되었다. 2010년 개정판에서는 최신 NSPC를 기준으로 보완되었다.

2016에는 KDS 31(기계설비 설계기준)[32]이 제정되었지만, 위생설비는 그 중 일부분이다. 따라서 이 기준은 NSPC나 HASS와 같은 특정 분야의 기술기준과는 성격이 다르다.

2 시방서

국내 최초의 국가제정 시방서는 정부의 지원과 위임을 받은 설비공학회에 의해 제정된 건축설비공사 표준시방서 이다. 1978년에 착수하여 1980년 초판이 발행되었다. 그 후 매 3~4년마다 개정 보완되고 명칭도 건축기계설비 표준시방서로 변경되었다.

2005년 건축기계설비 설계기준이 NSPC 방법과 데이터를 근거로 통일됨에 따라 시방서도 이에 맞게 대폭 수정 및 보완되었다. 최신의 개정판은 2010년에 발행되었다.

2016에 제정된 KCS 31(기계설비공사 표준시방서)[33]는 기존의 건축설비공사 표준시방서를 기본으로 하여 체계를 재정리 한 것이다.

4.4 단체코드

(1) 대표적인 단체코드

1 미국의 경우

국가제정 코드가 개발되는 동안, 각 지방의 건설공사 감독관들로 구성된 단체에서도 적합한 코드 개발에 착수하였다. 그동안 관장하는 분야별로 직접 작성하여 사용하던 개별코드 대신 공동으로 사용할 수 있는 단체코드(local code)가 효율적이라는 점을 인식

32. Korean Design Standard.
33. Korean Construction Specification.

했기 때문이다.

그 결과물로 각각 특정 지역이나 기관에서 발주하는 공사에 적용하기 위한 코드로 ①SPC(Standard Plumbing Code, 1933), ②UPC(Uniform Plumbing Cod, 1938), NPC(National Plumbing Code, 1940)가 제정되었다.

2 적용 지역

단체코드는 국가제정 코드(NSPC)를 기본으로 하되, 특정 지역이나 기관에 적용되어야 하는 내용을 추가한 것이다. 우리 기준으로 보면 지방 자치단체나 공공 발주기관들이 직접 제정하여 사용하는 공사 시방서에 해당된다.

미국 전역을 동부와 서부로 나누고, 동부는 다시 남북으로 나누어 지역을 1, 2, 3으로 구분하고, 지역별 하나의 코드를 적용하도록 하였다. 이러한 코드는 관리 책임기관에 의해서 정기적으로 개정과 보완이 이루어지며, 현재까지 잘 사용되고 있다.

코드를 제정하고 관리하던 초기 단체 중에는 명칭이 바뀌거나 다른 기구와 통폐합되어 관리 주체가 변경된 경우도 있다. 현재의 코드별 관리 주체와 의무 적용지역은 **표 1**과 같다.

(2) IPC

1900년대 초에는 기존의 단체코드를 관장하는 기관들이 연합하여 별도의 기구로 ICC[34]를 구성하고, 1995년 IPC(International Plumbing Code)를 제정 하였다.

이 코드의 출현은 결과적으로 코드 관리 주체나 코드 사용자 모두가 환영하는 일이 되었다. 왜냐하면, 코드 관리 주체에게는 유사한 성격의 코드를 별도로 유지 관리하여야 하는 일에 인력 및 비용이 수반되어야 하므로 간단치 않고, 코드 사용자에게는 유사한 코드를 지역에 따라 달리 적용함에 따른 불편함이 존재했기 때문이다.

IPC는 양자의 이러한 불만을 다소라도 해소할 수 있는 결과가 되었을 뿐만 아니라, 기존의 여러 단체제정 코드도 합쳐질 수 있는 가능성이 있기 때문이다.

34. International Code Council Inc.(국제코드이사회)

표 1 단체코드별 적용 지역

	UPC	NPC	SPC
관리책임 기관	IAPMO[(1)]	BOCA[(2)]	SBCCI[(3)]
미국내 적용지역	지역1 (미국 서부 19개 주)	지역2 (미국 북동부 19개 주)	지역3 (미국 남동부 14개 주)
제정	1938	1940	1933

주 (1) International Association of Plumbing and Mechanical Officials(기계설비분야 공무원 연합)
(2) Building Officials and Code Administrators Internationa(건축관련 공무원 연합)
(3) Southern Building Code Congress International(미국 남부 건물코드 회의)

(3) 단체코드의 제정목적과 적용범위

각각의 코드에는 제정목적(purpose)과 적용범위(scope)가 제시된다.

단체코드의 제정목적은 "사람의 건강과 안전(위생적 위험으로부터의 보호)을 위한 최소한의 기준 제시"이고, 적용 범위는 "관할 구역 내의 위생설비 배관의 조립(erection), 설치(installation), 개조(alteration), 수리(repairs), 이전(relocation), 교체(replacement), 추가(addition), 및 유지관리(maintenance)" 이다.

NSPC가 설계, 시공 유지관리에 적용됨에 비하여 단체코드는 시공을 위한 것이다. 그래서 NSPC는 기술기준이라는 표현으로, 단체코드는 시방서라는 표현이 사용된 것이다.

예제 1

국가제정 코드와 단체제정 코드의 차이점을 설명하라.

풀이 국가제정 코드와 단체제정 코드간의 차이점은 다음과 같다.

구분	국가제정 코드	단체저정 코드	비고
영문	National Code	Local Code	
제정 및 관리 책임	국가(또는 위임받은 단체)	지방정부, 공공 발주기관 (또는 위임받은 단체)	
제정 목적 (purpose)	사람의 건강과 안전(위생적 위험으로부터의 보호)을 위한 최소한의 성능 기준 제시		
적용 범위 (scope)	위생설비의 설계, 설치 및 유지관리	관할 구역 내의 위생설비의 조립, 설치, 개조, 수리, 이전, 교체, 추가 및 유지관리	설계에 적용되는 것은 국가제정 코드
적용 지역	국가 전역	코드별 적용 지역	
성격	기술기준	시방서	

5 한국의 위생설비

5.1 요약[35]

(1) WWⅡ 이전

한국 위생설비 기술의 발전과정에 대해서는 여러 학술단체를 통하여 여러 차례 다루어졌던 일이다. 그러나 대부분은 특정 부분이나 기간을 주제로 한 단편적인 내용에 국한하였다.

최근에 개항(1876)으로부터 일제 강점기(1910~1945)를 거치고, 대한민국 수립 후 현재까지의 기간에 대하여 분야별 발전사가 발행[36] 되었으므로, 여기서는 개략적인 흐름만을 다룬다.

1876년 개항으로 문호가 열리면서 1910년까지의 개항기는 외국인들이 국내에 거주하게 되면서, 호텔이나 주택 및 사무실 건물이 신축되고, 이런 건축물에 적용된 위생설비를 통하여 외국 문물을 접할 수 있었다.

일제 강점기(1910~1945)는 기간중에 건설된 건축물을 통하여 위생설비 기술을 접했지만, 직접 설계나 시공에 사용할 수 있는 구체적인 기술을 습득하기에는 제한이 많았다.

(2) WWⅡ 종전 이후

실질적으로 위생설비 기술을 습득할 수 있었던 것은 WWⅡ 종전 이후이다.

우리나라는 종전과 더불어 일본의 통치를 벗어나게 되고, 정부수립 시까지 미군정기(1945.9.9~1948.8.15)를 거치게 된다. 또한 한국전쟁(1950.6.25~1953.7.27)의 고통도 겪었다.

그 후 미군의 주둔과 함께 수많은 건설공사가 이루어졌다. 주거용이나 업무용 건물의 신축을 비롯하여 상하수도 부설 등이 대표적인 예이다. 그들이 감독하는 많은 공사에 한국 기술자들이 참여할 수 있게 되면서 자연히 설계나 시공에 관련된 경험을 쌓을 수

35. 참고문헌 3, 4, 6, 7, 8, 9

36. 참고문헌 3.4

있게 되고, 그들이 사용하는 코드를 접하는 등으로 실질적인 기술습득의 기회를 얻을 수 있었다. 그리고 그렇게 배운 기술을 토대로 하여 직접 설계하고 시공할 수 있는 능력을 갖추게 되었다.

설계를 위해서는 적용해야 할 기준이 있어야 하고, 설계 값을 구하거나 계산해 내는 방법을 알아야 한다. 그러므로 당시에 활용했던 코드가 무엇인지를 알면 우리나라 위생설비 발전사를 이해하기가 매우 쉬워진다.

5.2 NPC 출현 전후

(1) NPC 이전(1928~1954)

NPC 이전이라 함은 위생설비 분야에 후버코드(Foover Code)가 적용되던 시기다. 미국의 경우이지만, 한국과 일본도 동일하다. 그 이유는 WWⅡ 종전 후 두 나라는 똑같이 미군정기를 거쳤기 때문이다.

일본은 패전국으로 미군정기(1945.7.26~1952.4.28)를, 한국은 일본으로부터 해방 되었지만 정부가 없는 상태에서의 미군정기(1945.9.9.~1948.8.15) 였다.

그 기간 일본은 전후 복구를 위한 건설공사가 미국의 원조로 이루어졌고, 우리나라의 전후 복구 및 개발을 위한 건설공사 역시 미국의 원조를 받아 집행되었으므로, 공통적으로 미국의 코드가 사용될 수 밖에 없었다.

그러므로, 1945년부터 HASS 206 제정(1962) 전까지 한・미・일 3국은 후버코드 가 사용된 기간이 된다.

(2) NPC 이후(1955-1966)

한국전쟁 후, 복구사업을 주관하기 위한 주무부서로 부흥부(復興部, 1955.2.17)가 신설되고, 자체의 복구사업은 물론 미국과 UN의 원조기관이 시행하는 재건계획에 의한 공사를 주관하게 된다.

미군이 상주하게 되고, 그들이 발주하는 건설공사를 통하여 1955년에 제정된 NPC가 후버코드의 대체임을 알게 되었으며, 자연적으로 NPC는 우리나라 위생설비의 기본으로 자리 잡게 되었다.

1955년 5월부터는 배관재, 밸브류 등 설비기자재 수입이 허용되고, 수입 대리점이나 무역상이 출현했다. 수입된 주요 품목은 도기제 변기, 욕조, 샤워, 싱크 등의 위생기구를 비롯하여 수도꼭지, 샤워 등의 수도밸브 그리고 파이프, 관이음쇠 및 밸브 등의 배관재였다.

이 시기에 시행된 공사 중에서 특별한 의미를 부여할 수 있는 곳은 USOM[37] 건물신축공사(1955~1961)이다. 국내 최초로 한 업체가 설계와 시공을 전담하는 턴키(turn key)방식이 적용되었으며, 중앙 집중식 냉난방 등 건물에 들어갈 수 있는 모든 설비가 적용되었기 때문이다. 그런 만큼, 다른 공사에서는 접할 수 없었던 많은 일들 경험할 수 있었다. 설계와 시공에 참여했던 기술자들은 그 후 발주되는 유사한 건설공사에 주도적인 역할을 하게 되었다.

위생설비의 설계와 시공에 적용된 기준은 NPC이었다.

5.3 HASS 제정 이후

(1) HASS 206~한국의 설계기준 제정(1967~2002)

1 NPC와 HASS 혼용기

이 기간은 HASS 206(이하 HASS) 출현 이후 한국의 최초 코드인 '건축기계 설비 설계기준(建築機械設備設計基準)' 이 제정되기까지의 기간이다.

NPC가 제정된 후 일본은 자체 코드 제정을 위한 작업에 착수하여 1967년 HASS 206(給排水衛生設備規準)을 제정하였다.

이 코드는 즉시 국내에 소개되었고, 영어보다 일본어에 능했던 이들은 이 코드를 기존의 NPC와 혼용하는 상황이 되었다.

그리고 30여 년 후인 2000년대에 들어와 두 코드 혼용상의 문제점들이 논의 되기에 이른다.

---

37. United States Operations Mission(주한미군 원조사절단)

2 HASS가 NPC와 다른점

HASS는 NPC를 기본으로 하여 제정된 것이라 구성과 대부분의 내용은 NPC와 같다. 그러나 부분적으로 일본에 적합한 데이터나 방식으로 대체 되었거나 다른 자료가 사용되었다. 그러므로 HASS 전체가 NPC와 동일한 것은 아니다. 즉 HASS는 NPC와 다른 고유의 코드인 것이다.

3 혼용의 문제점

HASS도 내용상으로는 훌륭한 코드이다. 그러므로 HASS를 기준으로 설계의 전 과정 즉, 부하계산으로부터 관지름 선정까지의 작업이 이루어졌다면 문제 될 것이 없다.

다만, NPC와 HASS 두 코드의 데이터나 방식 중에서 같이 사용해서는 안 되는 것들을 혼용한 경우이고, 이로 인하여 설계의 의도와는 다른 결과가 되는 것이 문제였다. 그 대표적인 예가 **표 2**의 FU 값에 대한 것이다.

그렇다면, 혼용을 하게된 이유는 무었일까?

표 2 코드별 최대유량 계산방법과 FU값

기구		NPC		HASS
최대유량에 대한 표현		water supply demand[1]		순시최대유량
최대유량 계산법		Fixture Unit Method		기구급수단위와 물 사용 시간율에 의한 방법
FU값		개인용과 공용으로 다른 값 적용[2]		즉시식과 대시식[3]으로 구분 하지만 동일 값 적용
		개인용	공용	
변기	세척밸브	6	10	9
	세척탱크	3	5	1
소변기	세척밸브	-	5	2
	세척탱크	-	3	0.5
세면기	수도꼭지	1	2	1
싱크	수도꼭지	2	4	1
욕조/샤워	혼합수도꼭지	2	4	3
세탁기	수도꼭지	2.5	4	1
1 FU의 유량		변하는 값(고정값 아님)		고정 값(14 LPM)

주 (1) 이 책에서는 동시사용유량으로 사용됨.
(2) 현재는 단독주택, 아파트 등 집단주택, 주거용 이외의 건물, 다중이용시설 등 4가지로 세분됨(**제4장 표 11, 부록1** 참조)
(3) 현재는 임의 이용형태와 집중이용형태로 변경됨.

결과론적으로 ①HASS에 적용된 용어는 NPC의 용어를 그대로 따른 것이다. 그러므로 그 의미나 데이터도 같을 것이라는 착각이다. ②HASS에 사용된 데이터는 대부분 NPC의 ft-lb 단위 값을 메트릭 단위로 환산한 것이다. 그래서 여러 곳에 대체된 데이터(또는 일본 고유의 데이터)가 섞여 있거나 추가되었다는 사실을 알지 못했을 것이라고 추정된다.

예를 들어, 1 FU = 14 LPM 이라거나, FUs = 10인 계통에 공급해야 할 급수량은 140 LPM 이라고 말한다면, NPC와 HASS를 혼용하여 설계를 잘못했을 확율이 높다.

(2) 건축기계설비 설계기준

2000년부터 설비공학회(이하 학회)를 중심으로 혼용으로 인한 오류를 바로잡고 NSPC와 HASS를 올바로 사용 하기 위한 노력이 본격화되었다. 정부도 건설산업 분야별 기술기준 제정사업이 추진되던 시기였으므로, 학회는 국토교통부의 위임과 지원을 받아 2002년 국가 코드 '건축기계설비 설계기준'을 제정하였다.

이는 UPC[38]를 모델로 한 것으로, UPC는 NSPC를 기본으로 한 공사시방서의 성격이었기 때문에(한국에 필요한 설계기준으로서의 모델이 아니므로), 2005년 개정에서는 위생설비의 기술기준으로 사용되는 NSPC를 기준으로 수정 및 보완 되었다. 2010년 판이 최종본으로 3차 개정 보완된 것이다.

코드 제정의 의의는 그간 위생설비 관련 서적에서는 물론 실무분야에서 NSPC와 HASS의 데이터 혼용 결과로 존재하던 오류를 바로잡을 수 있는 기준이 제시되었다는 것이다.

38. Uniform Plumbing Code

6 주요용어

6.1 용어의 선정

(1) 용어의 중요성

1 전문용어

용어는 그 분야에서 사용되는 말이다. 특정 분야에 국한되는 말이라면 그것은 '전문용어'가 된다. 일반 어휘에 비하여 여러 가지 의미를 포함하거니 특화되는 경우가 있어서 '표준화'가 필요하다. 업무상 의사소통의 효율화를 위해서는 핵심적으로 수행되어야 하는 기능이다.

예를 들면, 관에 대한 호칭지름을 말할 때 NPS나 DN을 사용하지 않고 안지름이나 바깥지름으로 부르면 혼선이 발생하기 때문이다.

2 표준화

전문용어를 표준화하는 것은 쉬운 일이 아니다. 그동안 사용해온 것을 쉽게 바꾸려 하지 않는 고정 관념 때문에 오랜 시간이 필요하다. 그리고 이러한 일은 개인이 할 수 있는 일이 아니다.

그래서 코드가 필요하다. 코드에서 용어가 정의되면 이는 기존의 문서나 서적에서 잘못 사용된 것을 바로잡는 기준이 되기 때문이다. 다행이 우리 분야에는 코도도 있고, 용어사전[39]도 만들어져 있으므로 의미의 혼동은 없앨 수 있을 것이다.

(2) 이 책에서의 용어

1 일반사항

위생설비를 다루는 데 있어서의 중요한 개념들로, 이해가 잘못되면 실무과정에서 오

---

39. (사) 대한 설비 공학회. 설비표준 용어집. 2015

류를 범하게 될 수 있는 것들이다. 본문에서 다룰 용어나 개념은 제외 하였으며, 의미를 정확하게 하여야 할 필요가 있는 것들을 다음과 같은 기준으로 선정하였다. ①다른 분야에서도 공통으로 사용되는 주요용어, ②유량 계산에 관련된 용어, ③오·배수 설비에서 이해가 어려운 표현 및 개념 등으로, 열거된 것들은 이 책에서 사용되는 의미이다.

2 대표적인 명칭 사용

'급수(給水)'라는 표현에는 급탕(給湯)이 '배수(排水)'라는 표현에는 일반적으로 '오수(汚水)'도 포함한 개념으로 사용되었으며, 특별히 구분해야 할 경우에만 급수와 급탕, 배수와 오수 또는 급수·급탕, 오·배수 등으로 구분하여 사용하였다.

또한, 사용된 압력은 특별히 명시되지 않은 한 게이지 압력이다. 절대압력으로 표시되어야 하는 방정식의 경우에는 kPaa, psia 등으로 표시하여 구분하였다.

6.2 용어의 정의

(1) 공통용어

- **관(管)** : 관은 한자 문화권에서 파이프와 튜브를 일괄적으로 표현하는 말이다. 영어에서는 압출이나 용접 등으로 제조법이 다르고, 또 이음매가 없고 나사를 내지 않으므로 두께가 얇은 것과, 이음매가 있고 관용나사를 낼 수 있는 만큼의 두께를 가지는 것 등등 여러 가지 이유로 파이와 튜브로 구분하여 사용하지만. 특별히 구분할 필요가 없는 한 이 책에서는 파이와 튜브를 포함하는 의미로 사용한다.
- **관할기관(관청)(authority having jurisdiction)** : 관할 구역에서의 모든 위생설비 작업을 통제할 의무와 권한을 가진 기관.
- **브랜치 커넥션(branch connection)** : 기존의 주관(run pipe)에서 새로 지관을 분기하는 방법으로, 관이음쇠를 사용할 수도 있고 관이음쇠 없이 큰 관에 작은 관을 직접 연결할 수도 있다. 동관의 티뽑기 같은 작업도 해당되지만, 주로 대구경의 강관에서 직접 오려내고 소구경 지관을 붙이는 작업을 말한다.
- **브레이징(brazing)** : 모재의 용융점 보다는 낮고, 425℃ 이상에서 용융되는 브레이징 필러메탈을 사용하며, 용융된 용접재가 모세관작용으로 두 모재의 틈새를 채우는

식으로 이음되는 방식이다. 동관용접에 주로 사용된다.

- **브레이즈(braze)** : 모재의 용융점 보다는 낮고, 425℃ 이상에서 용융되는 비철금속제 용접봉을 사용하여 그루브, 필릿, 플럭 또는 스폿용접 하는 방식으로, 용접봉은 용융금속의 모세관 현상을 이용하지 않는다. 과거 사용되던 브론즈 용접(bronze welding)이 이에 속한다, 브레이즈는 동, 황동, 청동, 철, 강 등의 재료의 용접에 사용된다.

- **수력반지름(hydraulic radius)** : 접수길이와 유체가 흐르는 단면의 비율. 원형단면을 갖는 관의 경우는

$$R = \frac{\text{유체가 흐르는 단면적}}{\text{접수길이}} = (\frac{\pi}{4}d^2)/\pi d = \frac{d}{4}$$

이다.

식에서 R: 수력반지름, d: 관의 안지름이다.

- **솔벤트 시멘트(solvent cement, 溶劑)** : 결합되는 표면을 용해 또는 연화시키는 용매 접착제로 주로 플라스틱관과 관이음쇠의 이음에 사용한다.

- **앵커(anchor)** : 배관의 상하 좌우는 물론 회전 등 어떤 방향으로의 변위도 허용되지 않는 가장 강한 고정지지대 이다.

- **역압(back pressure)** : 밸브에서는 출구측에 작용하는 정압을 말하며, 위생설비에서는 밸브 기준으로 출구측의 압력이 입구측의 압력 보다 높아져 역류가 발생되는 현상 때문에 역압이 중요하게 다루어 진다.

- **유량계수(coefficient of flow, flow coefficient)** : 밸브 입출구 간의 압력차를 일정하게 유지하고, 완전 개방 상태에서 밸브를 통과하는 유량. 유량계수 또는 밸브계수라고도 한다.

  압력차를 1 psi로 하고 60°F의 물을 통과시켰을 때의 유량을 gpm으로 표시 하는 C_v,와 압력차를 1 bar로 하고 16℃의 물을 통과시켰을 때의 유량을 m^3/h로 표시하는 K_v 가 주로 사용된다.

- **이렉션(erection)** : 보통 "설치"라고 번역하지만, 현장 제작, 조립, 시험 및 검사 등 모든 절차를 거친 배관시스템의 완벽한 설치상태를 가리킨다.

- **입상관(riser, stack, leader)** : 1층 이상의 수직배관. 급수・급탕과 같이 단상류 배관은 riser로 위생배수 같은 이상류 배관은 stack. 우수배관은 leader로 사용한다.

• **클래스(class)와 PN(pression nominal)** : 클래스는 $ft-lb$ 단위계에서 배관 구성요소에 대한 사용등급으로, 배관 내에 작용하는 압력을 기준으로 한다. 표 3에서와 같이 150, 300, 400, 600, 900, 1 500, 2 500 등 7등급으로 구분된다. 단위는 무차원이며 NPS 1/2~24에 적용된다.

클래스 적용이 제외되는 경우는 ①주조 또는 단조재로 만든 플랜지 및 플랜지식 관이음쇠, ②주조, 단조 또는 판재로 만든 블라인드 플랜지 및 레듀싱 플랜지이다.

표 3 배관재의 클래스 PN

클래스	150	300	400	600	900	1 500	2 500
PN	20	50	68	110	150	260	420

자료 참고문헌 10, 참고문헌 11, p.A.6

PN은 메트릭 단위계에서 클래스에 대체되는 압력등급 표시 방법이다. PN 역시 무차원수이만, 의미 상으로는 bar 이다.

• **파이프와 튜브**[40] : 파이프(pipe)란 표준[41]에 정해진 치수와 요구조건을 갖춘 원형 단면을 갖는 튜브이다. 그러나 표준에 명시되지 않은 지름을 가진 특수 파이프의 경우 호칭 지름은 바깥지름에 해당한다.

튜브(tube)란 원형이나 각형의 단면을 가지며 외면이 연속적인 속이 빈 제작물로, 원형 단면을 갖는 경우에는 호칭지름 외에 바깥지름과 안지름 중 한 가지와 두께를 명시해야 하고, 그 치수와 허용 공차는 표준에 합당하여야 한다.

• **호칭 두께(nominal thickness)** : 제품 재료 사양 또는 표준에 제시된 제조 공차가 주어진 두께.

• **NPS와 DN** : NPS는 nominal pipe size의 첫 글자를 딴 것으로 ft-lb 단위계를 사용할 때의 관의 호칭지름을 표시하는 방법이다. 숫자 다음에 inch를 붙이지 않고 사용한다. 예로, NPS 2는 바깥지름이 2.375 in인 관을 표시한다. NPS 12 이하의 관은 바깥지름이 호칭지름 보다 크고, NPS 14 이상은 바깥지름이 호칭지름과 같다.

---

40. 참고문헌 12. 100.2 definitions
41. 참고문헌 13.

표 4 호칭지름

NPS	DN	NPS	DN	NPS	DN	NPS	DN
1/8	6	3-1/2	90	22	550	44	1 100
1/4	8	4	100	24	600	48	1 200
3/8	10	5	125	26	650	52	1 300
1/2	15	6	150	28	700	56	1 400
3/4	20	8	200	30	750	60	1 500
1	25	10	250	32	800	64	1 600
1-1/4	32	12	300	34	850	68	1 700
1-1/2	40	14	350	36	900	72	1 800
2	50	16	400	38	950	76	1 900
2-1/2	65	18	450	40	1 000	80	2 000
3	80	20	500	42	1 050		

주 NPS 80 초과에 대한 DN은 NPS에 25를 곱한 숫자이다

DN은 diameter nominal의 첫 글자를 딴 것으로, NPS에 대하여 메트릭 단위계를 사용할 때의 호칭지름을 표시 방법이다. ISO에서 정한 기준으로, 역시 숫자 다음에 mm를 붙이지 않고 사용하며, 이 경우 바깥지름은 항상 DN 보다 크다. NPS와 DN은 관뿐만 아니라 관이음쇠 및 밸브 모두에 적용되며 양자 간의 관계는 **표 4**와 같다.

- **SDR(thermoplastic pipe standard dimension ratio)** : 두께에 대한 관의 바깥지름의 비 즉 inch 단위의 바깥지름을 inch 단위의 두께로 나눈 값이며, 플라스틱관의 등급을 구분하는 기준이다.

  ASTM에 따른 것이며 9, 11, 13.5, 17, 21, 26, 32.5, 35, 41, 51, 64, 81 등 12개 등급으로 구분된다. PVC, CPVC 등에 따라 적용하는 기준이 다르다. 숫자가 작을수록 두께가 두꺼운 관이며 더 높은 압력에 사용할 수 있다.

  PE나 PB관에서는 SDR 대신 DR을 사용한다. 이는 관의 평균 바깥지름을 관의 최소두께로 나눈 값으로 DR32.5, DR26, DR21, DR17, DR15.5 DR13.5, DR11, DR9.3, DR9, DR7 등 10개 등급으로 구분된다.

- **SIDR(standard inside dimension ratio)** : 두께에 대한 안지름의 비 즉 inch 단위의 평균 안지름을 inch 단위의 최소두께 로 나눈 값이다. PE관에서 Sch No나 DR과 함께 관의 등급을 구분하는 기준 으로 사용한다. ASTM에 따른 것이며 11, 13.5, 17, 21, 26 등 5개 등급으로 구분 된다. 역시 숫자가 작을수록 두께가 두꺼운 것이며 더 높은 압력에 사용할 수 있다.

(2) 유량 계산과 관계되는 용어

- **Drainage Fixture Unit(DFU, 기구배수 부하단위)** : 기구급수 부하단위(WSFU)와 상대되는 개념으로, 처음에는 급수에서와 같은 1~6의 기구단위(Fixture Unit, FU)를 사용하다가, 1940년부터 별도의 단위로 사용되었으며 범위도 0.5~8로 확장되었다. 1993년에는 기구급수 부하단위와 함께 변경되어 현재의 사용기준 즉, ①개별 주거단위, ②3 이상의 주거단위, ③주거 이외의 건물 및 ④다중이용 시설 등 으로 세분화 되었다.
  이 값을 기준으로 배수, 오수, 통기관의 지름을 결정한다. 1 WSFU의 유량이 변하는(variable) 값임에 비하여 1 DFU의 유량은 고정값(constant) 즉 1 ft^3/min 이다.
- **Fixture Unit(FU, 기구단위)** : 기구단위는 단지 하나의 기구의 배수구을 통해서 배출되는 물의 양을 측정하여 GPM으로 나타낸 것이다. load-factor(부하계수) 라고도 한다.
- **Flow Pressure(유동수압)** : 수도꼭지 또는 토출구가 최대로 열린 상태에서 물이 흐르고 있을 때의 수도 꼭지 또는 토출구 직전의 급수관 내의 압력을 말한다. **그림 2**에서와 같이 유동시의 수압이 정지시의 수압보다 낮다. 정지시와 유동시 수압의 차이가 즉 수도꼭지까지의 압력손실이 된다.
- **Lavatory(변기, 화장실, 세면기)** : 라틴어의 lavare에서 온 것으로, 씻는다(wash)는 의미이다. 그래서 초기에는 변기나 화장실로 지칭되었으나, 오늘날의 화장실은 bath

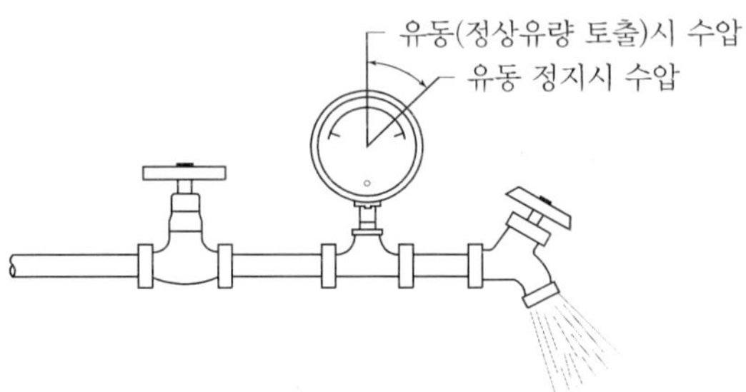

그림 2 수도꼭지에서의 수압

참고 대부분의 수도꼭지 및 기구에는 최소한 100 kPa(15 psi)의 수압이 필요하다. 그러나 워시다운(washdown)형 변기 및 소변기는 최소한 170 kPa(25 psig), 일체형 변기에 DN 15 동관을 사용하는 경우는 최소한 200 kPa(30 psig)의 수압 이 걸려야 정상적인 기능이 발휘될 수 있다.

room이라 함으로 lavatory는 세면기를 지칭하는 용어로 사용된다(**제3장** 세면기 참조).

- **Water Supply Demand(동시사용 유량)** : 여러 가지 기구가 혼재한 급수계통에 공급해야 할 단위 시간당의 유량. 한 기구가 사용될 때 다른 기구도 사용될 수 있는 확률 등이 고려된 가장 적정한 량의 급수량을 말한다. 이 값을 구하기 위한 방법으로 WSFU가 사용되며, 계통의 WSFUs에 대한 유량이 곧 동시사용 유량이다.
  최대예상 급수량, 순시(瞬時) 최대급수량[42], 피크유량 등으로도 사용되고 있으나, 모두 이 용어를 번역한 것이다.
  이 책이나 설비공학편람에서 '동시사용 유량'을 사용하는 이유는 영어 표기의 본래 의미와 취지에 가장 부합하다고 보기 때문이다(**제4장** 'WSFUs에 대한 유량' 참조).

참고 1 위생설비에서 표준유량 계산법으로 사용되는 '기구급수부하 단위법'은 어떤 기구나 계통 또는 건물 전체의 급수나 급탕량을 기구급수 부하단위의 합계 즉 WSFUs로 구하는 방법이다. 특정 계통이나 건물 또는 시설 전체의 급수나 급탕량은 설치된 여러 기구들의 소비량을 합친 것이다. 예로, WSFUs = 1 000의 유량 794.9 LPM(세척탱크식 변기 사용 경우)은 여러 기구가 혼재해 있는 상태에서 사용되는 기구의 종류나 숫자를 알 수 없다. 다만 그 계통에 설치된 기구들 중에서 동시에 물을 사용함으로서 생성되는 부하이다.

참고 2 샤워를 사용하고 있을 때 싱크나 세탁기에서도 물을 사용할 수 있다. 이 때 먼저 물을 사용하던 샤워에 흐르던 물의 양이 줄어든다거나, 급탕의 경우 적합하게 조절된 온도가 변화되지 않아야 한다. 이는 한 세대나 한 동의 건물 그리고 한 단지 등의 범위 내에서 모두 적용되는 것이다. 이처럼 동시사용유량 이란 '하나의 기구가 사용되는 도중에 다른 기구가 사용되더라도 먼저 사용되던 기구의 유량이나 온도가 변하지 않는 유량'이다. 그래서 Water Supply Deamad 를 동시사용유량으로 한 것이다.

- **Water Supply Fixture Unit(WSFU, 기구급수 부하단위)** : 부하생성 효과를 기준으로 위생기구에 부여된 숫자. 처음에는 기구단위(fixture unit, FU)라고 하여 1~6 범위였다가, 1940년 기구급수 부하단위(water supply fixture unit, WSFU)로 변경되었다. 이때부터 기구를 개인용과 공용으로 구분하고 1~10까지로 넘위가 넓어졌다. 다시 1993년 위생기구에 대한 적용특성이 추가되어 ①개별 주거단위(dwelling units), ②3 이상의 주거단위(more than 3 dwelling units), ③주거 이외의 건물(other than dwelling units) 및 ④다중이용 시설(heavy-use assembly) 등으로 세

42. NSPC의 Water Supply Deamad에 대한 HASS 206에서의 용어(번역)

분되었다. 기구나 계통 또는 건물 전체의 급수·급탕량 계산과 관지름 선정에 사용된다. 1 WSFU에 대한 유량은 고정값이 아닌, 변하는(variable) 값이다. 즉, 기구수가 작을 때의 I WSFU의 유량은 크고 기구수가 많을 때의 I WSFU의 유량은 작다[43].

(3) 배수와 통기에 관한 용어

- **각개통기관**(individual vent pipe, revent pipe) : 1개의 트랩을 위해 **그림** 3과 같이 트랩 하류에서 통기관을 인출하여, 그 기구 보다 윗부분에서 통기계통에 접속하거나 또는 대기 중에 개구되는 통기관.

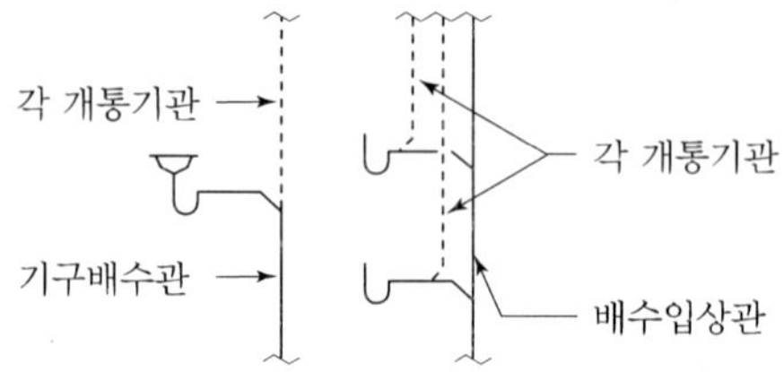

그림 3 각개통기관의 예

- **간접배수**(indirect waste) : 특정 기구의 배수관을 일단 대기 중에 개방하여 공간을 띄운 다음, 일반 배수 계통의 물받이 또는 배수구에 배수토록 하는 배수방법. 배수관이 막히거나 배수의 역류 또는 트랩의 봉수가 파괴된 경우, 하수가스의 침입에 의해 기구 내의 내용물이 오염되는 것을 방지하기 위한 배수배관방식 이다.
- **결합통기관**(yoke vent) : 위생배수 입상관으로부터 인출하여 통기입상관에 연결되는 도피통기관으로 위생배수 입상관 내의 압력변화를 줄이거나 방지하기 위하여 설치한다(**제9장 그림** 7 참조). 결합통기관은 수직배관에만 설치하는 것이다.
- **공용통기관**(common vent pipe) : 맞물림 또는 병렬로 설치한 위생기구의 기구배수관 교차점에 접속하여, 그 양쪽 기구의 트랩 봉수를 보호하는 1개의 통기관을 말한다. **그림** 4는 공용통기관 의 예를 보여주는 것이다.

---

43. HASS 206에서 1 FU의 유량을 14 LPM으로 계산하는 것과는 다르다.

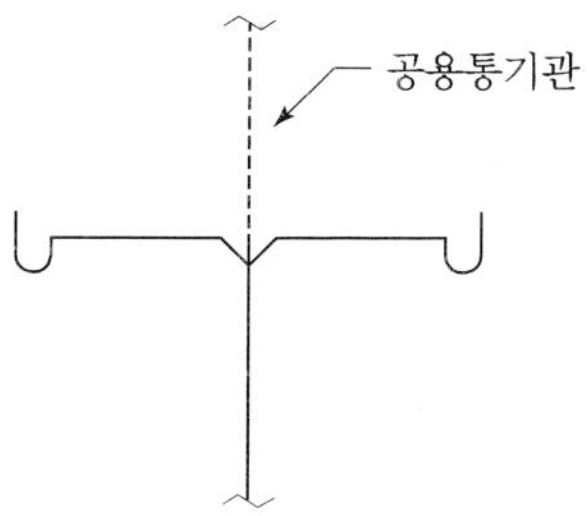

그림 4 공용통기관

- **급수기구**(supply fixture) : 위생기구 중에서 온·냉수를 공급하기 위해 설치된 수도꼭지, 세척밸브, 볼탭 등을 말한다.
- **기구급수·급탕관**(fixture supply pipe, fixture hot water supply pipe) : 수도꼭지, 세척밸브 등의 기구와의 접속 지점으로부터 급수·급탕관까지 사이의 급수·급탕관.
- **기구배수관**(fixture drain) : 위생기구에 부속되거나 내장된 트랩과의 접속 지점으로부터 배수관까지 사이의 배수관.
- **기구통기관**(fixture vent pipe) : 기구배수관에서 수직(평)선과 45° 이내 각도에서의 인출점으로부터 통기관까지 사이의 통기관. 각개통기관, 공용통기관도 여기에 포함된다.
- **도피통기관**(relief vent, relief vent pipe) : 위생배수시스템과 통기시스템 사이에 공기를 추가로 순환시킬 수 있는 보조 통기관.

참고 통기입상관과 가장 가까운 기구에서 사이펀 현상이나 역압이 발생할 수 있는 과대한 압력 작용을 방지하고, 배수 및 공기유동이 원활하지 못한 배관에 슬러그가 쌓이거나, 배수시 과부하가 작용할 수 있는 지점에 과대한 압력이 작용하지 못하도록 **그림 5**와 같이 설치하는 보조 통기관.

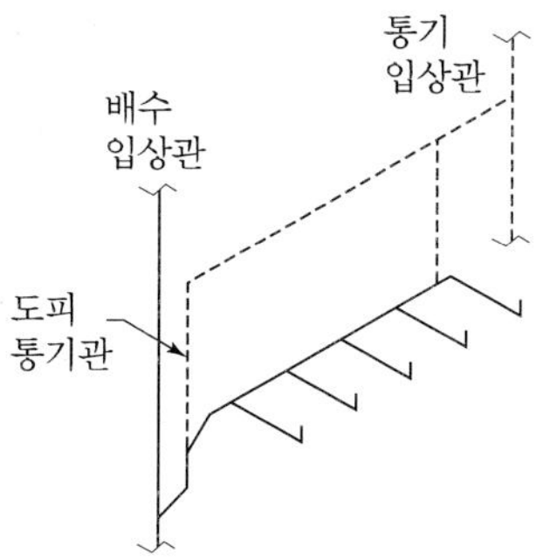

그림 5 도피통기관

· **루프통기**(loop vent) : 2개 이상의 트랩을 보호하기 위해 **그림 6**과 같이 최상류의 기구배수관이 배수횡지관에 접속하는 지점의 바로 하류에서 인출하여, 신정통기관에 접속하는 통기관.

참고 루프통기는 배수관(신정통기관)에 연결됨에 반하여, 회로통기(circuit vent)는 통기입상관에 연결되는 것이 다르다.

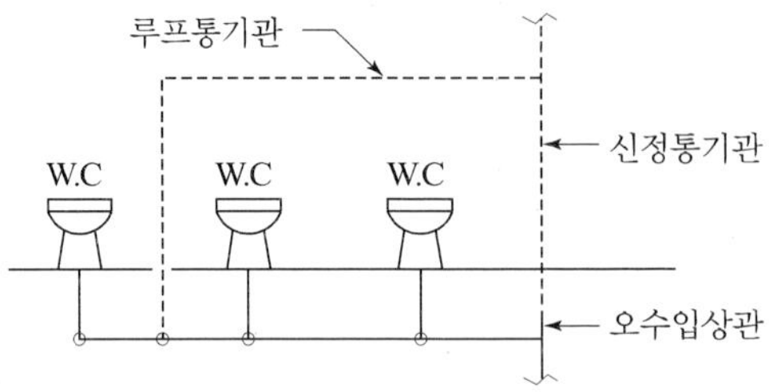

그림 6 루프통기

· **리더**(leader) : 우수 배관의 입상관(입상관 참조).

· **물 넘침선**(flood level rim) : 위생기구 또는 그 외의 다른 물 사용기기의 경우는 그 위쪽 가장자리로 하고, 탱크의 경우는 오버플로 출구에서 물이 넘쳐나오는 부분의 최하단을 말한다. 기구별 물 넘침선은 **그림 7**과 같다.

참고 토수 공간은 탱크나 기구의 물넘침선을 기준으로 한다.

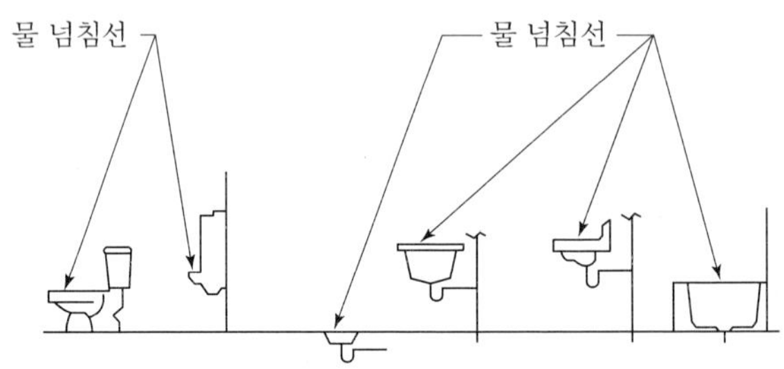

그림 7 물 넘침선

· **배관길이**(developed pipe length, piping length) : 배관의 중심선을 따라 측정한 길이.

· **배수**(drain, drainage)**와 오수**(waste or soiled water) : 배수는 건물 내에서의 주방과 세탁실 그리고 욕실의 변기나 소변기 이외의 기구로부터 배출되는 배수이고, 오

수는 변기와 소변기 및 이것과 유사한 용도를 갖는 기구로부터 배출되는 배수를 말한다. 둘 다 오염된 물로 취급된다.

NSPC에서는 배수와 오수를 합쳐 위생배수(sanitary drainage)라고 한다. 이는 우리와 달리 건물 내 배수와 오수를 통합하는 방법을 위주로 하기 때문이다.

- **배수기구**(drain fitting, drainage fixture) : 위생기구 가운데 물받이 용기의 배수구와 배수관을 접속하는 금구, 트랩, 바닥배수구 등.
- **배수구 공간**(air gap for indirect waste, air break) : 배수계통에 직결되는 기구 혹은 물받이 용기의 물 넘침선, 또는 배수를 받는 바닥면과 간접배수관 끝과의 사이의 수직거리를 말한다.
- **배수역류 방지밸브**(backwater valve) : 배수의 역류를 방지하는 밸브. 외형과 내부 구조의 예는 **그림 8**과 같다.

참고 1 배수에는 이물질이 포함되므로 필요시 밸브를 청소할 수 있어야 하며, 매립되는 배관에 설치하는 경우는 맨홀을 두어 접근 및 청소가 가능하도록 하여야 한다.

참고 2 음용수 계통의 오염방지용으로 사용하는 역류방지밸브(backflow preventer, BFP)와는 다르며, 하수가 역류하여 건물의 배수관으로 밀려들어 오는 것을 막아 주는 밸브이다. 배수횡주관과 부지배수관의 연결부에 설치한다.

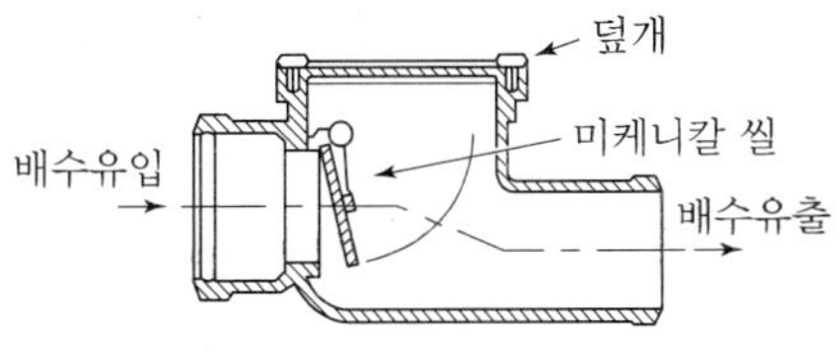

그림 8 배수역류 방지밸브

- **배수횡주관**(building drain) : 건물 내 입상관 및 배수횡지관에서 배출되는 배수, 우수, 기타 배수를 받아 이를 부지 배수관으로 보내는 건물 배수관. 배수시스템에서 가장 낮은 높이에 위치한다. 관지름은 배수횡주관의 기울기에 따라 달라질 수 있다.

참고 1 우리의 경우는 배수횡주관이 배수, 오수, 우수로 구분되지만, NSPC는 ①통합배수(배수+오수+우수, combined building drain), ②위생배수(배수+오수, sanitary building drain), ③우수배수(우수+기타배수, 위생배수는 포함되지 않음. storm building drain) 등으로 구분한다.

참고 2 우리는 왜 코드에서처럼 건물 내 모든 배수를 통합하여 배수시키지 않는가? 그것은 건물 외부의 하수시스템과 관련이 있다.
하수처리장에는 위생배수만 들어가야 한다. 만약 건물 내의 모든 배수(배수, 오수, 우수, 잡배수 등)를 통합하기 위해서는 현재의 정화조 용량이나 하수처리 용량 등의 관련 시설 용량이 커지지 않으면 안 된다. 그러기 위해서는 관련법규가 정비되어야 한다.

- **배압(背壓, back pressure)** : 트랩의 봉수를 유입측으로 밀어내는 것과 같이 배수관에 작용하는 압력.
- **봉수(封水, water seal, water sealing)** : 배수관 등에서 냄새, 하수가스, 해충 등이 실내로 침입하는 것을 막아 주는, 트랩에 고인 물. 이런 구조의 트랩이 수봉트랩이다.
- **봉수강도(seal strength)** : 배수관 내에 정압 또는 부압이 발생할 때 트랩의 봉수를 보호하는 능력을 말한다. 트랩의 봉수가 손실되어 봉수 기능을 상실하게 되는 원인은 ①자기사이펀 작용, ②유도사이펀 작용, ③취출(炊出)현상, ④증발, ⑤모세관현상 등이다. 가장 중요한 유도사이펀 작용은 관내 압력의 변동에 의해 발생한다. 트랩에는 여러 종류의 모양과 구조가 있으며 동일의 관 내 압력 변동에도 봉수깊이, 단면적비(평균 유입측 단면적과 평균 유출측 단면적과의 비), 봉수량 등의 차이에 따라 봉수 손실량이 다르다.
- **브랜치, 브랜치간격(branch, branch interval)** : 브랜치란 배관계통에서 입상관, 횡주관 이외의 배관으로 보통 횡지관(橫支管)을 말한다. 배수횡지관, 급수횡지관 등으로 사용된다.
  브랜치간격이란 아래 위로 위치한 2개의 배수횡지관 사이의 입상관 거리(높이)이다. 보통 1개 층의 높이로, 2.5 m(8 ft)를 넘지 않는다. 그러나 상업용 건물의 경우는 1개 층의 높이가 5~6 m, 특수한 경우[44]는 22 m가 되기도 한다. 이런 경우 배수관의 설계를 어떻게 해야 할 것인가 하는 문제가 생긴다. 그래서 코드에서는 건축 구조상 1개 층이라 하더라도 층고가 높을 때는 2.5 m를 1개 층으로 하여 배수관을 설계하도록 한 것이다.

참고 1 배수횡지관 등은 각층마다 그 배수입상관에 접속되므로, 인접의 배수 수평지관과의

44. 뉴욕 증권거래소(건설기간: 1901~1903, 설비설계: 알프레드 울프) 천정 높이. 참고문헌 4. p4.22-15

수직거리는 거의 층고와 같다. 그리고, 건물의 층고는 2.5 m 이상이 되므로 브랜치간격도 2.5 m 이상인 것이 보통이다. **그림 9**에서 A-B와 B-D 구간은 1 브랜치간격이고, B-C와 C-D 구간은 거리가 1.5 m이므로 2개의 배수횡지관이 접속되었지만 1 브랜치간격으로 한다.

참고 2 브랜치간격은 배수부하를 정확하게 계산하여 배수입상관의 관지름도 적정하게 선정하기 위한 것이다. 배수입상관에 유입된 배수는 정상적 흐름에서, DN 100이고 충수율(배수의 단면적이 배수관의 단면적을 차지하는 비율)이 30%인 경우 3~4m 유하한 곳에서 터미널속도에 도달된다.
브랜치간격의 기준을 정하는 이유는, 터미널길이는 브랜치간격(25 m)를 넘지 않으므로 간단히 브랜치간격수 2로 터미널속도 여부를 구분할 수 있기 때문이다.

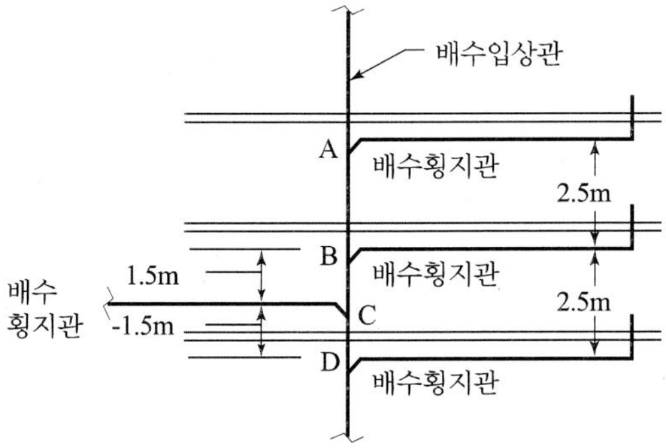

그림 9 브랜치간격

· **빌딩드레인, 빌딩씨워, 새니터드레인** : 건물 내에서 배수와 오수를 통합하느냐 분리하여 배출하느냐에 따라 NSPC의 용어를 적용하는 데 혼동이 있을 수 있다. 이 책에서는 다음과 같은 기준으로 사용되었다.
①빌딩 드레인(building drain)은 배수나 오수의 횡주관, ②빌딩 씨워(building sewer)는 건물하수관, ③새니터리 드레인(sanitary drainage)은 부지배수관으로 사용 한다 .
건물하수관은 위생배수(배수와 오수), 잡배수 및 우수가 합쳐진 배수를 토목 시공분의 부지배수관으로 보내는 배관이다. 부지배수관은 부지 내에 매설된 배수관으로, 부지 밖의 토목 시공분의 하수도까지 연결하는 배관을 말한다.

· **사이펀작용(siphon effect, siphonage)** : 트랩의 봉수가 사이펀 원리에 의해 흐르는 것을 말한다. 기구 자신의 배수에 의해 생기는 자기사이펀작용과 다른 기구의 배수시 배관내 부압에 의해 생기는 유도사이펀 작용이 있다.

· **스택(stack) :** 옵셋을 포함한 오수, 배수, 통기용의 모든 입상관을 뜻한다. 다만 수직형 기구나, 지붕을 뚫고 확장되지 않는 통기관 및 통기지관으로 입상관(또는 신정 통기관) 과의 접속을 위한 통과 거리가 2개 층 높이 이하인 경우는 포함되지 않는다(입상관 참조).

· **스탠드파이프(Standpipe) :** 간접 폐기물 수용기. 간접 배수를 위한 에어 브레이크(또는 에어 갭)을 제공하는 상단이 개방된 수직 배수관.

· **신정(伸頂)통기관(stack vent, stack venting) :** 배수입상관을 **그림 10**과 같이 지붕 위까지 연장시켜 통기관으로 겸용되는 배수관. 배수관과 통기관의 연결은 최고층 천정 밑에서 이루어져야 한다.

참고 1 **그림** 10은 배수관과 별도의 통기관이 사용된 경우이므로 통기관도 배수관과 같이 지붕 위로 연장할 수 있다. 그러나 지붕 밑 최고층 천정에서 신정통기관에 접속시킨 것은 지붕 층 방수를 고려하여 지붕 뚫는 개소를 줄이기 위한 것이다.

참고 2 이 경우 통기관이 결합된 이후의 신정통기관의 크기는 배수관과 통기관의 DFUs를 고려하여 조정되어야 한다(**제9장 그림** 11 참조).

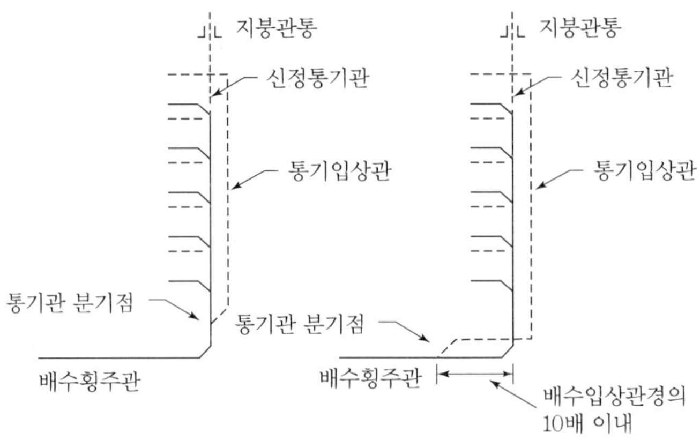

그림 10 신정통기관

· **온수 가열기 :** 온수기, 저탕식 온수기, 순간 온수기, 온수 히터, 온수 보일러 등 모든 온수 기구를 통칭하는 의미로 사용되었다. 가열능력을 기준으로 용량이 표시된다. 다만, 저탕식 온수기와 순간 온수기에 대한 구분은 다음과 같이 입력 대 저장 용량 비율을 기준으로 한다.

저탕식 온수기(storage water heaters)는 버너, 저장 탱크, 외부 재킷 및 서모스탯과 같은 제어장치를 단일 장치에 통합한 것으로, 입력 대 저장 용량 비율은 리터당 300W 미만이다.

순간 온수기(instantaneous water heaters)는 탱크식 또는 수관식 중 한가지로, ① 탱크형 순간 온수기는 입력 대 저장 용량 비율이 리터당 300W 이상이며, 서모스탯에 의하여 히터로 공급되는 에너지를 제어 한다. ②수관식 순간 온수기는 최소한의 물 저장 용량을 가진다. 이 장치에는 대개 버너를 제어하는 유량 스위치가 있으며, 물의 흐름에 따라 연료 흐름을 변화시키는 조절식 연료 밸브가 있을 수 있다.

- **옵셋(offset)** : 배관지름을 평행 이동할 목적으로 엘보 또는 벤드로 구성된 부분을 말한다. **그림 11**에서 A와 B는 싱글옵셋으로 관의 중심선이 바뀌게 되며, C와 D는 관의 중심선이 원래 위치로 되돌아오는 리턴옵셋, E와 F는 중심선이 바뀌는 더블옵셋 이다.

참고 옵셋은 수직, 수평관 모두에서 발생할 수 있으며, 90도, 45도 이외 각도의 관이음쇠를 사용하여 만들 수도 있다.

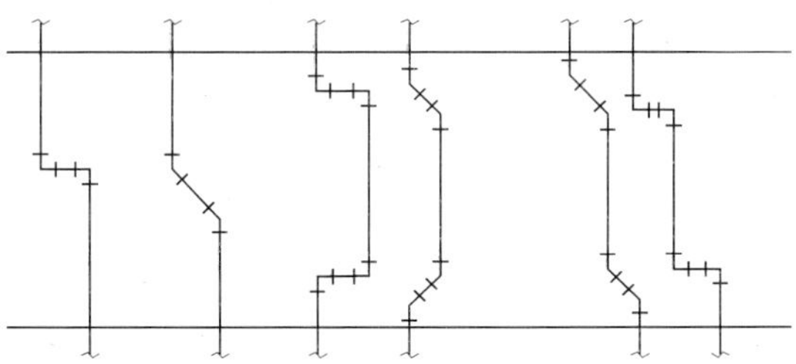

그림 11 옵셋의 종류

- **욕실그룹(bathroom group)** : 주택의 한 세대의 욕실에 변기1, 세면기1 또는 2, 욕조나 욕조 및 샤워 중 1을 구비한 욕실. 그 외의 기구가 설치되면 기구급수 부하단위(WSFU)나 배수부하단위(DFU)를 구할 때 별도로 계산하여 합산하여야 한다.
- **위생기구(plumbing fixture, sanitary appliance)** : 물을 공급하거나 액체 혹은 세척되어야 할 오물을 받고 또는 그것의 배출을 위해서 설치되는 공급기구, 물받이 용기, 배수기구 및 부속품.

  위생기구는 **표 5**와 같이 분류된다.
- **위생기구 배터리(battery of fixtures)** : **그림 12**와 같이 두 개 이상의 기구를 일렬로 배치하고, 공동 배수관을 사용하는 위생기구 설치방법. 터미널이나 공항 같은 다중

표 5 위생기구의 분류[45]

대분류	중분류	소분류	대상기구
물 사용기구	위생기구	급수기구	수도꼭지(faucets), 세척밸브(flush valve), 볼탭(ball tap)
		물받이 용기(receiver)	변기(water closet), 비대(bidet), 세면기(lavatory, washbasin), 싱크(sink) 욕조(bathtub), 리셉터(receptor)
		배수금구	배수금구, 트랩(trap), 바닥배수구(floor drain)
		부속품	거울, 화장대, 비누대, 휴지걸이
	기타 기구	주방기구	
		세탁기구	
		의료용 기구	
		공조 및 냉난방용 기구	
		실험용 기구	
온수기구			보일러, 온수기, 열교환기
탱크			지하저수탱크, 고가탱크, 온수 저장탱크, 배수탱크, 용수탱크, 변기용 세척탱크(flush tank),
루프 드레인 (roof drain)			
포집기 (intercepter)			

이용 시설에서의 위생기구 설치는 대부분 이 방식이다. 기구 8개까지 1개 통기관을 사용할 수 있다.

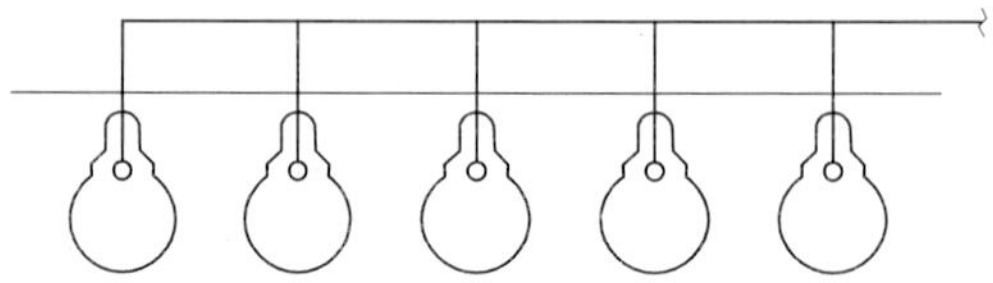

그림 12 위생기구 그룹 설치(battery of fixtures)

- **위해성오염(contaminant), 불쾌성오염(pollutant)** : 위해성(危害性)오염은 음용수 수질의 손상 정도가 질병을 일으키거나 사망의 원인이 될 수 있을 정도, 즉 그 원인으로 독성을 만들거나 질병을 확산시켜 공중의 건강에 위험을 줄 수 있는 오염

45. 참고문헌 14. 제2편 위생설비, 3 용어의 정의

(health hazard)을 말한다.

이에 비하여 불쾌성(不快性)오염은 물의 오염정도가 사람의 건강에 문제를 일으킬 수 있는 상태는 아니지만(non-health hazard) 심미적인 불쾌감을 주는 정도의 오염을 말한다.

· **유도사이펀작용**(induced siphonage) : 한 기구에서의 배수시에 생기는 관내의 압력 변동에 의해서, 사용하지 않는 기구의 트랩에서 봉수가 유출하여 손실되는 현상. 이와는 반대로 기구 측으로 압력이 작용하여 손실되는 경우가 취출현상이다(사이펀작용 참조).

· **임계높이**(critical level) : 역류방지기나 진공브레이커에 표시된 임계높이를 말하며, 제조회사에 의해 제품에 표시된다. 임계높이라는 의미는 역류방지기나 진공브레이커가 설치된 기구 또는 용기의 물넘침선 보다 높아야 하는 최소의 거리를 말한다. 역류방지기에 임계높이 표시가 없다면, **그림 13**과 같이 진공브레이커, 조합밸브 또는 그런 종류의 기기의 하단 면까지의 거리를 임계높이로 한다.

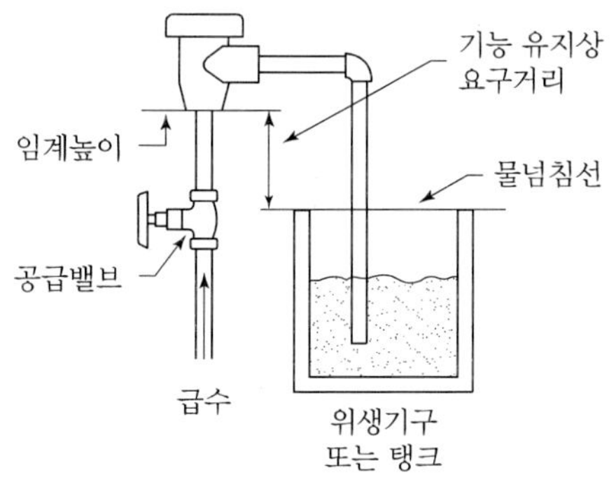

그림 13 임계높이

· **진공방지밸브**(vacuum relief valve) : 탱크나 배관 내부가 진공이 되면 자동으로 공기를 보급하여 진공발생을 방지하는 밸브. 진공도에 따른 공기의 유입량으로 용량이 표시된다.

> **참고** 급탕탱크나 기타 밀폐된 용기에 저장된 유체를 배출하거나 펌핑할 때, 내부가 진공이 되어 쭈그러들거나 파괴되는 사고 및 배관계통 중 특히 수직배관에서의 물기둥의 중력에 의한 진공 발생을 방지하기 위한 목적으로 사용된다.
> 역사이펀 작용으로 인한 역류를 차단하여 음용수 오염을 방지하기 위하여 사용되는 진공브레이커와는 다르다.

· **크로스커넥션**(cross connection) : 상수도나 급수 · 급탕 등의 음용수 배관계통에 음용수 이외의 배관이 직접 연결되는 것을 말한다. 배관계통에는 부득이 음용수 이외의 배관에 음용수 배관이 연결되어야 하는 경우가 많다. 그러나 이런 경우에는 반드시 음용수 이외의 물이 음용수 배관으로 역류하지 않도록 역류방지 기구를 설치하여야 한다.

· **통기관의 허용압력차**(permissible pressure difference of vent pipe) : 배수계통에 장애를 일으키지 않는 한도 내에서, 통기의 기점과 종점과의 사이에 허용되는 압력차. 유도사이펀 작용에 따른 봉수손실이 크지 않도록 하며 또한 취출현상이 생기지 않도록 정한 값으로, 통기관의 종류에 따라 다르다.

· **트랩**(trap): 위생기구 또는 배수계통 내의 장치로, 내부에 봉수층이 있어서 배수의 흐름에는 지장을 주지 않으면서, 배수관 내의 공기가 실내로 유입되는 것을 방지해 주는 기구.

주로 배수관 내의 공기가 위생기구 등을 통해서 실내로 유입되는 것을 방지하기 위해서 설치한다. 공기 유입 방지기능은 일반적으로 트랩 내의 봉수에 의하기 때문에, 이 같은 트랩을 수봉식 트랩이라 한다(트랩의 각 부위의 명칭은 **제7장 그림 9** 참조).

· **회로통기**(curcuit vent) : 2개 이상의 트랩의 봉수를 보호하기 위하여 **그림 14**와 같이 기구배수관이 배수횡지관에 접속하는 지점의 하류에서 인출하여 통기입상관에 접속되는 통기관.

참고 루프통기는 신정통기관에 연결됨에 반하여, 회로통기는 통기입상관에 연결되는 것이다.

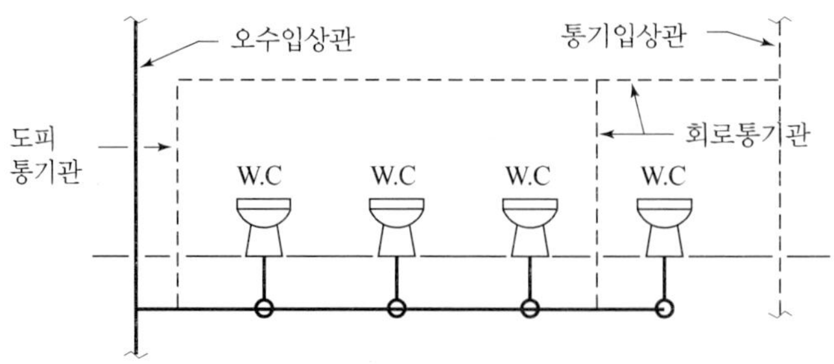

그림 14 회로 통기

· **혼합기구**(combination fixture) : 싱크와 세탁대 1~2개 또는 2~3개로 구획된 싱크와 세탁대를 결합하여 하나의 유닛으로 만든 위생기구.

6.3 약자

(1) 약자별 원문

약자	원문	비고
AVB	Atmospheric vacuum breaker	대기압식 진공브레이커
BE	Beveled end	끝(端)가공
BFP	Backflow Preventer	역류방지기, 역류방지밸브
BOM	Bill of materials	재료 청구서
BOP	Bottom of pipe	관의 밑면
Brz	Bronze (valve)	청동 (밸브)
Bty	Butterfy (valve)	버터플라이 (밸브)
BW	Butt welding	맞대기 용접
cfs	cubic feet per second	ft^3/s
CI	Cast iron	주철
Chk	Check (valve)	첵 (밸브)
CWP	Cold water pressure	냉수 사용시 압력
DCDA	Double check detector fire protection backflow prevention assembly	복식첵밸브 누설탐지형 역류방지밸브
DCV	Double check valve backflow prevention assembly	복식첵밸브형 역류방지밸브
DI	Ductile iron	덕타일주철
Dia	Diameter	지름
FE	Flanged ends	플랜지식
F/F	Face of flange	플랜지면
FPV	Freeze protection valve	동결방지밸브
Gi	Gray iron	회주철
Glb	Globe (valve)	글로브 (밸브)
HDS	Hydrostatic design stress	정압 설계응력
ID	Inside diameter	안지름
LR	Long radius	장 반지름
M&F	Male and female (ends)	한쪽은 숫나사 한쪽은 암나사
MI	Malleable iron	가단주철
NC	Normally closed	상시(常時) 폐쇄
OD	Outside diameter	바깥지름
Orf	Orifice	오리피스
OS&Y	Outside screw and yoke(valve)	고정위치의 핸들이 돌면 스템이 상하로 이동하는 형태의 밸브
PVB	Pressure vacuum breaker	가압식 진공브레이커

약자	원문	비고
PE	Plain ends	끝(端)가공 없음(강관)
ppb	Parts per billion	10억 분의 1
PQR	Procedure qualification record	절차 적격성 기록
PRV	pressure reducing valve	감압밸브
PSV	Pressure safety (relief) valve	프레셔 세이프티(릴리프) 밸브
RP(RPZ)	Reduced pressure principle backflow prevention assembly	감압형 역류방지밸브
RPDA	Reduced pressure detector fire protection backflow prevention assembly	감압식 누설탐지형 역류방지밸브
Sch	Schedule (of pipe or fittings)	스케쥴(관 및 관이음쇠)
SE	Screwed ends	나사식
SDR	Standard dimensional ratio	두께에 대한 바깥지름의 비, inch 단위
SIDR	Standard ID dimension ratio	두께에 대한 안지름의 비, inch 단위
Spec	Specification	사양
SPV	Scald protection valve	과열방지밸브
SR	Short radius, stress relieve	단 반지름, 응력제거
SRL	Short radius elbow	단 반지름 엘보
SS	Stainless steel	스테인리스강
Std	Standard (pipe or fitting sch)	표준 중량(중량계 법에서의 두께기준)
Stl	Steel	강
SW	Socket welding	소켓용접
T&C	Threaded and coupled	나사 가공하여 소켓 끼움(강관)
TS	Tensile strength	인장강도
Thd	Threaded	나사
Thk	Thickness	두께
VB	Vacuum breaker	진공브레이커
VRV	Vacuum relief valve	진공방지밸브
WHA	Water hammer arrester	워터해머 흡수기
WP	Working pressure	상용(常用)압력
XS	Extra strong	매우강함(중량계법에서의 두께기준)
XXS	Double extra strong	매우매우강함

(2) 플라스틱 약자별 원문

약자	원문	비고
ABS	Acrylonitrile butadiene styrene	아크릴로 니트릴 부타디엔 스티렌
AP	Polyacetal	폴리 아세탈
CP	Chlorinated polyether	염소 폴리 에테르
CPVC	Chlornated polyvinyl chloride	염화 폴리 비닐
ETFE	Ethylene tetrafluoroethylene copolymer	에틸렌-테트라 플루오로 에틸렌 공중 합체
PB	Polybutylene	폴리 부틸렌
PE	Polyethulene	폴리 에툴렌
PEX	Cross-linked polyethylene	가교 폴리에틸렌
PP	Polypropylene	폴리 프로필렌
PTFE	Polytetrafluoroethylene	폴리 테트라 플루오로 에틸렌
PVC	Polyvinyl chloride	폴리 염화 비닐
RTP	Rainforced thermosetting plastic	강성 열경화성 플라스틱
RTR	Rainforced thermosetting resin	강성 열경화성 수지

연습문제

01 자연발생적으로 우리나라 위생설비의 기본이 된 Code는 무엇이며, 그 명칭은 어떻게 변화되었나?

02 완속모래여과법, 급속모래여과법의 도입시기와 처음으로 적용한 국가.

03 통기이론은 언제 확립되었으며, 위생설비에 미친 효과는 무엇인가?

04 수세식 변기의 약자를 WC로 쓰게 된 기원을 설명하라.

05 현재 우리가 사용하는 수세식 변기는 몇 가지 형태로 분류할 수 있나?

06 현대적인 배수시스템을 정의하라.

07 코드란 무엇이며 그 적용 범위는 어디까지인가?

08 배관을 구성하는 재료들에 대한 사용 압력등급은 어떻게 구분되는가?

09 관의 호칭지름은 어떻게 표시되는가?

10 다음 약자에 대한 원문은 무엇인가?

Dia, ID, OD, Stl, CIP, Thk, PVC

참고문헌

1. 金永浩. 배관공학, 도서출판 북스힐, 2021.1
2. Plumbing History. Plumbing Engineer, April to June of 2001
3. 한국설비 기술협회, 공조냉동위생설비사. 2017.9
4. 설비공학회, 설비공학편람 제4판, 제1권 기초, 제22장 건축기계설비의 역사. 2018
5. 金永浩, 한국 일본 미국의 위생설비분야 코드. 설비저널 제43권. 2014.11
6. 金永浩. Plumbing History, 2011 위생부문강습회 교재 pp1-12, 대한설비 공학회. 2011.4.27.~4.28
7. 金永浩. 위생설비발전사. 설비저널 제34권 제6호 pp24-31. 대한설비 공학회. 2005.6
8. 金永浩. 현대적 급배수설비 기술정립의 배경. HARFKO 2005 강연회집 pp197-207. 대한설비공학회. 2005.5.26
9. 金永浩. 기계설비산업의 60년. 대한기계학회 60년사 pp752-762 대한기계학회 2005. 12.20
10. ASME B16.5 Pipe flange and flanged fittings
11. Mohinder L. Nayyar. Piping Handbook. 7th Edition
12. ASME B31.1 Power Piping. 100.2 Definitions
13. ASME B 36.10, ASME B36.19
14. 국토해양부. 건축기계설비 설계기준. 2010.12

SANITARY ENGINEERING

2장

재료와 표준

1. 위생설비에 사용되는 재료
2. 배관재료별 적용 표준
3. 위생기구 표준
4. 기타 표준
5. 용도별 배관재 사용범위

1 위생설비에 사용되는 재료

1.1 재료에 대한 일반 요구사항

위생설비 배관의 설치, 수리 또는 변경 등에 사용되는 재료, 고정물 또는 장비는 관할기관에 의해 달리 승인된 경우 이외에는 대체적으로 이 장에 나열된 표준을 따르며, 다음과 같은 요구사항에 합당해야 한다. 이는 위생설비가 사람이 먹는 물을 기본으로 하고 있기 때문이다.

① 위생설비시스템에 사용되는 재료는 품질이 손상되지 않도록 취급되어야 하며, 결함이 있거나 손상된 재료, 장비 또는 장치를 그대로 사용해서는 안 된다.
② 모든 재료는 표준에 의한 것이거나 또는 관할기관의 승인을 받은 것 이어야 하고, 또한 표준에 따라 설치해야 한다.
③ 오수용 주철관 및 관이음쇠에는 각 제품마다 제조자 이름 또는 등록 상표가 표시되어야 한다. 표식(marking)은 제조 시에 이루어져야 하며 현장에서의 작업은 허용되지 않는다. 이는 사용자가 제조자를 쉽게 식별할 수 있도록 함이다.

이와 같은 요구사항은 주철관의 경우 형태와 이음 방식이 독점적인 경우가 있으므로, 사용 중에 이상이 발생하거나 개체가 불가피할 경우를 대비하기 위한 것이다.

1.2 사용이 인증된 재료

위생설비에 사용할 수 있는 재료는 한 가지 이상의 표준을 준수하는 것으로 인증된 것과, 플라스틱관, 피팅 및 솔벤트 시멘트의 경우는 플라스틱 배관 시스템 구성요소 및 관련 재료[1]을 준수하는 것으로 인증된 재료를 사용한다.

표준 목록에 해당되지 않은 재료의 경우에는 관할기관의 승인을 받아 사용할 수 있다.

---

1. 참고문헌 1. 플라스틱 배관 시스템 구성품 및 관련 재료에 대한 최소 물리적 성능 및 건강 영향 요건을 규정하고 있다. 음용수 용도로 적용할 제품은 참고문헌 2의 건강 영향 요건도 준수해야 한다.

2 배관재료별 적용 표준

2.1 표준관련 단체명

약자	원문	비고
AHAM	Association of Home Appliance Manufacturers	가전 제품 제조업체 협회
ANSI	American National Standards Institute	미국 국가 표준위원회
ASHRAE	American Society of Heating, Refrigerating and Air-Conditioning Engineers	미국 냉난방 공조협회
ASME	American Society of Mechanical Engineers	미국 기계공학회
ASPE	American Society of Plumbing Engineers	미국 위생설비 기술자협회
ASSE	American Society of Sanitary Engineers	미국 위생공학회
ASTM	American Society of Testing and Materials	미국 재료시험학회
AWS	American Welding Society	용접협회
AWWA	American Water Works Association	미국 수도협회
CISPI	Cast Iron Soil Pipe Institute	오수 주철관 연구소
CSA	Canadian Standards Association	캐나다 표준협회
FCI	Fluid Controls Institute	유체제어 연구소
FM	FM Global	미국의 상호 보험회사
IAPMO	International Association of Plumbing and Mechanical Officials	국제 배관 및 기계관련 공무원 협회
ISEA	International Safety Equipment Association	국제 안전 장비 협회
KARSE	Korean Association of Air Conditioning Refrigerating and Sanitary Engineers	(사)한국설비기술협회
KS	Korean Industrial Standards	한국 산업표준
MSS	Manufacturers Standardization Society	밸브 및 이음쇠 제조업 협회 표준
NACE	National Association of Corrosion Engineers	부식 기술자 협회
NFPA	National Fire Protection Association	미국가 소방 협회
NSF	NSF International	미국 공중위생국
NSPE	National Society of Professional Engineers	기술사 협회
OSHA	Occupational Safety and Health Act, or Administration	산업안전 보건법 또는 기관
PDI	Plumbing & Drainage Institute	급배수 배관 연구소
PPI	Plastic Pipe Institute	플라스틱 파이프 연구소
SAREK	The Sociaty of Air-Conditioning and Refrigerating Engineers of Korea	대한설비공학회
SHASE	The Sociaty of Heating, Air-Conditioning and Sanitary Engineers of Japan	일본냉난방및위생공학회
UL	Underwriters Laboratories Inc.	미국보험협회 연구소

2.2 관과 관이음쇠

(1) 철계 금속관과 관이음쇠

1 국제표준

번호	품목	표준번호	비고(KS)
1	오수용 주철관 및 관이음쇠(허브 및 스피곳)	A74	D4323
2	오수용 주철관 및 관이음쇠(노-허브)	CISPI 3015, A888	D4323
3	압력 배관용 덕타일 주철관	A3773, AWWA C151/A21.51.	D4311
4	덕타일 및 회주철 관이음쇠(NPS 3 이상)	AWWA C110/A21.10	D4311
5	덕타일주철관 및 관이음쇠용 시멘트 몰탈라이닝	AWWA C104/A21.4	D4311
6	아연도, 용접 및 이음매없는 강관	A53	D3507, 3562, 3569
7	주철제 나사식 배수용 관이음쇠	B16.12	B1531
8	회주철 나사식 관이음쇠, 클래스 125 및 250	B16.4	B1531
9	가단주철제 나사식 관이음쇠, 클래스 150 및 300	B16.3	B1531
10	주철제 나사식 플럭, 부싱 및 로크너트	B16.14	
11	스테인리스강제 DWV 관 및 관이음쇠, 304 및 316L (3)	A112.3.1	
12	철제 관플랜지 및 플랜지식 관이음쇠(NPS 1/2~24)	B16.5	
13	수도용 덕타일 주철제 소형 관이음쇠	AWWA C153/A21.53	

주 표준 번호에서 A: ASTM. A21.51, B16.12와 같이 표기된 것은 ASME 임.

참고 (1) ( ) 안에 포함된 관의 크기는 참조된 표준의 범위에 대한 일반적인 정보일 뿐이며, 사용을 제한하기 위한 것은 아니다.

(2) 합금의 경우는 관과 관이음쇠에 표시되어야 한다.

2 KS

번호	제목	표준번호	비고
1	강제 용접식 관플랜지	KS B1503	
2	스테인리스 강제 용접식 플랜지	KS B1506	
3	나사식 가단주철제 관이음쇠	KS B1531	
4	나사식 배수관 이음쇠	KS B1532	
5	나사식 강관제 관이음쇠	KS B1533	
6	벨로즈형 신축관 이음	KS B1536	
7	강제 맞대기 용접식 관이음쇠	KS B1543	
8	일반배관용 스테인리스강관 프레스식 관이음쇠	KS B1547	
9	배관용 탄소강관	KS D3507	
10	압력배관용 탄소강관	KS D3562	

번호	제목	표준번호	비고
11	고압배관용 탄소강관	KS D3564	
12	상수도용 도복장강관	KS D3565	
13	저온 배관용 탄소강관	KS D3569	
14	배관용 스테인리스강관	KS D3576	
15	상수도용 도복장강관 이형관	KS D3578	
16	배관용 아크용접 탄소강 강관	KS D3583	
17	스테인리스강 위생관	KS D3585	
18	일반 배관용 스테인리스강관	KS D3595	
19	수도용 에폭시수지분체 내외면 코팅 강관	KS D3608	
20	수도용 폴리에틸렌 분체 라이닝 강관	KS D3619	
21	일반 용수용 도복장강관	KS D3626	
22	스테인리스제 주름관	KS D3628	
22	경질염화비닐 라이닝 강관	KS D3761	
23	배수용 주철관	KS D4307	
24	덕타일 주철관	KS D4311	
25	하수도용 덕타일 주철관	KS D4323	

(2) 비철계 금속관과 관이음쇠

1 국제표준

번호	품목	표준번호	비고(KS)
1	황동관, 단동관, 이음매없는 동합금관, 표준 크기	B43	D5301
2	청동 주조 나사식 관이음쇠, 클래스 125 및 250	B16.15	
3	동합금 주조 관플랜지 및 플랜지식 관이음쇠, 클래스 150, 300, 400, 600, 900, 1500, 2500	B16.24	
4	배수관용 동합금 주조 솔더링식 관이음쇠(DWV)	B16.23	
5	동합금 주조 솔더링식 관이음쇠	B16.18	B1544
6	배수용 동관(DWV)	B306	
7	이음매없는 동파이프, 표준 크기	B4	
8	나사없는 동파이프	B302	
9	물용 이음매 없는 동관(K, L, M)	B88	D5301
10	동 및 동합금 배수용 관이음쇠, DWV	B16.29	
11	동 및 동합금 솔더링용 관이음쇠	B16.22	B5578
12	동합금 주조 플래어링 관이음쇠	B16.26	B1537
13	동 및 동합금 브레이즈용 관이음쇠	B16.50	
14	동관용 푸쉬-피트(push-fit)식 관이음쇠	ASSE 1061	

주 표준 번호에서 B: ASTM. B16.15와 같이 표기된 것은 ASME 임.

2 KS

번호	제목	표준번호	비고
1	냉매용 플레어 및 경납땜 관이음쇠	KS B1337	
2	구리합금 납땜 관이음쇠	KS B1544	
3	구리 및 구리합금 관이음쇠	KS B5578	
4	이음매없는 동 및 동합금관	KS D5301	

(3) 비금속제 관과 관이음쇠

1 국제표준

번호	품목	표준번호[1]	비고(KS)
1	공란		
2	ABS관 Sch40, 80(NPS 1/8~12)	D1527	
3	오・배수 및 통기용 ABS관 및 관이음쇠, Sch40(NPS 1-1/4~6)	D2661	
4	오・배수 및 통기용 ABS관 및 관이음쇠, Sch40 셀룰러 코어, (NPS 1-1/4~6)	F628	
5	하수용 ABS관 및 관이음쇠(NPS 3~12)	D2751	
6	하수용 ABS 및 PVC 복합관(NPS 6~15)	D2680	
7	물용, 압력배관용 PVC관(NPS 4~12)	AWWA C900	M3401, 3404
8	PVC관, Sch40, 80 및 120(NPS 1/8~24)	D1785	M3401, 3404
9	PVC 관이음쇠, Sch40, 소켓식(NPS 1/8~8)	D2466	
10	PVC 관이음쇠, Sch80, 소켓식(NPS1/8~8)	D2467	
11	PVC 관이음쇠, Sch80, 나사식(NPS 1/8~8)	D2464	
12	PVC 압력 등급관, SDR 시리즈(NPS 1/8~36)	D2241	M3401, 3404
13	오・배수 및 통기용 PVC관 및 관이음쇠(NPS 1-1/4~12)	D2665	M3414, 3404
14	배수 및 DWV용 PVC 관이음쇠, Sch40	F1866	
15	오・배수 및 통기용 PVC관 및 관이음쇠, OD 3-1/4”	D2949	
16	PVC 하수관 및 관이음쇠(NPS 2~6)	D2729	
17	PVC 하수 관이음쇠(개스킷 이음식)(NPS 4~27)	F1336	
18	셀룰러 코어 PVC관, 비압력용, IPS Sch40(NPS 1-1/4~12)	F891	
19	셀룰러 코어 PVC관, 비압력용, PS 및 하수 및 배수 시리즈(NPS 2~18)	F891	
20	PVC 하수관 및 관이음쇠, PSM(2) 유형(NPS 4~15)	D3034	
21	CPVC 온, 냉수 분배 시스템(NPS 3/8~2)	D2846	
22	CPVC 파이프, SDR-PR(NPS 1/4~12)	F442	
23	CPVC 파이프, Sch40 및 80(NPS 1/4~12)	F441	
24	CPVC 파이프 및 관이음쇠, Sch80, 소켓식(NPS 1/4~8)	F439	

번호	품목	표준번호[1]	비고(KS)
25	CPVC 파이프 ALC 관이음쇠, Sch80, 나사식(NPS 1/4~6)	F437	
26	물용 PE 압력 파이프 및 튜빙(NPS 1/2~3)	AWWA C901	
27	PE 파이프(SDR-PR), 바깥지름 기준(NPS 1/2~6)	D3035	D3408
28	PE 파이프(SIDR-PR), 안(NPS 1/2~6)	D2239	D3408
29	PE-RT(raised temperature) 튜빙, SDR 9	F2623	
30	PE 파이프, 바깥지름(NPS 1/2~12) Sch 40 및 80	D2447	D3408
31	PE 튜브(NPS 1/2~2)	D2737	
32	PE 파이프 및 튜빙용 맞대기 열융착식 PE 관이음쇠(NPS 1/2~48)	D3261	
33	PE 파이프용 삽입식 관이음쇠(NPS 1/2~4)	D2609	
34	주름 PE 주름관 및 관이음쇠(NPS 3~6)	F405	
35	매끄러운 벽 PE 파이프(배수 및 폐기물 처리용)(NPS 3~6)	F810	
36	배수용 SR 파이프 및 관이음쇠(NPS 2~6)	D2852	
37	유리섬유 압력 파이프(NPS 1 이상)	AWWA C950. D3517	
38	하수 및 산업용 유리섬유(GFR) 압력 파이프(NPS 8 이상)	D3754	
39	유리섬유(GFR) 하수관(NPS 8 이상)	D3262	
40	유리섬유(GFR) 비압력 관이음쇠(NPS 8 이상)	D3840	
41	유리화 클레이 파이프, XS, 표준강도 및 천공(NPS 3 이상)	C700	
42	콘크리트 배수 타일(4“ 이상)	C412	
43	하수, 우수 배수 및 비보강 콘크리트 암거 파이프(4“ 이상)	C14	
44	우수 배수 및 하수관 철근 콘크리트 암거(12“ 이상)	C76	
45	천공 콘크리트 파이프(4”이상)	C444	
46	PEX 온, 냉수 분배 시스템	F877	M3357
47	PEX 튜브(NPS 3/8~6)	F876	M3357
48	SDR 9 PEX 튜빙용 동제 크림핑 링을 사용하는 금속 삽입 관이음쇠	F1807	
49	PEX 튜브용 PEX 강화 링이 있는 냉 팽창 관이음쇠	F1960	
50	PEX-AL-PEX 복합 압력 파이프(NPS 3/8~1)	F1281	
51	PE-AL-PE 복합 압력 파이프(NPS 3/8~1)	F1282	M3408
52	PEX-AL-PEX 및 PE-AL-PE 복합 압력 파이프용 금속 삽입 관이음쇠	F1974	
53	PE-AL-PE 복합 파이프 시스템(NPS 1/4~1)	CSA B137.9	
54	PEX-AL-PEX 복합 압력 파이프 시스템(NPS 1/4~1)	CSA B137.10	
55	PE 파이프(SDR-PR), 바깥지름 기준(3~48“)	F714	M3408
56	PEX 튜빙(SDR 9)을 금속 인서트 관이음쇠에 고정시키는 스테인리스강 클램프	F2098	
57	PEX-AL-PEX 튜브, 바깥지름 기준, SDR 9, (NPS 1/2~1)	F2262	
58	고온용 압력 등급 복합 파이프 및 관이음쇠, 클래스 1 및 2(16~ 50 mm)	F1335	
59	PEX 파이프용 금속 압축 슬리브가 있는 냉 팽창 관이음쇠	F2080	
60	SDR 9 PEX 및 CPVC용 푸시-핏(push-fit) 관이음쇠	ASSE 1061	

번호	품목	표준번호[1]	비고(KS)
61	압력 등급 PP 배관 시스템	F2389	M3362
62	수도용 PEX 압력 파이프(NPS 1/2~3)	AWWA C904	
63	CPVC 파이프 관이음쇠 Sch40, 소켓식(NPS 1/4~6)	F438	
64	PE 파이프 및 튜빙용 맞대기 열융착식 PE 관이음쇠(NPS 1/2~48)	D3261	
65	바깥지름 기준 PE 파이프 및 튜빙용 소켓식 관이음쇠(NPS 1/4~4)	D2683	
66	바깥지름 기준 PE 파이프 및 튜빙용 전기 융착식 PE 관이음쇠	F1055	
67	PEX 튜브용 압축 슬리브가 있는 기계식 냉 팽창 삽입 관이음쇠	F1865	
68	PEX 튜브용 디스크 스프링이 있는 플래어링 관이음쇠	F1961	
69	SDR 9 PEX 튜빙 및 PEX-AL-PEX 튜빙용 동제 크림프 링을 사용하는 금속 인서트 관이음쇠	F2434	
70	압력 등급 PP 배관 시스템(NPS 1/2~6)	F2389	
71	사전 보온 플랙시블관	F2165	
72	물용 PE-AL-PE 복합 압력 파이프(NPS 1/2~2)	AWWA C903	
73	수도용 PEX-AL-PEX 복합 압력 파이프(NPS 1/2~2)	AWWA C903	

주 (1) 표준 번호에서 A, C, D, F: ASTM 임
(2) PSM은 plastic sewer main을 줄인 것으로 약어 아닌, 특정 치수를 갖는 제품을 말한다. 이 파이프는 북미 전역의 하수도 시설에 사용되는 제품이다. 압출 기술이 향상됨에 크기가 큰 PVC 하수관이 가능해진 결과이다.

2 KS

번호	품목	표준번호	비고
1	폴리에틸렌 관이음쇠	KS B1546	
2	냉온수 설비용 플라스틱계 가교화 폴리에틸렌(PE-X)관	KS M3357	
3	냉·온수 설비용 폴리프로필렌(PP)관	KS M3362	
4	냉·온수 설비용 플라스틱 배관계-폴리부틸렌(PB)관	KS M3363	
5	수도용 경질 폴리염화비닐관	KS M3401	
6	수도용경질 폴리염화비닐 이음관	KS M3402	
7	일반용 경질 폴리염화비닐관	KS M3404	
8	수도용 플라스틱 배관계-폴리에티렌(PE)-일반사항	KS M3408-1	
9	수도용 플라스틱 배관계-폴리에티렌(PE)-관	KS M3408-2	
10	수도용 플라스틱 배관계-폴리에티렌(PE)-이음관	KS M3408-3	
11	배수용 경질 염화비닐이음관	KS M3410	
12	발포 중심층을 갖는 공압출 염화비닐관	KS M3413	
13	냉·온수 설비용 플라스틱 배관계-염소화 폴리염화비닐(PVC-C)관	KS M3414	
14	냉·온수 설비용 플라스틱 배관계-염소화 폴리염화비닐(PVC-C) 이음관	KS M3415	
15	폴리부텐이음관	KS M ISO 15876-3	
16	냉·온수용 플라스틱관 체계-PE-RT관	KS M ISO 22391-1,2,3,5	

2.3 관의 이음, 이음 재료, 커플링 및 개스킷

1 국제표준

번호	품목	표준번호[1]	비고(KS)
1	관용나사, 범용	B1.20.1	B0221, B0222
2	동 및 동합금 튜브 솔더링용 액체 및 페이스트 플럭스	B813	
3	솔더메탈	B32	D6704
4	브레이징 필러메탈	AWS A5.8	D8050
5	정제된 납	B29	
6	그루브 및 숄더 조인트(분할 커플링)	AWWA C606	
7	지하 배관 시스템용 플랙시블 커플링	C1173	
8	고무판 개스킷	D1330	
9	덕타일 및 회주철제 압력관 및 관이음쇠용 고무 개스킷 조인트	AWWA C111 /A21.11	
10	오수용 주철관 및 관이음쇠용 고무 개스킷	C564	
11	오수용 노-허브 주철관 및 관이음쇠용 커플링	CISPI 310 C1277, C1540, FM 1680	
12	유리화 크레이 파이프 및 관이음쇠용 압축 조인트	C425	
13	원형 콘크리트 하수도 및 암거 파이프의 고무 개스킷 조인트	C443	
14	푸쉬-온 조인트식 플라스틱 파이프용 탄성중합체 씰(개스킷)	F477	
15	플라스틱 압력 파이프용 플랙시블 탄성중합체 씰	D3139	
16	플라스틱 배수 및 하수관용 플랙시블 탄성중합체 씰	D3212	
17	솔벤트 시멘트 이음식 IPS PVC 파이프용 조인트	D2672	
18	솔벤트 시멘트 이음식 PVC 파이프 및 관이음쇠용 프라이머	F656	
19	ABS 파이프 및 관이음쇠용 솔벤트 시멘트	D2235	
20	PVC 배관 시스템용 솔벤트 시멘트	D2564	
21	ABS와 PVC 비 압력관 이음용 솔벤트 시멘트	D3138	
22	CPV 파이프 및 관이음쇠용 솔벤트 시멘트	F493	
23	SR 파이프 및 관이음쇠용 솔벤트 시멘트	D3122	
24	배수, 폐수 및 통기관 및 하수관용 메카니칼 커플링	CSA B602	
25	변기를 오수배관 시스템에 연결하기 위한 플라스틱 관이음쇠	A112.4.3	
26	지상 및 지하배관용 DWV, 하수, 폐수 및 우수배관 이음을 위한 열가소성 탄성중합체 개스킷을 사용하는 메카니칼 커플링	C1461	
27	배관 이음용 비 보강 압출티	F2014	
28	노-허브 주철관 및 관이음쇠 이음용 다목적 차폐 커플링	C1540	
29	절연 유니온	ASSE 1079	
30	착탈식 및 비 착탈식 푸시-핏 관이음쇠에 대한 성능 요구사항	ASSE 1061	
31	그루브 및 숄더 조인트(IPS 금속관용)	AWWA C606	

주 (1) 표준 번호에서 B1.20.1, A112.4.3 식으로 표기된 것: ASME, B, C, D. F: ASTM 임

2 KS

번호	품목	표준번호	비고
1	관용 평행나사	KS B0221	
2	관용 테이퍼 나사	KS B0222	
3	관플랜지의 개스킷 자리치수	KS B1519	
4	경납땜 이음의 인장 및 전단 시험방법	KS B ISO 5187	
5	체결용 부품-일반용 볼트, 너트, 특수용볼트, 스크루 및 스터드	KS B ISO 6157-1, 2, 3	
6	파스너-볼트, 스크루, 스터드 및 너트에 대한 일반 요구사항	KS B ISO 8992	
7	납 잉곳	KS D2302	
8	주석 잉곳	KS D2305	
9	피복 아크 용접봉 심선	KS D3550	
10	일반 공업용 납 및 납합금관	KS D6702	
11	땜납	KS D6704	
12	연강용 피복 아크 용접봉	KS D7004	
13	연강용 가스 용접봉	KS D7005	
14	인동땜납	KS D8050	
15	은 땜납	KS D8319	
16	수도용 타르 에폭시 수지도료 및 도장법	KS D8501	
17	수도용 고무	KS M6613	
18	비금속 개스킷 재료	KS M6777	

3 위생기구 표준

3.1 위생기구

(1) 위생기구

1 국제표준

번호	품목	표준번호[1]	비고(KS)
1	욕조	Z124.1.2, CSA B45.5	F4806
2	세라믹 위생기구, 비 유리질	A112.19.9M, CSA B45.1	L1551
3	조립식 및 프리 캐스트 샤워용 배수구	A112.18.2, CSA B125.2.	
4	독립형 음수대와 워터쿨러, 기계식 냉장	ARI 1010, UL 399 Edi. 6	
5	에나멜 입힌 주철제 위생기구	A112.19.1M, CSA B45.2	
6	에나멜 입힌 강제 위생기구	A112.19.4M, CSA B45.3	
7	바닥 및 트렌치 배수구	A112.6.3	
8	플라스틱 세면기	Z124.3, CSA B45.5	
9	지붕, 데크 및 발코니 배수구	A112.6.4	
10	플라스틱 욕조 및 샤워	Z124.1.2, CSA B45.5	
11	스테인리스강제 위생기구(주택용 디자인)	A112.19.3, CSA B45.4	
12	유리질[2] 코팅 위생기구	A112.19.2, CSA B45.1	
13	플라스틱제 변기 보울과 탱크	Z124.4, A112.19.2, CSA B45.5	
14	월풀 욕조 기기	A112.19.7	
15	플라스틱제 소변기	Z124.9, CSA B45.5	
16	물을 사용하지 않는(non-water) 유리질 소변기	CSA B45.5	
17	스테인리스강제 변기	IAPMO PS 61, CSA B45.4	
18	변기 및 소변기 수압에 대한 요구사항	A112.19.2	
19	벽부형 및 바닥 설치형 세면기 및 싱크 캐리어 시스템	A112.19.12	
20	플라스틱제 싱크	Z124.6, CSA B45.5.	
21	조립식 스파 쉘(spa shells)	Z124.7	
22	플라스틱 욕조 라이너(liner)	Z124.8	
23	압력 밀폐 도어가 있는 욕조 및 월풀 욕조	A112.19.15.	
24	비상샤워 및 세안기	Z358.1	
25	듀얼 프러싱 장치가 장착된 6리터 변기	A112.19.14	
26	전기 압력식 변기	A112.19.13	

주 (1) 표준 번호에서 Z: ANSI. A112.19.9 식으로 표기된 것: ASME.
(2) Vitreous china: 소성된 후 세라믹, 특히 도자기에 적용되는 에나멜 코팅으로 완성된 제품. 코팅은 도자기를 더욱 단단하고 밀도가 높으며 빛나게 하며, 변기 및 세면대와 같은 제품에 일반적으로 사용된다.

2 KS

번호	품목	표준번호	비고
1	위생도기	KS L1551	
2	위생도기 부속 쇠붙이	KS B1534	
3	수도꼭지	KS B2331	
4	세척밸브	KS B2369	
5	욕조	KS F4806	
6	세면대	KS F4813	
7	주택용 화장실 유닛	KS F6308	
8	음료용 전기 냉수기	KS C9315	
9	플러팅밸브	KS B2330	
10	로탱크용 필 밸브(볼탭)	KS B1588	
11	로탱크용 플러시밸브(사이펀)	KS B1589	
12	휴지걸이	KS F4528	
13	수건걸이	KS F4529	

(2) 위생기구 트림

번호	품목	표준번호[1]	비고(KS)
1	중력 탱크식 변기용 사이펀 방지밸브(볼콕)	ASSE 1002, CSA B125.3.	
2	개별 위생기구용 온도조절, 압력 밸런싱 및 자동 온도조절 밸브	ASSE 1016, A112.18.1, CSA B125.1	
3	위생 배관용 관이음쇠	A112.18.1, CSA B125.1	B1534
4	플러시 미터(가압식 세척장치)	ASSE 1037, CSA B125.3.	B1589
5	실험실 수도꼭지용 진공브레이커	ASSE 1035	
6	핸드 헬드식 샤워	A112.18.1, CSA B125.1.	
7	변기 보울, 탱크 및 소변기 트림(치수 기준)	A112.19.5, CSA B125.3	
8	플렉시블 워터 커넥터	A112.18.6, CSA B125.3	
9	플라스틱제 변기 시트	Z124.5	
10	월풀 흡입 관이음쇠	A112.19.8	
11	위생기구 연결 관이음쇠와 역류방지 장치에 대한 성능 요구사항	A112.18.3	
12	온도 작동식 유량 조절밸브[2]	ASSE 1062	
13	개별 위생기구용 인라인 압력 밸런싱 밸브	ASSE 1066.	
14	데크 장착형 욕조/샤워 전환밸브(역류방지 기능 내장)	A112.18.7	
15	위생기구 배수관용 관이음쇠(NPS 2 이하)	A112.18.2, CSA B125.2	
16	접근 및 교체 가능 열가소성 플라스틱 튜브 및 폐수 연결용 원통형 관이음쇠(1-1/4, 1-1/2")	F409	
17	변기용 이중 세척장치	A112.19.10	

번호	품목	표준번호[1]	비고(KS)
18	벽부형 및 바닥 설치형 세면기 및 싱크 캐리어 시스템	A112.19.12.	
19	개인용 위생용 변기	A112.4.2	
20	스파 및 온수 욕조 흡입 시스템용 진공해제 안전시스템[3]	A112.19.17	

주 (1) 표준 번호에서 Z: ANSI. A112.18.1 식으로 표기된 것: ASME. F: ASTM 임
(2) Temperature actuated flow reduction(TAFR) valves
(3) Safety vacuum release systems(SVRS)

3.2 위생설비 기구

번호	품목	표준번호[1]	비고(KS)
1	의류 세탁기	AHAM HLW-1, ASSE 1007	C IEC 62473
2	식기 세척기, 상업용	UL 921 Edi. 6	B8136
3	식기 세척기, 가정용	UL 749 Edi. 8, AHAM DW-1, ASSE 1006	C IEC 60704-2-3
4	음식물 찌거기 분쇄기, 상업용	ASSE 1009.	
5	음식물 찌거기 처리장치, 가정용	UL 430 Edi. 6, AHAM FWD-1, ASSE 1008	
6	온수 디스펜서	ASSE 1023	
7	가스 온수기-Volume I, 입력 등급이 75 000 BTUH 이하인 저탕식 온수기	Z21.10.1, CSA 4.1.	B8110, B8116
8	가스 온수기-Volume III, 입력 등급이 75 000 BTUH 이상인 저탕식 온수기, 순환 및 순간식	Z21.10.3, CSA 4.3	B8110, B8116
9	전기 온수기, 가정용, 저탕탱크형	UL 174 Edi.11	C IEC 60335-2-21
10	전기 온수기, 순간식	UL 499 Edi.13	C IEC 60335-2-21
11	오일 연소식 온수기, 저탕식	UL 732 Edi. 5	
12	온수기용 릴리프 밸브 배수관	A112.4.1	
13	연수기(양이온 교환): NSF 44	NSF 44	
14	역삼투압 음수 시스템	NSF 58	
15	폐수 변기(macerating) 시스템 및 관련 구성요소	A112.3.4, CSA B45.9	
16	식수 처리 장치-미적 효과[2]	NSF 42	
17	식수 처리 장치-건강 효과[3]	NSF 53	
18	자외선 미생물 수처리 시스템	NSF 55	
19	식수 처리 시스템	CSA B483.1	

주 (1) 표준 번호에서 Z: ANSI. A112.4.1 식으로 표기된 것: ASME.
(2) Aesthetic Effects: 물의 미학적 품질에 영향을 미치는 물질(염소, 맛/악취 등)을 감소시킬 뿐만 아니라 스케일 제어를 위한 화학물질을 첨가하거나 시스템의 미생물 성장을 제한할 수 있다.
(3) Health Effects: 음용수(공용 또는 사적)에 존재할 수 있는 특정 물질의 감소를 위해 사용하도록 설계되었다.

3.3 밸브 및 부속품

(1) 밸브류

1 국제표준

번호	품목	표준번호[1]	비고
1	배수역류 방지밸브	A112.14.1	
2	중력 탱크식 변기용 사폰방지밸브(볼콕)	ASSE 1002	
3	청동제 게이트, 글로브, 앵글 및 첵밸브	MSS SP 80-2003.	
4	주철제 스윙첵밸브	MSS SP 71	
5	청소구	A112.36.2	
7	플러쉬 메터(가압 프러싱장치)	ASSE 1037	
8	주철제 게이트 밸브 클래스 125 및 250	MSS SP 70	
9	철체 게이트 밸브(NPS 3 이상)	AWWA C500	
10	물용 감압밸브	ASSE 1003	
11	온수 공급용 릴리프 밸브 및 자동 가스차단 장치	Z21.22	
12	온수용 온도 작동식 믹싱밸브	ASSE 1017	
13	응용수 배관용 트랩 봉수 프라이머 밸브	ASSE 1018	
14	워터해머 흡수기	ASSE 1010, PDI WH 201	B2375, KARSE B0021
15	사전 가압식 급수탱크(열 팽창 흡수용)	IAPMO PS 88	
16	배리어(barrier)형 바닥배수구 트랩 봉수 보호 장치	ASSE 1072	
17	볼 밸브, 나사식, 소켓 용접식, 솔더링식, 그루브 및 플레어링식	MSS SP 110	
18	수온 제한 장치	ASSE 1070	
19	벽부형 소화전, 진공 브레이커형, 동결방지, 자동배수 기능	ASSE 1019	
20	트랩 봉수 프라이머 장치-배수 및 전자식	ASSE 1044	
21	벽부형 소화전, 2중첵밸브 역류방지 및 동결 방지기능	ASSE 1053	
22	개별 위생기구 피팅을용 압력 밸런싱 인라인 혼합 밸브	ASSE 1066	
23	자동 온도 제어 믹싱밸브	ASSE 1069	

주 (1) 표준 번호에서 Z: ANSI. A112.14.1 식으로 표기된 것: ASME 임.

2 KS

번호	품목	표준번호	비고
1	청동제 게이트, 글로브, 앵글, 첵 밸브	KS B2301	
2	청동, 황동, 주강, 스테인리스강, 주철제 볼밸브	KS B2308	
3	황동 단조 나사식 게이트 밸브	KS B2319	
4	플러팅 밸브	KS B2330	

번호	품목	표준번호	비고
5	일반용 수도꼭지	KS B2331	
6	수도용제수밸브	KS B2332	
7	수도용 버터플라이 밸브	KS B2333	
8	주철제 게이트, 글로브, 앵글, 첵 밸브	KS B2350	
9	주강제 게이트, 글로브, 앵글, 첵 밸브	KS B2361	
10	물용 자동 공기 배출 밸브	KS B2373	
11	웨이퍼형 고무붙이 버터플라이밸브	KS B2813	
12	그루브형 고무시트 버터플라이밸브	KS B2822	
13	배관 내 물 흐름 측정-냉수용 수도 미터 -제1부 : 세부 사항	KS B ISO 4064-1	
14	온수미터	KS B50072	
15	냉수용 수도미터-제1부: 계량 및 기술 요구사항	KS B 50049-1	
16	냉수용 수도미터-제2부: 시험방법	KS B 50049-2	
17	냉수용 수도미터	KS B 50049-3	
18	증기압식 지시 온도계	KS B5235	
19	유리제 온도계(전체담금)	KS B5302	
20	부르돈관 압력계	KS B5305	
321	유리제 2중관 온도계	KS B5315	
22	면적 유량계	KS B5323	
23	증기용 및 가스용 스프링 안전 밸브	KS B6216	
24	수용 솔레노이드 밸브	KS B6501	

(2) 역류방지기

번호	품목	표준번호[(1)]	비고
1	주택 식기 세척기용 에어갭 드레인	ASSE 1021	
2	중간실(벤트)이 있는 역류방지밸브	ASSE 1012	
3	복식 첵밸브 누설탐지형 역류방지밸브	ASSE 1048	
4	감압식 누설탐지형 역류방지밸브	ASSE 1047	
5	복식 첵밸브형 역류방지밸브	ASSE 1015	
6	이중 첵밸브형 역류방지밸브	ASSE 1024	
7	감압형 역류방지밸브	ASSE 1013	
8	대기압식 진공브레이커(관에 설치용)	ASSE 1001	
9	진공 브레이커(호스 연결용)	ASSE 1011	
10	진공 브레이커(실험실 수도꼭지용)	ASSE 1035	
11	가압식 진공 브레이커	ASSE 1020	
12	호스 연결용 역류방지밸브	ASSE 1052	
13	진공 브레이커(유출 방지)	ASSE 1056	
14	배관 시스템의 에어 갭	A112.1.2	

번호	품목	표준번호[(1)]	비고
15	역류방지밸브 및 시스템에 대한 성능 요구시항	A112.18.3	
16	위생기구, 기기 및 부속품과 함께 사용하기 위한 에어갭 피팅	A112.1.3	
17	외부에 설치된 역류방지기 보호장치(outdoor enclosures)	ASSE 1060	
18	핸드 헬드 샤워용 역류방지기	ASSE 1014	
19	(탄산)음료 공급 장비의 역류방지기	ASSE 1022	

주 (1) 표준 번호에서 A112.1.2 식으로 표기된 것: ASME 임.

4 기타 표준

4.1 기타

번호	품목	표준번호[(1)]	비고
1	동판제 플래싱	ASTM B370	
2	납판제 플래싱	ASTM B749	
3	파이프 행어 및 서포트(재료, 설계, 제조)	MSS SP 58	
4	연성 PVC제 음용수 오염방지 막	ASTM D4551	
5	샤워 팬 라이너(PVC 시트)	ASTM D4551	
6	염소화 폴리에틸렌(CPE)제 음용수 오염방지 막	ASTM D4068	
7	샤워 팬 라이너(플라스틱 시트)	ASTM D4068	
8	그리스 포집기	A112.14.3, PDI G101	
9	바닥 거치식 공공용도 위생 기구용 바닥 지지대	A112.6.1M	
10	바닥 거치식 위생 기구용 프레임 부착 지지대	ASME A112.6.2	
11	플라스틱 배관 구성 요소 및 관련 재료	NSF 14	
12	음용수 시스템 구성 요소-건강효과	NSF 61	
13	그리스 제거(또는 회수) 장치(GRD)	A112.14.4	
14	화학약품 분배 시스템	ASSE 1055	
15	스프링클러 시스템 설치	NFPA 13	
16	1세대 및 2세대 주택 및 제조된 주택에 스프링클러 시스템 설치	NFPA 13D	
17	주거용 스프링클러 시스템 설치(최대 4개 층 높이)	NFPA 13R	

주 (1) 표준 번호에서 A112.14.4 식으로 표기된 것: ASME 임.

4.2 자격, 설치 및 테스트에 대한 관행 및 표준

번호	품목	표준번호[1]	비고
1	덕타일 주철 수도관 및 부속품 설치	AWWA C600	
2	유리화 클레이 배관 설치	ASTM C12	
3	열가소성 파이프 및 관이음쇠 이음에 사용되는 솔벤트 시멘트, 프라이머 및 클리너 취급 안전	ASTM F402	
4	PVC 파이프 및 관이음쇠를 사용하여 솔벤트 시멘트 이음을 만드는 연습	ASTM D2855	
5	열가소성 압력 파이프의 지하 설치(최대 NPS 6)	ASTM D2774	
6	하수관 및 기타 중력 흐름용 열가소성 파이프의 지하 설치	ASTM D2321	
7	정화조 침출장에 열가소성 파이프 및 주름관 설치를 위한 권장	ASTM F481	
8	플라스틱 관이음쇠의 패턴; 배수, 폐수 및 벤트(DWV)	ASTM D3311	
9	파이프 행거 및 서포트의 선택 및 적용	MSS SP 69	
10	파이프 행거 및 서포트의 제작 및 설치 표준	MSS SP 89	
11	역류 방지밸브에 대한 현장 테스트 절차	ASSE 5010	
12	역류 방지밸브 시험, 수리 및 검사원을 위한 전문 자격 표준	ASSE 시리즈 5000	
13	PP 파이프 및 관이음쇠를 이음하는 열융착 실습	ASTM D2657	
14	PP 파이프 및 관이음쇠를 이음하는 전기융착 실습	ASTM F1290-	
15	동 및 동합금 튜브 및 관이음쇠를 솔더링하여 모세관 조인트 만들기	ASTM B828	
16	건강관리 시설 표준(의료용 가스 및 진공)	NFPA 99	
17	가스 및 진공 시스템(의료 시설 내)	NFPA 99C	
18	의료 가스 취급원을 위한 전문 자격 표준	ASSE 시리즈 6000	
19	스테인리스강 배수 시스템 설치 절차	A112.3.1	

주 (1) 표준 번호에서 A112.3.1 식으로 표기된 것: ASME 임.

5 용도별 배관재 사용범위

5.1 음용수 배관용

번호	재료별	물용 (1)(5)(6)	급수 배관 (2)(5)(7)	급탕 배관 (2)(5)(7)	적용 표준	
					관	관이음쇠
1	ABS관, SDR	O	×	×	D2282	
2	ABS관, Sch 40 또는 80	O	×	×	D1527	
3	황동관	O	O	O	B43	
4	동관	O	O	O	B42	
5	동관, K 또는 L형	O	O	O	B88 KS D5301	B16.22, B16.18, B16.50, B16.24, B16.26 ASSE 1061
6	동관, M형	O	O	O	B88 KS D5301	B16.22, B16.18 B16.50, B16.24 ASSE 1061, B16.26
7	CPVC관, Sch 40	O	O	O	F441	AF438
8	CPVC관, Sch 80	O	O	O	F441	F437, F439
9	CPVC관, SDR	O	O	O	F442	F438, F439
10	CPVC 온수 및 냉수 분배	O	O	O	D2846(SDR 11) CTS	D2846, ASSE 1061
11	덕타일주철관, 시멘트 몰타르 라이닝	O	×	×	A377 AWWA C151/A21.50 KS D4311	AWWA C110/A21.10, AWWA C153/A21.53 AWWA C606
12	유리 섬유 압력관	O	×	×	D3517, AWWA C950	D3517, AWWA C950
12a	보온된 프렉시블관	O	O	O	F2165	
13	아연 도금 강관 및 피팅	×	O	O	A53, KS D3507, 3562, 3569	B16.3, B16.4, B16.5
14	HDPE관	O	×	×	F714(SDR 11)	F714 (SDR 11)
15	PE관, Sch 40	O	×	×	D2447 KS D3408	D3261, F1055
16	PE관, Sch 80	O	×	×	D2447 KS D3408	F1055
17	PE관, DR-PR	O	×	×	D3035 KS M3408	D3261, D2683, F1055
18	18 PE관, DR-PR	O	×	×	F714(4) KS D3408	D3261, D2683, F1055
19	PE관, CTS	O	×	×	D2737	D3261, F1055
20	PE-AL-PE관	O	O	O	F1282 KS M3408	F1974, F1282 F1281/1282
21	PEX튜브	O	O	O	F876(SDR 9) KS M3357	F1807, F1865, F1960, F1961, F2080, F2434 ASSE 1061

번호	재료별	물용 (1)(5)(6)	급수 배관 (2)(5)(7)	급탕 배관 (2)(5)(7)	적용 표준	
					관	관이음쇠
22	PEX 온수 및 냉수 분배	O	O	O	F877(SDR 9) KS M3357	F1807, F1865, F1960, F1961, F2080, F2434 ASSE 1061
23	PEX-AL-PEX관	O	O	O	F1281	F1974, F1281 F1281/1282
24	PEX-AL-PEX관	O	O	O	F2262(SDR 9)	F2434
25	PP 배관 시스템	O	O	O	F2389(IPS Sch 80)	F2389
26	PVC관, Sch 40	O	×	×	D1785 KS M3401	D2466
27	PVC관, Sch 80	O	×	×	D1785 KS M3401	D2464, D2467
28	PVC관, SDR	O	×	×	D2241 KS M3401	D3139, D2672
29	압력 등급 PP 배관 시스템(미터 크기)	O	O	O	F2389	F2389
30	수도용 PEX 압력관	O	×	×	AWWA C904	F1960, F2080 F1807
31	PE-AL-PE 복합 압력관	O	×	×	AWWA C903	AWWA C800
32	PEX-AL-PEX 압력관	O	×	×	AWWA C903	AWWA C800
33	PE-RT관, SDR 9	O	×	×	F2623	D3261, D2683 F1055

주 O : 코드에 의해 사용이 승인된 자재, X: 코드에 의해 사용이 승인되지 않은 자재를 표시함.
표준 번호에서 A, B, D, F: ASTM. B16.3. B16.22와 같이 표기된 것은 ASME임.

(1) 수도용 배관의 사용압력 등급은
사용온도 73°F(22.8℃) 이하일 때 11 bar(160 psi) 이상이어야 한다.

(2) 온·냉수배관용의 사용압력 등급은
사용온도 73°F(22.8℃) 이하일 때 11 bar(160 psi),
사용온도 180°F(82.0℃) 이하일 때 6.9 bar(100 psi) 이상이어야 한다.

(3) 플라스틱 배관 재료는 NSF 14 및 NSF 61을 준수해야 한다[2].

(4) 트렌치 없이 직접 매설하는 관의 경우
재료의 등급이 1 600 HDB이면 최소 DR-11(또는 이하),
재료의 등급이 1 450 HDB이면 DR-9.3(또는 이하)
재료의 등급이 1 250 HDB이면 DR-7.3을 사용해야 한다[3].

(5) 건물 내 지하 배관 부분은 트렌치 없이 직접 매설 할 수 있다.

(6) 플라스틱 급수 배관은 5.2의 물용 참조.

(7) 플라스틱 온수 및 냉수 분배 배관에 대해서는 5.2의 온수 및 냉수용 참조.

2. 참고문헌 1, 2.
3. HDB: Hydrostatic design basis(정수압 설계기준), 참고문헌 3. pp224-225 참조.

5.2 위생배수 및 기타 배관용

(1) 위생배수관용(2)(3)

번호	재료별	건물 내 지상 배관	거물 내지 하 관이음쇠	건물 외부 하수관	적용 표준	
					관	관이음쇠
1	ABS관과 관이음쇠	O	O	O	D2661(DWV, Sch 40 IPS)	D2661(수켓, 나사)
2	ABS 셀루라코어관	O	O	O	F628 (DWV, Sch 40 IPS)	F628, D2661(소켓, 나사)
3	ABS 하수관과 관이음쇠	O	×	×	D2751 (SDR 23.5)	D2751 (SDR 23.5, 소켓)
4	ABS와 PVC 복합 하수관	O	×	×	D2680	D2680 (소켓),PVC(개스킷)
5	오수용 주철관과 관이음쇠 (벨 및 스피곳)	O	O	O	A74	A74
6	오수용 주철관과 관이음쇠 (no-hub)	O	O	O	CISPI 301, A888	CISPI 301, A888
7	콘크리트 하수관, 무 보강	O	×	×	C14	C14
8	콘크리트 하수관, 보강	O	×	×	C76	C76
9	배수용 동관, DWV	O	O	O	B306	B16.23(주조, 솔더링식 이음쇠)
10	물용 동관, K, L	O	O	O	B88	B16.23(주조, 솔더링식 이음쇠)
11	하수용 유리섬유관	O	×	×	D3754	D3840
12	아연도 강관	×	×	O	A53	B16.12(배수용 주철)
13	PE관, SDR-PR	O	×	×	F714(6)	
14	PVC관과 관이음쇠, DWV	O	O	O	D2665	D2665(소켓), F1866(소켓)
15	PVC 관과 관이음쇠, OD 3-1/4	×	O	O	D2949	D2949
16	하수 및 배수용 PVC관(셀룰러 코어)	O	×	×	F891	D2665(소켓), F1866(소켓)
17	하수 및 배수용 PVC관(셀룰러 코어)	O	O	×	F891(4)	D2665(소켓), F1866(소켓)
18	PVC IPS Sch 40(셀룰러 코어)	O	O	O	F891	D2665(소켓), F1866(소켓)
19	하수용 PVC관 (PSM)과 관이음쇠	O	×	×	D3034(1)	D3034(1)
20	스테인리스강제 DWV 시스템-316L(5)	O	O	O	A112.3.1	A112.3.1
21	스테인리스강제 DWV 시스템-304(5)	×	×	O	A112.3.1	A112.3.1
22	유리화 클레이 파이프, 표준 강도	O	×	×	C700	C700
23	유리화 클레이 파이프, XS	O	O	×	C700	C700

주 O : 코드에서 사용이 승인된 자재, X: 코드에서 사용이 승인되지 않은 자재
표준번호 A, B, C, D, F: ASTM. B16.12, A112.3.1 식으로 표기된 것: ASME

(1) SDR로 분류된 위생배수관용 플라스틱관은 SDR 26 이상(더 낮은 SDR 번호) 이어야 한다 .
(2) 강도로 분류된 플라스틱 하수관은 PS-46 또는 더 강한 것(더 높은 PS 수) 이어야 한다4 .
(3) 관은 해당 표준 및 제조자 권장 사항의 범위 내에서 적용되어야 한다.

(4) 셀룰러 코어 PVC관을 하수도 및 건물 내 지하 배수관으로 사용하는 경우는 PS-100 파이프 또는 더 강한 것이어야 한다.
(5) 스테인리스강 DWV 배관 시스템에 합금제가 사용된 경우는 이를 표시해야 한다.
(6) 트렌치 없이 직접 매설되는 배관에는 최소 DR-17을 사용해야 한다.

(2) 통기배관용[1]

번호	재료별	지하	지상	적용 표준	
				관	관이음쇠
1	ABS관 및 관이음쇠	O	O	D2661(DWV, Sch40 IPS)	D2661(소켓, 나사)
2	ABS관(셀룰러 코어)	O	O	F628 (DWV, Sch40 IPS)	F628, D2661(소켓, 나사식)
3	오수용 주철관 및 관이음쇠 (벨 및 스피곳)	O	O	A74	A74
4	오수용 주철관 및 관이음쇠 (no-hub)	O	O	CISPI 301, A888	CISPI 301, A888
5	배수용 동관, DWV	O	O	B306	B16.23(주조, 솔더링식 이음쇠)
6	물용 동관, K, L, M	O	O	B88	B16.23 (주조, 솔더링식 이음쇠)
7	아연도 강관	×	O	A53	B16.12 (배수용주철)
8	PVC관 및 관이음쇠, DWV	O	O	D2665	D2665 (소켓), F1866 (소켓)
9	PVC관 및 관이음, OD 3-1/4	O	O	D2949	D2949
10	하수 및 배수관용 PVC관(셀룰러 코어)	O	×	F891	D2665 (소켓), F1866 (소켓)
11	PVC IPS Sch40(셀룰러 코어)	O	O	F891	D2665 (소켓), F1866 (소켓)
12	스테인리스강제 DWV 시스템 -316L[2]	O	O	A112.3.1	A112.3.1
13	스테인리스강제 DWV 시스템 -304[2]	×	O	A112.3.1	A112.3.1
14	유리화 클레이 파이프, 표준 강도	O	×	C700	C700

주 O : 코드에서 사용이 승인된 자재, X: 코드에서 사용이 승인되지 않은 자재.
표준번호 A, B, C, D, F: ASTM. B16.23, A112.3.1 식으로 표기된 것: ASME
cellular core: 관 내부와 외부의 딱딱한 벽 안에 코어가 내장되어 있는 형태로 일반 PVC 또는 ABS와 다르다. 이런 관은 가볍고, 저렴하지만 일반적인 PVC 또는 ABS관 보다 덜 단단하다.
(1) 배관은 명시된 표준 및 제조자의 권장 사항의 한도 내에서 적용되어야 한다.
(2) 스테인리스강 DWV 배관 시스템에 합금제가 사용된 경우는 이를 표시해야 한다.

4. PS: pipe stiffness(파이프 강성)는 유연한 파이프에 하중이 가해질 때의 변형에 대한 저항을 측정한 것. 유연한 파이프는 손상 없이 2% 변형될 수 있어야 한다. 연철(DI)과 PVC는 모두 이 요구사항을 충족하며 유연한 파이프로 간주된다.

(3) 우수배수관용[1]

번호	재료별	건물 외부 하수	건물 내지하	건물 내지상	적용 표준	
					관	관이음쇠
1	ABS관 및 관이음쇠	O	O	O	D2661(DWV, Sch 40 IPS)	D2661(소켓, 나사)
2	ABS관(셀룰러 코어)	O	O	O	F628(DWV, Sh40 IPS)	F628, D2661 (소켓, 나사)
3	ABS 하수관용 ABS관 및 관이음쇠	O	×	×	D2751[(2)(3)]	D2751 (2) (3)
4	ABS 및 PVC 복합 하수관	O	×	×	D2680	D2680 (소켓), PVC (개스킷)
5	오수용 주철관 및 관이음쇠 (벨 및 스피곳)	O	O	O	A74	A74
6	오수용 주철관 및 관이음쇠 (no-hub)	O	O	O	CISPI 301, A888	CISPI 301, A888
7	콘크리트 하수관, 무 보강	O	×	×	C14	C14
8	콘크리트 하수관, 보강	O	×	×	C76	C76
9	배수용 동관, DWV	O	O	O	B306	B16.23(주조, 솔더링식 이음쇠)
10	물용 동관, K, L, M	O	O	O	B88	B16.23(주조, 솔더링식 이음쇠)
11	유리 섬유 하수관	O	×	×	D3754	D3840
12	아연도 강관	×	×	O	A53	B16.12 (주철제, 배수용)
13	PE관, SDR-PR	O	×	×	F714[(6)]	
14	PV관 및 관이음쇠, DWV	O	O	O	D2665	D2665(소켓), F1866 (소켓)
15	하수 및 배수관용 PVC관(셀룰러 코어)	O	×	×	F891	D2665(소켓), F1866 (소켓)
16	하수 및 배수관용 PVC관(셀룰러 코어)[(4)]	O	O	×	F891	D2665(소켓), F1866 (소켓)
17	PVC IPS Sch40 (셀룰러 코어)	O	O	O	F891	D2665(소켓), F1866 (소켓)
18	하수관용 PVC관(PSM) 및 관이음쇠	O	×	×	D3034	D3034
19	스테인리스강제 DWV 시스템 -316L[(5)]	O	O	O	A112.3.1	A112.3.1
20	스테인리스강제 DWV 시스템 -304[(5)]	×	×	O	A112.3.1	A112.3.1
21	유리화 클레이 파이프, 표준 강도	O	×	×		
22	유리화 클레이 파이프, XS	O	O	×	C700	C700
23	PVC관 및 관이음쇠, DWV OD 3-1/4	×	O	O	D2949	D2949

주　O : 코드에서 사용이 승인된 자재, X: 코드에서 사용이 승인되지 않은 자재.
표준번호 A, B, C, D, F: ASTM. B16.23, A112.3.1 식으로 표기된 것: ASME

(1) 배관은 명시된 표준 및 제조자 권장 사항의 한도 내에서 적용되어야 한다.
(2) SDR 35 파이프 또는 그 이상(SDR 번호가 낮음)이어냐 한다.
(3) PS-46 또는 그 이상(높은 PS 번호)이어야 한다.
(4) PS-100 파이프 또는 그 이상(높은 PS 번호)이어야 한다.
(5) 스테인리스강 DWV 배관 시스템에 합금제가 사용된 경우는 이를 표시해야 한다.
(6) 트렌치 없이 직접 매설되는 하수배관은 최소 SDR-17이어야 한다.

(4) 바닥기초 배수구와 지하 매설배관용

번호	재료별	표준[(1)]	비고
1	클레이 배수 타일	C498	
2	콘크리트 배수타일	C412	
3	천공 콘크리트 파이프	C444	
4	폴리에틸렌 주름관	F405	
5	SR 플라스틱 배수관 및 관이음쇠, 천공	D2852	
6	PVC 하수관 및 관이음쇠, 천공	D2729	
7	스테인리스강제 DWV 시스템-316L	A112.3.1	
8	유리화 클레이 파이, 천공, 표준강도 및 XS	C700	

주 O: 코드에서 사용이 승인된 자재

(1) 표준번호 A, C, D, F: ASTM, A112.3.1 식으로 표기된 것: ASME

연습문제

01 다음의 약자로 표기되는 기관의 명칭을 완전하게 표기하라.

ASME, ASTM, ASSE, AWWA, PDI, SAREK, KARSE

02 역류방지밸브 기본형 2종과 누설탐지형 2종에 대한 국제 표준은 무엇인가?

참고문헌

1. NSF/ANSI 14 Product Certificate for Plastics Piping System Components and Related Materials(플라스틱 배관 시스템 구성품 및 관련 재료)
2. NSF/ANSI 61 Drinking Water System Components-Health Effects(식수 시스템 구성요소-건강에 미치는 영향)
3. 김영호, 배관공학, ㈜북스힐, 2021.1.10.

SANITARY ENGINEERING

3장

위생기구 및 설치기준

1. 수도미터
2. 수세식 변기 등의 위생기구
3. 수도밸브와 이에 준하는 밸브
4. 건물 및 시설의 용도별 위생기구 설치기준

1 수도미터

1.1 수도미터의 종류

(1) 응용되는 계량 기술

유량 측정에 사용되는 수도미터(water meter)는 용적(displacement)과 속도(velocity)를 기준으로 하는 방식이 있으며, 각각은 다양한 기술이 응용된다.

용적을 기반으로 하는 수도미터(이하 미터) 설계에는 회전 디스크와 진동 피스톤 미터가 포함되고, 속도 기반에서는 단일 및 다중의 제트 미터와 터빈 미터가 포함된다. 전자기계 및 초음파 미터와 같은 비 기계적 설계와 특수 용도로 설계된 미터도 있다.

그러나 일반적인 급수 시스템에 사용되는 미터는 냉수의 음용수만 측정 하도록 설계되고, 온수 미터는 더 높은 온도에 견딜 수 있는 재료로 설계되었다. 재이용수에 사용되는 미터에는 통과하는 물을 음용수로 사용해서는 안 된다는 표식을 붙이거나, 특별한 덮개[1]를 사용해야 한다.

(2) 용적식 미터

1 원리와 구조

용적식(positive displacement type)[2]은 미터를 통과하는 물의 양에 정비례하여 움직이는 측정 요소(가동부)를 물리적인 값으로 대체하는 것이다.

유량 측정방법은 계량실(chamber) 내부의 회전 디스크나 진동 피스톤 등의 측정 요소와 그것을 둘러싸고 있는 케이싱 사이에 일정 용적의 공간을 밸브로 하고, 그 속에 유체를 충만시켜 연속적으로 유출구로 밀어내는 구조로 되어 있다. 디스크나 피스톤이 레지스터를 구동하는 자석을 움직이므로. 측정 요소의 회전수로 유량을 측정하는 원리이다. 즉, 유량(Q)은 다음과 같은 간단한 식으로 계산된다.

---

1. avender register covers
2. 미터를 통과하는 유체의 양을 직접 측정하는 유량 측정 기술.

$$Q = K \times N \tag{1}$$

식에서,

K : 측정 요소가 1회전 할 때 배출되는 유체량, L, m^3

N : 측정 요소의 회전수

이다.

K는 측정 요소 설계 시에 정해진 값이므로, 결과적으로 회전자의 회전수를 측정하면 유량을 알 수 있다.

급수 시스템에는 보통 이 유형으로 분류되는 미터를 사용한다. 이는 직류를 나타내고, 통과량을 L 또는 m^3으로 표시한다.

2 회전 디스크식

회전 디스크식 미터(disc meter)는 일반적으로 5/8, 3/4, 1, 1-1/4, 1-1/2, 2 인치 등 6종이다. 이를 mm 단위로는 19, 20, 25, 32, 40, 50으로 표기 한다. 최대 사용압력은 1 034 kPa(150 psi)이며, 한 방향으로만 유량을 측정한다.

이러한 유형의 미터는 측정 요소를 밀어내기 위해 모든 물이 미터를 통과해야 하므로 일반적으로 높은 유속 또는 낮은 압력손실이 필요한 대규모 상업용 건물이나 시설에는 실용적이지 못하다.

저유량~중유량 범위의 계량이 매우 정확하게 이루어지므로, 주로 주거용 및 소규모 상업용 건물과 원격검침 시스템에 적합하다.

측정 요소를 멈추거나 파손시킬 수 있는 자갈 또는 기타 부스러기들을 걸러 내기 위하여 스트레이너가 내장되어 있다. 일반적으로 성형 플라스틱과 스테인리스강으로 만들어진 내부 측정 체임버가 있는 청동, 황동 또는 플라스틱 본체로 구성된다.

3 진동 피스톤식

진동 피스톤식(oscillating piston flow meter)은 가장 오래된 유형의 용적식 미터 중 하나로, 물이 흐를 때 진동하는 원통형 피스톤을 포함하는 정밀 가공된 체임버를 사용한다.

피스톤의 중앙축은 체임버의 원형 홈 안에서만 작동하도록 제한 되므로 물은 피스톤의 아래쪽으로 순차적으로 들어가고 나갈 때 중심에서 벗어난 회전동작을 통하여, 1회

표 1 용적식 미터의 용량

크기, in	최대 용량				권장 설계기준[(1)]				권장 연속흐름[(2)]			
	GPM	L/s	GPM	L/s	GPM	L/s	GPM	L/s	GPM	L/s	GPM	L/s
5/8×3/4	20	1.26	10.4	0.66	16	1.00	6.1	0.38	10	0.63	1.00	0.06
3/4	30	1.89	10.6	0.67	24	1.51	6.9	0.43	15	0.95	1.05	0.07
1	50	3.15	9.3	0.59	40	2.52	6.3	0.40	25	1.58	1.00	0.06
1-1/2	100	6.30	11.3	0.71	80	5.05	8.6	0.54	50	3.15	0.90	0.06
2	160	10.08	10.4	0.66	128	8.08	6.5	0.41	80	5.04	0.50	0.03
3	300	18.93	13.1	0.83	240	15.14	8.3	0.52	150	9.46	1.10	0.07

주 (1) 최대 용량의 80%
(2) 최대 용량의 50%

자료 참고문헌 1.

전당 계량된 액체의 양을 정확하게 계산할 수 있다.

이 유형 미터의 장점은 ①높은 정확도와 반복성, ②마모를 일으키는 단 하나의 움직이는 부품으로 구성되며, ③식품 및 음료 제조산업에서의 위생적 요구사항을 보장하는 재료로 제조될 수 있다는 것이다. 반면에 단점으로는 비교적 깨끗한 액체에만 사용할 수 있다는 점이다.

어떠한 형태를 취하던 용적식 미터는 **표 1**과 같은 유량 측정 범위를 가진다. 각 용량은 최대 계량용량과 최소 계량용량 2가지를 표시한다.

(3) 속도식 미터

1 원리와 구조

속도식 미터는 정해진 내부 용량의 미터를 통과하는 유속을 측정하는 것이다. 그런 다음 이를 체적으로 변환하여 사용량을 결정한다.

제트 미터(단일 제트 및 다중 제트), 터빈 미터, 프로펠러 미터를 포함하여 물의 유속을 측정하는 여러 유형의 미터가 있다.

대부분 속도를 기반으로 하는 미터에는 정확도를 보정하기 위한 조정날개가 있다.

2 멀티 제트 미터

멀티 제트 미터(multi-jet meters)는 내부 체임버를 둘러싼 여러 포트를 사용하여 회전 속도가 물흐름의 속도에 따라 달라지는 임펠러에 대해 여러 개의 물 제트를 생성한다.

낮은 유량에서 매우 정확하지만 큰 지름에 사용되는 대용량에 필요한 직선 유로가 없기 때문에 대형의 제작은 불가능하다. 일반적으로 제트 포트가 막히지 않도록 보호할 수 있도록 내부에 스트레이너가 포함된다.

이 유형의 미터는 일반적으로 열가소성 플라스틱 및 스테인리스강으로 만들어진 내부 측정 부품과 함께 청동합금 본체 또는 외부 케이싱으로 구성된다. 작은 크기에서는 측정이 매우 정확하므로 주로 주거 및 소규모 상업용 건물에 사용된다. 일반적으로 $\frac{5}{8}$~2 인치 크기로 공급 된다.

3 터빈식 미터

터빈식 미터(turbine meter)는 작은 유량에서 용적식 및 제트미터 보다 정확도는 떨어지지만, 측정 요소는 전체 흐름 경로를 차지하거나 심각하게 제한하지 않는다. 흐름 방향은 직선이므로 용적식 미터보다 유속이 더 빠르고 압력손실은 작다.

이 유형은 대규모 상업용 건물이나 시설, 소방용 및 물 공급시스템의 미터(main meter)로 선택된다. 물 공급시스템에 들어갈 수 있는 자갈이나 기타 부스러기로부터 측정 요소를 보호하기 위해 스트레이너를 설치해 주어야 한다.

터빈식 미터는 1-1/4~12 인치 크기의 관에 사용할 수 있다. 본체는 일반적으로 청동, 주철 또는 연철로 제조된다. 내부 터빈 요소는 플라스틱 또는 비부식성 금속이거나 합금을 사용한다.

정상적인 유동 조건에서는 유량 측정이 정확하지만 흐름의 형상 및 유체 조건에 크게 영향을 받는다. 터빈식 미터의 유량 측정 범위는 **표 2**와 같다.

표 2 터빈식 미터의 용량

크기, in	최대 용량				설계 권장기준(1)				권장 연속흐름(2)			
	GPM	L/s	GPM	L/s	GPM	L/s	GPM	L/s	GPM	L/s	GPM	L/s
2	160	10.08	4.5	0.28	128	7.57	2.8	0.18	80	5.04	1.0	0.06
3	350	22.37	4.6	0.29	280	17.66	3.0	0.19	175	11.04	1.2	0.08
4	600	37.85	3.5	0.22	480	30.28	2.1	0.13	300	18.93	0.8	0.05
6	1,250	78.86	3.5	0.22	1,000	69.09	2.0	0.13	625	39.43	0.7	0.04

주 (1) 최대 용량의 80%
(2) 최대 용량의 50%

자료. 참고문헌 1.

4 소방용 미터 또는 검출기

소화용 미터 또는 검출기(fire-line meter or detector-check meter)는 소방용 스프링클러 시스템 또는 소화전용 급수관처럼 대유량을 충족 시켜야 하는 특수 유형의 터빈식 미터이다. 국제 시장에서 판매되는 제품은 UL 또는 FM의 승인을 받는 경우가 많다.

이 유형은 자체중량을 낮추기 위해 알루미늄으로 만들어지며 일반적으로 3 인치 크기를 갖는다.

건설 현장에서 사용되는 용수량 계량이나 수영장을 채우는 물을 계량하는 등, 영구적으로 사용될 미터가 아직 설치되지 않은 곳에서도 사용 된다.

수도미터 상류측에는 방향 전환부 또는 연결부가 없는 직선배관이 되어야 하며, 그 거리는 관지름의 8배 이상이 되어야 한다.

5 프로펠러식 미터

프로펠러식 미터(propeller meter)는 2~72 인치(50~1 830 mm)의 크기로 공급된다. 이 유형은 소량의 흐름이 발생하지 않는 곳에서 사용된다.

(4) 복합식 미터

복합식(compound meter) 미터란 용적식과 속도식 미터가 둘 다 사용 된다는 의미에서 붙여진 이름이다. 즉 복합된 두 개의 측정 요소와 이들 사이의 흐름을 조절하는 첵밸브로 구성되며, 높은 유속이 필요하지만 때때로 계량이 정확해야 하는 더 낮은 유속이 있는 곳에 사용된다.

높은 유속에서는 물이 주로 또는 완전히 고유량 측정 요소로 우회하여 흐른다. 고유량 측정 요소에서 정확히 계량할 수 없는 범위까지 유속이 떨어지면 첵밸브가 닫치고, 낮은 유속에서 계량할 수 있는 더 작은 측정 요소 쪽으로 물의 흐름이 전환된다.

고유량 측정 요소는 터빈미터가, 저유량 측정 요소로는 다중제트 또는 용적식 미터가 사용된다. 두 측정 요소에 의해 계량된 값을 더한 것이 미터를 통과한 총유량이 된다.

이 유형은 일반적으로 2~5 인치(50~150 mm) 크기로 공급된다. 최대 사용압력은 1 034 kPa(150 psi) 이며, 한 방향으로 유량을 측정한다.

작은 유량과 큰 유량 모두를 기록할 수 있는 장점을 가진다. 유량 측정 범위는 **표 3**

표 3 복합식 미터 용량

크기, in	최대 용량				권장 설계기준[1]				권장 연속흐름[2]			
	GPM	L/s	GPM	L/s	GPM	L/s	GPM	L/s	GPM	L/s	GPM	L/s
2	160	10.08	9.2	0.58	128	8.07	6.1	0.38	80	5.04	2.6	0.16
3	320	20.19	13.4	0.84	250	15.77	8.9	0.56	160	10.08	4.2	0.26
4	500	31.54	9.6	0.60	400	25.23	6.3	0.40	250	15.77	3.5	0.22
6	1,000	63.09	9.4	0.59	800	50.46	5.8	0.37	500	31.54	2.5	0.16
8	1,600	100.94	12.0	0.76	1280	80.75	7.8	0.49	800	50.46	4.0	0.25

주 (1) 최대 용량의 80%
(2) 최대 용량의 50%

자료 참고문헌 1.

과 같다.

이상의 다양한 종류의 수도미터에는 옵션 부속품을 장착할 수 있다. 원격검침 시스템(remote-readout systems), 스트립 차트 레코더 (strip-chart recorders) 등을 특정 용도에 사용할 수 있다.

1.2 설치기준

(1) 수도미터 선정

적절한 미터 선택을 위해서는 다음과 같은 기준을 사용할 수 있다.

①건물의 물 사용 유형, ②최소 및 최대 수요량, ③미터에 작용 가능한 수압, ④건물의 규모, ⑤배관, 밸브 및 건물 높이에 따른 압력손실 ⑥미터 비용 및 수도요금, ⑦유지보수 비용 및 수수료.

(2) 설치기준 및 위치

1 지역별 기준 확인

상수도를 사용하는 모든 건물이나 시설에는 수도미터를 설치해야 한다. 해당지역 또는 관계기관에 따라서는 미터의 유형과 설치 위치 등을 특별히 지정하기도 한다.

그러므로 급수·급탕 시스템 설계 시에는 해당지역에 적용해야 하는 ①미터 유형과 크기, ②유량, ③압력강하, ④원격검침 적용 여부, ⑤설치 위치, ⑥급수 공과금 등의 비용을 확인해야 한다.

2 설치 위치

미터는 동결되거나 침수되지 않도록 설치해야 하므로 설치 위치가 중요하다. 미터 직전에는 수도꼭지를 설치하는 등의 불법적인 연결이 있어서는 안 된다. 또한, 미터는 일정기간 마다 사용량을 검침해야 하므로 주거용 건물의 경우 등에는 외부 검침이 가능하도록 건물 벽 바로 내부에 미터를 설치할 수 있다.

단독 주택과 같이 미터를 외부 피트나 맨홀 안이 설치해야 할 경우, 계량기는 지표수 및 지하수 모두에 대해 방수가 되어야 하며, 동결 우려가 있을 경우는 열선을 감는 등의 동결방지 대책도 고려해야 한다.

3 음용수 오염방지

상수도 주관에서 분기되어 건물로 공급되는 급수 주관에 수도미터[3]가 설치되는 경우에는, 코드의 규정에 따라 미터 이후에 역류방지밸브를 설치하여야 한다[4]. 이와 같은 규정은 상수도가 급수용 이외 소방용수로 겸용되는 경우에도 공통으로 적용된다.

(3) 미터박스 내 설치 시의 유의점

아파트와 같은 집합주택에서는 세대 수가 많고 감압을 해야 하는 층이 대부분이므로, 건물 외부의 조적벽에 미터박스를 미리 설치하고 그 안에 미터와 감압밸브를 설치하는 경우가 일반적이다.

이러한 미터 설치방법은 ①검침을 위하여 집 안으로 들어갈 필요가 없고, ②벽체 마감이 깨끗하며, ③유지관리가 편리하다는 등의 장점이 있다. 그러나 설치 공간 최소화와 미관에만 치중한 나머지, 좁은 공간에 앵글밸브, 감압밸브 및 수도미터를 연이어 설치해야 하므로 미터나 감압 밸브의 상류측에 확보되어야 하는 최소한의 직선 배관부를 둘 수가

---

3. building meter, main meter
4. 지방정부에 따라서는 코드의 규정에도 불구하고, 조례로 명시 하기도 한다.

없게 된다. 그 결과 미터나 감압밸브는 사실상 정상적인 기능을 기대할 수 없게 된다.

일반적으로 미터의 상류측에는 8D(관지름) 이상, 감압밸브의 상류측은 10~20D, 하류측은 3~5D의 직선 구간을 두어야 한다. 수도미터의 몸통이 길게 제조되거나 몸통이 짧을 경우 니플을 사용하여 배관과 연결되도록 한 이유가 여기에 있다.

직선거리를 두어야 관 내 유체의 난류유동이 안정되고, 이러한 안정된 상태로 유체가 미터와 감압밸브에 유입되어야 정확한 계량과 감압이 이루어질 수 있다.

작업 공정상으로도 미터박스는 칸막이 조적 공정에서 벽체에 미리 설치되고, 미터나 감압밸브는 준공이 가까워진 시점에서 설치하게 된다. 그러므로 사후 설치작업이 원활하기 위해서는 함의 크기가 충분하여야 한다. 그래야 성형된 보온재도 원형 그대로 사용될 수가 있다.

기구의 성능 측면에서, 미터와 감압밸브를 함께 설치하는 것보다는 함 내에는 미터만 설치하고, 감압밸브는 함 밖의 배관계통에 설치하는 것이 바람직하다.

2 수세식 변기 등의 위생기구

2.1 수세식 변기 발달의 효과

(1) 개발의 역사

1569년 수세식 변기(water closet, WC)라는 용어가 출현한 이후 4 세기 300여 년간의 세월을 거쳐 완성된 것이 오늘날 인류가 사용하고 있는 수세식 변기이다.

목재와 금속 등의 혼합재료를 사용하여 소량으로만 생산되다가, 1885년 세라믹(seramic, 陶器)을 사용한 일체형 변기가 나오면서 대량생산이 가능해졌고, 일반 대중의 주택이나 건물에도 실내에 화장실이 자리를 잡을 수 있게 되었다.

현재는 일정량의 물을 사용하는 세척방식이지만, 언젠가는 물을 전혀 사용하지 않으면서 냄새 문제도 해결할 수 있는 변기가 출현할 수도 있을 것이다.

(2) 화장실과 욕실

1 화장실

물과 함께 흘려보내는 배설물 처리는 고대로부터 사람이 사는 곳에서는 어디에서나 사용되었던 방식이었다. 원시적인 형태의 화장실은 강이나 호수 등 수원으로부터 물을 끌어들여 도랑(trench)으로 흐르게 만들고 그 위에 쪼그리고 앉거나, 걸터앉아서 용변을 보았다.

이것이 오늘날의 준식(蹲式, squatting) 또는 좌식(座式, sitting)변기 로 발전한 것이다.

현대에 들어 래버토리(lavatory)나 토일렛(toilet)이라는 용어를 사용하게 되었는데, 래버토리는 '씻다'는 의미의 라틴어 '라바레(lavare)'에서, 토일렛은 프랑스어의 작은천(綪)을 의미하는 'toilette'에서 나온 것으로 되어 있다. 따라서 이 두 용어는 변기로도 화장실로도 사용된다.

2 욕실

화장실(化粧室)을 오늘날은 욕실(浴室, bathroom)이라고 부른다. 용변만을 처리하던 곳에서 샤워나 목욕이 가능한 곳으로의 변화된 것을 뜻한다.

소수의 특수 계층에서나 설치가 가능했던 실내 화장실이 일반 대중의 주택과 건물에도 들어갈 수 있었던 것은 위생기구의 보급이 활발해진 19세기 중반에 들어서이다.

미국은 1845년 건물 내부에 위생배수관 설치를 허용했고, 이로써 실내에 변기뿐만 아니라 욕조의 설치가 촉진되는 계기가 되었다. 화장실이 욕실(bathroom)로 바뀌는 결과가 된 것이다.

이러한 현상은 위생기구 개발을 선도했던 영국을 비롯한 다른 국가에 급속하게 전파되었고, 특히 영국에서 생산되는 수세식 변기는 세계적인 수출상품이 되었다.

2.2 변기에 대한 역학적 해석

(1) 트랩의 형태

변기는 사용하는 사람이 걸터 앉는식과 쪼그려 앉는식 두 가지가 있고, 이를 서양식 변기, 동양식 변기라고도 하지만 지역적으로 사용이 구분되는 것은 아니다.

두 형태의 변기는 통(bowl)에 담긴 물로 냄새를 막고, 사이펀 또는 중력작용으로 오물을 밀어내고 세척하는 방법은 같다.

원리상으로는 수봉트랩이 사용되는 것으로, S, U, J, P 등 4가지 트랩이 사용된다. 수세식 변기를 이용하는 데는 반드시 물에 잘 녹아 분해되는 화장지(toilet paper)를 사용하여야 한다. 예외적으로, 동양식 변기를 설치하는 일부 국가에서는 화장지를 사용하지 않고 물만을 활용한다.

변기 시트(seat)는 앞이 갈라진 것, 길이가 길쭉한 것, 시트 앞이 원형이거나 타원형인 것 등 여러 가지가 있다.

(2) 변기의 크기

크기는 **그림 1**과 같이 변기통(보울)이 보통인 것(regular bowl)과 큰 것(elongated bowl)으로 구분되고, 사용자의 편의를 위하여 높이만을 달리하여 제조된다.

변기의 높이는 최소 340 mm가 되어야 하지만, 어린이용, 청소년용 및 성인용으로 구분되며 **표 4**와 같은 높이가 되어야 한다.

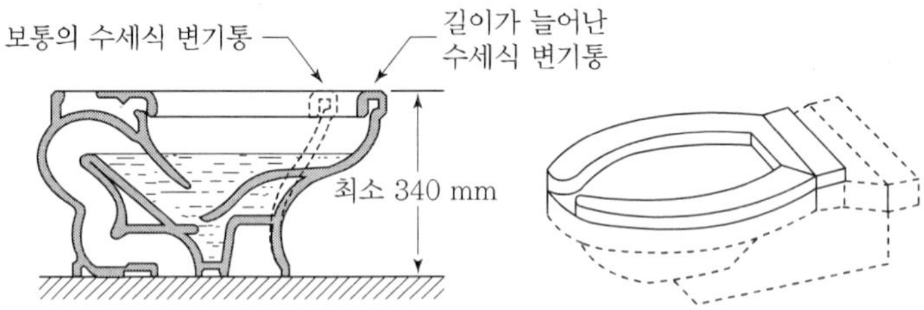

그림 1 변기의 크기

표 4 변기의 용도별 높이

용도	높이, mm
어린이용(5세 이하)	240~260
청소년용(6~12세)	260~340
성인용(13세 이상)	430~480

주 높이는 설치 바닥으로부터 림의 상단까지 거리임.

(3) 변기에서의 사이펀 작용

1 지배 방정식

사이펀은 높은 위치에서 낮은 위치로 유체를 운반하는 데 사용된다. **제4장**에서 '급수시스템'을 설명하기 위하여 사용된 베르누이 방정식은 이러한 유형의 유체 이동을 설명하는 데에도 동일하게 적용된다.

변기용 사이펀은 보울에 담긴 물(상부)을 배수구(하부)에 연결하는 관이다. 변기에 7.6 L(2갤런) 미만의 물을 부어 넣으면 수위가 잠시동안 약간 상승은 하지만, 그 추가한 물이 사이펀 관을 통과하여 배수관으로 흘러가 버릴 뿐 사이펀 작용 즉, 변기는 세척작용이 일어나지 않는다.

그러나 변기용 세척 탱크로부터 같은 양의 물을 내리면, 물이 빠르게 흘러 들어가 사이펀 관이 완전히 채워져 압력 변화가 발생한다. 관 내부의 압력은 낮고 물의 압력은 높아지므로 사이펀 작용이 일어나 변기는 세척된다. 이처럼 사이펀 관을 통한 사이펀 작용이 발생하기 위해서는 어떠한 조건이 갖추어지지 않으면 안 된다.

즉 같은 양의 물이 공급되더라도 흐름의 속도가 빨라야 한다.

변기에 베르누이 방정식을 적용하면 식 (2)와 같다.

$$\frac{p_i}{\rho}+\frac{v_i^2}{2}+gZ_i+h_l=\frac{p_o}{\rho}+\frac{v_o^2}{2}+gZ_o \tag{2}$$

식에서,

p_i, p_o : 사이펀 입구 및 출구 수압, Pa

v_i, v_o : 사이펀 입구 및 출구 유속, m/s

Z_i, Z_o : 사이펀 입구 및 출구 높이, m

ρ : 물의 밀도, kg/m^3

g : 중력 가속도, 9.8 m/s^2

h_l : 마찰저항, m

이다.

식 (2)에서 변기에 공급되는 물의 밀도와 중력 가속도는 일정하고, 마찰저항과 사이펀 입구유속은 다른 항에 비해 무시할 수 있으며, 사이펀 입구수압은 대기압이라고 가정할 수 있다. 그러면 식 (2)는 다음과 같이 단순화되며, 사이펀 작용을 일으킬 수 있는 사이펀 관에서의 유속을 구할 수 있다.

$$gZ_i = \frac{p_o}{\rho} + \frac{v_o^2}{2} + gZ_0$$

$$v_0 = \sqrt{2g(Z_1 - Z_2 - \frac{p_0}{\rho g})}$$

식에서 $(Z_1 - Z_2)$는 보울의 수면의 높이가 되므로, 이를 H라고 하면 ρg는 물의 비중량(γ) 이므로 사이펀 관에서의 유속은 식 (3)이 된다.

$$v_0 = \sqrt{2g(H - \frac{p_0}{\gamma})} \tag{3}$$

2 평균유속

주택에서 사용하는 탱크형 변기의 세척 시, 물이 흐르는 시간은 약 8초 정도이다. 7.6 L(2 갤런)의 물이 보울로 쏟아지는데 8초가 걸리므로, 이를 기준으로도 유속을 추정할 수 있다.

변기의 세척 수량은 시스템 전체에서 일정하므로, 유량(Q)를 알고 단면적을 가정하면 $Q = Av$로부터 특정 지점에서의 평균 유속은 질량 보존의 법칙에 따라 물의 밀도가 일정하게 유지된다고 가정하면 다음 식 (4)가 된다.

$$A_i v_i = A_o v_o \tag{4}$$

3 변기의 성능

변기의 성능을 제한할 수 있는 요소에는 보울의 단면적, 변기 세척을 위해 사용되는 물의 양, 모든 물이 통과하는 데 걸리는 시간이 포함된다. 변기에 있어서 기계적 효율성은 그다지 중요하지 않다.

물과 사이펀 관의 마찰저항은 상대적으로 낮으며, 레이놀드수를 구하는 식 (5)를 사용하여 구할 수 있다.

$$R_e = \frac{dv\rho}{\mu} \tag{5}$$

식에서,

v : 유체의 속도, m/s

d : 유체가 흐르는 사이펀 관의 지름, m

ρ : 유체의 밀도(물 = 1 000 kg/m^3)

μ : 유체의 점도(물 : $1 \times 10^{-3} kg/m \cdot s$)

로, 레이놀드수가 2 300 보다 작으면(변기에서와 같이) 층류로 간주되고 마찰력은 무시할 수 있는 것으로 가정한다.

2.3 세척방식에 따른 변기의 종류

(1) 사이펀식과 중력식

보울은 세척수가 흘려내려 오물이 잘 씻겨 내려가도록 하기 위하여 여러 가지 형태를 취하고 있다. 세척방법에 따라 사이펀식(siphonic toilet)과 비 사이펀식(non-siphonic toilet) 즉, 중력식으로 대별되며, 각각의 원리를 따르면서 고유의 특징을 갖는 여러 가지 형태가 사용되고 있다.

사이펀식은 사이펀 작용으로 세척이 이루어지는 변기로, 대표적으로 적용되는 방식으로는 ①단일트랩 사이펀식(single trap siphonic toilet)과 ②이중트랩 사이펀식(double trap siphonic toilet)이 있다. 모든 사이펀식 변기는 S자 모양의 배수로(waterway)를 갖는 것이 특징이다.

비 사이펀식은 순수하게 물의 무게와 중력만을 이용하는 세척방식을 적용하는 변기로, 대표적으로 적용되는 형식으로는 ①워시다운식(wash-down toilet)과 ②워시아웃식(washout toilet)이 있다.

(2) 단일트랩 사이펀식

1 구조

단일트랩 사이펀식 변기는 사이펀 제트식(siphon jet) 또는 사이펀 세척식(siphon flush) 변기라고도 부른다.

그림 2는 이에 속하는 변기의 단순화된 단면이다. 변기 상단의 테두리(rim)에는 많은 배수 구멍이 있다. 이 구멍은 보울에 물을 채우고, 헹구고 세척될 때 물의 소용돌이를 유도한다.

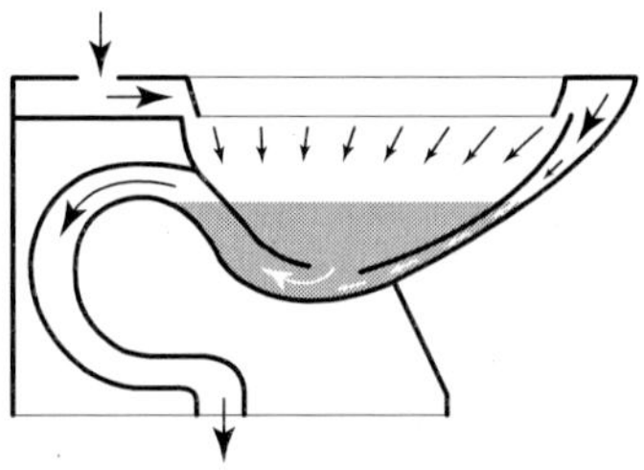

그림 2 단일트랩 사이펀식 변기

화살표는 림을 통과하는 세척수의 흐름 방향이며, 분사된 물은 길쭉한 S자형 사이펀 즉 배수로를 통해 배출된다. 이 배수로는 비 사이펀식 변기보다 약간 작은 지름으로 설계되어, 세척 시마다 자연스럽게 물로 채워져 사이펀이 된다.

보울은 일정량의 물을 고이게 하고 오물을 받는 용기이다. 보울에 담긴 물은 하수 가스의 실내 유입을 차단한다. 하수 가스는 배수관에 연결된 별도의 통기관을 통해 배출된다.

보울 뒤의 공간에는 사이펀 관이 배열되며, 그 길이는 보울에 담긴 물의 깊이보다 길다. 구부러진 튜브의 상단은 배수구로 흐르기 전에 보울의 물 높이를 제한한다.

일부 설계에서는 변기 바닥 트랩에 약 2.5 cm 지름의 사이펀 분사 구멍(siphon jet hole)을 두기도 한다.

세척수 탱크를 사용하는 변기인 경우, 최신 설계에서는 약 4.5~6.0 L(1.2~1.6 갤런) 용량이 장착된다. 이 탱크는 바닥에 5~7.5 cm(2~3 in) 지름의 배수구가 있어 세척 시 탱크의 물이 빠르게 흐를 수 있다.

탱크가 아닌 경우는 세척 밸브를 사용할 수 있다.

주거용 및 소규모 상업용 건물의 화장실에 가장 많이 사용되는 형태이다.

2 세척작용

탱크나 세척 밸브로부터 물이 빠르게 보울에 유입되면 물의 높이가 상승하여 변기 뒤쪽의 S자형 사이펀 관을 채운다. 이로써 변기의 사이펀 작용이 시작되고, 대략 4~7초 동안에 거의 모든 물과 오물을 배수구로 끌어 내린다. 대부분의 물이 보울에서 배출되고, 이어서 공기가 사이펀 관으로 빨려 들어가면 사이펀을 통한 연속된 물기둥이 끊어지게 되고, 변기는 사이펀 작용을 멈춘다.

변기에서 더 이상 물이 흐르지 않을 때 특유의 소음(gurgle)을 내는 것은 정상적인 것이다. 그래서 사이펀식 변기인지의 여부는 소음으로 식별할 수 있다. 즉, 세척이 끝날 때 배수구로 공기가 빨려 들어가는 소리가 들리면 이는 진정한 사이펀식 변기이다. 소음이 없다면 이중트랩 사이펀식 변기이거나 비 사이펀 변기이다.

(3) 이중트랩 사이펀식

1 구조

이중 트랩 사이펀식 변기(double trap siphonic toilet)는 S자형 트랩이 2개이며 트랩과 트랩 사이에 공동(空洞, cavity)의 진공을 사용하여 보울에 있는 오물을 물과 함께 트랩으로 끌어 올린다.

세척 시 소음이 없는 매우 조용한 변기라는 것이 특징이며, 일반적으로 사용되는 변기 유형은 아니다.

2 세척작용

그림 3은 이 유형 변기의 단면이다. 화살표는 림을 통과하는 세척수의 흐름 방향이다.

물이 유입구(A)로 세차게 흘러들어오면, 물의 힘에 의해 사이펀의 다리분분(E)에 있는 흡인기[5](B)가 공동으로부터 빨아들인 공기를 함유한 채로 림(C)을 통하여 팬(fan,

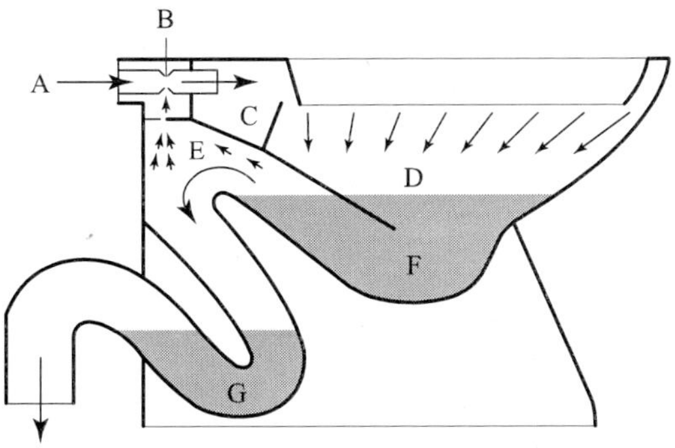

그림 3 이중트랩 사이펀식 변기

---

5. aspirator, 흡인기는 세게 분사되는 물의 힘에 의하여 공기를 빨아 들이는, 진공 이젝터(ejector)와 유사한 기구. 두 트랩 사이의 공동(空洞)을 진공으로 만들어 사이펀을 형성함으로서 보울의 물과 오물을 끌어 당긴다.

D)으로 들어간다.

공동은 진공 상태가 되므로 두 트랩 간은 사이펀이 되어 보울(F)에 있는 물과 함께 오물은 첫번째 트랩의 사이펀을 통해 두번째 트랩으로 밀어내 지고, 두번째 트랩G)을 통해서 배수구로 밀어내 져 세척이 이루어진다.

세척과정이 끝나고 물 공급이 중지되면, 흡인기는 물에 잠기지 않으므로 공기가 유입되어 두 트랩 사이의 공동이 다시 공기로 채워지게 되어 사이펀은 끊어진다. 그리고 마지막 세척수가 소음없이 팬을 채워 변기는 재사용 가능한 상태로 원위치 된다.

(4) 워시다운식

1 구조

워시다운식 변기(washdown toilet)는 대표적인 비 사이펀식 변기이다. 가장 일반적인 형태의 바닥 및 벽 설치용이다.

그림 4와 같이 보울 상단에는 큰 구멍이 있고 바닥으로 내려가 트랩에 이르기까지 기울어 지면서 작아진다. 배수구에 연결된 단순한 원추형 그릇이었던 초기의 호퍼(hopper)형 변기[6]가 발전된 것이다. 배설물이 중앙이 아닌 변기의 뒤쪽으로 낙하되므로 보울의 뒷면이 더러워지기 쉽다.

현대식 변기는 뒤쪽의 기울기가 가파르고 앞쪽은 더 완만하게 되어 있어 수봉트랩의 위치는 변기의 중앙으로부터 뒤쪽으로 벗어나 있다. 이와 같은 편심 원추형 설계를 사용하면 오물이 보울 표면이 아니라 바닥의 물웅덩이로 낙하한다.

초기의 이 변기는 바닥의 물이 차지하는 면적을 넓게하여 보울의 오염을 최소화 했

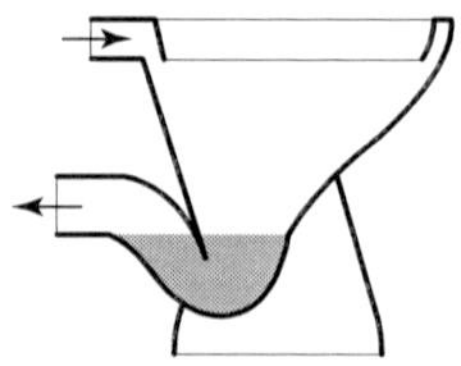

그림 4 Washdown식

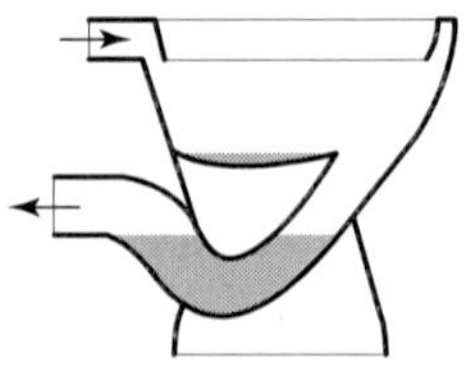

그림 5 Washout식

6. 참고문헌 2. 1권 22장(건축기계설비의 역사) p4.22-4

으나 반면에 세척을 위해서는 많은 양의 물이 필요했다. 이에 반하여, 현대식 보울은 물이 차지하는 면적이 작기 때문에 세척에 필요한 물의 양은 작다. 그러나 물이 고이는 면적은 사이펀식 보울에 비하여 항상 작기 때문에 보울이 더러워지기 쉽다.

2 세척작용

이 유형의 변기는 배수로가 짧고 넓기 때문에 세척수 탱크에서 쏟아지는 물의 순수한 힘으로 트랩 통로로 쉽게 폐기물이 밀려 들어갈 수 있다. 즉 순수하게 물의 무게와 중력만을 이용하는 세척방식이다.

세척수는 림 또는 제트를 통해 배출되며 상단으로부터 밑으로 흘러내려 세척이 이루어진다.

(5) 워시아웃식

1 구조

워시아웃식 변기(washout toilet)는 일종의 계단식 변기이다. 최초로 만들어진 세라믹 변기 유형 중 하나이다. **그림 5**와 같이 얕은 깊이의 물이 고이는 평평한 플랫폼이 있다. 여기에 오물을 모은 다음 씻어 내리는 것이다.

1852년 제닝(George Jennings)[7]에 의해 특허를 받았고 19세기 내내 영국의 표준 변기였으며, 독일, 오스트리아, 체코, 헝가리, 네덜란드 및 폴란드 등에서 주로 사용되었으나, 1970년대 초반 이후로 사용은 줄어 들고 있다.

이 유형 변기의 단점은 ①보울에 남겨진 오물의 흔적을 제거하기 위해 브러시를 많이 사용해야 하며, ②오물이 물에 잠기지 않기 때문에 냄새가 심하다. 그러나 장점도 있다. ①물이 튀지 않으며, ②단이 져 있어서 오물 샘플을 채취하기가 편하다. 그래서 특히 병원, 의료 수술 또는 칸막이 없는 욕실 등에서 주로 사용된다.

---

7. 참고문헌 3. pp266-267

2 세척작용

플랫홈 뒤쪽에 배수구가 있다. 세척수는 뒤쪽에서 흘러내려 플랫홈의 오물을 아래의 트랩으로 몰아넣는 식으로 세척된다.

이 변기의 장점은 물 플랫홈에서 오물은 트랩(보통 P-트랩 또는 S-트랩)으로 휩쓸려 들어간 다음 세척수에 의해 하수구로 흘러 들어가 제거된다.

이 유형의 변기 역시 순수하게 물의 무게와 중력만을 이용하는 세척방식이다.

2.4 변기에 준하는 기구

(1) 소변기

1 남성용과 여성용

소변기(小便器, urinal)는 소변을 받기 위한 변기이다. 주로 남성용으로 제작되며 서서 사용하게 되어있다. 여성용으로 설계된 소변기(female urinals)도 존재하지만 흔하지는 않다.

코드에는 남자 화장실에도 여자 화장실과 마찬가지로 변기만 설치하는 것을 원칙으로 한다. 그러나, 편의상 소변기를 설치하고자 할 경우에는 설치할 변기 숫자의 1/2 이상을 소변기로 대체할 수 있도록 하고 있다.

이와 같은 기준은 주택과 같이 변기만 있어도 되는 경우가 많기도 하지만, 반면에 혼잡한 공중 화장실과 같은 경우에는 변기 이외에 소변기를 설치하는 것이 효율적이기 때문이다.

변기를 사용하는 경우에 비하여 추가로 손을 대야만 하는 출입문이나 잠금장치 및 시트와 같은 것이 없어도 되므로 사용 속도가 빠를 뿐만 아니라 위생적이기 때문이다.

또한 소변기를 설치하는 것이 변기만 설치하는 것에 비하여 화장실을 더 깨끗하게 유지할 수 있고, 배변이 필요한 이들에게 편의를 더 제공할 수 있다. 소변기는 변기보다 차지하는 공간이 작고 설치도 간단하며 세척수 소비도 작다.

2 설치방법에 따른 종류

소변기도 변기와 같이 벽걸이와 바닥 설치형으로 구분되며, 고정시키는 방법에 따라 다양한 형태가 있다.

스톨(stall)형으로 불리는 소변기는 소형으로 벽에 부착하는 형태(half-stall urinal)를 지칭한 것이었으나, 현재는 대형으로 바닥에 설치하는 형태(full-stall urinal)까지를 포함하는 의미로 사용된다.

소변기에도 트랩이 주요 구성요소이다. 그러나 소형의 스톨형에는 트랩이 없는 것도 있다.

적용 가능한 소변기 세척방법으로는 대부분의 공중화장실 소변기에는 악취가 나지 않도록 수세식 시스템이 통합되어 있다.

세척방법으로는 ①수동핸들 사용, ②일정 시간마다 세척(timed flush), ③문이 열릴 때마다 세척(door-regulated flush), ④자동세척(automatic flush)과 같은 방법 중 한가지 방법을 적용하여 깨끗하게 세척할 수 있다.

3 세척방법별 장단점

①수동핸들 사용은, 각 소변기 마다 세척용 버튼 또는 짧은 레버가 장착되어 있어, 사용자가 소변기를 떠날 때 이를 조작하므로서 세척되는 방식이다. 이러한 직접 제어시스템은 모든 사용자가 반드시 사용해야 한다는 전제하에 가장 효율적이다.

②일정 시간마다 세척하는 방법은, 정해진 간격(시간)마다 자동 세척하는 방식이다. 최대 10개의 소변기를 설치하고, 하나의 세척탱크(cistern)를 사용하는 경우가 많다. 이러한 방식을 적용하는 경우 사용자에게는 어떠한 조치도 요구하지 않는다. 다만 소변기가 불규칙하게 사용될 경우 세척수가 낭비될 수 있다. 그래서 화장실이 문을 닫았을 때 물 사용량을 줄이기 위해 조명 스위치에 연결된 전기식 수도밸브를 사용하기도 한다. 낮시간 처럼 건물이 사용 중이고 조명이 켜져 있을 때는 정한 시간에 세척이 이루어 지지만, 야간처럼 건물이 닫히고 조명이 꺼지면 세척 작업도 중단된다.

③문이 열릴 때마다 세척하는 방법은, 화장실을 사용한 경우에만 작동하는, 오래된 절수식 자동세척 방식이다.

푸시버튼 스위치는 문틀에 장착되어 있으며 문이 열릴 때마다 모든 소변기에 대해 세척밸브가 작동된다. 개별 소변기의 사용을 감지할 수는 없지만, 소변기를 사용하지 않을 때 과도한 양의 물을 낭비하지 않는다.

이 방법은 문이 열릴 때만 세척시스템이 작동하므로 스프링 작동식 자동 도어 클로 저가 필요하다. 또한 이 시스템은 사용자 수를 계산할 수 있으며 문 열림 횟수가 특정 값에 도달할 때 작동한다. 밤에는 문이 열리지 않기 때문에 세척 작업은 일어나지 않는다.

④자동세척은 전자식 자동 세척방법으로, 사용자가 소변기 앞에 섰을 때 적외선 센서가 체온을 감지한다. 용변을 마치고 자리를 떠나면 열 손실을 감지하고 세척 기능을 작동시킨다. 이전의 사용자 접근 방식의 문제를 해결한 것이다.

수동식 적외선 센서는 소변기가 사용된 시점을 식별하여 앞에 서 있다가 멀리 이동한 시점을 감지한 다음 세척을 시작한다. 일반적으로 선택 버튼(override button)이 있어 수동 세척을 선택할 수 있다.

이 방식에서는 오동작 방지를 위해 대부분의 적외선 센서는 사람이 최소 5초 이상 앞에 서 있을 때를 감지한다. 그러므로 그냥 지나가는 경우에는 세척기능이 작동하지 않는다. 또한 자동세척 시스템은 일반적으로 세척 전에 사용자의 존재 여부가 센서 범위를 벗어날 때까지 기다린다. 그러므로, 유무만을 감지하고 내내 연속적인 세척이 이루어지는 센서에 비하여 물 사용량이 줄어든다.

(2) 비데

1 사용의 필요성

비데(bidet)는 사람의 항문 등을 씻을 목적으로 앉아서 사용하도록 설계된 보울 또는 용기로, 변기의 유사기구이다. '작은 말'을 의미하는 프랑스어에서 유래 되었다.

비데의 필요성에 대해서는 국가와 문화에 따라 의견이 다양하다. UK 문화권에서는 비데가 사용되지 않으며, 유럽의 다른 일부 국가에서는 수세식 변기가 있는 모든 욕실에 비데 설치를 법으로 정하고 있다.

이슬람 세계, 사하라 사막 이남의 아프리카, 남부 유럽 및 일부 남미 국가들에서는 습관적으로 비데를 사용한다.

우리나라는 주택에서는 물론 공공기관이나 교육시설 등의 공용화장실 등에 변기 겸용으로 설치라는 사례가 일반화되고 있다.

세계적으로 비데는 개인위생을 유지하는 데 없어서는 안 될 도구로 간주된다.

2 비데의 종류

비데는 ①독립형 비데(standalone bidet), ②비데 샤워(bidet shower), ③부착식 비

데(add-on bidet) 등 여러 종류가 있다.

①은 변기, 샤워, 세면기 외에 욕실에 별도의 유닛으로 설치되는 가장 일반적이며 전통적인 비데이다. 변기와 유사하며 물을 분사하는 노즐이 있는 형태가 사용되지만, 물을 채울 수 있도록 꼭지와 마개가 있는 큰 세면기와 비슷한 형태도 있다. 물을 채우거나 채우지 않고 발을 씻을 때도 사용할 수 있다.

②는 핀란드식으로, 비데 스프레이(spray), 비데 스프레이어(sprayer), 건강 수도꼭지 등 여러 명칭으로도 불린다. 주방 싱크용 스프레이어와 유사한 이동식 노즐(hand-held triggered nozzle)을 사용하는 방식이다.

이 형식은 변기 일체형인 비데와 달리 샤워를 손으로 잡아야 하고 자동으로 세척되지 않는다. 비데 샤워는 세척에 물이 필수적이라고 여기는 국가 들에서는 일반적으로 사용되는 형태이다.

③은 기존의 변기에 추가하여 사용할 수 있는 비데로, 크린렛(cleanlet) 비데라고도 부른다. 공간을 절약하고 추가 배관이 필요 없다. 비데는 이동식 또는 고정식 노즐이 될 수 있으며, 기존 변기의 뒤 또는 측면에 부착되거나 변기 시트를 떼어내고 그 자리에 설치하여 사용한다.

이 유형의 비데는 워터 제트가 수직이거나 비스듬한 것, 노즐이 한 개인 것과 두 개인 것, 노즐이 긴 것과 짧은 것 등 여러 가지 형태가 있다. 이러한 부착식 비데에서의 물 분사는 밸브를 열거나, 기계적 또는 전자적으로 제어된다.

세척 후 따뜻한 바람을 분사하기 위해 발열체, 열선 시트, 무선 리모콘, 내장형 조명과 탈취제 및 활성탄 필터 내장형으로 악취를 제거하는 형태도 있다.

일체형 프러싱 림이 있는 비데는 기구에 혼합된 물 공급 장치에 진공브레이커가 있어야 한다.

2.5 물받이 용기

(1) 세면기

1 래버토리와 세면기

세면기(수세기 포함)은 물을 받는 용기의 대표적인 기구로, 보울에 물을 담아서 사용할 수도 있고, 물을 흘려보내면서 사용할 수도 있다.

특히 세면기는 기구배수 부하단위(DFU)를 정하는 연구에 기본으로 사용된 기구이다[8].

세면기 또는 수세기는 영어의 래버토리(lavatory)에 대한 표기이다. 앞에서 설명된 것처럼 원래 래버토리는 화장실의 의미였지만, 대신 배스룸이 사용되므로, 한자를 사용하는 동아시아권 국가에서는 래버토리의 어원이 '씻다'는 의미를 고려하여 세면기로 사용되는 것이다. 화장실에는 동서양을 막론하고 세면기와 변기 설치[9]가 기본이기 때문이다.

세면기와 수세기는 용도나 물을 사용하는 방식이 모두 같다. 그래서 물을 담을 수 있는 보울이 소형인 것을 수세기라 부른다.

이 · 미용실에서 사용되는 세발기(shampoo sink)도 세면기의 일종이다. 세발기는 모발 때문에 배수관이 막힐 수 있으므로 배수구에는 모발 포집기를 설치하여야 한다.

세면기도 벽걸이형과 바닥 설치형으로 구분되며, 크기 및 설치방법, 사용되는 수도꼭지 등에 따라 다양한 종류가 있지만, 일반적인 형태는 **그림 6**과 같이 보울과 배수기구로 구성된다. 배수구의 크기는 NPS 1-1/4 이상이어야 한다.

일반적으로 오버플구가 있는 것이 사용되지만, 병원과 같은 곳에는 오버플로구가 없는 것을 사용해야 한다. 오버플로 배수로 표면에 오물이나 찌꺼기가 끼어 비위생적이기 때문이다.

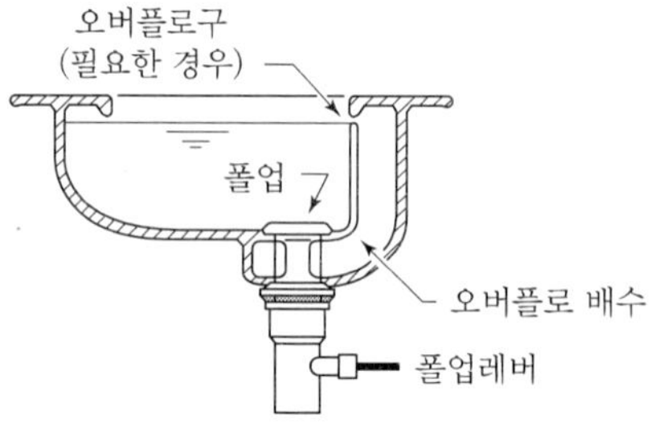

그림 6 세면기의 구조

8. 참고문헌 4. 일반적인 크기를 갖는 세변기(보울: 1.5 갤런<5.7 L>, 배수관: NPS 1-1/4) 에서의 배수속도 7.5 GPM(1 ft^3/s)를 1 DFU로 정함.
9. 변기와 세면기가 있는 화장실을 1/2 욕실(half-bathroom) 또는 파우더룸(powder room)이라고 한다. 제4장 표 11 참조

2 세면기용 트랩

앞에서 설명된 변기에서는 트랩이 기구의 구성요소로 몸통에 포함 되는데 비하여 물받이 용기의 트랩은 별도의 기구로 몸통에 부착된다.

S-트랩이나 P-트랩이 사용된다. 배수관이 건물이나 시설의 바닥에 설치된 경우는 S-트랩이, 벽에 설치되는 경우에는 P-트랩이 사용된다. 어떤 형태라도 트랩의 크기는 NPS 1-1/4 이상이어야 한다.

3 재질

세면기의 재질은 일반적으로 세라믹, 비 유리체를 사용하지만, 스테인리스강판이나 FRP를 사용하기도 한다.

(2) 욕조

1 현대식 욕조

욕조(bathtub)[10]은 목욕통을 뜻하며, 사람이나 동물이 목욕할 수 있는 물을 담는 용기이다. 욕실이 실내에 자리를 잡기 이전의 시대에는 설치 장소나 위치가 정해져 있지 않았으므로 욕조에 특정한 형태가 없었다.

현대식 욕조의 시작은 1882년 데이비드 뷰익[11]이 발명한 에나멜 처리된 주철제 욕조이다. 1883년에는 콜러[12]가 주철제 말구유(horse trough)에 4개의 다리를 붙이고 에나멜[13] 처리하여 욕조라는 명칭을 붙여 판매[14]하였다.

---

10. bath(목욕) 또는 tub(통)으로 쓰기도 한다.
11. David Dunbar Buick(1854. 9.17~1929.3.5. 스코틀랜드 태생의 미국인). 발명가로 Buick Motor Company 설립으로 잘 알려져 있다. 배관 제품 제조회사에 근무했으며, 1882년 이 회사를 이어받고, 그의 발명인 '유리질 에나멜로 주철을 영구적으로 코팅하는 방법'을 적용하여 저렴한 비용으로 '백색 욕조'를 만들었다. 이 방법은 현재의 범랑욕조 제조에도 그대로 사용된다.
12. John Michael Kohler(1884.11.3~1900.11.5. 미국). 말구유와 돼지 삶는 통을 제조 하였다. 후에 Kohler Company 설립.
13. 1700°F(927℃)까지 견딜 수 있다.
14. 참고문헌 3. p262

그림 7 에나멜 처리된 주철제 욕조

이로써 변기의 양산과 더불어, 신축되는 주택이나 주거용 건물에는 실내 욕실 설치가 일반화되었을 뿐만 아니라, 기존 건물에서도 개체 공사를 통하여 욕실 설치가 가능하게 되었다.

현대식 욕조는 에나멜 처리된 주철제나 강철제처럼 고가제품을 비롯하여, 아크릴을 열성형한 제품, FRP제 및 스테인리스강판제 등이 사용 된다. **그림 7**은 주철이나 강철에 에나멜 처리한 욕조의 예이며, 이러한 방식으로 제조된 욕조를 법랑[15]욕조라고 한다.

2 구조와 모양

초기의 욕조는 대략 직사각형이었지만 아크릴 열성형 욕조가 공급 되면서 다양한 모양을 사용할 수 있게 되었다. 색상은 일반적으로 백색이지만 다른 색상도 공급된다.

욕조의 유형은 2가지로, 서양식과 일식이다. 서양식은 길이가 길어서 목욕하는 사람이 누울 수 있으며 깊이는 얕다. 일식은 목욕하는 사람이 앉아있어야 하여 짧고 깊다.

3 욕조 설치 시의 유의점

욕조는 일반적으로 독립된 설비로 또는 샤워와 함께 설치된다.

현대식 욕조에는 오버플로구와 NPS 1-1/4 이상의 배수구 및 온·냉수를 공급하는 수도꼭지가 설치된다. 다만, 병원과 같은 곳에는 오버플로구가 없는 것을 사용해야 한다(세면기 참조).

---

15. 법랑(琺瑯)은 금속의 표면에 유리질의 세라믹스(enamel)를 얇게 입힌 것이다. 세라믹스로는 얇게 만들기가 어렵고, 얇게 만들어도 깨어지기 쉽다. 그러나 금속은 얇게 늘여 용기를 만들 수 있다. 법랑은 이 두 가지 물질의 장점을 결합시킨 것으로, 금속 표면에 세라믹스를 입혀 유리의 광택을 지니면서 단단하고 녹슬지 않는 용기나 기구를 만드는 방법이다.

배수관은 내장되는 경우도 있지만 일반적으로 욕조와 욕실 바닥 사이의 공간에 설치된다. 그러므로 규정된 크기의 배수관이 정상적으로 통과 할 수 있는 높이가 확보되어야 한다. 또한 배수관은 굽힘부에서도 원형의 단면적이 유지될 수 있도록 금속제 관을 사용하여야 한다.

욕조와 핸드샤워(hand-held shower)를 함께 설치하는 경우에는 급수관과 샤워호스가 연결되는 지점에 호스용 진공브레이커[16]를 설치하여 역류를 방지하여야 한다.

(3) 싱크

1 싱크와 배신

싱크(sink)는 손세탁이나 설거지 등의 용도로 사용되는 물받이 용기로 워시보울(washbowl), 핸드배신(hand basin), 워시배신(wash basin), 심플 배신(simply basin) 등 여가지 명칭이 사용된다.

싱크는 현재와 같은 욕실이 없던 18세기 말 미국에서 만들어진 욕실 싱크가 발전된 것이다. 물병이나 물 담긴 용기를 오려놓기 위한 작은 테이블(washstand) 이었다. 때로는 테이블 상판에 큰 구멍을 뚫고 그 밑에 그릇을 놓아 위에서 떨어지는 물을 받도록 하는 건식 싱크대를 만들기도 했다.

이러한 형태가 발전하여 욕실보다는 주방에 더 적합한 보울과 작업대가 일체형인 스테인리스강판제 싱크로 발전된 것이다.

통상적으로 주방에서 사용되는 ①주방 싱크(kitchen sink), ②청소, 세탁 등에 사용하는 서비스 싱크, ③실험실 싱크(laboratory sink), ④병원에서 사용되는 오물싱크(disposal sink) 등이 있다.

2 구조와 구성 요소

주방 싱크는 보울이 1개인 것과 2개인 것, 보울이 중앙에 있고 좌우 측에 작업대가 있는 것, 보울이 한쪽에 있고 그 반대편에 작업대가 있는 것 등 여러 가지 형태가 있다.

보울에는 오버플로구가 있어서 물이 넘쳐흐르지 않도록 해야 한다. 다만 병원과 같은

16. 참고문헌 5.

곳에는 세면기나 욕조와 같이 오버플로 구가 없는 것을 사용해야 한다.

싱크에는 온·냉수를 공급하는 수도꼭지가 있으며, 더 빠른 헹굼을 위해 스프레이 기능이 포함될 수도 있다. 또한 사용한 물을 제거하기 위한 배수구를 포함한다. 배수구는 NPS 1-1/2 이상이어야 하며, 스트레이너(또는 포집기) 및 트랩이 포함되어야 한다.

3 재질

주택용이나 상업용 식당 등 음식이나 요리와 관련된 시설에 사용되는 것은 일반적으로 스테인리스강판제가 주종이며 청소용 싱크는 법랑싱크가, 세탁용 등으로는 인조대리석 제품 등이 사용된다.

4 싱크 설치 시의 유의점

싱크의 하부는 포집기 및 트랩과 배수관이 위치하는 공간이므로, 난방용이나 급수용 헤더(header)와 같은 고정된 배관이나 기구를 설치 하여서는 안 된다.

세탁용 싱크에는 NPS 1-1/2 이상의 배수관에 연결된 깊이가 300 mm(12 in) 이상인 스트레이너가 있어야 한다.

청소용 또는 걸래 세척용 싱크에는 분리하여 청소가 가능한 스트레이너와 NPS 2 이상의 배수구가 있어야 합니다.

3 수도밸브와 이에 준하는 밸브

3.1 수도밸브

(1) 수도밸브의 범위

용도 기준으로 밸브를 분류할 때의 4가지 범주 중의 한 가지인 수도 밸브는 주택이나 건물 등에서 물 공급에 사용되는 각종 수도꼭지를 비롯하여 지수밸브, 볼탭 등 급수와 제어에 사용되는 밸브 및 기구들을 포함한다.

(a) 일반적인 수도꼭지 (b) 호스 연결용 수도꼭지

그림 8 수도꼭지의 예

(2) 수도꼭지

1 Faucet과 Tap

수도꼭지는 영어의 대표적인 표현인 faucet[17]를 말하는 것이나. tap이라고도 하며 그 외에도 건물 외부에 설치하거나 동결방지 기능 포함 여부 등에 따라서 여러 가지 명칭[18]이 사용된다.

그림 8(a)는 우리가 사용하는 수도꼭지이고, (b)는 유럽과 북미지역에서 일반적으로 사용되는 호스를 연결할 수 있는 형태의 수도꼭지이다.

2 수도꼭지의 여러 가지 형태

물을 공급하는 방식에 따라 냉수나 온수를 따로따로 사용하는 단독 수도꼭지와 온·냉수 혼합 수도꼭지로 대별되며, 밸브을 여닫는데 핸들 또는 레버를 사용하는 방식이 있다. 혼합 수도꼭지는 주방이나 욕실 모두에 사용할 수 있으나, 욕실용에는 샤워를 연결할 수 있도록 나사가 가공된 별도의 노즐이 추가되어 있다.

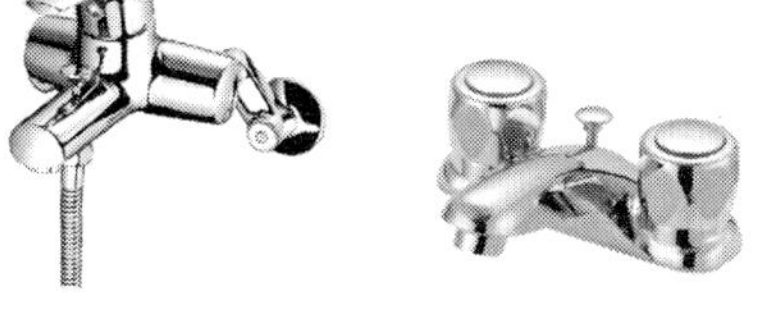

그림 9 온·냉수 혼합 수도꼭지의 예

---

17. 영국은 tap로 쓴다.

18. spigot, silcock, bib(hose bibb), wall hydrant 등.

3 유량특성[19]

급수계통에 사용되는 밸브, 특히 수도꼭지는 유량의 신속한 개폐를 필요로 한다. 그래서 수도꼭지는 포트와 평평한 형태의 디스크 플럭을 갖는 단순한 구조이다. 이 디스크 플럭(이하 디스크)를 움직여 포트의 유로 면적을 변화시켜 유량을 제어하는 것이며, 디스크에는 비 금속제 패킹이 결합되어 시트와의 밀착이 이루어져 밀봉이 유지된다.

이와 같은 구조는 밸브의 고유유량 특성(inherent valve characteristic) 중에서 퀵오프닝(quick opening) 특성을 가진다.

수도꼭지에서 토출되는 유량은 유체 통과 면적과 유속의 곱이다. **그림** 10(a)와 같이 포트의 지름이 D(mm)인 밸브에서의 최대 유로 면적(A_p)은 식 (6)과 같다. 그리고 이때 최대 유량이 토출된다.

$$A_P = \frac{\pi D^2}{4},\ \mathrm{mm}^2 \tag{6}$$

밸브의 개도가 L(mm)인 상태에서 포트와 디스크 사이로 유체가 통과 할 수 있는 면적(A_s)은 **그림** 10(b)와 같으며, 이를 식으로 표시하면 식 (7)이 된다.

$$A_S = \pi DL,\ \mathrm{mm}^2 \tag{7}$$

최대 유량이 A_p일 때이므로, $A_S = A_P$이면 역시 최대 유량이 토출된다. $\frac{\pi D^2}{4} = \pi DL$로부터 밸브의 개도($L$)는

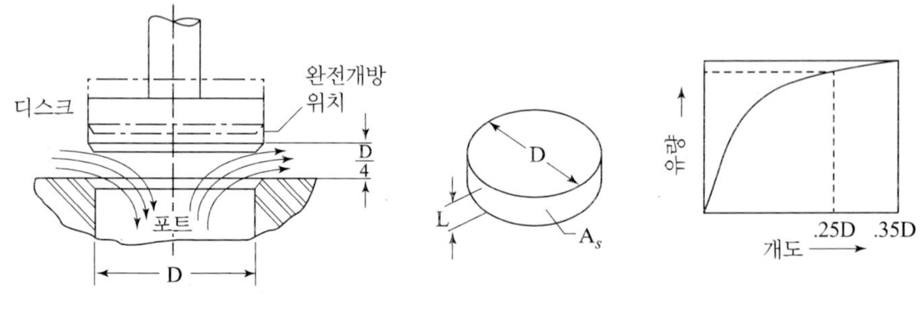

(a) 포트와 디스크 **(b)** 유체 통과 면적 **(c)** 개도-유량 선도

그림 10 수도밸브의 유량 특성

19. 참고문헌 6. 제10장 밸브일반 pp422-428.

$$L = \frac{D}{4},\ \text{mm} \tag{8}$$

이 된다. 즉 **그림 10**(c)에서와 같이 개도가 밸브 포트 지름(D)의 25%일 때 최대의 유량에 근접한다. 그러나 실제로는 디스크에 의한 저항 때문에 10~15% 개도를 가산한 35%에서 최대 유량에 도달한다.

이처럼 수도꼭지는 밸브를 열 때 초기의 작은 변위에서는 개도에 대한 유량의 증가가 거의 선형적인 관계를 가지며, 개도가 포트 지름(D)의 10%만 되어도 토출량은 정격유량의 50%에 도달하고, 개도가 포트 지름의 25%가 되면 유로의 단면적이 포트의 단면적과 같아지게 되어, 밸브 개도를 더 이상 변화시키지 않아도 통과 유량은 최대치에 가깝게 된다. 그러므로 수도꼭지는 전개하여 사용할 필요가 없다.

(3) 세척밸브

1 기능

세척밸브는 핸들이나 버튼 또는 페달을 조작함으로써 일정 시간 동안 수량을 토출한 후 자동 폐쇄되는 밸브이다.

변기용과 소변기용이 있으며, 변기용 보다 소변기용이 크기 및 토출량이 작다. 소변기에 많은 세척수를 공급하기 위한 목적과 같은 특수한 경우에는 변기용 세척밸브를 그대로 사용하기도 한다. 세척밸브에 대한 급수 공급압력은 세척탱크의 경우보다 높아야 하고, 세척밸브는 기구당 독립적으로 1개를 설치해야 한다.

2 변기용

변기용 세척밸브(flushometers, flush valve)의 외형은 그림 11(a)와 같다. 구조는 내부에 다이프램식 릴리프밸브가 들어있고, 하부에 진공브레이커가 붙어 있다. 진공브레이커는 부속품으로 내장될 수도 있고 별도로 배관에 설치할 수도 있다.

작동 과정은 **그림 11**(b)와 같이, 물의 흐름이 정지된 상태에서는 다이어프램이 밸브 포트를 막고 있어서 상부와 하부 체임버는 같은 압력으로 균형을 이루고 있다. 핸들을 누르면 릴리프밸브의 다이어프램이 열려 상부 쳄임버의 물이 방출되면서 압력이 떨어지게 되므로, 급수 공급관으로부터 높은 압력의 물이 유입되어 세척관으로 흐른다.

변기가 세척되는 동안 물의 일부는 다이프램에 있는 작은 우회구멍(bypass hole)을

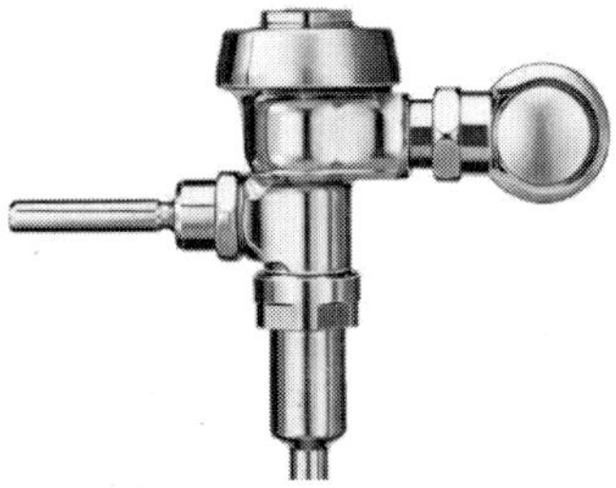

(a) 외형

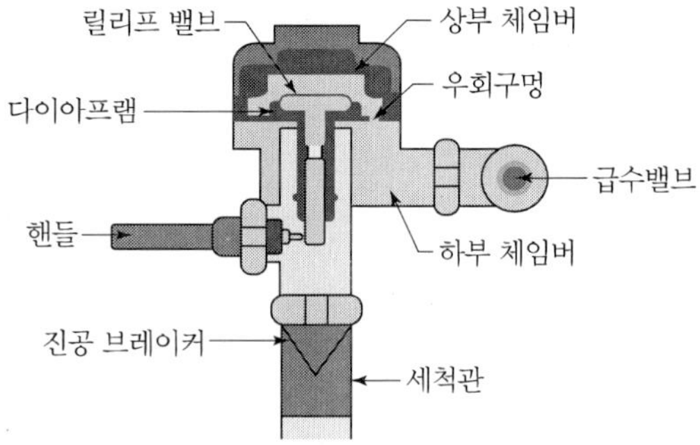

(b) 구조와 각부 명칭

그림 11 변기용 세척밸브의 예

통하여 상부 체임버로 밀려 들어가 상 하부 체임버의 압력이 다시 균형을 이룬다. 그리고 다이아프램이 닫쳐 유로가 차단됨으로 급수 유입도 멈추고 세척도 끝난다.

세척밸브는 토출량은 15±2 L용과 절수형인 5±1 L용이 있다. 수압은 140 kPa 이상이 필요하다.

3 소변기용

소변기용도 변기용과 마찬가지로 버튼이나 핸들의 조작에 의해 일정 시간 필요한 수량이 공급되어 소변기를 세척한 후 자동으로 닫힌다.

그림 12는 소변기용 세척밸브의 예이다. 제조자에 따라 다양한 형태의 제품이 공급되므로 선택의 폭은 그만큼 넓다.

작동 과정은 변기용 세척밸브와 유사하다. 1회 토출량은 2~4 L이며 수압은 100 kPa 이상이 필요하다.

그림 12 소변기용 세척밸브의 예

(4) 세척탱크

1 기능

변기용 세척탱크는 세척수를 저장하는 순수한 탱크로서의 기능과 변기 세척에 필요한 수량을 짧은 시간에 토출시키는 급수 기능이 결합된 것이다. 변기 바로 위에 부착하여 사용됨으로 로탱크(low tank)라고도 부른다.

주택에서와 같이 세척밸브식 변기를 설치할 필요가 없는 경우에 사용된다. 탱크는 일반적으로 도기제이고, 내부의 급수기구는 물에 잠긴채 작동되므로 내식성을 갖는 금속과 비금속 재료가 혼합적으로 사용된다,

2 구조

탱크 내부에 들어가는 급수용 기구의 구성은 **그림** 13과 같다. 탱크의 고수위까지 물을 채우는 기구(fill valve)로는 볼탭이 주로 사용되지만 볼 대신 플로트 스위치 등 제조자에 따라 여러 가지 방법이 적용된다

대, 소변 구별 없이 핸들을 누르면 탱크에 저장된 물 전체가 7~8초 사이에 변기로 토출되어 변기의 세척이 이루어 진다.

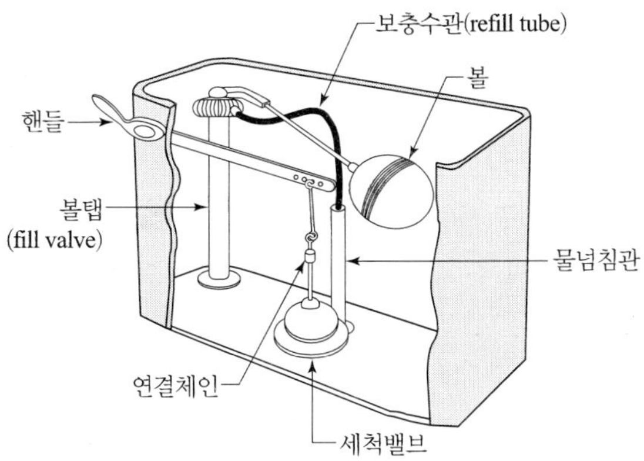

그림 13 세척탱크

3.2 기타 밸브

(1) 지수밸브

1 공공과 사유시설의 구분

주택이나 건물에 상수도를 공급하기 위해서는 가장 가까운 거리에 있는 상수도 주관 즉 공공시설로부터 분기하여 지관이 설치되어야 한다. 상수도관은 일반적으로 도로(차도 및 인도)를 따라 배관 되므로, 주택이나 건물이 도로에서 먼 경우에는 상수도 지관의 길이도 길어질 수밖에 없다.

지수(止水, curb)밸브는 상수도 지관이 분기점으로부터 주택이나 건물의 대지경계선 안으로 들어오는 지점에 설치한다. 지수밸브 이후의 수도미터로부터는 사유시설이 된다. 지수밸브는 일반적으로는 밸브 전용 박스나 맨홀을 설치하고 그 안에 수도미터, 역류방지밸브 등과 함께 설치한다.

지수밸브는 필요 시 상수도의 일시적인 차단 또는 상수도 공급이 불 필요할 경우 영구적 차단에 사용된다.

2 구조 및 작동방식

볼밸브나 플럭밸브의 형태를 취하며, 스템을 90도 회전시켜 물의 흐름을 개폐할 수 있고, 볼(또는 플럭)과 밸브 몸통에 구멍이 있어서 스템을 반대로 90도 회전시켜 2차측(지수밸브 이후) 배관의 물을 퇴수시킬 수 있다. 또한 이 기능을 이용하여 지하매설 배관의 이상 유무를 확인할 수도 있다.

그림 14와 같이 가정용 등의 소형(DN 15~50)은 청동제, 대형(DN 65 이상)은 주철이나 주강제 등으로 공급된다. 상용압력 20 bar(300 psi) 용이 주로 사용되나, 상수도

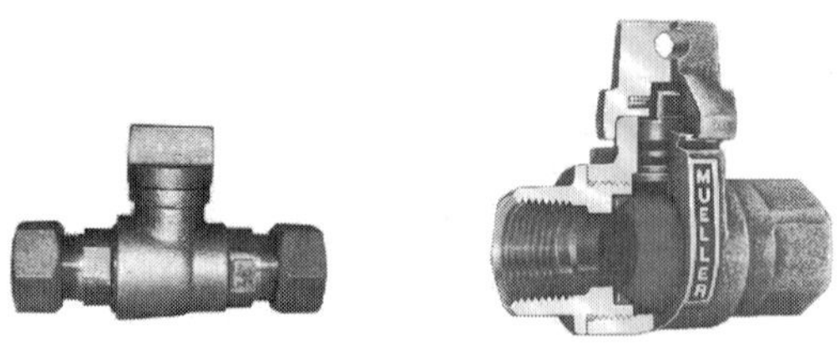

(a) 소형 **(b)** 대형

그림 14 지수밸브의 예

그림 15 스테인리스강 및 청동제 볼탭의 예

본관의 압력을 고려하여 적정한 압력 등급의 제품을 사용해야 한다.

(2) 볼탭

1 재질 및 크기

볼탭(ball tap, floating valve)은 **그림 15**와 같이 탭(밸브)과 볼(float)이 결합된 것으로, 가벼운 볼이 수면의 높이에 따라 움직이므로서 토출구의 개도가 제어되도록 하는 밸브이다.

주로 급수 탱크의 수위조절용으로 사용되며, 변기용 탱크에도 같은 원리를 이용한 소형의 제품이 사용된다.

재질은 기본적으로 내식성이어야 하고 동시에 강도를 가져야 하므로 동 및 동합금이나 스테인리스강 등이 사용된다.

밸브의 크기 기준으로 DN 15~50 범위로 공급되며, 더 큰 제품도 제조 된다.

2 볼탭의 용량

용량은 단위 시간당 탱크로 유입되어야 하는 유량으로 결정되므로 공급되는 상수도 압력에 따른 유량선도가 제시되어야 한다.

그림 16은 크기별 상수도 공급압력에 따른 토출양의 예이다. 설계 시에는 사용하고자 하는 제품의 값을 사용하여야 한다.

예제 1

아파트 단지용 지하 저수탱크의 수위조절용으로 볼탭을 사용 하고자 한다. 시간당 상수도 유입량은 60 m^3이며, 분기점에서의 상수도 압력은 500~550 kPa 이다. 적정한 크기를 선정하라. 다만, 상수도 주관의 분기점으로부터 볼탭까지의 관찰손실과 볼탭 자체에서의 부차적손실을 합한 값은 100 kPa로 한다.

풀이 (1) 볼탭에 작용하는 수압

상수도 유입량은 60 m^3/h(1 000 LPM), 상수도 본관의 압력은 0.5~0.55 MPa이지만, 관마찰과 부차적손실을 합한 총 손실을 감안하면 볼탭에 작용하는 수압은 0.4~0.45 MPa이 된다.

(2) 볼탭의 크기 선정

① 볼탭에 작용하는 수압이 가장 낮은 0.4 MPa일 때 유입량은 1 100 LPM이 된다.

② 볼탭에 작용하는 수압이 가장 높은 0.45 MPa일 때 유입량은 1 150 LPM이 된다.

③ 그림 16으로부터 DN 65를 선정한다.

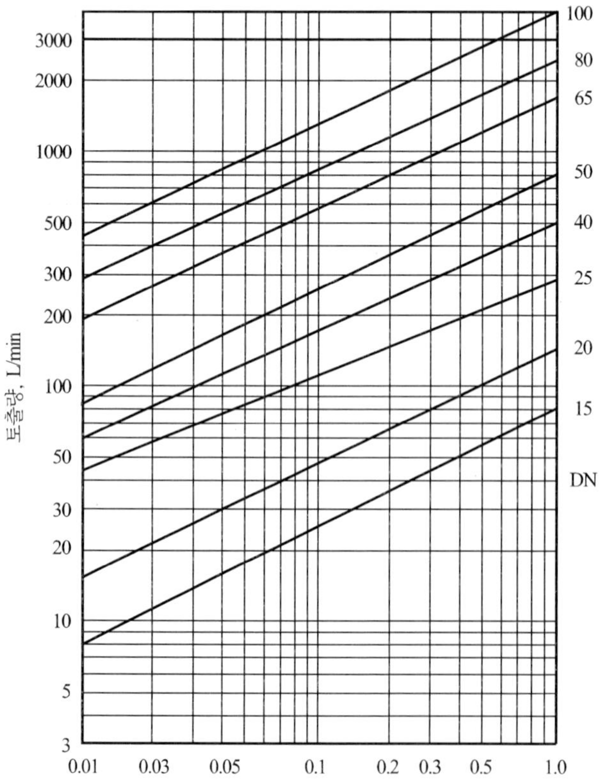

그림 16 볼탭의 유량선도(예)

(3) 음수기

1 음수기의 기원

음수기(飮水器)는 드링킹 파운틴(drinking fountain)[20]을 우리말로 표현한 것으로, 공공건물이나 공항, 버스터미널 같은 다중이용시설에 설치되어 대중이 편리하게 물을 마실 수 있도록 하는 기구이다.

현재는 상수도를 사용함으로 급수가 가능한 건물 내에 쉽게 설치할 수 있는 위생기구이다. 그러나 역사적으로는 건물 밖에 설치하던 공공 음수대(public drinking fountain)에서 비롯된 것이다.

공공음수대의 기원은 상수도가 갖추어지기 이전 즉, 음용수의 오염이 심각하던 시대에 대중들이 오염되지 않은 물을 마실 수 있도록 하기 위하여 건물 밖에 설치하던 시설이었다.

수질오염이 심했던 유럽국가들에서 많이 사용되었다. 런던에 음수대가 설치된 것은 1859년으로 무료음수대협회[21]가 설립되면서부터이다. 그 후 음수대는 금주(禁酒)운동[22]과 연계되어 설치가 확대되었다.

미국에는 남북전쟁(1861~1865) 이후부터 전역에 공공음수대가 설치 되었으며, 역시 금주단체의 주도로 이루어졌다.

2 음수기의 구조와 형태

음수기는 연속적으로 물이 공급되는 수도꼭지와 물받이 용기(보통 basin이라고 한다)로 구성된다. 현대식 실내 음수기는 물에서 불순물을 제거하기 위한 필터와 온도를 낮추기 위한 냉각기를 통합한 기구이다. 그래서 워터 쿨러(water cooler)라고도 부른다.

설치형태에 따라 벽걸이형과 바닥설치형이 있으며 물이 토출되는 방식에 따라 **그림 17**과 같이 핸들식, 버튼식, 페달식 등이 있고, 물이 토출되는 수도꼭지에 따라서도 다양한 형태가 사용된다.

---

20. 워터 파운틴(water fountain)에서 유래하며, 지역에 따라서는 버블러(bubbler) 라고도 한다.
21. Metropolitan Free Drinking Fountain Association.
22. 물이 탁하고 맛이 좋지 않았기 때문에 영국이나 미국에서는 식수 대신 술을 마시도록 부추기는 사회 분위기였기 때문이다.

(a) 핸들식

(b) 푸시 버튼식

(c) 페달식

그림 17 여러 가지 음수기의 예

음수기에는 오염방지를 위하여 진공브레이커 설치가 필수이며, 공원이나 야외 운동장 등 건물 밖에 설치하는 경우는 동결방지가 되어야 한다.

3 음수기 설치 시의 유의점

음수기는 휠체어로 접근할 수 있도록 벽면에서 수평으로 튀어나오도록 설치되어야 하며, 어린이와 키가 작은 성인도 사용할 수 있어야 한다. 이 경우 높이가 다르게 두 개의 수도꼭지를 설치할 수도 있다.

음수기는 공중 화장실에는 설치하지 않으며, 동파가 예상되는 건물 내·외부나 공원, 공공 운동장 등의 야외에 설치되는 경우에는 동결방지 기능을 갖추어야 한다.

4 건물 및 시설의 용도별 위생기구 설치기준

4.1 건물 및 시설의 유형

(1) 기구를 통한 급수

각종 형태의 건물이나 시설에는 기본적으로 물이 공급되어야 한다. 방법은 위생기구를 통하는 것이다. 그러므로 건물이나 시설에 어떤 기구를 얼마만큼 설치해야 할 것인가를 결정하는 것은 매우 중요한 일이며, 설계단계에서의 기본적인 일이다.

그러나 그 작업은 간단한 일이 아니다. 과소하거나 과대하지 않아야 하므로, 코드상의 기준을 올바르게 적용하여야 한다.

코드에 규정된 모든 기준은 이미 앞에서 설명된 것처럼 '최상이나 최고의 기준이 아니라 최소한의 기준' 임을 잊어서는 안 된다. 그러므로 실무에 적용할 때에는 어느 정도 여유를 감안할 수도 있다.

(2) 건물의 유형 분류

위생설비공학에서의 건물이나 시설의 분류는 물 소비형태를 기준으로 한다. 즉 물을 사용하거나 소비하는 형태가 유사한 건물이나 사설을 묶어 한 개의 그룹으로 만들고, 그룹 내에서 더 유사한 형태별로 한번 더 세분하는 방식을 취한다.

코드에서는 건물이나 시설을 ①집회 장소, ②업무용 건물, ③교육 시설, ④공장 및 산업시설, ⑤공공시설, ⑥상업시설, ⑦주거시설, ⑧창고 시설, ⑨유틸리티시설 및 기타 등 9개 그룹으로 분류 한다.

4.2 위생기구 최소 설치 수량

(1) 건물별 설치해야 할 위생기구

건물이나 시설의 용도에 따른 기구설치 수량은 **표 5**의 기준보다 작아서는 안 된다. 이 자료는 NSPC[23]의 기준으로 국제적으로 통용되는 가장 보편화 된 자료이다.

표 5 건물의 종류별 설치해야 할 최소 위생기구 수

No.	분류	건물종류	성별 인원수	변기(소변기) 남	변기(소변기) 여	세면기 남	세면기 여	음수기	욕조 또는 샤워	기타 기구
1	집회장소	a)극장과 정식 좌석의 공연장 ㈜ 4,6,9,12,16	1~50	1	1	1	1	100인당1		층당 서비스 싱크1
			51~100	+1	+1	+0	+1			
			101~200	+1	+2	+1	+1			
			201~300	+1	+1	+0	+1			
			300 이상은 300마다	+1	+2	+1	+2			
		b)댄스홀, 나이트클 럽 등 유사 시설 ㈜ 2,3,4,6,9,12,13,16	1~25	1	1	1	2	200인당1		층당 서비스 싱크1
			26~50	+1	+1	+1	+1			
			51~100	+1	+2	+1	+0			
			100 이상은 200마다	+1	+2	+1	+2			
		c)전시홀, 박물관, 강의실, 도서실, 식당 d)종교시설, 홀이 없는 교회 ㈜ 4,6,9,12,16	1~50	1	1	1	1	100인당1		층당 서비스 싱크1
			51~100	+1	+1	+0	+1			
			101~200	+1	+2	+1	+1			
			201~300	+1	+1	+0	+1			
			300 이상은 300마다	+1	+2	+1	+2			
		e)경기장, 회의장, 야외 집회장, 야구장 등의 관람석, 여객터미널 ㈜ 2,3,4,6,9,12,13,16	1~100	2	2	1	2	1000인당1		층당 서비스 싱크1
			101~200	+2	+3	+1	+2			
			201~400	+2	+5	+0	+1			
			2600까지 200마다	+1	+2	+2	+2			
			2600 이상은 300마다	+1	+2	+2	+2			
		f)온천, 헬스스파, 골프장, 대중수영장 등 여가시설 ㈜ 2,3,4,6,9,12,16,20	1~40	1	2	1	2	75인당1	1/15인 150 이상은 30마다 +1	층당 서비스 싱크1
			40 이상은 40마다	+1	+2	+1	+2			
2	업무	업무, 전문서비스, 사무소 용 등의 오피스 빌딩, 은행, 경공업 공장 등 ㈜ 2,4,6,7,12,15,16	1~15	1	1	1	1	100인당1		층당 서비스 싱크1
			16~40	+1	+1	+0	+1			
			41~75	+1	+1	+1	+1			
			75 이상은 60마다	+1	+2	+1	+2			
3	교육	a)유아, 탁아소, 유치원 ㈜ 4,6,9,16	1~15	1	1	1	1	100인당1		층당 서비스 싱크1
			16~30	+1	+1	+1	+1			
			31~45	+1	+1	+1	+1			
			46~60	+1	+1	+1	+1			
			61~75	+1	+1	+1	+1			
			76~90	+1	+1	+1	+1			
			90 이상은 30마다	+1	+1	+1	+2			

23. 고문헌 7. Table 7.21.1

No.	분류	건물종류	성별 인원수	변기(소변기) 남	변기(소변기) 여	세면기 남	세면기 여	음수기	욕조 또는 샤워	기타 기구
3	교육	b)초등학교 ㈜ 4,6,9,16	1~25	1	1	1	2	100 인당1		층당 서비스 싱크1
			26~50	+1	+1	+1	+1			
			51~75	+1	+1	+1	+1			
			76~100	+1	+1	+1	+1			
			100 이상은 50마다	+1	+1	+1	+2			
		c)중고등학교 ㈜ 4,6,9,16,17	1~30	1	1	1	2	100 인당1		층당 서비스 싱크1
			31~60	+1	+1	+1	+1			
			61~90	+1	+1	+1	+1			
			91~120	+1	+1	+1	+1			
			120 이상은 60마다	+1	+2	+1	+2			
4	공장, 산업 시설	제조,조립,생산 등 공장 ㈜ 4, 6, 9, 12	1~10	1	1	1	1	75 인당1	위해성 오염에 노출되는경우 10인당 비상샤워1	층당서비스 싱크1. 층당비상 샤워와 세안기 1
			11~25	+1	+1	+0	+1			
			26~50	+1	+1	+1	+1			
			51~75	+1	+1	+0	+1			
			76~100	+1	+1	+1	+2			
			100 이상은 50마다	+2	+2	+2	+2			
5	공공 시설	알콜중독치료센터,미약치료센터,회복시설,병동 ㈜ 4, 16	1~8환자	1	1	변기의 1/2		100 인당1	20 인당1	층당 서비스 싱크1
			8 이상은 8마다	+1	+1					
		a)6 이상의 개인실 의료, 외과,정신과,간호 및 관리병동이 있는 건물 b)병실:개인용 및 유사병실		병실당1		병실당1			병실당 1	층당 서비스 싱크1
		6인 이상 감금 또는 보호건물 a)유치장(단기간) ㈜ 4, 14, 16		실당1 또는 재소자 4명당1		실당1 또는 재소자 4명당1			재소자 6인 당1	층당 서비스 싱크1
		b)교도소, 교정시설(장기) ㈜ 4, 14, 16		실당1 또는 재소자 8명당1		실당1 또는 재소자 8명당1			재소자 15인 당1	층당 서비스 싱크1
6	상업	상점, 도소매점, 시장, 쇼핑센터 ㈜ 2, 4, 6, 7, 12, 15, 16	1~50	1	1	1	1	1 000 인당1		층당 서비스 싱크1
			51~150	+1	+1	+0	+1			
			151~300	+0	+1	+0	+2			
			300 이상은 300마다	+1	+2	+1	+2			
7	주거	a)호텔, 모텔		객실당1		객실당1			객실당1	층당 서비스 싱크1
		b) 기숙사 ㈜ 4, 6, 9, 10, 16	1~20	2	2	1	2	100 인당1	220인 추가당 +1	층당 서비스 싱크1 100인당 런더리 트레이1
			20 이상은 20마다	+1	+2	+1	+2			
		c)다세대 주택 (주)4,10		세대당1		세대당1			세대당1	주방싱크1
		d)단독 또는 2세대 주택, 인접된 단독 2세대주택		세대당1		세대당1			세대당1	주방싱크1

No.	분류	건물종류	성별 인원수	변기(소변기)		세면기		음수기	욕조 또는 샤워	기타 기구
				남	여	남	여			
8	창고 시설	a) 물품창고, 제품창고, 소형상점창고(위험성보통) b) 물품창고, 제품창고, 소형상점창고(위험성낮음) ㈜ 1, 4, 6, 18, 19		개소당1		개소당1			개소당1	서비스 싱크1
9	유틸리티 기타	건물부속의 헛간, 차고 마굿간 등	기구 불필요							
		공사 인부용	하수를 발생 시키지 않는 설비							

자료 참고문헌 7. Table 7.21.1에 의거 재작성.

(2) 표 5의 주기에 대한 해설

(1) 이 기준은 별도로 정해진 규정에 없는 한 사용 하여야 한다. 장애자 용에 대한 요구조건은 관계기관의 기준에 따른다. 환경요건이나 특별 활동이 있는 경우, 기구를 추가 할 수 있다.

(2) 음용수가 제공되는 레스토랑이나 식당에서는 음수기를 설치하지 않아도 된다. 통상 점유 시간이 짧은 장소에서는 고객용 음수기를 설치하지 않아도 된다.

(3) 음식 준비 장소에 대한 기구수는 관계기관의 기준에 따른다.

(4) 남녀 인원 구성비가 대략 동일한 경우, 남녀 인원수를 결정할 때에는 각각 총인원수의 60%로 한다. 다만, 이 기준은 효과적으로 기구 수를 산정할 수 있는 특정한 자료가 없을 때만 적용한다.

(5) 변기 수량의 50%까지는 소변기로 대체할 수 있다.

(6) 다층 건물에서 기구로의 접근 거리는 1개 층을 넘어서는 안 된다.

(7) 공중용 기구는 여러 층에서 접근 가능한 중앙에 위치하여야 하며, 모든 점포의 입구로부터 기구까지 최대거리가 150 m(500 ft)를 초과 해서는 안 된다.

(8) 바닥 면적 14 m^2(150 ft^2) 이하인 점포들의 직원용 기구는 여러 점포에서 접근이 쉬운 장소에 집중설치 되어야 하며, 모든 점포의 입구로부터 기구까지 최대거리는 90 m(300 ft)를 초과해서는 안 된다.

(9) 개인 사무실에서 전용의 기구를 설치한 경우, 이 표에 의해 산정 되어야 하는 기구수에는 합산하지 않는다.

(10) 공중용 세탁실이 없는 다층 주거용 건물에는 세탁대(laundry tray)를 두지 않아

도 된다.

(11) 공란

(12) 직원과 고객 겸용의 화장실에 대한 요구조건은 기구를 각각 1개 씩만 갖춘 단순 화장실과 같다.

(13) 음식물을 다루는 장소를 설계할 때 고객수가 100명을 초과하는 경우에는, 직원용과 고객용을 분리하여 설치하여야 한다.

(14) 변기가 설치되는 곳에는 세면기도 같이 설치되어야 하며, 모든 샤워와 세면기용 수도꼭지는 온도조절과 토출시간 조절(timing device) 기능을 갖춘 것이어야 한다.

(15) 바닥 면적 140 m^2(1 500 ft^2) 이하인 경우의 화장실 변기는 남·여용을 구분하여 설치하여야 한다.

(16) 인원수를 기준으로 기구수를 구하고자 할 때 “몇 명 초과 시는 기구 몇 개를 추가한다”는 기준을 넘는 범위일 경우는 해당 그룹의 숫자를 비율적으로 적용한다.

(17) 고등 교육기관의 실험실에는 안전샤워(safety shower)가 설치 되어야 한다.

(18) 저장 창고와 같은 저장 공간에 대한 기구는 중앙에 집중적으로 설치해도 된다. 다만, 기구까지의 이동 거리는 150 m(500 ft)를 초과하지 않도록 한다.

(19) 다수의 개인용 창고가 모여 있는 장소의 경우는 별도로 기구를 설치하지 않고 본관 건물의 기구를 이용하게 할 수 있다. 다만, 본관 건물은 업무시간 내내 접근이 가능하여야 한다.

(20) 탈의실이 없는 리크리에이션 시설에는 샤워를 생략할 수 있다.

연습문제

01 수도미터에 적용되는 유량 측정방식을 설명하고 각각의 방식을 적용한 미터의 예를 들라.

02 수세식 변기에는 몇 가지 종류가 있는가? 세척방식을 기준으로 설명하라.

03 세면기나 욕조와 같은 물받이 용기를 병원 건물용으로 사용할 경우 일반주택이나 사무실 건물용에 비하여 달라져야 할 점은 무엇인가?

04 faucet와 tap의 차이점을 설명하라.

05 상수도 직결식 급수방식을 적용하는 3층의 상가 건물이 있다. 지하 저수탱크의 수위조절용으로 볼탭을 사용할 경우 적합한 크기를 결정하라. 다만, 이 건물의 시간당 상수도 유입량은 795 LPM이며, 분기점에서의 상수도 압력은 평균 400 kPa 이다. 상수도 분기점으로부터 볼탭까지의 관찰손실과 볼탭서의 압력강하를 합한 부차적손실은 100 kPa로 한다.

답 DN 65

06 다음과 같은 조건의 건물에 설치해야 할 최소한의 위생기구 수를 구하라.

(1) 업무용 빌딩 1개 층. 상주 인원은 층당 360명(남녀 비율은 같다)이다.

답 1개 층에 설치되는 기구수

구분		변기	소변기	세면기	음수기	서비스싱크	비고
층별	남	2	3	4	2	1	
	여	7	–	7	2		

(2) 고정 좌석이 1 000석인 극장. 다만 남녀 비율은 같다.

답 기구수

구분	변기	소변기	세면기	음수기	서비스싱크	비고
남	2	2	3	5	1	
여	7	–	6	5		

(3) 1일 10 000명이 이용하는 여객 터미널. 다만 남녀 비율은 같다.

답 기구수

구분	변기	소변기	세면기	음수기	서비스싱크	비고
남	12	13	40	5	1	
여	48	-	43	5		

참고문헌

1. AWWA M22 Sizing Water Service Lines and Meters
2. 설비공학회. 설비공학 편람. 제4판-2010
3. 한국설비기술협회. 공조냉동 위생 설비사. 2017.9
4. Wyly & Hintz. The Discharge Characteristics for Household Plumbing Fixtures, NBS
5. ASSE 1011. Horse Connection Vacuum Breakert
6. 김영호. 배관공학. ㈜도서출판 북스힐, 2020.1.10
7. PHCC. National Standard Plumbing Code

SANITARY ENGINEERING

4장

급수 시스템

1. 물에 대한 기본이론
2. 급수부하
3. 급수 시스템 설계
4. 관지름 선정

1 물에 대한 기본이론

1.1 유체역학적 성질

(1) 물의 특성

1 전단응력 유지 불가

물은 형상이 정해지지 않아 변형이 쉽고 자유로이 흐를 수 있다. 이와 같은 성질을 유동성(流動性)이라고 한다. 또한, 물은 모양을 흩트리려는 외부의 압력에 대한 저항이 없거나, 약간의 저항만 있다. 이 약간의 저항을 점성(粘性, viscous)이라고 한다.

물은 평형상태에서 전단응력(shear stress)를 유지할 수 없다. 따라서 물은 접촉면에 대해 수직방향의 변형력만 작용할 수 있고, 이에 따른 압력은 정적인 유체에 대해 모든 방향으로 동일하게 작용한다. 용기 등에 의해 둘러싸인 물에 작용하는 힘은 물 전체에 대해 동일한 압력으로 퍼진다[1]

급수 시스템에서의 물은 정지된 상태도 있지만, 그보다는 유동상태를 기준으로 해야 하는 경우가 많다. 그러므로 유체역학의 정역학과 동역학 이론이 적용된다.

2 유체 정역학과 동역학 이론의 적용

유체 정역학(流體靜力學)은 정지상태에 있는 액체를 다룬다. 유체에 작용하는 힘으로 인한 정적 평형상태계를 분석하는 것이다.

물 역시 모든 구성 입자들에 대해 주어진 힘이 크기는 같고 방향은 반대인 힘과 서로 상쇄될 때 정지된 상태가 된다. 힘이 같지 않다면 물은 힘이 강한 쪽에서 약한 쪽으로 이동할 것이다[2].

유체 동역학(流體動力學)은 움직이는 유체를 다룬다. 세분하면, 움직이는 기체를 다

---

1. 파스칼의 법칙 즉 비압축성 유체를 어느 쪽에서 가압하더라도 이 유체는 같은 상태로 있고자 하여 모든 방향으로 동등한 힘이 전달된다. 1653년 프랑스의 수학자이자 철학자 Blaise Pascal(1623~1662)이 제창 했다.
2. 1647년 파스칼에 의해 정립됨.

루는 기체역학과 이상유체(理想流體)의 유동을 다루는 수력학이 있다.

실험적인 법칙이나 반 실험적인 법칙까지도 포함되며, 유체 동역학을 이용함으로써 배관 내의 유량 계산 등과 같은 실용분야의 문제들을 해결 할 수 있다. 유체 동역학은 유체의 속도, 압력, 밀도, 온도 등과 같은 유체의 여러 성질을 공간 및 시간의 함수로서 계산하는 문제를 다룬다. 기본적으로 적용되는 법칙은 질량 보존의 법칙, 운동량 보존의 법칙[3], 에너지 보존의 법칙[4] 등이다.

3 연속체로 가정

유체는 연속체(連續體)로 가정할 수 있어야 한다. 유체는 분자로 이루어져 있어서 분자끼리 서로 충돌하거나 고체인 물체와 충돌한다. 그러나 연속체 가정에서는 유체가 불연속적인 분자가 아닌 연속적인 것이다.

결과적으로 밀도, 압력, 온도, 속도 등의 성질들을 아무리 작은 점에서라도 정의할 수 있으며, 이러한 성질들은 한 지점에서 다른 지점으로 이동할 때 연속적으로 변화한다고 가정한다. 유체가 불연속적인 분자로 되어있다는 사실을 무시하는 것이다.

(2) 압력

1 압력의 정의

단위면적에 작용하는 힘을 압력이라고 정의한다. 사람이 똑바로 서면 체중이 발바닥에 작용하여 압력이 나타나고, 용기에 물을 채우면 물은 용기의 안쪽 면에 압력을 준다. 또한, 기체를 채우면 기체 분자들이 활발하게 운동하여 벽에 충돌하면서 용기의 안쪽에 압력으로 나타난다. 이처럼 압력은 물질의 상태 전반에 걸쳐 나타나는 일이지만 일상생활에서는 잘 느끼지 못할 뿐이다.

기체의 압력(p)과 체적(v)의 관계를 설명하는 보일의 법칙은 '일정한 온도(T)에서 일정량을 갖는 기체의 체적은 압력에 반비례 한다'는 것이다. 즉, 식 (1)과 같이 기체의 압력이 증가하면 체적은 감소하고, 체적이 감소하면 단위 면적당 기체의 충돌 횟수가

---

3. 뉴턴의 제2법칙
4. 열역학 제1법칙

증가하여 압력이 높아진다. R은 상수이다.

$$pv = RT \tag{1}$$

압력의 단위는 절대(CGS) 단위계로는 dyne/cm^2, SI 단위계로는 N/m^2(= Pa)이 쓰이는데, 기상학에서는 hPa, bar, mbar, 공업상으로는 atm 또는 kg/cm^{2}이 주로 쓰인다.

2 표준대기압

지구를 둘러싸고 있는 공기층은 대략 10 000 km 정도이며, 이 중 50% 이상은 지표면으로부터 약 5.6 km, 99%는 약 30 km 아래에 존재한다. 대부분의 공기 분자는 지구의 중력에 의해 지표면 근처에 모여 있고 고도가 높아질수록 지구의 중력이 약해져서 공기의 밀도는 희박해진다. 그러므로, 대기압은 고도에 따라 감소하는 것이다.

가로와 세로가 각각 1 cm이고 높이가 10 000 km인 공기의 중량이 1.0332 kg이고 이 공기기둥이 해면에 작용하는 값 즉 1.0332 kg/cm^{2}이 표준대기압이다.

(3) 수압

1 일반적인 의미의 수압

일반적인 의미의 수압이란 액주(液柱), 예를 들면 물기둥이 밑면에 미치는 압력으로 식 (2)와 같이 액체의 비중량(γ)과 액주 높이의 곱이다. 액체를 수은, 물, 알콜 등으로 구분해서 액주의 높이로 압력의 크기를 나타내는 단위가 mmHg, mmAq 등 이다.

$$p = \gamma h \tag{2}$$

1 kg/cm^{2}은 10 mAq 즉 10 m 높이의 물기둥을 만들 수 있다.

2 정압, 동압, 전압

수압은 유체를 다루는 유체 동역학에서 반드시 필요한 개념이다. 일반적으로 압력은 정압(靜壓, static pressure)을 가리키며, 이는 정지 되어있는 유체가 가하는 압력이다. 그러나 유체가 움직이는 경우, 그 움직이는 유체가 정지하는 지점에서는 유체의 운동에너지가 모두 압력에너지로 전환되어, 그 지점에서의 압력은 정압력 보다 더 높게 된다.

운동에너지가 압력에너지로 전환되는 만큼을 동압(動壓, dynamic pressure)이라 하고, 정압과 동압의 합을 전압(全壓, total pressure) 혹은 정체압(停滯壓, stagnation pressure)이라 한다. 전압, 정압 및 동압 사이의 관계는 베르누이 방정식에서 확인할 수 있다.

3 유동수압과 유동정지 시 수압

수압이란 의미를 정확히 이해하면 급수·급탕 시스템을 올바로 설계할 수 있다.

예로, 샤워를 쓰는 도중에 다른 기구에서도 물을 사용함에 따라 샤워로 토출되던 물의 온도가 급변하여 불편을 겪은 경험이 있었다면, 그 시설은 수압의 의미를 올바로 이해하지 못한 설계 결과이었을 확률이 높다.

수압이 낮으면 토출량이 적어져서 물 사용이 불편하다. 차압에 의해서 작동하는 가스 순간온수기와 같은 장비에서는 가스밸브가 열리지 않으므로 착화되지 않아 급탕이 불가능 하다.

수압이란 '수도꼭지 또는 토출구가 최대로 열린 상태에서 물이 흐르고 있을 때의 수도꼭지 또는 토출구 직전의 급수관 내의 압력(**제1장** 용어의 정의 참조)' 이다. 즉, 수도꼭지나 기구에서 토출되어야 하는 유량(**표 7** 참조)을 기준한 유동수압이다. 물을 사용하고 있지 않을 때 즉, 수도 꼭지가 잠겨있는 상태의 수압이 유동정지 시의 수압이다.

급수·급탕계통의 관지름은 급수원으로부터 기구까지의 고저차, 관마찰 저항, 부차적 손실 등을 고려하여 말단의 수도꼭지나 기구에서 필요한 수압이 유지될 수 있는 기준으로 선정한다. 유동정지 시의 수압과 유동수압의 차가 해당 기구까지의 배관에 작용하는 손실수두(head loss)이다.

실무적으로, 수압이란 유체가 유동할 때의 수압(flow pressure)을 말하는 것이다. 기구는 사람이 사용하기 위하여 있는 것이고, 수압은 사람이 사용하기에 적정해야 하기 때문이다.

(4) 급수관에서의 유동 형태

1 압축성과 비압축성 유동

실제로 모든 유체는 어느 정도는 압축성(compressible)이다. 압축성이란, 압력이나 온도가 변하면 밀도가 변한다는 것을 의미하는데, 많은 경우 압력이나 온도가 변할 때 밀도의 변화가 너무 작아 무시할 수 있는 경우가 있다. 이런 경우의 유동을 비압축성(incompressible)유동 이라고 하며 물은 대표적인 비압축성 유체로 취급된다.

비압축성은 수학적으로 유체 다발이 유동장 내에서 움직일 때 그 밀도 ρ가 변하지 않음을 의미하며 $\frac{d\rho}{dt}=0$으로 표현된다. 이 식을 사용하면 지배 방정식을 단순화할 수 있다. 액체에 대해서 비압축성 가정이 유효한지는 유체의 성질, 특히 유체의 임계압력 및 임계온도 및 유동 조건에 따라 좌우된다.

2 점성과 비점성 유동

유동에서 유체의 마찰력이 가지는 효과를 무시할 수 없다면 이는 점성 유동이 된다. 어떤 유동이 점성 유동인지 아닌지는 레이놀즈수를 사용하여 판단할 수 있다.

관성력에 비하여 점성 효과가 매우 작아서 무시할 수 있는 경우, 이 유동은 비점성(invisid)유동으로 가정할 수 있다. 비점성 유동을 묘사하는 것이 오일러 방정식이다. 오일러 방정식을 유선(streamline)을 따라 적분하면 베르누이 방정식이 나온다. 유동이 비회전(irrotational), 비점성이면 유동장 전체에 대해 베르누이 방정식을 적용할 수 있다. 이러한 유동을 포텐셜 유동(potential flow)이라고 한다.

3 정상 유동과 비정상 유동

주어진 유동장이 시간에 대한 변화가 없으면 이 유동을 정상(steady) 유동이라 하며, 그렇지 않은 경우를 비정상(unsteady) 유동이라 한다. 시간에 따라 주기적인 성질을 가진 유동은, 엄밀히 말하면 비정상 유동 이지만, 정상 유동과 같은 기법으로 해석할 수 있다.

4 층류 유동과 난류 유동

난류(turbulent) 유동이란 재순환(recirculation) 유동이다. 난류성을 보이지 않는 유동을 층류(laminar) 유동이라 한다.

5 뉴턴유체와 비뉴턴 유체

뉴턴은 물이나 공기 등 많은 유체에 대하여 변형률과 전단응력이 선형적인 관계가 있음을 밝혔다. 이러한 유체를 뉴턴(Newtonian) 유체라 하며, 변형률과 전단응력 사이의 계수가 바로 점성이다.

이에 반하여 응력과 변형률의 관계가 선형적이지 않고 더 복잡 유체를 비뉴턴(non-Newtonian) 유체라 한다.

1.2 물리적 기계적 성질

(1) 물리적 성질

물은 산소와 수소가 결합된 것으로 표준 조건인 25℃ 1기압에서 무색 투명하고 냄새나 맛이 없다. 물은 지구 위의 거의 모든 곳에서 발견되며, 지표면의 70% 정도를 덮고 있다.

물은 여러 가지 화학물질을 잘 녹이기 때문에 가장 보편적인 용매(溶媒)가 되지만 반면에 쉽게 오염되기도 한다. 보통 액체 상태를 가리키며, 물과 얼음의 색이 약간 파랗게 보이지만 양이 작을 때에는 빛깔이 없는 것으로 보인다.

물 분자는 평상시 수소와 산소가 쉽게 분리되지 않지만 전기 분해와 같이 강한 에너지를 가하면 분리가 가능해 진다.

100°C에서 수증기의 체적은 물 체적에 비해 약 1 244배, 응결할 때는 다른 분자들과는 달리 체적이 약 10% 증가한다.

물은 다른 액체보다 끓이기가 어렵다. 이는 끓일 때 쓰이는 에너지의 일부가 수소 결합을 끊는데 쓰이면서 완충되기 때문이다.

지구상의 물이 어떻게 만들어 졌는지에 대해서는 여러 가지 설이 있을 뿐 정설이 없지만, 인공적으로는 수소와 산소를 혼합한 뒤 방전을 일으켜서 만들어 낼 수 있다. 주요 물리적인 성질은 **표 1**과 같다.

표 1 물의 물리적 성질

구분	값 또는 형태
분자량	18.01518 g/mol
녹는점	273.15 K(0℃. 32°F)
끓는점	373.15 K(100℃. 212°F)
밀도	1 g/cm^3

(2) 기계적 성질

물은 5℃일 때 가장 무겁고 체적이 크다. 그러나 물이 가열되면 이런 조건은 달라진다.

표 2 온도에 따른 물의 성질

온도 ℃	비중량 kg/m³	비체적 ×10⁻³ m³/kg	포화수증기압 kPa	증발잠열 kJ/kg
0	999.8	1.0002	0.6108	2 501.6
5	1,000.0	1.0000	0.8718	2 489.7
10	999.8	1.0002	1.2270	2 477.9
15	999.2	1.0008	1.7039	2 466.1
20	998.3	1.0017	2.3366	2 454.3
25	997.1	1.0029	3.1660	2 442.5
30	995.7	1.0043	4.2415	2 430.7
35	994.1	1.0059	5.6216	2 418.8
40	992.3	1.0078	7.3750	2 406.9
50	988.0	1.0121	12.335	2 382.9
60	983.1	1.0172	19.920	2 358.6
70	977.7	1.0228	31.162	2 334.0
80	971.6	1.0292	47.360	2 308.8
90	965.1	1.0362	70.109	2 283.2
100	958.1	1.0437	101.325	2 256.9
110	950.7	1.1059	143.27	2 230.0
120	942.8	1.1067	198.54	2 202.2
130	934.6	1.0700	270.13	2 173.6
140	925.9	1.0800	361.38	2 144.0
150	916.8	1.0908	476.00	2 113.2
160	907.3	1.1022	618.06	2 081.3
170	897.3	1.1145	792.02	2 047.9

표 2에서와 같이 온도가 올라갈수록 중량은 가벼워 지며 체적은 증가한다. 5℃의 물을 100℃까지 가열하면 체적이 4.3% 증가 된다. 이러한 물의 성질 때문에 난방이나 냉방이 가능하다.

또한 5℃의 물 1 ℓ를 60℃까지 가열하면 3.8 g의 산소가 생성된다. 이로 인해 철계(鐵系) 금속관을 사용하는 급탕설비에서는 부식이 심하게 되는 것이다.

1.3 급수 시스템의 요건

(1) 음용수

1 상수

음료용, 목욕, 취사나 요리용, 의료나 제약 용도의 위생기구에 공급되는 물은 상수이어야 한다. 여기서 상수(上水, potable water)란 음료용 등에 사용하는 것을 목적으로 한 물로서, 음료용 수질기준에 합당하여야 한다.

급수는 사람이 먹고 사용하는 물을 공급하는 것이다. 그러므로 급수 시스템의 요건은 ①사람에게 적합한 수질과 ②사람이 물을 사용하는데 쾌적한 조건이 되도록 하는 것이다.

수질은 법규로 정해지며, 쾌적한 조건을 만들기 위해서는 수압, 유속, 유량과 같은 물의 성질에 대한 이해가 필요하다.

2 음용과 비음용에 대한 구분

건물이나 주택 등 물을 사용하는 시설에서 상수 이외의 비음용 물이 함께 사용되도록 시스템이 갖추어져 있는 경우에는, 각 용도의 물이 확실하게 구분될 수 있도록 해야 한다. 일반적으로 배관 마감재의 색깔을 달리하거나, 꼬리표를 붙이는 방법이 사용되지만 그 외 구분 가능한 방법도 적용할 수 있다.

색깔로 구분하는 경우에는 국제적으로 **표 3**과 같은 기준이 적용된다.

비음용수 배관에 부착된 토출구나 수도꼭지에는 개소마다 음용이나 급탕용으로 사용할 수 없다는 경고나 위험표시를 부착하여, 모르고 음용수로 사용하거나 음용수에 혼합되는 등의 사고를 미연에 방지해야 한다.

표 3 배관의 종류별 색상 구분

배관의 용도	색상	비고
음용수	초록	Green
비 음용수	노랑	Yellow
급수(냉수)	초록	Green
난방 공급	노랑	Yellow
난방 환수	노랑	Yellow
배수	초록	Green
오·배수용 통기	초록	Green
폐수	그린	Green
폐수(부식성)	노랑	Yellow
우수배수	초록	Green
소방	빨강	Red

3 물사용 비용

금세기는 물 부족 현상이 심각할 것으로 보고 있으며, 특히 음용수는 인류의 가장 무서운 무기가 될 것이라는 전망도 있다. 대형 건축물에서의 물 사용 비용은 머지않아 냉난방이나 전기 사용료보다도 훨씬 커지게 될 것이다. 그러므로 물 사용량을 최소화 할 수 있는 방법이 적용되어야 함은 물론 배수의 재이용이나 우수의 활용 방법도 적극적으로 검토되어야 한다.

일반적으로 급수방식은 상수도직결방식, 고가탱크방식, 가압 탱크방식 및 부스터 펌프시스템 등이 있으나, 건물의 용도, 규모, 설치 환경과 초기투자비는 물론 관리유지의 경제성을 모두 고려하여 적용할 방법이 결정되어야 하며, 꼭 한 가지 방법을 적용하기보다는 두 가지를 겸용하는 경우가 더 경제적일 수도 있다.

초기투자비 절감에만 치중한 나머지 준공 후 사용과정에서의 유지관리 비용의 증가로 이어진 다거나, 국민이 누려야 하는 쾌적한 물 사용환경이 저해되는 결과가 되지 않도록 하여야 한다.

(2) 음용수의 보호

1 기본원칙

위생기구에는 적정한 유량(**표 7** 참조)과 수압(**표 13** 참조)의 음용수가 공급된다. 그러므로 크로스커넥션(cross connection)부를 통한 음용수 이외의 유체나 고형물 또는 가스의 역류로 오염되지 않도록 다음과 같이 설계하고 시공하여야 한다.

2 물받이 용기에 사용되는 수도꼭지

세면기, 욕조 및 청소용 싱크와 같이 물받이 용기용 수도꼭지에서는 역류로 인한 위해성오염의 우려가 있으므로, 기구별로 진공 브레이커를 설치하여 역사펀 역류를 방지하여야 한다. 진공 브레이커는 수도미터의 하류측 또는 배관과 수도꼭지나 토출구 사이에 설치한다.

3 지하 저수탱크에서의 역류방지

건물 전용의 지하 저수탱크와 같이 상수도관이 직접 연결되어 상수도를 공급받아 저장하는 경우, 탱크 내 물은 건물에서의 발생된 문제로 인하여 오염될 수 있다. 그리고 이 오염된 물은 상수도 계통으로 역류할 수 있다.

이러한 사고에 대비하여 상수도 본관의 분기점과 건물의 저수탱크 사이(주로 제수밸브 하류측)의 상수도관에 역사이펀이나 역압에 의한 역류를 차단할 수 있도록 역류방지밸브를 설치해야 한다[5].

4 무독성 재질 사용

상수를 공급하는 배관계통은 무독성 재질을 사용한다. 물탱크의 내면은 물맛, 냄새나 색깔 등 어떤 한가지에도 영향을 줄 수 있는 물질로 라이닝, 도장 또는 보수해서는 안 된다. 무독성이며 음용수에 적합한 재료(**2장 표 5.1** 음용수 배관용 참조)를 사용하여야 한다.

(3) 설계 유속의 제한[6]

1 최대유량 유지시간대의 유속

급수배관에 최대유량(peak demand)이 유지되는 시간대의 유속은 건물 내 급수 시스템 설계 시 고려해야 할 중요한 요소이다.

그리고 그 유속에 대해서는 제한이 따른다. 유속에 제한을 두는 이유는 휘파람 소리 같은 배관 내 소음, 캐비테이션의 발생으로 인한 밸브나 관이음쇠 등에서의 추가적 소음 발생을 피하고, 워터해머에 의한 배관, 장비, 탱크 또는 관이음쇠 등의 손상과 부식으로 인한 노화의 촉진이나 사고 등을 방지하기 위한 것이다.

각종 수송관의 유속에 대한 권장기준은 **표 4**와 같으며, 설계 시 적용할 수 있는 최대유속은 관종 별로 제조자가 제시하거나 권장하는 자료를 기준으로 하는 것이 좋다

2 경험적 자료[7]

경험상 급수관에서의 최대유량에 대한 최대유속은 일반적으로 2.5 m/s(8 ft/s)가 권장된다. 건물 내부의 급수배관의 크기는 이 유속을 기준으로 선정한다. 다만, 배관의 크기를 선정하는 기준으로 관 제조자의 권장 유속이 2.5 m/s 이상을 요구하는 경우에는 이에 따른다.

소레노이드 밸브, 유압밸브, 급폐쇄 밸브 또는 자폐 수도꼭지, 푸쉬-풀(push-pull),

---

5. 참고문헌 1, 10.4.3 참고문헌 2, 제3장 급수 시스템 3.4.6
6. 참고문헌 1, B.6
7. 참고문헌 1, B.6.2

표 4 각종 송수관 내의 표준과 권장 유속

(a) 점성기준 표준 유속

구분	표준 유속, m/s
물, 기타 점성이 작은 액체	
* 압력 0.01~1 MPa	1.5~3.0
* 압력 20~30 MPa	3.0~4.0
오일, 기타 점성이 큰 액체	0.5~2.0

자료 참고문헌 3, p213

(b) 각종 송수관 내 권장 유속

구분	권장 유속, m/s	비고
펌프 흡입관	0.5~1.0	급수용 원심펌프: 2 m/s 이하
펌프 토출관	1.5~2.0	부식 우려 시: 최고 4 m/s
밀폐식 배관		
* 강제 순환식	1.5~2.0	
* 원거리 배관	1.5~3.0	
* 고온수 배관	2.0~3.0	
급수배관		
* 상수도 본관	1.0~2.0	
* 상수도 배수관	1.5~3.0	
* 건물 내 급수관	0.5~0.7	
* 펌프 가압관	2.0~4.0	
보일러 급수관	0.6~1.0	수온 70℃ 이상 일 때
배수펌프 토출관	1.0~1.5	

자료 참고문헌 3, Table 2(velocity design creiteria)에 의거 재작성

푸쉬 버튼(push button) 등과 같이 급폐쇄 장치가 부착된 급수배관에서의 최대 유속은 1.2 m/s(4 ft/s)가 권장된다.

그 이유는 배관, 장비 및 시스템은 관내 유체의 고속 흐름이 갑자기 정지됨으로써 발생할 수 있는 매우 높은 충격압력에도 견딜 수 있도록 설계된 것이 아니기 때문이다.

3 침식과 부식을 피하기 위한 유속의 제한[8]

유속의 제한은 관 제조자에 의해 요구되는 사항으로는, 침식(erosion)과 부식

8. 참고문헌 1, B.6.3

(corrosion)으로 배관재료의 황폐화를 피하기 위함이다. 상대적으로 낮은 유속에서도 난류 유동이 되면 유속 그 자체가 침식이나 부식을 일으키는 중요한 인자가 되기 때문이다. CO_2의 함량이 10 mg/L 이상으로 높거나, 경도를 0으로 처리한 물에서와 같은 것이다.

다음으로 중요한 인자는 수온으로 43℃(110°F)를 넘는 경우이다. 급수관으로 동관, 동합금관 또는 황동관을 사용하는 경우를 기준으로 권장되는 효과적인 침식과 부식 조절법은 다음과 같다.

①pH가 6.9를 초과하거나, 랑겔리어 지수[9]가 양(+)으로 나타나도록 스케일 방지조치를 취하는 급수 시스템에서의 최대 유속은 2.5 m/s(8 ft/s)로 제한한다.

②)pH가 6.9 이하 이거나, 부식이 가능한 조건으로 분류되었거나 또는 연수기(softener)를 통과시킴으로써 경도가 0이 되도록 연화된 급수 시스템에서의 최대 유속은 1.2 m/s(4 ft/s)로 제한한다. 이상의 여러 경우에 대한 제한 유속은 최대유량 기준이다.

(4) 마찰 저항의 제한[10]

1 기본 기준

건물의 급수 시스템 설계의 기본은 최대 수요기간 동안[11] 최고 높이에 있는 기구 또는 장비에서의 만족스러운 급수 조건 즉 적정 유량이 적정수압으로 토출될 수 있도록 하는 것이다.

2 최대 허용 마찰손실

최고 높이에 설치된 기구까지의 주경로에 대한 마찰저항으로 인한 최대 허용 압력손실은 기구에서 물이 토출되고 있을 때 필요한 최소 수압을 초과하는 값의 정압이다. 이는 유동정지 시 최고 높이에 설치된 기구에 작용하는 정압과 만족스러운 공급 조건에 필요한 최소압력 즉 유동 시 수압 간의 차이로 계산할 수 있다.

상수도 직결식 급수방식의 경우, 가장 높은 기구에서 필요한 정압을 계산하기 위해서

---

9. Langelier Index
10. 참고문헌 1, B.9
11. during periods of peak demand

는 분기점에서 사용 가능한 최소압력에서 토출구 높이에 해당하는 정압 손실량을 공제하는 것이다. 즉, 상수도 본관(분기점)의 수압에서 수직높이 1 m당 0.1 kg/cm^2 씩 감소된 압력이 가장 높은 기구에 작용하는 수압이 된다.

가장 높은 기구의 고도보다 더 높은 위치에 설치된 중력식 급수탱크에 의한 압력으로 급수되는 경우, 해당 기구에 작용하는 정압은 토출구와 탱크 수위 사이의 높이 1 m당 0.1 kg/cm^2 압력과 동일한 것으로 계산 된다. 이 경우, 기구 토출구에서의 최소 정압은 탱크를 작동시키려는 최저 수위에 해당하는 높이로 결정해야 한다.

2 급수 부하

2.1 기본적인 고려사항

(1) 급수 시스템

1 급수 시스템의 기본 임무

건물 내 급수 시스템의 기본 임무는 시스템이 최대수요 상태에서도 물을 사용하는 모든 기구나 장치에서 사용하기에 적합한 흐름, 수압 및 유량을 제공하는 것이다. 이러한 임부가 제대로 수행되고 있는지를 판단하는 기준은, 최고층 또는 최 원거리까지의 급수를 위해 최고의 수압이 작용해야 하는 수도꼭지에서 적정 수압으로 적정 유량이 토출 되는지의 여부이다.

이는 건축물이나 시설을 준공한 후 실제 사용을 해보아야 확인될 수 있는 일이 아니다. 설계단계에서 이미 파악된다.

2 주경로

급수배관 계통에서 주경로(index circuit)는 급수원으로부터 가장 멀리 떨어져 있는 수도꼭지까지의 구간이다. 유체역학적으로 표현하면 관마찰 손실이 가장 크게 발생하는 구간이다. 일반적으로 최고층 또는 최원거리에 있는 물사용 기구까지의 거리가 된다. 그리고 이 구간에 대하여 급수 조건을 맞추게 되므로, 낮은 층일수록 과대한 수압이 작용하게 된다. 따라서 급수계통에는 높은 수압을 적정한 수준으로 낮춰야 할 구간이 생긴다.

이처럼, 주경로를 기준으로 급수 압력을 결정하게 되면, 고압력관을 사용해야 한다거나, 고·저층 간의 압력차가 커서 감압에 대한 비용을 감안하면 비경제적인 시스템이 될 수도 있다. 이런 경우에는 상층부 몇 개층 만을 독립적인 급수방식으로 하여 전체 시스템의 상용압력을 낮추는 방안도 검토할 필요가 있다.

3 경제적인 급수 시스템

건물의 용도별, 사용시간 및 사용 인원수는 물론 냉난방 설비나 기타 물을 사용해야 하는 장비에서의 필요량 등을 포함한 급수량을 정확하게 추정할 수 있어야 경제적인 급수 시스템 구성이 가능하다.

여기서 경제적인 시스템이란, 코드에서 허용하는 최소한의 관지름과 압력 등급[12]의 배관 구성요소를 사용하는 최단 거리 배관이다.

(2) 생활용수

1 생활환경과 사용수량

물 사용량은 ①생활용 급수량과 ②용수로 구분하여 계산한다. 전자는 음용수를 비롯하여 요리와 취사, 세탁, 목욕과 세면, 청소 등의 위생용으로 사람이 사용하는 것이며, 후자는 도시 활동을 위한 공공용수, 소화용, 공업용 등이다.

이러한 물 사용량은 생활환경과 수준의 향상에 비례하여 더 증가 될 것이다. 대도시 공동주택을 기준으로 한 연구결과는 1인당 하루에 150~300 L를 소비하며, 용도별 비율은 대략 **표** 5와 같다.

2 사용 시간대별 물 소비량

물 사용량은 계절별, 월별, 요일별로, 하루 중에도 시간대에 따라 다르다. 일반적으로 계절별로는 여름이 가장 많고, 봄과 가을이 중간 정도이며 겨울이 가장 작다. 여름철의 사용량이 가장 많은 것은 목욕과 세탁 회수가 많고, 수영이나 분수, 살수 등의 사용량이

---

12. 참고문헌 5, 제4장 플랜지 밸브 및 배관재 사용등급

표 5 수세식 변기, 세탁기 및 욕실 있는 공동주택 에서의 용도별 사용 수량에 대한 비율

용도	비율, %
음료 및 취사용	15~30
목욕용	20~30
세면 수세용	5~15
세탁용	20~30
변기용	10~20
청소용	5~10
세차 및 살수용	2~10

증가하기 때문이다. 월별의 차이는 기온의 영향으로 7, 8월이 많고 1, 3월이 작다.

주택의 경우는 일요일에 사용량이 가장 많다.

3 건물별 사용 수량의 변화

건물에서의 사용 수량은 건물의 규모와 설비의 내용에 따라 매우 다르다. 대부분의 상업용 건물은 냉방 또는 공조설비를 필수로 하고 있고, 주택의 경우도 수세식 화장실과 세탁기 사용이 일반화되었으며 식기 세척기 보급 등은 사용 수량의 증가를 가속화하고 있다.

이제까지는 용수 즉, 장비류의 냉각수, 세차용수 등의 물도 음용수인 급수를 사용하였지만 앞으로는 불가능한 일이 될 것이다. 그러므로 물 소비량이 많은 건물이나 시설에서는 음용수와 그 외 용도의 물을 구분하여 사용할 수 있는 설비의 설치도 고려해야 할 것이다.

4 음용수와 잡용수의 비율

일반적인 건축물에서 세면기, 냉온수기, 주방, 세탁 등의 용도에 사용되는 물은 사람이 먹을 수 있어야 하므로 상수를 공급하지 않으면 안 된다. 그러나 변기, 소변기, 청소용, 살수, 냉동기나 엔진 등의 냉각용으로는 잡용수를 사용할 수 있다.

음용수로 사용할 수 있는 물의 양은 환경의 악화로 갈수록 줄어들고 있고, 전 세계가 보유하고 있는 수자원 중 담수는 2.5%에 불과하며, 97.5%가 소금물이다. 또한 담수 2.5%의 구성 성분은 호수나 강물이 0.3%, 지하수가 29.9%, 늪이나 흙이나 동토(凍土)에 포함된 것이 0.9%, 남극, 빙하 및 만년설이 69.9%라고 한다[13]. 그러므로 물을 효율적

표 6 건물별 음용수와 잡용수의 비율

건물 종류	음용수, %	잡용수, %
일반건축	30~40	70~60
주택	65~80	35~20
병원	60~66	40~34
백화점	45	55
학교	40~50	60~50

으로 이용하기 위한 노력은 불가피하다. 관계법규로 의무화하는 등의 규제가 없다고 해도, 위생설비 시스템에서 행할 수 있는 방법을 적용하여 물 부족에 대비하는 지혜가 필요하다.

배수를 재처리하여 이용하는 경우에는 급수계통을 음용수와 잡용수로 분리해야 하므로, 양자의 사용량 비율이 필요하다. 사용비율은 잡용수를 어떤 용도로 사용할 것인가에 따라 다르지만, 화장실 세척용과 살수 정도로 사용할 때는 **표 6**과 같은 비율이 된다.

(3) 기계장치 등의 용수

1 냉동기 냉각수량

현대의 건물에는 냉방 또는 공조설비가 필수로 설치된다. 따라서 냉동기를 사용함에 따른 냉각수량의 확보는 급수량 계산의 중요한 항목이 된다. 냉각수는 방류식으로 하거나 냉각탑을 사용하여 재순환 하는 방법 등이 있다. 각 경우에 대한 사용수량 계산에는 식 (3)과 식 (4)를 사용한다.

①냉각수를 방류식으로 할 때

$$Q_{R1} = 60 q_R R t_R \tag{3}$$

식에서,

Q_{R1} : 방류식에서의 냉각수량, L

q_R : 1 USRT(1 kW)당의 냉각수량(압축식 13, 흡수식 16), L/(USRT · min)

R : 냉동기 용량, USRT

13. UNESCO, 1999

t_R : 사용시간, h

이다.

②냉각탑을 사용할 때

$$Q_{R2} - 0.02Q_{R1} \tag{4}$$

식에서,

Q_{R2} : 냉각탑을 사용할 때의 냉각수량, L

이다.

2 발전기 냉각수량

건물에 발전기가 설치되는 경우에는 이에 대한 냉각수도 확보되어야 한다. 발전기용 냉각수 계산에는 식 (5)를 사용한다.

$$Q_E = q_E E t_E \tag{5}$$

식에서,

Q_E : 발전기의 냉각수량, L

q_E : 1 kVA당 냉각수량(30~40), L/(kVA · h)

E : 발전기 용량, kVA

t_E : 발전시간, h

이다.

2.2 설계용 급수량

(1) 설계용 급수량 추정

설계가 완료된 다음에는 해당 계통에 설치되는 각종 위생기구의 숫자나 용량이 확실하게 밝혀진 상태이므로, 물사용 기구를 기준으로 하면 공급해야 할 유량을 정확히 알 수 있다. 그러나 계획단계에서는 필요 유량을 추정해야만 한다. 그래서 이를 예상(豫想)급수량으로 표현 하기도 한다. 추정결과는 급수방식이나 규모를 결정하는 기초자료로 사용되므로 신중하게 이루어져야 한다.

급수량은 앞에서 설명된 바와 같이, ①생활용수, ②기계장치나 장비에서 소비되는 용수, ③소방용수로 대별하여 추정한다.

생활용수에 대해서는 연구결과를 토대로 작성된, 그리고 그동안 적용해 본 경험상 특별한 문제점이 발견되지 않은 기존의 자료를 사용한다.

용수의 경우, 물 사용량이 많은 냉동기와 비상 발전기 이외의 기계나 장비가 설치되는 경우에는 제조자의 자료를 토대로 소요량을 산출하여 총 수량에 가산해야 한다.

소방설비에 사용될 물은 별로로 관리되는 경우가 대부분이지만, 특별히 급수 시스템에 포함 시켜야 하는 경우도 있다. 이럴 때는 관련법규에 의한 기준을 정확히 파악하여 계산된 유량이 전체 급수량에 가산되어야 한다.

(2) 개별 기구의 유량과 수압

1 개별 기구의 토출량 기준

건물별로 거주자 1인당 일상생활에 필요한 수량을 결정하기 위해서는 여러 가지 통계적 자료나 실험적 자료를 사용해야 한다. 유용한 2가지 자료는 ①위생기구별 토출량 기준[14] 즉, 기구별로 1회 사용했을 때 소비되는 유량 또는 단위 시간당[15] 토출량 기준과 ②건물이나 시설의 유형별 하수량 기준이다.

①에 해당하는 자료는 **표 7**로, 이는 전형적인 위생설비에서의 여러 가지 개별기구나 호스 등의 유량이다. 기구에 따라서는 한정된 시간 내에 필요한 수량이 공급되지 않으면 그 기능이 발휘되지 않기 때문이다.

예를 들면 세척밸브식 변기나 소변기는 일정한 시간 내에 필요한 수량이 토출되어야 세척효과가 나타난다. 물 절약을 위하여 1회당 물 소비량을 1 L(세면기), 2 L(소변기), 6 L(변기) 등으로 제한하는 절수식 기구들도 보급되고 있으나, 일반적으로 변기의 1회 사용 수량은 12~13 L이고 토수시간은 10초, 세척밸브식 소변기의 사용 수량은 평균 3.8 L이고 세척시간은 5~8초 정도이다.

②에 해당하는 자료는 **제7장 표 2**이다. 이 자료는 배수횡주관이나 부지 배수관을 설

---

14. 개별 기구나 토출구의 가능한 최대유량은 코드에 의한 최대유량이다.
15. LPM을 주로 사용하지만, 정밀한 계산을 위하여 L/s를 사용하는 경우도 많다.

표 7 개별 기구별 최대 토출량

유형	GPM	LPM
세면기용 수도꼭지	0.25 gal/회	1 L(1회 사용당)
공공화장실 세면기용 수도꼭지	0.5 (60 psi 기준)	2 L (400 kPa 기준)
음수기	0.75	3
개인용 세면기 수도꼭지	2.2 (60 psi 기준)	8.5 (400 kPa 기준)
주방 싱크용 수도꼭지	2.2 (60 psi 기준)	8.5 (400 kPa 기준)
샤워헤드	2.5 (80 psi 기준)	10 (550 kPa 기준)
볼탭(세척탱크식 변기용)	3.0	12
식기 세척기(가정용)	4.0	15
세탁기	4.0(8~16 lb)	15 (3.6~7.3 kg)
세탁 싱크용 수도꼭지	5.0	19
청소 싱크용 수도꼭지	5.0	19
욕조용 수도꼭지(15)	5.0	19
호스용 수도꼭지 또는 실콕(15)	5.0	19
싱크용 수도꼭지(20)	6.0	23
15 세척밸브	15.0 (15 psi 유동수압)	60 (유동수압 100 kPa)
25 세척밸브	27.0 (15 psi 유동수압)	100 (유동수압 100 kPa)
25 세척밸브	35.0 (25 psi 유동수압)	130 (유동수압 170 kPa)

주 실콕은 동결 방지대책으로 밸브 이후 배관의 물을 퇴수 시킬 수 있는 기능이 붙어 있는 수도꼭지 임.

계하기 위한 것이지만, 이를 기준으로 1일(24시간)간 사용에 부족함이 없는 총급수량을 추정할 수 있다. 급수량은 다양한 건물이나 시설별 1일(또는 1시간) 동안의 배수량보다 작아서는 안된다. 급수량을 초과하는 배수량은 있을 수 없기 때문이다. 그동안 혼용하던 유효면적(HASS에서의 용어)과 같은 복잡한 개념을 적용할 필요가 없이 있는 그대로를 사용할 수 있는 간단명료한 자료들이다.

그러나 수원으로부터 기준수량을 확보하기 어려울 경우에는 적정한 규격의 압력탱크를 사용하거나 또는 고가탱크를 설치하여 부족 수량을 확보하여야 한다.

예제 1

화장실 1(변기와 세면기만 설치된 화장실)과 간이식당을 갖춘 학생수 1 000명인 학교의 급수 시스템을 계획한다. 확보되어야 할 1일 당의 급수량을 구하라.

풀이 **제7장**의 **표 2**로부터 1인당 1일간의 하수량은 95 L이므로

$$95(\text{L}/\text{인.일})\times 1\,000(\text{인}) = 95\,000\ \text{L} = 95\ \text{m}^3$$

이다.

그러므로 이 학교의 총급수량은 이보다 커야 한다. 교직원, 방문자 등을 고려하여 15%의 여류를 감안하면,

$$95\ m^3 \times 1.15 = 109.25\ m^3 \ \rightarrow\ 110\ m^3$$

으로 한다.

2 기구별 필요 수압

기구별 필요량 만큼의 물이 토출되기 위해서는 규정된 수압이 유지 되어야 한다. 급수기구나 수도꼭지는 필요한 최소한의 수압이 작용 되어야 물이 흐를 수 있는 구조를 가지기 때문이다.

따라서 급수 시스템을 어떻게 구성할 것 인가에 대한 것보다, 수압을 적정하게 유지하기 위한 방법을 고려하는 것이 더 중요하다.

물 사용 기구 중에서 특히 샤워는 몸을 씻는 단순한 용도만이 아니다. 의학적으로는 병원에서 사용되는 수치료기의 역할을 겸하는 것이다. 따라서 샤워에 요구되는 수압(100 kPa)은 샤워를 통하여 몸의 근육을 자극시켜서 혈액순환을 좋게하고, 혈액 속의 산소 함량이 늘어나 몸에 활력을 가지게 하는 조건이 된다.

또한, 기구가 개별적으로 사용되는 경우와 여러 기구가 혼재된 상태에서 사용되는 경우의 유량은 다르다. 여러 기구가 혼재한 상태에서의 기구별 유량은 WSFUs에 의한 유량이다. 그리고 급수 시스템에서의 여러 가지 개별 기구나 호스 등의 토출량 기준은 최대유량으로 제한 된다.

3 구형과 신형 수도꼭지

구식 수도꼭지의 경우, 안전한 급수을 조건으로 요구되는 최소한의 수압보다 2배 이상이 작용하면 토출량이 과도 해져서, 표준방법에 따라 결정된 최대유량보다 크게 상회는 원인이 된다. 그래서 싱크, 세면기, 수세기 등에서는 물이 튀는 경향이 있을 뿐만 아니라 이로 인한 과도한 유속과 마찰손실은 시스템의 성능과 내구성에 악영향을 미칠 수 있다.

이에 반하여 최근의 수도꼭지는 유량 제한 기구를 가지고 있어서 넓은 압력 범위에서 거의 일정한 유량이 되도록 제어해 준다. 안전한 급수를 위한 최소한의 압력보다 2

배 이상의 압력이 작용할 수 있는 곳이라면 유량을 제어하는 방법을 적용할 필요가 있다. 이러한 목적으로 개별 유량조절밸브[16]나 오리피스 기구[17]가 사용된다.

2.3 급수부하 계산

(1) 부하계산의 중요성

1 기본자료를 찾아내는 과정

시설 비용이 과도하게 투자되는 것을 피하고, 유지 보수 비용의 낭비 없이 모든 설비가 정상적인 조건 즉, 가능한 최대수요(peak demand)를 충족시킬 수 있는 용량으로 위생설비 시스템이 설계되어야 한다.

이러한 목적 달성을 위해서는 부하계산이 정확하게 이루어져야 한다.

위생설비에서의 부하(負荷, load)란 단위 시간당의 급수량, 급탕량, 배수량, 오수량 등으로, 각종 장비나 기구 및 관지름을 선정하기 위한 기본자료이다.

이들 값을 계산해 내거나, 도표로부터 적정한 값을 찾아내는 과정을 부하계산(load calculation)이라고 한다. 부하계산은 모든 공학 설계에서의 최초 단계이며, 부하계산이 정확하게 이루어져야 효율적인 시스템이 갖추어질 수 있고, 라이프 사이클 동안의 경제적인 운전이 가능하다.

건물이나 시설에서의 온수나 냉수의 순간 흐름(instantaneous flow)은 구조물이나 시설의 유형, 용도, 점유율(occupancy) 및 사용시간 등에 따라 다양하다. 그러므로 올바른 부하계산을 위하여 수많은 공학적인 방법이 제안되었지만, 개발된 이후 현재까지 100여 년 동안 지속적으로 사용되고 있는 방법은 기구급수 부하단위법(fixture unit method) 이다.

2 부하계산의 정확도를 높이는 개념들

기구급수 부하단위법을 위하여 도입된 ①기구단위(후에 기구급수 부하단위로 개정),

---

16. Individual regulating valves.

17. Variable orifice flow control devices, 오리스 면적을 변화시키거나 고정된 방법으로 유량을 제어하기 위한 오리피스. 규정된 최대유량 이하로 제어하도록 설계 되었다.

②동시사용유량(water supply demands), ③급수량 추정곡선(curve for estimating supply demands, 일명 Hunter curve) 등에 대한 개념을 잘 이해하는 것은 올바른 부하계산을 위한 필수조건 이다.

(2) 거주 인원수 산정 기준

1 건물의 용도별 거주 인원

건물의 용도별로 거주 인원수을 산정하는 것은 위생설비 부하계산의 시작이다. 설계대상 건축물이나 시설에 거주하거나 이용할 인원수를 정확히 추정하여야 경제적인 설계가 가능해지기 때문이다.

그러나 인원수를 산정하는 일 자체가 쉽지 않고, 건물이나 시설별로 고유의 특징을 가지고 있으므로, 설계자는 여러 가지 근거 자료를 활용하여 타당한 결과를 얻어내야만 한다. 일반적으로는 **표 8**과 같이 건물(이하 시설 포함)의 용도별로 거주자 또는 상시 근무자 1인이 차지하는 면적을 기준으로 하여 인원수를 결정한다.

2 인원수에 대한 기준이 없는 경우

인원수에 대한 기준이 정해져 있지 않은 건물에 대한 급수 인원수는 화재나 생활 안전상으로 간주하는 인원수의 2/3를 적용할 수 있다[18].

표 8 건물의 용도별 1인당 점유 면적

건물	ft^2/인	m^3/인	인/m^2
사무소 및 관청 건물	100	9.29	0.108
소매상가	200	18.58	0.054
레스토랑, 클럽, 라운지	40	3.72	0.269
셀프 세탁장	50	4.65	0.215
미장원, 이용원	50	4.65	0.215
기숙사	50	4.65	0.215
극장, 공회당, 교회, 대합실	70	6.50	0.154

자료 참고문헌 6. pp 339-343에 의거 재작성.

18. 참고문헌 1. 7.21.2

표 9 피난 계산용 인구 산정 밀도[1]

용 도		일인당 수용면적[1] (m^2)	일인당 수용면적[1] (ft^2)
집회 용도	고정의자 없는 집중된 용도	0.65 (순면적)	7
	고정의자 없는 덜 집중된 용도	1.4 (순면적)	15
	벤치형 의자	1인/45.5cm	1인/18 in.
	주방	9.3	100
	도서관 서고	9.3	100
	도서관 열람실	4.6 (순면적)	50
	수영장 수표면에서	4.6	50
	수영장 데크	2.8	30
	장비있는 운동장소	4.6	50
	장비없는 운동장소	1.4	15
	무대	1.4 (순면적)	15
	조명, 접근로, 좁은 통로(catwalk)	9.3 (순면적)	100
	카지노와 유사 게임장	1	11
	스케이팅 링크	4.6	50
교육 용도	교실	1.9 (순면적)	20
	상점, 연구실, 작업실	4.6 (순면적)	50
	건강관리 용도	3.3 (순면적)	35
의료 용도	입원환자 치료 부서	22.3	240
	입원실	11.1	120
	왜래 진료실	14	150
	감호 및 교정 용도	11.1	120
주거 용도	호텔과 기숙사	18.6	200
	아파트	18.6	200
	갱생보호용도	18.6	200
공업 용도	일반적, 고위험 산업	9.3	100
	업무용도	9.3	100
상업 용도[3]	피난층(Street Floor)의 판매 지역[2][3]	2.8	30
	두 개 이상의 거리(street)에서의 판매지역[3]	3.7	40
	피난층 밑의 판매지역[3]	2.8	30
	피난층 위의 판매지역[3]	5.6	60
	저장, 수납, 선적 등으로만 쓰이고 개방되지 않는 곳	27.9	300

주 (1) "순면적"이 표시되지 않은 모든 계수는 총면적임.

(2) 상업용도의 수용인원을 산출할 때, 건축물의 측면에 따라 도로 면의 높이가 달라서 거리로부터 2개 이상의 층에 직접 접근할 수 있는 경우(샛길 또는 이와 유사한 골목은 제외), 그러한 층을 모두 피난층으로 고려할 것. 이 경우에 수용인원 계수는 영업공간의 총바닥면적의 3.7 m^2(40 ft^2)당 1명이 됨.

(3) 피난층이 없으며, 거리에서 계단 또는 에스컬레이터로 직접 접근하게 되어 있는 상업용도에서는 상업용도로 들어가는 지점이 위치한 주요 층을 피난층으로 고려할 것.

자료 참고문헌 7, 표 3 및 참고문헌 8, 피난설비 표 7에 의거 재작성

표 10 공항 터미널의 수용인원 계수

공항 터미널 지역	일인당 총면적(m^2)	일인당 총면적(ft^2)
중앙홀	9.3	100
대기실	1.4	15
수하물 인도장소	1.9	20
수하물 취급장소	27.9	300

주 (1) 바닥면적을 산정하는 때에는 복도, 계단 및 화장실의 바닥면적은 포함하지 않음.
(2) 계산 결과 소수점 이하의 수는 반올림함.

자료 참고문헌 7, 표 4

표 9와 **표 10**은 소방법규(피난설비)에 의한 피난 대상 인원수를 산정하는 기준으로 위생설비 자체의 자료가 없을 경우 활용할 수 있다.

3 남녀 인원수 구분

남자와 여자 인원수에 대한 구체적인 비율이 없을 경우, 남녀의 인원 수가 거의 동일할 때에는 총 거주 인원수의 50%를 각 성별 인원수로 한다.

(3) 필요한 최소 기구수

설치해야 할 위생기구 숫자는 **제3장 표 5**를 사용하여 구한다.

표에서는 건물이나 시설을 ①집회장소, ②업무용, ③교육시설, ④공장 등의 산업시설, ⑤공공시설, ⑥상업용, ⑦주거용, ⑧창고시설 및 ⑨유틸리티로 분류하고, 사용자 그룹 및 이용하는 사람 수를 기준으로 하여 최소 기구수를 정하도록 한 것이다.

예제 2

1일 10 000명이 이용하는 여객터미널에 설치하여야 할 위생기구 수를 구한다. 다만, 이용자의 남녀 비율은 50:50으로 간주하다.

풀이 남자 5 000명 여자 5 000명이 이용하는 여객 터미널에 설치해야 할 위생기구 수를 구한다.

(1) **제3장 표 5 1e**를 적용한 기구별 산출 근거는 다음과 같다.

구분	남자용	여자용	비고
변기	· 400인까지 6개	· 400인까지 10개,	

	· 2 600인까지 200인마다 1개 추가 · (2 600−400)/200 = 11 그룹 11×1 = 11개 · 2 600 이상은 300인당 1개 추가 · (5 000−2 600)/300 = 8 그룹 8×1 = 8개 · 합계 25개	· 2 600인 까지 200인마다 2개 추가 · (2 600−400)/200 = 11 그룹 11×2 = 22개 · 2600 이상은 300인당 2개 추가 · (5 000−2 600)/300 = 8 그룹 8×2 = 16개 · 합계 48개	
소변기	· 변기 수의 50%까지는 소변기로 대체할 수 있다. · 25×0.5 = 12.5 = 13개	−	
세면기	· 400인까지 2개 · 2 600인까지 200인마다 2개 추가 · {(2 600−400)/200}×2 = 22개 · 2 600 이상은 300인당 2개 추가 · {(5 000−2 600)/300}×2 = 16개 · 합계 40개	· 400인까지 5개, · 2 600인 까지 200인마다 2개 추가 · {(2 600−400)/200}×2 = 22개 · 2600 이상은 300인당 2개 추가 · {(5 000−2 600)/300}×2 = 16개 · 합계 43개	
음수기	100인당 1 5 000/100 = 5개	100인당 1 5 000/100 = 15개	
서비스 싱크	1개		

(2) 건물 전체에 설치되는 기구수

구분	변기	소변기	세면기	음수기	서비스싱크
남	12	13	40	5	1
여	48	−	43	5	

주 남성 화장실은 변기만 25개를 설치할 수도 있다.

예제 3

고정석이 없는 집회장으로 바닥면적이 1 857 m^2인 경우, 설치하여야 할 위생기구 수를 구한다. 다만, 이용자의 남녀 비율은 50:50으로 간주하다.

풀이 (1) 인원수 결정

주어진 건축물은 화재 등의 사고 발생 시 도피(피난)을 기반으로 고려 되어야 하므로, 급수 시스템을 위한 목적으로는 피난을 기준한 인원수의 2/3를 취한다. **표 9**의 집회용도(고정의자 없는 집중된 용도)로 보고

피난 기준 인원수 : 1 857 m^2÷ 0.65 인/m^2= 2 857 인

위생설비를 위한 인원수: 2 857 인×2/3 = 1 905 인

남성과 여성의 비율은 각각 50%이므로, 각각 953 인이 된다.

(2) **제3장 표5 1c**를 적용하여 설치해야 할 위생기구 수를 구한다.

구분	남자용	여자용	비고
변기	· 300인까지 4개 · 300 이상은 300인당 1개 추가 · (953−300)/300 = 2.17≒3 그룹 3 × 1 = 3개 합계 7개	· 300인까지 5개 · 300 이상은 300인당 2개 추가 · (953−300)/300 = 2.18≒3 그룹 3 × 2 = 6개 합계 11개	
소변기	· 변기 수의 50%까지는 소변기로 대체할 수 있다. · 7 × 0.5 = 3.5 = 4개	-	
세면기	· 300인까지 2개 · 300 이상은 300인당 1개 추가 (953−300)/300 = 2.17≒3 그룹 3 × 1 = 3개 합계 5개	· 300인까지 4개 · 300 이상은 300인당 2개 추가 · (953−300)/300 = 2.18≒3 그룹 3 × 2 = 6개 합계 10개	
음수기	· 1 000인당 1 · 1 905/1 000 = 1.9≒2개	· 1 000인당 1 · 1 905/1000 = 1.9≒2개	
서비스 싱크	1개		

(3) 건물 전체에 설치되는 기구수

구분	변기	소변기	세면기	음수기	서비스싱크
남	3	4	5	1	1
여	11	-	10	1	

주 남성 화장실은 변기만 7개를 설치할 수도 있다.

예제 4

[예제 2]의 여객터미널에 대한 급수부하를 구한다.
설치할 기구 수는 다음과 같다.

구분	변기	소변기	세면기	음수기	서비스싱크
남	12	13	40	5	1
여	48	-	43	5	

풀이 화장실에 설치되는 기구수를 기준으로 급수부하를 구한다.

(1) WSFUs를 구한다.

표 11의 다중이용 시설로부터 기구별 WSFU는 변기(세척밸브식)-10, 소변기-6, 세면기-1, 음수기-0.75, 서비스싱크-3 이므로, 이를 설치기구 수에 적용하면 다음과 같은 결과가 된다.

구분		변기	소변기	세면기	음수기	서비스싱크	계
WSF Us	남	12×10 = 120	13×6 = 78	40×1 = 40	5×0.75 = 3.75	1×3 = 3	244.75
	여	48×10 = 480	–	43×1 = 43	5×0.75 = 3.75	1×3 = 3	529.75
	계						774.5

(2) **표 12 또는 부록 2**로부터 급수부하 즉 동시사용유량을 구한다.

WSFUs = 774.5이나 일치하는 값이 없으므로 위쪽으로 가장 가까운 값으로 WSFUs = 780을 적용하여 동시사용유량은 678.3 LPM으로 한다.

(4) 기구급수 부하단위법

1 급수량을 추정하는 표준방법

기구급수 부하단위법(fixture unit method)이란 '위생기구별로 부여된 부하단위로 최대 급수량(peak demand)을 추정하는 방법'으로, NSPC의 표준방법(standard method)이다.

급수 부하를 정확히 구하기 위하여 도입된 개념으로, 제안된 이후 오랜 기간의 적용을 통해 보완되고 점진적인 발전과정을 거치면서 일반적으로 사용 가능한 방법이 되었으며, 미국의 경우는 개발 이후 현재까지 급수 부하계산에 사용되는 유일한 방법이다.

계산절차는 매우 간단하다. ①건물이나 시설에 거주하거나 점유할 인원수를 구한다(**표 8, 9, 10** 참조). ②인원수를 기준으로 설치해야 할 위생기구 수를 결정한다(**제3장 표 5** 참조). ③기구수에 WSFU(**표 11**) 를 곱하고 이들의 합계(WSFUs)를 기준으로 동시사용유량(**표 12**)을 구한다.

이러한 과정은 말단의 기구로부터 시작하여 구간별, 계통별 및 전체 시스템으로 이어지게 된다. 그리고 이값으로 기구급수관으로부터 구간별, 계통별 및 전체 시스템의 급수배관의 크기를 결정한다.

2 기구단위, 기구급수 부하단위[19]

기구단위는 위생기구별로 '부하생성 효과를 기준으로 부여된 가중치' 이다. 제안 초기로부터 현재까지 여러 차례 보완과정을 거쳤다.

최초(1923년)에는 기구단위(fixture unit, FU)라 하고, 이때의 기구별 부하생성 효과는 1~6까지로 구분하고, 배수단위로도 사용되었다.

이를 수년간 건물에 적용해 본 결과를 토대로, 부하생성 효과는 1~10으로 보완되고 (1940년), 공용과 개인용으로의 구분이 추가되었으며, 용어도 기구급수 부하단위(water supply fixture unit, WSFU)로 수정되어 일반적으로 사용되는 부하 유량 계산법이 되었다.

그리고, 이때부터 별도 값을 갖는 기구배수 부하단위(drain fixture unir, DFU)를 사용하게 되었다.

최근의 수정(1994년)에서는 '현대식 위생기구에 대한 적용특성'이 추가 되었다. 이로써 모든 유형의 건물에 적용할 수 있는 신뢰성과 합리적인 방법으로서의 조건을 충족시켰다. 그 결과는 **표 11**과 같이 ①개별 주거단위(dwelling units, 단독주택), ②3 이상의 주거단위(more than 3 dwelling units, 아파트 등 집단주택), ③주거용 이외의 건물 (other than dwelling units) 및 ④다중이용 시설(heavy-use assembly)로 세분 되었다.

이 추가된 개념은, 위생기구에 의해 생성되는 최대 예상수요(maximum probable demand)는 건물이나 시설에 따라 달라진다는 것이다. 최대 예상수요는 확률개념으로, 어느 지점에 대한 계산된 유량은, 시간당 유량의 0.1% 이상을 초과하지 않으며, 설계 유량에는 도달되지 않는다. 그러므로 과대한 시스템이 되지 않는다[20].

3 WSFUs에 대한 유량

급수방식 결정을 위해서는 대상 건물 또는 시스템에서 단위 시간당의 필요 유량을 알아야 한다. 급수 시스템에서의 유량이란 동시사용유량(water supply demands)을 말하며, 이 동시사용유량을 구하기 위하여 WSFU가 사용되는 것이다. WSFUs는 유량으로 환산되기 때문이다.

기구에 대한 값이라면 그 기구가 정상적인 기능을 발휘하는데 필요한 급수량이 되고,

---

19. 부록 1 참조
20. 참고문헌 1. B.5.1

표 11 WSFU와 최소 급수관

구분	기구명	최소 급수관 DN	단독 주택	아파트 등 집단 주택	주거용 이외의 건물	다중 이용 시설
욕실그룹 (6 L/회) 세척 탱크형 변기 사용)	1/2 욕실, 파우더룸		3.5	2.5		
	1.0 욕실		5.0	3.5		
	1.5 욕실		6.0	4.0		
	2.0 욕실		7.0	4.5		
	2.5 욕실		8.0	5.0		
	3.0 욕실		9.0	5.5		
	추가 1/2 욕실		0.5	0.5		
	추가 1 욕실		1.0	1.0		
욕실그룹 (13 L/회 세척 탱크형 변기 사용)	1/2 욕실,파우더룸		4.0	3.0		
	1.0 욕실		6.0	5.0		
	1.5 욕실		8.0	5.5		
	2.0 욕실		10.0	6.0		
	2.5 욕실		11.0	6.5		
	3.0 욕실		12.0	7.0		
	추가 1/2 욕실		0.5	0.5		
	추가 1 욕실		1.0	1.0		
욕실그룹	6 L/회 세척밸브식 변기 사용경우		6.0	4.0		
	13 L/회 세척 밸브형 변기 사용경우		8.0	6.0		
주방그룹	싱크 및 식기 세척기 사용		2.0	1.5		
세탁실그룹	싱크 및 세탁기 사용		5.0	3.0		
개별기구	변기(세척밸브, 13 L/회)	25	7.0	7.0	8.0	10.0
	변기(세척탱크, 13 L/회)	15	3.0	3.0	5.5	7.0
	변기(세척밸브, 6 L/회)	25	5.0	5.0	5.0	8.0
	변기(세척탱크, 6 L/회)	15	2.5	2.5	2.5	4.0
	소변기(3.8 L/회)	20	–	–	4.0	5.0
	소변기(3.8 L이상/회)	20	–	–	5.0	6.0
	세면기	10	1.0	0.5	1.0	1.0
	주방싱크(가정용)	15	1.5	1.0	1.5	–
	식기세척기(가정용)	15	1.5	1.0	1.5	–
	세탁 싱크	15	2.0	1.0	2.0	–
	청소용 싱크 및 세탁대	15	–	–	3.0	–
	욕조/샤워	15	4.0	3.0	–	–
	샤워	15	2.0	2.0	2.0	–
	샤워(연속사용)	15	–	–	5.0	–
	비데	15	1.0	0.5	–	–
	세탁기(가정용)	15	4.0	2.5	4.0	–
	음수기 또는 워터쿨러	10	–	–	0.5	0.75
	호스연결용 수도꼭지(1개 사용)	15	2.5	2.5	2.5	–
	호스연결용 수도꼭지(1 추가 당)	15	1.0	1.0	1.0	–
	월풀욕조	15	4.0	4.0	–	–

주 (1) 욕실그룹은 변기 1개 이상, 세면기 2개까지, 욕조나 욕조/샤워 또는 샤워 1개로 구성된 욕실. 그 외 기구 설치시는 이에 해당하는 기구급수단위를 가산한다.
(2) 1/2 욕실이나 파우더룸(powder room)은 변기 1개와 세면기 1개만 설치된 욕실.

(3) 명시되지 않은 기구에 대해서는 사용빈도와 물소비 정도가 유사한 기구의 값을 적용한다.
(4) 표의 값은 급탕량 포함의 급수부하 기준이다. 기구별로 급수와 급탕을 각각 분리 적용해야 하는 경우에는 표의 값의 3/4을 취한다.
(5) 합산된 기구급수단위를 기준으로 이 표에서 공급해야 할 급수, 급탕량을 선정한다. 합산된 값이 0.5 이상이면 위쪽으로 가장 근사한 값(9.5 = 10)을, 0.4 이하는 아래쪽으로 가장 근사한 값(9.4 = 9)을 취한다.
(6) 접속 관지름은 호칭지름 기준의 최소 관지름 이다.
(7) 주거용 이외의 건물이란 주거용 이외의 장소로 다중이용시설에 포함되는 장소 이외의 사업체, 상업용, 산업시설과 호텔, 모텔 및 다층 건물에서의 공공 및 공동구역이 포함된다.
(8) 다중이용시설이란 학교, 강당, 경기장, 경마장, 교통 터미날, 극장 등과 등으로 시간대 별로 물 사용이 집중되는 시설을 말한다. 즉, 물 사용량이 가장 많은 기간 동안에는 화장실을 사용하기 위하여 대기열이 발생할 가능성이 높은 시설이다.
(9) 연속적으로 물 공급이 요구되는 수도꼭지나 기구가 있는 경우에는 그 기구에서 필요로 하는 유량만큼 또는 적당한 비율을 시스템의 전체 급수량에 가산한다.

자료 참고문헌 1. Table 10.14.1A에 의거 재작성.

계통이나 구간에 대한 값이라면 그 계통이나 구간에 공급해야 할 급수량이 된다.

WSFUs에 대한 유량은 **표 12**와 같으며, 표의 값 사이에 해당하는 값은 보간법을 적용할 수 있으나, **부록 2**에 확대된 유량표를 사용해도 된다. WSFUs에 대한 급수량은 세척탱크식 변기를 사용하는 시스템에서 보다 세척밸브식 변기를 사용하는 경우가 훨씬 더 크다. 그러나 두 시스템 간의 최대 예상수요의 차이는 WSFUs가 증가함에 따라 감소 하다가 WSFUs = 1 000일 때부터 같은 유량이 된다. 즉, 기구 수가 어느 수준 이상이 되면 변기에서 사용되는 유량은 전체 급수부하에 미치는 영향이 없어진다는 의미이다.

1 WSFU 값은 변하는(variable) 값이다. 즉 기구수의 합이 작을 때의 I WSFU의 유량은 크고, 기구수의 합이 클 때의 I WSFU의 유량은 작다[21].

예로, 세척탱크를 사용하는 경우의 WSFUs = 10일 때의 단위 유량 즉 1 WSFU의 유량은 3.03 LPM이지만, WSFUs = 100일 때의 단위 유량은 1.665 LPM, WSFUs = 1 000일 때의 단위 유량은 0.7949 LPM 이다.

21. HASS 206에서 1 FU의 유량을 14 LPM으로 계산하는 것과는 다르다.

표 12 WSFUs에 대한 동시사용유량[1]

WSFUs	세척탱크식 변기사용[2]		세척밸브식 변기사용[3]		WSFUs	세척탱크식 변기사용[2]		세척밸브식 변기사용[3]	
	GPM	LPM	GPM	LPM		GPM	LPM	GPM	LPM
3	3.0	11.4	–	–	120	49.0	185.5	74.0	280.1
4	4.0	15.1	–	–	140	53.0	200.6	78.0	295.2
5	4.5	17.0	22.0	83.3	160	57.0	215.7	83.0	314.2
6	5.0	18.9	23.0	87.1	180	61.0	230.9	87.0	329.3
7	6.0	22.7	24.0	90.8	200	65.0	246.0	91.0	344.4
8	7.0	26.5	25.0	94.6	225	70.0	265.0	95.0	359.6
9	7.5	28.4	26.0	98.4	250	75.0	283.9	100.0	378.5
10	8.0	30.3	27.0	102.2	300	85.0	321.7	110.0	416.4
11	8.5	32.2	28.0	106.0	400	105.0	397.4	125.0	473.1
12	9.0	34.1	29.0	109.8	500	125.0	473.1	140.0	529.9
13	10.0	37.9	29.5	111.7	750	170.0	643.5	175.0	662.4
14	10.5	39.7	30.0	113.6	1 000	210.0	794.9	210.0	794.9
15	11.0	41.6	31.0	117.3	1 250	240.0	908.4	240.0	908.4
16	12.0	45.4	32.0	121.1	1 500	270.0	1 022.0	270.0	1 022.0
17	12.5	47.3	33.0	124.9	1 750	300.0	1 135.5	300.0	1 135.5
18	13.0	49.2	33.5	126.8	2 000	325.0	1 230.1	325.0	1 230.1
19	13.5	51.1	34.0	128.7	2 500	380.0	1 438.3	380.0	1 438.3
20	14.0	53.0	35.0	132.5	3 000	435.0	1 646.5	435.0	1 646.5
25	17.0	64.3	38.0	143.8	4 000	525.0	1 987.1	525.0	1 987.1
30	20.0	75.7	41.0	155.2	5 000	600.0	2 271.0	600.0	2 271.0
40	25.0	94.6	47.0	177.9	6 000	650.0	2 460.3	650.0	2 460.3
50	29.0	109.8	51.0	193.0	7 000	700.0	2 649.5	700.0	2 649.5
60	33.0	124.9	55.0	208.2	8 000	730.0	2, 63.1	730.0	2 763.1
80	39.0	147.6	62.0	234.7	9 000	760.0	2 876.6	760.0	2 876.6
100	44.0	166.5	68.0	257.4	10 000	790.0	2 990.2	790.0	2 990.2

주 (1) 이 표는 배관 크기 선정을 위하여 WSFUs를 급수량으로 변환한 것이다.
(2) 이 값은 다음과 같은 배관 시스템에 적용된다.
① 급탕배관, ② 변기가 없는 급수배관, ③ 플러시 밸브형 이외의 변기가 있는 급수배관.
(3) 이 값은 변기가 세척밸브식인 배관 시스템의 일부에 적용됩니다.

자료 참고문헌 1. p136 Table 10.14.2B에 의거 재작성.

예제 5

연면적 33 000 m^2, 지상 10층 사무실 건물의 급수부하를 구한다. 난방방식은 중앙 집중식이며, 1층부터 10층까지 전 층은 동일하게 사무실 용도이고, 매 층의 남녀 비율은 50:50으로 한다. 다만, 용수를 제외한 생활용 급수량 만을 대상으로 한다.

풀이 (1) 거주할 인원수를 구한다.

표 8의 사무소 건물 0.108 인/m^2를 적용하면

• 거주 인원: 0.108 인/m^2×33 000 m^2 = 3564 인≒3 600 인

표 9(피난기준)의 업무용도를 적용하면

• 피난 기준 인원: 33 000 m^2÷9.3 m^2/인 = 3 548 인 이므로 이를 위생설비 기준 인원으로 환산하면: 3 548인×2/3 = 2 305 인이 된다.

두 경우를 비교하여 많은 인원수를 기준으로 한다.

∴ 1개 층 거주 인원: 3 600 인/층÷10층 = 360인/층 이며 남자 180명 여자 180명으로 한다.

(2) **제3장 표 5**로부터 1개 층에 설치해야 할 기구 수를 구한다.

구분	남자용	여자용	비고
변기 (TK)	· 75인까지 3개, · 75인 초과 시 60인당 1개 추가 · (180−75)/60 = 1.75≒2 그룹 2×1 = 2개 합계 5개	· 75인까지 3개, · 75인 초과 시 60인당 2개 추가 · (180−75)/60 = 1.75≒2 그룹 2×2 = 4개 합계 7개	
소변기	· 변기 수의 50%까지는 소변기로 대체할 수 있다. · 5×0.5 = 2.5≒3개	−	
세면기	· 75인까지 2개 · 75인 초과 시 60인당 1개 추가 · (180−75)/60 = 1.75≒2 그룹 2×1 = 2 합계 4개	· 75인까지 3개 · 75인 초과 시 60인당 2개 추가 · (180−75)/60 = 1.75≒2 그룹 2×2 = 4개 합계 7개	
음수기	· 100인당 1 · 180/100 = 1.8≒2(대)	· 100인당 1 · 180/100 = 1.8≒2(대)	
서비스싱크	층당 1개		

(3) 건물 전체에 설치되는 기구수 집계

구분			변기	소변기	세면기	음수기	서비스싱크
기구수	층별	남	2	3	4	2	1
		여	7	−	7	2	
	전체	남	20	30	40	20	10
		여	70	−	70	20	

(4) 기구급수 부하단위를 집계한다.

표 11로부터 기구별 WSFU는 변기(세척탱크식)-5.5, 소변기-5, 세면기-1, 음수기 -0.5, 서비스(청소용) 싱크-3 이므로, 기구수에 각각의 값을 곱하여 WSFUs를 구한다.

급수와 급탕이 별도로 이루어지는 경우이므로 급수용 WSFU는 3/4을 취한다.

구분			변기	소변기	세면기	음수기	서비스 싱크	계
WSF Us	층별	남	2×5.5 = 11	3×5 = 15	4×0.75 = 3	2×0.375 = 0.75		29.75
		여	7×5.5 = 38.5	-	7×0.75 = 5.3	2×0.375 = 0.75	2.25×1 = 2.25	46.8
	전체	남	110	150	30	7.5		297.5
		여	385	-	53	7.5	22.5	468

(5) WSFUs에 해당하는 동시사용유량을 구한다(**부록 2** 참조). .

구분		계	비고
WSFUs	남	297.5	
	여	468.0	
	계	765.5	
급수부하, LPM		655.6	WSFUs = 770적용, 세척탱크식 변기 사용 기준

3 급수 시스템 설계

3.1 급수 압력

(1) 위치, 압력 및 속도에너지

급수은 낮은 곳(1지점, h_1)의 물을 높은 곳(2지점, h_2)으로 퍼 올리는 작업을 기본으로 한다. 따라서 압력 즉 수압에 대한 요구시항이 충족 되어야 한다.

충족되는 수압은 베르누이 방정식으로부터 파생된 식을 적용하여 구하게 된다. 즉, 어떤 두 지점 간의 이상적인 흐름에서는 위치, 압력 및 속도에너지의 합 즉 $h+\frac{p}{d}+\frac{v^2}{2g}$ 가 일정하다. 그러나 현실적인 흐름에서는 식 (6)과 같이 마찰손실과 펌프의 양정(또는 고가탱크의 높이)이 고려되어야 한다.

$$h_1+\frac{p_1}{d}+\frac{v_1^2}{2g}+h_p=h_2+\frac{p_2}{d}+\frac{v_2^2}{2g}+h_f \tag{6}$$

식에서

h : 높이, m

p : 정수두, kPa

d : 물의 밀도, kg/m^3

v : 유속, m/s

h_p : 펌프의 양정(전양정), m

g : 중력 가속도, 9.8 m/s^2

h_f : 높이 1과 2 사이의 마찰손실, m

이다.

식에서의 h_1에서 h_2까지의 거리가 앞에서 설명된 주경로이다. 높이 1이 상수도 주관에서의 분기점이나 지하 저수탱크처럼 압력을 알 수 있는 지점이고, 높이 2가 최고 위치에 설치된 기구(수도꼭지)라면, 기구에 적절한 압력으로 급수할 수 있는 펌프의 양정(또는 고가탱크의 높이)을 구하는 식으로 변환할 수 있다.

펌프의 양정은 주경로 상의 수도꼭지에서 정상적인 수압이 유지되는 조건이 되고, 높이 1과 높이 2에서 유속은 같다고 보면 속도 항을 생략 할 수 있어 다음 식 (7)과 같이 변형된다.

$$h_p = h_2 - h_1 + \frac{p_2 - p_1}{d} + h_f \tag{7}$$

마찰손실은 직관의 마찰손실과, 관이음쇠, 밸브, 수도미터, 압력탱크, 수처리장치, 역류방지밸브 및 컨트롤밸브 등에서의 부차적손실이 포함된 것이다.

펌프 직송방식에서는 부스터 펌프 컨트롤밸브에서의 저항은 대략 1.22~5.5 m(4~18 ft) 정도이다.

(2) 간편식으로의 변환

식 (7)을 단순화하여, 실무적으로는 주경로의 수직높이($h_2 - h_1$)을 정수두 P_1, 주경로 말단 수도꼭지에서 필요로 하는 압력을 P_2, 주경로 에서의 관마찰손실(h_f)를 P_3로 하여 전양정(h_p)을 구하는 식으로 사용한다.

$$P \geq P_1 + P_2 + P_3 \tag{8}$$

각각의 항목을 수두(mAq) 단위로 나타내고자 하는 경우에는

$$H \geq H_1 + H_2 + H_3 \tag{8-1}$$

를 사용한다.

식에서,

P, H : 급수 압력, kPa, m

P_1, H_1 : 주경로 최고 위치의 높이, kPa, m

P_2, H_2 : 주경로 말단 수도꼭지에서 필요로 하는 압력, kPa, m

P_3, H_3 : 주경로에서의 관마찰손실, kPa, m

이다

급수압력 P는 적용하는 급수방식에 따라 상수도 직결식에서는 상수도 본관(분기점)의 압력, 고가탱크 방식에서는 고가탱크의 높이, 펌프 직송 방식에서는 펌프의 양정이 된다.

(3) 최소한의 필요 수압

만족스러운 위생기구 사용 및 장비 기능에 부합하고, 정상적인 유량 조건을 위한 수도꼭지나 배출구에서 요구되는 최소 수압은 다음과 같다.

①일반적인 기구(수도꼭지나 출구)는 100 kPa(15 psi), ②단일트랩 사이펀식 변기(사이펀 젯트식 변기)는 140 kPa, ③워시다운(블로아웃)식 변기 및 소변기는 170 kPa, ④일체형 변기는 200 kPa. 그 외의 다른 유형의 급수장비에 필요한 최소 수압은 제조자로부터 얻어야 한다. **표 13**는 이상의 내용을 정리한 것으로 기구별 제 기능 발휘에 필요한 최소 수압이다. **표 14**는 주거용 건물이나 업무용 건물과 같은 상업용 건물에서 매 층에 작용해야 하는 급수·급탕 공급압력으로, 입상관에서 해당 층으로 분기되는 횡지관에 부착된 스톱밸브 직전의 압력이 된다. 이후 배관에 의한 마찰손실을 고려하면 말단의 각 수도꼭지에서 정상 유량이 토출될 때의 수압은 **표 13**의 기준을 만족할 수 있다. **표 15**는 기구별 공장 출하 시의 시험압력과 설치 후의 상용압력을 보여주는 것이다.

표 13 기구별 최소 필요 수압

기구	필요압력, kPa
일반수도꼭지	100
세척밸브식 변기	
일반 변기	100
단일트랩 사이펀식(사이펀 젯트식)	140[1]
워시다운(블로아웃)식	170[2]
일체형(one piece)	200[3]
소변기 세척밸브	
일반식	100
워시다운(블로아웃)식	170[2]
샤워	100
가스 순간온수기	100

주 (1) 20 psi (2) 25 psi (3) 30 psi

자료 참고문헌 1. 10.14.2 및 B 2.8에 의거 재작성

표 14 급수·급탕 공급압력

구분	기준압력, kPa	비고
주택, 호텔 등 주거용 건물	300~400	압력을 초과하는 경우에는 감압장치를 설치한다.
오피스 등 기타 건물	400~500	

표 15 각종 기구의 시험기준과 최고사용압력

기구	내 압		최고사용압력		비고
	kPa	psi	kPa	psi	
급수용 기구	1 700	250	750	110	
배수용 기구	-	-	350	50	
수도꼭지(A)	1 700	250	-	-	수도 직결용
수도꼭지(B)	750	110	-	-	탱크 이후 배관용
위생도기	-	-	400	-	

(4) 부족 수압 보충

상수도 주관 또는 그 외 급수원의 수압이 위생기구(수도꼭지)에서 요구되는 수압(**표 13** 참조)에 미치지 못하면 위생기구나 그 외 물 사용 설비에서 필요로 하는 유량(**표 7** 참조)을 안전하고 연속적으로 공급할 수 없게 되므로 부족한 수압을 보충해 주어야 한다.

이러한 용도로 사용될 수 있는 방법으로는 ①고가탱크, ②물과 공기압력(hydro-pneumatic pressure)에 의한 펌프 직송방식, ③수압작용에 의한 펌프 직송방식 등이 있다.

(5) 과도한 압력 제한

급수과정에서 발생하는 주요 문제점 중의 하나는 시스템에 작용하는 과도한 압력(excess water pressure) 이다. 그러므로 장비, 위생기구 또는 작업에 지정된 고압이 필요하지 않은 경우 급수 시스템은 최대 550 kPa(80 psi)를 초과하지 않아야 한다[22].

그러나 건축물이 고층화되고 시설 규모가 거대해질수록 주경로는 길어지게 되고 급수 공급압력은 높아질 수밖에 없다. 따라서 현대의 건축물이나 시설에서 감압은 필수적인 요소가 되었다.

적정수압의 작용을 보장하기 위해 수도미터 및 역류방지장치의 출구측 압력이 규정압력 이상인 경우 감압밸브(pressure regulating valve 또는 pressure reducing valve, PRV)를 설치해야 한다(**제6장** 감압 참조).

3.2 상수도 직결 급수방식

그림 1과 같이 상수도 본관으로부터 급수관을 직접 분기하여 건물에 급수하는 방식이다. 이 방식 적용을 위해서는 분기점의 상수도 압력이 해당 건물이나 시설의 주경로에 설치되는 위생기구에 이상 없이 급수될 수 있고, 해당지역의 급수조례상 인입공사가 가능한지를 확인해야 한다.

상수도 시설이 열악했던 시절에는 수압이 높지 않아 3층 이하의 주택 이나 10 m 이하의 소형 건물에만 제한적으로 적용되던 급수방식이었다.

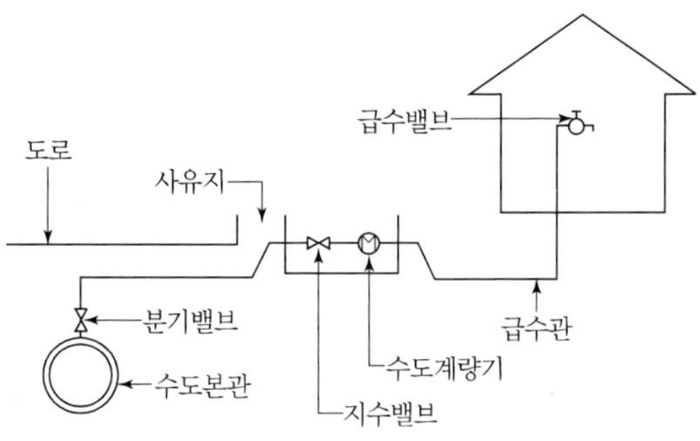

그림 1 상수도 직결식 급수방식

---

22. 참고문헌 1. 10.14.6

현재는 전국이 상수도 보급권에 있고, 대부분의 시설이 현대화되어 적용 할 수 있는 범위도 넓어졌다.

예제 6

3층 상가건물에 상수도 직결식 급수방식을 적용하고자 한다. 상수도 본관으로부터 수직으로 12 m 높이에 샤워가 설치된다. 주경로에 대한 관마찰손실(부차적손실 포함)은 10 m 이다. 상수도 본관의 수압이 얼마일 때 이 방식 채택이 가능한지를 검토한다.

풀이 식 (8)을 적용하여

$$P \geq P_1 + P_2 + P_3$$

를 만족해야 하므로

$P_1 = 12\ \mathrm{m} = 120\ \mathrm{kPa}$, $P_2 = 100\ \mathrm{kPa}$(샤워 기준, **표 13** 참조)

$P_3 = 10\ \mathrm{m} = 100\ \mathrm{kPa}$를 각각 식에 대입하면

$$P \geq 120 + 100 + 100 = 320\ \mathrm{kPa}$$

그러므로 상수도 본관(분기점)에서의 수압은 320 kPa 이상이 되어야 상수도 직결방식을 채택할 수 있다.

3.3 고가탱크 방식

(1) 시스템의 구성

1 시스템 계통도

고가탱크 방식은 **그림 2**와 같이 상수를 일단 지하 저수탱크에 저수 시킨 다음 급수가압 펌프로 옥상이나 또는 별도로 설치된 고가(高架)탱크로 송수하여, 중력으로 필요한 곳에 급수하는 방식(elevated water tank system)이다.

공동주택이나 사무소 건물 등에서 많이 사용된다. 이 방식에서 탱크의 높이는 각 수도꼭지에서의 필요 수압과 관마찰손실 및 부차적손실을 고려하여 결정한다. 세척밸브식 변기, 바디샤워, 월풀욕조 등 요구 수압이 높은 기구를 설치할 경우는 특히 필요로 하는 압력을 확보할 수 있어야 한다.

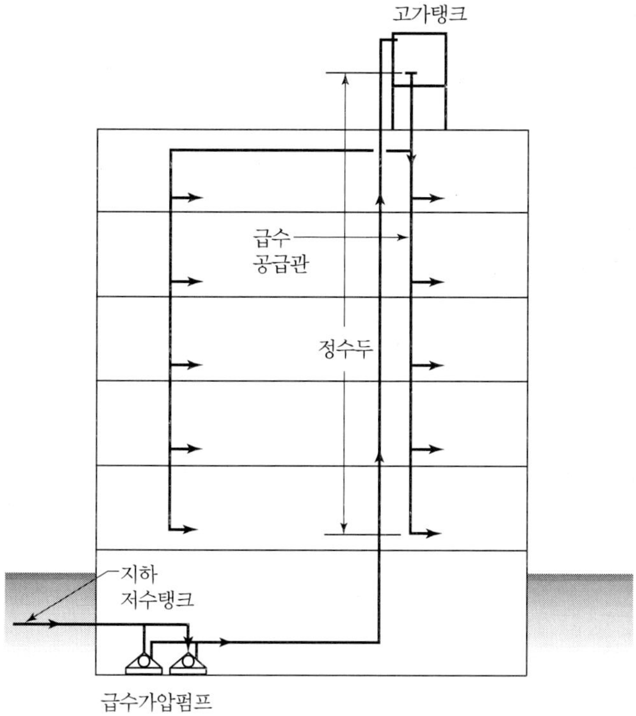

그림 2 고가탱크 방식의 예

또 초고층 건물로써 수압이 높게 작용하는 경우에는 매 층의 수압이 0.4 MPa을 넘지 않도록 중간탱크를 설치하거나 감압밸브를 사용하여 수압을 적정한 기준으로 낮춰주어야 한다. 이 방식을 적용하기 위해서는 식 (8-1)를 만족해야 한다.

2 구성요소

그림 2에 설명된 것과 같은 고가탱크 시스템에서 탱크의 높이는 수압을 제공하는 유일한 수단이므로, 탱크와 가장 가까운 층의 수도 꼭지에서 규정수압이 토출될 수 있을 만큼 높은 위치에 있어야 한다. 탱크의 설치높이 1 m마다 10 kPa(1.42 psi)의 압력을 높인다.

고가탱크 방식의 구성요소는 기본적으로 ①상수도를 받아 저장하는 지하 저수탱크, ②대기압 상태로 물을 저장하는 고가(중력)탱크, ③수원(지하 저수탱크)에서의 물을 고가탱크로 송수하는 가압펌프[23], ④자동제어 장치로 구성된다.

(2) 지하 저수탱크

1 재료

저수탱크의 재질별 종류로는 콘크리트, 강판, FRP, 스테인리스강판 등이 있다. 공동주택 단지나 대형 건축물의 저수용은 주로 지하에 설치 되므로 콘크리트로 축조하는 경우가 대부분이다. 강판제 등은 저수용량이 작은 경우로 공장이나 현장에서 제작된 것을 사용한다.

저수탱크는 내진 강도를 확보하여야 하며 결로방지를 위하여 FRP제는 복합판형을, 강판제는 결로된 물을 받을 수 있도록 물받이를 설치해 주어야 한다. 어떤 재질을 사용하더라도 위생성이 확보되어야 한다. 일반적으로 사용되는 콘크리트제 이외의 탱크의 재질별 특성은 **표 16**과 같다.

2 탱크의 구조와 설치기준

음용수용 저수탱크는 기본적으로 **표 17**에 요약된 구조를 갖추어야 한다. 저수탱크는 물의 청결도가 매우 중요하므로 저정된 물이 오염원으로부터 보호되어야 하고, 관계자 외에는 출입이 통제되도록 한다. 저수탱크는 수도시설의 일부이므로, 설치에 관한 기준은 관련 법규를 따라야 한다.

표 16 저수탱크, 고가탱크의 재질별 특성

구 분 \ 재질별	강판제	FRP제	스테인리스 강판제
형태	일체형 또는 조립형	좌동	좌동
재질	일반강판(내부는 에폭시 또는 나일론 코팅)	유리섬유 강화 폴리에틸렌	SS304, 444
제조방법	용접(일체형) 또는 볼트 체결(조립형)	접착(일체형, 조립형) 또는 볼트체결(조립형)	용접(일체형, 조립형) 또는 볼트 체결(조립형)
특징	①큰 규모에 적합 ②형상을 자유로 선택 가능 ③가대와 일체형 구조로 제작가능	①경량 ②내식성 양호 ③반입, 조립이 용이함	①내식성 양호 ②내면처리 불필요 ③내열성 양호

23. 영어권에서는 house pump, 일본에서는 양수(揚水)펌프 라고도 한다.

표 17 음용수용 저수탱크의 기본적인 구조

구 분	기본 요건
탱크의 구조	① 천정, 바닥과 벽은 건물의 벽 등이나 기타 부분과 겸용하지 않는다. ② 단수하지 않고도 청소가 가능 하도록 둘 이상의 격벽을 설치한다. ③ 천정 또는 뚜껑에는 1/100 정도의 기울기를 둔다. ④ 바닥은 1/100 이상의 기울기를 주고, 배수 및 흡입용 피트를 둔다. ⑤ 맨홀은 직경 90 cm 이상의 크기로 하고, 탱크면으로 부터 10 cm 이상 돌출시킨 후 방수 패킹을 넣고 뚜껑을 덮는다. ⑥ 유효용량 기준 2 m^3 이상의 탱크에는 통기구를 설치하며, 그 개구부의 높이는 탱크 윗면으로부터 10 cm 이상이 되도록 하고 끝에는 방충망을 씌운다. ⑦ 탱크 내 볼탭 등의 위치와 급수 펌프용 흡입구의 위치는 물이 잔류하는 부분이 발생하지 않도록 한다.
부속배관	오버플로 관은 간접배수 되게 하고, 관의 끝에는 방충망을 씌운다.
기타	① 탱크 내부에는 음용수용 배관 이외의 배관이 설치되지 않아야 한다. ② 탱크의 천정 또는 뚜껑 직상부에는 음용수용 배관 이외의 배관이 통과되지 않아야 한다. ③ 탱크의 상부에 펌프 또는 기타 기기를 설치하는 경우에는 음용수를 오염시키지 않도록 필요한 조치를 취해야 한다.

3 탱크 주변 배관

저수탱크에는 기본적으로 송수관(인입관), 급수관, 급탕 보급수관, 오버플로관, 퇴수관 및 통기관이 있어야 하고, 소방용수를 같이 저수하는 경우에는 별도의 소방용수 유입 및 유출구가 포함되어야 하며, 상부에는 맨홀이 있어야 한다.

①인입관에는 볼탭이나 플로트 밸브를 설치하여 유입량을 조절하여 오버플로되지 않도록 한다. 인입관의 토출구는 오버플로관 지름의 1.5배 또는 오버플로 수위보다 100 mm 이상 높은 위치에 설치되어야 한다. ②통기관의 지름은 급수관 단면적 이상이 되어야 한다. ③통기관과 오버 플로관의 끝에는 부식되지 않는 재질의 방충망을 씌운다. ④퇴수관은 탱크의 가장 낮은 부분에 위치하여 탱크 내부를 완전히 비울 수 있어야 하며, 밸브를 부착해야 한다. ⑥맨홀은 내부로의 출입이 가능한 크기 이어야 하고, 맨홀의 상부로는 오수나 배수관이 통과되지 않도록 한다. ⑦탱크 외부에는 위로 올라갈 수 있도록 사다리를 설치해야 한다.

오버플로관의 크기는 **표 18**에 따른다. 지붕이나 지붕배수구, 바닥이나 바닥배수구, 덮개 없이 개방된 상태로 물을 받아 사용하는 위생기구보다 150 mm 이상 높은 위치에서 토출되어 간접배수가 되도록 한다.

표 18 저수탱크용 오버플로관의 규격

탱크로의 인입량		관지름, DN
LPM	GPM	
1-60	0-13	40
65-250	14-55	50
250-450	56-100	65
460-750	101-165	80
750-1610	166-355	100
1 620-2 900	356-640	125
2 910-4 730	641-1 040	150
4 730 초과	1 040 초과	200

주 터미널 속도에서 수직관은 1/2 이하로 충수된 상태로, DN 40에 대해서는 1/3로 충수된 상태로 흐를 때를 기준함.

자료 참고문헌 1. Table 10.8.3에 의거 재작성.

4 용량 결정

지하 저수탱크의 용량은 관련법규와 해당지역 조례로 정해져 있다. 법규는 평균적으로 1일 사용분 이상의 용량을 요구하지만, 지역별 급수조례에 특별히 정해진 기준이 있을 수 있다. 예로, 아파트 단지의 경우 전체 세대의 1일분 저장[24] 등의 기준이 적용된다.

그러나, 공학적으로는 수원의 급수능력을 감안하여 식 (9)을 사용한다.

$$V_s \geqq Q_d - Q_s T \tag{9}$$

또는

$$V_s \leqq Q_s(24 - T) \tag{10}$$

식에서,

V_s : 저수탱크의 유효용량, m^3

Q_d : 1일 사용량, m^3/d

Q_s : 수원으로부터의 급수능력, m^3/h

T : 1일 평균 물 사용시간, h

이다.

24. 세대당 1 m^3 /일(1인당 200 L/인.일, 세대당 5인 거주 기준)

저수탱크의 용량이 큰 경우에는 물이 너무 오래 정체 됨으로서 부패하여 오염되는 등 위생상의 문제가 발생할 수 있을 뿐만 아니라 배수시켜 버려야 할 경우도 있다. 그러므로 탱크 내에서도 칸막이와 유로를 적정하게 배치하여 물이 순환될 수 있는 구조가 되도록 하고, 오염된 물이 상수도로 역류하지 않도록 역류방지 조치를 취해야 하며, 위험에 대비하여 배수 전용의 배관을 두는 등의 조치도 필요하다. 배수 전용 배관을 두는 경우에는 필요한 시간 내에 배수될 수 있는 관지름이 되어야 한다.

특히 잔류염소 농도를 맞추기 위해 급수펌프와 연동하는 염소주입장치를 설치해야 할 필요도 있으며 또한 소화용수 확보도 필요하다.

따라서 저수탱크가 소화용수를 포함한 용량으로 할 것인지 소화용수 전용의 탱크를 추가할 것인지는 계획단계에서부터 확실히 해 두어야 한다. 위생적 측면에서는 소화용수 탱크를 별도로 설치하는 것이 경제적 일 수도 있다.

예제 7

2 000 세대의 공동주택 단지를 계획하고자 한다. 수도관으로부터 2 000 LPM의 유량을 공급받을 수 있다. 상수도관의 능력을 검토하고 저수탱크의 용량을 구하라. 다만 세대당 인원은 4인으로 하고 음용수와 잡용수는 동일계통으로 하며 소화용수는 고려하지 않는다.

풀이 (1) 상수도의 능력 검토

공학적으로 상수도 공급능력을 감안하여 탱크의 용량을 정해야 하므로 상수도의 공급능력을 검토하면, 1인 1일 평균사용 수량을 200 L로 가정하고 1일 사용수량(Q_d)을 구한다.

$$Q_d = 4\ \text{인/세대} \times 200\ \text{L/인.일} \times 2\,000\text{세대} = 1\,600\,000\ \text{L/d}$$

$$= 1\,600\ \text{m}^3/\text{d}$$

이에 대한 수도 인입관의 능력(Q_s)은

$$Q_s = 2\,000\ \text{L/min} \times 60 \times 24\ \text{h} = 2\,880\,000\ \text{L/d}$$

$$= 2\,880\ \text{m}^3/\text{d}$$

즉, $Q_d(1\,600\ \text{m}^3/\text{d}) < Q_s(2\,880\ \text{m}^3/\text{d})$ 이므로 수도 인입관의 능력은 충분하다.

(2) 저수탱크의 용량

저수탱크의 용량은 식 (9)를 적용하며 $T = 10$으로 하면

$$Q_s = 2\,000\ \text{L/min} \times 60 = 120\,000\ \text{L/h} = 120\ \text{m}^3/\text{h}$$

이므로

$$V_s \geq Q_d - Q_s T = 1\,600\ \text{m}^3/\text{d} - 120\ \text{m}^3/\text{h} \times 10\ \text{h} = 400\ \text{m}^3$$

이 된다. 한편, 야간에 대한 상수도관의 능력(저수탱크 만수 시)은 식 (10)을 사용하여 구한다.

$$V_s \leq Q_s(24 - T) = 120\ \text{m}^3/\text{h} \times (24-10)\text{h} = 1\,680\ \text{m}^3$$

이 되므로 저수탱크 용량이 400 m^3이면 이상이 없다.

(3) 고가탱크

1 고가탱크의 구성

고가탱크에는 송수관과 급수관을 기본으로 하여 급탕보급수관, 소방용수를 함께 저장하는 경우 소방용수관이 배관되어야 하고, 자동제어 장치로서는 ①탱크의 물이 사전 설정된 수위에 도달하면 펌프를 기동/정지 시키는 제어장치, ②관리자에게 오작동이 있음을 알리는 경보장치, ③잠재적인 사고를 피하기 위해 오작동 발생 시 작동하는 안전장치 등으로 구성된다. 이들 간의 배관과 자동제어 배열은 **그림 3**과 같다.

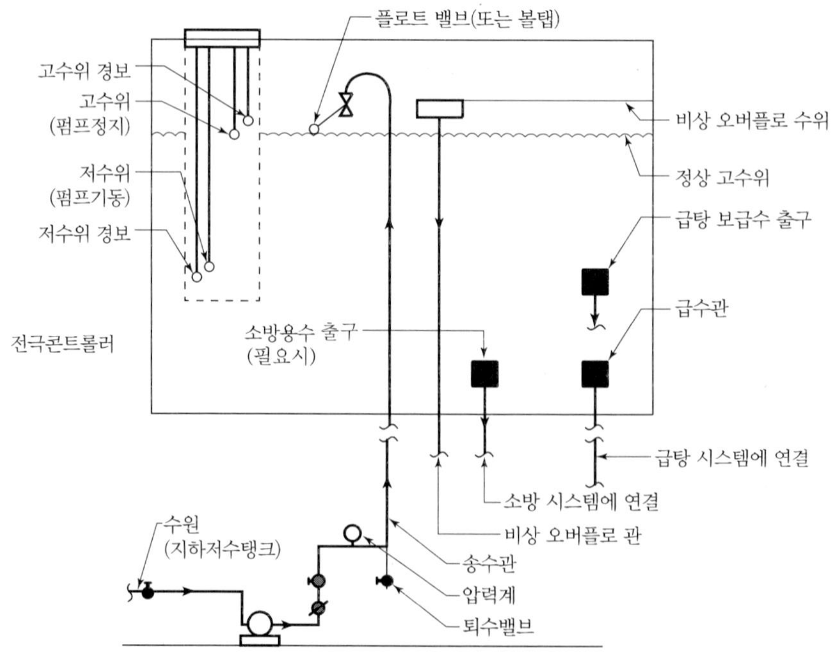

그림 3 고가탱크의 배관

2 재료와 구조

재료와 구조는 지하저수 탱크와 같은 원칙을 따르며 **표 16**과 **표 17**을 참고 한다. 또한, 고가탱크 용량에 대해서도 저수탱크와 같이, 관계법이나 해당지역 급수 조례상의 규정이 있으므로 설계 시는 이러한 부분에 대해서도 충분히 검토하여야 한다.

3 용량계산 1-통계자료 이용

고가탱크의 용량은 건물이나 시설 유형에 따라 다르다. **그림 4**를 이용하면 아파트와 같이 다세대가 거주하는 건물에서 세대수 별 1인당 저장해야 할 유량을 찾을 수 있다. 다세대 주택의 경우 ①세대수에 따른 1인당 저장량을 구한다. 실제의 거주 인원수를 알 수 없는 경우에는 대략적인 인원으로 침실당 2인 또는 세대당 4인 중 큰 쪽을 기준으로 하고, 그 수를 곱하여 구한다. ②인원수에 1인당 물 소비량을 곱하여 저장탱크의 용량을 구한다.

그리고, 여기에 지속적인 급수보급이 필요한 경우에는 10%의 여유를 가산한다. 또한 소방용수를 같이 저장하는 경우에는 이 역시 추가해야 한다. 필요한 저장 용량과 같거나 초과하는 정도의 표준 크기로 선택 되어야 한다.

표 19를 이용하면 WSFUs를 기준으로 탱크의 용량을 구할 수 있다. 다양한 건물 유형에 대하여 권장되는 값이다. 이 자료를 사용하려면 ①유형에 관계없이 전체 기구수를

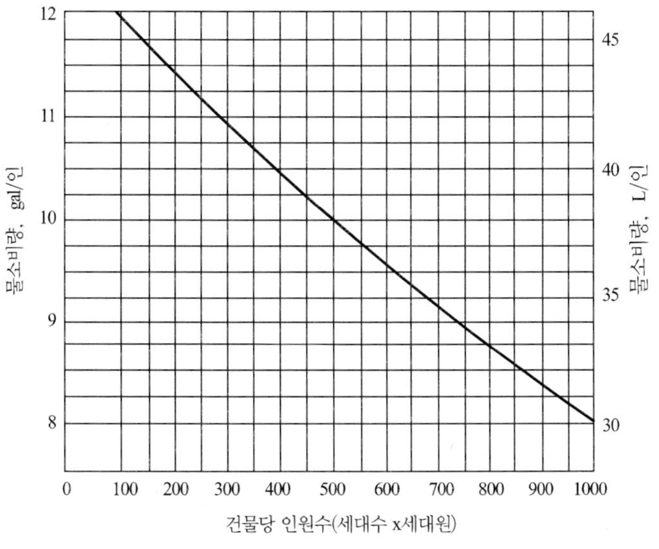

그림 4 아파트 등 다세대용 건물의 고가탱크 용량 추정 선도

표 19 고가탱크의 크기

WSFUs	기구당 유량		탱크용량을 결정하는 승수	최소 저장 용량		최소 펌프 용량	
	GPM	LPM		gal	L	GPM	LPM
호텔과 클럽							
1~50	0.65	2.46	30	2 000	7 571	25	95
51~100	0.55	2.08	30	2 000	7 571	35	132
101~200	0.45	1.70	30	3 000	11 356	60	227
201~400	0.35	1.32	25	3 000	11 356	100	379
401~800	0.275	1.04	25	3 000	11 356	150	568
801~1 200	0.25	0.95	25	3 000	11 356	225	852
1 201 이상	0.20	0.76	25	3 000	11 356	300	1 136
병원							
1~50	1.00	3.79	30	2 000	7 571	25	95
51~100	0.80	3.03	30	2 000	7 571	55	208
101~200	0.60	2.27	25	3 000	11 356	85	322
201~400	0.50	1.89	25	3 000	11 356	125	473
401 이상	0.40	1.51	25	3 000	11 356	210	795
학교							
1~10	1.50	5.68	30	2 000	7 571	10	38
11~25	1.00	3.79	30	2 000	7 571	15	57
26~50	0.80	3.03	30	2 000	7 571	30	114
51~100	0.60	2.27	30	2 000	7 571	45	170
101~200	0.50	1.89	30	3 000	11 356	65	246
201 이상	0.40	1.51	30	3 000	11 356	110	416
산업용 건물 및 시설							
1~25	1.50	5.68	30	2 000	7 571	25	95
26~50	1.00	3.79	30	2 000	7 571	40	151
51~100	0.75	2.84	30	3 000	11 356	60	227
101~150	0.70	2.65	25	3 000	11 356	80	303
151~250	0.65	2.46	25	3 000	11 356	110	416
251 이상	0.60	2.27	25	3 000	11 356	165	625
사무실 건물 및 연구실							
1~25	1.25	4.73	30	2 000	7 571	25	95
26~50	0.90	3.41	30	2 000	7 571	35	132
51~100	0.70	2.65	30	2 000	7 571	50	189
101~150	0.65	2.46	25	3 000	11 356	75	284
151~250	0.55	2.08	25	3 000	11 356	100	379
251~500	0.45	1.70	25	3 000	11 356	140	530
501~750	0.35	1.32	25	3 000	11 356	230	871
751~1 000	0.30	1.14	25	3 000	11 356	270	1 022
1 001 이상	0.275	1.04	25	3 000	11 356	310	1 173

자료 참고문헌 10. Table 5-8에 의거 재작성.

구한다. ②기구수에 기구급수단위를 곱하여 WSFUs를 구한다. ③②에서 구한 값에 탱크 용량을 결정하는 승수(乘數)를 곱한다.

이 수치는 건물에서의 순수한 급수량 저장탱크 전용이다. 그러므로 구한 값에 냉난방 기구에서와 같이 지속적인 급수보급이 필요한 경우에는 그 양을 고려하여야 한다. 정확한 계산이 불가능한 경우라면 일반적으로 10%의 여유를 가산한다.

또한 소방용수를 같이 저장하는 경우에도 이 수량을 추가해야 한다.

탱크의 용량은 필요한 저장 용량과 같거나 초과하는 정도의 표준 크기로 선택되어야 한다.

예제 8

2 000 세대의 아파트 단지가 25층 20개 동으로 배치된다. 동당 100 세대로, 층당 4세대가 배치되는 타워형이다. 고가탱크를 (1) 25세대, (2) 50세대, (3) 100세대를 감당하도록 설치할 경우 각각의 고가탱크 유효용량을 결정한다.

풀이 (1) 25세대당 고가탱크 1기를 두는 경우

25세대×4인/세대 = 100인이므로 **그림 4**로부터

$$46\ \text{L/인} \times 100\text{인} \times 1.15 = 5\,290\ \text{L} \rightarrow 5.3\ \text{m}^3$$

(2) 50세대당 고가탱크 1기를 두는 경우

50세대×4인/세대 = 200인이므로 **그림 4**로부터

$$44\ \text{L/인} \times 200\text{인} \times 1.1 = 9\,680\ \text{L} \rightarrow 9.7\ \text{m}^3$$

(3) 100세대당 고가탱크 1기를 두는 경우

100세대×4인/세대 = 400인이므로 **그림 4**로부터

$$40\ \text{L/인} \times 400\text{인} \times 1.1 = 17\,600\ \text{L} \rightarrow 18\ \text{m}^3$$

(4) 평가

이상의 계산된 용량은 유효 유량이므로 실제의 탱크 크기는 이의 120% 정도가 되도록 한다.

예제 9

연면적 10,000평, 지상 10층 사무실 건물의 기구급수 부하단위 집계 결과는 WSFUs = 765.5이다(**예제 5** 참조). 이 건물에 필요한 고가탱크의 용량을 구한다.

풀이 표 19의 사무실 건물 및 연구실을 적용하면 WSFUs 751~1 000 구간에 해당하고, 기구당 유량이 1.14 LPM 이므로 전체유량은

$$1.14\ \text{LPM/WSFU} \times 765.5\ \text{WSFUs} = 872.67\ \text{L} \rightarrow 873\ \text{LPM}$$

이 되고, 탱크 용량을 구하는 승수(乘數)는 25이므로 탱크 용량은

$$873\ \text{L} \times 25 = 21\,825\ \text{L}$$

기계장치나 장비의 냉각수 등을 고려하여

$$21\,825\ \text{L} \times 1.1 = 24\,008\ \text{L} \rightarrow 24\ \text{m}^3$$

으로 한다.

예제 10

20층 아파트에 고가탱크 방식의 급수방식을 적용하고자 한다. 고가탱크에서 하향식 배관방식을 적용한다고 할 때, (1) 최고층의 샤워에서 필요한 수압을 얻기 위해서는 고가탱크의 저수위가 샤워로부터 얼마만큼의 높이에 위치하도록 설치해야 하는가? 다만, 고가탱크 평균 수위로부터 샤워까지의 관마찰손실은 3 m이다. (2) 고가탱크를 요구하는 높이에 설치할 수 없어서 필요 수압을 얻을 수 없을 경우의 대책을 설명하라.

풀이 (1) 고가탱크의 설치 높이를 구한다.

식 (8-1)로부터 고가탱크는 $H \geq H_1 + H_2 + H_3$ 를 만족해야 한다.

고가탱크로부터 최고 높이에 있는 기구까지의 관마찰손실 H_L을 도입하여 더 간단한 고가탱크 전용식으로 변형하면

$$H \geq H_1 + H_L \tag{8-2}$$

가 된다. 최고 높이에 있는 샤워에서의 필요 수압 $H_1 = 10$ m(100 kPa, 표 13 참조)이고, 샤워로부터 고가탱크 평균 수위까지의 관마찰손실 $H_L = 3$ m 이다.

$$\therefore\ H \geq 10 + 3 = 13\ \text{m}$$

즉, 20층 샤워로부터 고가탱크의 평균 수위까지의 수직 높이는 13 m 이상이 되어야 한다.

(2) 고가탱크 설치 높이가 낮을 경우의 대책

만약 고가탱크 평균 수위가 요구보다 낮은 X m 높이에 위치할 수 밖에 없다고 할 경우, (13-X) m에 해당하는 수압을 보충할 수 있는 방법이 강구되어야 한다. 여기서는 소형 펌프직송방식 적용이 권장된다.

참고 이처럼 고가탱크 방식을 적용할 경우 탱크의 위치(높이)에 따라 최고층에서 적정 수압을 얻을 수 있을지의 여부는 설계 시에 확인할 수 있다. 그러므로 물탱크를 수압유지에 필요한 만큼 높일 수 없을 경우는 설계 시 수압이 부족한 일부 구간(상층부)에 대한 수압보충 방법이 고려 되어야 한다.

4 고가탱크 용량계산 2-공학적 계산방법

고가탱크의 용량은 가압펌프의 토출량에 반비례한다. 즉, 고가탱크의 용량을 작게 취하면 가압펌프의 용량은 커져야 하고, 반대로 고가탱크의 용량을 크게 취하면 가압펌프의 용량은 작아도 된다. 그러므로 경제적인 시스템을 위해서는 초기 투자비와 유지관리 비용을 고려하여 적정한 비율을 가지도록 하여야 한다.

식 (11)은 펌프의 용량을 감안하여 고가탱크 용량을 결정하는 공학적 방법의 예이다.

$$V_E = (Q_p - Q_{pu})T_p + Q_{pu}T_{pu} \tag{11}$$

식에서,

V_E : 고가탱크의 유효용량, L

Q_p : 동시사용유량, L/min

Q_{pu} : 가압펌프의 토출량, L/min

T_p : 동시사용유량이 지속되는 시간, min

T_{pu} : 펌프 최단운전시간, min

이다

T_P는 보통 30분 정도로 한다. T_{pu}는 물이 거의 소비되지 않는 기간의 펌프가 가동되는 시간이며, 이를 짧게 잡으면 자동제어용 릴레이 등의 마모가 심해지므로, 15분 정도로 잡는 것이 일반적이다.

그림 5는 식 (11)를 설명하는 것이다. 탱크 전체 용량이 충분하더라도 저수위 이하의 수량 즉, 탱크 내 최소 보유수량이 확보되는 수위를 저수위로 하여 펌프를 기동/정지시키면 저수위 때에도 동시사용유량에 부족함이 없게된다. 즉, 탱크의 고수위와 저수위 간의 수량은 $Q_{pu}T_{pu}$가 되며, 저수위 이하의 수량은$(Q_p - Q_{pu})T_p$가 된다.

그러므로 고가탱크의 용량을 작게 하려면 Q_{pu}를 Q_p에 근접시켜 고가탱크의 용량은 가압펌프의 기동 정지용으로 사용하면 된다.

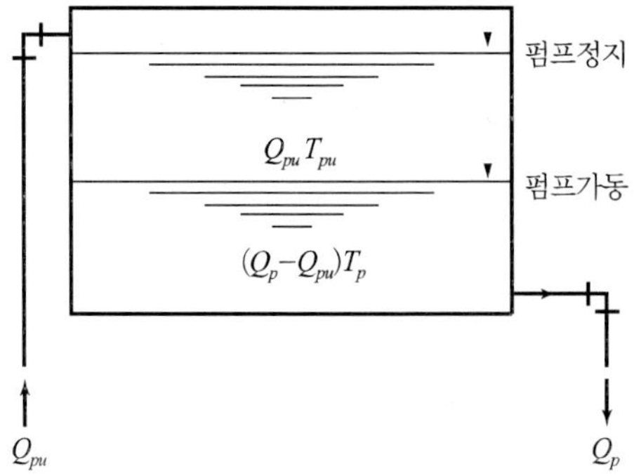

그림 5 고가탱크의 용량

예제 11

[예제 8]은 2 000 세대의 아파트 단지가 25층 20개 동에 대한 고가탱크의 용량을 통계자료를 활용하여 구한 것이다. 50 및 100세대용 고가탱크 유효용량은 각각 9.7, 18 m^3이었다. 세대당 물사용 그룹은 3 (주방, 욕실, 세탁실)으로 WSFUs = 12라 하고, 공학적 방법인 식 (11)을 적용하여 고가탱크 용량을 구하여 **[예제 8]**의 결과와 비교한다.

풀이 (1) 50세대당 고가탱크 1기를 두는 경우

① 동시사용유량(Q_p)를 구한다.

1개 고가탱크가 50세대를 감당하므로, WSFUs = 12×50 = 600이다.

이에 대한 동시사용유량을 **부록 2**로부터 구하면 541.3 LPM → 542 LPM 이다.

② 펌프의 토출량(Q_{pu})을 구한다.

펌프 토출량은 동시사용유량의 75%으로 한다.

$$Q_{pu} = 542\ LPM \times 0.75 = 406.5\ LPM \rightarrow 407\ \mathrm{LPM}$$

③ 고가탱크 유효용량은 식 (11)를 사용하여

$$V_E = (Q_p - Q_{pu})T_p + Q_{pu}T_{pu}$$
$$= \{(542-407)\times 30\} + (407\times 15) = 4\,050 + 6\,105$$
$$= 10\,155 \rightarrow 10\ (\mathrm{m}^3)$$

실제 고가탱크의 용량은 유효용량의 120%로 하여 12 m^3 으로 한다.

(2) 1동 즉, 100세대당 고가탱크 1기를 두는 경우

① 동시사용유량(Q_p)를 구한다.

1개 고가탱크가 100세대를 감당하므로, WSFUs = 12×100 = 1 200 이다.

부록 2로부터 동시사용유량을 구하면 885.7 LPM → 886 LPM 이다.

② 펌프의 토출량(Q_{pu})을 구한다.

펌프 토출량은 동시사용유량의 75%으로 한다.

$$Q_{pu} = 886\ LPM \times 0.75 = 664.5\ LPM \rightarrow 665\ \text{LPM}$$

③ 고가탱크 유효용량은 식 (11)를 사용하여

$$\begin{aligned} V_E &= (Q_p - Q_{pu})T_p + Q_{pu}T_{pu} \\ &= \{(886-665)\times 30\}+(665\times 15) \\ &= 6\,630 + 9\,975 \\ &= 16\,605\text{L} \rightarrow 17\ (\text{m}^3) \end{aligned}$$

실제 고가탱크의 용량은 유효용량의 120%로 하여 20 m^3 으로 한다.

(3) 비교분석

통계적 자료를 활용한 경우에 비하여 9.7 m^3 대 12 m^3, 18 m^3 대 20 m^3으로 공학적인 방법 적용의 경우 탱크의 용량이 다소 크다. 이는 각 방법에서 적용하는 안전율의 차이로 사실상 결과는 유사하다. 그러므로 실무적으로는 설계자의 판단이 중요하다.

(4) 급수 가압펌프

1 기준

일반적으로 가압펌프는 저장량을 1.5~2시간 내 채울 수 있어야 하지만, 1시간 용량도 허용된다. 펌프 2대를 병렬로 설치하여 사용할 수 있으나, 펌프 1대만 작동해도 급수에 지장이 없어야 한다.

일반적으로는 최대유량을 갖는 용량의 펌프 2대를 설치하여 1대씩 교대로 작동시키는 방식이 적용되며, 이 경우 1대는 예비(redundancy) 용이 된다.

2 가압펌프의 용량 결정

펌프는 유량과 양정에 의해 동력이 정해지며, 설치 위치나 장소 및 설치조건에 따라 펌프의 형식이 결정된다. 양정은 식 (8-1)이 변형된 다음 식을 사용한다.

$$H \geq H_1 + H_3 + \frac{v^2}{2g} \tag{8-3}$$

식에서,

H : 펌프의 양정, m

H_1 : 주경로 말단 수도꼭지까지의 수직높이, m

H_3 : 주경로에서의 관마찰손실, m

$\frac{v^2}{2g}$: 토수구에서의 속도수두, m

이다.

일반적으로 토수구에서의 속도수두는 미미하므로 생략이 가능하다. 그러므로 펌프의 동력은 식 (12)~(14)를 사용하여 계산한다.

$$L_w = \frac{\rho g Q H}{60\,000} \tag{12}$$

$$L = \frac{L_w}{E_p} = \frac{\rho g Q\,H}{60\,000 E_p} \tag{13}$$

$$L_m = \frac{L(1+\alpha)}{E_i} = \frac{\rho g Q\,H(1+\alpha)}{60\,000 E_p E_i} \tag{14}$$

이상의 식에서,

L_w, L, L_m : 펌프의 수동력, 축동력 및 모터동력, kW

ρ : 물의 밀도(상온의 청수 경우 1), kg/L

g : 중력 가속도, 9.8 m/s^2

Q : 펌프의 토출량, L/min

E_p : 펌프의 효율, %(제조업체 자료 참조)

E_i : 동력 전달효율(모터 직결식의 경우 1, 벨트나 기아 감속의 경우는 0.9~0.95)

α : 여유율(모터 사용 시 0.1~0.2, 엔진구동 시 0.2~0.25)

이다.

펌프의 효율은 원심펌프, 축류펌프 또는 사류펌프 등 형식에 따라 다르다. 급수 시스템에는 주로 원심펌프가 사용되고, 해당 표준으로부터 효율을 구할 수 있다. 그러나 표준에서의 값은 하한값이고, 실제로는 기준보다 월등하게 높은 효율을 가지며, 소음과 진동이 없는 제품도 생산된다.

그러므로 급수 시스템의 전반적인 효율 향상과 동력비 절감 등의 관리유지 비용을 줄일 수 있도록 효율이 높은 펌프를 선택하는 것이 좋다. 효율 등의 기술적인 내용은 제조업체의 기술자료를 참고한다.

예제 12

[예제 11]의 2 000 세대의 아파트 단지, 25층 20개 동의 고가 탱크에 송수하는 방법으로, (1) 동당 전용의 가압펌프를 둘 경우, (2) 500 세대당 전용 가압펌프를 두는 경우로 구분하여 펌프의 용량을 구한다. 다만, 계산의 단순화를 위하여 ①펌프 1대가 전제 유량을 감당하며, ② 동별 고저차는 동일하다. ③저수탱크는 건물의 지하에 있다고 간주하며, ④속도 수두는 생략하며 펌프 형식은 원심펌프로 한다.

풀이 (1) 동당(100세대) 전용의 가압펌프를 두는 경우.

실양정 80 m, 관마찰손실은 12 m로 가정하고, 100세대에서의 WSFUs = 1 200이므로, 동시사용유량은 885.7 LPM → 886 LPM이고, 펌프 유량은 이의 75%인 665 LPM으로 한다. 펌프의 전양정은 식 (8-3)을 사용하여

$$H \geq H_1 + H_2 + \frac{v^2}{2g}$$
$$\geq 80 + 12 + 0 = 92\ (m)$$

펌프의 동력은 모터 직결식으로 여유율 15%을 가산하면

$H = 92$ m, $E_p = 80\%$, $\alpha = 0.15$, $E_i = 1$로 하여 각각을 식 (14)에 대입하면

$$L_m = \frac{\rho g Q H(1+\alpha)}{60\,000 E_p E_i}$$
$$= \frac{1 \times 9.8 \times 665 \times 92(1+0.15)}{60\,000 \times 0.8 \times 1} = 14.36 \rightarrow 15(\text{kW})$$

그러므로 펌프는 토출량 665 LPM, 전양정 92 m, 모터동력 15 kW로 하고, 예비용을 추가하여 2대를 설치한다.

(2) 500세대당 전용의 가압펌프를 두는 경우,

실양정 100 m, 관마찰손실은 20 m로 가정하고, 500세대에서의 WSFUs = 6 000이므로, **부록 2**로부터 동시사용유량은 2 460.3 LPM → 2 461 LPM 이다. 펌프 유량은 이의 75%로 하면 1846 LPM으로 한다. 펌프의 전양정은 식 (8-3)을 사용하여

$$H \geq H_1 + H_2 + \frac{v^2}{2g}$$
$$\geq 100+20+0 = 120(\text{m})$$

펌프의 동력은 모터 직결식으로 여유율 10%을 가산하여

$H = 120$ m, $E_p = 80\%$, $\alpha = 0.10$, $E_i = 1$을 각각을 식 (14)에 대입하면

$$L_m = \frac{\rho g Q\, H(1+\alpha)}{60\,000 E_p E_i}$$

$$= \frac{1 \times 9.8 \times 1846 \times 120(1+0.10)}{60\,000 \times 0.8 \times 1} = 49.75 \;\rightarrow\; 50(\text{kW})$$

그러므로 펌프는 토출량 1 846 LPM, 전양정 120 m, 모터동력 50 kW로 한다. 설치는 예비용을 추가하여 2대로 할 수도 있고 유량을 기준으로 더 세분하여 여러 대로 나누어 병렬운전할 수 있다. 또한 이와 같은 계산 결과를 기준으로 시판되는 펌프 중 가장 근접하는 것을 선정하되, 펌프의 효율이 높은 것일수록 관리비용이 적게 된다.

(5) 고가탱크 방식 적용상의 유의점

1 문제점

고가 탱크방식 적용상의 문제점은 탱크 설치 높이가 낮은 것이다. 따라서 최상부 기구나 최상층에는 적정수압이 유지되지 않으므로 물사용 환경아 열악해진다. 이러한 상황은 마치 당연한 일처럼 일반화되어 있으나, 사실은 당연한 것도 어쩔 수 없는 일도 아니다.

설계단계에서, 요구되는 고가탱크의 높이가 구조적으로 수용될 것 인지의 여부에 따라 즉시 판단이 가능하기 때문이다.

어떤 사유로든지 고가탱크의 높이가 요구 수준을 충족하지 못하는 높이로 결정되는 경우라면, 이 높이를 기준으로 할 때의 부족한 수압을 보충할 수 있는 기계적인 방법을 추가하여 혼합 시스템(hybrid system) 으로 수정하면 해결되는 문제이다.

즉, 기본인 고가탱크 방식은 고가탱크 자체로 적정수압이 얻어질 수 있는 구간을 감당하도록 하고, 부족한 수압영역의 최상부 1~2개 층용으로는 소형 부스터 펌프나 압력탱크 방식을 적용하는 것이다.

다만 약간의 비용증가가 따르지만 준공 후 문제가 심각해져서 보완공사를 해야 할 경우에 비한다면 무시해도 될 것이다.

2 장단점

고가탱크 방식의 장점은 ①다른 두 시스템보다 덜 복잡하다. ②시스템을 제어하고 작동에 필요한 구성요소가 가장 작다. ③효율성이 높고 운영비용이 낮다. ④시스템의 압력

변동이 최소화된다. ⑤유지관리에 필요한 요구사항이 작다.

이에 반하여 다른 두 시스템과 비교하여 고가탱크 방식의 단점은 ①노출된 탱크(또는 그 주변에 설치된 것들)는 보기가 흉할 수 있다. ②건물 구조는 탱크와 추가되는 물의 중량을 지탱하기 위해 보강이 필요하다. ③한냉지 등 추운 기후 또는 실내 기온 유지가 불가한 조건에 탱크가 설치된 경우에는 물과 공급관이 동결될 수 있다. ④최상층의 수압이 부적절할 수 있다. ⑤치명적인 탱크 고장이 발생할 경우 건물 지붕을 물로 가득 채울 가능성이 있다는 등이다.

3.4 부스터 펌프시스템

(1) 원리와 적용성

1 원리

부스터 펌프시스템(booster pump system)은 1950년대에 개발된 방식[25]으로 펌프 직송 급수방식이다. 이는 **그림 6**과 같이 여러 대의 펌프와 제어기능 등을 일체로 갖추고 있다는 점에서 붙여진 명칭이다.

상수도를 일단 저수한 다음 이를 펌프로 가압하여 필요한 소비처로 직접 공급하므로 고가탱크를 사용하지 않는다.

2 적용성

이 시스템은 건물 전체, 고층구역만, 또는 고압이 요구되는 일부 장비에 대한 급수 등 여러 가지 방법으로 사용할 수 있다. 펌프의 용량은 건물에서의 최대수요(동시사용) 유량으로 결정된다.

펌프의 성능만 가능하다면 건물의 높이에 관계없이 1대(예비 포함)의 펌프를 사용할 수 있지만, 초고층 건물의 경우는 높이를 고려하여 2~3개의 구역으로 나누어 높이 별로 성능이 다른 펌프를 설치하는 방법을 취할 수도 있다.

이 방식의 채택은 건물의 구조적인 면에서 물이 채워진 고가탱크 무게로 인한 추가

25. 국제적으로는 1950년 대 뉴욕 맨하튼에 초고층 건물 건설이 붐을 이루었던 시기에 처음 도입되었다.

하중을 줄이기 위한 방법이기도 했지만, 기계적인 측면에서는 제조기술의 발전으로 고양정 대유량 펌프의 공급이 가능해진 결과이기도 하다.

국내에는 1970년대 후반에 들어 아파트 단지의 급수방식으로 적용되었으며, 상업용 건물에 사용된 것은 1980년 이후이다.

3 시스템의 구성요소

부스터 펌프시스템은 일반적으로 하나 이상의 모터구동식 원심펌프, 연결 배관과 감압밸브, 모터 컨트롤 등의 여러 가지 제어요소 및 압력탱크 등으로 구성된다.

펌프 임펠러는 일반적으로 단단이 사용되지만 높은 수두가 필요한 경우에는 다단펌프가 된다. 회전속도는 주로 1 800rpm이 사용되지만, 3 600rpm 또는 기타 유사한 동기속도(synchronous speed)를 사용한다.

동기속도는 다음과 같은 관계식으로 표시된다.

$$N_s = \frac{120f}{P} \tag{15}$$

식에서,

N_s : 회전수, rpm

f : AC 전원의 주파수, Hz

P : 모터의 극수

이다

4 유량, 양정, 축동력과 회전수와의 관계

펌프의 유량, 양정, 축동력과 회전수는 식 (16)~(18)과 같은 관계를 가진다.

$$Q \propto N_s \tag{16}$$

$$H \propto N_s^2 \tag{17}$$

$$P \propto QH \propto N_s^2 \tag{18}$$

식에서

Q : 유량, m^3/s

H : 펌프의 양정, m

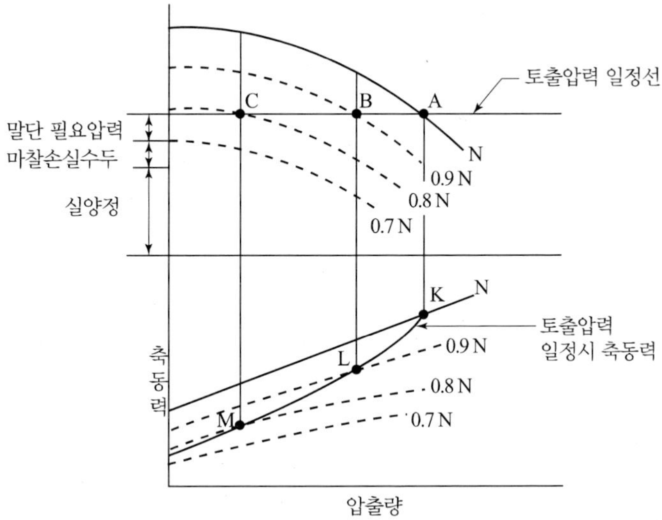

그림 6 회전수가 변환되는 펌프의 성능곡선(토출압력 일정 제어)

P : 축동력, Hp 또는 kW

이다.

또한 이들의 관계를 성능곡선으로 표시하면 **그림 6**과 같고, 토출압력을 일정하게 유지되도록 제어하면 펌프가 운전되는 점은 A~C 선상에서 연속적으로 변화된다. 이때의 축동력은 K~M 선상에서 역시 연속적으로 변화된다.

(2) 펌프 운전 방식

1 부스터 펌프의 특성

부스터 펌프시스템은 어느 범위까지 제어할 것인지에 따라서 다양한 특성을 부여할 수 있다. 일반적으로 적용되는 범위는 다음과 같다.

①저유량 셧다운(low-flow shutdown) 센서는 온도상승 또는 유량감소를 감지한다. ②낮은 흡입압력(low-suction-pressure) 스위치는 펌프의 NPSH 한계 또는 규정 값 미만의 흡입압력을 감지한다. ③고압스위치는 배관계통에 과도한 압력의 작용을 방지한다. ④고온제어는 펌프 토출량을 완화 시키거나 모터의 기동을 정지시킨다. 모터 제어에는 저전압제어, 과전류제어, 모터 과부하제어 및 전원 차단이 포함된다. ⑤절환(alternator control) 스위치는 펌프를 교대로 운전되게 하여 각 펌프의 마모가 균일해지도록 한다.

⑥타이머는 펌프의 잦은 기동/정지 사이클링을 방지한다. 타이머는 또한 불필요한 펌프 작동을 방지하기 위해 펌프의 스테이징[26]을 지연시킨다. ⑦각 펌프의 차압스위치는 펌프 고장을 감지하고, ⑧시간기록계는 펌프별 구동계획에 따른 작동시간을 제어한다.
⑨건물 관리시스템에 연결하여 펌프 상태를 원격으로 감시하거나 제어할 수 있다. 이 외에도 부스터 펌프시스템에 적용할 수 있는 제어범위는 다양하다.

마이크로 프로세서 제어방식을 적용할 경우에는 언급된 것과 같은 기능의 입력 센서가 12개 이상이 포함될 때 경제적인 제어시스템이 된다.

2 경제적인 운전방식

급수 가압용으로 원심펌프를 사용할 때, 전 시스템의 수도꼭지와 밸브가 닫치면 펌프의 양정은 체절양정[27](dead-head)까지 높아진다.

예를 들어 7.5 Hp 펌프의 경우 토출량이 최대로부터 0으로 변하면 이에 따른 펌프의 양정은 0~9.14 m로 변한다. 이러한 양정의 변화는 물사용 기구에서의 토출량 변화를 유발시켜 물 사용이 불가능하거나 불편해진다.

이러한 문제에 대비하여 여러 가지 경제적인 운전방법이 개발되어 사용되고 있으나, 그중 일반적으로는 ①정압제어(constant pressure feature)방식 또는 ②회전수 제어방식(variable speed pump system)을 사용하거나, 두 방식을 겸용할 수도 있다.

3 정압(정속) 제어방식

정압(constant pressure)제어 방식은 펌프의 토출량이 감압밸브를 통과하도록 함으로서 일정한 토출압력이 유지되도록 하는 원리이다.

급수관 내 압력 또는 유량을 감지하여 펌프의 가동 대수를 제어하며, 펌프의 회전수는 일정하므로 정속(constant speed) 제어방식이라고도 한다.

구성요소는 ①압력스위치, ②유량계, ③미소유량 검출기, ④압력조절 밸브, ⑤소형 압력탱크 등이다. 소형 압력탱크를 사용하는 경우는 소유량이 필요할 때 펌프의 기동/정지가 빈번해지는 것을 방지하기 위한 것이다(압력탱크 방식 참조).

---

26. staging, 한 대의 펌프의 운전 중 다음 펌프가 추가로 기동되는 시간.
27. 體切揚程, 펌프에서의 토출량이 0일 때의 양정.

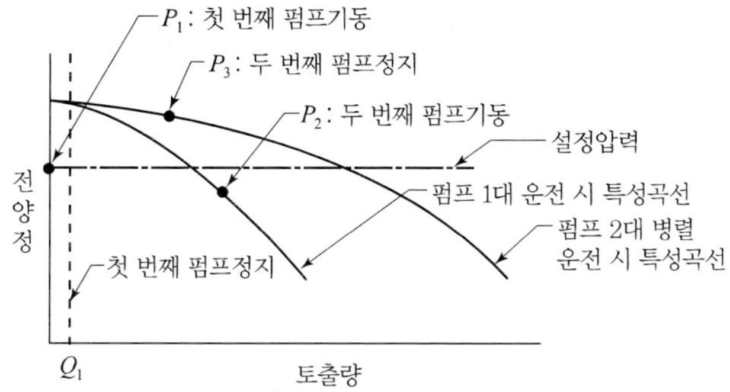

그림 7 회전수가 일정한 펌프의 성능곡선(토출압력 일정 제어)

여러 대의 펌프를 사용하면 대당 용량을 작게 선정할 수 있으므로 시스템 운전의 경제성을 더욱 높일 수 있다. **그림 7**은 2대의 펌프를 병렬 설치한 시스템의 운전 성능곡선이다. 펌프가 기동~정지까지의 사이클은 다음과 같다. ①물 소비가 시작되면 소형 압력탱크 내의 물이 송수된다. ②물 소비량이 증가되면 압력이 저하되고 P_1에 도달하면 첫 번째 펌프가 기동한다. ③물 소비량이 더 많이 증가되어 압력이 낮아져 P_2가 되면 두번째 펌프가 기동되어 두 대의 병렬운전이 된다. ④물 소비량 이 감소되어 압력이 P_3로 상승되면 두 번째 펌프가 정지되고, ⑤물 소비량 이 더 많이 감소되어 유량이 Q_1 이하가 되면 미소유량 검출기에 의해 첫번째 펌프도 정지된다. 펌프를 2대 이상으로 설치하는 경우에는 펌프의 수명이 같아지도록 각각의 펌프가 교대로 가동되도록 해 주어야 한다.

이 방식 적용에서의 불합리한 점은, 과대한 용량의 펌프가 사용되는 것이다. 그렇지만 펌프가 과대하게 선정된 이유가, 건물에서의 급수수요를 잘못 판단한 결과인지, 아니면 상수도 분기점에서의 압력과 같이 펌프 흡입압력을 잘못 파악한 결과인지가 불명확하다.

4 회전수 제어방식

회전수 제어방식(variable speed pump system)은 급수수요의 감소에 따른 토출압력을 감지하여 펌프 임펠러의 회전수를 제어하는 방법이다. 이 방식에는 주파수 변환기(adjustable frequency drive)가 사용된다.

압력센서를 입상관 상단에 설치할 때 회전수 제어 방법을 적용한 펌프의 경제성이 가장 좋다. 센서의 설정점은 최고 높이에 설치된 기구에 필요한 압력 (**예 샤워 기준 100 kPa**)이 정확하게 맞춰지기 때문이다. 건물에서의 급수수요가 작을 때는 펌프시스템은 높이에 해당하는 정수두와 설정압력이 결합된 압력으로 조정된다. 급수수요가 증가 함에 따라 펌프에는 적절한 마찰손실이 추가되지만, 만약 센서가 펌프 근처에 설치되었다면 수직 높이에 따른 마찰손실이 가해지지 않으므로 최상층의 수도꼭지에는 설정된 압력보다 그만큼 낮은 수압이 작용하게 된다.

이 방식에서도, 여러 대의 펌프를 사용하면 대당 용량을 작게 선정할 수 있으므로 시스템 운전의 경제성을 높일 수 있다. 여러 대의 펌프가 건물에서의 급수수요를 충족시키기 위해 작동하면, 하나를 제외한 모든 펌프는 가장 효율적인 흐름과 압력으로 작동된다. 그런 다음 마지막 펌프는 약간의 수요 변동을 수용하면 된다. 시스템의 펌프 수는 최소 2대에서 원하는 수까지 가능하다. 또한 각 펌프의 크기는 동일하거나 다를 수 있다.

펌프의 단계별 운전에 대한 일반적인 제어 방법은 모터 전류를 측정하는 것이다. 전류가 펌프 모터의 정격에 도달하면 다음 펌프가 가동 상태로 된다. 다른 방법으로는 동력 및 전류량 측정이 있다.

회전수 제어방식은 정압 제어방식보다 최대유량뿐만 아니라 소유량에서도 운영비용이 낮다. 또한 정압 제어방식에서의 불합리점에 대한 2가지 원인 중 어디에도 해당되지 않는다.

예제 13

부스터 펌프시스템에서 3대의 펌프를 사용할 경우 각각의 펌프에 대한 유량은 어떤 비율로 배분하는 것이 좋은가.

풀이 (1) 예비펌프를 두지 않은 경우

① 각 펌프를 33%의 유량으로 배분하거나,

② 40% 2대와 20% 1대로 배분할 수 있다.

(2) 예비(redundancy)펌프를 두는 경우

3대의 펌프는 대당 유량을 50%로 해야 한다.

예제 14

다음과 같은 가정에 따라 부스터 펌프의 양정을 구한다.

(1) 주경로 상의 최고 높이에 설치된 기구는 압력평형 샤워밸브(pressure balancing shower valve)로 138 kPa의 수압이 필요하며, 펌프로부터 수직으로 146 m 위에 있다.

(2) 지하 저수탱크로부터의 급수 유입압력은 펌프에 부착된 압력계에서 50 kPa이다.

(3) 급수관의 총 길이(부차적손실 포함)는 1 200 m이고, 이 길이에 대한 마찰손실은 35 kPa/30 m로 균일하다.

(4) 수도미터와 연수기에서의 부차적손실은 각각 41 kPa과 62 kPa로 한다.

풀이 (1) 식 (7)의 베르누이 방정식을 적용할 경우

$$h_p = h_2 - h_1 + \frac{p_2 - p_1}{d} + h_f$$

이므로

$$h_2 - h_1 = 146\,(m)$$

$$\frac{p_2 - p_1}{d} = \frac{138\text{ kPa} - 50\text{ kPa}}{9.8\text{ kg/m}^3} = 8.98\,(\text{m})$$

관마찰손실은

$$h_f = [(1\,200\text{ m} \times \frac{35\text{ kPa}}{30\text{ m}}) + 41\text{ kPa} + 62\text{ kPa}] \div 9.8\text{ kg/m}^3$$
$$= 153.4\text{ m}$$

$$\therefore\ h_p = 146\,\text{m} + 8.98\,\text{m} + 153.4\,\text{m} = 308.8\text{ m}$$

(2) 실무에서 주로 사용되는 간편식 (8)을 적용할 경우

$$P \geq P_1 + P_2 + P_3$$

이므로

$$P_1 = 146\text{ m} \rightarrow 1\,460\text{ kPa}$$

$$P_2 = 138\text{ kPa}$$

$$P_3 = (1200\text{ m} \times \frac{35\text{ kPa}}{30\text{ m}}) + 41\text{ kPa} + 62\text{ kPa}$$
$$= 1\,400\,\text{kPa} + 41\,\text{kPa} + 62\text{ kPa} = 1\,503\text{ kPa}$$

$$\therefore P \geq 1\,460\text{ kPa} + 138\text{ kPa} + 1\,503\,\text{kPa}$$
$$= 3\,101\text{ kPa}$$

이 된다. 어떤 방식을 적용하던 결과는 같다.

참고 예제에서의 압력 단위는 $1\text{ kg/cm}^2 = 10\text{ mAq} = 100\text{ kPa}$로 하여 계산한 것이다.

(3) 적용상의 유의점

1 완전한 시스템 구축

건물의 고층화 추세에 따라 이 방식을 적용하는 경우가 많아졌다.

그러나 장단점이 감안되고, 완전하게 갖추어진 시스템이 아니라 일부의 기능을 배제한 형태로 적용하는 경우에는 고가 탱크방식에서보다 더 많은 문제점이 야기될 수 있다.

공동주택 특히 고층아파트에 적용한 경우, 계통별 상층부 세대의 급수 사용량이 하층세대에 비하여 수배~수십배 많게 계량되는 경우가 하나의 예이다. 이는 실제로 그만큼의 물을 사용한 것이 아니라 수도미터가 물이 아닌 공기에 의하여 회전된(공회전) 결과일 수 있다. 즉, 부스터 펌프가 정지될 때 입상관의 물기둥은 중력에 의하여 하강함으로, 이로 인하여 순간적으로 상층부 배관은 진공이 된다. 그리고 그 영향으로 물이 역류하게 되며, 이때 마침 열려있는 수도꼭지를 통하여 공기가 빨려 들어간다. 다시 부스터 펌프가 가동되면 배관 내 공기가 토출되는 현상이 반복되기 때문이다.

국제적으로 이러한 문제점은 이 방식 도입 초기에 경험한 일이다. 그러므로 이미 대책이 갖추어져 있다. 코드[28]에 부스터 펌프시스템에는 역류방지밸브를 설치[29]해야 한다는 규정이다. 결과적으로 부스터 펌프시스템의 구성요소를 완전하게 갖추지 않은 결과이다.

2 수주분리 현상 방지

부스터 펌프시스템 적용에 있어서는 흡입압력이 안전범위 이하로 떨어지면 즉시 펌프 구동을 정지시키는 저압 스위치(low pressure cut-off)를 두어, 낮은 압력에서는 부스터 펌프가 운전되지 않도록 해야 한다.

이는 흡입압력이 낮아지면 토출량이 감소하여 입상관에서 수주분리(水柱分離) 현상이 발생하기 때문이다.

이러한 현상이 발생되지 않도록 시스템을 구성하기 위해서는 역사이펀 작용에 의한 진공 발생을 방지할 수 있는 역류방지기[30]를 설치해야 한다.

---

28. NPC(1972 이후 NSPC)
29. 참고문헌 1, 10.5 Backflow Prevention, 참고문헌 2, 3.4 상수의 오염방지

3.5 압력탱크 방식

(1) 직동 원리와 적용성

1 작동원리

그림 8과 같이 수압식 압력탱크(hydro-pneumatic tank)를 두어 급수하는 방식으로, 수원은 다른 방식과 같이 지하 저수탱크의 상수도이다.

부스터 펌프시스템의 일부로, 펌프 작동 없이 작은 수요의 유량을 충족시키기 위하여 탱크 내 물의 체적변화를 공기의 압력변화로 수용하는 원리이다.

압력탱크의 형태는 ①공기 압축식탱크 또는 ②격막식 밀폐탱크를 사용한다.

2 적용성

이 방식은 ①설치환경이나 경제성 등의 제약으로 고가탱크 방식 또는 부스터 펌프시스템 적용이 어려운 경우, ②고가탱크 방식으로는 설치 장소의 제약으로 제일 높은 층에서 필요로 수압을 얻을 수 없는 경우, ③동일한 높이에 설치된 다른 장비류에 적절한 수압을 얻을 수 없는 경우 등에 고가탱크 방식과 병용하거나, ④소규모 건물, ⑤상수도 직

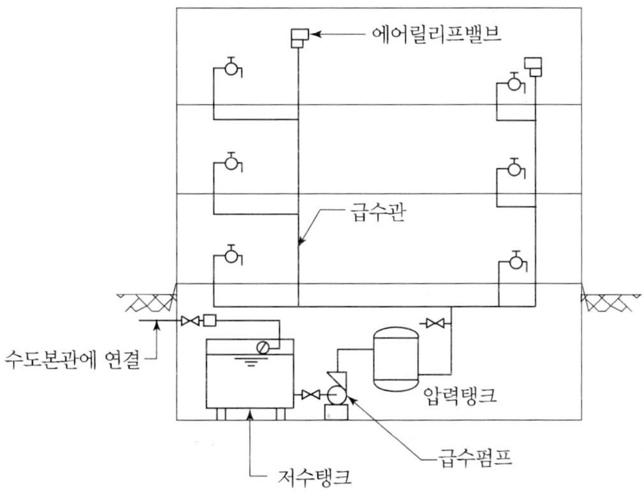

그림 8 압력탱크 방식

30. backflow preventer 또는 vaccum breaker

결식 급수방식 적용 시 상수도 본관이 감당해야 하는 최대유량을 줄이는 방법 등으로 사용된다.

압력탱크 방식은 전기 부품의 고장이 많거나 혹은 탱크 내의 공기 감소 때문에 공기를 재충전하지 않으면 안 되는 등의 결점과, 탱크 내의 압력이 어느 범위에서 변동할 경우 수도꼭지에서의 수압이 항상 변동되는 경향이 있다.

(2) 압력탱크의 체적

1 체적 방정식

수압식 압력탱크의 체적은 이상기체의 상태방정식을 기반으로 하여 구한다. 탱크 내 공기의 양은 설치하는 동안에는 변동될 수 있지만, 후에는 일정하다고 가정한다.

그러나 탱크 내의 수량은 지속적으로 변동된다.

이상기체의 압력과 체적의 곱은 질량과 온도에 비례한다. 공기는 탱크에 밀폐되기 때문에 질량과 온도는 일정하다고 가정한다. 따라서 $pV = C$ 또는 식 (19)와 같이 보일의 법칙으로 표시된다.

$$p_1 V_1 = p_2 V_2 \tag{19}$$

식에서

p_1, p_2 : 탱크 내 최초 및 최종 상태의 공기압력, kPa

V_1, V_2 : 탱크의 최초 및 최종 상태에서의 물의 체적, m^3

V_t : 탱크의 체적, m^3

이다.

매우 짧은 시간(t_p) 동안에 공급된 평균 저(低)유량을 dV/dt라고 하고 $(dV/dt)t_p$를 드로다운 체적[31] V_d로 정의하면, 이는 작용하는 두 압력 사이의 물의 체적과 동일시 할 수 있다. 즉, $V_1 - V_2 = V_d$ 가 된다.

V_1을 물이 완전히 배출된 상태의 탱크 체적이라 하고, 이상기체 법칙을 적용하면

31. drawdown volume, 탱크 내의 고압과 저압 사이에 저장되는 물의 양. 실제 배관 시스템에서는 탱크는 최대 압력에서 시작하지 않아야 하며 쿠션 역할을 하는 공기의 압력이 0으로 떨어지지 않아야 한다.

$$V_1 - V_2 = V_1 - V_1(\frac{p_1}{p_2}) = V_1(1 - \frac{p_1}{p_2}) = V_t(1 - \frac{p_1}{p_2})$$

또는 $V_1 - V_2 = V_t(\frac{p_2 - p_1}{p_2})$가 된다.

이 식에 평균 저유량을 대입하고 다시 정리하면 압력탱크 체적을 구하는 식 (20)이 구해진다.

$$V_t = \frac{V_d}{(\frac{p_2 - p_1}{p_2})} \tag{20}$$

2 압력비

압력비는 즉 체적비(드로다운 체적÷탱크 체적)가 되므로 실무적으로는 체적비를 사용하는 것이 편하다. **표 20**은 해면 기준의 평균 조건에서 탱크 내 두 수준의 공기압력 사이의 체적비을 보여주는 것이다.

표 20 수압식 압력탱크 체적비(압력비)

최대압력, kPa	최소압력, kPa									
	69	138	207	276	345	414	483	552	621	690
138	0.288									
207	0.447	0.224								
276	0.548	0.366	0.183							
345	0.618	0.464	0.309	0.155						
414	0.669	0.536	0.402	0.268	0.134					
483	0.708	0.590	0.472	0.354	0.236	0.118				
552	0.739	0.634	0.528	0.422	0.317	0.211	0.106			
621	0.764	0.669	0.573	0.478	0.382	0.287	0.191	0.096		
690	0.785	0.697	0.610	0.523	0.436	0.349	0.262	0.174	0.087	
758	0.802	0.722	0.642	0.561	0.481	0.401	0.321	0.241	0.160	0.080
827	0.817	0.742	0.668	0.594	0.520	0.445	0.371	0.297	0.223	0.148
896	0.829	0.760	0.691	0.622	0.553	0.484	0.415	0.346	0.276	0.207
965	0.840	0.776	0.711	0.646	0.582	0.517	0.453	0.388	0.323	0.259
1 034	0.850	0.789	0.729	0.668	0.607	0.546	0.486	0.425	0.364	0.304
1 103	0.859	0.801	0.744	0.687	0.630	0.572	0.515	0.458	0.401	0.343
1 172	0.866	0.812	0.758	0.704	0.650	0.596	0.541	0.487	0.433	0.379
1 241	0.873	0.822	0.770	0.719	0.668	0.616	0.565	0.514	0.462	0.411
1 310	0.879	0.830	0.782	0.733	0.684	0.635	0.586	0.537	0.489	0.440
1 379	0.885	0.838	0.792	0.745	0.699	0.652	0.606	0.559	0.512	0.466

자료 참고문헌 10, Table 5-6

물 수요가 낮을 시간대라도 평균 저유량은 건물의 최대유량을 기준으로 일정 비율을 갖는 것으로 한다. 일반적으로 아파트의 경우는 0.5%, 병원은 4%를 적용한다. 다른 건물들도 이러한 극단 범위에 속한다.

저유량이 유지되는 시간은 일반적으로 10~30분, $p_2 - p_1 = 69$ kPa(10 psi)를 적용한다. 여기서의 p_2는 이상기체 법칙으로부터 도출된 것이므로 절대압력이 되어야 한다. 그러므로 국소적인 대기압(일반적으로 100 kPa<14.7 psi>)을 더해 주어야 한다.

예제 15

압력탱크의 공기압력이 $p_1 = 345$ kPa에서 $p_2 = 276$ kPa로 변동할 때 탱크로부터 227 L가 배출되었다. 이를 기준으로 압력탱크의 체적을 구한다.

풀이 압력비 체적비는 **표 20**로브터 0.155가 되므로

$$227 \text{ L} \div 0.155 = 1\,465 \text{ L}$$

∴ 압력탱크의 용량은 1 465 L가 필요하다. 그러나, 실제로 압력탱크는 완전히 비어있는 상태가 되지 않도록 계산된 값보다 더 크게 선택해야 한다.

예제 16

10분 동안 37.8 LPM의 배출이 요구되는 4층 건물이 있다. 압력탱크의 설치 높이를 (1)최고층, (2)감압밸브 전, (3)김압밸브 후로 각각 달리하였을 경우 압력탱크의 체적(크기)을 구한다.

풀이 (1) **표 20**으로부터 값을 찾고 보간법을 적용한 결과는 다음과 같다.

표 21 설치 위치에따르른 압력탱크 크기의 변화

최소압력, kPa	최대압력, kPa	$(p_2-p_1)/(p_2)$	탱크설치 위치	탱크 크기예(L)
345	414	0.134	최고층	2 830
586	690	0.131	감압밸브 전	2 895
483	551	0.106	감압밸브 후	3 584

(2) 압력탱크를 높은 위치에 설치하면 체적이 줄어든다.
높은 위치에 설치된 탱크는 부스터 펌프 근처와 같이 낮은 위치에 설치된 경우보다 체적이 작아도 된다. 탱크는 감압밸브의 상류 압력 범위가 넓기 때문에 하류보다 감압밸브 상류에 설치하는 경우에 탱크의 체적이 더 작아진다.

(3) 압력탱크에 의한 펌프의 작동

1 공기 압축식 탱크

공기 압축식 탱크를 사용하는 방식은 급수 압력의 변동이 심하다. 탱크 내의 공기가 물에 혼입되어 물과 함께 유출되기 때문이다. 그러므로 공기를 보충하지 않으면 유효수량(드로다운 체적)이 감소하여 펌프의 기동/정지가 빈번해지므로 고장의 원인이 된다. 따라서, 압력탱크에는 공기량을 일정하게 유지 시키기 위한 자동공기 보급장치가 부착되어야 한다. 내면을 수지로 코팅한 강판제가 일반적으로 사용되지만, 급수펌프와 탱크를 조합하여 유닛화 한 것도 사용된다.

그림 9와 같이 탱크 내에 물이 유입되지 않았을 때의 공기압력은 P_0, 탱크의 전체 용량은 V_0이다. 펌프가 기동/정지되는 사이클은 다음과 같다.

①급수수요가 증가하여 펌프가 작동하면 공기가 봉입된 밀폐 탱크로 물이 유입되고 공기가 압축된다. 공기압력이 P_2가 되면 펌프는 정지 된다. ②기구를 통하여 물이 소비되면, 공기압력이 낮아지게 되고, 공기 압력이 P_1이 되면 미리 조정된 압력스위치의 작동에 의해 펌프가 재작동 되고 공기는 압축되어 물에 압력이 가해지므로 높은 위치까지 물이 공급된다.

그 후부터는 같은 원리로 펌프는 기동/정지를 반복하게 된다. 펌프가 정지 상태에서 재가동 될 때까지 흘러간 물의 양은 $(V_2 - V_1)$ 이고 이 용량을 유효수량(앞에서 설명된 드로다운 체적) 이라고 한다.

유효수량이 너무 작으면 펌프의 기동/정지가 빈번해져 모터가 과열 되거나 워터해머 발생 등의 원인이 되어 기기나 기구 등에 손상을 주게 된다. 그러므로 모터의 허용 기동 빈도는 **표 22**와 같은 범위에 있어야 하고, 펌프의 토출량의 2~3분에 해당하는 유량을

(a) 물이 유입 되지 않을 때 **(b)** 펌프가 기동할 때 **(c)** 펌프가 정지할 때

그림 9 압력탱크의 작동상태

표 22 모터의 기동 빈도 표준

모터출력, kW	3.7 이하	7.5 이하	22 이하	55 이하	55 이상
기동빈도, 회/h	15	10	6	4	2

유효수량으로 하는 것이 좋다.

2 격막식 밀폐탱크

격막식 탱크는 **그림 9**처럼 물과 공기가 직접 접촉되지 않도록, 물과 공기층을 유연한 칸막이(flexible partition)로 구분한 압력용기이다.

일반적으로 칸막이는 물과 공기를 효과적으로 분리해 주며, 압력의 변동에 따라 잘 움직여야 하는 고무 다이어프램(rubber diaphragm) 이다.

임의의 초압을 가할 수가 있고, 공기와 물이 직접 접촉하지 않으므로 공기가 물에 흡수되지 않아 공기 보급장치는 불필요하다. 그러나 다이어 프램이 물과 접촉하여 노화되므로 수명이 길지 못한 단점이 있다.

탱크 체적의 대부분을 유효수량으로 사용할 수 있다. 펌프가 기동 정지되는 과정은 공기 압축식 탱크와 동일하다.

3.6 고층 건물의 급수방식

(1) 고려 사항

고층 건물의 급수 시스템에서도 최고수압은 주경로의 최상부에 위치한 기구가 기준이 되므로, 저층일수록 과대한 수압의 작용이 불가피하여 소음, 진동, 워터해머 등의 이상 현상이 나타나게 된다.

수도꼭지, 위생도기 등의 기구는 물론 배관계통을 구성하는 제 요소에 사용압력 등급[32]을 초과하는 수압의 작용이 예상되는 경우에는 어떠한 방법으로든지 수압을 낮출 필요가 있다.

32. 참고문헌 5, 제4장 플랜지, 밸브 및 배관재 사용압력 등급

일반적으로 사용되는 방법은 급수계통을 구획하는 것인데, ①물탱크 기준, ②감압밸브 기준, ③펌프 기준의 구획방법이 있다.

건물 또는 시설의 규모를 기준으로 경제성을 감안하여 적정 방법을 결정하여야 한다.

(2) 물탱크 기준

1 지상 탱크 분리방식

급수계통을 2개 이상으로 구분하고, 상층부는 고가탱크로 하층부는 중간탱크로부터 공급되도록 하는 방식이다. 지하 저수탱크로부터 각 탱크로 직접 송수되므로 두 탱크의 용량은 같게 할 수도 있고, 감당하는 층수에 따라 용량 간의 차이를 둘 수도 있다.

2 용량이 큰 중간탱크 방식

중간탱크와 고가탱크로 구분하고, 지하 저수탱크에서는 중간탱크로만 송수하고, 중간탱크에서 고가탱크로 재송수 된다. 그러므로 중간탱크는 감당해야 하는 층수별 유량과 고가탱크 유량이 가산되므로 용량이 커야 한다.

3 용량이 큰 고가탱크방식

지하 저수탱크에서는 고가탱크로만 송수하고, 고가탱크에서 중간탱크로 재송수 된다. 이 경우도 감당해야 하는 층수별 유량과 중간탱크의 유량이 가산되므로 고가탱크의 용량은 커야 한다.

이러한 탱크 기준 구획방법은 구조적 안전성과 중간층에 탱크를 설치 할 수 있는 면적이 확보된다는 것이 전제되어야 한다.

(3) 감압밸브 기준

1 주관, 층별, 그룹 감압방식

중간탱크를 둘 수 없는 경우, 감압밸브를 설치하여 구획하는 방법으로 ①주관(입상관)에 대형의 감압밸브를 설치하는 주관 감압방식, ②수압이 높은 저층 구간에만 감압밸브를 설치하는 층별 감압방식, ③2~3개 층을 묶어서 1개의 감압밸브를 설치하는 그룹 감압방식 등이 있다.

2 방법별 장단점

어떤 감압방식을 선택할 것이냐는 물 사용 기구에서 필요한 수압을 기준으로 선택되어야 한다. 예로 아파트 같은 경우는 층수에 관계없이 전 층에 같은 기구가 설치되고, 또한 기구별 최소 요구수압은 같다(**표 13** 참조).

그러므로 이러한 경우에는 주관 감압이나 그룹 감압방식은 적용할 수가 없다. 층별 감압이 적용 가능한 유일한 방법이 된다. **표 23**는 각 방식별 적용성을 요약한 것이다.

(4) 펌프 기준

부스터 펌프시스템을 적용하는 경우, 해당 구간 내에서의 수압 차이를 줄이기 위하여 감압밸브를 겸용하는 방법이다. ①단일 펌프를 사용하고 고층, 중층 및 저층부로 구분한 후 중층과 저층부에 감압밸브를 설치하는 방법, ②고층, 중층, 저층부 등의 구획 별로 펌프와 배관을 완전히 분리하는 방법 등이 있다.

그러나 이 방법도 역시 그룹 내의 층별 압력은 서로 다르다. 그러므로 층간의 수압 차이가 있어도 사용상 지장이 없는 경우에만 적용 가능한 방법이다.

표 23 감압밸브 설치방법 별 적용성

구분	주관 감압	층별 감압	그룹 감압
감압 후 층별 압력	감압지점 이후의 층별 압력 상이	층별 압력 동일	그룹 내에서의 층별 압력 상이
적용성	· 1, 2차측이 구분되는 경우 1차측 · 2단 감압이 필요한 경우	주거용, 상업용 등 매 층에 동일한 위생 기구가 설치되는 경우	층간 압력 차가 있어도 사용에 지장이 없는 시스템

4 관지름 선정

4.1 마찰저항과 유량계산

(1) 관마찰저항

1 Darcy-Weisbach 방정식

급수관 내에 물이 흐를 때의 마찰에 의한 압력손실은 식 (21)로 표시되는 Darcy-Weisbach 방정식으로 계산할 수 있다.

$$\triangle p = \lambda(\frac{l}{d})(\frac{\rho v^2}{2}) \tag{21}$$

식에서,

$\triangle p$: 마찰저항, Pa

λ : 관마찰계수

l : 관의 길이, m

d : 관의 안지름, m

v : 관내 평균유속, m/s

ρ : 유체의 밀도, kg/m^3

이다.

이 식을 에너지 식으로 변환하면 식 (22)가 된다.

$$\triangle h = \frac{\triangle p}{\rho g} = \lambda(\frac{l}{d})(\frac{v^2}{2g}) \tag{22}$$

식에서

$\triangle h$: 에너지 손실, m

g : 중력가속도, 9.80 m/s^2

이다.

관마찰계수 λ는 관의 조도 ϵ, 관의 안지름 d와 레이놀즈수 R_e의 함수이다.

$$R_e = \frac{dv\rho}{\mu} \tag{23}$$

식에서

R_e : 레이놀즈수

ϵ : 관 내벽의 절대조도, m

μ : 유체의 동점성계수, Pa · s

이다.

관마찰계수는 관벽의 상대조도 $\frac{\varepsilon}{d}$ 와 레이놀즈수 R_e 의 관계를 나타낸 Moody의 선도로 구한다. 관종별 절대조도 ϵ 는 동관이나 플라스틱관 0.001 5 mm, 배관용 탄소강관 0.15 mm, 주철관이 1~5 mm 정도이다.

R_e 가 약 2 100 이하일 때는 층류, 약 4 000 이상일 때는 난류영역, 2 100~4 000 구간은 유체 흐름이 불안정하기 때문에 임계영역이라고 부른다.

물을 수송하는 배관시스템에 대한 설계 대상 범위는 난류영역이다, 이런 구간에서 매끄러운 관은 물론 거친 관의 관마찰계수는 식 (24)의 Colebrook 방정식이 유용하게 사용된다.

$$\frac{1}{\sqrt{f}} = 1.74 - 2\log\left(\frac{2\epsilon}{d} + \frac{18.7}{R_e\sqrt{f}}\right) \tag{24}$$

식에서 $\frac{\varepsilon}{d}$ 가 0에 가까우면 즉, 아주 매끄러운 관일 경우의 관마찰계수는 $\frac{18.7}{R_e}$ 에 의해서 결정되고, $\frac{\varepsilon}{d}$ 와 R_e 이 크면 즉, 아주 거친관에 대한 관마찰계수는 $\frac{2\epsilon}{d}$ 에 의해서 결정된다.

2 Williams-Hazen 방정식

Williams-Hazen의 압력손실 식은 식 (25)와 같다.

$$\Delta p = 6.819l\left(\frac{v}{C}\right)^{1.852}\left(\frac{1}{d}\right)^{1.167}(\rho g) \tag{25}$$

또는

$$\Delta h = 6.819l\left(\frac{v}{C}\right)^{1.852}\left(\frac{1}{d}\right)^{1.167} \tag{26}$$

여기서 C는 조도(또는 유량)계수(원래는 Williams-Hazen 계수)로, 관의 재질에 따라 각기 다른 값을 가진다. 내면이 매끄러운 관의 값이 크고 그와 반대인 경우는 값이 작다. 실무에서는 **표 24**의 값이 사용된다.

표 24 관종별 조도(유량)계수

관종	C
동관, 황동관, 연관, 석면-시멘트관, 시멘트콜탈라이닝 덕타일주철관, 콘크리트관, PE관	140
강관, 주철관, 고황동관, 고동관, 고연관, 경질PVC관	130
아연도철관	120
강관, 도관, 고주철관(10년)	110
고주철관(20년), 고강관	100
고주철관(30년),	90

3 부차적손실

관로에는 직관에 의한 마찰손실 뿐만아니라 관이음쇠, 밸브, 기구 등에 의한 손실도 발생한다. 이를 부차적손실(minor loss)라고 하며 $\zeta \frac{v^2}{2g}$ 으로 표시한다.

급수 시스템에는 이를 일일이 계산하기가 번잡하므로, 동일 지름의 직관길이에서 발생하는 마찰손실과 같은 값으로 환산한 값을 사용한다. 이 환산된 직관의 길이를 관이음쇠, 밸브류 등의 상당관 길이라고 한다.

그러므로 어떤 구간에서 부차적손실의 합을 l' m라고 하면 식 (21), (22)의 l 대신 $l+l'$를 대입한 식 (27)을 사용하여 구간 내 전체 마찰손실을 구할 수 있다.

$$H_L = \lambda \frac{l+l'}{d} \frac{\rho v^2}{2} = \lambda \frac{l+l'}{d} \frac{v^2}{2g} \tag{27}$$

표 25는 관이음쇠, 밸브 등의 상당관 길이를 표시한 것이다. 특히 관이음쇠와 밸브류는 종류가 많고 규격도 매우 다양하므로, 계산하기가 어려운 경우가 많아 상당관 길이의 합계를 직관 길이에 대한 비율로 약식 계산하는 방법도 적용된다.

특수한 배관설비를 제외한 일반적인 급수 시스템에서 나사식 이음부가 있는 강관 및 플라스틱 배관의 경우는 직관 길이의 75%, 동관, 솔벤트 시멘트 이음과 같이 매끄로눈 배관의 경우는 직관 길이의 50% 정도를 부차적손실 즉, 상당관 길이의 합으로 한다[33].

또한, 급수 배관계통에는 대부분 수도미터와 플로트 밸브나 볼탭이 설치 되므로 별도로 기기 자체에서 발생하는 손실수두를 가산해야 한다. 이러한 기구들은 제조회사 별로 그 값이 다르므로 해당 업체의 기술자료를 활용하는 것이 좋다.

---

33. 참고문헌 1. B.9.7 Equivalent length of piping.

표 25 관이음쇠, 밸브류의 상당관 길이

(a) 나사식 관이음쇠와 밸브

관이음쇠 또는 밸브	크기 별 상당관 길이 m										
	1/2	3/4	1	1-1/4	1-1/2	2	2-1/2	3	4	5	6
45 엘보	0.24	0.34	0.43	0.55	0.67	0.85	1.01	1.25	1.65	2.04	2.47
90 엘보, 표준	0.49	0.64	0.79	1.07	1.22	1.58	1.89	2.35	3.08	3.84	4.63
티, 직선	0.30	0.43	0.55	0.70	0.82	1.07	1.25	1.55	2.04	2.56	3.08
티, 분기	0.94	1.25	1.62	2.10	2.47	3.14	3.75	4.66	6.13	7.68	9.24
게이트밸브	0.12	0.18	0.21	0.27	0.34	0.43	0.52	0.61	0.82	1.04	1.22
글로브밸브	5.36	7.10	9.05	11.92	13.90	17.86	21.34	26.49	34.75	43.59	52.43
앵글밸브	2.38	3.14	3.99	5.27	6.13	7.86	9.42	11.70	15.33	19.23	23.10
버터플라이밸브	–	–	–	–	–	2.38	2.83	3.51	4.60	5.76	6.92
스윙첵밸브	1.58	2.10	2.65	3.51	4.08	5.24	6.28	7.77	10.24	12.83	15.39

(b) 동관이음쇠와 밸브

관이음쇠 또는 밸브	크기 별 상당관 길이 m										
	1/2	3/4	1	1-1/4	1-1/2	2	2-1/2	3	4	5	6
45 엘보	0.15	0.15	0.30	0.30	0.46	0.61	0.76	1.07	1.52	1.83	2.13
90 엘보, 표준	0.30	0.61	0.76	0.91	1.22	1.68	2.13	2.74	3.81	4.88	5.79
티, 직선	–	–	–	0.15	0.15	0.15	0.15	0.30	0.30	0.46	0.61
티, 분기	0.61	0.91	1.37	1.68	2.13	2.74	3.66	4.57	6.40	8.23	10.36
게이트밸브	–	–	–	–	–	0.15	0.30	0.46	0.61	0.91	1.07
글로브밸브	5.36	7.10	9.05	11.92	13.90	17.86	21.34	26.49	34.75	43.59	52.43
앵글밸브	–	–	0.15	0.15	0.15	0.15	–	–	–	–	–
버터플라이밸브	2.38	3.14	3.99	5.27	6.13	7.86	9.42	11.70	15.33	19.23	23.10
스윙첵밸브	–	–	–	–	–	2.29	3.05	4.72	4.88	3.51	4.11
관이음쇠 또는 밸브	0.61	0.91	1.37	1.68	1.98	2.74	3.51	4.42	5.64	7.16	8.08

(c) Sch40 CPVC 관이음쇠

관이음쇠 또는 밸브	크기 별 상당관 길이 m										
	1/2	3/4	1	1-1/4	1-1/2	2	2-1/2	3	4	5	6
45 엘보	0.24	0.34	0.43	0.55	0.64	0.82	1.01	1.25	1.62	2.04	2.44
90 엘보, 표준	0.46	0.61	0.79	1.04	1.22	1.55	1.86	2.32	–	3.81	4.60
티, 직선	0.30	0.43	0.52	0.70	0.82	1.04	1.25	1.55	2.04	2.56	3.08
티, 분기	0.91	1.25	1.58	2.07	2.44	3.11	3.72	4.63	–	7.65	9.20

(d) Sch80 CPVC 관이음쇠

관이음쇠 또는 밸브	크기 별 상당관 길이 m										
	1/2	3/4	1	1-1/4	1-1/2	2	2-1/2	3	4	5	6
45 엘보	0.21	0.30	0.37	0.52	0.61	0.79	0.94	1.16	1.52	1.95	2.32
90 엘보, 표준	0.40	0.55	0.70	0.94	1.13	1.46	1.74	2.19	2.90	3.63	4.36
티, 직선	0.27	0.37	0.49	0.64	0.76	0.98	1.16	1.46	1.92	2.41	2.90
티, 분기	0.79	1.10	1.43	1.92	2.26	2.93	3.51	4.36	5.76	7.25	8.69

(e) CPVC SDR 11 CTS 튜빙 이음쇠

관이음쇠 또는 밸브	크기 별 상당관 길이 m					
	1/2	3/4	1	1-1/4	1-1/2	2
45 엘보	0.24	0.34	0.43	0.55	0.67	0.85
90 엘보, 표준	0.49	0.64	0.79	1.07	1.22	1.58
티, 직선	0.30	0.43	0.55	0.70	0.82	1.07
티, 분기	0.94	1.25	1.62	2.10	2.47	3.14

자료 참고문헌 1. Appendix B, Table B.9.7.에 의거 재작성.

(2) 유량계산식

1 유량, 관의 단면적과 유속의 관계

원형 단면을 가진 관을 통과하는 유량은 관의 단면적과 유속의 함수로 식 (28)과 같이 표시된다.

$$Q = Av \tag{28}$$

식에서,

Q : 유량, m^3/s

A : 관의 단면적($\frac{\pi d^2}{4}$), m^2

이다.

부하계산 단계에서 급수량은 이미 구해진 값이므로, 유속만 알면 간단히 사용해야 할 관의 크기 즉, 관지름을 선정할 수 있다.

따라서 유속을 구할 수 있는 방정식이 필요하게 된다. 역시 Darcy-Weisbach와 Williams-Hazen 방정식으로부터 유속식을 유도할 수 있다.

2 유량계산식 1

식 (21)을 유속으로 변환하면 $v = \sqrt{\frac{2}{\lambda\rho}}\, d^{0.5}\left(\frac{\Delta p}{l}\right)^{0.5}$ 가 되고, 이를 식 (28)에 대입하면 유량계산에 사용할 수 있는 식 (29)가 된다.

$$Q = Av = \frac{\pi}{4}\sqrt{\frac{2}{\lambda\rho}}\, d^{2.5} s^{0.5} \tag{29}$$

식에서,

$$s = \frac{\triangle p}{l}$$: 단위길이당 마찰저항, pa/m

이다.

이식에 Moody의 선도로부터 관마찰계수를 찾아 대입한 후 Q, d, s의 관계를 선도화한 것이 Darcy-Weisbach 유량-관마찰손실 선도이다. 이로부터 유량을 기준한 적정 관지름을 구할 수 있다. 그러나 이 방정식을 적용하기 위해서는 사용하고자 하는 관에 대한 관마찰계수 λ를 구해야 하는 번거로움이 있다.

3 유량계산식 2

Williams-Hazen의 유속 방정식은 수력반지름을 사용한 실험식으로 식 (30)과 같이 표시된다.

$$v = 0.850\,CR^{0.63}s^{0.54} = 0.355\,Cd^{0.63}s^{0.54} \tag{30}$$

식 (30)을 식 (28)에 대입하면 Williams-Hazen의 유량계산식 (31)이 된다.

$$Q = 0.278\ C\ d^{2.63}s^{0.54}\ (m^3/s) \tag{31}$$

식에서,

R : 수력반지름(d/4), m

이다.

실무에 적용되는 대표적인 유량계산식이며, 방정식에서의 Q, d, s의 관계를 선도화한 것이 유량-관마찰손실 선도이다.

설계계산의 마지막 단계에서 이 선도를 기준으로 유량에 따른 적정 관지름을 선정하게 된다.

4.2 유량-관마찰손실 선도

(1) 관종별 선도

1 조도 기준 4가지 선도

관의 종류별 유량-관마찰손실 선도를 이용하는 방법은 BMS 79[34]에서 처음 시도된 것이다. 앞에서 설명된 Williams-Hazen 방정식의 4가지 변수 간의 관계를 선도로 나타낸 것이다[35]. 이로써 방정식을 사용하는 복잡한 계산에 의하지 않고도 관지름을 선정할 수 있게 되었다.

관의 종류를 재질별이 아닌 내면의 조도를 기준으로 분류된 4가지[36] 선도는 현재까지 급수·급탕 배관은 물론 오·배수 배관 설계 실무에 그대로 활용되고 있다.

현재는 관 제조업체나 관련단체에서도 재질별 유량-관마찰손실 선도를 제공하므로, 적정한 자료를 활용하면 관지름을 정확하게 선정할 수 있다. 그러나, 동일한 재질의 관이라도 C값에 따라 유량이 다르므로, C값이 명시된 선도를 사용해야 한다.

2 C값의 영향

여러 재질의 배관재 중 유량이 최대인 배관재를 선택하고자 한다면 관종별 d와 s가 동일해도 C값이 큰 배관재를 선택해야 한다. 정해진 유량에 대하여 선정되는 관지름은 배관재료 별로 각기 다르기 때문이다.

동일 유량에 대하여 강관 보다 동관의 관지름이 적어지는 것이 그 예이다. 이 장에서는 **그림 10~13**과 같이 관의 재질에 상관없이 조도를 기준으로 구분된 4가지 선도를 제시하였으므로, 사용하고자 하는 관의 조도에 근사한 선도를 선택하여 사용하면 된다.

3 선도 사용법

사용방법은 선도에서의 4가지 변수 중 어떤 2가지 변수의 값을 적용하여 나머지 2가지 값을 구하는 것이다. 급수 배관의 경우는 부하계산 과정에서 이미 급수량이 결정되어 있으므로, 유량은 기본적으로 사용되고 다른 한 가지는 주로 관마찰손실 수두를 적용하여 해당 구간의 관지름을 구한다.

그리고 이때의 유속은 관경 선정 결과가 적합 한지의 여부를 판단하는 기준이 된다. 유속이 너무 과대하면 관지름을 한 단계 크게하고, 반대로 유속이 너무 느리면 관지름을 한 단계 작게 한다. 유속은 유수 소음이나 워터해머 등이 고려 되어야 한다.

---

34. 참고문헌 11.
35. Darcy-Weisbach 방정식을 기준한 선도는 이를 응용하여 후에 만들어진 것이다.
36. ①동관(매끄러운 관), ②대체로 매끄러운 관(fairy smooth pipe), ③대체로 거친 관(fairy rough pipe), ④거친 관(rough pipe) (제1장 참조).

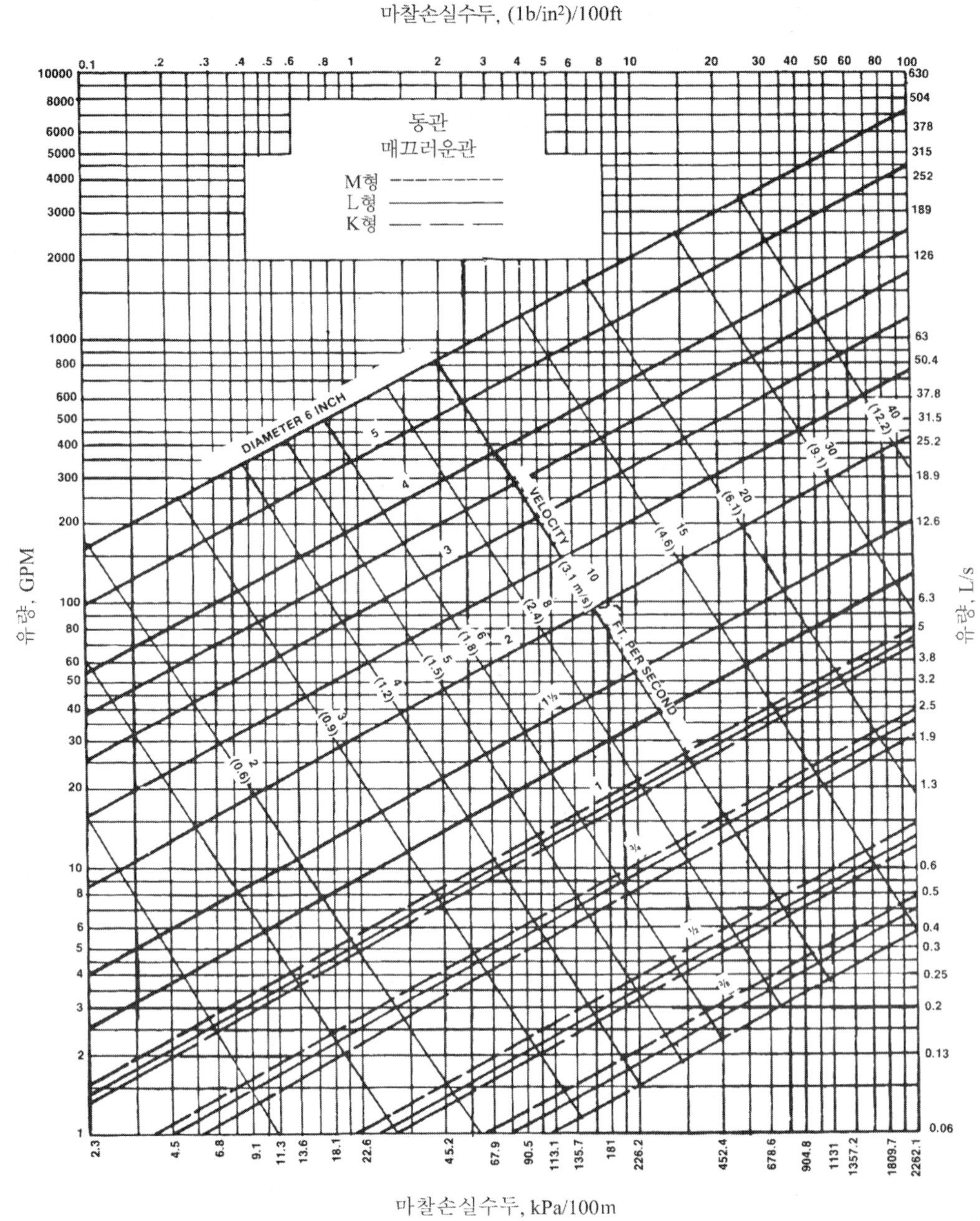

주 단위환산 기준: (lb/in²)/100 ft = 22.62 kPa/100 m = 22.62 mmAq/m, GPM = 0.063 L/s, 1 ft/s = 0.3048 m/s

그림 10 유량-관마찰손실 선도(동관, 매끄로운관)

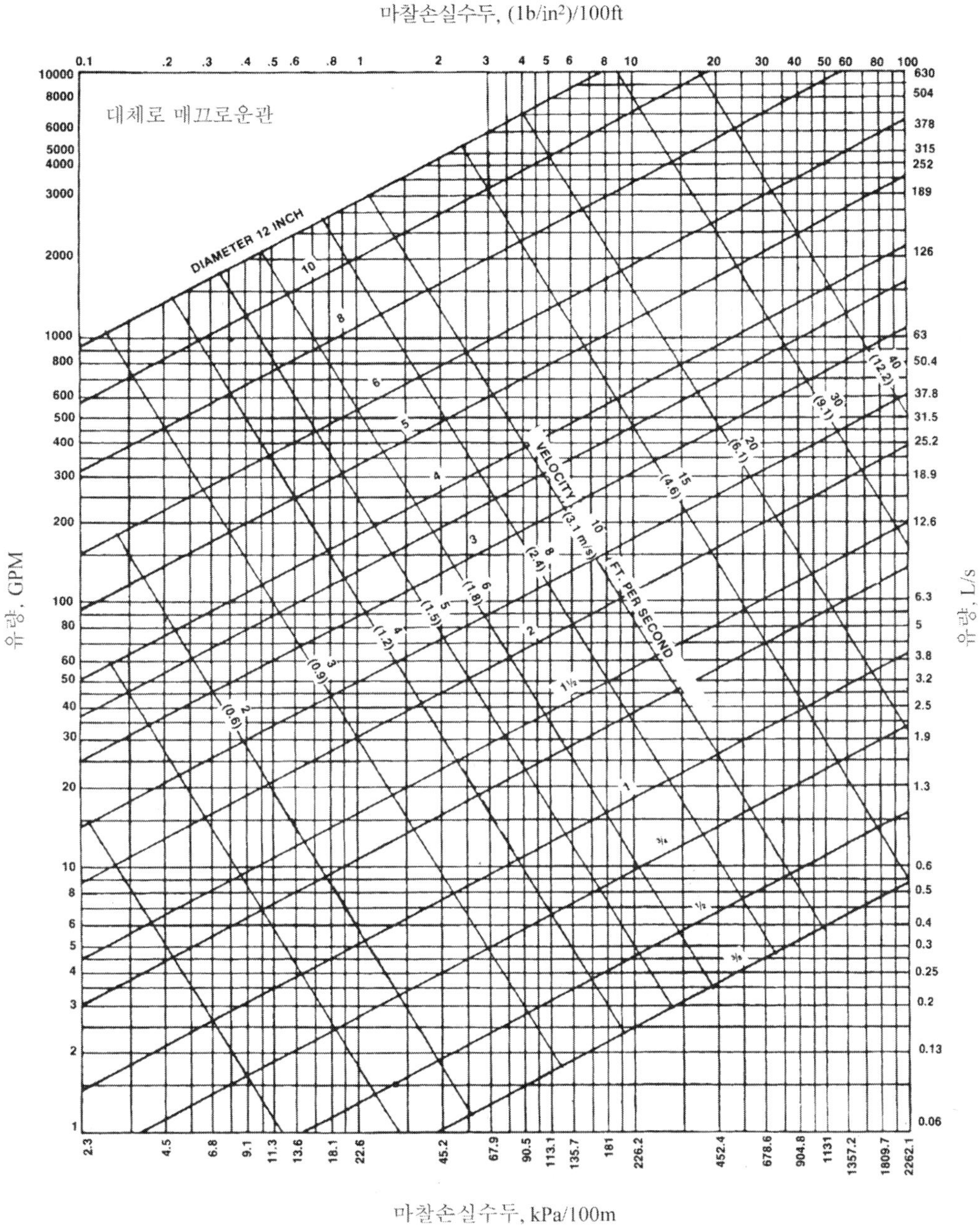

주 단위환산 기준: $(\mathrm{lb/in^2})/100\ \mathrm{ft} = 22.62\ \mathrm{kPa}/100\ \mathrm{m} = 22.62\ \mathrm{mmAq/m}$, GPM = 0.063 L/s, 1 ft/s = 0.3048 m/s

그림 11 유량–관마찰손실 선도(대체로 매끄로운 관)

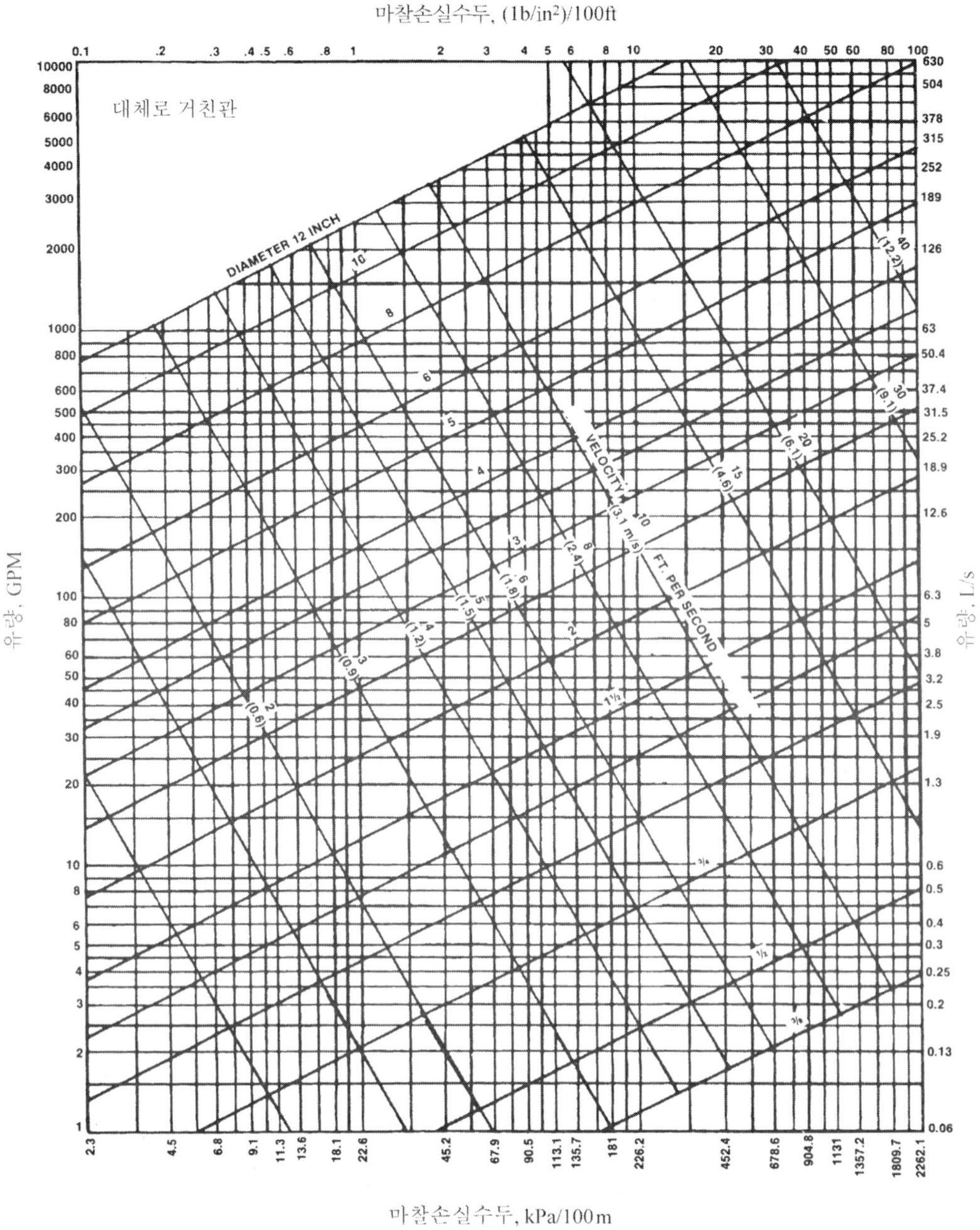

주 단위환산 기준: $(\text{lb/in}^2)/100\ \text{ft} = 22.62\ \text{kPa}/100\ \text{m} = 22.62\ \text{mmAq/m}$, $\text{GPM} = 0.063\ \text{L/s}$, $1\ \text{ft/s} = 0.3048\ \text{m/s}$

그림 12 유량–관마찰손실 선도(대체로 거친 관)

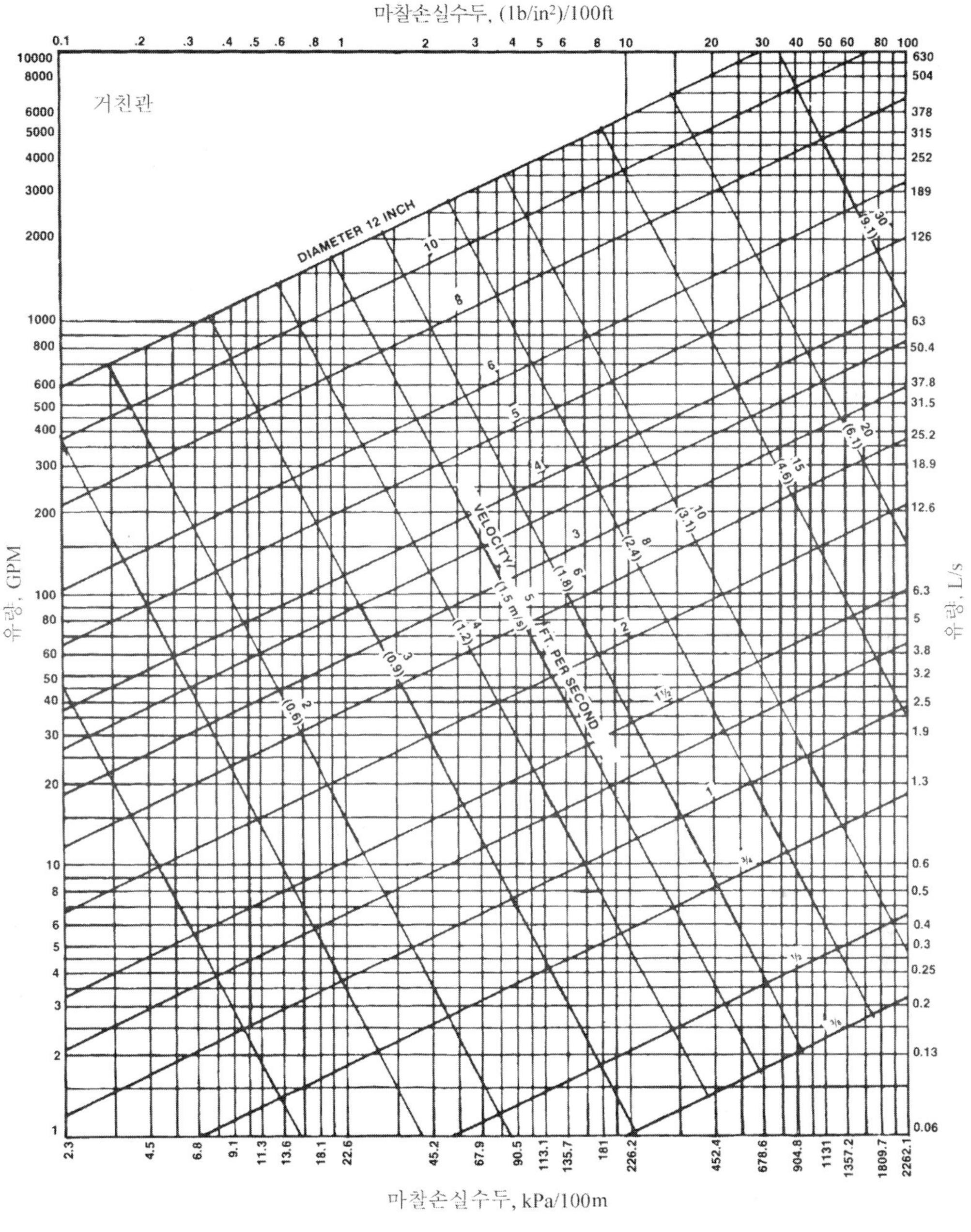

주 단위환산 기준: (lb/in^2)/100 ft = 22.62 kPa/100 m = 22.62 mmAq/m, GPM = 0.063 L/s, 1 ft/s = 0.3048 m/s

그림 13 유량–관마찰손실 선도(거친 관)

(2) 관지름 선정

1 절차

시스템이 구성되고 구간별 소요 유량이 확정되면 이 값을 기준으로 구간별 관지름을 결정해 나간다. 순서는 말단으로부터 수원(또는 펌프)에 이르는 과정이 되며 이는 급수의 역순이 된다.

관지름 결정에는 일반적으로 유량-관마찰손실 선도를 사용하지만, 주택과 같이 전형적인 건물의 급수배관에서는 유체역학적으로 계산된 관 균등표를 사용할 수도 있다.

2 허용 마찰손실 수두 계산

관지름을 결정해야 하는 구간의 부하 유량은 알고 있으나, 이 한가지 값만으로는 관지름을 구할 수 없다. 그러므로 관마찰 손실수두나 유속 중의 한가지 변수에 대한 값을 더 알아야 한다. **그림 10~13**에서의 관마찰 손실수두는 '구간에 허용되는 마찰손실 수두'이며 유속은 '최대 유속'이다.

허용 마찰손실 수두는 식 (8)과 식 (8-1)을 기반으로 한 식 (32)을 사용하여 구한다.

$$s = \frac{H - P_2}{K(l + l')} \times 1\,000 \tag{32}$$

식에서,

s : 허용마찰손실, Pa/m

H : 정수두, kPa

P_2 : 기구에서 필요로 하는 압력, kPa

K : 관로 계수(2.0~3.0)

l : 직관의 길이, m

l' : 상당관의 길이, m

이다.

예제 17

[예제 12]의 500 세대당 전용의 가압펌프의 송수관 지름을 구한다. 실양정은 100 m, 관마찰 손실수두는 20 m, 펌프의 유량은 1 846 LPM 이며 관의 재질은 동관 L형으로 한다.

풀이 (1) 식 (32)를 사용하여 허용 마찰손실을 구한다.

$H=100$ m $=1\,000$ kPa, 기구에서 필요한 압력 $P_2=100$ kPa이라 하고 송수관은 배관계통이 복잡하지 않으므로 $K=2.0$, $l=100$ m, $l'=20$ m를 식에 대입하면

$$s=\frac{H-P_2}{K(l+l')}\times 1\,000$$

$$=\frac{1\,000\text{ kPa}-100\text{ kPa}}{2(100+20)}\times 1\,000$$

$$=3\,750\text{ Pa/m}=3.75\text{ kPa/m}=375\text{ kPa/100 m}$$

(2) 유량과 허용마찰손실을 기준으로 관지름을 구한다.

그림 10(매끄로운관)에서 유량 1 846 LPM(30.8 L/s)과 마찰손실 375kPa/100m와의 교차점을 찾으면, 관지름은 NPS 3이 되고 이때의 유속은 6.6 m/s가 된다.

(3) 평가

유속은 가압 송수관의 범위(**표 4** 참조)를 벗어나고, 관마찰손실도 과대하다고 판단 되므로, NPS 4로 한 단계를 키우면 유량은 동일하고 허용 마찰 손실은 101.8kPa/100m, 유속은 3.5 m/s로 낮아지게 된다. 따라서 송수관 관지름은 경제적인 유속범위에 있는 NPS 4로 결정한다.

예제 18

어떤 구간의 필요 유량이 2.5 L/s이다. 관지름을 NPS 1-1/2 로 할 때와 NPS 2로 할 때의 적정성 여부를 판단한다. 배관재는 동관 L형이다.

풀이 (1) 관지름을 NPS 1-1/2로 하면, **그림 10**에서 유량 2.5 L/s일 때의 마찰손실은 125.6 kPa/100m, 유속은 2.1 m/s가 된다.

(2) 관지름을 NPS 2로 하면, **그림 10**에서 유량 2.5 L/s일 때의 마찰손실 은 33.9 kPa/ 100 m, 유속은 1.2 m/s가 된다.

(3) 선정결과 분석

표 26에서 L형 동관 NPS 1-1/2과 NPS 2의 최대유속은 1.92 m/s, 2.23 m/s를 고려하면 관지름은 NPS 2로 하는 것이 적정하다.

표 26 동관의 규격별 최대 유속

호칭지름		유량 (LPM)	최대 유속, m/s	
DN	NPS		L형	K형
15	1/2	15	1.68	1.80
20	3/4	30	1.62	1.80
25	1	57	1.77	2.01
32	1 1/4	95	1.95	2.01
40	1 1/2	132	1.92	2.04
50	2	265	2.23	2.26
65	2 1/2	379	2.04	2.13
80	3	568	2.16	2.19
90	3 1/2	946	2.65	2.71
100	4	1,325	2.87	2.93
125	5	1,893	2.62	2.71
150	6	3,028	2.93	2.99

주 ASTM B 88(KS D5301) 동관 기준.
자료 참고문헌 12. pp10-13.

4.3 관 균등표

(1) 계산식

관 균등표란 Williams-Hazen 방정식에서 유도된 식 (34)에 의하여 관지름이 큰 관에 연결할 수 있는 작은 관의 본수를 미리 계산해 놓은 것이다.

큰 관의 지름, 유량, 마찰손실을 D, Q, S로, 작은 관의 경우를 d, q, s라 하고, 큰 관이 도중에 N본의 작은 관으로 나뉘었다가 다시 큰 관으로 합쳐질 때 그 사이의 마찰손실이 관지름 D인 관 1본의 값과 같게 되도록 하려면, 단위 길이당 관마찰 저항을 일정하다고 할 때

$$S = N \times s$$

이므로

$$N = \frac{S}{s} \tag{33}$$

가 되고, 식 (31)을 사용하여 큰 관에서의 마찰손실을 구하면 $Q = 0.278\ C\ D^{2.63} S^{0.54}$,

$$S^{0.54} = \frac{Q}{0.278\,CD^{2.63}}$$

이 되고, 작은 관에서의 마찰손실은

$$s^{0.54} = \frac{q}{0.278\,Cd^{2.63}}$$

이므로 이를 식 (33)에 대입하면

$$N = (\frac{Q}{0.278\,CD^{2.63}}) \div (\frac{q}{0.278\,Cd^{2.63}}) = (\frac{D}{d})^{2.63} \tag{34}$$

가 된다.

(2) 관종별 균등표

1 균등표의 예

주거용이나 상업용 건물의 급수·급탕 배관용으로 주로 사용되는 동관 M형과 경질 염화비닐 라이닝 강관에 대한 균등표는 **표 27**과 **표 28**이다. 그 외 자주 사용되는 재질의 관에 대해서도 미리 표를 만들어두고 설계 시 사용하면 편리하다.

2 관 균등표의 적용

급수관과 같이 한번 분기된 관이 다시 큰 관으로 집합되지 않는 경우는 큰 관과 작은

표 27 동관(M 형) 균등표

DN	15	20	25	32	40	50	65	80	100	125	150
15	1										
20	2.5	1									
25	5.1	2.0	1								
32	8.6	3.4	1.7	1							
40	13.4	5.3	2.6	1.6	1						
50	27.6	10.9	5.4	3.2	2.1	1					
65	48.7	19.2	9.6	5.7	3.6	1.8	1				
80	77.8	30.6	15.4	9.0	5.8	2.8	1.6	1			
100	162	63.6	31.9	18.8	12.1	5.9	3.3	2.1	1		
125	289	114	57.0	33.5	21.5	10.5	5.9	3.7	1.8	1	
150	465	183	91.7	54.0	34.7	16.9	9.5	6.0	2.9	1.6	1

표 28 경질 염화비닐 라이닝 강관 균등표

DN	15	20	25	32	40	50	65	80	100	125	150	200	250	300	350
15	1.0														
20	2.5	1.0													
25	5.1	2.1	1.0												
32	11.1	4.4	2.1	1.0											
40	17.2	6.8	3.3	1.5	1.0										
50	33.7	13.4	6.4	3.0	2.0	1.0									
65	67.3	26.8	12.8	6.1	3.9	2.0	1.0								
80	104.0	41.5	19.9	9.4	6.1	3.1	1.6	1.0							
100	217.0	86.3	41.4	19.6	12.7	6.4	3.2	2.1	1.0						
125	392.0	156.0	74.7	35.3	22.8	11.6	5.8	3.8	1.8	1.0					
150	611.0	243.0	117.0	55.1	35.6	18.1	9.1	5.9	2.8	1.6	1.0				
200	1 293.0	514.0	247.0	117.0	75.4	38.4	19.2	12.4	6.0	3.3	2.1	1.0			
250	2 290.0	911.0	437.0	207.0	134.0	68.0	34.1	21.9	10.6	5.9	3.7	1.8	1.0		
300	3 728.0	1 483.0	711.0	336.0	217.0	111.0	55.4	35.7	17.2	9.5	6.1	2.9	1.6	1.0	
350	4 954.0	1 970.0	945.0	447.0	289.0	147.0	73.6	47.5	22.8	12.7	8.1	3.8	2.2	1.3	1.0

관에서의 관마찰손실이 동등해야 할 필요가 없다.

주로 설치 기구수가 작은 지관의 관지름을 결정할 때 처럼 제한적으로 사용된다.

연습문제

01 급수배관 계통에서 주경로(index circuit)란 무엇인가?

02 경제적인 급수 시스템이란 어떻게 구성된 시스템을 말하는 것이며, 경제적인 급수 시스템이 되기 위한 기본적인 조건은 무엇인가?

03 동시사용유량(water supply demands)이란 무엇인가?

04 건물별 설치기구 수가 다음과 같은 경우, 각각에 대한 급수부하를 구하라.

(1) 업부용 빌딩

구분	변기	소변기	세면기	음수기	서비스싱크	비고
남	20	30	40	20	10	
여	70	–	70	20		
계	90	30	110	40	10	

답 661.6 LPM

(2) 고정 좌석이 1 000석인 극장

구분	변기	소변기	세면기	음수기	서비스싱크	비고
남	2	2	3	5	1	
여	7	–	6	5		
계	9	2	9	10	1	

답 277.8 LPM

(3) 1일 10 000명이 이용하는 여객 터미널. 다만 남녀 비율은 같다.

구분	변기	소변기	세면기	음수기	서비스싱크	비고
남	12	13	40	5	1	
여	48	–	43	5		
계	60	13	83	10	1	

답 657.1 LPM

05 물사용 그룹이 3인 아파트 1세대에 다음과 같은 기구가 설치된다. 난방방식을 중앙집중식과 개별난방으로 구분하여 공급해야 할 급수량을 구하라. 다만, 개별기구 기준을 적용하며, 변기는 13 L/회 세척탱크식 변기로 한다.

구분	욕실			주방	세탁실		
기구	변기	욕조/샤워	세면기	싱크	세탁기		
수량	1	1	1	1	1		

답 중앙집중식 난방인 경우 26.5 LPM,. 개별난방의 경우 30.3 LPM

06 2 500 세대의 아파트 단지가 있다. 동당 100세대 25개 동으로 구성되었으며, 이 단지에 공급될 수 있는 상수도는 2 000 LPM 이다. 세대당 인원은 4인으로 하고 음료수와 잡용수는 동일계통으로 하며 소화용수는 고려하지 않는 조건에서, 저수탱크의 용량을 구하라. 다만, 총저수량의 80%는 지하 저수탱크로 20%는 고가탱크가 감당하는 것으로 한다.

답 총저수용량 800 m^3(지하 저수탱크 용량 640 m^3, 고가탱크 전체: 160 m^3)

07 100세대가 거주하는 25층 아파트 1개 동의 고가탱크의 용량을 구하라. 다만 세대당 인원은 4인으로 한다.

답 16 m^3

08 30층 아파트가 있다. 최고층 세대의 유동수압을 100 kPa로 유지하고자 한다.
층별 높이는 3 m, 펌프실은 1층 바닥으로부터 10 m 아래에 위치한다. 펌프 토출구로부터 최고층까지의 관 마찰손실(부차적손실 포함)은 20 m 이다.
부스터 펌프시스템을 적용할 경우 펌프의 양정을 구하라.

답 130 m(1 300 kPa)

09 건물별로 설치될 위생기구 수에 대한 WSFUs는 다음과 같다. 각 용도별 건물에 대한 고가탱크의 크기와 가압펌프의 유량을 구하라.

	호텔	병원	고등학교	산업용건물	사무실
WSFUs	1 200	1 000	500	500	1 000

답

	호텔	병원	고등학교	산업용건물	사무실
고가탱크 용량	28 500 L	37 750 L	22 650 L	28 375 L	28 500 L
펌프의 유량	852 LPM	795 LPM	416 LPM	625 LPM	1 022 LPM

10 급수관으로 사용할 배관재 별로, 유량-관마찰손실 선도를 이용하여 다음 빈칸에 들어갈 값을 구하고 사용 가능 여부를 검토하라.

그림 10~13과 **표 4**를 활용한다. 급수관이고 수압은 1 MPa 이하로 가정한다.

배관재	유량 L/s	마찰손실수두, kPa/100m	유속, m/s	관지름, NPS	비고
동관(L)	5.0	(1)	(2)	1-1/2	마찰손실 과대
	2.22	113.1	(3)	(4)	적합
PVC관	(1)	(2)	2.15	2	적합
	(3)	339.3	6.1	(4)	유속 과대
강관	(1)	135.7	(2)	4	적합
	2.5	(3)	2.15	(4)	적합
주철관	(1)	339.3	(2)	8	유속과대
	18	(3)	2.25	(4)	접합

답 동관(L) (1)432.4, (2)4.6, (3)1.95, (4)1-1/2 ☞ 그림 10

PVC관 (1)4.74, (2)113.1, (3)50.4, (4)4 ☞ 그림 11

강관 (1)25.1,, (2)3.1, (3)124.4, (4)1-1/2 ☞ 그림 12

주철관 (1)157.5, (2)5.2, (3)135.7, (4)4 ☞ 그림 13

참고문헌

1. PHCC, National Standard Plumbing Code
2. 건설교통부. 건축기계설비 설계기준-2010. 제2편 위생설비
3. Hugo Richter, Rohrhydraulik, 1981
4. Handbook of Air conditioning Heating and Ventilating, 3rd Edition, Edited by Eugene Stamper & Richard L. Koral, 1979
5. 김영호, 배관공학. ㈜도서출판 북스힐, 2020.1.10.
6. R. Dodge Woodson, National Plumbing Code Handbook 2nd Edition. McGraw-Hill Book 1998
7. 화재보험 협회. KFS 100-2018 피난로 기준
8. 설비공학회. 설비공학편람. 제4판-2010, 제5권 제29장 피난설비
9. NBS, Recommened minimum requirements for plumbing in dwellings and similar buildings. 1923.7.3
10. ASPE. Plumbing Engineering Design Handbook 2010. Volume 2. Plumbing Systems
11. Water-Distributing Systems for Buildings(BMS 79), 1941
12. NIBCO, Copper Piping Manual

SANITARY ENGINEERING

5장

온수공급 시스템

1. 온수
2. 온수공급 방식
3. 온수부하 계산
4. 가열장치 용량계산

1 온수

1.1 온수의 특성

(1) 난방용과 생활용 온수

온수란 냉수(급수)를 가열한 것으로 난방용(공간 난방, 수영장 난방, 산업용 식품 준비와 의류세탁 등의 공정용 온수 등)으로 사용되거나 생활용 온수로 사용된다. 가열방법은 같으나 난방용은 밀폐 회로를 순환하는 시스템으로 보급수 외에는 소모량이 없다.

생활용 온수는 영어의 domestic hot water로, 급탕(給湯)으로 통용된다. 주택을 비롯하여 모든 유형의 건물이나 시설에서 음용, 조리, 세면과 목욕, 세탁 등의 용도로 사용되고 소모량이 많다. 그러므로 생활용 온수는 기본적으로 위생적 이어야 하고 안전하게 사용할 수 있어야 한다.

이 장에서는 생활용 온수 즉, 음용수 수질의 온수를 기준으로 하되 공통적인 사항에 대해서는 난방용 온수를 포함하여 다룬다.

건물(이하에서는 시설을 포함하는 의미로 사용됨)의 규모에 따라 온수를 만들기 위하여 사용되는 에너지 소비량은 난방용 다음으로 큰 비중을 차지한다.

그러므로 온수공급 시스템은 사용자가 신속하게 온수를 사용할 수 있도록 하여야 하므로 열원의 용량이나 온수 배관의 크기는 적정하게 선정되어야 한다. 과대하면 에너지와 온수의 낭비를 초래하게 되고, 과소하면 온수사용이 불편하게 되기 때문이다.

(2) 비중량과 비체적

온수의 비중량 즉 밀도는 물의 성질(**제4장 표 2** 참조)에서 다룬 바와 같이 5℃ 때 가장 크고 온도가 높아질수록 작아진다. 반면 비체적은 5℃에서 가장 작고 온도가 상승할수록 커진다.

이러한 성질 때문에 물을 가열하면 체적이 팽창하므로 급수와 달리 팽창탱크가 필요하게 된다. 또한 물이 가열되면 비중량이 작아져 위로 상승하게 되고 온도가 낮아지면 비중량이 크게 되므로 밑으로 내려가게 되는 순환작용을 일으키게 된다. 이처럼 순환작용을 일으키는 압력을 자연순환 수두라고 한다.

물의 체적탄성계수는 온도와 압력에 따라 다르나, 일반적으로 사용되는 온수의 온도를 기준하면 1.92~2.25 GPa로 거의 비압축성이다.

그러나 밀폐된 온수공급 계통의 물을 가열하면 압력의 상승으로 배관계통을 파괴 시킬수 있다. 그러므로 온수 공급을 위한 보일러나 저장탱크에는 팽창관 또는 프레셔 릴리프밸브를 설치하여 계통에 이상 압력이 작용하지 않도록 해야 한다.

(3) 열적 기준

1 물의 비열

물의 비열은 온도에 따라 약간 다르나, 온수공급 시스템용의 온도 범위에서는 실무적으로 15℃ 때의 비열인 4.186 kJ/(kg · K)을 기준으로 사용한다.

2 물의 비등

냉수가 가열되어 어떤 온도에 도달하면 수온은 더 이상 변동하지 않고 비등(沸騰)하

표 1 고도에 따른 온도·기압·비등점 및 0℃ 물의 이론상 흡입 높이

고도 (해발 m)	기압 hPa	비등점 ℃	이론상 흡입 높이, m
0	1013.3	100.0	10.27
200	989.5	99.3	10.33
400	966.1	98.7	9.76
600	943.2	98.0	9.56
800	920.8	97.3	9.33
1 000	898.7	96.7	9.10
1 200	877.2	96.0	8.88
1 400	856.0	95.4	8.67
1 600	835.2	94.7	8.45
1 800	814.9	94.0	8.25
2 000	795.0	93.4	8.04
2 200	775.4	92.7	7.84
2 400	756.3	92.0	7.65
2 600	737.5	91.4	7.46
2 800	719.1	90.8	7.27
3 000	701.1	90.1	7.09
3 200	683.4	89.5	6.91
3 400	666.2	88.9	6.73
3 600	649.2	88.3	6.56
3 800	632.6	87.6	6.39

주 1hPa = 0.1kPa = 1mbar 비등점(℃)은 100+0.0367(기압hPa−1013.3)−(기압hPa−1013.2)2으로 구한다.

표 2 물의 온도와 흡입 양정(표준대기압 작용 시)

온 도, ℃	이론상 흡입 높이, m	실제 흡입 양정, m
0	10.336	7.0
20	9.685	6.5
50	9.042	4.0
60	7.894	2.5
70	7.208	0.5
80	5.562	0
90	2.926	0
100	0	0

게 된다. 비등점은 **표 1**과 같이 물의 압력에 따라 다르다. 표준대기압 하에서는 100℃에서 비등하지만 압력이 낮아지면 비등점도 낮아지게 되므로 고지대에서는 100℃ 미만에서 비등하는 것이다.

표준대기압이 작용할 때 펌프로 흡입할 수 있는 높이는 **표 2**에서와 같이 수온이 높을수록 낮아지므로 60℃ 이상의 온수를 공급할 경우에는 마찰손실 수두를 고려하여 흡입 수면보다 낮은 위치에 펌프를 설치하는 것이 효율적임을 알 수 있다.

(4) 가열에 따른 물의 변화와 수질의 영향

1 용존산소

물속에는 용존(溶存)산소・용해염류 등 여러 가지 불순물이 함유되어 있다. 불순물 중에는 보일러, 온수 저장탱크, 배관재료 등에 사용된 금속재료를 부식시키는 성분이 있을 뿐만 아니라, 가열되어 물의 온도가 60℃ 이상으로 상승하면 산소가 용출 되므로 용존산소량은 낮아지게 되고, 탄산염의 분해에 의한 유리(遊離)탄소가 발생되며 용해염류가 석출된다. 따라서 전도도는 증가하게 되므로 기기나 배관이 쉽게 부식되며, 배관 내에서 기체가 대량으로 분리되면 온수의 순환도 어렵게 되는 등 설비에는 악영향을 미치게 된다.

철계 금속의 부식속도는 용존산소의 분리속도에 따라 결정되는 경우가 많으며, 관 내면의 경우 온도가 10℃ 상승할 때마다 30% 정도 부식량이 증가하는 것으로 되어있다.

2 스케일과 부식

스케일은 무기물이 주체인 점착성(粘着性)이 없는 침전물, 응고물 등의 총칭으로 칼

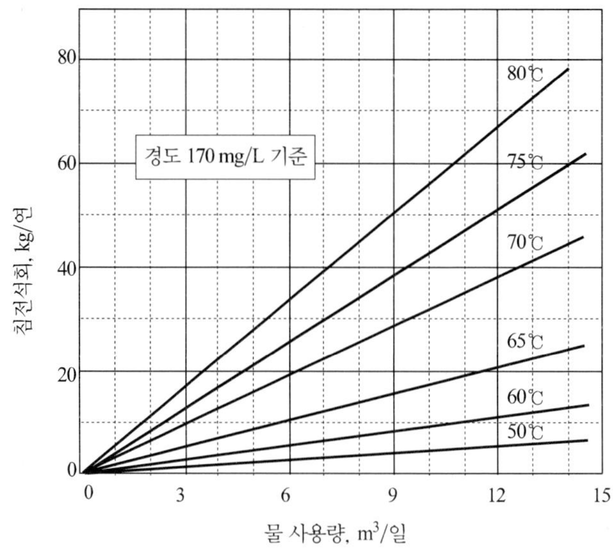

자료 참고문헌 1, Chapter 49. Fig.8에 의거 재작성

그림 1 물의 온도와 사용량에 따른 석회 부착량

슘염의 형태이며, 주성분은 칼슘, 마그네슘, 실리카, 알미늄 등이다. 이러한 성분들은 물의 온도가 상승함에 따라 석출되어 스케일을 생성하고, 보일러나 열교환기 등의 전열면에 부착되어 열전도율을 저하시키는 등의 영향을 미치게 된다.

스케일과 부식을 방지하기 위해서는 수질을 분석하여 경수인지 연수인지를 확인해야 한다. 그리고 이에 따라 적정한 방법의 수처리가 이루어져야 한다.

그림 1은 석회(石灰, $CaCO_3$)와 기타 스케일 화합물이 고온의 물에서도 용해되지 않아 물의 온도와 사용량에 따라 스케일 비율이 증가함을 보여주는 것이다. 보일러에 스케일이 형성되면 열전달 표면의 열저항이 커지게 되므로 열전달량은 감소되며 압력손실은 증가한다. 난류가 심하면 스케일의 침전물이 표면에서 떨어져 나갈 수 있다.

그러므로 수질분석 결과 물의 경도가 140 mg/L 이상이면 경수연화 장치나 기타의 기구를 사용하여 수처리를 해 주어야 한다.

3 부식방지

강제 온수 저장탱크는 아연도금 하거나 동, 유리, 시멘트, 무전해 니켈-인 또는 기타 내식성 재질로 피복하여 어느 정도 부식을 방지할 수 있다.

음극보호(cathodic protection) 장치를 사용할 수도 있다. 즉, 제조 시 탱크에 하나 이상의 양극(anode, 마그네슘 또는 아연합금)을 설치도록 하여, 전기화학적으로 양극의 활성물질을 희생시켜 탱크(cathode)의 부식을 감소시키는 방법이다. 이 경우 온도가 높을수록 물의 사용량이 많을수록 양극은 빠르게 소비 되므로, 주기적으로 양극봉을 교체하여야 한다.

부식에 강한 재질 즉, 스테인리스강, 동 또는 기타 비철합금제 온수가열기나 저장탱크를 사용하는 것도 한 가지 방법이다. 그러나 스테인리스강은 재질에 따라 염화물에 악영향을 받을 수도 있고, 동은 암모니아나 이산화탄소에 부식될 수도 있다는 점에 유의하여야 한다.

온수 배관재로 동관을 사용하는 것은 오래된 전통과 같은 것으로, 이러한 부식에 대한 문제를 해결하기 위한 가장 좋은 방법이다.

(5) 온수 유속의 제한

1 경험적 자료[1]

급수 시스템에서 권장되는 최대 유속은 '최대유량에 대하여 일반적으로 2.5 m/s(8 ft/s)'이다. 그러나 온수 배관과 같이 재순환 되는 연속유동 시스템에서는 이런 속도가 너무 높다. 따라서 ①난방용 온수는 적당량의 화학성분을 포함하기 때문에 유속은 0.6 m/s(2 ft/s)를 넘지 않도록 하고, ②온수(급탕) 배관에서는 유량 변화가 순환펌프에 의해서만 이루어지므로 어느 지점에서나 이러한 유속 범위에 있어야 한다.

2 침식과 부식을 피하기 위한 유속의 제한[2]

이는 관 제조자에 의해 요구되는 사항으로, 침식과 부식으로 인한 배관재료의 황폐화를 피하기 위함이다. 상대적으로 낮은 유속에서도 난류 유동이면 유속 그 자체가 침식이나 부식을 일으키는 중요한 인자가 되기 때문이다.

이산화탄소의 함량이 10 mg/L 이상으로 높거나, 경도를 0으로 처리한 물에서와 같은 것이다.

---

1. 참고문헌 2. B.6.2
2. 참고문헌 2. B.6.3

그다음 중요한 인자는 수온으로, 43℃(110°F)를 넘는 경우이다. 급탕관으로 동관, 동합금관 또는 황동관을 사용하는 경우를 기준으로 권장되는 효과적인 침식과 부식 조절법은 다음과 같다.

①pH가 6.9 이하 이거나, 부식이 가능한 조건으로 분류되었거나 또는 연수기를 통과시킴으로써 경도가 0이 되도록 처리된 급탕 시스템에서의 최대유속은 1.2 m/s(4 ft/s)로 제한한다. 이 제한 유속은 수온이 65℃(150°F)를 넘는 모든 온수 배관에 동일하게 적용된다.

②60℃(140°F) 이하의 온수용으로 사용되는 동관에서의 유속은 1.5 m/s(5 ft/s) 로 제한한다. 물의 온도가 높으면 부식이 가속되기 때문이다. 이러한 여러 가지 경우에 대한 제한 유속은 최대유량 기준이다.

1.2 온수온도

(1) 우선적 고려사항

생활용 온수는 용도에 따라 적정온도가 다르므로 실제보다 높은 60℃로 공급하고, 용도에 맞게 급수를 혼합하여 사용하는 것이 일반적이다.

온수의 기준이 되는 60℃는 샤워 등으로부터 발생하는 에어러졸[3]이 폐에 들어가 일으키는 레지오넬라증의 원인인 물속의 레지오넬라균[4]의 번식 방지와 철계 금속관을 사용할 경우 탈아연 부식이 최대가 되는 온도를 피하는 범위이기 때문이기도 하다.

그러나 60℃의 물에 피부를 5초간 접촉하면 3도 화상[5]을 입게 되므로 기구에서 급수와 혼합하여 용도에 적합한 온도로 낮추어 사용하여야 한다.

---

3. 대기 중에 떠다니는 수 마이크로미터 크기의 작은 액체방울 또는 고체 입자를 말하며, 미세먼지, 아지랑이, 연기·구름 등이 모두 에어로졸(aerosol)에 포함된다. 특히 에어로졸은 기포가 물속에서 대기로 나오는 경우에 생성되는데, 탄산음료를 컵에 따르면 가스가 음료 밖으로 나오면서 수면 위로 작은 물 입자가 튀어 나오는 것도 이때문이다.
4. Legionella. 폐렴형 질환과 독감형 질환을 일르키는 병원균. 균의 증식은 화학적 또는 열적 방법으로 조절 가능하다. 열적으로는 25℃ 이하의 찬물이나 51℃ 이상의 온수 상태를 유지하는 것이다. 60℃ 온수에서는 90%가 2분 이내에 죽는다.
5. 참고문헌 3, p553 표 27.

(2) 용도별 온도

1 온수의 용도

온수의 용도는 크게 음료용과 위생용으로 대별 되지만, 사용되는 기구를 기준으로 구분하면, ①음료용은 온수 저탕식 온수기나 주전자 등의 전용 가열 기구로 물을 데워서 사용하며, ②위생용은 세면기, 욕조, 샤워, 비데 등 위생기구를 통해서 토출되는 온수를 사용한다. ③세척, 소독 및 보온용은 주방이나 세탁실 그룹에서 사용되는 주방싱크, 급식싱크, 세탁싱크, 식기세척기, 청소싱크, 소독기 등에 공급되는 온수이다. 그러므로 가열되어야 하는 적정온도는 서로 다르다.

2 적정온도

온수로 사용하기에 적합한 온도는 **표 3**과 같다. 목욕이나 샤워 시 물의 온도가 낮으면 쾌적감이 떨어지게 되지만 손을 씻거나 세면 용도로는 온도가 낮아도 지장이 없다.

사람의 피부는 온수의 온도 정도에 따라 쉽게 화상을 입을 수 있으므로, 공급온도를

표 3 용도별 온수의 사용온도

용 도	사용온도,℃
음료용	85~95(실제로 마시는 온도 50~55)
목욕 · 샤워	42~45(추가용 온수: 60)
세면 · 수세용	35~40(수술 손 씻기: 43)
면도	45~50
주방	40~45(식기 세척기: 60, 접시 헹구기: 80)
상업용 식기세척	65 이상(세척), 71~90(헹굼)
세탁	명주 및 모직물: 33~37(기계세탁의 경우는 38~49) 린넬 및 면직물 : 49~52(기계세탁의 경우는 60) 상업용: 82까지 가정용: 60
물치료 목욕	위장장애 비만증 : 40~43 호흡질환 고혈압증 36~40 호흡기질환 신경마비 : 40~42
옥내 수영장	일반적으로는 25~28(겨울철은 30 전후, 경기용 수영에 사용하는 경우는 25 전후)
차고 세차용	24~30

자료 (1) 참고문헌 4, 제4권 제4장 표 4.4 온수의 사용온도
(2) 참고문헌 1, Chapter 50. Table 3 Representative Hot Water Temperatures

너무 높지 않게 해야 한다. 그러나 공급온도가 너무 낮으면 온, 냉수를 혼합할 때 온수량이 많아져야 하고 온수 저장탱크의 용량이 커져야 하므로, 경제성도 함께 고려되어야 한다. 온, 냉수 혼합 수도꼭지가 아니고 온수나 냉수만의 수도꼭지를 사용하는 경우에는 온수가 낭비되는 경향이 있다.

신체의 저항력이 약한 사람이 이용하는 의료시설이나 노인복지시설 등에서는 특히 주의가 필요하다. 유아나 심신장애자가 온수를 사용하는 곳에서는 45℃ 정도의 실제 사용온도로 공급하는 것이 효과적일 수도 있다.

또한 80℃ 이상의 온수를 필요로 하는 영업장이나 식기세척기와 같은 장비를 사용하는 곳에서는 부스터 히터를 설치한다.

온수공급방식의 선택은 건물의 용도, 온수 사용량, 최대 사용량이 지속되는 시간과 관리 형태 등을 고려해야 한다.

2 온수공급 방식

2.1 설계의 요점

(1) 일반사항

1 온수 가열 에너지와 대기 시간

온수 가열에 사용되는 에너지는 일반적으로 주거 및 상업용 건물에서 두 번째로 많은 양이 된다. 이러한 에너지 강도에도 불구하고 온수공급 시스템은 건물 설계에서 중요하게 다루어지는 영역이 아니다. 그 결과 온수가 공급되는 대부분에 속하는 건물의 경우, 사용 장소에서 수도꼭지를 틀었을 때 적합한 온도의 온수가 토출되기 위해서는 몇 분의 시간을 기다려야 한다. 즉, 온수 공급과정에서 많은 양의 에너지와 물을 낭비하게 된다. 결과적으로 시스템의 성능이 떨어지는 극히 비효율적인 온수공급 시스템이 되고 만다.

적절한 온수가열 시스템 설계의 핵심은 온수에 대한 요구시항 즉, 온수량, 수온 및 시간 특성을 정확하게 식별하는 것이다. 목표는 온수 대기 시간을 10초 이하로 줄이는 것이다. 대기 시간 10초는 공용 화장실에 적용 되어야 하는 기준 이다. 11~30초의 대기 시간은 경계선(borderline)으로 간주 되며, 30초 이상의 대기 시간은 허용되지 않는다.

2 설계 목표

온수공급 시스템은 크기가 적정하고, 최적의 효율로 운전될 수 있으며, 초기 투자비는 물론 유지 관리비도 최소가 되도록 설계되어야 한다.

온수의 공급이 충분하게 이루어지도록 하려면 온수량과 수온 및 공급압력을 정확하게 파악해야 한다. 그래야만 온수 가열기의 용량이나 온수 배관계통을 적정하게 설계할 수 있다.

온수 공급계통이 크게 선정되거나 거리가 멀수록 온수공급이 늦어지고 온수와 가열 에너지 낭비가 커진다. 그러므로 가열기와 저장탱크 및 배관은 낭비없이 온수을 공급할 수 있는 용량이 되어야 한다.

가열기는 에너지원, 열교환 방법, 공급온도의 제어 방법 및 설치 위치 등을 고려하여 선정하여야 한다. 중앙식 온수공급 시스템에서는 온수공급 전용의 보일러를 사용하는 경우와 난방과 온수 겸용 보일러를 사용하는 경우가 대표적이다.

(2) 경제적인 온수공급 시스템의 조건

1 온수와 에너지 절약

①온수관은 보온하여 열손실을 줄인다. ②온수가열기를 온수 공급기구와 가깝도록 배치하면, 배관 거리가 짧아지므로 온수와 에너지 낭비를 줄일 수 있을 뿐만 아니라 사용시 온수가 토출될 때까지의 대기 시간도 단축된다. ③환수 주관과 자주 사용하지 않는 지관 사이에는 열트랩을 설치하여 배관에서의 대류 손실을 줄인다. ④필요할 때에만 수온이 적정하게 유지되도록 순환펌프 가동시간을 제어하여, 환수관에서의 열손실과 펌프 동력비를 줄인다. 온수가열에너지를 절약하는 방법은 온수 소비량을 감소시키는 것이다.

2 온수 공급계통의 효율 향상을 위한 방법

온수 소비가 감소되도록 하는 것이 상수도와 하수도 요금뿐만 아니라 온수 가열에너지를 줄이는 가장 효과적인 방법이다. 온수공급 시스템의 효율과 성능을 높이려면 각 온수 순환계통에서의 환탕량이 균형이 되도록 하는 것이다.

그러기 위해서는 ①온수사용이 작은 고성능 기기 사용, ②전체 계통의 효율을 높이기 위해 온수사용 기기를 온수가열기에 가까이 설치하는 최 단거리 배관, ③고효율 온수가열기 사용, ④열회수설비나 태양열설비와 같은 보조기구를 사용하는 방법으로 가열기의 급수를 예열한다. ⑤온수 공급계통에 대한 커미셔닝과 유지관리가 편리하도록 감시장비 같은 적합한 설비를 설치한다.

(3) 온수공급 시스템의 주경로와 온수 공급량

1 급수 시스템과 같은 주경로

온수공급 배관은 대부분의 경우 급수배관과 나란한 경로가 되므로, 주경로 역시 급수 시스템과 같다. 그러므로 온수공급 시스템 또한 주경로 즉 최고층 또는 최 원거리 등 조건이 가장 나쁜 위치에 있는 수도꼭지[6]에서 적정수압으로 적정량이 토출될 수 있어야 한다.

2 온수 공급량

이미 설명된 생활용 급수량에는 온수량이 포함된 것이지만, 온수를 공급하는 방법에 따라서는 급수량과 별도로 온수량을 계산해야 하는 경우가 있다.

중앙집중식 난방방식을 적용하는 공동주택의 경우라면 기계실에서부터 각 세대의 물 사용 기구까지 급수와 온수는 독립된 배관으로 이루어진다. 그러므로 이런 경우에는 온수량이 별도로 계산되어야 온수관의 크기가 결정될 수 있다.

세대별 열원을 두어 난방과 온수를 공급하는 소위 개별난방방식을 적용하는 공동주택의 경우에는 기계실에서 각 세대까지는 급수관만 배관되고, 세대 내에서 급수와 온수가 분리된다. 따라서 이 경우는 급수량에 온수량이 포함되므로 별도로 온수량을 계산하지 않는다.

온수공급 방식도 급수 시스템과 동일한 절차를 거쳐 결정되지만, 온수 공급압력은 급

---

6. 또는 물사용 장비나 기기 등.

수 공급압력에 자연순환 수두가 추가되므로, 같은 높이에서의 압력은 항상 온수 쪽이 높다는 점에 유의하여야 한다.

2.2 열원 기준의 온수 공급방식

(1) 국소식

1 적용범위

온수를 사용하는 장소마다 독립된 가열장치를 사용하는 방식으로 과거에는 상업용 건물의 탕비실, 공장의 화장실 등에 적용하던 방법이다. 현재는 범위가 확대되어 단독주택은 물론 개별 난방방식을 적용하는 공동주택에서도 적용되고 있다. 특히 아파트의 경우는 별도의 온수 전용 보일러를 두지 않고, 난방과 온수 겸용보일러를 사용하는 경우가 많다.

중앙식으로 온수공급 시스템이 갖추어져 있을 경우라도 온수를 사용해야 하는 기구가 온수공급 관으로부터 멀리 떨어져 있거나, 60℃를 초과하는 고온의 온수를 필요로 하는 장소에는 별도의 국소식 방식을 적용한다.

2 순간식과 저탕식

온수를 사용하는 방식으로는 ①필요할 때마다 온수를 얻는 방식, ②저장해 두었다가 사용하는 방식이 있다. ①은 건물 내의 세면기, 욕조, 싱크 등의 기구별, 설치된 장소별, 사용 시간대별로 독립 설치된 순간식 가열기에 의해 온수를 사용하는 방식이다. 순간식 가열기로는 가스식 또는 전기식이 주로 사용된다.

②의 저탕식은 중앙집중식 온수설비를 축소한 것이다, 즉 최대부하 시에 소요되는 온수량을 탱크에 저장하고, 탱크로부터의 배관으로 필요 장소에 공급되며 배관거리가 길 경우에는 환수관을 두어 순환이 되도록 할 수도 있다.

고급주택이나 대형식당 주방의 전용 온수공급, 중규모 욕실의 온수공급, 중규모 이상 공장의 세면장이나 샤워장의 온수공급 등 단시간에 많은 양의 온수를 소비하는 경우에 적용되는 방식이다. 일반적으로 시설비는 순간식보다 많이 든다. 또한 사용개시 전에 저장탱크 내에 물을 적정온도까지 가열해줄 필요가 있으며, 열원으로는 가스 또는 오일

연소용 보일러가 주로 사용된다.

3 열원과 가열 용량

일반적으로 국소식 온수공급 열원으로는 가스연소용 보일러, 가스가 공급되지 않는 지역에서는 오일 또는 전기식 보일러, 일반 건물에서는 소형 저탕식 전기보일러가 주로 사용된다.

단독주택이나 공동주택과 같이 욕조가 사용되는 경우는 가열 용량이 큰 가스나 오일 연소용 보일러를 사용하고, 욕조나 샤워를 포함하지 않는 온수일 경우에만 가스나 전기식 순간온수기를 사용한다.

(2) 중앙 집중식

1 적용범위

중앙 집중식은 온수 사용처가 많거나 건물 전체에 온수를 공급해야 하는 중규모 이상의 건물에 적용하는 방식으로 기계실에 가열장치, 온수 저장탱크, 순환펌프 등의 기기를 집중설치하고, 순환배관을 통해 온수를 필요 장소에 공급하는 방식이다.

가열장치로는 호텔이나 병원과 같이 항시 증기가 사용되는 경우에는 이를 고열원으로 하는 열교환기를 사용하지만, 그렇지 못한 경우에는 온수 전용의 보일러를 둔다. 최근에는 진공 또는 무압식의 온수기와, 가열코일이 없는 온수 저장탱크를 조합한 방식도 사용된다.

2 직접가열식

온수 저장탱크와 보일러를 직결하여 순환 가열하는 방식이다. 오일, 가스, 전기 등의 열원을 사용하여 직접 물을 가열한다. 열효율은 높지만 **그림 2**와 같이 보일러의 하부로는 급수가 공급되고 상부로는 온수가 송출되는 구조이므로, 내부로는 항상 새로운 물이 공급된다. 따라서 수온의 영향을 받아 보일러의 신축이 불균등하게 되거나, 스케일 부착에 의한 열효율 저하, 부식 등의 단점이 있다.

그러므로 내부의 물과 접촉하는 부분에는 방식대책이 강구되어야 하고, 또한 건물이나 시설의 수직 높이에 따라 작용하는 압력이 높아져야 하므로 보일러, 열교환기 등은

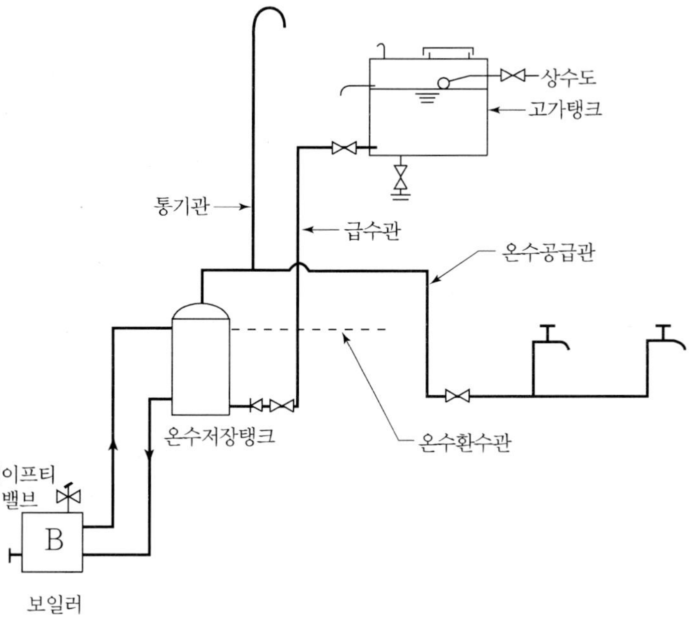

그림 2 직접 가열방식의 예

최고 사용압력을 잘 고려하여 선정한다. 일반적으로 주택 등에 사용되는 직접가열식 보일러의 경우 급수 압력은 100 kPa 이하로 유지하여야 한다. 그 이상의 급수 압력이 작용하는 경우에는 보일러의 안전을 위하여 감압밸브를 설치하여 급수 압력을 조절해 주어야 한다.

③ 간접가열식

그림 3과 같이 보일러에서 공급되는 스팀이나 고온수를 1차측 열원으로 하고, 이를 2차측 온수 저장탱크 내의 가열코일에 순환시켜 탱크 내의 물을 간접적으로 가열하는 방식이다.

일반적으로 시설비나 유지 관리비가 높기 때문에 규모가 큰 건물에 적합한 방식이다. 보일러는 난방용 등의 열원을 겸용하는 경우가 많고, 지역난방 지역에서는 열원으로 중온수를 사용한다.

이 방식 적용 시의 가열량은 식 (1)로 구한다.

$$q_i = (Q_h c_p \rho \Delta t)/\eta \qquad (1)$$

식에서,

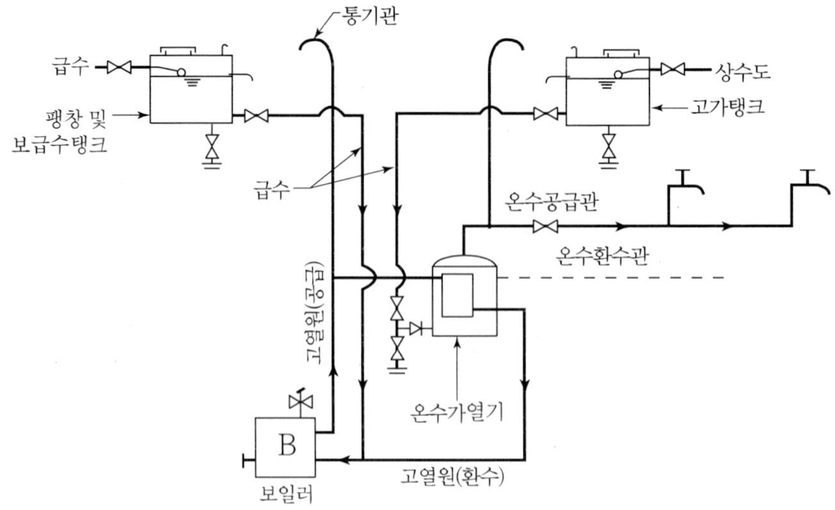

그림 3 간접 가열방식의 예

q_i : 가열기 입력, kW

Q_h : 유량, L/s

c_p : 물의 비열, 4.1868 kJ/(kg · K)

ρ : 물의 밀도, 1.0 kg/L

Δt : 온도차(온수온도-급수온도), K

η : 가열기 효율, %

이다.

2.3 배관방식

(1) 자연순환식과 강제순환식

1 자연순환식

온수 가열장치를 건물의 가장 낮은 층에 설치하였을 경우, 환수관을 설치하면 온수와 급수의 밀도 차이에 의해서 가벼워진 온수는 위로 올라가게 되고 온도가 낮아진 물은 무거워져서 아래로 내려가게 된다. 따라서 자연스럽게 순환이 이루어진다. 이렇게 자연순환 수두로 온수를 순환시키는 방식을 자연순환(또는 중력순환) 방식이라고 하며, 이때의 자연순환 수두는 다음 식 (2)로 계산한다.

$$P = (\rho_1 - \rho_2) g H \tag{2}$$

식에서

P : 자연순환 수두, Pa

g : 중력가속도, 9.8 m/s^2

ρ_1 : 가열장치의 온수의 밀도, kg/m^3

ρ_2 : 가열장치의 환수의 밀도, kg/m^3

H : 가열장치로부터 최고위 환수관까지의 높이, m

이다.

2 강제순환의 필요성

온수를 순환시킬 때, 순환 배관에서의 압력손실보다 자연순환 수두가 크면 온수 순환 펌프가 없어도 최고층까지의 온수공급이 이루어진다. 그러나 자연순환 수두는 온수 공급온도를 60℃, 환수온도를 55℃로 할 때 높이 1 m당 24 Pa, 환수온도를 50℃로 할 경우라도 48 Pa에 불과하여 순환력은 매우 작다.

수평 배관 거리가 짧은 높은 건물의 경우라면 순환펌프를 정지시킨다고 해도 자연순환 수두가 작용하므로 온수 공급에 지장이 없다. 그러나 실제 배관은 수평 수직 배관의 거리가 길고 복잡하므로, 순환펌프를 사용하여 강제로 순환시키지 않으면 안 된다.

이를 자연순환 방식에 대하여 강제순환 방식이라고 부른다. 이 경우 온수를 사용할 때에도 순환펌프 유량은 온수량에 크게 영향을 받지 않으며, 온수관에서의 유량은 공급량과 순환량의 합이 된다.

(2) 단관식과 복관식

1 단관식

국소식을 적용하는 경우나, 소형건물 그리고 중앙집중식이라도 배관 거리가 짧은 경우에는 단관식 즉 환수관을 두지 않는 것이 일반적이다. 국소식에서는 환수관이 없는 대신 온수가 토출될 때까지의 대기 시간이 단축 될 수 있도록 가능한 한 기구 근처에 가열장치가 설치되도록 한다.

그림 4는 다층 건물에 적용되는 단관식 온수공급 방식의 예를 보여주는 것이다. (a)

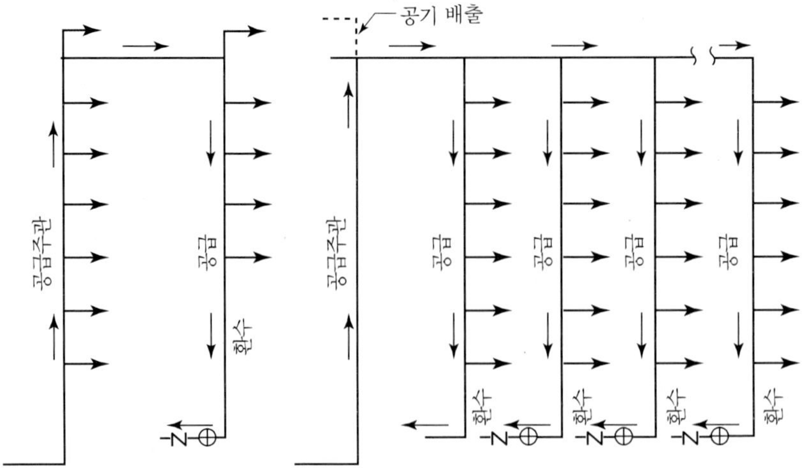

(a) 공급 환수 겸용방식 **(b)** 공급 주관과 별도의 환수관 겸용방식

그림 4 단관식 환수관

는 공급과 환수를 겸용하는 방법으로, 최상부 기구 아래에 환수관을 연결시켜 공기를 빼내는 방법이다. 이러한 배관에서는 최상부 기구를 사용할 때마다 배관계통의 공기가 제거된다. (b)는 공급 주관은 별도로 하고 나머지 입상관은 공급과 환수를 겸용하는 방법이다.

공급과 환수관을 겸용하는 배관에서는 최말단 기구까지는 공급관이 되고 그 이후는 환수관이 된다.

2 복관식

그림 5와 같이 온수 공급관과 환수관을 두는 경우를 복관식 배관이라고 한다.

(a)는 주관(입상관)에만 환수관을 두는 경우이고, (b)는 주관은 물론 지관 즉 온수 사용개소 직전까지 환수관을 둔 경우이다.

중앙식 온수공급 시스템에서는 설정한 온도를 유지하기 위하여 환수관을 설치하고 순환펌프를 사용한다. 주방과 같이 한번 온수 사용을 시작하면 연속적으로 공급이 이루어져야 하는 개소에는 환수관을 설치하지 않을 수도 있다.

환수관을 두는 이유는 배관 내 온수를 순환시켜 온수 밸브(수도꼭지 포함)을 열었을 때 적정온도의 온수가 즉시 토출될 수 있도록 하기 위함이다. 그러나 배관 길이가 길어지면 저항은 증가한다. 그러므로, 온수 공급관과 환수관의 길이가 최대한 짧아지도록 계

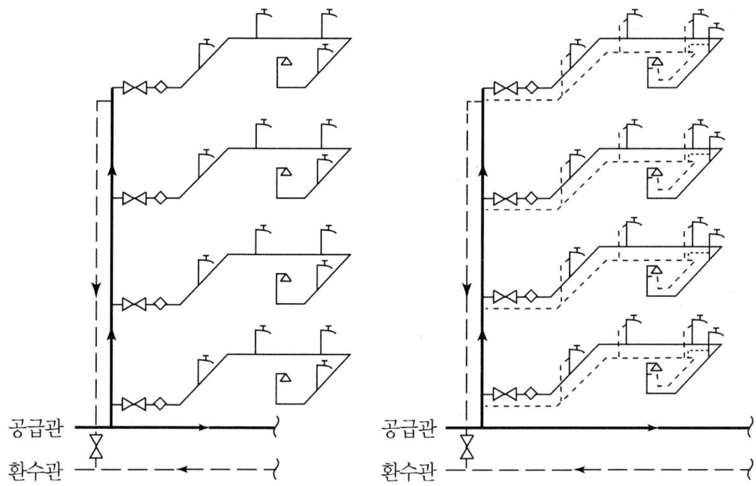

(a) 주관 환수 **(b)** 주관 및 지관 화수

그림 5 복관식 온수공급배관의 예

통을 구성하여 저항을 줄여 순환이 원활하게 하거나, 역환수(逆還水, revers return) 방식을 취하여 계통별 저항이 균일해 지도록 해야 한다.

배관방식이나 관의 크기만으로 원하는 정도의 저항 조절이 불가할 경우, 각 온수 입상관(또는 환수관)에 밸런싱 밸브를 설치하면, 인위적으로 저항을 증감 시킬수 있어서 모든 사용 개소에서의 수온을 균일하게 유지시킬 수 있다.

일반적으로 소규모 시설에서의 환수관은 DN 15~20이면 충분하다.

환수 배관계통에서는 공기빼기, 온수 가열기와 저장탱크에서의 열손실, 유량 밸런싱 및 배관에서의 열손실을 고려해야 한다.

(3) 상향식과 하향식

1 상향식 배관

상향식 배관은 **그림 6**(a)와 같이 온수 열원은 건물의 가장 낮은 위치에, 팽창탱크는 건물의 가장 높은 위치에 두는 것이다. 그러므로 온수는 낮은 위치로부터 최상부 위치의 사용 장소까지 상향으로 공급된다.

이러한 시스템에서 만약, 최고층에서 온수 밸브를 열면 온수가 토출되지 않고 공기가 빨려 들어가는 현상이 발생한다면 온수관 상부가 부압 즉 진공상태이기 때문이다. 이는 급수압력이 낮은 결과이며, 온수 배관의 크기가 작게 선정된 경우이기도 하다.

상향식 배관에서는 관 내에서 발생한 공기나 온수의 흐름 방향이 같으므로 입상관 상단에 에어 릴리프밸브[7] 설치만으로 배관 내 공기를 쉽게 배출할 수 있다. 배관 내 공기는 온수 순환을 저해하는 가장 중요한 요인이므로, 공기 배출이 잘되면 온수공급도 잘된다는 의미가 된다.

에어 릴리프밸브를 설치하지 않을 경우, 배관 내 공기 배출을 위해서는 최상부의 온수 밸브를 활용하지 않으면 안 된다. 이럴 경우, 아파트와 같은 공동주택에서는 최상층 세대에 불편을 전가하는 결과가 되므로 유의하지 않으면 안 된다.

2 하향식 배관

하향식 배관방식은 ①온수 열원은 제일 낮은 층에 두고 배관계통은 하향식이 되도록 하는 방법과 ②**그림 6**(b)와 같이 온수 열원과 팽창탱크 모두를 최고층 온수 밸브보다 더 높은 위치에 두는 방법이 있다.

두 방법 모두 온수는 높은 곳으로부터 하향으로 공급된다. 관 내에서 발생한 공기의 흐름방향과 온수의 흐름 방향은 반대가 되므로 특히 공기배출에 유의 하여야 한다.

①의 방법 즉, 일반적인 하향식 배관에서의 공기 배출은 횡주관의 최상부 지점에서 이루어져야 하므로, 에어 릴리프밸브 설치지점은 자연적으로 결정된다.

②의 방법을 초고층 건물에 적용하면, 온수 저장탱크에 고압이 작용하지 않게 되므로 고가탱크와 온수 저장탱크를 같은 위치에 설치할 수 있는 장점이 있다. 다만, 가열장치와 최상부의 온수 횡주관과의 수직거리가 짧을 경우에는 가열장치에서 분리된 공기가 관 내로 들어가 입상관 상부에 정체됨으로써 온수의 흐름이 방해되고, 최상부의 온수 밸브에서는 온수가 토출되지 않는 경우가 발생할 수 있다. 이러한 문제가 발생하지 않도록 하기 위해서는 진공 릴리프밸브[8]와 에어 릴리프밸브를 함께 설치해야 한다.

3 온수 공급배관의 구획

온수 공급배관도 높은 건물에서는 수직 배관을 구획할 필요가 있다. 급수 시스템에서

---

7. ARV: Air relief valves.

8. VRV: Vacuum relief valves.

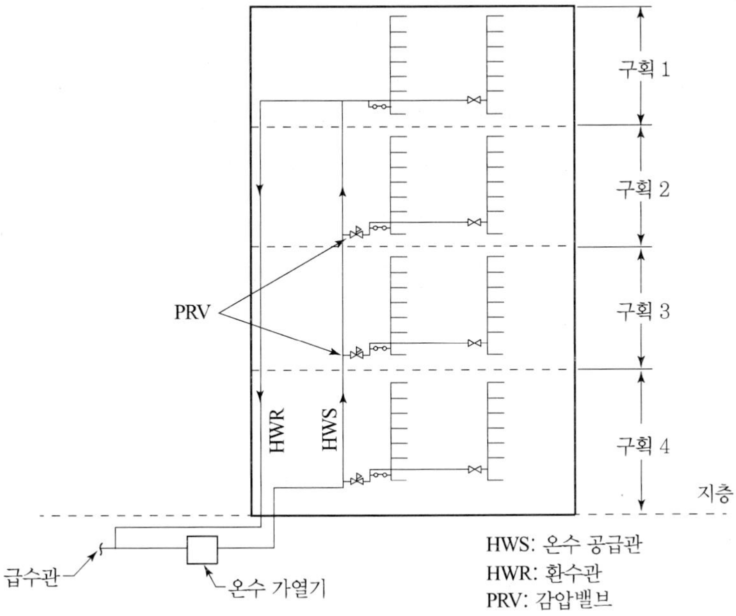

(a) 상향식 배관

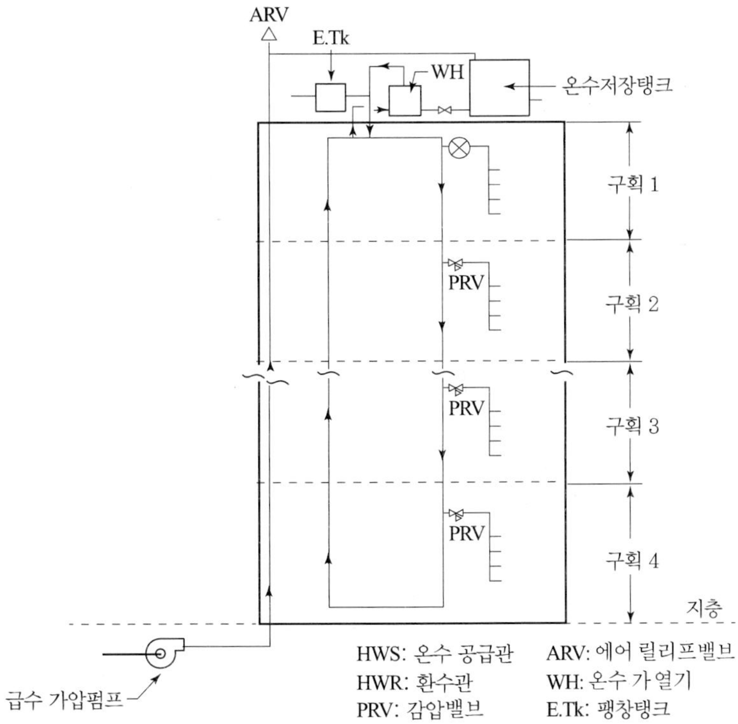

(b) 하향식 배관

그림 6 상향식과 하향식 급수 배관의 예

의 구획(zoning)과 마찬가지로 ①적정 공급압력으로 감압하기 위한 구획과, ②사용 상태를 고려하여 유형별 편의를 제공하기 위한 구획이 있다. 그러나 급수 압력과의 균형을 고려하여 일반적으로 급수 시스템에서의 구획과 같게 한다.

그림 6(a)는 28층 건물의 온수 공급계통을 4개 구획으로 한 상향식의 예이며, **그림 6**(b)는 감압밸브를 사용하여 4개층 단위로 구획한 하향식의 예이다.

어떤 방법을 취하던 온수 가열기는 중앙에 집중설치 또는 분산하여 설치한다.

기기 집중설치식은 각 구획을 담당하는 장치를 1개소에 집중적으로 설치하여 열공급은 물론 유지관리가 편리하다. 반면에 상층부용 저장탱크에는 높은 압력이 작용하게 되고 온수 공급관의 총길이도 비교적 길어진다.

분산설치 방식은 각 구획의 최하층이나 최상층에 온수 가열기와 저장탱크를 분산하여 설치하게 되므로 과대한 압력이 작용하지 않으며, 급수관이나 온수 공급관 및 환수관의 길이를 짧게 할 수 있어 초기 투자비를 줄일 수 있다. 그러나 각 구획을 담당하는 온수 저장탱크까지 고열원 배관(스팀 보일러 경우에는 스팀관, 온수 보일러의 경우는 온수관)이 연결되어야 한다.

감압밸브를 설치하여 구획하는 경우, 감압밸브는 각각의 지관에 설치해야 한다. 온수의 압력은 급수압에 자연수환 수두가 가산된 압력이 되므로, 감압밸브는 급수관과 온수관 모두에 설치하여야 한다.

온수 공급관에 감압밸브를 설치하는 경우에는, 감압된 수압이 환수관을 통하여 감압밸브 이후의 온수관에 작용하지 않도록 배관에 유의해야 한다. 이를 위해서는 감압밸브 이후의 온수관에는 환수관을 설치하지 않는 것이다.

2.4 온수의 분배

(1) 배관 열손실과 온수공급 지연

온수 공급계통은 사용자가 온수를 즉시 사용할 수 있으면서 에너지 소비는 최소화되도록 설계가 되어야 한다. 최신의 물 소비량이 작아진 기구의 경우에는 기존의 고 유량 기구에 비하여 기구까지 온수가 도달하는 시간(이를 지연시간이 이라고 한다)이 길어 오히려 물 낭비가 커질 수도 있다. 위생기구에 온수기를 설치하면 온수 공급관의 크기와 배관 거리가 최소화 된다.

온수가 기구에 도달하기까지의 지연시간이 길수록 열손실이 크게 되고 온수는 낭비되므로 온수공급 시스템에 사용된 에너지가 건물이나 시설에서의 전체 사용 에너지의 큰 비중이 될 수도 있다.

일반적으로 온수공급계통의 열손실은 전체 온수공급 시스템에서의 에너지 사용량 중의 10~20 % 정도이다. 배관의 열손실은 식 (3)으로 관의 크기별 단위길이당 열손실량을 구한 다음 배관길이를 곱하고, 합산하여 구한다.

$$H_u = 2\pi(\theta_o - \theta_r)/(\frac{1}{d_0\alpha_1} + \frac{1}{\lambda_p}\ln\frac{d_i}{d_0} + \frac{1}{\lambda}ln\frac{d_2}{d_i} + \frac{1}{d_2\alpha_0}) \quad (3)$$

식에서,

H_u : 단위길이당 열손실, W/m

θ_0 : 배관 내의 물 온도, K

θ_r : 배관 주위온도, K

α_1 : 배관 내면의 표면 열전달률, W/(m^2 · K)

α_0 : 보온재 외면의 표면 열전달률, W/(m^2 · K)

d_i : 배관의 안지름, m

d_o : 배관의 바깥지름, m

d_2 : 보온재의 바깥지름, m

λ : 보온재의 열전달률, W/(m^2 · K),

λ_p : 관의 열전달률, W/(m^2 · K)

이다.

(2) 온수순환 회로와 환수관

1 순환계통의 구성

온수를 사용하는 기구까지의 배관 길이가 먼 경우(보통 30 m<100 ft>를 초과하는 경우), 기구에서 즉시 온수가 토출되도록 하기 위해서는 환수관과 순환펌프를 설치하여 강제순환이 되도록 하여야 한다.

자연순환력으로 배관 내의 물을 순환시킬 수 없는 규모인 경우는 대부분 펌프의 힘을 이용하여 배관 내의 물을 보일러로 순환시켜서 온수의 온도를 일정 수준으로 유지

표 4 소규모 시설에서의 온수량 자료

	기구당	입상관		
		DN 20 또는 25	DN 32 또는 40	DN 50 이상
온수공급량	3 mL/s	30 mL/s	60 mL/s	130 mL/s

자료 참고문헌 5, Chapter 50, p50.6에 의거 재작성.

한다. 이 경우 환수관에 온도조절기를 설치하고, 설정온도 범위 내에서 순환펌프가 가동되도록 제어하면 온수 공급계통에서의 열손실과 펌프 동력을 줄일 수 있다. 온수 공급이 불필요할 때는 자동 타임스위치나 기타 제어방식을 적용하여 순환펌프를 정지시켜야 주어야 한다.

온수 자체는 금속, 특히 철계 금속을 쉽게 부식시키므로 온수 순환펌프는 내식성 재료로 제조된 것을 사용해야 한다.

2 소규모 시설의 순환펌프 용량 선정

소규모 시설에 사용되는 온수 순환펌프라도 용량을 선정하기 위해서는 계통에 필요한 유량을 알아야 한다. 그러나 이 경우는 복잡한 계산을 거치지 않고, **표 4**와 같은 통계적 자료를 사용하여 간단하게 펌프의 용량을 선정해도 된다.

3 대규모 시설의 순환펌프와 환수관 선정

대규모 시설의 온수 순환펌프와 환수관의 크기를 적정하게 선정하기 위해서는 온수량을 계산해야 한다. 이 온수량은 온수 공급계통에서의 열손실량이 주요 변수이다. 배관에서의 열손실이 상당히 크기 때문이다. 온수 순환펌프와 환수관의 유량을 계산하는 절차는 다음과 같다.

①온수 공급관과 환수관의 전체 길이를 산출한다. ②식 (3)을 사용하여 직접 열손실량을 계산하거나, **표 5**와 같이 미리 계산해둔 자료 또는 보온재 제조업체의 기술자료 등으로부터 사용할 배관재별 단위 길이당의 열손실량을 구하고, 이 값에 배관 길이를 곱하여 전체 열손실량을 계산한다.

간단한 계산법으로는 배관 전체 길이에 대하여 보온된 관의 경우는 30 W/m, 보온되지 않은 관에 대하여는 60 W/m 곱하여 계산할 수도 있다. ③순환펌프의 용량은 다음의 식 (4)로 계산한다.

표 5 동관의 개략적인 열손실량

DN	동관(비 보온)		동관(13 mm 유리면 보온)	
	W/m	W/m·K	W/m	W/m· K
20	29	0.74	17.0	0.43
25	37	0.93	19.5	0.50
32	43	1.11	22.5	0.57
40	51	1.32	24.4	0.62
50	63	1.63	28.5	0.73
65	77	1.97	32.5	0.83
80	90	2.32	38.0	0.96
100	115	2.96	46.5	1.19

주 W/m는 온수온도 60℃, 주위 온도 21℃ 기준의 열손실량, W/m · K은 임의 조건에 적용할 수 있는 열손실량 이다.

자료 참고문헌 5, Chapter 50, Table 2에 의거 재작성

$$Q_p = \frac{q}{\rho C_p \Delta t} \tag{4}$$

식에서

Q_p : 펌프 용량, L/s

q : 열손실, W

ρ : 물의 밀도 = 0.99 kg/L (50℃)

C_p : 물의 비열 = 4 186.8 J/(kg · K)

Δt : 허용 온도차, K

이다.

마지막 기구에서의 허용온도 강하를 10K로 할 경우에는

$$Q_p = \frac{q}{0.99 \times 4\ 186.8 \times 10} = \frac{q}{41\ 450}$$

이 된다.

④이 유량을 기준으로 펌프를 선택하고, 선택된 펌프의 성능곡선으로부터 유량에 해당하는 압력을 구할 수 있다. ⑤펌프 선도로부터 구한 압력이 배관의 단위길이당 허용마찰손실을 초과하지 않는지 확인한다. ⑥각 순환 회로마다의 유량을 결정하고, 이 유량과 단계⑤에서 계산된 압력 즉 허용마찰손실을 기준으로 환수관의 크기를 결정한다.

온수 순환회로가 많은 경우는 공급의 불균형이 발생할 수 있으므로 구간별 환수량을 측정하고 유량 조절이 용이하도록 각각의 환수관에 밸런싱 밸브를 설치하는 것이 좋다. 특히 온수 수요가 많은 시간 동안 냉수가 유입되거나 온수의 역류를 방지하기 위해 각

환수관에는 스윙형 첵밸브도 설치해야 한다.

2.5 팽창탱크

(1) 용도

물을 가열하면 체적이 증가하게 된다. 따라서 온수공급 시스템에서는 온수의 체적의 증가에 대비하지 않으면 안 된다. 즉, 물의 체적 팽창량을 받아 주는 것이 팽창탱크(expansion tank)이며 시스템에서 다음과 같은 역할을 담당한다.

①온도 상승에 따른 물의 팽창이 시스템의 구성요소에 장해를 일으키지 않도록 물의 팽창으로 인한 상승압력을 흡수한다. ②시스템 내에 일정한 압력과 수온을 유지한다. ③팽창된 물의 배출을 막아 시스템의 열손실을 방지한다. ④온수 열원이 가동되지 않는 중에도 시스템 내의 압력을 일정 수준으로 유지하여 물이 배출됨에 따른 공기의 유입을 방지한다.

팽창탱크는 시스템의 안전장치일 뿐만아니라 보급과 감압탱크의 용도이다.

(2) 개방식과 밀폐식 팽창탱크

1 개방식 팽창탱크

개방식 팽창탱크는 수면이 대기와 접하는 방식으로, 급수방식이 고가탱크 방식일 경우에 적합하며, 시스템의 최고위에 설치된다. 그러므로 탱크 높이에 해당하는 압력(水頭)이 온수 배관계통에 작용하고 온수의 팽창량이 팽창탱크의 수위를 변화시키며 배관계통의 부족한 물을 공급한다.

급탕보급을 겸할 경우에는 팽창탱크의 보급수 배관에 플로팅 밸브를 설치하거나 전극봉 등의 수위조절 장치에 의한 급수펌프의 기동/정지를 제어해 주어야 한다.

개방식 팽창탱크의 유효용량은 다음의 식 (5)로 구한다.

$$W = \rho_c V = \rho_h (V + \Delta V)$$

$$\Delta V = \left(\frac{\rho_c}{\rho_h} - 1 \right) V \qquad (5)$$

식에서,

W : 급탕장치 내 전체 물의 질량, kg

V : 가열전 급탕장치 내 수량, L

ΔV : 팽창량, L

ρ_c : 가열 전 물의 밀도, kg/L

ρ_h : 가열 후 물의 밀도, kg/L

이다.

2 밀폐식 팽창탱크

밀폐식 팽창탱크(**제4장** 압력탱크 참조)는 압축공기나 가스에 의하여 가압되는 방식이므로, 주로 열원과 같은 위치 즉 기계실에 설치된다. 물과 기체가 접하지 않도록 격막식 탱크를 사용하는 경우도 있으며 물의 수축팽창은 팽창탱크 내에 봉입된 기체의 체적 변화로 흡수된다.

급수방식이 압력탱크방식이나 부스터 펌프시스템의 경우 또는 개별 난방방식을 적용하는 공동주택에서의 온수 공급설비의 경우에 주로 사용된다.

밀폐식 팽창탱크는 압력탱크와 마찬가지로 탱크 내의 기체가 물에 용해되어 감소하지 않도록 하여야 한다,

밀폐식 팽창탱크를 사용하는 경우에는 탱크 내의 기체를 압축하여 팽창량을 흡수 하므로 온수 공급설비 내의 압력은 급수압력보다 높게된다. 그러므로 세이프티밸브를 설치할 필요가 있다. 밀폐식 팽창탱크는 설치 높이에 제한을 받지 않으며, 탱크의 용량은 보일의 법칙에 의한 식 (6)으로 계산된다. 수압이 작게 작용하는 위치에 설치하거나 탱크 내에 초기압력을 가한 상태이면 탱크의 체적을 작게 할 수 있다.

$$P_0 V = P_1 (V - \Delta V_1)$$

$$= P_2 (V - \Delta V_1 - \Delta V)$$

$$\therefore \Delta V_1 = \left(1 - \frac{P_0}{P_1}\right) V$$

따라서

$$V = \frac{P_1 P_2}{(P_2 - P_1) P_0} \Delta V = \frac{\Delta V}{\dfrac{P_0}{P_1} - \dfrac{P_0}{P_2}} \tag{6}$$

식에서,

V : 밀폐식 팽창탱크의 용량, L

ΔV : 급탕장치의 온수 팽창량, L

ΔV_1 : 수압에 따른 공기의 압축량, L

P_0 : 밀폐식 팽창탱크의 봉입압력, Pa(g)

P_1 : 팽창탱크 설치 위치에서 가열전의 절대압력(온수 순환펌프가 설치되어 있는 경우는 그 양정의 영향을 고려해야 한다), Pa

P_2 : 온수 공급장치의 허용압력, Pa

이다.

2.6 온수 배관에서의 부압발생 방지

(1) 배관의 원칙

온수 배관계통에는 내부에 부압(負壓)이 발생해서는 안 된다. 이는 온수뿐만 아니라 모든 배관에서의 기본이다. 배관계통에 부압이 발생한다는 것은 시스템의 압력계산이 잘못된 결과이므로 설계상의 최대과실이 된다.

배관에 부압이 발생하면 최상층 배관의 어떤 구간은 진공상태가 된다. 그래서 이런 구간의 온수 밸브를 열면 온수가 토출되지 않고 순간적으로 공기가 배관 내부로 빨려 들어가게 된다. 순환펌프가 가동되고 유입된 공기가 다시 배출 되어야만 온수가 토출된다.

온수배관이 어떤 방식(상향 또는 하향식)이던, 요점은 배관 내에서 발생한 공기가 잘 배출되도록 하는 것이다. 배관 내에 공기가 없어야 온수순환이 원활하게 이루어질 수 있기 때문이다. 그러므로 상향식, 하향식 배관방식 간에는 장단점의 차이는 있으나 절대적으로 어떤 방식이 우위에 있는 것은 아니다.

(2) 코드 기준의 진공 발생 방지

1 진공 발생의 원인과 진공으로 인한 폐해

배관이나 밀폐식 탱크 내에 진공이 발생하는 원인은 ①부압의 발생이나 ②온수의 유동이 정지될 때의 사이펀 작용이다.

①의 경우는 이미 설명된 것으로, 수압이 부족한 경우 등으로 압력계산이 잘못된 결과이고, ②의 사이펀 작용은 수직배관 내에서나 탱크에서의 물기둥이 중력에 의하여 하강하므로서 상부가 진공상태가 되는 현상이다(**제6장** 역사이펀 역류 참조). 수직배관에서 사이펀 현상이 발생하면, 수직배관과 이후 배관에 에어 포켓(air pocket)을 형성하게 되고, 에어 포켓은 유체의 흡입을 불가능하게 할 뿐만아니라 흐름 자체를 차단하게 된다.

온수 가열기나 밀폐식 탱크의 경우에는 내부가 진공이 되면 쭈그러들거나 정도가 심해지면 파단에 이른다. 이는 이상 고압으로 용기나 배관이 터지는 원리의 반대 개념이다.

2 진공방지 대책

국내 설계에서 배관계통에서의 부압방지를 위하여, 어떠한 방법으로든지 초치가 취해진 사례를 찾아보기란 쉽지않다. 이는 진공으로 인한 배관계에서의 변위나 변형을 육안으로 확인하기 어렵고, 또한 사고의 원인이 진공으로 인한 것임을 인식하지 못하기 때문에 설계단계에서 진공방지 대책이 고려되지 못하기 때문이다.

그러나 수직과 수평으로 이루어지는 배관계통과 보일러나 급탕 저장탱크와 같은 밀폐식 용기에는 항상 진공이 발생할 수 있는 조건을 갖추고 있으므로 육안 확인이 안 된다고 하여 진공방지를 소홀히 하여서는 안된다.

배관 내 진공을 방지하고, 공기를 제거하는 가장 간단하고 확실한 방법은 입상관 상단에 VRV와 함께 ARV를 설치하는 것이다.

그래서, 코드에서도 다음과 같은 경우 즉, 위생기구 보다 높은 위치에 있는 저탕식 온수 보일러에는 VRV를 설치하도록 한다[9]. 그리고 진공을 깨뜨리기 위하여 보일러 내부로 유입된 공기를 다시 배출시켜야 하므로 ARV를 함께 설치해야 하는 것이다.

이는 냉수 보급수관에서 사이펀 작용이 발생하여 보일러 내부가 진공상태가 되어 건조연소(dry firing, 수실이 빈 상태로 가동되는 현상) 조건이 되거나 또는 찌그러짐 사고를 방지하기 위함이다. VRV는 **그림 7**과 같이 보호하려는 보일러나 밀폐식 탱크 보다 높은 위치에 설치하여야 한다.

---

9. 참고문헌 2. 10.16.7 Vacuum Relief Valves

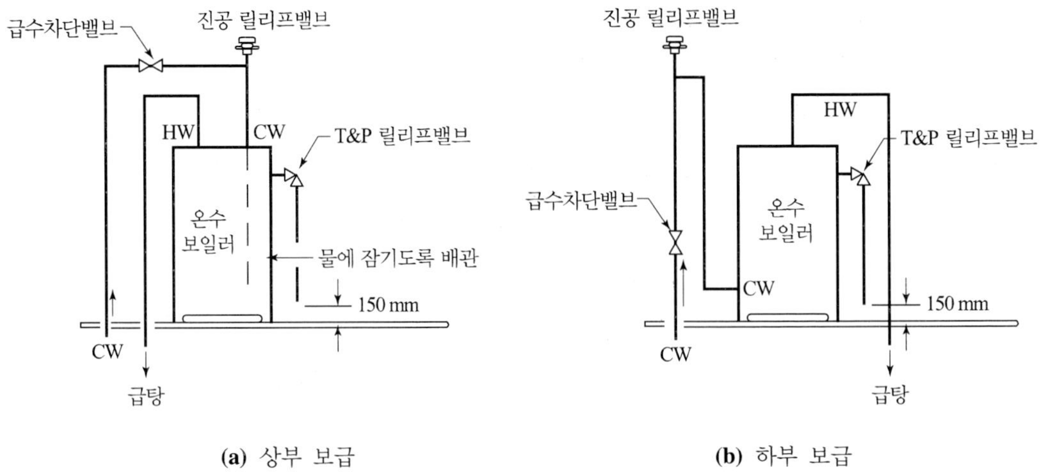

그림 7 온수 보일러 상부의 진공 릴리프밸브

3 에어 리리프밸브 및 진공 릴리프밸브[10]

에어 릴리프밸브(air relief valve, ARV)는 배관 내 공기 배출 목적에 사용되며, 압력 기준으로 작동하는 자동밸브이다. 배관 내 압력이 설정점에 도달하면 밸브가 열려 공기를 배출함과 동시에 압력이 낮아지므로 밸브는 다시 원위치(닫침) 된다.

진공 릴리프밸브(vacuum relief valve, VRV)는 배관 내부가 설정된 진공도에 도달하면 자동으로 밸브가 열려 공기를 유입시켜서 진공을 깨트림과 동시에 압력이 높아지므로 다시 원위치 되는 동작을 반복한다. 그래서 진공 브레이커(vacuum breaker)라고도 부른다.

그림 8은 ARV와 VRV의 예를 보여주는 것이다. 두 밸브 모두 세이프티 밸브에 속하며, 설정된 압력[11]에서의 단위 시간당의 유입 또는 배출되어야 하는 공기의 양을 기준으로 크기를 선정한다.

---

10. 참고문헌 3, 제12장 3.2 진공 및 에어 릴리프밸브, 참고문헌 6.
11. ARV에서 공기가 배출되어야 하는 압력은 배관 내 수압보다 높으며, VRV에서는 밸브가 열려 공기가 유입되는 압력, 즉 진공도를 보통 50 mmAq에 맞춘다.

(a) ARV (b) VRV

자료 참고문헌 7

그림 8 에어 릴리프 및 진공 릴리프밸브의 예

3 온수부하 계산

3.1 기본적인 자료

(1) 온수 사용량과 동시사용 부하

1 온수 사용량

온수 사용량은 건물의 유형별, 사용형태, 1일 중의 시간 변동, 계절 등에 따라서 차이가 많다는 사실을 감안하여 온수량을 산출하여야 한다.

온수 사용량은 앞에서 설명된 바와 같이 60℃로 환산한 양으로 표시한다.

급수온도는 겨울철에는 낮고 여름철에는 높으므로 온수부하는 겨울이 최대가 되고 여름이 최소가 된다.

2 동시사용 부하

온수공급 시스템 설계의 가장 큰 어려움은 아직 건설되지 않은 건물의 온수 부하에 대한 불확실성이다. 다양한 온수 사용기구 및 기기의 최대유량을 테스트하는 것은 매우 간단하지만 실제 유량과 지속시간은 사용자에 따라 다르다.

여러 기구가 설치되어 있어도 사용되는 시간은 매일매일이 다르고, 일부는 중복이 되지만 거의 모든 기구가 동시에 사용되지는 않는다. 온수를 사용하는 설비 및 기기의 수

가 많을수록 동시에 사용되는 비율은 감소한다

(2) 일반주택 및 주거용 시설의 온수 사용량

1 일반주택

주택에서의 온수 사용처는 모든 물 사용 그룹(주방, 욕실 및 세탁실)이다. 사용량은 가족수와 생활양식에 따라 다르고, 평일보다는 휴일이 많으며 연말에는 특히 많다.

일반주택의 경우는 면적이 클수록 물 사용 그룹 특히 욕실수가 늘어난다는 점을 감안 하여야 하고, 단독 또는 집합주택 인지에 따라 1세대당 온수 사용량은 차이가 크게 나타난다.

표 6은 온냉수 사용량을 최소화시킨 최신의 절수식 가전제품이나 기구 사용이 포함된 주택에서의 일반적인 온수 사용량을 보여주는 것이다. 최신의 물 사용 기구나 장치들에 일반적인 값을 부여하는 것은 매우 어렵다. 왜냐하면, 어떤 기구는 부하를 감지하거나 사용주기를 설정하여 소모되는 온수의 양을 자동으로 조절하는 기능을 가지고 있기 때문이다.

2 주택용 온수가열기 최소 허용용량

표 7은 주택용 온수기의 최소 허용용량[12] 이다. 이 기준으로 1시간당 공급해야 할 온수량 기준의 가열량과 저탕탱크 용량을 조합하여 규모에 적합한 경제적인 시스템을 결정 할 수 있다.

표 6 일반적인 주택의 온수 사용량

사용	많이 사용, L/작업	절수형, L/작업	초절수형, L/작업
음식 준비	19	11	11
설거지	15	15	11
식기세척기	57	57	11~38
세탁기	121	80	19~57
샤워, 목욕	76	57	38~57
세면과 세수	15	8	4~8

자료. 참고문헌 5, Chapter 50 Table 3에 의거 재작성

12. HUD(Department of Housing and Urban Developmen, 미국 주택 · 도시 개발국)에서 1994년 제정

표 7 주택용의 온수 가열기 최소 허용용량

욕실 수	1~1.5			2~2.5				3~3.5			
침실 수	1	2	3	2	3	4	5	3	4	5	6
가스(1)											
저탕량, L	76	114	114	114	150	150	190	150	190	190	190
입력, kW	7.9	10.5	10.5	10.5	10.5	11.1	13.8	11.1	11.1	13.8	14.6
사용량, L/h	163	227	227	227	265	273	341	273	311	341	350
가열량, mL/s	24	32	32	32	32	36	42	34	34	42	44
전기(1)											
저탕량, L	76	114	150	150	190	190	250	190	250	250	330
입력, kW	2.5	3.5	4.5	4.5	5.5	5.5	5.5	5.5	5.5	5.5	5.5
사용량, L/h	114	167	220	220	273	273	334	273	334	334	387
가열량, mL/s	10	15	19	19	23	23	23	23	23	23	23
간접가열식 탱크(2),(3)											
사용량, L/3h, 55 K 상승		150	150		250	250(5)	250	250	250	250	250
탱크 용량, L		250	250		250	250(5)	310	250	250	250	250
순간식(간접가열)(3),(4)											
사용량, mL/s, 55 K 상승		170	170		200	200(5)	204	200	240	240	240

주 (1) 표시된 저탕량, 입력 및 가열능력은 일반적인 자료이며, 제조업체에 따라 다를 수 있다.
모든 조합은 1시간당의 사용량 공급을 만족한다.
(2) 보일러로부터 고열원을 공급받는 온수 가열기 용량(고열원온도 82℃).
(3) 온수 가열기 용량 및 입력은 최소 허용값 임. 4.2 mL/(s · kW)를 기준으로 하며 탱크 크기의 변경이 허용된다.
(4) 보일러로부터 고열원을 공급받는 온수 가열기 용량 (고열원 온도 93℃).
(5) 또한 1~1.5 욕실과 침실 4개까지 간접가열식을 사용할 수 있다.

자료 1. HUD. Minimum Permissible Water Heater Capacity, 1994.
2. 참고문헌 5, Chapter 50 Table 4에 의거 재작성.

3 최초 1시간 가열등급(FHR)

그림 9는 주택용의 전기식과 가스식 온수 가열기에 대한 '최초1시간가열등급' 즉 탱크 용량과 1시간 가열량과의 관계를 보여주는 것이다.

최초1시간가열등급(FHR)[13]이란 정한 시험조건[14]으로 온수 가열기를 가동시켰을 때 최초 1시간 동안에 공급할 수 있는 이론적 최대 온수공급량을 말한다.

13. FHR, First Hour Rating
14. 참고문헌 8.

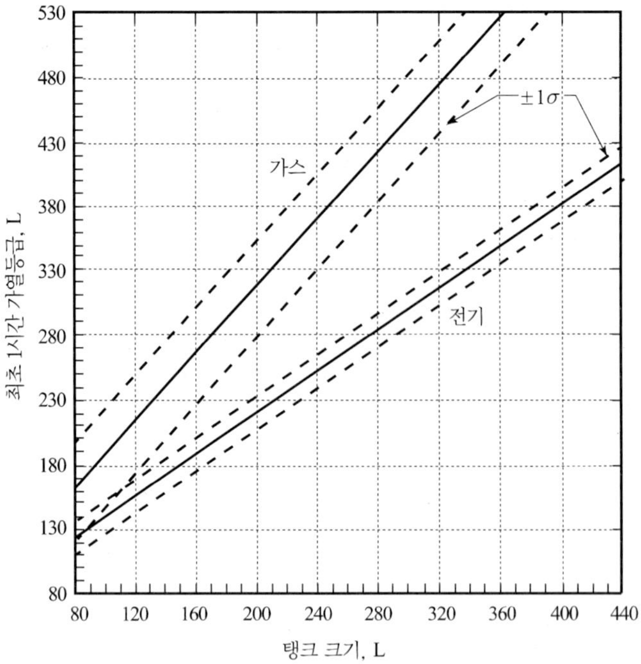

자료 참고문헌 5, Chapter 50 Fig.10에 의거 재작성

그림 9 주택용 온수 가열기의 탱크 크기와 가열량의 관계

FHR은 **표 7**에서 '1시간 사용량'으로 온수 가열기의 성능을 표시하는 것처럼 온수 가열기 성능특성을 표시하는 것이다.

주거용 온수 가열기의 크기는 1시간 미만(종종 15분) 동안의 온수 사용량을 기준으로 결정된다. 이런 짧은시간 동안의 저탕탱크 용량은 주거용에서의 최초 1시간능력 보다 온수 공급능력을 더 잘 보여주는 지표이다.

온수가열기의 크기를 설정할 때 고려해야 할 또 다른 요인은 가열 온도이다. 저장탱크 내의 수온이 낮을 경우, 주어진 온수 공급량을 충족하기 위해 탱크 용량과 가열량 입력 속도를 크게해야 할 수도 있다.

4 온수 가열기 설정온도

설정온도를 고려하여 온수가열기를 선정한다. 온수 탱크 내의 수온이 낮으면 탱크 체적이나 가열량이 증가될 수 있다. 반대로 온도가 높으면 사용 중 화상을 입을 수 있다는 점에 유의하여야 한다.

그래서 제조업체에서는 온수 사용 시의 화상 사고를 미연에 방지할 수 있도록 초기 설정온도를 50°C로 권장하는 주거용 온수기를 보급하고 있다.

온도 설정점을 낮추면 일반적으로 온수 대기손실이 줄고 온수기의 효율을 증가시키며 가열부하 뿐만 아니라 온수량도 줄일 수 있다.

전형적인 가족의 구조(가족의 규모, 가족 구성원의 나이, 어린이의 존재와 나이)와 생활방식(온수 사용량, 온도 조건 등)은 온수 소비량과 사용시간 분포 등에 크게 영향을 미친다.

(3) 공동주택의 온수사용량

1 온수 수요와 사용량 지침

공동주택에서의 온수 공급방식은 ①개별 난방방식을 적용한 경우와 ②중앙 집중식 난방방식을 적용한 경우가 다르다. 개별난방 방식을 적용하는 경우는 일반주택과 같다. 보통은 열원이 난방과 겸용이고, 공급되는 급수량의 일부가 온수로 사용된다.

중앙집중식 난방방식을 적용한 경우의 온수 사용량은 설치된 기구수 기준의 동시사용유량이 된다.

2 세대 구성에 따른 부하의 정도

표 8은 공동주택의 세대 구성에 따라 사용 정도를 저/중/고로 구분한 온수 사용량에 대한 지침이다. 가열량과 저탕량을 조합하면 적정한 용량을 선정할 수 있다.

표 8을 선도화 한 것이 **그림 10**이다. 선도에서 ①저-사용선도는 일반적으로 직장인, 고소득 부부 거주자의 공동 주택에, ②중-사용 선도는 독신의 저소득, 한 부모 가족 거주자의 공동주택에, ③고-사용의 최대 온수선도는 아이가 많은 저소득의 직장을 다니지 않는 거주자의 공동주택에 해당한다. 누적량이란 그 시간까지의 평균 온수 사용량이다.

표 8 공동주택에서의 온수 수요와 사용량 지침(공급 온도 50℃기준, L/인)

부하	최대 사용시간, 분						1일 최대	1일 평균
	5	15	30	60	120	180		
저	1.5	3.8	6.4	10.6	17.0	23.1	76	53
중	2.6	6.4	11.0	18.2	30.3	41.6	185	114
고	4.5	11.4	19.3	32.2	54.9	71.9	340	204

자료 참고문헌 5. Chapter 50 Table 7에 의거 재작성

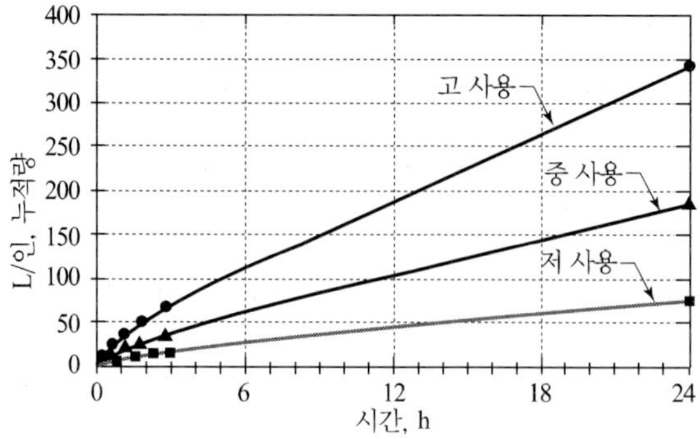

자료 참고문헌 5, Chapter 50, Fig.15에 의거 재작성

그림 10 공동주택의 온수 누적 사용량

3 가열량과 온수 저탕탱크 용량

표 8과 **그림** 10으로 공동주택의 온수가열기를 선정한다. 온수부하를 만족 시키는데 필요한 최소 평균가열량은 평균 온수량을 급수 온도에서 온수 온도까지 가열할 수 있는 양이다. 가열량에 필요한 저탕량은 그 시간을 통한 누적량이다. 가열량과 온수 저장탱크의 체적을 계산하는 것은 **그림** 10이나 **표** 8에서 여러 체적을 선택하거나, 가열량과 그에 해당하는 시간을 결정하는 것이 가장 쉬운 방법이다(**예제** 4 참조).

이러한 자료를 적용할 때 설계자는 건물이 앞으로도 오래 더 사용될 것이라는 점에 유의해야 한다. 이는 기존의 온수 공급량을 증가시키거나 향후 온수 시스템의 개선을 위해 다른 공간과의 연결을 허용할 수도 있기 때문이다.

(4) 상업과 산업시설의 온수 사용량

1 건물별 시간 최대와 1일 최대 및 1일 평균 온수량

대부분의 상업과 산업시설에서 온수를 사용한다. 전체 체적과 유량, 최대부하 지속시간 및 온수 온도는 요건에 따라 다르다. 그러므로 온수가열기와 온수공급 방식은 이러한 요건에 따라 선정되어야 한다.

건물의 유형별 온수 사용형태가 다르므로 온수부하 역시 다르다. 기숙사, 호텔, 병원 사무소 건물, 음식점, 학교 등의 온수부하 특성을 살펴보면 다음과 같이 요약되며, 건물별 온수사용 자료와, 가열기와 탱크의 크기를 선정하는 각각의 선도(**그림** 13~**그림** 20

표 9 건물 종류별 온수 수요 및 사용량[1]

건물 종류	시간 최대 사용량	1일 최대 사용량	1일 평균 사용량
남자 기숙사	14.4 L/학생	18.3 L/학생	49.7 L/학생
여자 기숙사	19 L/학생	100 L/학생	46.6 L/학생
호텔: 객실 수[2]			
20 이하	23 L/객실	132.6 L/객실	75.8 L/객실
60	20 L/객실	94.8 L/객실	53.1 L/객실
100 이상	15 L/객실	56.8 L/객실	37.9 L/객실
병원	17 L/침대	114 L/침대	69.7 L/침대
업무용 건물	1.5 L/인	7.6 L/인	3.8 L/인
급식시설			
A형; 정식식당, 구내식당	5.7 L/(식사.h)	41.7 L/(식사.h)	9.1 L/(식사.h)[3]
B형; 간이식당	2.6 L/(식사.h)	22.7 L/(식사.h)	2.6 L/(식사.h)[3]
공동주택 : 세대 수			
20 이하	46 L/호	303 L/호	159 L/호
50	38 L/호	277 L/호	152 L/호
75	32 L/호	250 L/호	144 L/호
100	27 L/호	227 L/호	140 L/호
200 이상	19 L/호	195 L/호	133 L/호
초등학교	2.3 L/학생	5.7 L/학생	2.3 L/학생
중고등학교	3.8 L/학생	13.6 L/학생	6.8 L/학생

주 (1) 최신 저유량 기구 및 장치는 포함되지 않은 자료임.
(2) 중간 값의 보간.
(3) 작동일 기준.

자료 참고문헌 5, Chapter 50, Table 6에 의거 재작성.

참조)[15]를 사용할 수 있다.

추가적으로 사용되는 온수량이 있을 때는 해당 선도에서 구한 값에 가열량과 저탕량을 합산해야 한다. 예를 들어 업무용 건물에는 직원 식당과 같은 급식시설이 들어가는 경우가 많으므로, 이런 경우에는 추가로 사용되는 온수량에 따른 가열량과 저장능력을 더하여 온수 저장탱크와 가열기의 크기를 정하여야 한다. **표 9**는 건물 종류별 시간최대와 1일 최대 및 1일 평균 온수량을 보여주는 것이다.

15. 참고문헌 5, Chapter 50, Fig16~23에 의거 재 작성

2 기숙사

기숙사 건물에서의 온수는 일반적으로 샤워와 세면기, 청소싱크 및 세탁에 주로 사용된다. 그중 샤워에서 소비되는 온수량이 가장 많다.

온수부하는 최대 사용량이 1~2 시간 지속된 후 급격히 줄어든다. 최대 사용 시간은 주로 자정쯤의 밤이다. **그림 13**은 주방 급식용의 온수 사용량은 포함되지 않은 것이다.

3 호텔

온수는 객실, 주방, 종업원시설, 임대시설 등에서의 욕조/샤워와 세면기 및 일반 청소용에 사용된다. 일반적으로 샤워 사용에 의한 최대 온수수요는 1~2 시간 지속되고 급격히 떨어진다. **그림 14**는 급식과 세탁 및 수영장에서의 사용량은 포함되지 않은 것이다. 객실 부분에서의 사용량은 비교적 정량적 임에 비하여 호텔 전체의 사용량은 호텔의 성격이나 설치된 시설에 따라 크게 다르다.

호텔은 시티호텔, 비즈니스호텔, 리조트호텔 등 특정의 성격을 가지므로 계절에 따라 부하변동이 큰 경우도 있다. 시티호텔이나 비즈니스호텔의 경우 겨울철 소비량은 여름철보다 20~50% 정도 많다.

객실 수가 작은 경우 1실 또는 1인당의 1일 사용량은 변동이 심하지만, 객실 수가 많아지면 공동주택의 경우에서와 같이 평균값이 된다.

4 종합병원

종합병원에서의 온수 사용량은 병원의 성격, 규모, 설비내용 등에 따라 크게 다르다. 병상 수 기준의 사용량 보다는 연면적 대 사용량 간의 상관관계가 높다. 이는 입원환자 이외의 다른 부문에서 사용되는 온수량이 많기 때문이다.

온수는 욕조/샤워와 세면기, 청소싱크, 주방기기 및 일반 청소용에 필요하다. **그림 15**에는 주방용 온수 사용량이 포함되었지만, 대형물 세탁과 치료 목적용과 같은 장비에서 사용되는 온수량은 추가하여야 한다.

재활치료를 위한 수치료실이 있는 경우에는 10 m^3 전후의 물 목욕용 풀과 하바드탱크[16]가 설치된다. 온수부하에 영향을 미치는 것은 목욕용 풀이며, 욕조의 1/2 양을 30분간 정도로 공급한다. 풀에 채워진 물은 6시간 동안 사용하며, 그 동안의 수온 확보를 위하여 풀 수량의 0.1% 정도의 온수가 공급된다.

수치료실이 사용되면 사용되지 않는 날에 비하여 사용량이 10% 정도 증가한다.

5 사무소 건물

온수의 주요 사용처는 거주자와 방문객이 사용하는 세면기, 탕비실, 사원용 주방 및 청소용과 임대시설(tenant) 등이다. 그러므로 온수순환 방식을 사용하거나 국부 온수가열기를 설치하여 온수사용 효율을 향상시킬 수 있다. **그림** 16은 임대시설에서 사용될 온수량은 포함되지 않은 것이다.

임대시설에 온수를 사용해야 하는 식당, 진료소, 미용실 등이 포함될 경우는 ①건물 전체에 공급되는 중앙식 온수를 사용할 것인지, ②주방 등의 사용처별로 국소식 온수공급 방식을 적용할 것인지의 설계계획에 따라서 급수량과 온수 공급량은 달라진다. 실무적으로 입대시설에 대한 온수공급은 국소식으로 계획되는 경우가 많다. 이는 건설계획 단계에서의 임대업종과 준공 후 실제 입주하는 업종 간에는 차이가 있기 때문이다. 그러므로 임대관리의 편의상 입주자 전용의 국소식 온수 공급방식을 채택하는 것이다. 따라서 임대 부분에 대한 온수 사용량을 감안하여 급수량이 부족하지 않도록 계획하여야 한다.

6 음식점(급식 시설)

음식점에 대한 저탕량-가열량 관계는 **그림** 17과 같다. 음식점의 주방은 커피전문점, 주점, 스낵, 식당과 같이 여러 독립적인 급식 시설로 분류할 수 있고, 학교와 사무소 건물, 호텔, 병원, 그리고 교정시설 등에도 주방이 있다.

온수는 그릇과 컵, 조리기구 등의 세척용, 기타 음식 준비와 바닥청소, 기구 청소 및 수세용으로도 사용한다.

커피숍과 스낵 식당 같은 소규모 시설은 1회용 식기를 사용하므로 온수사용 부하가 낮은반면, 일반식당이나 구내식당과 같은 대규모 시설의 주방에서는 식기를 재사용 한다. 온수의 용도는 그릇과 컵, 도마 등의 기기 세척용이 주가 된다.

---

16. Hubbard Tank. 수치료 및 마사지 기구로, 이학치료(理學治療)의 한 부분을 이루고 있다. 바닥에 고정된 누에고치 형태의 금속제로 용량은 1 200 L. 운동기능 장해가 있는 환자를 치료하기 위한 것으로, ①기포욕(氣泡浴), ②분류욕(噴流浴), ③압주욕(壓注浴), ④샤워를 할 수 있다. 그러므로 적합한 수압이 작용해야 하고 물의 온도도 조정할 수 있는 기능을 포함하고 있다.

간이식당은 음식 준비와 청소 및 화장실용으로 온수을 사용한다. 식기세척 부하는 크지 않다. 온수은 주로 개점 직후와 마감 직전의 청소 시간에 최대로 사용 한다.

7 학교

학교에서의 온수는 세면기, 구내식당의 주방 등에서 사용되는 것이다.

초등학교에 대한 저탕량-가열량 관계는 **그림 19**과 같고, 온수는 세면기와 구내식당의 주방에서 주로 사용되며, 샤워가 있을 경우에는 온수 공급량을 추가해야 한다. 식기세척기용 온수은 포함한다.

중고등학교에 대한 저탕량-가열량 관계는 **그림 20**과 같고, 온수는 샤워와 세면기, 식기세척, 주방 및 일반 청소용으로 사용된다.

3.2 기구급수 부하단위법

(1) 표준방법

급수부하 계산과 동일한 방법 즉, **제4장**에서 설명된 기구급수 부하단위(WSFU)를 기준으로 위생기구를 비롯하여 구간별, 계통별 및 전체 시스템에서의 동시사용유량(water supply demands)을 구하는 것이다.

그리고 이 값을 토대로 기구 온수관으로부터 구간별, 계통별 및 전체 시스템에 이르기까지 온수 배관지름을 결정한다.

계산절차는 급수에서와 같이 ①건물이나 시설에 거주하거나 점유할 인원수를 구한다. ②인원수를 기준으로 설치해야 할 위생기구 수를 결정한다. ③기구수에 WSFU를 곱하고 이들의 합계(WSFUs)로 동시사용유량을 구한다. 이러한 과정은 말단의 기구로부터 시작하여 구간별, 계통별 및 전체 시스템별으로 이어진다.

온수부하는 급수 부하계산과정에서 이미 계산된 값을 그대로 사용하거나, 이를 기준으로 온수 부분만을 사용하면 된다.

예제 1

연면적 33 000 m^2, 지상 10층 사무실 건물의 생활용 온수부하와, 가열량 및 저탕탱크 용량을 구한다. 다만, 난방방식은 중앙집중식이며, 1층부터 10층까지 전층은 사무실 용도이다. 거주인원은 3 600명, 매 층의 남녀 비율은 50:50 으로 한다. 온수 공급온도는 50℃, 급수온도는 5℃이며, 가열장치의 열효율은 80%, 탱크의 유효율은 70%로 하고, 설치할 위생기구수는 표와 같다.

I 기구별 설치 수량

구분			변기	소변기	세면기	음수기	서비스싱크
기구수	층별	남	2	3	4	2	1
		여	7	–	7	2	
	전체	남	20	30	40	20	10
		여	70	–	70	20	

풀이 (1) 온수 부하

① WSFU 집계

온수를 공급해야 하는 기구별 WSFUs를 구한다.

제4장 표11로부터 세면기-1, 음수기-0.5, 서비스 싱크-3 이나 급수와 온수를 별도로 공급하는 경우이므로, 3/4을 적용한 결과는 다음 표와 같다.

I WSFUs

구분			세면기	음수기	서비스싱크	계
WSFUs	층별	남	4×0.75 = 3	2×0.375 = 0.75		3.75
		여	7×0.75 = 5.3	2×0.375 = 0.75	1×2.25 = 2.25	8.3
	전체	남	30	7.5		37.5
		여	53	7.5	22.5	83

② 동시사용유량

WSFUs = 120.5(37.5+83) → 122를 적용하고 이에 해당하는 동시사용유량을 구하면 187 LPM이 된다(**부록2** 참조).

(2) 가열량

① 온수 가열기 효율이 80%일 때, 온수 공급량 187 LPM(= 3.12 L/s)에 대한 가열량은 식 (1)을 적용하여

$$q_i = (Q_h c_p \rho \Delta t)/\eta$$
$$= (3.2\,\mathrm{L/s} \times 4.1868\,\mathrm{kJ/kgK} \times 1.0\,\mathrm{kg/L} \times (50-5)℃)/0.8$$
$$= 753.6\ \mathrm{kW} \rightarrow 754\ \mathrm{kW}$$

② 온수 저장탱크의 용량

유효율은 70%, 온수 공급량 11 220 L/h(187 LPM)이므로

2시간 분으로 하면

$$V=(11\,220\,L \times 2)/0.7 = 32\,057.1\,L \rightarrow 32\,000\,L = 32\ \mathrm{m}^3$$

1시간 분으로 하면

$$V=11\,220\,L/0.7 = 16\,028\,L \rightarrow 16\,000\,L = 16\ \mathrm{m}^3$$

이 된다.

그러므로 가열량과 저탕량의 적절한 조합으로 시스템에 적합한 용량을 결정할 수 있다.

예제 2

400명을 수용하는 여학생 기숙사에 대해 다음 조건의 온수 공급설비 용량을 계산한다. 온수 공급온도는 50℃, 급수온도는 5℃이다. 가열장치의 열효율을 80%, 저장탱크의 유효율은 70%로 하여 온수부하와 가열량 및 온수 저탕탱크 용량을 구한다.

풀이 (1) 표준방법을 적용하여 온수부하를 구한다

① 기구수

제3장 표 5 No.7 b)에서 기숙사에 설치할 위생기구수를 구하면 다음과 같다.

ㅣ 기숙사에 설치할 위생기구 수

세면기	음수기	샤워(또는 욕조)	런더리 트레이	서비스 싱크
· 20인까지 2개, · 20인 초과 시 20인당 2개 추가 · (400−20)/20 = 19 그룹 2×19 = 38개 · 합계 40개	· 100인당 1 · 400/100 = 4 대	· 20인까지 2개, · 20인 초과 시 20인당 1개 추가 · (400−20)/20 = 19 그룹 1×19 = 19개 · 합계 21개	· 100인당 1 · 400/100 = 4개	층당1

② WSFUs

제4장 표 11의 주거 이외의 건물(상업용)을 적용한다. 온수 사용기구는 세면기, 음수기, 샤워, 런더리 트레이와 서비스 싱크이고, 온수 기준 WSFU는 세면기-0.75(1 × 3/4) 음수기-0.375(0.5 × 3/4), 샤워(연속사용)-3.75(5 × 3/4), 런더리 트레이(세탁기로 간주)-3(4 × 3/4), 서비스 싱크(세탁기와 동일로 간주)-3(4 × 3/4)를 적용하여 집계한 결과는 다음과 같다.

| WSFUs

	세면기	음수기	샤워 (또는 욕조)	런더리 트레이	서비스싱크	계
기구수	40	4	21	4	2(2개 층)	
WSFU	0.75	0.375	3.75	3	3	
WSFUs	30	1.5	78.75	12	6	128.25 → 130 적용

③ 동시사용유량

WSFUs = 130에 해당하는 동시사용유량은 193 LPM(3.21 L/s)이 된다(**부록 2** 참조).

(2) 가열량을 구한다

가열기의 효율이 80%이므로 식 (1)을 적용하여

$$q_i = (Q_h c_p \rho \Delta t)/\eta$$
$$= (3.21\,L/s \times 4.1868\text{ kJ/kgK} \times 1.0\text{ kg/L} \times (50-5)℃)/0.8$$
$$= 755.97\text{ kW} \rightarrow 756\text{ kW}$$

(3) 온수 저탕탱크 용량을 구한다.

유효율 70%를 적용하고 2시간분 저장으로 하면

$$V = (11\,580\ L/h \times 2)/0.7 = 33\,085.7\,L \rightarrow 33\,000\,L = 33\text{ m}^3$$

유효율 70%를 적용하고 1시간분 저장으로 하면

$$V = (11\,580\ L/h \times 1)0.7 = 12\,542.9\,L \rightarrow 13\,000\,L = 13\text{ m}^3$$

이 된다.

그러므로 설계 시에는 가열량과 저탕량의 조합으로 시스템에 적합한 용량을 결정할 수 있다.

(2) 헌터곡선 사용법

NSPC의 표준방법 이전에 사용하던 것으로, 헌터의 방법[17]을 기반으로 하며, 다양한 건물 유형에 대한 여러 가지 요소가 적용된 것이다. 따라서 여러 가지 도표를 함께 사용하

17. 참고문헌 9. 제1장 3.3 참조

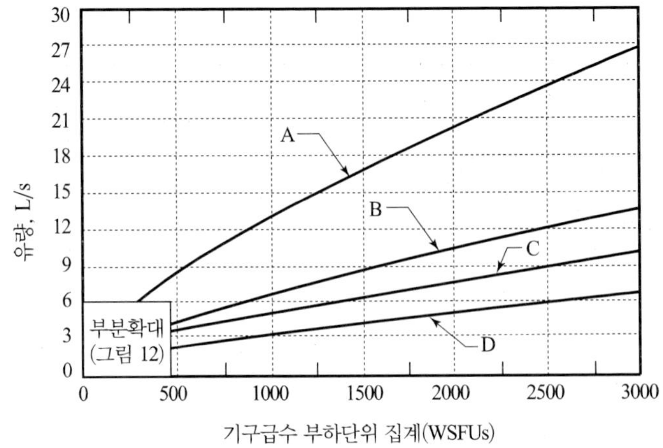

주 (1) 곡선 A: 식당. 곡선 B: 병원, 기숙사, 호텔. 곡선 C: 아파트. 곡선 D: 사무소 건물, 학교.
(2) 일반적인 기구(최신의 저유량 기구 제외) 사용 기준임

그림 11 온수량 계산용 수정 헌터곡선

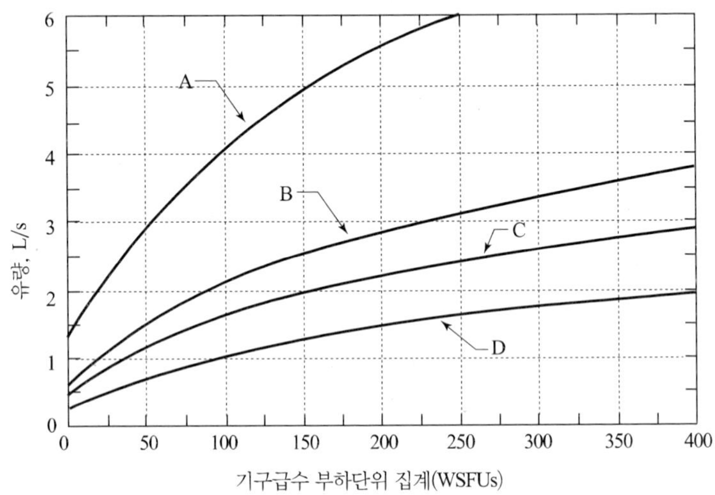

주 (1) 곡선 A: 식당. 곡선 B: 병원, 기숙사, 호텔. 곡선 C: 아파트. 곡선 D: 사무소, 학교.
(2) 일반적인 기구(최신의 저유량 기구 제외) 사용 기준임

그림 12 온수량 계산용 수정 헌터곡선(그림 11의 부분 확대)

여야 한다.

스포츠 시설, 체육관, 공장, 병원 및 기타 시설에서는 샤워실, 시설용 장비, 세탁기 등이 주기적 또는 일시적으로 사용이 집중되므로 특별한 고려가 필요하다. 이러한 곳에서는 모든 장비가 동시에 사용될 수 있으므로, 이 때의 총 온수량을 계산하여 수정된 헌

터곡선의 최대 온수량에 추가해야 한다.

기구급수 부하단위법은 건물의 유형별 다원화된 온수 시스템용 온수 가열기 크기를 온수량 기준으로 결정하는 반면, 온수 배관의 크기는 기구로 공급되는 전체 유량에 맞게 크기가 선정되야 한다.

그림 11로부터 WSFUs를 일치시켜 최대 온수 수요를 구한다. 온수량 추정을 위한 기구수를 알 수 없을 때는 선도 외에 **표 10**과 **표 11**을 사용한다. 결과는 실제 계산된 WSFUs로 결정된 유량보다 크다. 히터의 유량은 **그림 11**이나 **그림 12**를 사용하여 결정한다.

예제 3

학생 600명의 초등학교에 공중용 세면기 60개, 청소 싱크 6개, 주방 싱크 4개, 샤워 6개, 0.54 L/s의 식기세척기 한 개가 있다. 다음과 같은 방법으로 온수 부하를 구한다.

풀이 (1) 개략 기구수 기준

표 11로부터 학생당 WSFU = 0.3 이므로

$$600 \text{ 인} \times 0.3 \text{ WSFU/학생} = 180 \text{ WSFUs}$$

샤워는 포함되어 있지 않으므로 **표 10**에서 샤워는 1.5 WSFU이므로

$$1.5 \text{ WSFU / 샤워} \times 6 \text{ 샤워} = 9 \text{ WSFUs}$$

를 추가한다.

$$\text{WSFUs} = 180 + 9 = 189 \text{ WSFUs}$$

그림 12의 곡선 D에서, 189 WSFUs에 해당하는 유량은

$$1.4 \text{ L/s} = 84 \text{ L/min} = 5\ 040 \text{ L/h}$$

가 된다.

(2) 실제 기구수 기준

실제 기구수와 **표 10**에서 기구별 WSFU를 적용하면 다음과 같다.

기구	수량	WSFU	WSFUs
세면기	60	0.75	45
청소용 싱크	6	2.5	15
주방 싱크	4	0.75	3
샤워	6	1.5	9
계			72

그림 12의 곡선 D에서 WSFUs = 72에 대한 유량은 0.9 L/s이고 식기세척기 0.54

L/s이므로 총 유량은

$$0.9\ \mathrm{L/s} + 0.54\ \mathrm{L/s} = 1.44\ \mathrm{L/s}$$
$$= 86.4\ \mathrm{L/min}$$
$$= 5\ 184\ \mathrm{L/h}$$

가 된다.

(3) 평가

예제에서는 개략적으로 산출한 유량이 실제 기구수로 계산한 유량보다 약간 작았다. 그러나 규모에 따라서는 개략적인 기구수로 계산된 유량이 실제 기구수 기준으로 계산한 유량보다 2 배정도로 크게 될 수도 있다. 그러므로, 기구수를 정확히 추정할 수 없을 경우의 개략 유량을 알아보기 위한 정도 이외에는 실제 기구수를 사용하여 유량을 선정하는 것이 좋다.

표 10 기구별 기구급탕 부하단위 (60℃ 온수 기준)

	공동주택	체육관	병원	호텔, 기숙사	공장	사무소	학교
개인용 세면기	0.75	0.75	0.75	0.75	0.75	0.75	0.75
공중용 세면기	–	1	1	1	1	1	1
샤워	1.5	1.5	1.5	1.5	3.5	–	1.5
욕조	1.5	–	1.5	1.5	–	–	–
주방용 싱크	0.75	–	3	1.5	3	–	0.75
청소용 싱크	1.5	–	2.5	2.5	2.5	2.5	2.5
수치료 욕조	–	–	5	–	–	–	–
식기 세척기	1.5	250 의자 당 5 WSFU					

주 일반적인 기구(최신의 저유량 기구 제외) 사용 기준임

표 11 온수량 예측용 자료

건물 종류	WSFU
병원	2.5/침상
호텔	2.5/객실
사무소	0.15/인
초 중고등학교	0.30/학생*
공동주택	3.00/호

주 *샤워 부하는 WSFU에 가산해 주어야 한다

3.3 가열량과 저탕량 선도 사용

(1) 가열량 대 저탕량 선도

1 용도

ASHRAE 방법으로, 건물유형별 가열량-저탕량 선도를 사용하는 것이다.

그림 13~그림 20과 같이 온수부하 특성이 다른 대표적인 건물(기숙사, 호텔, 병원, 사무소 건물, 음식점, 공동주택, 학교)에서의 온수 가열량과 저탕용량 간의 상관관계를 나타낸 것이다. 건물 유형에 해당하는 선도로부터 간단하게 온수 부하에 적합한 온수 가열량과 저탕량를 구할 수 있다. 다만, 선도는 소유량을 사용하는 최신의 기구가 포함되지 않은 것이므로, 소유량 기구가 포함되는 설계에서는 이러한 기구들의 유량을 감안하여야 한다.

최대 온수 사용량을 가열할 수 있도록 가열량을 크게 하거나, 온수 저장탱크를 사용하여 가열량을 작게 할 수도 있다.

2 가열장치의 능력

가열장치의 능력 즉 가열량이란 단위시간에 물을 가열할 수 있는 가열능력과 피크로드에 대비한 저탕용량이다.

3 가열량과 저탕량의 관계

선도에서 저탕량과 가열량의 어떠한 조합으로도 온수 공급량을 만족시킬 수 있다. 선도에서 최소 가열량을 사용하면 저탕량은 최대가 되고 가열량을 크게 할수록 저탕량은 작아진다.

그림에서의 저탕량은 순수 사용량을 기준한 것이다. 저장탱크 체적의 60~80%의 온수를 사용할 수 있는 것으로 가정하면, 탱크의 크기는 사용할 수 없는 온수량을 감안하여 25~66% 범위에서 체적을 증가시켜야 한다.

4 선도 적용시 고려사항

선도를 적용할 때에는 다음과 같은 점을 고려하여야 한다. ①건물별 고유의 용도에

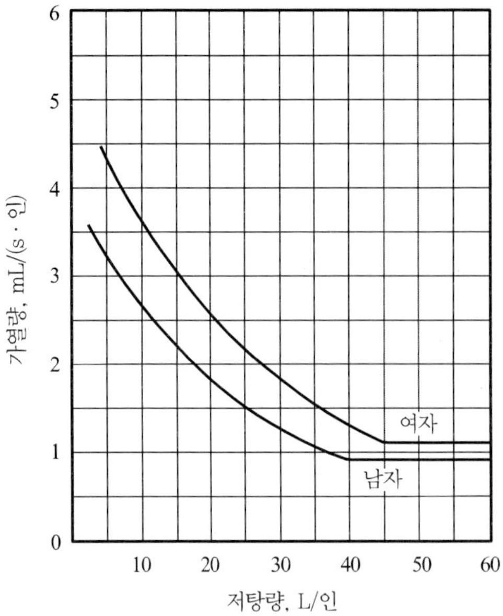

그림 13 기숙사

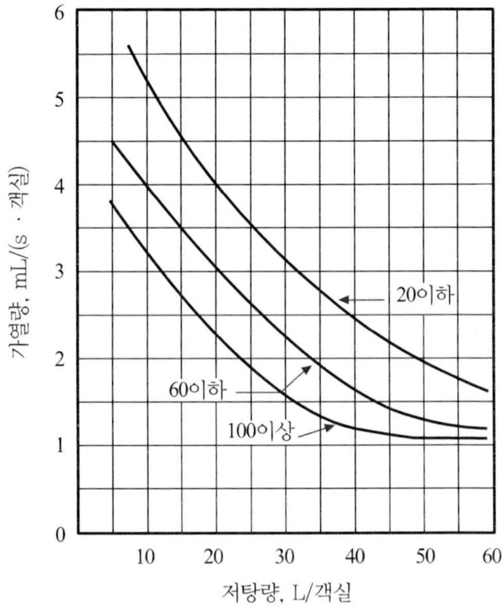

그림 14 호텔

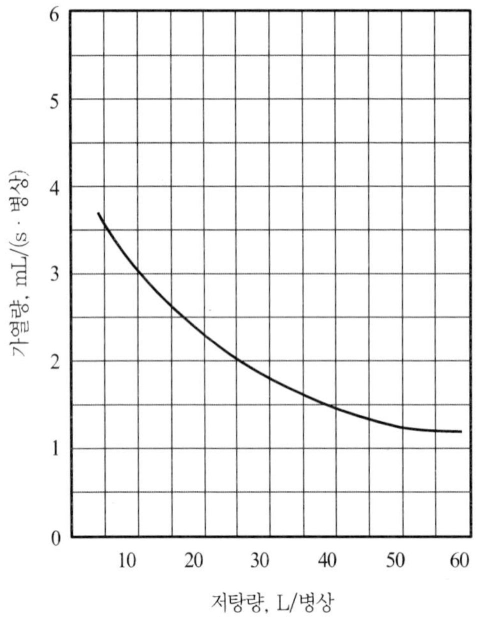

그림 15 병원

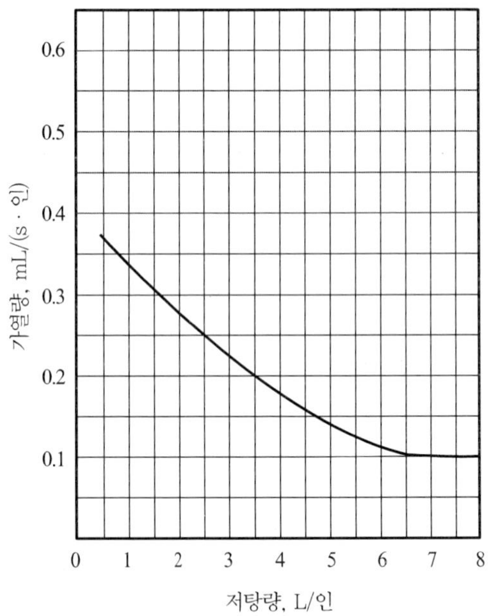

그림 16 사무소건물

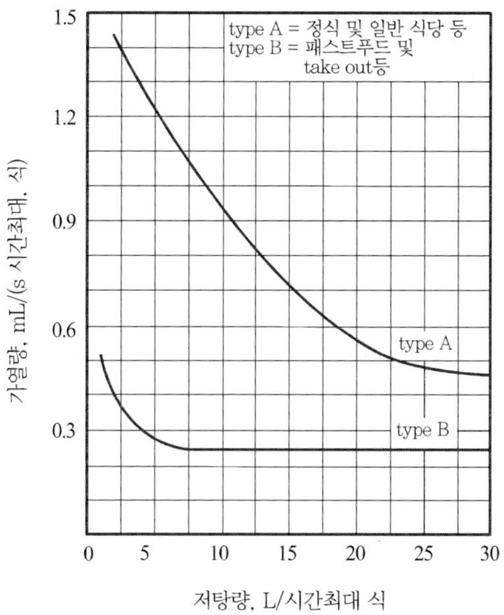

그림 17 음식점

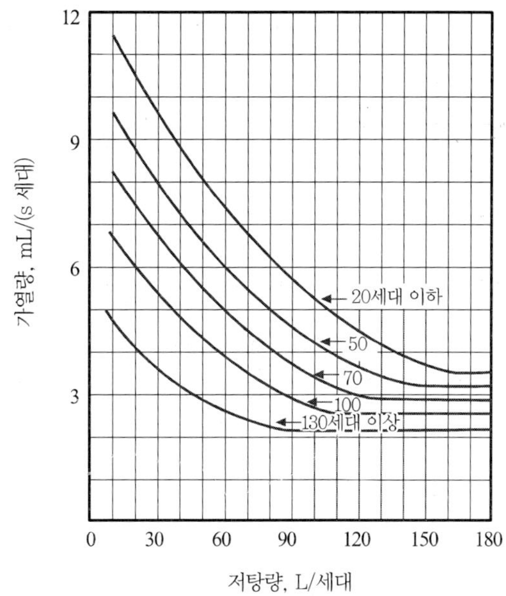

그림 18 공동주택

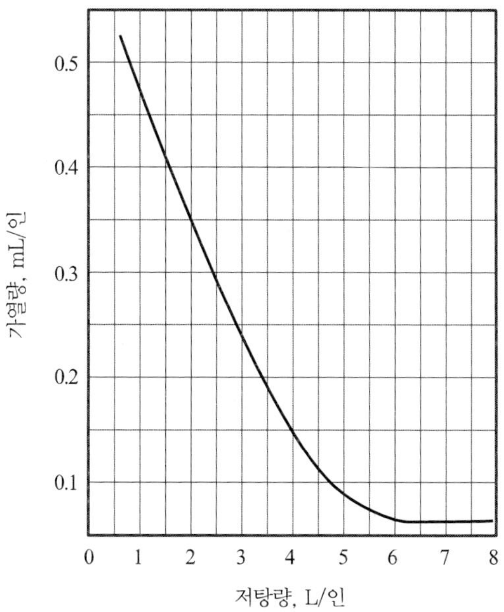

그림 19 초등학교

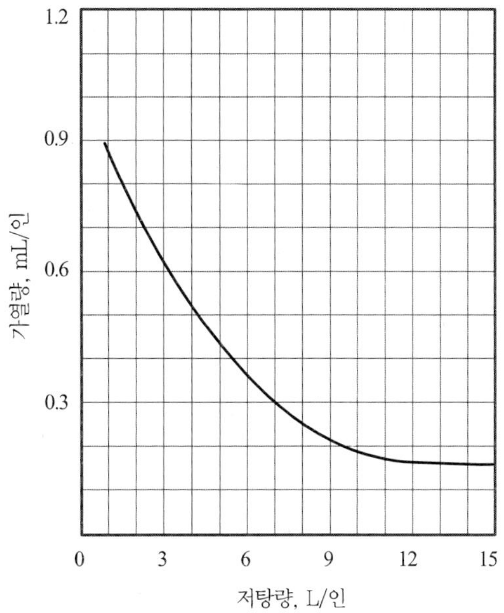

그림 20 중고등학교

대한 온수 공급량을 기준한 것이므로 다른 용도(예 사무소 건물에 식당이 들어가는 등)의 온수량이 있는 경우에는 이를 추가하여야 한다. ②가열량은 열손실을 고려하지 않은 것이므로 저장탱크와 배관에서의 열손실을 가산하여야 한다. ③저탕용량은 유효용량 이므로, 탱크용량은 유효율 60~80%을 고려하여 크기를 결정하여야 한다.

(2) 건물 유형별 온수부하 계산연습

1 공동주택

아파트와 같은 공동주택에 대한 급탕 부하를 계산하는 데는 여러 가지 방법이 적용된다. 대부분 통계자료와 선도를 사용하는데, 이는 온수사용에 지장을 주지 않는 최소한의 가열 부하와 저탕용량을 구하기 위함이다.

여기서는 **[예제 4]**와 **[예제 5]**를 통하여 ①간이 계산법, ②정밀 계산법과 ③선도 이용 방법을 설명한다.

예제 4

직장을 가진 가족과 독신, 보통 소득의 부부가 거주하는 60세대 공동 주택이 있다. 최대 예상 거주자는 250인이며, 온수 공급온도는 50℃, 급수온도는 5℃이다. 가열장치의 열효율을 80%로 하여 가열량과 저탕용량을 구한다.

풀이 (1) 간이 계산법

표 8의 자료를 사용하여 가열량과 저탕량을 계산한다. 가족의 구성으로 보아 중부하에 해당하므로, 이에 대한 자료를 활용한다.

① 5분간 사용을 기준으로 분당 평균 온수 사용량을 구한다.

표 8로부터 250인이 5분간 사용 시의 누적 온수량은

$$2.6\ \text{L/인} \times 250\text{인} = 650\ \text{L}$$

이므로

1분당의 평균 사용량은

$$650\ \text{L/5min} = 130\ \text{L/min} = 2.17\ \text{L/s}$$

가 된다.

가열량은 식 (1)을 사용하고, 열효율 80%를 적용하면

$$\begin{aligned} q_i &= (Q_h c_p \rho \Delta t)/\eta \\ &= (2.17\,L/s \times 4.1868\,kJ/kgK \times 1.0\,kg/L \times (50-5)℃)/0.8 \\ &= 511\,kW \end{aligned}$$

온수 저탕탱크 용량의 유효율는 60~80% 범위이므, 70%을 적용하면

$$V = 650\,L/0.7 = 928.57\,L \rightarrow 929\,L$$

입력 대 저탕용량 비율 즉, 가열량을 탱크용량으로 나눈 값은

$$511\,000\ \text{W}/929\ \text{L} = 562\ \text{W/L}$$

이다.

이는 300 W/L를 초과하므로 열원은 순간 온수기가 된다(**제1장** 6.2 용어의 정의 참조).

② 60분간 사용을 기준으로 하면 누적 온수 사용량은

$$18.2\ \text{L}/\text{인} \times 250\ \text{인} = 4\,550\ \text{L}$$

1분당의 평균 사용량은

$$4\,550\ \text{L}/60\text{min} = 76\ \text{L/min} = 1.26\ \text{L/s}$$

가열량은

$$q_i = (1.26\,L/s \times 4.1868\ \text{kJ/kgK} \times 1.0\,\text{kg/L} \times (50-5)℃)/0.8$$
$$= 297\ \text{kW}$$

저탕탱크 용량은

$$V = 4\,550\,L/0.7 = 6\,500\,L = 6.5\,\text{m}^3$$

이 된다.

같은 방법으로 사용시간을 달리 적용하여 가열량과 탱크 용량 간의 상호 관계가 완성된다. 이를 기준으로 적정한 조합을 찾을 수 있다.

| 간이 계산에 의한 가열량과 저탕용량의 조합

분	L/인	250인 사용량 L	평균사용량 L/s	가열량 kW	저탕량 L
5	2.6	650	2.17	511	929
15	6.4	1 600	1.78	419	2 286
30	11.0	2 750	1.53	360	3 929
60	18.2	4 550	1.26	297	6 500
120	30.3	7 575	1.05	247	10 821
180	41.6	10 400	0.96	226	14 857
1 440	185.5	46 375	0.54	127	66 250

③ 분석

이상의 계산은 온수 공급이 개시된 시점으로부터 특정 시점까지 평균적으로 사용된 온수량 가열에 소비된 에너지를 구한 것이다. 그러나 실제로는 저장된 온수량이 있으므로, 온수 가열기는 해당 온수 사용곡선의 평균 기울기가 아닌 국소 기울기에서의 가열량이다.

예를 들면, 온수 공급 개시 후 처음 5분 정도의 시간에 사용되는 온수량은 새로 가열된 것이 아니고 탱크에 저장되어 있던 온수가 사용될 수도 있다.

온수 가열기는 사용이 연속되는 기간 동안에 필요한 양 만큼만 실시간으로 가

열하면 된다. 결과적으로, 간이 계산법으로 산출된 가열량은 어느 정도 과대하게 된다.

(2) 정밀 계산법

가열량을 보다 정확하게 계산하는 방법은 온수사용 곡선의 국소 기울기 대신 각 시간 간격별로 필요한 가열량을 찾는 것이다. 계산 방법도 간이 계산법과 다르지 않다.

<간이 계산에 의한 가열량과 저탕용량의 조합> 표에서 사용시간 5분에서 최대 설계 누적체적은 650 L, 15분에서는 1 600 L이다.

그 사이 10분(600초)간의 증가 유량(온수 사용곡선의 국부 기울기 임)은

$$(1\,600-650\ \mathrm{L})/600\mathrm{s} = 1.58\ \mathrm{L/s}$$

50℃까지로의 가열량은

$$Q = (50℃-5℃)/0.8$$
$$= 372\ \mathrm{kW}$$

온수 저장탱크의 용량(유효용량 70%)은

$$V = 650\,L/0.7 = 928.57\,L \rightarrow 929\,L$$

이므로,

가열량을 저탕량으로 나눈 값

$$372\,000\ \mathrm{W}/929\ \mathrm{L} = 400\ \mathrm{W/L}$$

이고,

이는 300 W/L보다 크므로 순간 온수 가열기에 해당한다.

표에서 180분에서 최대 설계 누적체적은 10 400 L이고 1 440분에서는 46 375 L이므로, 그사이 1 260분(75 600s)간의 증가유량(곡선의 기울기)은

$$(46\,375\ \mathrm{L}-10\,400\ \mathrm{L})/75\,600\mathrm{s} = 0.48\ \mathrm{L/s}$$

10 400 L의 저탕량을 사용할 때의 가열량은

$$Q = (50℃-5℃)/0.8$$
$$= 113\ \mathrm{kW}$$

저탕탱크 용량은

$$V = 46\,375\,L/0.7 = 66\,250\,L$$

사용 시간을 달리 적용하여 가열량과 탱크용량을 계산하여 상호 관계를 정리하면 아래 표와 같으며, 이를 기준으로 적정한 조합을 찾을 수 있다.

가열량은 24시간 기준값 보다는 커야 하므로, 이 예제에서는 2시간 용으로 저탕량은 10 821 L, 가열량 188 kW로 할 수 있다.

Ⅰ 정밀 계산에 의한 가열량과 저탕용량 조합

분	L/인	250인 사용량 L	평균사용량 L/s	가열량 kW	저탕량 L
5	2.6	650	1.58	371	929
15	6.4	1 600	1.28	301	2 286
30	11.0	2 750	1.00	236	3 929
60	18.2	4 550	0.83	196	6 500
120	30.3	7 575	0.80	188	10 821
180	41.6	10 400	0.48	113	14 857
1 440	185.5	45 375	0.54	127	66 250

주 가열량은 24시간 기준값 보다 커야 한다

(3) 선도 이용법

그림 18을 사용하여 ①가열량이 최소일 때의 저탕용량, ②세대당 가열량이 4 mL/s일 때의 저탕용량을 구한다.

① **그림 18**에서 공동주택 75세대 이하의 경우 최소 가열량은 2.8 mL/(s.세대) 이므로, 전체가열량은

$$2.8\ \text{mL/(s.세대)} \times 60\text{세대} = 168\ \text{mL/s}$$

이고, 저탕량은 130 L/세대 이므로 전체 저탕량은

$$130\ \text{L/세대} \times 60\ \text{세대} = 7\,800\ \text{L} = 7.8\ \text{m}^3$$

유효율이 70%면 탱크 크기는

$$7.8\ \text{m}^3/0.7 = 11.14\ \text{m}^3$$

② 세대당 가열량 4 mL/s일 때 세대당 저탕량은 80 L이므로

$$80\ \text{L/세대} \times 60 = 4\,800\ \text{L} = 4.8\ \text{m}^3$$

탱크 크기는

$$4.8\ \text{m}^3/0.7 = 6.9\ \text{m}^3$$

이 된다.

다만, 앞에서 설명된 것처럼 최신의 소유량 사용기구는 포함되지 않았으며, 배관에서의 열손실도 고려되지 않은 것이므로 온수 저장탱크와 배관의 열손실량을 가산하여야 한다. 선도에서 저탕량과 가열량의 어떠한 조합으로도 온수 공급량을 만족시킬 수 있다. 즉 선도의 최소 가열량을 적용하면 저탕량은 최대가 되며, 가열량을 크게 할수록 저탕용량은 작아진다.

예제 5

300 세대가 거주하는 공동주택에 대하여 다음과 같은 기준을 적용하여 온수가열기 크기를 구하라. (1)가열량이 최소일 때의 저탕량, (2)세대 당 가열량을 4 mL/s일 때의 저탕량.

풀이 (1) 가열량이 최소일 때의 저탕량

① **그림 18**에서 공동주택의 최소 가열량은 2.2 mL/(s.세대) 이므로, 전체 가열량은

$$2.2\ \text{mL}/(\text{s.세대}) \times 300\text{세대} = 880\ \text{mL/s}$$

② 저탕량

최소 가열량 2.2 mL/(s.세대)일 때의 저탕량은 90 L/세대 이므로

$$90\ \text{L/세대} \times 300\ \text{세대} = 27\ \text{m}^3$$

③ 유효율을 70%로 하면 탱크용량은

$$27\ \text{m}^3/0.7 = 38.6\ \text{m}^3$$

이 된다.

(2) 세대당 가열량 4 mL/s일 때의 저탕량

① 세대당 저탕량은 24 L이므로 전체 저탕량은

$$24\ \text{L/세대} \times 300\ \text{세대} = 7\,200\ \text{L}$$

② 저탕탱크 용량은

$$(7\,200)/0.7 = 10\,285\ \text{L} = 10.3\ \text{m}^3$$

이 된다.

계통의 열손실을 구하여 가열량에 더한다.

2 기숙사

기숙사에 대한 온수부하는 **그림 13**을 사용한다. 식당이나 음식점에 대해서는 **그림 17**을 사용하여 별도로 계산하여 합산한다.

예제 6

[예제 2]의 여학생 기숙사에 대하여 (1)가열량이 최소일 때의 저탕탱크 용량, (2)학생 1인당 3.0 mL/s 가열량일 때의 저탕탱크 용량, (3)최소 가열량으로 시간당 400식을 공급하는 식당의 추가 가열량과 저탕탱크 용량을 구한다.

풀이 (1) 가열량이 최소일 때의 저탕탱크 용량

① 전체 가열량

그림 13의 여학생 기숙사에서 최소 가열량은 학생당 1.2 mL/s이므로

$$1.2\ \text{mL/(s.인)} \times 400\text{인} = 480\ \text{mL/s}$$

② 저탕량을 학생당 45 L로 할 때의 전체 저탕량은

$$45\ \text{L} \times 400\text{명} = 18\,000\ \text{L} = 18\ \text{m}^3$$

③ 유효율 70%을 적용한 저탕탱크 용량은

$$18\ \text{m}^3/0.7 = 25.7\ \text{m}^3 \rightarrow 26\ \text{m}^3$$

(2) 가열량이 3.0 mL/s일 때의 저탕량은 15 L/인 이므로

① 총 저탕량은

$$15\ \text{L/인} \times 400\text{인} = 6\,000\ \text{L} = 6\ \text{m}^3$$

이다.

② 저탕탱크 용량은

$$6\ \text{m}^3/0.7 = 8.57\ \text{m}^3 \rightarrow 8.6\ \text{m}^3$$

이 된다.

(3) 음식점에 대한 추가량

그림 17에서 음식점(A 형식)의 최소 가열량은 0.47 mL/식 이므로

① 총가열량은

$$0.47\ \text{mL/식} \times 400\text{식} = 188\ \text{mL/s}$$

이고

② 저탕량는 26.5 L/식이므로 추가 저탕탱크 용량은

$$(26.5\ \text{L/식} \times 400\text{식})/0.7 = 15\,142\ \text{L} = 15.142\ \text{m}^3 \rightarrow 15\ \text{m}^3$$

이 된다.

그리고 계통의 열손실을 계산하여 가열량에 추가한다.

---

3 사무소 건물

사무소 건물에 대한 온수부하는 **그림 16**을 사용한다. 구내식당 등의 음식점에 대해서는 **그림 17**을사용하여 별도로 계산하여 합산한다.

예제 7

[예제 1]에 주어진 조건에 **그림 16**과 **그림 17**을 사용하여 다음 값을 구한다. (1)가열량을 최소로 할 때의 저탕량, (2)1인당 저탕량이 3 L일 때의 가열량과 저탕량, (3)1주에 5일간 운영하는 간이식당의 추가 최소 가열량과 시간당 최대 500식, 1일 평균 1 000식 제공에 따른 저탕탱크 용량, (4)월별 온수 소비량.

풀이 (1) 가열량을 최소로 할 때의 저탕량

그림 16에서 최소 가열량은 0.1 mL · s/인이고, 이때의 저탕량은 6.5 L/인이므로

① 전체 저탕량은

$$6.5 \text{ L/인} \times 3\,600 \text{ 인} = 23\,400 \text{ L} = 23.4 \text{ m}^3$$

이다.

② 저장 유효율 70%일 때의 저탕탱크 용량은

$$23.4 \text{ m}^3/0.7 = 33.42 \text{ m}^3 \rightarrow 33 \text{ m}^3$$

(2) 1인당 저탕량 3 L일 때 가열량은 0.22 mL/s · 인이므로

① 전체 가열량은

$$0.22 \text{ mL/s} \cdot \text{인} \times 3\ 600\text{인} = 792 \text{ mL/s}$$

이고

② 저탕탱크 용량은

$$(3 \text{ L/인} \times 3\ 600\text{인})/0.7 = 15\,428.6 \text{ L} = 15.4 \text{ m}^3$$

(3) **그림 17**의 간이식당(B형식)에서 최소 가열량이 0.26 mL/(시간.식) 이므로

① 가열량은

$$0.26 \text{ mL/(식)} \times 500\text{식} = 130 \text{ mL}$$

이고,

② 저탕량은

$$7.6 \text{ L/식} \times 500 \text{ 식} = 3\ 800 \text{ L} = 3.8 \text{ m}^3$$

③ 저탕탱크 용량은

$$3.8 \text{ m}^3/0.7 = 5.4 \text{ m}^3 \rightarrow 5 \text{ m}^3$$

이므로,

(1)의 값과 합산하면 전체 저탕탱크 용량은

$$33 \text{ m}^3 + 5 \text{ m}^3 = 38 \text{ m}^3$$

이다.

④ 총가열량은 2)와 합산하면

$$720 \text{ mL} + 130\text{mL} = 850 \text{ mL}$$

가 된다.

(4) 월간 온수 소비량

① 업무용 건물에서의 1일 평균 사용량은 **표 9**에서 3.8 L/(인.d)이므로

$$3.8\ \mathrm{L/(인.d)} \times 30\ \mathrm{일/m} \times 3\,600\ \mathrm{인} = 410\,400\ \mathrm{L/m} = 410\ \mathrm{m^3/m}$$

② 간이식당에서의 월간 소비량은 **표 9**에서

1일 평균 사용량이 2.6 L/식이므로

$$2.6\ \mathrm{L/식} \times 1\,000\mathrm{식/d} \times 20\mathrm{일/m} = 52\ 000\ \mathrm{L/m} = 52\ \mathrm{m^3/m}$$

이므로

③ 전체 온수사용량은

$$410\ \mathrm{m^3/m} + 52\ \mathrm{m^3/m} = 462\ \mathrm{m^3/m}$$

이다.

배관계통의 열손실을 계산하여 가열량에 더한다.

예제 8

상시 근무자 수가 500명인 사무소 건물의 온수 가열기를 다음의 기준을 적용하여 구한다. (1)가열량이 최소일 때의 저탕량, (2)1인당 저탕량이 3 L일 때의 가열량과 저탕탱크 용량, (3)1주에 5일 운영하는 간이식당이 있을 경우 추가로 소요되는 최소 가열량과 시간당 최대 200식과 1일 평균 500식을 제공 하는 경우의 저탕탱크 용량, (4)월별 온수소비량.

풀이 (1) 가열량이 최소일 때의 저탕량

그림 16에서 최소가열량은 0.1 mL/(s.인)이므로 전체 가열량은

$$0.1\ \mathrm{mL/(s.인)} \times 500\ \mathrm{인} = 50\ \mathrm{mL/s}$$

저탕량은 6 L/인 이므로 전체 저탕량은

$$6\ \mathrm{L/인} \times 500\ \mathrm{인} = 3\ 000\ \mathrm{L}$$

저장 유효율 70%를 적용하면, 저탕탱크 용량은

$$3\ 000\ \mathrm{L}/0.7 = 4\ 290\ \mathrm{L}$$

(2) 1인당 저탕량이 3 L일 때의 가열량과 저탕탱크 용량은

1인당 저탕량 3 L일 때 1인당 가열량은 0.22 mL/s · 인이므로, 가열량은

$$0.22\ \mathrm{mL/s \cdot 인} \times 500\ \mathrm{인} = 110\ \mathrm{mL/s}$$

저탕탱크 용량은

$$(3\ \mathrm{L/인} \times 500\ \mathrm{인})/0.7 = 2\ 143\ \mathrm{L}$$

(3) **그림 17**에서 간이식당의 B곡선을 적용하고 최소 가열량 0.26mL/시간최대 · 식을

적용하면, 전체 가열량은

$$0.26 \text{ mL/시간최대} \cdot \text{식} \times 200\text{식} = 52 \text{ mL/s}$$

저탕량은 7.6 L/시간최대 · 식 이므로

$$7.6 \text{ L/시간최대} \cdot \text{식} \times 200\text{식} = 1\,520 \text{ L}$$

저탕탱크 용량은

$$1\,520 \text{ L}/0.7 = 2\,170 \text{ L}$$

이다.

(1) 항과 합치면 가열량은 50 mL/s + 52 mL/s = 102 mL가 되고 저탕탱크 용량은

$$4\,290 \text{ L} + 2\ 143 \text{ L} = 6\,433 \text{ L}$$

이다.

(2) 항과 합치면 가열량은 110 + 52 = 162 mL가 되고 저탕탱크 용량은

$$2\ 143 \text{ L} + 2\ 170 \text{ L} = 4\ 313 \text{ L}$$

가 된다.

(4) 월별 온수 소비량

표 9의 업무용 건물 1일 평균은 온수 사용량은 3.8 L/인이므로,

월간 소비량은

$$3.8 \text{ L/(인.d)} \times 30 \text{ d/m} \times 500 \text{ 인} = 57 \text{ m}^3$$

이고

간이식당에서의 1일 평균은 온수 사용량은 2.6 L/식이므로,

월간 소비량은

$$2.6 \text{ L/식} \times 500\text{식} \times 20 \text{ d/m} = 26 \text{ m}^3$$

전체 소비량은

$$57 \text{ m}^3 + 26 \text{ m}^3 = 83 \text{ m}^3/\text{m}$$

이다.

배관계통의 열손실을 계산하여 가열량에 더한다.

4 학교

학교에 대한 온수부하는 **그림 19** 또는 **그림 20**을 사용한다.

예제 9

재학생 수가 2 000명인 고등학교에 사용할 온수가열기 크기와 월별 소비량을 구한다. (1)최소 가열량일 때의 저탕량, (2)최대 저탕탱크 용량을 15 m^3으로 할 때의 순수 저탕량, (3)월별 온수 소비량.

풀이 (1) 최소 가열량일 때의 저탕량

그림 20으로부터 고등학교의 학생 1인당 최소 가열량은 0.16 mL/s이므로

① 전체 가열량은

$$0.16\ \text{mL/s}\cdot\text{인}\times 2\,000\ \text{인} = 320\ \text{mL/s}$$

가 된다.

② 필요 저탕량은 학생 당 11.5 L이고, 탱크의 유효율을 70%로 하면

$$(11.5\ \text{L/인}\times 2\ 000\ \text{인})/0.7 = 32.9\ \text{m}^3$$

이 된다.

(2) 최대 탱크 저탕용량이 15 m^3일 때의 순수 저탕량은

$$15\ \text{m}^3\times 0.7 = 10.5\ \text{m}^3,$$

또는 학생당으로는

$$10.5\ \text{m}^3/2\ 000\ \text{인} = 0.005\,25\ \text{m}^3/\text{인} = 5.25\ \text{L/인}$$

이 되고

이때의 가열량은 **그림 20**으로부터 0.41 mL/s · 인이므로, 전체가열량은

$$0.41\ \text{mL/s}\cdot\text{인}\times 2\,000\text{인} = 820\ \text{mL/s}$$

가 되어야 한다.

(3) 월별 온수 소비량

표 9로부터 1일 평균 사용량은 6.8 L/인 이므로

월별 온수 소비량은 주5일 수업을 기준할 때

$$6.8\ \text{L/인.d}\times 2\,000\text{인}\times 20\ \text{d/m} = 272\ 000\ \text{L} = 272\ \text{m}^3$$

4 가열장치 용량계산

4.1 보일러 일반

(1) 보일러 관련 코드

보일러는 연료를 연소시켜서 발생된 열을 유체로 전달하도록 설계된 압력용기이다. 대부분의 보일러에서 유체는 일반적으로 액체 또는 스팀 형태의 물이다. 보일러 가열 표면은 연소 생성물 또는 화염에 노출되는 표면이면서 유체가 맞닿는 반대표면 영역이다.

보일러의 크기는 정격출력으로 표시한다. 정격출력이란 연속으로 운전할 때 시간당 유량에 온수와 급수온도의 차를 곱한 값 즉, 1시간당의 가열량을 말한다.

보일러는 BPVC의 섹션I(동력용 보일러) 또는 섹션IV(난방용 보일러)의 규정에 합당하게 구성되어야 한다.

(2) 저압과 고압 보일러의 구분

저압 보일러는 최대 작동 압력이 스팀 보일러 경우는 103 kPa, 온수 보일러는 1 100 kPa로 제작된다. 특히 온수 공급용 보일러는 저압용에 해당하며, 작동 온도가 120°C로 제한된다. 그러므로 온도-압력 릴리프밸브는 보일러를 보호하고 설계 제한치를 초과하는 운전을 방지하기 위해 필수적으로 설치하여야 하는 보조 장치이다.

고압 보일러는, 스팀 보일러의 경우 103 kPa, 온수 보일러는 1 100 kPa 또는 120℃ 이상에서 작동하도록 설계된 것이다. 마찬가지로 안전 운전을 위하여 릴리프밸브의 설치는 필수이다.

4.2 온수 공급용 보일러

(1) 가열방식

온수 공급용 보일러는 본체, 연소 또는 열원장치, 제어 및 안전장치, 기타 부속장치로 구성되며, 오일이나 가스 등의 연소열 또는 전기의 발생 열을 전열면을 통하여 물에 전달하는 것이다. 가열장치 내의 물은 끊임없이 새로운 물로 교체되므로 부하변동이 심하기 때문에 온수 보일러는 매우 가혹한 조건에서 사용되는 장비가 된다.

보일러에서 온수를 만들어내는 방법은 앞에서 설명된 것과 같이 ①직접가열식, ②간접가열식과 ③기수혼합 방식 중의 한 가지이다.

기수혼합방식이란, 스팀과 냉수를 혼합하여 온수를 만들어 공급하는 방법으로 혼합밸브를 사용하거나, 일종의 스팀 이젝터[18]를 사용하는 방법이다. 그러나 보일러의 발달로 온수 공급이 간편해지면서 현재에는 거의 사용되지 않는다.

(2) 저탕식과 순간식

저탕식 온수 보일러는 저장 탱크를 겸한 보일러이다. 저장된 온수가 보일러의 정격 온수공급량을 보조하므로 단시간 내에 다량의 온수를 공급할 수 있다는 장점을 가진다. 호텔이나 기숙사, 병원 · 양호시설, 학교, 공장, 레저시설 등의 온수 · 목욕시설, 주방설비 등에 사용된다.

그러나 저장용량을 무한정으로 크게 할 수 없으므로 주로 중규모 시설에 적당하다.

순간식 온수 보일러는 관류식이 대표적이다. 단관식과 복관식이 있으며, 어느 방식이나 모두 수관으로 구성되어 내압성이 좋고 수량도 적어서 취급자격에 대한 조건도 까다롭지 않다. 그러나 온수 사용량에 대한 변화에 따라 온수온도가 변화되므로 샤워가 있는 시설이나 온도 조건이 엄격한 설비에는 적합하지 않다.

4.3 난방 보일러 겸용

(1) 온수용과 난방용을 각각 설치할 경우

주거용을 비롯한 상업용 건물에서의 온수 공급을 위해서는 난방용과 별도의 온수 공급 전용 보일러를 사용하는 것이 효율적이다. 난방은 1년 중 난방 기간에만 가동되지만,

---

18. Steam Ejector. 압력을 가진 스팀을 노즐을 이용하여 고속 분사시키면, 유체의 압력에너지는 속도에너지로 바뀌고, 이 빠른 속도에 의하여 흡입실 내에 진공이 형성되어 저압의 냉수를 흡입할 수 있게된다. 노즐로 분사된 스팀과 흡입된 저압의 냉수는 혼합되고, 확대부를 거치면서 압력에너지로 환원되면서 온수가 된다.

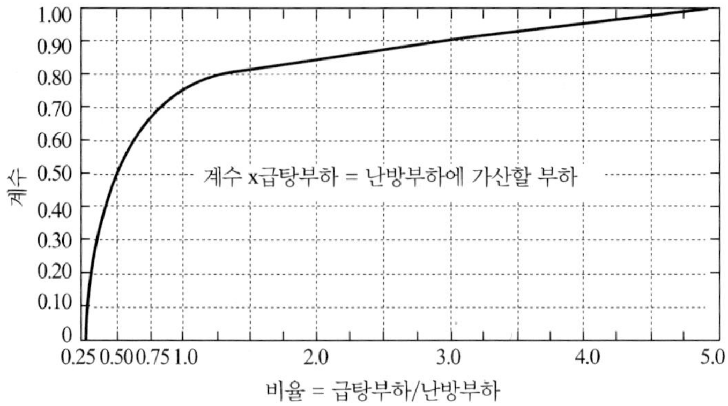

그림 21 온수 난방 겸용 보일러 용량 결정 선도[19]

온수는 1년 내내 사용되기 때문이며, 그래야 온수나 난방의 사용이 편리하다.

최근의 아파트와 같은 공동주택의 경우는 중앙집중식 보다는 세대별로 열원을 두는 소위 개별난방 방식을 적용하는 경우가 많다. 그렇지만 온수 공급은 난방용과 별도로 국소식 온수 전용 보일러를 설치하는 것이 원칙일뿐만 아니라, 열효율이 높고 사용이 편리하다.

난방용 보일러는 열손실량을 기준한 용량으로, 온수 전용 보일러는 동시사용 유량을 요구 온도로 가열할 수 있는 능력으로 선정한다.

(2) 온수용과 난방용을 겸용으로 설치할 경우

설치 공간이나 경제성 등을 고려하여 난방과 온수 겸용 보일러를 사용하도록 하는 설계에서는, 온수용과 난방용으로의 열적 배분이 올바르게 이루어져야 한다. 그렇지 않으면 온수사용도 불편하고 난방도 문제가 될 수 있다. 그러므로 열원의 용량 결정은 신중해야 한다.

난방과 온수 겸용 보일러의 적정 용량은 **그림 21**로부터 구한 온수 가열 부하를 합친 것이다. 즉 겸용 보일러는 온수와 난방 부하를 동시에 만족시켜야 하므로 난방 부하에 대한 온수 부하 비율이 낮으면 가산할 부하도 감소 된다. 피크 시의 온수 가열 부하를 고려하지 않아도 되는 이유는 ①난방 피크 부하와 온수 피크 부하는 동시에 발생하지

---

19. 참고문헌 5. Chapter 50, Fig.25에 의거 재 작성

않으며. ②난방 부하는 외기온도가 가장 낮을 때를 기준으로 하지 만, 이런 날이 연중으로 계속되지 않고, ③건물이 이미 쾌적한 온도에 도달된 상태에서 온수를 사용하므로 보일러 최대 부하는 온수 피크 부하 시와 겹치지 않기 때문이다.

예제 10

165 m^2 규모의 아파트에 온수와 난방 겸용으로 보일러를 설치 하고자 한다. 난방부하는 29.1 kW/h(25 000 kcal/h), 온수부하는 34.8 kWh (30 000 kcal/h)일 때 겸용 보일러의 용량을 구한다.

풀이 그림 21로부터 비율 = 온수부하 ÷ 난방부하 = 1.2 이므로 계수는 0.8이 된다.

∴ 겸용보일러 용량 = 29.1 + (34.8×0.8) = 56.9, kW/h(49 000 kcal/h)

4.4 온수기

(1) 종류

온수기는 코드에서의 보일러에 해당하지 않는 가열기를 말하며, 가정용의 소규모 온수설비나, 이용・미용원, 식당, 레스토랑 등에서 광범위하게 사용되고 있다.

사용 연료나 구조・기능에 따라 순간식 가스온수기, 저탕식 가스온수기, 전기 온수기 등이 주로 사용된다.

(2) 순간식 가스 온수기

일반적으로 순간온수기라고 불리며, 물이 사용되면 자동적으로 점화되어 온수가 공급되는 방식이다. 연속적으로 필요한 양의 온수만큼 가열되며, 소형으로 설치 공간이 작아도 된다. 능력은 5.23 KW(온도 상승 25℃에서 공급량 3 L/min)~627.91 KW(온도 상승 25℃에서 공급량 360 L/min) 정도이다.

순간 온수기는 저탕식에 비하여 ①온수를 저장하지 않으므로 대기 열손실이 작다. ②사용량이 작을수록 에너지 절약이 많다. ③설치 공간이 작으므로 온수 사용기구에 가까이 설치할 수 있어 온수계통에서의 열손실을 줄일 수 있다. ④설치가 쉬워 둘 이상의 온수 가열기를 설치하면 배관이 감소하여 열손실이 감소한다는 등의 장점이 있다.

최근의 가스 온수기는 제어 및 연소기술의 발전으로 온수온도가 자동 조절된다. 설치방식에 따라 벽걸이형과 바닥 설치형이 있으며, 급・배기방식으로는 자연배기식, 밸런스식, 강제 급배기식 등이 있다.

순간 온수기는 감지기로 물의 흐름을 감지하여, 물이 흐르면 가열을 시작한다.

(3) 저탕식 가스 온수기

급속 가열식과 완속 가열식의 2종류가 있다. 완속 가열식은 냉수 70~400 L를 60~80℃ 정도로 가열한 다음 냉수를 혼합하여 적정온도로 만들어 사용하는 방식의 온수기로, 단시간에 다량의 뜨거운 온수를 사용하는 설비에 적합하다.

저탕식 온수기는 온수의 저장부가 밀폐구조이며, 배관을 통하여 필요한 장소에 공급하는 방식이다. 90℃ 전후의 고온의 온수를 얻을 수 있기 때문에 오피스 건물, 학교, 관청, 음식점 등에서 음료용 온수로 널리 사용된다.

(4) 전기 온수기

전기온수기는 히터, 온도조절장치, 밀폐식 저탕탱크로 구성된다. 본체의 대부분이 저탕탱크이고 하부에 전열 히터가 있어 탱크 내의 물을 가열한다.

본체에는 세이프티밸브 외에 보온재, 방식장치, 누전차단기 등이 부착되어 있다. 저탕량은 60~480 L정도로 전기요금이 저렴한 심야전력, 특히 할인이 되는 제2의 심야전력을 이용하는 통전 제어형의 것이 많이 사용되고 있다.

그 외에도 히트펌프를 이용한 온수・냉난방 겸용형의 전기온수기, 저탕량이 10 L 전후의 소형 전기온수기, 순간식 전기온수기, 저탕식 전기온수기 등이 있다.

(5) 가열량 계산

온수기의 가열양은 다음의 식 (7)로 계산한다.

$$Q = mc_p \Delta t \tag{7}$$

식에서,

Q : 가열량, W

m : 유량, kg/s

c_p : 물의 비열, 4.1868 kJ/(kg.℃)

Δt : 급수온도와 온수온도의 차, ℃

이다.

샤워나 세면기와 같은 기구로부터 토출되는 온수는 40℃가 적당하지만 실제 사용 시, 예를들면 샤워에서 분무될 때의 열손실 등을 고려하면 이보다는 다소 높은 온도가 되어야 한다(**표 3** 참조). 설치된 기구를 고려할 때에는 **표 12**와 같은 자료를 참고 한다.

표 12 개별 기구별 최대 토출량

유형	GPM	LPM	LPS
세면기용 수도꼭지	0.25 gal/회	1 L (1회 사용당)	0.02 (1회 사용당)
공공화장실 세면기용 수도꼭지	0.5 (60 psi 기준)	2 L (400 kPa 기준)	0.03 (400 kPa 기준)
음수기	0.75	3	0.05
개인용 세면기 수도꼭지	2.2 (60 psi 기준)	8.5 (400 kPa 기준)	0.14 (400 kPa 기준)
주방 싱크용 수도꼭지	2.2 (60 psi 기준)	8.5 (400 kPa 기준)	0.14 (400 kPa 기준)
샤워헤드	2.5 (80 psi 기준)	10 (550 kPa 기준)	0.17 (550 kPa 기준)
식기 세척기(가정용)	4	15	0.25
세탁기	4.0(8~16 lb)	15 (3.6~7.3 kg)	0.25 (3.6~7.3 kg)
세탁 싱크용 수도꼭지	5	19	0.32
청소 싱크용 수도꼭지	5	19	0.32
욕조용 수도꼭지(15)	5	19	0.32
싱크용 수도꼭지(20)	6	23	0.38

자료 **제4장 표 7**의 온수 사용기구 만을 간추려 재작성 한 것임.

연습문제

01 다음의 개별 기구들에 대한 급탕 WSFU를 써라.

기구	설치장소	WSFU	비고
변기(세척탱크, 13 L/회)	공항		
변기(세척밸브, 13 L/회)	공항		
세면기	사무실		
음수기	사무실		
주방싱크	아파트		
세탁기	아파트		
욕조/샤워	아파트		
월풀욕조	단독주택		

답 변기: 0, 세면기: 0.75, 음수기: 0.375, 주방싱크: 0.75, 세탁기: 1.875
욕조/샤워: 2.25, 월풀욕조: 3

02 1세대당 물사용 그룹이 4이며, 세대별 설치 기구수가 8인(변기-2 욕조/샤워-2, 세면기-2, 주방싱크-1, 세탁기-1)인 경우 (1)급탕량과 (2)급탕관의 크기를 구하라. 다만 급탕관으로는 동관 L형을 사용한다.

답 26.5 LPM, DN 20.

03 100 세대가 거주하는 아파트 1개 동에 공급해야 할 급탕량을 구하라. 다만, 1세대당 물사용 그룹이 4이며, 세대별 설치되는 기구수는 변기-2 욕조/샤워-2, 세면기-2, 주방싱크-1, 세탁기-1이다. 난방방식은 중앙집중식 난방방식이 적용되며 변기는 13 L/회 세척탱크식이다.

답 661.6 LPM

04 개별난방 방식을 적용하는 세대 규모 85 m^2의 아파트에서, 급탕을 위한 열원으로 난방용 보일러를 겸용하고자 한다. (1)급탕량, (2)급탕 가열부하 및 (3)급탕 난방 겸용 보일러의 용량을 구하라. 다만, 설치기구는 변기-1, 욕조/샤워 -1, 세면기-1, 싱크-1, 세탁기-1이며, 난방 전용으로의 용량은 15 kW 이다. 그리고 냉수 공급온도는 15℃, 급탕온도는 40℃, 급탕가열 효율은 87%이다.

답 급탕량: 18.9 LPM(0.315 L/s), 급탕 가열부하: 38 kW, 겸용보일러 용량: 48.44 kW

05 지역난방 지역의 아파트 단지에서 간접가열식 급탕 방식을 적용하고자 한다. 1차측 열원은 중온수이고, 10℃의 냉수를 60℃의 온수로 가열하여야 한다, 시간당 2.27 m^3를 가열하는 데 필요한 열량을 구하라. 다만, 물의 비열은 4.1868 kJ/(kg·K), 10℃와 60℃ 물의 비중량은 각각 0.9998 kg/L 0.9831 kg/L, 가열 효율은 85 %로 한다.

답 153.305 kW

06 온수 공급 온도 60℃에 대하여 환수온도가 55℃와 50℃로 할 경우 높이 1 m당 자연순환 수두를 구하라.

답 24.5 Pa, 48.02 Pa

07 FHR(최초 1시간 가열등급)이란 무엇인가?

08 욕실수 2.5이고, 방이 5개인 단독주택의 급탕을 위한 보일러 용량을 구하라. 다만, 가스보일러를 기준으로 하되 도시가스 공급이 불가능한 지역을 감안하여 전기보일러를 함께 검토한다.

답 표 7로 부터

구분	가스보일러	전기보일러	비고
저탕량, L	190	250	
입력, kW	13.8	5.5	
사용량, L	341	334	
가열량, mL/s	42	23	

참고문헌

1. ASHRAE Handbook, HVAC Applications, 2007, Chapter 49. Service water Heating. Table 3 Representative Hot Water Temperatures
2. PHCC, National Standard Plumbing Code-2009
3. 金永浩, 배관공학. ㈜도서출판 북스힐, 2021.1.10
4. 대한설비공학회, 설비공학편람 제3판, 2011.11.18. 제4권 위생 소방 환경
   4-1. 대한설비공학회, 설비공학편람 제4판, 2018.8.30 제5권 위생 소방 환경
5. ASHRAE Handbook, HVAC Applications, 2015, Chapter 50. Service water Table 3 Representative Hot Water Temperatures
6. ANSI Z 21.2 Relief valves for hot water supply system
7. Conbraco. Safety and Relief Valves
8. DOE. 1998. Uniform test method for measuring the energy consumption of water heaters. 10CFR430, Subpart B, Appendix E. U.S. Department of Energy, Washington, D.C.
9. BMS 79 Water distributing systems for buildings(1941)

SANITARY ENGINEERING

6장

온수공급 시스템의 보호

1. 음용수 오염방지
2. 워터해머
3. 동결방지
4. 감압

1 음용수 오염방지

1.1 시스템 보호의 필요성

(1) 음용수 공급 시스템의 기본조건

음용수는 사람이 먹는 물로 법으로 정한 수질을 갖춘 것이다. 그리고 건물이나 시설에서 음용수는 배관을 통하여 공급된다.

이 간단한 설명으로부터, 물을 사용하는 사람에게 불편함을 주지 않도록 하기 위해서는 음용수 공급 시스템에 기본적으로 갖춰져야 할 조건이 있어야 함을 알 수 있다.

그 첫 번째는 음용수로서의 수질이 유지되어야 하고, 두 번째는 연속적인 공급을 위하여 배관에 이상이 발생하지 않아야 한다는 것이다.

수질 유지를 위해 필요한 것이 오염으로부터도 보호이다. 그러므로 기자재의 재료 선택도 중요하지만, 음용수로 오염된 물이 유입되는 것을 방지하여야 한다. 배관계통에 이상이 발생하지 않게 하기 위해서는 수 많은 조치가 필요하다. 배관 구성요소가 적당한 압력등급을 가져야 하고, 이상압력 발생에 대한 대책, 동파방지 대책 등이 갖추어져야 한다.

이러한 일들은 모두 계획단계에서 검토되고 반영되어야 할 것이다.

(2) 오염

1 정의

오염(汚染)이란 음용수가 더러워진 상태를 표현하는 말이다. 그러나 분야에 따라서는 정의가 약간씩 다르다.

보건의료분야에서는 인간 생활이나 활동과정에서 발생하는 오수, 폐기물 등 유해물질이 인공적으로 물에 섞여 그 양이나 농도가 사람에게 불쾌감을 주거나, 건강상의 위해를 미치거나, 생활을 방해하는 상태를 말한다.

위생설비분야에서는 인체에 직접 접촉되는 물이 유해물질을 포함하고 있는 상태를 말한다.

음용수 시스템에 대해서는 ①불쾌성오염(不快性, pollutant)과 ②위해성오염(危害性,

contaminant)으로 대별하여 다룬다.

2 불쾌성오염과 위해성오염

불쾌성오염이란, 그 물을 먹었다 해도 건강에 문제를 일으킬 수 있는 질병이나 사망의 원인이 될 정도는 아니지만, 심미적 불쾌감(aesthetically objectionable)을 주는 정도의 오염을 말하고,

위해성오염이란 그 물을 먹었다면 질병이나 사망의 원인이 되는 정도로 심각한 오염을 표시한다. 세분하여 낮은 위험(low hazard), 높은 위험(high hazard), 치명적인 위험(lethal hazard)으로 구분한다.

1.2 오염의 원인

(1) 크로스커넥션

1 연통관

음용수가 오염되는 이유는 오수나 배수와 같은 오염된 물이 음용수 계통으로 유입되기 때문이다.

음용수는 수도꼭지, 위생기구나 장비 등에만 공급되는 것이 아니라, 소방, 냉각탑 보급수, 냉·난방용 보급수, 청소용수, 세척수, 농작물의 급수 등등 여러 가지 용도로도 사용된다.

또한 배관(piping, plumbing)은 급수·급탕, 오수·배수, 냉·난방뿐만 아니라 모든 산업 분야에 공통적으로 사용되는 시설이다.

그리고 용도를 달리하는 각각의 배관은 어디에선가는 음용수 배관과 연결되어 연통관(連通管, piping network)을 형성함으로써 음용수를 공급(또는 보충)받게 된다. 이처럼 음용수 배관이 음용수 이외의 오염된 유체나 유독성 물질을 수송하는 배관과 연결된 것을 크로스커넥션(cross connection) 이라고 한다[1].

결과적으로 음용수 오염의 출발점은 크로스커넥션이다.

---

1. 참고문헌 1. 제2편 위생설비

예제 1

건물이나 시설의 급수 배관계통에 존재하는 크로스커넥션의 사례는 어떤 것이 있나?

풀이 스프링클러 배관에 물을 채우기 위한 급수관의 연결, 냉각탑에 연결된 보급관, 대·소변기의 세척탱크나 세척밸브의 급수관, 냉·난방 보급수관, 제조공장에서 원료(화공 약품) 배관에 희석을 위한 음용수 배관의 연결 등. 주변에서 흔히 볼 수 있는 크로스커넥션은 매우 많다.

2 크로스커넥션의 불가피성

배관계통에서의 크로스커넥션은 없앨 수가 없다. 크로스커넥션이 없이는 급수 공급이 불가능하기 때문이다. 그러므로 크로스커넥션 부에는 음용수가 오염되지 않도록 확실하게 역류방지 조치를 취해야 한다.

음용수 오염으로 인한 사고[2]의 경험이 있는 미국에서는 이미 1944년 FCCC & HR[3]을 설립하여 역류방지 매뉴얼을 제작하여 보급하고 지속적인 전파 교육을 시행하고 있으며, 역류방지 기구들에 대한 시험과 인증업무 등, 역류로 인한 음용수 오염방지에 관련된 많은 일들을 수행하고 있다.

3 역류의 원인

모든 유체 수송관 내에는 압력이 작용하고, 정상적으로는 압력이 높은쪽에서 낮은쪽로 흐른다. 일반적으로 압력이 높은 쪽이 상류(up stream)가 되고 그 반대쪽이 하류(down stream)가 된다.

그런데 어떤 경우에는 하류에서 상류로 역류된다. 역류(backflow)란 유체역학적으로 정상적인 방향과 반대로의 흐름을 표현하는 말이다.

역류는 수많은 원인에 의하여 발생하는 것이 아니고, 단순히 배관계통의 압력 변동에 의한 ①역압(逆壓, back pressure)이나 ②역사이펀(back-siphonage) 작용이 원인이다.

2. 1932~1933 시카고 음용수 오염 사건
3. 참고문헌 2. USC'S FCCC & HR 이라고도 표기됨

유체수송 배관에서 이 두 가지 현상이 각각 또는 혼합적으로 이루어진다. 각 원인으로 발생하는 역류를 역압역류, 역사이펀역류라고 한다.

4 역류의 방지

역류는 건물이 고층화, 대형화 될수록 더욱 심하게 된다. 역류가 발생하면 음용수가 오염될 수 있고, 물을 사용하는 사람의 건강을 해칠 수 있다.

그러므로 음용수를 공급하는 위생설비 분야는 역류방지를 통하여 국민의 건강과 보건에 대한 일차적인 책임을 다해야 한다.

배관계통에서의 역류가 장마철 하수의 역류처럼 눈에 보이지 않게 발생한다고 해서 역류가 없는 것으로 간과해서는 아니된다.

국내에서 음용수 오염방지 대책으로 역류방지가 공론화된 것은 2001년 이후 이지만, 코트에 역류방지 규정이 추가 되었을 뿐만 아니라 기술적으로도 적용 방법 등이 구체화 되어 있다.

역류방지의 근본적인 목적은 공공의 수질을 보호하고, 급수장치 내에서의 수질오염 방지 및 시설물을 안전하게 사용함에 있기 때문이다.

(2) 역압역류와 역사이펀역류 현상

1 역압역류

하류의 압력이 높아지거나, 상류의 압력이 하류의 압력보다 낮아지는 등의 비정상 압력변동에 의해 발생하는 역류를 역압역류(back-pressure backflow)라고 한다.

그림 1은 역압역류의 조건을 갖추고 있는 대표적인 예로, 지하층에 보일러가 설치된 건물에서 상수도 직결식 급수방식을 적용한 경우이다.

정상적인 유동 상태에서는 보일러 내 수압보다 보급수관의 수압이 높아 보급수가 보일러 내로 들어간다. 그러나 보일러에 이상 압력이 발생하고 인입 배관에 설치된 첵밸브나 감압밸브 등의 작동도 원활하지 못한 조건이 되었다면, 보일러 내의 난방수는 급수계통과 상수도 쪽으로 역류하게 된다.

난방용이나 산업시설의 보일러, 그리고 대부분의 아파트 단지에서 채용되고 있는 개별난방(local heating)에서의 세대별 열원은 모두 이와 동일 조건이 된다.

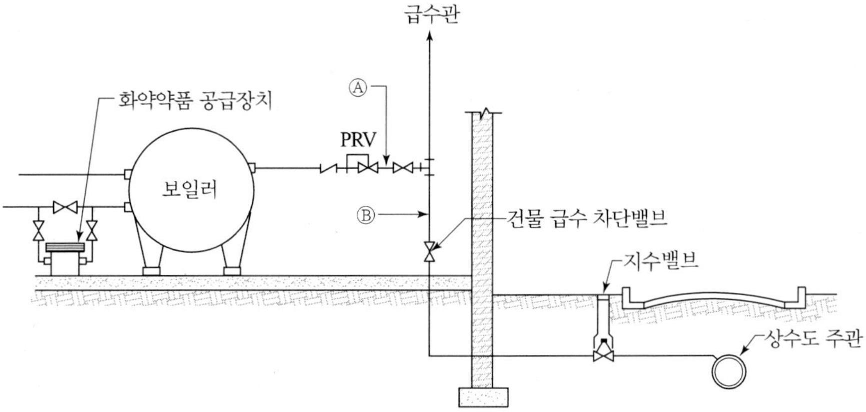

그림 1 역압역류의 예

이러한 난방 보급수관을 통한 역류는 다른 경우보다 심각하다.

보일러수는 철계 금속제 보일러의 스케일 생성이나 부식방지 등을 위하여 pH를 일정 수준으로 유지해 주어야 하기 때문이다. 그래서 일반적으로 수산화나트륨(NaOH)을 사용하는 알카리 처리 또는 인산나트륨($NaH_2PO_4 \cdot nH_2O$)을 사용하는 인산염 처리 방식이 주로 사용된다. 즉, 보일러수에는 어떤 것이든 화학 물질이 포함되므로, 역류의 결과는 위해성오염으로 이어지기 때문이다.

그래서 코드에서 **그림 1**의 Ⓐ와 Ⓑ지점에 위해성오염 방지용 역류방지기 설치를 규정하는 것이다[4].

예제 2

건물이나 시설의 급수 배관계통에서 역압역류가 발생할 수 있는 경우의 예를 들라.

풀이 ①상수도 직결식 급수방식에서 관의 어느 부분이 파열되는 등의 부압이 작용함에 따른 역류, ②고가탱크 방식에서 펌프가 정지될 때의 송수관에서의 역류, ③부스터펌프 시스템에서 기동 중이던 펌프가 정지될 때 입상관에서의 역류, ④욕조에 잠겨 있는 핸드샤워를 통한 역류, ⑤세탁기의 수면 아래에 잠겨 있는 호스를 통한 역류, ⑤냉·난방 보급수 탱크에 연결된 급수관을 통한 역류 등 역압역류를 경험할 수 있는 사례는 매우 많다.

4. 참고문헌 3. pp17-18

예제 3

상수도 직결식 급수방식이 적용되는 경우, 어떤 원인의 역류가 발생할 수 있는지와 역류가 발생했을 경우의 영향을 설명하라.

풀이 상수도 직결식 급수방식에서는, 역압역류와 역사이편역류 두 가지가 모두 발생할 수 있다. 그리고 상수도는 대표적으로 광범위한 지역에 공급하기 위한 배관망으로 이루어져 있다.

따라서 오염된 물이 상수도로 역류되는 경우에는 그 영향이 광범위한 지역, 불특정 다수 인에게 미칠 수 있다. 이는 심각한 사회적인 불안요인이 될 수 있으므로 매우 주의를 기울여야 하는 부분이다.

2 역사이펀역류

수압의 변동에 의해 어느 부분이 부압(負壓), 즉 진공상태가 되어 역사이펀 작용이 발생하고, 이로 인한 역류가 역사이펀역류(back-siphonage backflow) 이다.

역사이펀은 중력에 의한 사이펀 작용과 반대되는 사이펀 작용을 말한다.

그림 2는 역사이펀역류의 대표적인 예를 보여주는 것으로, **그림** 2 (a)는 실험실 등에서 비커에 담겨 있는 독극물의 농도를 희석하기 위해 물을 받는 수도꼭지에 연결된 호스가 그 물질에 잠긴 경우다. 어떠한 이유로든 상류쪽에 진공이 발생하는 경우에는 비커의 독극물이 역류할 수 있게 된다. 그래서 이런 경우는 물 넘침선으로부터 150 mm 이상의 높이에 진공브레이커를 설치해 주어야 한다.

그림 2 (b)와 같이 주방싱크에 호스를 연결하여 사용하는 경우에 상류측의 어디에서 진공이 발생하면 어김없이 역사이펀역류가 발생할 수 있다. 호스를 연결하여 사용하는 청소용 싱크나 세탁기, 욕조 등의 수도꼭지는 동일한 조건이 된다.

그림 3은 다중이용시설에 주로 사용되는 변기용 세척밸브이다. 세척탱크식 변기에서는 세척수를 일단 탱크에 저장한 후 필요시 흘려 세척하는데 반하여, 세척밸브는 세척수와 변기가 직접 연결된 상태이다. 그러므로 압력 변동이나 세척밸브에 이상이 발생할 경우에는 쉽게 역사이펀역류가 발생될 수 있다.

그래서 대・소변기용 세척밸브에는 대기압식의 진공브레이커가 구성 부품처럼 되어 있는 것이다.

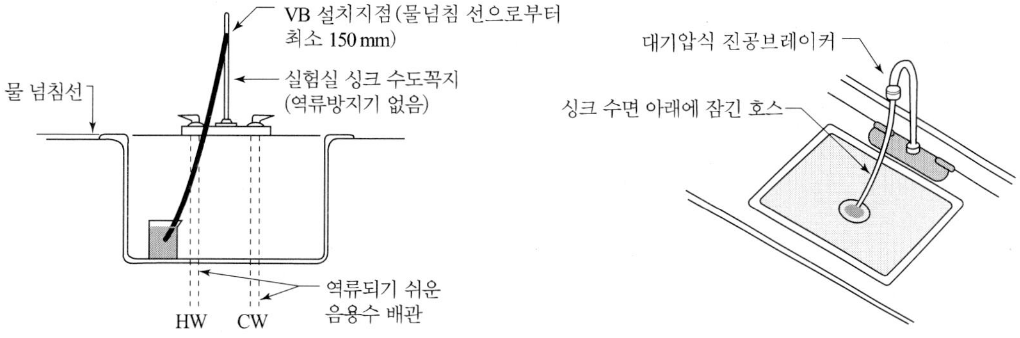

(a) 실험실 싱크용 수도꼭지 **(b)** 주방 싱크용 수도꼭지

그림 2 역사이펀역류의 예

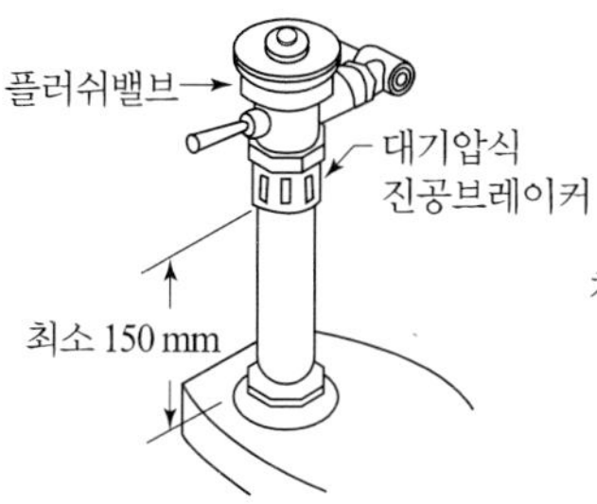

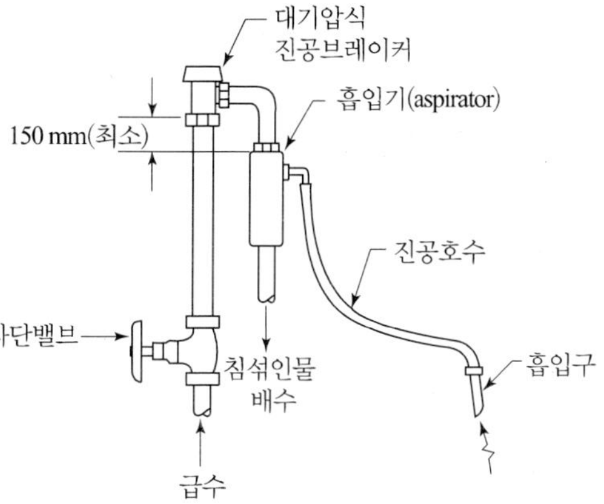

그림 3 변기 세척밸브 **그림 4** 치과 유닛

그림 4는 치과병원에서 입안에 고이는 침을 흡입하는 기구(aspirators)로, 이젝터(ejector)의 원리를 이용한 것이다. 급수의 흐름을 이용하여 침을 빨아들여 급수에 섞어 배수관으로 흘려보내는 것이다. 이런 기구도 급수관 내 진공이 발생하는 등의 압력변동이 있으면 침이 섞인 물이 역류할 수 있게 된다. 이와 같거나 유사한 조건인 수도꼭지에는 음용수 오염방지를 위해 진공브레이커를 설치해야 한다[5].

---

5. 참고문헌 3. Fig 1.2.9

1.3 음용수 오염 방지법

(1) 오염방지의 기본

역류가 전술한 바와 같이 역압과 역사이펀 작용에 의하여 발생하므로, 배관 계통에서 역압과 역사이펀 작용이 발생되지 않도록 하는 것이 오염방지의 기본이다.

그러나 배관 자체만으로는 이 두 가지 현상 방지가 불가능하므로 ①토수구 공간을 두거나 ②특별히 고안된 역류방지 기구를 사용할 수밖에 없다.

토수구 공간은 역사이펀 작용에 의한 급수계통의 오염을 방지할 수 있는 가장 단순하고 확실한 방법이지만 물받이 용기에 급수할 때에만 적용할 수 있다. 그러므로, 그 외의 배관에 대해서는 역류방지 기구를 사용하여야 한다. 급탕의 경우도 여기에 준한다.

(2) 토수구 공간의 확보

1 수도꼭지, 기구, 토출구

수도꼭지 또는 급수관의 토수구 끝부분과 물받이 용기의 물 넘침선 사이에 확보된 수직거리를 토수구 공간(air gap)이라고 한다. 토수구 공간이 확보되면 물이 점프하여 흐르지 못함으로 역류는 방지된다.

그림 5와 같이 토수구 유효지름의 2배 이상의 거리를 두어야 한다. 그리고 이 토수구 공간에서 역사아편 작용이 일어나지 않도록 해야 하므로, 수도꼭지나 토출구에 호스를 연결하여 사용해서는 안 된다.

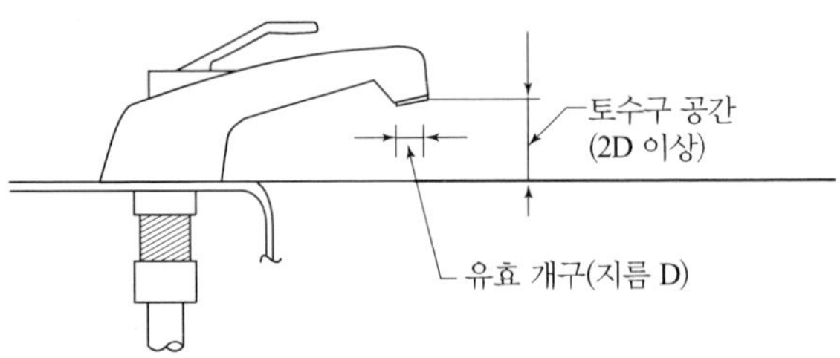

그림 5 토수구 공간

표 1 토수구 공간의 최소 거리

기구별	토수구 공간의 최소 거리, mm	
	근접벽 영향 없음	근접벽 영향 있음
세면기. DN 15 이하 수도꼭지	25	40
싱크, 세탁대. DN 20 이하 수도꼭지	40	60
욕조. DN 25 이하 수도꼭지	50	80
음수기	25	40
DN 25 이상 수도꼭지	토수구 유효지름의 2배	토수구 유효지름의 3배

자료 참고문헌 3, Table 10.5.2에 의거 재작성.

2 토수구 공간에 대한 요구

토수구 공간의 최소 거리는 정상적인 위치에 설치되는 기준으로 토수구 유효지름의 2배이지만, 토수구가 벽면으로부터 떨어진 거리가 토수구 유효지름의 3배 미만으로 근접 설치되는 경우에 토수구 공간은 토수구 유효 지름의 3배 이상으로 늘려 주어야 한다.

그 외의 경우에 대해서는 **표 1**의 기준을 따른다. 표에서 근접된 벽에 대한 영향의 유무는 수도꼭지나 토수구가 일반적인 위치가 아닌 비좁은 공간에 설치되는 경우로, 이로 인한 역사이펀 작용을 방지함은 물론 물 사용에 불편을 주지 않기 위함이다.

(3) 역류방지 기구사용

1 기능과 성능

토수구 공간을 두는 방법 이외에, 급수 배관계통에서의 역류를 차단하기 위한 목적으로 여러 종류의 기구들이 사용된다. 이러한 기구들을 통털어 역류방지기(backflow preventer, BFP)라고 한다.

역류를 차단하는 것은 최종적으로 음용수의 오염을 방지하기 위한 것이므로, 사용되는 기구는 ①역류 차단기능과, ②오염방지 성능에 따라 적용 범위가 다르다는 점에 유의하여야 한다

2 역류방지 기구

역류방지기구의 대표적인 형태는 역류방지밸브와 진공브레이커이다.

역류방지밸브[6]는 배관계통에서 역류의 조건이 발생하지 않도록 하는 밸브로, 기능은

역압역류와 역사이펀역류 모두를 방지할 수 있고, 성능은 불쾌성오염 방지용과 위해성오염 방지용으로 구분된다.

진공브레이커는 배관계통에서 역사이펀역류 조건이 발생하지 않도록 하는 기구로, 성능은 역류방지밸브와 마찬가지로 불쾌성오염 방지용과 위해성오염 방지용으로 구분된다.

1.4 역류방지밸브와 진공브레이커

(1) 역류방지밸브

1 종류

밸브의 형태를 취하고 있어서 붙여진 이름으로, **그림 6**과 같이 기본형 2종과 여기에 탐지기능이 추가된 2종 등 모두 4종으로 대별된다.

제조범위는 NPS 1/2~10(기본형)과 NPS 3~10(누설탐지형)이며, NPS 2 이하는

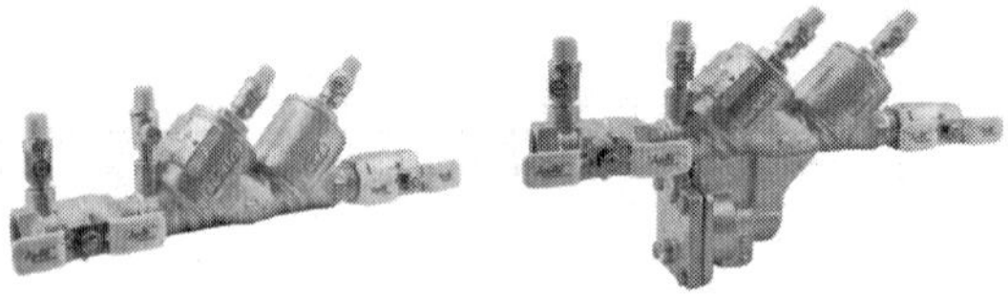

(a) 기본형 역류방지밸브(DCV, RP)

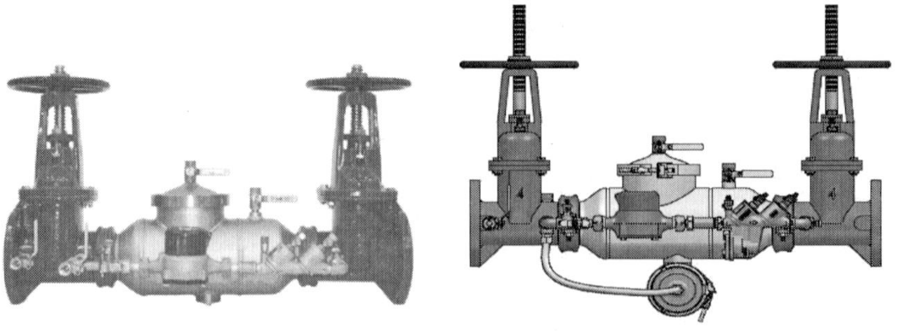

(b) 누설탐지형 역류방지밸브(DCDA, RPDA)

그림 6 역류방지밸브 4종의 예

6. 참고문헌 4. 제12장, 4.4 역류방지밸브 pp568-576

청동제, NPS 2-1/2 이상은 스테인리스강제가 주종이다. 구성 부품인 정지밸브는 청동제와 주철제가 사용된다.

기본형은 복식 첵밸브형(DCV)[7]과 감압형(RP)[8]이다. 이 기본형에 외부에서 역류인지 도용(盜用)인지를 확인할 수 있게 유량계를 추가한 모델이 복식 첵밸브 누설 탐지형(DCDA)[9]과 감압식 누설탐지형(RPDA)[10]이다.

역류방지밸브는 2개의 정지밸브와 4개의 테스트콕을 포함하는 것이 완전체 로서의 표준품이다.

2 역류방지밸브의 구성요소

역류방지밸브는 여러 밸브가 조합된 것이다. 가장 기본적인 형태인 복식 첵밸브형(DCV)은 ①역류차단 기능을 갖는 본체와, ②본체에 부착되는 4개의 테스트콕, ③본체 입・출구측의 정지밸브로 구성된다. 감압형(RP)은 DCV형에 릴리프밸브가 하나 더 추가된 것이다.

국제 표준의 명칭에 'assembly' 가 들어간 이유이다. 즉 구성요소를 모두 갖춘 완성품이란 의미가 된다.

본체는 두 개의 첵밸브가 한 몸통 안에 들어있으며, 첵밸브를 기준으로 상류측과 중간실 및 하류측 등 3개의 영역으로 구분된다. 그리고 각 영역에는 ①상류측 압력 P_1, ②첫번째 첵밸브(CV-1)와 두번째 첵밸브(CV-2) 모두가 폐쇄 되었을 때의 중간실 압력 P_2, ③하류측 압력이 P_3가 작용 되도록 구조와 형태를 갖추고 있다.

역류방지밸브의 주요 기능인 첵밸는 일반적으로 사용되는 스윙첵 밸브나 리프트 첵밸브와는 전혀 다르다. 실제적으로는 사용되는 첵밸브는 **그림 7**과 같은 포펫(poppet)식이다.

---

7. Double Check Valve Backflow Prevention Assembly. 소방용은 DCF로 표시.
8. Reduced Pressure Principle Backflow Prevention Assembly. 소방용은 RPF로 표시.
9. Double Check Valve Detector Fire Protection Backflow Prevention Assembly.
10. Reduced Pressure Detector Fire Protection Backflow Prevention Assembly.

그림 7 포펫(poppet) 밸브

3 DCV의 작동원리

그림 8은 DCV의 구조와 작동원리를 설명하는 것이다. 두 개의 첵밸브는 연동 되지 않으며 독립적으로 작동한다. 첵밸브의 스프링 장력(spring force) F_S는 식 (1)과 같이 표시된다.

$$F_S = \delta L \tag{1}$$

식에서,

δ : 스프링 상수, kg/mm^2

L : 스프링 변위, mm

이다.

밸브 내에는 상류측 압력과 스프링 장력, 그리고 하류측 압력이 상호작용하게 된다.

그러므로 3개의 영역 간에는 항상 차압이 형성되고, 식 (2)와 같은 관계가 유지되어 역류가 차단된다.

$$P_1 > P_2 > P_3 \tag{2}$$

정상 유동상태에서는 **그림 8**(a)와 같이 두 개의 첵밸브가 개방되어 물은 하류측으로

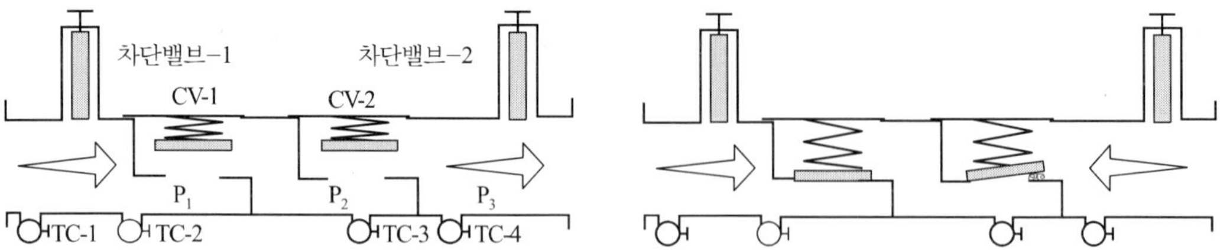

(a) 정상유동 **(b)** 역류

주 CV: 첵밸브, TC: 테스트콕

그림 8 복식 첵밸브형(DCV)의 구조와 작동

흐르며, 최소한 $P_1 - P_2 = P_2 - P_3 = 4$ psi(28 kPa)의 차압이 유지된다.

만약 하류측의 압력이 상류측 보다 1 psi(7 kPa) 이상으로 높아지면 **그림 8**(b)와 같이 CV-2, CV-1 순으로 폐쇄되어 역류는 차단된다.

유동 정지상태에서도 최소한 $P_1 - P_2 = P_2 - P_3 = 1$ psi(7 kPa)의 차압이 유지 되는 것이 이 밸브의 성능이다.

4 RP의 작동원리

그림 9는 RP의 구조와 작동원리를 설명하는 것으로, DCV의 하부에 릴리프 밸브로 다이어프램밸브가 추가된 형태이다.

다이어프램밸브의 역할은 DCV에서의 단점을 보완하는 것이다. 즉 DCV에서는 허용범위를 초과하는 역압이 작용하는 경우가 발생하면 역류가 불가피해질 수 있지만, RP는 이럴 경우에도 하부의 다이어프램밸브가 작동하여 이상 압력이 배제(排除)되므로 역류의 차단은 절대적이다. 그래서 이 모델은 위해성오염 방지에 적용된다.

RP 모델은 DCV보다 더 높은 차압이 형성되도록 설계되었다.

정상 유동상태에서는 **그림 9**(a)와 같이 두 개의 첵밸브가 개방되어 물은 하류 측으로 흐르며, 최소한 $P_1 - P_2 = 7$ psi(48 kPa), $P_2 - P_3 = 2$ psi(14 kPa)의 차압이 유지된다. 역압이나 역사이펀 현상이 발생하면 **그림 9**(b)와 같이 CV-2가 폐쇄되어 역류가 차단된다.

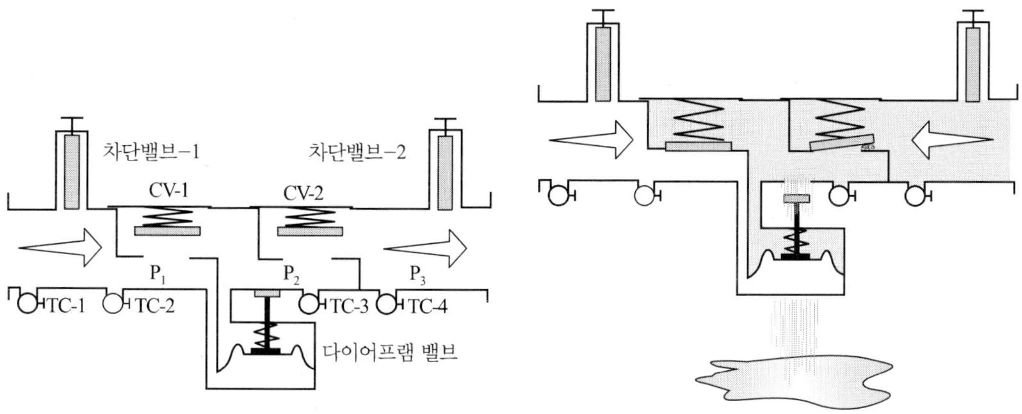

(a) 정상유동 **(b)** 역류

주 CV: 첵밸브, TC: 테스트콕

그림 9 감압형(RP)의 구조와 작동

표 2 기본형 역류방지밸브 별 구성과 작동 상태 비교

	DCV			RP		
(1) 구성요소	첵밸브(2), 테스트콕(4), 차단밸브(2)			첵밸브(2), 테스트콕(4), 차단밸브(2), 릴리프밸브(1)		
(2) 작동 시 작용 차압, psi(kPa)						
	$P_1 - P_2$	$P_2 - P_3$	CV-2 차단	$P_1 - P_2$	$P_2 - P_3$	CV-2 차단
유동 시	4 (28)	4 (28)	$P_2 + 1(7)$	7 (48)	2 (14)	$P_2 + 2(14)$
유동 정지 시	1 (7)	1 (7)		5 (35)	1 (7)	

CV-2가 폐쇄되어 중간실의 압력이 상승하면, 릴리프밸브가 열리며 퇴수되므로 압력은 저하된다. 이때의 중간실 압력은 상류측 압력보다는 낮고 대기압(P_{atm}) 보다는 높다. 그래서 식 (3)의 관계가 유지되므로 역류는 차단된다.

$$P_1 > P_2 > P_{atm} \tag{3}$$

이 된다.

유동이 정지된 상태에서도 $P_1 - P_2 = 5$ psi(35 kPa), $P_2 - P_3 = 1$ psi)(7 kP)가 유지되는 것이 이 밸브의 성능이다.

이상의 역류방지밸브 형태별 구조와 작동상태를 요약하면 **표 2**와 같다.

5 DCV와 RP 적용상의 유의점

DCV는 자체적으로 감당할 수 있는 압력 범위를 벗어나는 역압이나 역사이펀 작용이 발생하는 경우라면 역류가 허용될 수 있는 단점이 있다. 그래서 이 형식의 밸브는 위해성오염 방지용으로는 사용이 제한되며, 불쾌성오염이 발생할 수 있는 계통에만 적용된다.

RP는 중간실 압력을 낮추기 위해 순간적으로 릴리프밸브가 작동하면 퇴수구로 물이 분사(噴射)되므로, 이로 인한 피해가 있을 수 있는 장소나 위치(천정이나 기구나 장치 등의 상부 등)에는 설치하지 않는다. 만약 이런 장소에 설치가 불가 피한 경우에는 퇴수를 받아 배수구나 트렌치로 연결해주는 퇴수 배관을 두어야 한다. 특히 동결 우려가 있는 장소에 설치되는 경우에는 동결방지밸브를 추가하는 등의 대책도 강구 하여야 한다.

설치할 때에는 모델별로 수평 설치만 가능한지, 수직 수평 설치 모두가 가능한지를 확인해야 한다.

(2) 진공브레이커

1 종류

진공브레이커(vacuum breaker, VB)는 역류방지밸브와 달리 역사이펀역류에만 적용되는 기구이다. 오염의 정도를 기준으로, 불쾌성오염 방지용과 위해성오염 방지용으로 구분된다.

설치되는 위치에 따라 다수의 종류가 있으나. **그림 10**과 같이 물받이 용기에 사용되는 수도꼭지나 기구에 사용되는 대기압식(atmospheric vacuum breaker, AVB)과 가압된 상태의 배관에 사용되는 가압식(pressure vacuum breaker, PVB)이 대표적인 형태이다.

(a) 대기압식(AVB)　**(b)** 가압식(PVB)

그림 10　진공브레이커의 예

2 구조

AVB와 PVB의 본체 주요 구성요소는 ①스프링식 플로트 디스크와 ②독립적으로 작동하는 첵밸브이다. 다만 PVB에는 역류방지밸브와 마찬가지로 테스트콕과 정지밸브를 각각 2개씩 포함하여야 완전한 제품이 된다.

3 AVB의 작동

그림 11은 구조와 작동원리를 보여주는 것으로, 정상유동 상태에서는 **그림 11**(a)와 같이 수압에 의하여 플로트 디스크(float disc)가 밀어 올려져서 첵밸브(벤트)는 폐쇠되어 공기 유입이 차단되고, 물은 정상의 방향으로 흐른다.

그러나 배관 내에 부압(진공)이 작용할 때는 **그림 11**(b)와 같이 플로트 디스크가 내려져 유로가 폐쇄되고, 첵밸브는 열려 공기가 유입되므로 역사이펀 작용이 일어나지 않게 된다. 그러므로 역류는 차단된다. 이러한 원리가 작용되도록 구조와 형태를 갖춘 제품의 예가 **그림 10**(a) 이다.

4 PVB의 작동

급수배관과 같이 항상 가압된 상태에 있는 음용수 계통에 적합하게 설계된 것으로, 위해성오염 방지용이다. 구조와 작동원리는 **그림** 12와 같다.

정상유동 상태에서는 **그림** 12(a)와 같이 첵밸브는 폐쇄되어 공기유입이 차단되고, 플로트 디스크는 열려 물은 정상의 방향으로 흐른다.

그러나 내부 압력이 수압보다 1 psi(7 kPa) 이하로 낮아지면, **그림** 12(b)와 같이 첵밸브가 열려 공기가 유입되고 플로트 디스크는 폐쇄된다. 따라서 진공이 방지되어 역사이펀 작용은 일어나지 않으므로 역류는 차단된다. 이러한 원리가 작용 되도록 구조와 형태를 갖춘 제품의 예가 **그림** 10(b) 이다.

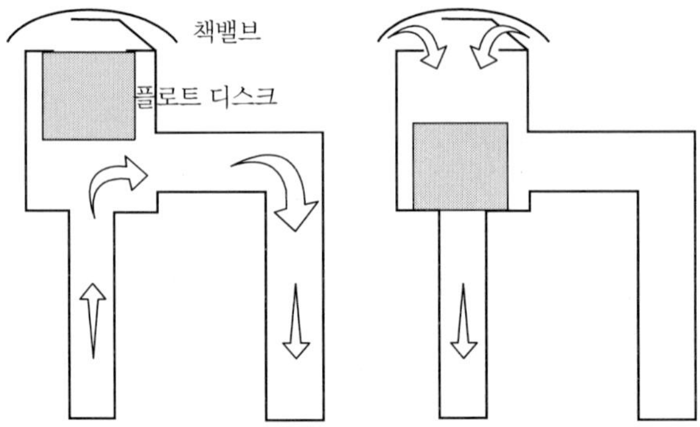

(a) 정상유동 **(b)** 역류

그림 11 AVB의 구조와 작동

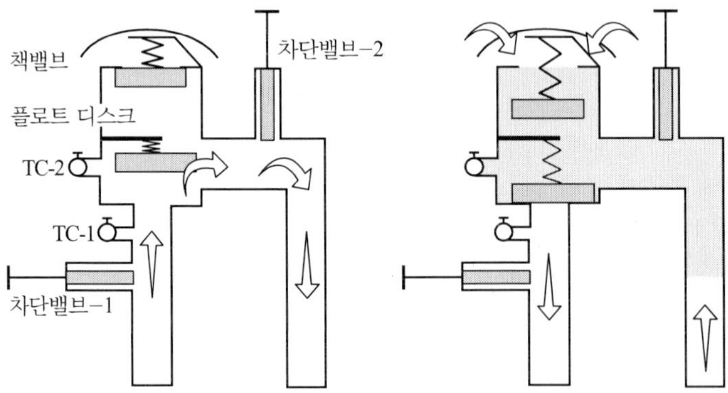

(a) 정상유동 **(b)** 역류

그림 12 PVB의 구조와 작동

5 AVB와 PVB 적용상의 유의점

AVB는 토출측이 대기압 상태에 놓이는 음용수 계통에 적합하게 설계된 것으로, 불쾌성오염 방지에 사용된다. 이런 종류의 진공브레이커는 항상 가압된 상태에 있는 음용수 배관계통에는 사용되지 않는다

설치 높이는 기구나 설비의 물넘침선 보다 AVB는 150 mm(6 in), PVB는 300mm (12 in) 이상이어야 한다

(3) 적용 모델 및 크기 선정

1 종류별 적용범위

이상에서 언급된 종류별 적용성과 제조범위는 **표 3**과 같다. 역류의 원인과 역류로 인한 오염의 정도에 따라 적용해야 할 모델이 다르다.

설치할 지점과 역류의 원인, 그리고 역류가 되었을 때 발생할 수 있는 오염의 정도를 확인하면 사용해야 할 기구가 역류방지밸브인지 진공브레이커인지를 결정할 수 있다.

표 3 역류방지밸브와 진공브레이커의 종류와 적용

구분	종류	적용 범위				제조 범위, NPS
		B/S	B/P	L/H	H/H	
역류방지밸브	복식첵밸브형(DCV, DCF)	0	0	0	×	1/2~10
	감압형(RP, RPF)	0	0	0	0	1/4~10
	복식첵밸브 누설탐지형(DCDA)	0	0	0	×	3~10
	감압식 누설탐지형(RPDA)	0	0	0	0	3~10
진공브레이커	대기압식(PVB)	0	×	0	0	1/2~2
	가압식(AVB)	0	×	0	×	1/4~2

주 B/S: Back siphonage, B/P: Back pressure
L/H: Low Hazard(Non-Health Hazard, 불쾌성오염)
H/H: High Hazard(Health Hazard, 위해성오염)
DCF, RPF에서 F는 소방(fire)용을 표시하며, DCDA와 RPDA는 주로 소방용임.

예제 4

다음과 같은 크로스커넥션 부에서의 역류차단을 위하여 적용할 수 있는 역류방지기를 선정한다. (1)쿨링타워 보급수관, (2)스프링클러 배관에 연결된 급수관, (3)정원이나 잔디밭에 물을 주기 위한 호스밸브.

풀이 (1) 쿨링타워 보급수관

역압과 역사이펀 작용이 모두 발생할 수 있고, 위해성오염이 예상되므로 **표 3**으로부터 감암형 역류방지밸브(RP)를 선정한다.

(2) 스프링클러 배관에 연결된 급수관

역압이 발생할 수 있고, 소방용수에는 화공약품이 포함될 수 있어 위해성오염이 예상되므로 **표 3**으로부터 감암형 역류방지밸브(RP)를 선정한다.

만약 소방용수에 화공약품이 포함되지 않은 순수한 상수도라고 가정하면 복식첵밸브형 역류방지밸브(DCV)를 선정할 수 있다.

(3) 호스밸브

역사이펀에 의한 역류가 발생할 수 있는 조건이며, 잔디밭이나 정원에는 농약 등의 약품이 사용되므로 **표 3**으로부터 위해성오염방지용 가압식 진공브레이커(PVB)를 선정한다.

2 크기 선정

사용할 모델이 결정된 후 적정한 크기를 선정하는 방법은 다른 유량조절 밸브와 절차가 동일하다. 즉 역류방지밸브나 진공브레이커도 그 계통에 흐르는 유량을 기준으로 하며, 배관계통에 추가되는 저항은 유량-압력강하 선도(pressure loss-rate of flow)로부터 구한다.

그림 13은 **그림 6**과 **그림 12**에 예로 든 모델에 대한 유량-압력강하 선도이다. 설계 및 설치 등에 관해서는 사용하고자 하는 제품의 제조업체 자료와 권장 및 요구사항을 따라야 한다.

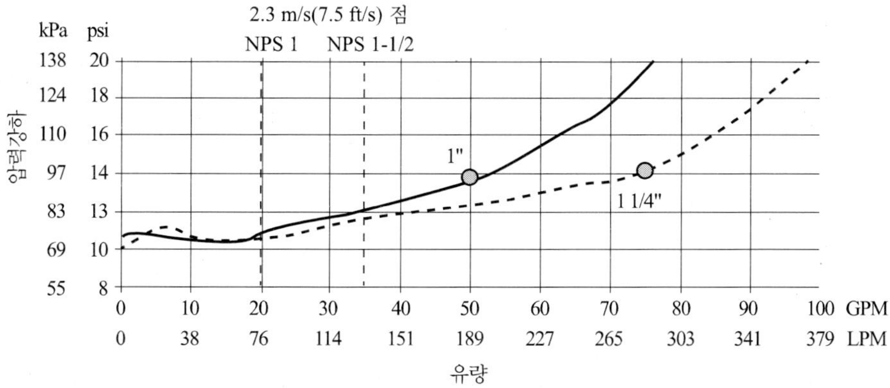

(a) 감압형 역류방지밸브(RP)

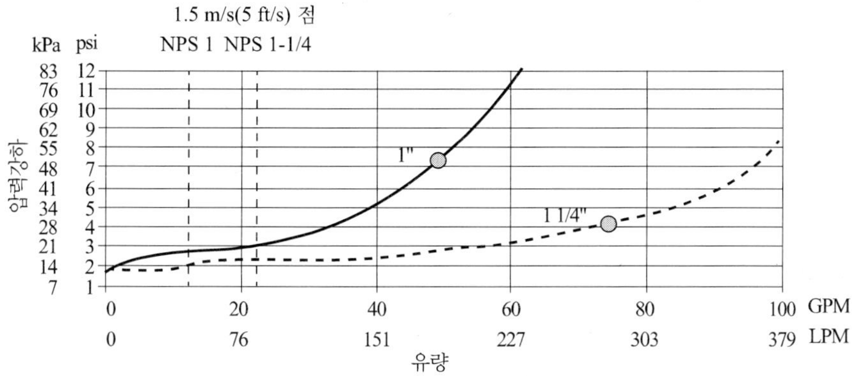

(b) 가압식 진공브레이커(PVA)

주 단위환산 기준: psi = 6.89 kPa, GPM = 3.785 LPM, 0.063L/s, 1ft/s = 0.3048 m/s ○표시는 정격 유량점이며, 7.5 ft/s, 5 ft/s는 급수배관에 일반적으로 적용되는 최대 유속 점임.

그림 13 유량-압력강하 선도

예제 5

쿨링타워 보급수 배관에 설치할 역류방지기를 선정하고자 한다. 적정한 모델과 크기를 선정하고, 이 기구를 설치함에 따라 펌프 양정 등에 미치는 영향을 검토하라. 다만, 배관은 동관을 사용하며 유량은 2.5 L/s이다.

풀이 (1) 모델선정

쿨링타워용 보급수관은 ①역압과 역사이펀 모두가 발생할 수 있고, ②역류는 위해성오염으로 이어지게 되므로, 적정한 모델은 **표 3**으로부터 감압형 역류방지 밸브를 선정한다.

(2) 밸브의 크기

보급수량이 2.5 L/s(150 LPM)이므로 **그림 13**(a)로부터 NPS 1을 선정할 경우 압력강하 86 kPa(12.5 psi), NPS 1-1/4을 선정할 경우 압력강하 83 kPa(12 psi)이다. 압력강하에 큰 차가 없으므로 NPS 1를 선정하다.

(3) 펌프 양정 검토

압력강하는 86 kPa 이므로 상당 배관길이 8.6 m를 가산하여 펌프의 양정을 구해야 한다.

(4) 배관지름과 밸브지름에 대한 검토

보급수 관의 크기는 **제4장 그림 10**으로부터 NPS 1-1/2 또는 NPS 2로 선정 된다. 따라서 관과 밸브 지름의 차이가 2단계 이상으로 벌어질 수 있다.

이런 경우 예상되는 문제점이 있다면 역류방지밸브의 크기를 NPS 1-1/4로 수정할 수 있다.

2 워터해머

2.1 이론적 해석

(1) 워터해머에 대한 정의

워터해머(water hammer)란 일정한 압력과 유속으로 배관계통을 흐르던 유체의 흐름이 갑자기 차단될 때 발생하는 높은 충격압력, 소음 및 이에 수반되는 진동을 말한다.

일반적으로 워터해머가 발생하면 소음발생이 연상되지만, 들을 수 있는 소음의 동반이 없는 워터해머도 있다. 즉, 급폐쇄의 경우 항상 어느 정도의 충격압력은 발생 되지만 소음은 발생할 수도 있고, 발생하지 않을 수도 있다.

그러므로 소음이 없다고 해서 배관계통에 워터해머가 발생하지 않는다고 판단할 수는 없다.

(2) 워터해머에 관한 연구

1 주요연구 결과

워터해머는 1800년대 중반부터 많은 연구가 수행된 분야이다.

대략 150여 년간의 연구 가운데 코르테베그[11]와 파마키안[12] 주코프스키[13]와 알리에비[14]의 연구결과는 배관계통에 발생하는 워터해머 현상을 해석하고 대책을 수립할 수 있게 해주었다.

2 압력파의 왕복운동

배관계통에 워터해머가 발생하면 **그림 14**에서와 같이 차단지점에서 발생된 압력파는 관경이 큰 수직관이나 주관에 이르러 파괴적인 힘이 소멸될 때까지 차단점과 충돌지점 간을 왕복하게 된다.

그러므로 워터해머는 배관 설계시 고려해야 하는 동적하중(dynamic load)의 대표적인 항목이며, 배관 자체는 물론 배관 지지장치의 파단에 직접적인 영향을 미친다.

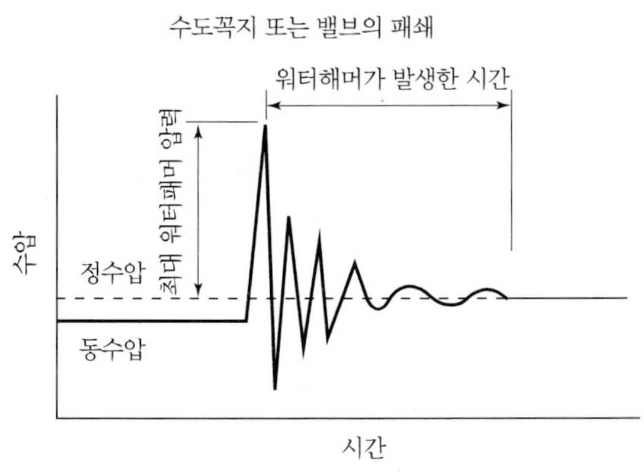

그림 14 워터해머의 도해

11. On the Propagation of Waves in Elastic Tubes, 1879. Diederik Johannes Korteweg (1848.3.31~1941.5.10. 네덜란드)
12. Water Hammer Analysis, John Parmakian(1908.9.10~1994.8.15. 미국)
13. Nikolay Zhukovsky(Joukovsky(1847.1.17~1921.3.17. 러시아)
14. Fundamental study on the Water Hammer Problem, Lorenzo Allievi(1856.11.18~1941.10.30. 이테리)

(3) 배관계통에 미치는 영향

1 배관계통의 3가지 상태

배관계통에는 ①관 내의 유체유동이 정지되어 정수두만 작용, ②유체의 유동이 시작되고 유동 방향으로 관성 작용, ③유동이 갑자기 차단되어, 계속 흐르려는 관성과 차단으로 인한 역류의 충돌로 압력파 발생 등의 3가지 상태가 존재한다.

그리고 관성에너지와 역류에너지의 충돌지점은 차단지점으로부터 대략 1.5 m 이내에 있다.

2 압력파 발생의 원인

압력파의 발생 원인은 밸브나 수도꼭지의 수동차단을 포함하여, 전기나 유압 및 스프링에 의해 작동되는 밸브나 차단기구가 급격히 폐쇄되는 동작 때문이다.

밸브를 차단하는 속도, 특히 차단 전 최후의 15% 사이에 해당하는 속도는 발생하는 압력의 강도와 직접적인 관계가 있다.

3 배관에 나타나는 변화

파괴적인 힘을 가진 압력파의 왕복운동은 배관계통에 소음과 진동을 발생시키며, 관에는 팽창과 수축작용이 반복됨에 따라 ①배관계통의 취약 부분 파손, ②이음부 약화에 의한 누설. ③진동과 소음 발생. ④밸브, 수도미터, 압력 조절기, 게이지나 기록계 등의 파손. ⑤배관 지지장치 이완에 따른 지지강도 약화. ⑥용기나 기구 및 장비의 파손과 같은 사고를 유발한다.

2.2 워터해머 압력

(1) 워터해머 방정식

1 워터해머 압력의 변수

1898년 주코프스키는 급폐쇄에 대한 기준을 정의하고, 순간적으로 유동이 차단 될 때 워터해머로 발생하는 압력(surge pressure)은 유체의 밀도, 유속 및 압력파의 전파속도의 함수임을 밝혀냈다.

이것이 최초의 워터해머 방적식이며, 후에 알리에비에 의하여 보완되어 완폐쇄 경우까지를 포함하는 방정식으로 발전되었다.

2 급폐쇄 조건(경계조건)

펌프가 기동/정지될 때나 급폐쇄 밸브의 개폐 시에 발생하는 워터해머는 **그림 15**에서 길이가 L인 관로 말단에 설치된 급폐쇄 밸브의 폐쇄에 걸리는 시간 t가 '압력파가 배관 거리 L를 왕복하데 걸리는 시간(2L/a)[15]' 보다 빠를 때 즉 식 (4)를 만족할 경우를 급폐쇄로 정의한다.

$$2L/\mathrm{a} > t \tag{4}$$

식에서

t : 밸브 폐쇄시간, sec

L : 배관의 길이, m

a : 압력파의 전파속도, m/s

이다.

기본 시험 장치에서 L를 14.5 m로 하고, 압력파의 전파속도를 물속에서의 음속 (V_s, m/sec)으로 가정하면

$$t = (2 \times 14.5)/1\,450 = 0.02(\mathrm{sec})$$

가 된다.

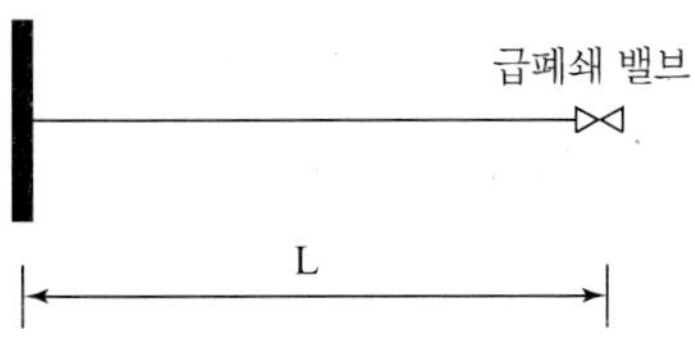

그림 15 급폐쇄 경계조건 설명을 위한 관로

15. one pipe period

표 4 배관재 별 배관거리 별 급폐쇄 조건(sec)

배관길이, m	강관	동관	PB관 (DN 15)	PB관 (DN 20)
	a = 1383	a = 1225	a = 181	a = 171
5	0.007	0.008	0.055	0.058
6	0.009	0.010	0.066	0.070
8			0.088	0.094
10	0.014	0.016	0.110	0.117
12			0.133	0.140
15	0.022	0.024	0.166	0.175
20	0.029	0.033	0.221	0.234

즉 배관계통에 설치된 급폐쇄 밸브의 폐쇄속도가 0.02초 이내이면 급폐쇄 조건이 되는 것이다. 이 원칙을 적용하여 배관재별 압력파의 전파속도를 기준으로 배관 길이에 따른 급폐쇄 조건을 계산한 결과가 **표 4**이다.

예제 6

각 배관재별로 10 m 길이에 대한 급폐쇄 조건을 구하고, 이에 대한 결과를 분석한다.

풀이 (1) **표 4**로부터 배관재별 급폐쇄 조건을 구한다.

강관 0.014초, 동관 0.016초, PB관 0.11초 및 0.117초 이다. 즉 각각의 시간 이내에 밸브가 폐쇄되면 급폐쇄 조건이 된다.

(2) 분석

비금속제관의 탄성계수는 금속제관에 비하여 낮은 값을 가지므로, 압력파의 전파속도가 느려 발생하는 워터해머 압력은 낮다. 반면에 금속관에 비하여 훨씬 느린 속도로 밸브가 폐쇄되어도 급폐쇄 조건에 도달되므로 워터해머가 발생한다. 또한, 비금속 관은 금속관에 비하여 상용압력이 낮으므로 워터해머 압력이 높지 않아도 안전하지 않다는 점을 간과해서는 안된다.

3 주코프스키 방정식

앞에서 정의된 급폐쇄 조건이 될 때 배관계통의 압력은 최대로 상승하며, 식 (5)의 주코프스키 방정식으로 계산할 수 있다.

$$P_r = \rho\, a\, v \tag{5}$$

식에서,

P_r : 워터해머에 의한 압력 상승, kg/m^2

ρ : 유체의 밀도, $kg\text{-}s^2/m^4$

a : 압력파 전파속도, m/s

v : 유체의 속도, m/s

이다.

4 압력파의 전파속도

식 (5)에서의 압력파의 전파속도 a는 코르테베그에 의해 1878년 '탄성체 배관내 유체유동에 대한 압력파의 전파속도는 배관의 지름과 영률 및 관 두께의 함수' 임이 밝혀졌다. 그 후 파마키안에 의해 응력 항이 추가되는 것으로 보완되어 단순화된 방정식 (6)을 사용할 수 있게 되었다.

$$a = \sqrt{\frac{1}{\rho\left(\frac{1}{K} + \frac{d}{t\,E}\right)}} \tag{6}$$

식에서,

K : 물의 체적 팽창계수, 2.07 GN/m^2

E : 배관재의 탄성계수, GN/m^2로 **표 5**와 같은 값을 가진다.

d/t : 관의 두께에 대한 지름의 비

이다.

각각의 상수 및 물리적 기계적 값들을 식 (6)에 대입하여 압력파의 전파속도를 구하고 이를 다시 식 (5)에 적용하면 강관의 경우 유체속도의 약 14배에 해당하는 압력이 발생함을 알 수 있다.

표 5 배관재료별 탄성계수 E

E \ 재료	강관	주철관	SS관	동관	PVC관	PB	PE
GN/m^2	210	150	197	120	3	0.3	0.27

예제 7

금속제 관종별 크기별 워터해머 압력을 구하고 그 결과를 분석한다.

풀이 (1) 금속제 배관재로 동관, 강관, 스테인리스강관과 주철관에 대한 압력파의 전파속도는 식 (6)으로 구하고, 그 결과는 **표 6**과 같다.

(2) 압력파의 전파속도와 유속을 식 (5)에 대입하면 배관재별 워터해머 압력은 **표 7**과 같다.

(3) 결과

이상의 결과는 급수용 기구의 내압시험압력(1.7 MPa)과 최고사용 압력(0.75 MPa) 제한기준[16]이나, 배관 구성요소에 대한 상용압력등급[17] 등을 고려하여, 워터해머로 인한 충격압력을 조절해야 함을 알 수 있다. 실제로 수압이 0.1 MPa로 유지되는 경우라도 유속이 0.6 m/s이면 수도꼭지의 최고사용 압력을 초과하는 충격압력이 발생한다.

표 6 금속관의 재질별 압력파의 전파속도, m/s

DN	15	20	25	32	40	50
동관	1 225	1 187	1 155	1 152	1 148	1 126
강관	1 383	1 370	1 368	1 352	1 341	1 332
SS강관	1 270	1 243	1 193	1 192	1 167	1 160
CIP	–	–	–	–	–	–
DN	**65**	**80**	**100**	**125**	**150**	**200**
동관	1 105	1 088	1 087	1 069	1 053	1 065
강관	1 308	1 302	1 284	1 267	1 242	1 228
SS강관	1 110	1 125	1 068	1 018	1 048	979
CIP	–	1 325	1 306	1 282	1 260	1 219

주 (1) 유속 3 m/s, 방정식에 사용된 관지름은 안지름 임.
(2) 동관 : ASTM B88(KS D 5301) M형, 강관: KS D3507, 스테인리스강관: KS D3595 "L" 및 CIP: KS D4311 1종을 기준함.

16. 제4장 표 15 참조
17. 참고문헌 4, 제4장 플랜지, 밸브 및 배관재 사용등급

표 7 금속관의 재질별 워터해머 압력, MPa

DN	15	20	25	32	40	50
동관	3.751	3.635	3.537	3.527	3.514	3.448
강관	4.233	4.193	4.189	4.139	4.106	4.077
STS강관	3.889	3.806	3.652	3.649	3.572	3.550
CIP	-	-	-	-	-	-
DN	65	80	100	125	150	200
동관	3.381	3.331	3.329	3.272	3.322	3.259
강관	4.003	3.985	3.930	3.877	3.801	3.760
STS강관	3.397	3.444	3.268	3.116	3.208	2.998
CIP	-	4.057	3.998	3.925	3.858	3.732

주 (1) 유속 3 m/s, 방정식에 사용된 관지름은 안지름임.
(2) 관종은 **표 6**과 동일함.

2.3 워터해머로 인한 충격압력 조절법

(1) 1차측 배관계통에 적용할 수 있는 방법

1차측 배관계통 즉, 가압펌프 이후 주배관에서 발생하는 워터해머 압력을 조절하는 방법은 여러 가지가 있다.

①펌프에 플라이휠(fly wheel)을 달아 임펠러의 회전이 서서히 멈추어지도록 함으로써 펌프에 가해지는 역류에너지를 감소시킨다. ②서지(sururge) 탱크를 설치한다. ③서서히 폐쇄되는 첵밸브를 사용한다는 등의 방법이다.

서지탱크는 내부에는 가스 즉, 공기나 다른 기체를 채우고, 이 가스의 체적변화로 에너지를 흡수하는 용도이지만, 급수계통에는 실용적이지 못하다.

이러한 방식은 2차측 배관 즉 아파트와 같은 주거용 건물의 각 세대에서 발생하는 워터해머 압력은 흡수할 수는 없기 때문이다.

(2) 2차측 배관계통에 적용할 수 있는 방법

2차측 배관에서 워터해머로 인한 엄청난 힘을 조절하는 방법은 충격파(shock wave)의 강도를 약화시키는 것이다. 압축성의 가스는 이러한 목적에 가장 효과적으로 사용된다.

서지탱크를 비롯하여 이 원리를 이용한 또 다른 기구로 에어 챔임버(air chamber)와 워터해머 흡수기(water hammer arrester, WHA)[18]가 있다. 시린더 내부에 가스를 충전하고, 이 가스의 수축과 팽창을 이용하여 워터해머 압력을 흡수하는 기본적이고 간단한 기구로, 차이점은 체임버 상부의 공기와 물의 접촉 여부이다.

에어 챔임버는 물과 공기가 직접 접촉하는 구조라 단시간에 기능이 상실되는 단점이 있다. 체임버에 들어있던 공기는 통수가 이루어지고 유체가 유동함에 따라 점차 줄어들다가 워터해머로 인한 충격압력이 곧바로 체임버 내부를 물로 채워, 기체의 체적을 0으로 만들어 버리기 때문이다. 공기가 없으면 에어 체임버의 기능도 상실됨으로 이상 압력 흡수기구로는 효과가 없다.

그럼에도 불구하고 다른 대체수단이 없었던 시절에는, 기구급수관의 수직 구간을 연장하여 캡을 씌우는 방법으로 많이 사용되었다. 그러나 1955년 NPC가 제정되고, 에어 체임버의 대체수단으로 워터해머 흡수기 사용이 규정되었다.

워터해머 흡수기는 에어 체임버의 단점을 보완한 것이다. 즉, 물과 공기가 직접 접촉할 수 없도록 그사이에 피스톤이나 벨로우즈를 삽입하여 양자를 완전 격리시킨 것이다. 공기와 물 층이 접촉되지 않도록 격리시키는 방법에 따라 피스톤식, 다이어 프램식 및 벨로즈식 등 3가지 형식의 제품이 있다.

2.4 워터해머 흡수기

(1) PDI WH-201

1 상품화 배경

워터해머 흡수기가 상품화된 것은 19세기 말 워터해머 이론이 확립된 이후 60여 년 후이다. 즉 WWⅡ 종전 후 미국을 중심으로 한 건물의 초고층화가 가속되면서 워터해머에 대한 피해가 심각했기 때문이다.

1960년 PDI는 에어 체임버 대체용으로 워터해머 흡수기의 원리를 개발하고, 그 원리를 적용한 기구를 만들어 오랫동안 실제로 배관계통에 적용하여 얻은 결과를 토대로,

18. 참고문헌 5

1965년에는 워터해머 흡수기 사용법(PDI WH-201)을 제정하였다.

오늘날 워터해머 흡수기는 음용수 설비에서의 일반적인 워터해머 대책이 되었을 뿐만 아니라, 배관계통의 워터해머 압력을 흡수하는 방법으로 워터해머 흡수기를 사용하는 것은 가장 경제적이며 효과적인 대책으로 평가되고 있다.

2 국내 현장의 적용

국내에는 1990년대에 들어 건물의 고층화로 급수 공급압력이 높아지게 되고, 소음과 진동 문제가 심각하게 되면서, 워터해머에 대한 대책이 강구되어야 할 필요성이 대두되고, 외국의 사례에 관심을 가지게 되었다.

이러한 상황에서 1991년 PDI WH-201에 대한 해설[19]이 이루어졌으며, 워터해머 흡수기 사용법이 알려지게 되고[20], 상업용의 고층 건물로부터 적용이 시작되었다. 아파트 등 주거용 건물에는 2002년부터 본격적으로 사용되었다.

(2) 적용이론

워터해머 흡수기는 완전가스의 상태방정식으로 해석할 수 있다. 쉽게 액화되지 않는 물질[21]을 가스(또는 기체)라 하고, 쉽게 액화되거나 증발되는 물질을 증기(vapor)[22] 라고 한다. 가스는 극저온이나 극고압에서만 액화된다.

이상기체 또는 완전가스란 분자 간에 분자력이 작용하지 않고, 분자의 크기도 무시한다는 가정하의 실제로는 존재하지 않는, Boyle과 Boyle-Charles 법칙을 만족하는 기체이다. 즉, 최초 상태의 체적과 압력이 $V_1,\ P_1$ 이고 최종 상태가 V_2, P_2 라고 할 때 보일의 법칙은 식 (7)과 같이 표시되며,

$$V_1P_1 = V_2P_2 \tag{7}$$

최초 및 최종 상태의 온도를 $T_1,\ T_2$라고 하면 보일-샤르의 법칙은 식 (8)과 같이 표

19. 참고문헌 6
20. 참고문헌 7. pp 302-303
21. 공기, 산소, 질소, 수소 등
22. 증기터빈의 수증기나 냉동장치의 냉매

시된다.

$$\frac{V_1 P_1}{T_1} = \frac{V_2 P_2}{T_2} \tag{8}$$

(3) 작동원리

1 압축과정

체임버에 충전된 기체의 수축과 팽창을 통하여 이상 압력을 흡수하는 기구로, 충전된 기체를 완전가스로 취급한다.

그림 16과 같이 최초 상태에서의 체적을 V_1, 배관계통에 설치되어 관 내부가 만수된 상태, 즉 정압이 작용할 때의 체적을 V_2, 워터해머가 발생하여 충격압력으로 변화된 최후의 체적과 압력을 V_3라 하고, 각 경우에 해당하는 가스의 압력을 P_1, P_2, P_3라고 하면, 다음과 같이 압축과 재압축이 반복되는 과정으로 설명할 수 있다. 최초의 압축과정(initial compression)에서 정압에 의해 변화된 체적과 압력간의 관계는 식 (8)로 부터

$$V_2 = \frac{V_1 P_1 T_1}{P_2 T_2} \text{이고,} \quad T_1 = T_2$$

라고 하면

$$V_2 = \frac{V_1 P_1}{P_2}$$

가 된다.

2 재압축 과정

충격압력에 의한 재압축 과정[23]은 폴리트로픽 변화(polytropic change)과정으로

$$V_2^n P_2 = V_3^n P_3$$

가 된다

식에서 n은 폴리트로픽 지수로 임의의 실수이다. 열역학에서의 범위는 $0 \sim \infty$이고 $n=0$이면 등압과정, $n=1$이면 등온과정, $n=\infty$이면 등적과정이 된다.

그러나 워터해머 흡수기에는 충전된 가스의 값을 사용한다.

---

23. compression due to shock pressure

3 가스가 행한 일의 양

워터해머로 인한 충격압력 흡수를 위하여 가스가 행한 일의 양은

$$\frac{V_2P_2 - V_3P_3}{n-1}$$

이 된다.

n은 공기일 경우 1.4 이다.

이렇듯 워터해머가 발생하면 피스톤이 밀려 올라가 체임버 내 공기 체적은 줄어들고 압력은 증가되어 발생한 에너지를 흡수한다.

그러므로, 이러한 원리를 적용하면 일정한 배관 구간에 발생하는 충격압력을 흡수하는데 필요한 워터해머 흡수기의 용량 즉 체적을 구할 수 있으며, 반대로 일정 체적을 갖는 워터해머 흡수기가 감당할 수 있는 범위를 결정할 수 있다.

최초의 체적이 너무 작으면 이론상의 최종체적은 0이 될 수 있으므로 공기실 체적은 가능한 한 큰 것이 좋다.

그림 17은 상품화된 피스톤식 제품의 예로 구조 및 주요부 구성을 보여주는 것이다.

(4) 성능 조건

1 성능표준

워터해머 흡수기에 대한 성능표준은 1967년에 제정된 ASSE 1010[24]이다. 대표적인

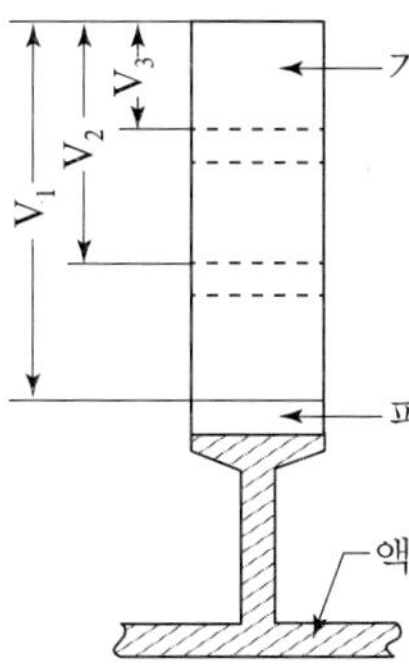

그림 16 워터해머 흡수기 작동원리

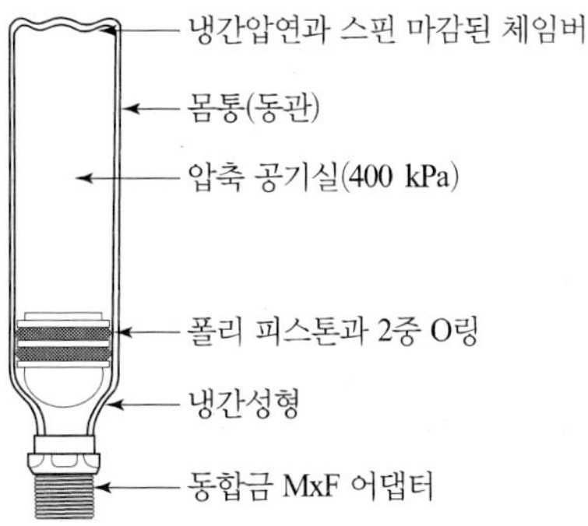

그림 17 워터해머 흡수기의 구조

24. 참고문헌 8

요구성능은 ①충격압력 흡수능력과 ②내구성 이다.

①의 충격압력 흡수능력은 2 760 kPa(400 psi)의 워터해머 압력을 1 034 kPa(150 psi) 이하가 되도록 하는 것이다. 시험조건은 유속 3 m/s, 서지밸브 차단속도 25 ms(0.025초)이고 온・냉수에서 각각 5회 실시한 값의 평균이다.

②의 내구성은 10 000회의 반복시험 결과 워터해머 압력을 흡수하여 배관에 작용하는 압력을 1 103 kPa 이하로 유지하는 성능이다. 시험조건은 유속 3 m/s, 서지밸브 차단속도 25 ms이고 온・냉수에서 각각 5 000회 실시한 값의 평균이다.

2 구조적 요구조건

제품표준[25]에서는 '물로부터 완전하게 차단된 영구적인 공기층을 가지고 있으며, 배관계통의 압력 변동에도 불구하고 공기층을 재가압 하는 등의 별도 유지관리 없이도 워터해머 방지기능이 지속될 수 있도록 설계되어야 한다'고 규정하고 있다.

즉 영구적으로 공기층을 유지할 수 있어야 워터해머 흡수기가 되는 것이다.

3 워터해머 흡수기 용량

그림 17과 같은 피스톤식은, **표 8**과 같이 7개 크기로 분류되며, WSFUs를 기준으로

표 8 워터해머 흡수기 규격

규격(1)	이음부(1), NPS	길이(2), mm	OD(2), mm	공기실 체적(2), cm^3	WHA 설치 전후 시험장치 압력(1), kPa		가스 충전 압력(1)		적용 WSFU(2)
					전	후	psi	kPa	
AA	1/2	121	22	31	1 724	1 034	35	240	3 이하
A	1/2	165	35	83	2 760	1 034	60	414	11 이하
B	3/4	222	35	115	2 760	1 034	60	414	12~32
C	1	279	35	180	2 760	1 034	60	414	33~60
D	1	257	54	328	2 760	1 034	60	414	61~113
E	1	321	54	475	2 760	1 034	60	414	114~154
F	1	384	54	590	2 760	1 034	60	414	155~330

주 (1) 참고문헌 5, Table 3과 참고문헌 8, Table 1에 따름.
1 724 kPa = 250 psi. 2 760 kPa = 400 psi, 1 034 kPa = 150 psi
(2) 참고문헌 9에 의한 Hydra-Rester(charge pressure: 414 kPa)

25. 참고문헌 5, 참고문헌 8

적정 용량을 선정할 수 있다. 국제적으로 통용되는 제품표준이 정해져 있는 제품은 피스톤식이다.

(5) 워터해머 흡수기 선정

1 기구급수 부하단위 기준법

PDI가 WH-201에서 제시한 워터해머 흡수기 선정 및 설치방법이다.

해당 급수·급탕배관 구간별 WSFUs를 기준으로 **표 8**에서 합당한 크기를 선정하는 것이다.

이 방법은 아파트와 같은 주거용 건물이나 상업용 건물에 적용할 경우 간단히 적정 크기를 결정할 수 있고 적용 결과 또한 양호하다. 다만 배관의 길이가 6 m(20 ft)를 초과하는 경우에는 선정된 크기의 1/2 이상이 되는 작은 크기를 끝과 중간 지점에 설치한다.

2 그룹별 설치법

미국이 1999년부터 단독주택에 사용한 방법이다. 물사용 그룹 즉, 주방, 욕실, 세탁실 별로 각각 설치하는 방법이다.

이 방법 적용의 배경은 '배관그룹 내에서 하나의 기구 이상이 동시에 사용될 수는 있으나, 동시에 급폐쇄될 확율은 거의 없다'는 연구결과이다.

이러한 사실은 어떤 배관그룹 내에 워터해머 방지를 위해서 필요로 하는 워터해머 흡수기의 규격이나 수량을 산정할 때 매우 중요한 자료가 된다. 이방법 적용에서는 주로 최소형 즉 "AA" 규격의 워터해머 흡수기가 선정된다.

3 운동에너지법

운동에너지법은 유체의 유동이 갑자기 차단된 경우에 발생하는 운동에너지를 기준으로 필요한 공기실의 체적을 구하고, 이와 동등 이상의 체적을 갖는 워터해머 흡수기를 선택하는 방법이다.

기준의 선정방법으로도 좋은 결과를 얻을 수 있지만, 수학적 방정식을 사용할 필요가 있는 특수한 경우에 사용된다.

주거용 건물 급수 배관계통의 특정구간(예 아파트 1세대)에 설치해야 하는 워터해머 흡수기의 공기실 체적 전체를 구하는 방식이다. 식 (9)를 사용하여 계산된 체적을 사용할 규격의 단위 체적으로 나누면 설치할 수량이 구해진다.

이 식은 이상기체의 상태방정식 $PV=nRT$ 에서 유도된 것이며[26], 식에서의 관지름은 안지름을 사용한다. 앞의 두 방법에 비하여 사용해야 할 수량이 작게 선정된다.

$$C=\frac{25\,000LQ^2}{d^2(P_F+100)Y} \tag{9}$$

식에서

C : 설치해야 할 워터해머 흡수기의 공기실 체적, cm^3

L : 배관 길이, m

Q : 유량, LPM,

d : 관의 안지름, mm,

P_F : 급수압력, kPa,

P_M: 배관내 허용압력, kPa 이다.

Y : **그림 18**로부터 구해지는 값

이다.

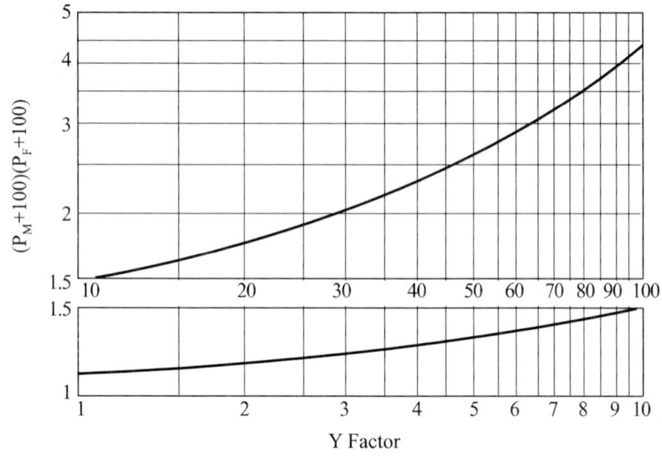

그림 18 압력비$\left(\frac{P_M+100}{P_F+100}\right)$와 Y의 관계

---

26. 참고문헌 9, Arrester sizing equation

예제 8

화장실이 2개소인 공동주택 단위 세대의 급수급탕 배관용 워터해머 흡수기 규격을 선정한다. 설치기구 수 및 WSFU는 다음과 같다. 다만, 배관내 허용압력을 1 000 kPa, 급수압력은 400 kPa이고, 관지름은 DN 20이다.

기구 및 수도꼭지		수량	WSFU		
			급수	급탕	계
싱크	혼합수도꼭지	1	0.75	0.75	1
세탁기	일반수도꼭지	1	0.75	0.75	1
욕실1	세면기	1	4.5	4.5	6
	세척탱크식 변기	1			
	욕조/샤워	1			
욕실2	세면기	1	4.5	4.5	6
	세척탱크식 변기	1			
	샤워	1			
청소용	일반수도꼭지	1	1	0	1
계		9	11.5	10.5	

풀이 (1) 기구급수 부하단위법 기준

급수의 WSFUs = 11.5, 급탕의 WSFUs = 10.5 이므로,

표 8로부터 급수 배관용은 A와 AA 각 1개, 급탕 배관용으로는 A 1개를 설치한다. 다만, 배관 거리가 6 m를 초과할 때에는 급수의 A-1은 AA-3 개로 수정하여 AA-4 개를 적당한 간격으로 나누어 설치한다. 급탕의 경우는 A-1을 AA-2로 수정하여 적당한 간격으로 나누어 설치한다.

(2) 그룹별 설치법 기준

주방, 욕실 1, 욕실 2 및 세탁실별로 각각 AA-2(급수 1, 급탕 1)를 설치한다.

(3) 운동에너지법 기준

① 동시사용 유량을 구한다.

제4장 표 12 또는 **부록** 2로부터 WSFUs = 11.5과 WSFUs = 10.5에 대한 동시 사용 유량은 34.1 LPM과 32.2 LPM이 된다.

② 관지름 및 배관길이

위생 단위 평면도(생략)에서 사용 관지름은 DN 20, 입상관에서 최원거리에 위치한 화장실 2의 샤워까지 거리는 30.5 m 이다.

③ 배관 내 허용압력 1 000 kPa, 수압 400 kPa이므로 압력비는

$$\frac{P_M + 100}{P_F + 100} = \frac{1000 + 100}{400 + 100} = 2.2$$

이므로 **그림 18**부터 Y값은 30이 된다.

④ 이상의 값을 식 (9)에 대입하여 필요한 공기실 체적을 구하면

급수: 147.8 cm^3, 급탕: 131.8 cm^3 이므로, 이 체적에 근접하는 규격의 수량을 구하면 다음과 같다.

	급수 배관용	급탕 배관용
필요 공기실 체적	147.8 cm^3	131.8 cm^3
선정	147.8÷83 = 1.78 ∴A-2개(166 cm^3)	131.8÷83 = 1.58 ∴A-2개((166 cm^3)
비고	표 8	표 8

⑤ 설치

입상과의 분기점으로부터 최원거리에 위치한 욕실 2의 세면기와 중간에 위치한 주방의 싱크에 각각 1개씩(급수, 급탕) 설치한다.

(4) 분석-방법별 비교

① 선정방법별 설치 수량

구분		기구급수 부하단위 법	그룹별 설치법	운동에너지법
설치규격 및 수량	급수	A-1 AA-1	AA-4	A-2
	급탕	A-1	AA-4	A-2

② 워터해머 흡수기 사용이 작은 비용으로 확실한 효과를 기대할 수 있는 방법이긴 하지만, 이는 표준에 합당하게 제조된 제품을 사용하는 경우이다.

예제의 세 가지 방법 중 (1)를 기준하는 방법은 공학적인 배경이 없더라도 쉽게 적용할 수 있으며, (2)의 배관그룹별로 설치하는 방법은 대형의 단독주택 등 주거용 건물에 적용하는 것이 좋다.

(3)의 운동에너지법은 해당 구간의 에너지를 흡수하기 위해 필요한 공기 체적이 기준이 되므로 가장 과학적이며, 사실상 선정 결과도 대부분의 경우 다른 방법에 비하여 작은 규격과 수량이 된다. 다만 가스 충전압력이 동일해도 기하학적으로 공기실 체적이 작으면 그만큼 설치해야 할 수량이 늘어나야 한다는 점에 유의 하여야 한다.

2.5 역류가 있는 배관계통의 워터해머

(1) 가압펌프 토출배관

1 수직 배관에서의 워터해머

가장 대표적인 예는 고가 탱크방식을 적용한 고층 건물이나 아파트의 송수관을 들 수 있다. 지하 저수탱크의 물을 고가탱크로 송수하는 가압펌프는 고가탱크의 고・저 수위에 따라 자동으로 기동/정지를 반복하기 때문이다.

펌프가 정지되면 입상관 내 유체는 펌프 쪽으로 역류하게 되고, 이 물기둥의 역류에너지에 의하여 첵밸브가 차단되면서 엄청난 소음이 발생하게 된다. 이것이 입상관과 같은 수직배관에서의 워터해머이다.

펌프 토출측 첵밸브가 파단되는 것은 갑자기 발생하는 워터해머로 인한 높은 압력에 의한 것이다.

2 역류 에너지 흡수방법

펌프 토출관과 같은 수직배관에는 워터해머로 인한 충격압력을 완화하기 위하여 일반적으로 스윙 또는 리프트 첵밸브를 설치한다. 워터해머 측면에서는 사일런트(silent) 첵밸브를 설치하는 것이 유리하다.

그러나 첵밸브 설치만으로 역류 에너지를 전부 흡수하기는 불가능하다. 왜냐 하면, 펌프 토출구 이후 배관에 대한 국내 설계는 배관 거리나 수직높이에 상관없이 펌프 토출측 1개소에만 첵밸브를 설치하고 있기 때문이다. 이러한 설계에서는 입상관이 길어서 발생하는 역류 에너지가 첵밸브의 허용 강도를 넘을 경우 1차적으로 첵밸가 파단될 수밖에 없다. 더 큰 힘이 작용하면 펌프 케이싱이 파단될 것이다.

그러므로 펌프 토출측 배관에는 역류 에너지가 분산될 수 있도록 여러 개소에 첵밸브를 설치해 주어야 한다. 즉 송수관의 일정 거리마다 첵밸브를 설치하는 것이다. 이는 난방 배관에서 일정 구간마다 익스펜션 조인트를 설치하는 원리와 같다.

그리고 매 첵밸브 상류측에 워터해머 흡수기를 설치하여, 1차적으로는 첵밸브에 가해지는 충격압력을 흡수하고, 2차적으로는 배관계통이 워터해머로부터 보호될 수 있도록 해야 한다.

(2) 워터헤머 흡수기 용량 선정

급수 가압배관이나 이와 유사한, 역류가 예상되는 배관에는 다음과 같은 계산과정을 거쳐서 적정한 규격의 워터해머 흡수기를 선정할 수 있다.

① 계통의 전체길이(L)와 수직높이(H)를 구한다

② 관지름(D)과 단면적(A)을 구한다

③ 펌프가 정지되었을 때의 역류속도

$$V = 0.0138 \times \mathrm{H}\ \ (\mathrm{ft/s})$$

가 되며,

사일런트 첵밸브를 사용한 경우는

$$V' = 0.25\mathrm{V}\ \ (\mathrm{ft/s})$$

를 적용한다. 다만 두 경우 계산 결과가 1 ft/s 이하가 되더라도 최저 유속은 1 ft/s로 한다.

④ 발생하는 운동에너지(사일런트 첵크밸브 사용의 경우)는

$$K = 0.97\mathrm{ALV}'^{2}(\mathrm{lb\text{-}ft})$$

가 된다.

⑤ 관의 최하단에 작용하는 정압

$$P_O = 0.4331 \times \mathrm{H}(\mathrm{psig})$$

이다.

⑥ 최대허용 충격압력은

$$P_M = 2.0\ \ P_O,\mathrm{abs}$$

로 한다. 실무적으로는 1.5배를 적용하기도 한다.

⑦ 압력계수 f$= P_O$.abs$\times Y$로 구하며, Y는 **그림 18**로부터 구한다.

⑧ 충격압력 흡수를 위한 공기실 체적

$$C = 1{,}718 \times (\mathrm{K/f})(\mathrm{in}^3)$$

가 된다.

⑨ 워터햄머흡수기에 충전할 압력은 $0.4 \times P_O$(psig)로로 한다.

이상의 수식을 Excel 등을 사용하여 프로그램화 하면 전체 배관길이(L)와 배관의 수

표 9 산업용 워터해머 흡수기의 규격(예)

모델 번호		공기실체적		이음부, NPS
동관 전용	STS강관 전용	in^3	cm^3	
658-1503J		150	2460	3
658-2002J	658S-2002J	200	3230	2
658-2004J				4
	658S-2004F2			4 (150 플랜지)
658-4004J	658S-4004J	400	6560	4
658-4004F4	658S-4004F2			4 (150 플랜지)

자료 참고문헌 10에 의거 재작성.

직높이(H) 관경(D) 및 표에서 구한 Y 값만 대입하여 최종의 결과를 쉽게 구할 수 있다.

적용 모델은 **표 8** 및 **표 9**의 산업용 제품 모두를 사용할 수 있다.

특히 산업용의 경우는 공장 출고 시 충전압력은 3 000 kPa(30 bar) 이지만, 현장여건에 맞게 이 압력을 조절할 수 있다.

예제 9

배관이 거리가 100 m이고 수직 높이는 50 m인 급수 가압배관이 있다. 유량은 4 920 m^3/h이고, 배관재는 Sch 80의 DN 600 강관을 사용한다.
가압펌프가 정지될 때 역류로 인한 워터해머로부터 배관계통을 안전하게 보호하기 위한 워터해머 흡수기의 용량을 구한다. 다만, 급수 압력은 5 bar 이고, 배관에 작용하는 충격압력은 압력은 수압의 1.5배 이하로 유지되도록 한다.

풀이 (1) 워터해머 압력을 구한다.

① 강관의 자료

Sch 80의 DN 600 강관의 OD는 610 mm, Thk: 30.96 mm이므로

ID는 548.08 mm → 548 mm가 되며, 탄성계수 E: 210 GN/m^2(**표 5** 참조)이다.

② 워터해머 압력

물의 체적 팽창계수(K)는 2.07 GN/m^2이므로 압력파의 전파속도는 식 (6)으로부터

$$a = \sqrt{\frac{1}{\rho\left(\frac{1}{K} + \frac{d}{t\,E}\right)}} = 1\,314\ \text{(m/s)}$$

가 된다.

배관내 유속은

$$v = \frac{Q}{A} = \frac{1.367\,\mathrm{m^3/s}}{\frac{\pi}{4}(0.548)^2} = 6\,(\mathrm{m/s})$$

가 되므로, 각각의 값을 식 (5)에 대입 하여 워터해머 압력을 계산하면

$$P_r = \rho\, a\, v = 102 \times 1\,314 \times 6 = 804\,168\,(\mathrm{kg/m^2})$$

$$= 8\,041\,680\,\mathrm{Pa} = 8\,041\,\mathrm{kPa}$$

이 된다.

(2) 워터해머 흡수기 용량을 구한다.

앞에서의 9개 수식을 엑셀 프로그램으로 만든 **표 10**과 같은 계산서(양식)에 필요한 데이터를 입력하면 쉽게 결과를 얻을 수 있다.

① 필요한 공기실 체적은 26 668 $\mathrm{cm^3}$이므로, **표 9**에서 658-4004F 모델의 Mega-Rester를 사용한다고 하면 1개의 체적이 6 560 $\mathrm{cm^3}$이므로 4개를 설치 하면 된다.

② 설치 후, 배관계통에 작용하는 압력(maximum allowable shock pressure)은 128.6 psig(900 kPa) 이하로 유지되어 시스템은 안전하다.

표 10 역류가 있는 배관계통의 워터해머 흡수기 선정용 계산서

Water Hammer Arrester Sizing Sheet for Backflow Power					Date: Nov. 01. 2021		
PROJECT: 물공급 Line (Main, DN 600-100 m)							
1) PIPE LENGTH & VERTICAL LENGTH	m	Const.	ft	REMARK			
TOTAL LENGTH, L	100	0.3048	328.1	400-100m			
VERTICAL LENGTH, H	50	0.3048	164.0				
2) PIPE	Const.	D(mm)	$A(m^2)$	$A(ft^2)$			
DIA. & AREA	0.785	548.00	0.2357	2.5375	$1\ m^2 = 10.7639\ ft^2$		
3) BACK FLOW VELOCITY	Const.	H(ft)	ft/sec	m/s			
BACK FLOW VEL.(PUMP STOP) $V = 0.0138 \times H(ft/s)$	0.0138	164.0	2.26	0.690	IF V<1 ft/s, V = 1 ft/s		
BACK FLOW VEL.(USED SILENT C.V), $V' = 0.25V(ft/s)$	0.25	2.26	0.57	0.173	IF V<1, V = 1		
4) KINETIC ENERGY(USED SILENT C.V)	Const.	A	L	V'^2	K(ft-lb)		
$K = 0.97ALV^2$	0.97	2.5375	328.1	1.00	808		
5) HEAD PRESSURE	Const.	H(ft)	P_O(psig)	P_O(psia)			
$P_O = H \times 0.4331$(psig)	0.4331	164.0	71.0	85.7			
6) MAXIMUM ALLOWABLE SHOCK PRESSURE	Const.	P_O(abs)	P_M(abs)				
$PM = 2.0 \times P_O$, Y = From chart	1.5	85.7	128.6				
7) PRESSURE FACTOR	P_O(psia)	Y	f				
$f = P_O(abs) \times Y$	85.7	10	857				
8) TOTAL AIR VOLUME	Const.	K	f	$C(in^3)$	$C(cm^3)$	SPECIAL	
$C = (K/f)1728(in^3)$	1,728	808	857	1,627.4	26,668		
9) ARRESTER CHARGE PRESSURE	Const.	P_O	Charge Pre.	$C.P(kg/cm^2)$			
P_O*0.4	0.40	85.7	34.3	2.3			
9) SIZING							
	체적, cm^3	설치수량	선정	실 체적, cm^3	Remark		
Mega Rester 658-4004F2	6 560	4.07	4	26 240	0.98%		
계			4	26 240	0.98%		

C&T Corporation

3 동결방지[27]

3.1 배관계통의 동결

(1) 열역학적 해석

1 동결에 대한 인식의 오류

물이 동결(凍結, freeze)한다는 것은 액체에서 고체로의 상변화를 뜻한다. 온도가 내려가면 분자들의 운동은 점점 억압되어 움직임은 느려지게 되고, 어떤 온도에 도달하면 분자 운동(molecular motion)은 멈춘다.

이와 같은 현상은 물이나 얼음이 팽창하는 원인이 되며, 물이 동결하여 얼음이 되면 더 큰 공간이 필요하게 된다. 그래서 배관처럼 제한된 공간에서 물이 동결하면 엄청난 내압이 가해지므로 어느 부분이 파괴되는 현상이 발생하는 것이다.

그러나 흔히 '흐르는 물은 동결되지 않는다"고 생각한다. 이것이 바로 동결에 대한 인식의 오류이다. 흐르더라도 물은 0℃에서 동결한다. 즉, 흐르면서도 물이 동결되지 않으려면 물의 온도가 동결온도 이상으로 유지되어야 한다.

2 동결의 원리

물이 동결온도에 도달하기 위해서는 가진 열이 모두 이동 즉 열손실(heat loss)이 이루어져야 한다. 열은 온도가 높은 쪽에서 온도가 낮은 쪽으로 이동하는 특성을 가지므로, 관내 물의 온도가 7℃이고 외기가 -4℃라면 물이 가진 열은 외기로 이동된다.

1 kcal의 열이 이동하면 물 1 kg의 온도는 1℃ 낮아진다. 그러므로 충분한 열전달이 이루어지면 물은 동결된다.

예로, 1 L와 2 L의 물이 담긴 2개의 용기가 동결되기 위해서는 큰 용기는 작은 용기에 비하여 두 배의 열손실이 필요하다. 물이 많은 용기는 동결 속도가 느려서 동결온도에 도달하는 시간이 길어지기 때문이다. 그러므로, 물의 양을 조절하면 온도의 변화에 영향을 줄 수가 있다.

---

27. 참고문헌 11

이러한 예로부터 동결에 대한 핵심을 이해할 수 있게 된다. 즉, '존재하는 물의 양과 열손실율로 동결에 소요되는 시간"을 측정할 수 있다는 것이다.

이 원리를 실무에 응용하면 완전한 동결방지가 가능하다.

(2) 동결 피해

1 건물 내부 배관과 노출 배관

우리나라는 냉방 대비 난방 기간이 길뿐만 아니라 여름은 덥고, 겨울은 매우 추운 기후의 특성상 배관이나 장비가 특히 외기에 노출된 경우에는 동파의 위험이 크다.

급수 배관은 건물의 내부에 설치되거나 지하에 매설되는 것만이 아니라 건물 외부나 지상에 노출 설치되는 경우도 많다.

건물 내부 배관이라도, 건물의 구조가 기밀을 유지하고 난방이 이루어지는 곳이라면 동결에 대한 염려가 줄어들겠지만, 벽체나 바닥 등에 매설되는 배관계통에 대해서는 항상 동결의 위험이 존재하게 된다. 그런 부분에 대한 단열이 보온재로 감싸주는 정도의 단순한 방법에 의존되기 때문이다.

건물 외부 배관의 경우에도, 동결방지 대책이란 보온이 대부분이다. 배관의 보온 두께는 외기온도와 관내 유체온도와의 차를 기준으로 결정되지만, 설계의 기준이 된 외기온도 보다 낮은 기온이 계속되는 경우에는 동결 피해가 발생할 수밖에 없다.

보온은 배관에 일정 두께의 옷을 입힌 것으로, 외기가 변화된다고 해도 사람처럼 두께가 더 두꺼운 옷으로 즉시 바꿔 입을 수가 없기 때문이다.

2 피해의 규모

얼음은 물 보다 약 10% 체적이 늘어나기 때문에, 직관 부분보다는 강관 배관의 경우는 주철제 관이음쇠 처럼 취약 부분에서 동결 파손이 일어나기 쉽다.

배관계통에서의 동결 피해는 ①수도미터 및 급수관 파손으로 인한 단수. ②배수 장애. ③난방 공급 정지. ④탱크 파손과 이로 인한 기기의 기능 정지. ⑤위생도기의 트랩 파손에 따른 물 사용 기능 정지 등이다.

이러한 동결 피해는 파손된 부분을 복구하기 위한 인건비 뿐만 아니라 시설을 사용할 수 없는 기간 동안 겪어야 하는 불편함, 그리고 유량의 손실이 크다.

특히 산업시설이나 공장의 경우는 영향을 받은 구간에서의 생산 차질로 발생하는 소득 감소 등으로 막대한 경제적 손실이 뒤따르게 된다.

3.2 전통적인 동결 방지법

(1) 임시적인 방법

배관과 기기 등을 동결사고로부터 보호하기 위한 가장 좋은 방법은 건물의 난방범위 내에 배관이 이루어지도록 하는 것이다.

그러나 실무적으로는 동결온도 이하의 조건이 되는 환경에 배관할 수밖에 없는 경우가 많다. 그러므로 동결방지 대책으로는 일반적으로 배관 보온방법이 적용되지만, 그 외에도 ①히터 등을 사용하여 배관이 이루어진 공간의 난방. ②부동액 주입(음용수 이외의 물 배관의 경우), ③배수 기구나 밸브를 설치하여 배관 내 물을 퇴수시켜 관 내부를 비워두는 방법 등이 있다.

이러한 방법들은 1년 중 난방 기간이 짧은 경우, 임시로 사용되거나 규모가 작은 시설 등에 적용되는 것으로 일종의 임시적인 방법(temporary measure) 이다. 그러나 어떤 방법을 취하든 지역의 특성, 비용, 건물이 사용되는 조건 등을 고려하여야 결정하여야 한다.

(2) 보온

1 보온재의 두께

보온(保溫, insulation)은 동결 파괴로부터 보호해야 할 대상물에 두꺼운 옷 즉 보온재를 입히는 것이다. 그 보온재의 두께는 외기온도를 기준으로 결정된다.

이 방법은 기준 온도보다 더 낮은 기온이 되었을 때는 동결될 수가 있다는 전제 즉, 위험 부담을 안고 적용하는 방법이다. 보온을 매우 두껍게 해주지 않는 한 보온만으로는 완전한 동결방지를 기대하기 어렵기 때문이다.

배관의 경우에는 보온재의 두께를 결정하는 방정식을 적용하여 공학적인 계산도 가능하고, 코드에 이미 보온재별 두께를 정하고 있으므로 이러한 데이터를 사용하면 된다.

그러나 밸브나 특수형태의 배관 구성요소, 탱크 등의 경우는 상황이 다르다. 이 장에서는 배관 보온 기준의 보온재 두께 계산만을 다룬다.

2 평판에서의 열손실량

배관계통에서의 열손실 요인은 ①관내 수온과 외기온도 차, ②배관이나 장비 주변의 풍속, ②관의 외표면적, ③관 벽의 열저항 등이며, 열손실은 이들 중 관의 외표면적과 온도차에 정비례 한다.

이를 식으로 표시하면, 평판(平板)의 경우는 식 (10)과 같이 표시된다.

$$Q = \frac{A(T_i - T_o)}{X/k + 1/f} \tag{10}$$

식에서,

Q : 총열손실량, W/m^2

A : 열전달 면적, m^2

T_i, T_o : 내부 및 외부 온도, K

X : 보온 두께, m

k : 열전도율, W/mK

$1/f$: 표면 열저항 계수(**그림 19** 참조)

이다.

그러므로 외표면적과 온도차가 두 배로 증가한다면 열손실 또한 두 배로 증가 된다.

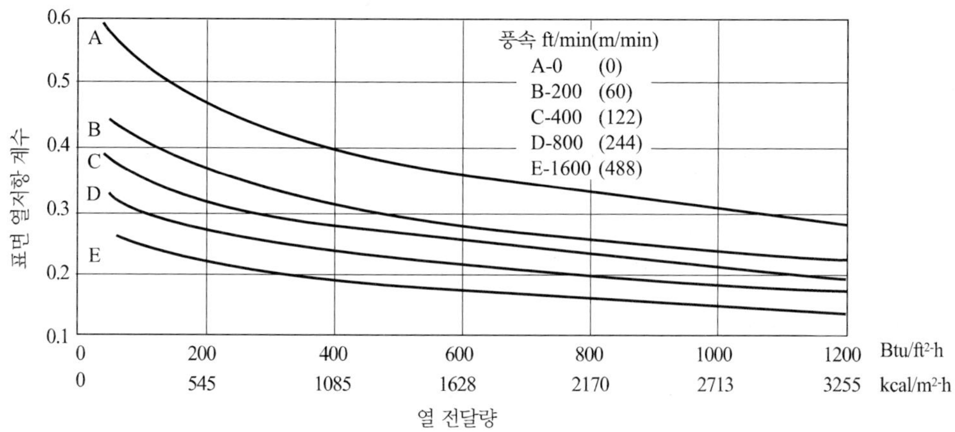

주 단위 환산기준: Btu/ft^2 · h = 2.712 46 kcal/m^2 · h = 3.154 59 W/m^2

자료 참고문헌 12. Fig B7.3에 의거 재작성

그림 19 주변 풍속에 따른 표면 열저항 1/f

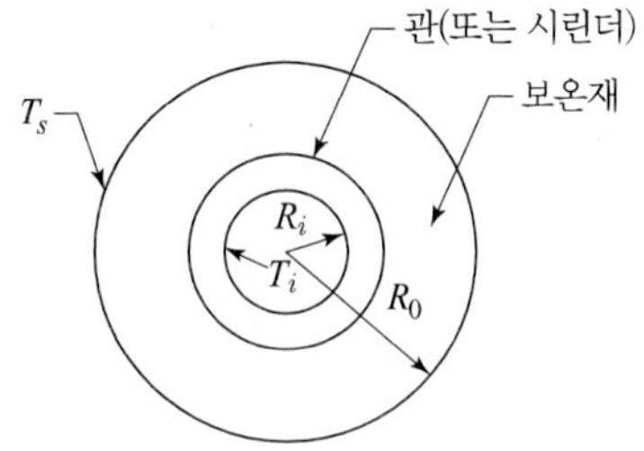

그림 20 보온된 시린더의 단면

관내의 물이 흐르지 않는 상태인 배관에 두껍게 보온을 해준다면 관 벽의 열저항이 커지게 되므로 열손실율은 크게 저하될 것이다.

3 시린더나 관에서의 열손실량

그림 20과 같이 보온된 시린더(또는 관)의 열손실량은 식 (11)로 계산된다.

$$Q = \frac{2\pi k L (T_i - T_s)}{l_n (R_o / R_i)} \tag{11}$$

식에서,

Q : 열손실량, W

k : 열전도율, W/mK

L : 배관길이, m

T_i, T_s : 관 내온도 및 외기온도, ℃

R_i : 관의 반지름, m

R_o : 보온재 외표면까지의 반지름, m

l_n : 자연대수

이다.

여러 종류의 물질로 구성된 단열재를 사용하여 여러 겹으로 보온된 시린더에서의 열전량은 식 (12)로 계산된다.

$$Q = \frac{(T_i - T_s)}{R_s l_n (R_1/R_i)/k_1 + R_s l_n (R_2/R_1)/k_2 + R_s l_n (R_s/R_2)/k_3 + 1/f} \tag{12}$$

식에서,

Q : 열손실량, W/m^2

k_1, k_2, k_3 : 각 겹의 보온재별 열전도율, W/mK

T_i, T_s : 관 내 온도 및 외기온도, ℃

R_i, R_1, R_2, R_s : 관의 반지름, 관의 중심으로부터 첫겹의 보온재의 바깥지름, 둘째 겹의 보온재 바깥지름, 셋째겹 보온재의 바깥지름. m

l_n : 자연대수

$1/f$: 표면 열저항 계수(**그림 19** 참조)

이다.

이와 같이 동결되지 않을 온도(예로 4.4℃)로 유지하기 위한 허용 열손실량을 구할 수 있으면, 허용치 이상의 열손실이 발생하지 않도록 함으로써 노출여부에 상관없이 배관에 대한 동결방지는 언제나 가능하게 된다.

예제 10

일반적인 냉수(chilled water) 배관에서의 열손실량을 구한다.
다만, 배관은 강관으로 DN 50(OD: 60 mm), 배관 총 길이는 36.5 m이며 냉각수 온도는 5.5°C, 주변 온도는 35℃로 한다. 보온재는 $k = 0.0038\,\text{W/mK}$ 인 셀룰라 그라스로 두께 54 mm을 사용한다.

풀이 (1) 관의 바깥지름은 60 mm, $R_i = 30\,\text{mm}$, 보온 두께 54 mm이므로 $R_0 = 84\,mm$를 사용하고, 식 (11)을 사용하여 열손실량을 구한다.

$$Q = \frac{2\pi k L(T_i - T_s)}{l_n(R_o/R_i)}$$

$$= \frac{2\pi(0.0038\,\text{W/mK})(36.5\,\text{m})(5.5-35)}{\ln(84/30)}$$

$$= -25\,W$$

(2) 보온된 후 전체 표면적에 대한 상대 열전달량을 구한다.
원둘레는

$$\pi d = 3.14 \times 168\,\text{mm}$$

$$= 527.52\,\text{mm}$$

$$= 0.52752\,\text{m}$$

겉표면적은 원둘레×배관길이 이므로

$$0.52752\,\text{m} \times 36.5\,\text{m}$$

$$= 19.25\,\text{m}^2$$

그러므로 냉수 배관 전체에 대하여

$$-25\,W \div 19.25\,\mathrm{m}^2 = -1.30\,\mathrm{W/m}^2$$

열전달이 발생한다. 계산 결과가 마이너스인 것은 배관으로부터 외기로의 열손실이 아니라, 외기로부터 관으로의 열취득이 있음을 나타내는 것이다.

(3) 재계산 여부 판단

냉수·냉각수 배관에서는 심각한 이상 상태가 발생 될 수 없기 때문에, 계산 결과인 1.30 $\mathrm{W/m}^2$의 열취득이 허용할 수 있는 범위 인지의 여부를 검토해 보아야 한다. 일반적으로 냉수·냉각수 배관에서의 열취득에 대한 허용범위는 25~31.5 $\mathrm{W/m}^2$(8~10 $\mathrm{Btu/ft^2 \cdot h}$) 이다.

그러므로 계산 결과는 보온 두께가 과대함을 알 수 있다.

(4) 재계산

① DN 50 셀룰라 그라스로 최소 두께 25 mm을 사용한다.

관의 바깥지름은 60 mm, $R_i = 30\,\mathrm{mm}$, 보온 두께 25 mm이므로 $R_0 = 55\,\mathrm{mm}$를 사용하고, 식 (11)을 사용하여 열손실량을 구한다.

$$Q = \frac{2\pi k L (T_i - T_s)}{l_n (R_o / R_i)}$$

$$= \frac{2\pi (0.0038\,\mathrm{W/mK})(36.5\,\mathrm{m})(5.5-35)}{\ln(55/30)}$$

$$= -42.4\,W$$

② 보온 후 전체 표면적에 대한 상대 열전달량을 구한다.

원둘레는

$$\pi d = 3.14 \times 110\,\mathrm{mm} = 345.4\,\mathrm{mm} = 0.345\,\mathrm{m}$$

겉표면적은 원둘레×배관길이 이므로

$$0.345\,\mathrm{m} \times 36.5\,\mathrm{m} = 12.61\,\mathrm{m}^2$$

그러므로 냉수 배관 전체에 대하여

$$-25\,W \div 12.61\,\mathrm{m}^2 = -3.36\,\mathrm{W/m}^2$$

재계산 결과도 냉수·냉각수 배관에 대한 열취득 허용범위에 대하여 여전히 보수적인 값이다. 그러나 DN 50 셀룰라 그라스의 최소 두께가 25 mm이므로 그대로 적용한다.

4 보온 두께 기준

급수관의 동결방지를 위한 보온 두께는 이상과 같은 수식을 사용하여 구할 수 있지만, 특수한 경우를 제외하고는 코드[28]에 규정된 두께를 적용한다. 급수·급탕 및 냉수·냉각수 배관에 대한 보온 두께는 **표 11**~**표 13**과 같다.

표 11 급수관의 보온 두께

보온재 등급	보온재 열전도율[(1)] 범위, W/m·K	보온두께, mm				
		일반적인 조건[(2)]		다습한 조건[(3)]		
		DN 15~80	DN 100이상	DN 15~25	DN 32~300	DN 350 이상
가	0.034 이하	25	40	25	40	50
나	0.035~0.040	25	40	25	40	50
다	0.041~0.046	32	50	32	50	65
라	0.047~0.051	32	50	32	50	65

주 (1) KS L 9016에 의한 20±5℃ 시험조건에서 열전도율임
(2) 관내 수온 15℃ 이하, 주위온도 30℃ 이하, 상대습도 75% 미만인 환경
(3) 관내 수온 15 ℃ 이하, 주위온도 30℃ 초과 또는 상대습도 75% 이상인 환경

표 12 온수관의 보온 두께

(관내 수온 90℃, 주위온도 30℃ 이하)

보온재 등급	보온재 열전도율[(1)] 범위, W/m·K	보온두께, mm		
		DN 15~40	DN 100 50~125	DN 150 이상
가	0.030 초과 0.034 이하	25	40	50
나	0.035~0.040	25	40	50
다	0.041~0.046	32	50	65
라	0.047~0.051	32	50	65

주 (1) KS L 9016에 의한 20±5℃ 시험조건에서 열전도율임

표 13 냉수, 냉각수관의 보온 두께

보온재 등급	보온재 열전도율 범위, W/m·K	보온두께, mm			
		저온[(1)]		일반[(2)]	
		DN 15~50	DN 65 이상	DN 15~25	DN 32 이상
가	0.030 초과 0.034 이하	25	40	20	35
나	0.035~0.040	30	45	25	40
다	0.041~0.046	35	50	30	45
라	0.047~0.051	40	55	35	50

주 (1) 관내 수온 4℃ 이상 6℃ 미만, 주위온도 30℃ 이하, 상대습도 75% 미만
(2) 관내 수온 6~15℃, 주위온도 30℃ 이하, 상대습도 75% 미만

28. 참고문헌 13

(3) 히트 트레이싱 방법

1 트레이싱의 열원

트레이싱 방법(tracing technique)이란 **그림 21**에서와 같이 열원에 따라 ①전기적 트레이싱과 ②스팀 트레이싱 방법이 일반적으로 사용된다. 보온과 같은 정적인 방법에 비하여 동적인 동결방지법이다.

2 전기 트레이싱

전기적 방법은 배관 길이 만큼의 열선(熱線, electric heating cable)을 배관의 하부에 잘 접촉되도록 붙들어 맨 다음 보온하는 방법이다.

열선에서 발생하는 열로 배관에서의 열손실을 상쇄시켜 관 내의 물과 배관을 동결온도 이상으로 유지하는 것이다. **그림 21**은 밸브에 열선을 감아 동결을 방지하는 예이다. 인화될 수 있는 물질이 있는 장소나 전기적 스파크가 일어날 경우에는 화재의 위험성이 있다는 점에 유의하여야 한다.

규모가 큰 시설에 적용하기 위해서는 열선 자체의 경제성과 동결방지를 위해 발열되어야 할 만큼의 전기료, 열선 자체의 손상 용이성 등을 검토하여 실용적 인지의 여부를 판단하여야 한다.

3 스팀 트레이싱

스팀 트레이싱(steam tracing)은 스팀 공급원으로부터 소구경의 동관을 인출하여 동

그림 21 밸브의 전기적 트레이싱

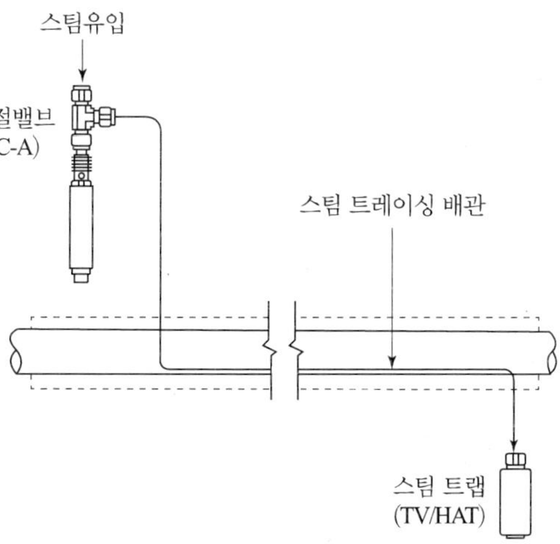

그림 22 스팀(또는 온수) 트레이싱트의 예

결을 방지해야 하는 배관계통이나 기구을 따라 배관한 다음 보온하는 방법이다.

그림 22는 일반적으로 사용되는 스팀 트레이싱 배관의 예를 보여주는 것이며, 스팀의 공급량을 조절하여 과열을 방지하기 위한 유량조절 밸브[29]와 응축수에 의한 증기의 공급이 차단되지 않도록 스팀트랩[30]을 설치한 경우이다.

온수난방 방식을 적용하는 시설에서는 스팀 대신 온수를 사용할 수 있다.

3.3 동결방지 기구를 사용하는 방법[31]

(1) 배관내 물을 빼는 방법

1 물 공급시스템의 구분

전기나 스팀을 사용하는 방법처럼 비용이 없이도 동결을 방지할 수 있는 방법은 온도변화에 민감한 밸브를 사용하여 해당 구간 내의 물을 빼내는 방법이다. 어떤 밸브를

29. TV/SC-A: Ambient temperature control valve(주변 온도 감지, 조절 및 액추에이터 내장형, 자력식 컨트롤밸브)
30. TV/HAT: Heat actuate trap(감지, 조절, 액추에이터 내장형, 자력식 컨트롤 밸브)
31. 참고문헌 11. 참고문헌 14. 제4권 pp 5.33-30~5.33-31

사용하여 물을 빼 줄 것이냐는 물을 공급하는 시스템이 ①고정유량 시스템(fixed volume system) 또는 ②재공급 시스템(re-supply system) 인지에 따라 다르다.

2 고정유량 시스템

고정유량 시스템이란 자동차나 디젤기관차의 냉각기와 같이 체적이 정해져 있으므로 용기 내 물의 양에는 변화가 없는 시스템을 말한다.

이러한 시스템은 별도의 장치를 사용하여 압력을 유지하거나 자체의 수두(head pressure)에 의하여 작동된다. 적합한 예로는 디젤기관차(diesel locomo-tive)에 적용하는 냉각장치이다. 엔진보호를 위한 이 수냉각(all-water cooling) 시스템은 하나의 폐회로 구성되므로, 어떠한 이유로든지 영하의 온도에서 엔진이 정지되면 엔진 동파라는 심각한 피해를 당할 수 있다. 그리고 복구하기 위해서는 막대한 비용과 노동력이 수반된다.

3 물이 재공급 되는 시스템

물이 재공급 되는 시스템이란 물이 소비되거나 빠지더라도 그만큼이 채워질 수 있거나 압력이 작용하는 물 공급원으로부터 계속하여 물이 공급될 수 있는 계통을 말한다.

산업설비 중에서 이처럼 계통에 물이 다시 채워지는 시스템의 예는 ①급수나 급탕과 같은 음용수 공급시스템. ②위험한 작업 구간에 설치된 세이프티 샤워(safety shower), ③소방용 급수 시스템 등이 대표적인 예이다.

이런 모든 배관계통에 공급되는 물은 저수탱크에 저장된 것을 원천으로 한다. 그리고 고가탱크나 펌프로 가압하여 먼 거리의 기구까지 공급된다. 그러므로 사용기구 주변의 어떤 구간에는 동결을 방지하는 조치가 필요해진다.

(2) 고정유량 시스템에 적용되는 기구

1 기능과 용도

이러한 시스템의 동결방지에 사용되는 기구를 동결방지 플럭이라고 한다.

내부 유체온도 감지형으로, 공조기, 냉각장치, 쿨링 타워와 같이 외기에 노출 설치되는 장비 및 용기 등의 동결방지에 적합하다.

그림 23과 같이 육각소켓 형태의 몸통 부분(소켓 이라고도 한다)과 슬롯형 열동식 액

그림 23 동결방지 플럭

츄에이터(플럭 이라고도 한다) 두 부분으로 구성된다.

2 설치 및 작동

소켓은 동파를 방지하고자 하는 대상물의 하부에 설치하고 여기에 액츄에이터를 삽입하면 설치가 완료된다.

내부 유체가 동결온도에 가까워지면 액츄에이터가 소켓으로부터 자동 분리 되므로, 용기나 장치에 채워진 물이 퇴수되어 동결을 방지한다.

액츄에이터가 작동하였음을 확인하고 재설치(원위치) 시에는 액츄에이터를 뜨거운 물에 담그는 등의 방법으로 가열한 다음 몸통에 삽입하고, 계통에 물을 재충전한다.

액츄에이터가 완전한 원래의 상태로 되돌려지지 않으면 액츄에이터는 소켓에 삽입되지 않는다는 점에 유의하여야 한다.

(3) 물이 재공급 되는 시스템에 적용되는 기구

1 동결방지 밸브[32]

이러한 시스템에 사용되는 기구는 **그림 24**와 같은 동결방지 밸브(freeze protection valve, FPV)이다.

외부로부터 동력을 공급받지 않고 자체적인 힘으로 작동한다. 즉, 밸브의 4개 범주 중 조절밸브에 속하며 내장형 자력식 밸브이다.

32. 참고문헌 4. pp573-576

(a) 내부유체온도 감지형　　　(b) 외기온도 감지형

그림 24 동결방지 플럭과 밸브

2 작동 형태

작동 형태는 ①내부의 유체온도 감지형과 ②외기온도 감지형으로 구분된다.

어떤 식의 감지기능을 갖던, 내부 유체가 동결온도에 가까워지면 밸브가 개방되어 퇴수가 이루어지고, 동결로부터 안전한 온도가 되면 밸브는 다시 폐쇄되어 원위치 되는 동작을 반복하여 계통을 정상으로 유지 시킨다.

밸브는 배관의 끝부분이나 용기의 경우 하부에 설치하여 사용한다.

3 용량선정

이러한 밸브를 사용하면 간단하고 확실하게 동결방지가 이루어지므로 앞에서 설명된 기본적인 방법에 대하여, 최신기술을 응용하는 결과가 된다.

물이 재공급 되는 시스템에서는 배관 내의 차가운 물은 제거되고, 급수원 으로부터의 더 따듯한 물로 대체되며, 밸브의 개도를 조절함으로써 동결을 방지한다. 즉, 동결 우려가 있는 배관 내의 물을 동결온도 이상으로 유지하기 위하여 퇴수 시켜야 할 유량을 구하고, 이를 기준으로 설치해야 할 동결방지 밸브 수량을 구한다. 절차는 3 단계로, ①퇴수 시켜야 할 유량을 계산한다. ②유량계수(Cv 또는 Kv)를 구한다. ③설치할 밸브 수량을 결정한다.

동결방지 밸브별 작동온도 범위, 유량 계수 등의 제원은 **표 14**와 같다.

① 비 보온 급수배관의 동결방지를 위해 단위 시간당 퇴수 시켜야할 유량은 식 (13)을 사용하여 구한다.

$$Q = \frac{A_1 A_2 (0.5 t_w - t_a + 16)}{40.1 d_i^2 (t_w - 32)} \tag{13}$$

표 14 동결방지 밸브와 플럭과 밸브의 제원

구분		동결방지 밸브		동결방지 플럭
		내부유체온도 감지형	외기온도 감지형	
재질	몸통	황동 또는 스테인리스강	스테인리스강	스테인리스강
	주요부	스테인리스강		스테인리스강
DN		15, 20	15, 20	40
상용압력, bar		6.9, 10	20.7	3.5
최고 사용온도, ℃		149	149	149
전개 온도, ℃		1.7	1.7	1.7
전폐 온도, ℃		4.4	4.4	4.4
유량계수, Kv(Cv)		0.52(0.6), 1.12(1.3)	0.69(0.8), 1.12(1.3), 1.72(2.0)	

자료 참고문헌 15.

식에서

Q: 퇴수 시켜야 할 유량, GPM(×3.785 LPM)

A_1: 관의 단면적, ft^2(×0.0929 m^2)

A_2: 노출된 관의 표면적, ft^2

t_w, t_a: 재공급 되는 물의 온도와 최저 기온, °F

d_i, d_o: 관의 안지름과 바깥지름, ft

이다.

②유량계수(Cv 또는 Kv)를 구한다.

$$C_v = \frac{Q}{\sqrt{\Delta p}} \tag{14}$$

식에서

C_v : 유량계수(Kv = 1.167 C_v)

Δp : 밸브에 작용하는 차압(대기로 퇴수되는 경우는 수압), psig(×6.9 kPa)

이다.

③ **그림 25**로부터 Cv 값에 합당한 크기를 구한다. 계산결과 Cv 값이 큰 경우에는 해당 밸브의 Cv 값으로 나누어 설치해야 할 수량을 구한다.

예제 11

보온되지 않은 상태로 노출된 강관 배관의 동결방지를 위하여 설치해야 할 동결방지밸브의 수량을 구한다. 다만, 강관은 Sch40의 NPS 2이며 배관 길이는 125 ft(38 m), 최저 기온은 -15°F(-26℃), 관내 유체의 최저 온도는 40°F(4.4℃), 유동압력은 60 psig(414 kPa) 이다.

풀이 (1) 식 (13)을 사용하여 퇴수량을 구한다.

① Sch40 강관 NPS 2 자료 강관 자료

OD: 2.375 in(0.197 ft) ID: 2.067 in(0.172 ft), Thk: 0.154 in(0.0128 ft)

A_1: $3.36\ \text{in}^2 = 0.0233\ \text{ft}^2\ (0.00216\ \text{m}^2)$

원둘레: $\pi do = 2.375\pi = 7.4575\ \text{in} = 0.621\ \text{ft}$

$A_2 = 0.621\ \text{ft} \times 125\ \text{ft} = 77.625\ \text{ft}^2$

② 식 (13)을 사용하여 퇴수량를 구한다.

$$Q = \frac{A_1 A_2 (0.5 t_w - t_a + 16)}{40.1 d_i^2 (t_w - 32)}$$

$$= \frac{0.023 \times 77.625 \times [(0.5 \times 40) - (-15) + 16]}{40.1 \times 0.172^2 \times (40 - 32)} = 9.59\,(\text{GPM})$$

(2) 식 (13)을 사용하여 유량계수를 구한다.

$$C_v = \frac{Q}{\sqrt{\Delta p}} = \frac{9.59}{\sqrt{60}} = 1.24$$

(3) 밸브 선정

그림 25로부터 1.24 이상의 Cv = 1.3인 밸브 1개(또는 작은 밸브 여러개로 선정할 수 있다)로 모델은 **표 14**로부터 외기온도 감지형을 선정한다. 이 밸브에서의 퇴수량은 10 GPM(38 LPM)이 된다.

(4) 선정 결과분석 및 설치 위치

Cv 값이 작은 밸브 여러개를 선정할 수도 있다(사용상 더 효율적일 수 있음). Cv 값이 큰 밸브를 선정한다고 해서 물이 낭비되는 것은 아니다. 그러므로 크기가 과대하게 선정되는 경우는 없다. 보온이 잘되어 있는 경우라면 열손실이 작으므로 설치할 밸브의 크기는 작아진다.

1 개를 설치할 경우, 밸브는 가능한 한 파이프 끝단에 가깝게 설치한다.

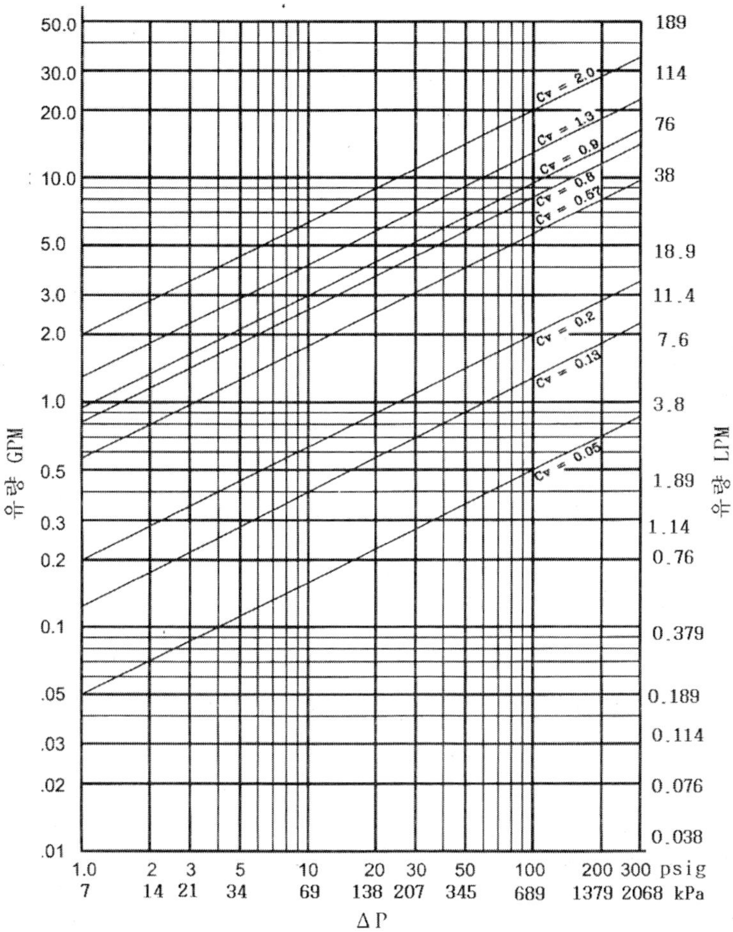

그림 25 동결방지밸브 유량 선정 선도

4 감압

4.1 감압의 기준

(1) 감압의 필요성

유체를 수송하는 가장 간단하면서 경제적인 방법은 배관을 통하는 것이다. 배관은 여러 가지 구성요소로 이루어지며, 각각의 구성요소는 나름의 상용압력 등급을 가지고 있다. 즉 급수를 위한 압력은 어떤 경우에도 이들의 상용압력을 벗어나지 않아야 한다. 급수 시스템이 안전하게 운전되어야 하기 때문이다.

건물이 고층화될수록 급수 압력은 높아져야 하고, 이에 따라 배관재에 대한 사용 압력등급도 달라지지 않으면 안 된다. 그러나 모든 공사를 수행하는 데 있어서의 최우선 과제는 경제성이므로, 가급적 사용압력등급이 낮은 재료를 사용하여 최고층까지의 급수가 가능하여야 한다.

그러므로, 배관계통에 대한 감압은 현대의 배관공사에서는 필수적인 과정이 되며, 얼마나 적정하게 감압이 되게 할 것이냐가 기술자의 임무가 된다.

(2) 과대한 수압의 제한[33]

1 유동 정지 시의 작용수압

고가탱크 방식은 물론 부스터 펌프시스템을 적용하는 급수 시스템에서, 위생 기구나 장비 또는 급수 토출구에 작용하는 수압은 550 kPa(80 psi) 이하로 제한 된다. 이는 유동 정지 시의 기준으로, 앞에서 설명한 바와 같이 기구에서의 안전을 위한 것이다.

여기서, 수압을 제한한다는 의미는 급수 시스템을 고압으로 설계하지 말라는 것이 아니라 높은 수압이 작용하는 시스템에서는 적정한 압력으로 감압하여 위생기구 등에는 과대 수압이 가해지지 않게 한다는 것이다. 즉 운전 중의 실제 수압은 550 kPa를 초과하더라도, 배관 구성요소와 장비 등의 상용압력은 순간적인 압력 상승을 포함한 최대압력에 대하여 안전하여야 하기 때문이다.

---

33. 참고문헌 3, 10.14.6. 참고문헌 16. [별표 5] 2.1.7 위생기구의 최대 급수압력 제한.

그래서 급수 시스템에는 ①기구별 기능 유지에 필요한 수압기준, ②급수, 급탕 공급 압력, ③각종 기구의 최고 사용압력 등이 정해져 있는 것이다[34].

2 감압밸브와 프레셔 릴리프밸브

수압을 제한해야 하는 경우에는 감압밸브를 설치해야 한다. 감압밸브 하류측의 압력 즉 감압된 압력은 상류측 압력보다 항상 낮게 유지되어야 하므로, 감압밸브 하류에는 **그림 26**과 같이 프레셔 릴리프밸브를 설치해야 한다. 만약의 경우 상류측의 높은 압력이 작용하더라도 하류측에 상용압력을 초과하는 압력이 가해지지 않도록 하기 위한 것이다. 그렇지 않으면, 저압측 배관 및 장비는 상류 측 설계압력에 견딜 수 있도록 설계되어야 한다.

설치되는 프레셔 릴리프밸브는 감압밸브의 유량 이상의 용량을 가져야 하며, 설정압력은 감압밸브 하류측 배관 구성요소의 상용압력[35] 보다 높지 않아야 한다.

스트레이너 내장형이 아닌 감압밸브의 경우에는 별도의 스트레이너를 사용하고, 감압밸브 하류측에는 감압된 압력을 측정할 수 있도록 압력계를 고정적으로 설치하거나 또는 압력측정기를 사용할 수 있도록 연결구를 만들어 주어야 한다.

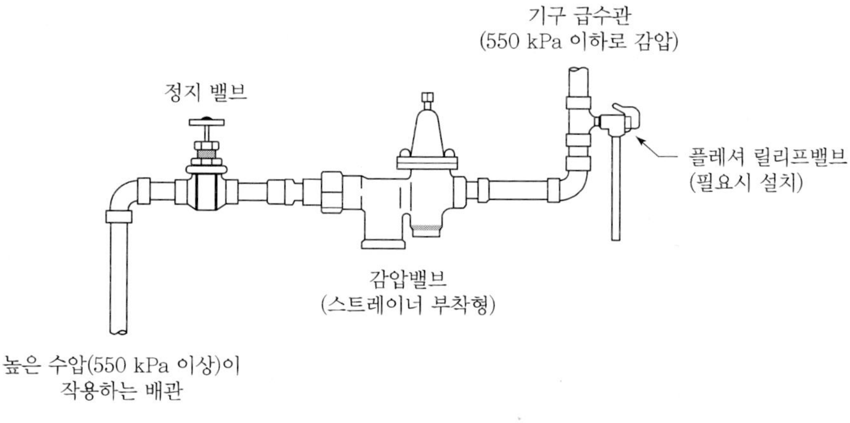

그림 26 수압이 550 kPa을 초과하는 경우의 감압밸브 설치

34. 제4장 표 13~15 참조.
35. 참고문헌 4. 제4장 3. 배관재의 그룹별 압력-온도 등급

4.2 감압밸브

(1) 용도와 밸브 형식

1 내장형 자력식 컨트롤밸브

감압밸브(pressure reducing valves, PRV)는 유체 또는 가스의 입력 압력을 출력에서 일정한 값으로 제어하는 밸브로, 기구나 장비의 상류에 설치하여 사용된다. 압력 설정을 비롯하여 감지, 조정, 조작 등의 조절밸브의 기본기능이 모두 하나의 몸통에 들어 있는 내장형(built in type) 자력식 조절밸브의 일종이다.

기능은 배관계통에 작용하는 높은 압력을 기구나 장비에 적합한 압력으로 낮추어 주며 동시에 소요량을 토출할 수 있어야 한다. 즉 제어대상이 '압력과 유량' 두 가지이며, 이 두 목표치를 동시에 충족시켜야 하는 기구이다. 스팀용과 물용으로 구분되며, 급수나 급탕 시스템에 사용되는 것을 특히 물용 감압밸브(water pressure reducing valves)라고 한다.

중공업, 조선, 상수도 등의 플랜트 배관분야에는 이미 오래전부터 사용되고 있지만, 유독 상업용이나 아파트와 같은 주거용 건물 분야에는 고층화 및 대형화로 인한 수압의 문제와 워터해머로 인한 피해를 경험하게 되면서부터 적용의 필요성을 인식하게 되었다. 본격적으로 사용된 시기는 2002년 이후이다.

2 감압밸브의 구성

감압밸브는 제한요소(restricting element), 부하요소(loading element) 및 측정 요소(measuring element)로 구성된다.

제한요소란 유량의 변화를 제공하는 포트가 되고, 부하요소는 제한요소에 필요한 힘을 가할 수 있는 액추에이터로, 여기서는 밸브스템이 된다. 스템의 상단은 스프링과 결합된 다이어프램과 연결되고 하단은 플럭으로 구성되어 있기 때문이다.

따라서 스프링의 움직임은 스템에 전달되고, 스템이 움직이면 결과적으로 플럭이 움직여 포드의 유로 단면적을 조절하게 된다.

측정요소는 입구 흐름과 출구 흐름이 동일한지를 판단하는 기능을 말하며 다이어프램이 이 역할을 수행하지만, 다이어프램은 동시에 스템에 힘을 가하는 복합적인 요소로도 사용된다.

(2) 종류

1 포트에 의한 구분

물용 감압밸브는 싱글시트형과 더블시트형으로 대별되며, 또한 각각은 직동식(direct operate type)과 파일럿식(pilot operate type)으로 나누어 진다.

파일럿식은 2차측압력에 의하여 작동하는 소형의 직동식 감압밸브에 의해 주 밸브를 작동시켜 압력을 조정하는 형태이며 주로 대유량 용으로 사용된다. 구성요소인 파일럿 밸브는 직동식 감압밸브와 유사하며, 상시 개방식(normal open) 밸브 이지만, 출구측 압력이 높아지면 폐쇄된다.

2 싱글시트형

싱글시트형은 오리피스에서의 압력손실을 크게하여 감압하는 방식으로 유량이 작아지면 밸브의 개도가 줄어들고 물의 흐름이 정지되면 개도가 폐쇄 되도록 작동되는 밸브이다. 따라서 물이 사용되기 시작할 때의 2차측압력은 설정된 압력에서 fall-off 만큼 감소된 압력이 되며, 유동이 정지될 때 즉 유량＝0일 때의 2차측압력은 설정된 압력과 일치한다.

이러한 형태의 밸브는 포트와 다이어프램 면적의 비율에 따라 2차측압력이 비례적으로 변화되므로 구조적으로 최소한의 크기를 가지지 않으면 안 된다.

그러므로, 외형이 너무 작은 밸브라면 기하학적으로 요구하는 포트 단면적 비율을 얻을 수 없게 되므로 감압밸브로서의 올바른 기능을 기대할 수 없게 된다.

용도로는 아파트와 같은 주거용 건물이나 상업용 건물의 급수·급탕 시스템에서와 같이 물 수요가 없을 때는 감압밸브도 폐쇄되어야 하는 계통에 적합하다. 그러나 1차측 압력이 높으면서 유량이 크고, 상당히 낮은 압력으로 감압되어야 하는 경우는 대유량용이라도 적합하지 않다. 밸브시트 전후의 압력차가 커져서 비효율적이기 때문이다. 이러한 경우에는 파일럿식 밸브를 사용한다. 다만, 파일럿식 감압밸브는 감압의 폭이 큰 경우에는 적용성이 좋으나 그 반대의 경우에는 적용에 제한이 따른다.

3 더블시트형

더블시트형은 흐름이 정지되는 경우에도 완전히 차단되지 않는다. 즉 유동정지 중에도 감압기능을 유지하는 것이 특징이다. 따라서 차단 보다는 연속적인 유량이 요구되는 곳에 적합하다.

(3) 감압밸브의 작동

1 4가지 힘의 작용

감압밸브의 작동은 압력을 유지하면서 유량을 수요에 맞추는 것이다. 물의 수요가 감소하면 밸브를 통과하는 유량도 감소 되어야 하고, 물의 수요가 증가하면 밸브로 유입되는 유량의 부족으로 인하여 제어된 2차측 압력이 낮아지지 않도록 유입량도 늘어야 한다.

2차측압력은 넓은 유량 범위에 대해서 설정값과 크게 달라지지 않아야 하며, 또한 감압밸브를 통한 흐름은 안정적이어야 하고, 조절된 2차측압력으로 과도한 진동이 발생하지 않아야 한다.

그림 27과 같은 싱글시트 직동식 감압밸브를 예로들면, 밸브에는 입출구의 압력 P_1, P_2 외에 스프링에 의한 힘 F_s와 다이어프램에 의한 힘 F_d 등 4가지 힘이 작용하며, 각 힘이 균형을 이루어 2차측 압력을 일정하게 유지하는 동시에 수요 유량을 통과시킨다. 4가지 힘의 균형은 다이어프램에 의하여 이루어진다.

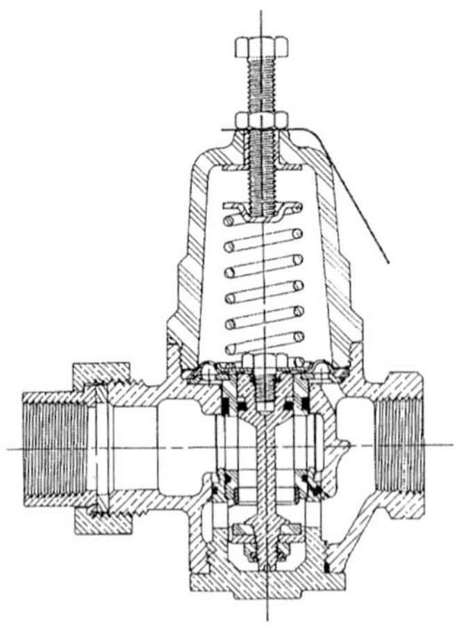

(a) 단면도

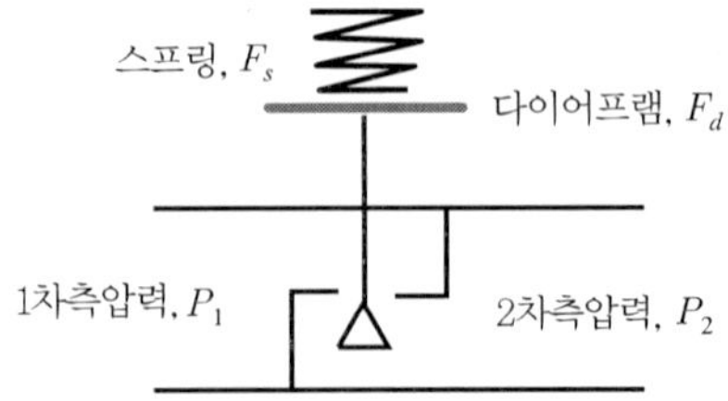

(b) 작동원리 설명도

그림 27 싱글시트 직동식 감압밸브의 구조

2 감압의 원리

토출압력을 일정하게 유지하기 위해서는 밸브 개도가 조절되어야 하고, 이를 위해서 다이어프램의 작용에 의하여 힘의 균형이 이루어진다.

1차측에 압력이 가해지지 않은 상태에서는 다이어프램 위의 스프링이 밸브 스템을 눌러서 밸브는 열린 상태가 된다.

1차측에 압력이 가해지면 밸브를 통한 흐름이 허용되고 다이어프램이 스프링을 압축하여 위로 밀려 올리게 되므로 플럭은 포트의 유로 단면적을 줄여주게 되므로 흐름은 감소되고 압력 상승이 멈출 때까지 2차측압력은 증가하게 된다. 이러한 동작의 반복으로 감압밸브 출구압력은 제어된다.

스프링에 의해 밸브스템에 가해지는 힘은

$$F_s = k\delta \tag{15}$$

이 되고, 이와 균형을 이루기 위하여 다이어프램에 가해지는 힘은

$$F_d = A_d P_2 \tag{16}$$

가 된다. $F_s = F_d$ 이므로 $k\delta = A_d P_2$가 되고

$$P_2 = \frac{k\delta}{A_d},\ \text{kPa} \tag{17}$$

이다. 밸브스템의 이동거리를 $L(\text{mm})$이라 하면 이는 스프링의 변위와 같고, 포트의 지름을 $d(\text{mm})$라고 하면 유체 통과면적 $A_f = \pi dL$이 되므로, 밸브를 통과하는 유량은 식 (18)과 같이 표시된다.

$$Q = \pi dLv,\ L/s \tag{18}$$

이상의 식에서,

k : 스프링 상수, kg/mm^2

δ : 스프링 변위, mm

A_d : 다이어프램의 유효면적, mm^2

이다.

그러므로 포트를 작게 하면, 밸브의 외형이 작아지게 되므로, 기하학적으로 적정유로 면적이 얻어지지 못하여 유량이 부족하게 된다.

4.3 감압밸브의 성능

(1) 8개 시험 항목

감압밸브의 성능이란 배관계통에 작용하는 높은 압력을 기구나 장비에 적합한 압력으로 낮추어 주는 동시에 해당 구간에서 필요로 하는 유량을 연속적으로 토출할 수 있는 능력이다.

이런 성능을 판단하는 시험 항목은 ①정역학시험 1(hydrostatic test 1), ②정역학 시험 2(hydrostatic test 2), ③사용온도 범위시험(temperature range test), ④1차측압력 변화에 따른 2차측압력 편차시험(reduced flowing pressure deviation test), ⑤최저 감압능력시험(minimum reduced pressure test), ⑥감압조정 범위시험(reduced pressure adjustment range test), ⑦용량시험(capacity test), ⑧바이패스용 릴리프밸브에 대한 차압시험(by-pass relief valve opening pressure differential test) 등 8개 항목[36] 이다. 이중 실무적으로 가장 중요한 항목은 ⑤와 ⑦이다.

(2) 최저 감압능력시험

1차측압력이 1 724 kPa(250 psi)인 상태에서 2차측압력을 172 kPa(25 psi)까지 감압해도 **표 15**의 시험용 유량 이상이 토출될 수 있어야 한다. 즉 규격별로 설정된 2차측압력을 1차측압력의 10%씩 줄여 최종적으로 1/10까지로 감압 하더라도 모든 시험단계에서 감압밸브의 토출량은 변함이 없어야 한다.

표 15 최저 감압능력 시험용 유량

DN	15	20	25	32	40	50	65	80
L/sec	0.63	1.05	1.58	2.65	3.46	4.90	6.30	15.75
L/min	37.8	63.0	94.8	159.0	207.6	294	378	945

36. 참고문헌 17, 참고문헌 18

(3) 용량시험

1 시험기준

규격별 최저 감압능력 시험용 유량이 흐를 때의 설정된 2차측압력의 압력강하는 117 kPa(17 psi)을 초과하지 않아야 한다. 이는 2차측압력을 345 kPa(50 psi)로 설정하였을 때, 유동 초기의 최저압력이 228 kPa(33 psi) 이하로 낮아지지 않아야 한다는 것이다.

일반 밸브에서의 압력강하(pressure drop)란 부차적손실이지만, 감압밸브에서는 설정된 2차측압력의 변동 폭을 말하며 fall-off로 표기한다.

감압밸브는 유동 정지상태에서 재유동될 때, 0으로부터 정상유량에 도달할 때까지의 짧은 시간 동안 2차측압력은 약간 하강했다가 다시 설정된 압력으로 상승되고 또한 유지된다. 그러나 용량이 작은 밸브라면, 즉 포트의 지름을 작게 만든 밸브는 fall-off 값이 기준을 벗어나게 되고 2차측압력은 계속 낮아질 뿐 설정된 압력으로 회복되지 않는다.

결과적으로 용량시험은 정상적인 용량의 밸브인지의 여부를 판단하는 기준이 된다.

2 유량-fall off 선도

감압밸브의 유량선도는 **그림 28**에서와 같이 설정압력 기준의 fall-off에 대한 유량으로 표시된다.

선도에서 유량이 0(zero)인 점은 물의 흐름이 정지된 상태이며, 0 아래의 값은 압력

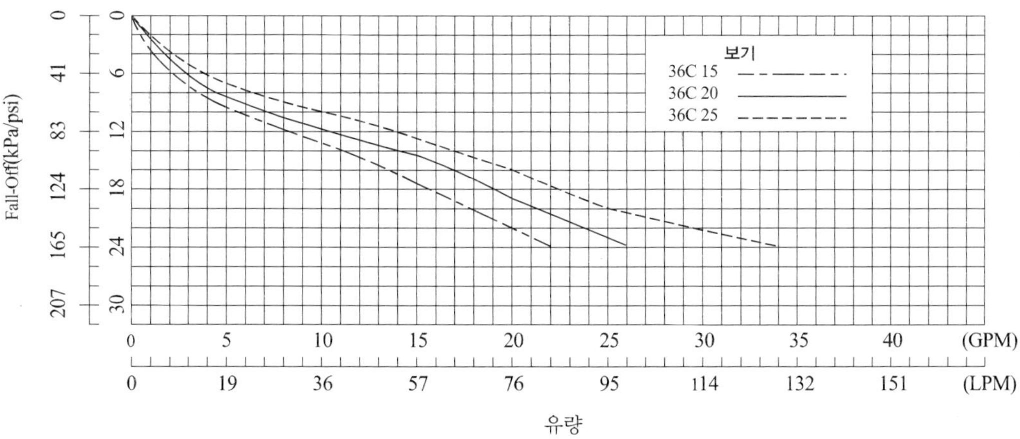

주 36C는 예로 든 제품의 모델명 임.

그림 28 유량-fall off 선도

변화 즉 어떤 유량에 도달할 때까지 요구되는 fall-off이다. 선도는 2차측 압력이 345 kPa(50 psi)로 설정된 표준의 경우이지만, 설정 압력을 달리하더라도 선도의 형태는 유사하다. 즉 설정 압력이 낮을 경우에는 커브가 약간 좌측으로, 높을 경우에는 약간 우측으로 이동될 정도이다.

fall-off는 유량이 커질수록 증가 되므로 최대치에 제한을 두지 않으면 안 된다. 성능상으로 폭넓은 적용 범위를 제공하는 감압밸브가 좋은 제품이다.

예제 12

감압밸브의 fall-off에 대한 기준은 제조자가 제시하는 범위와 코드의 기준이 서로 다르다. 제조자[37]는 137 kPa(20 psi), 표준[38]에서는 117 kPa(17 psi), 핸드북[39]에서는 104 kPa(15 psi)로 규정하거나 권장하고 있다. 이들 간의 차이점을 설명하라.

풀이 **그림 28**부터 DN 15(36C)을 기준으로, 각각의 기준인 fall-off 값에서의 유량을 살펴보면 다음과 같다.

① 137 kPa일 때의 유량: 68 LPM
② 117 kPa일 때의 유량: 57 LPM
③ 104 kPa일 때의 유량: 49 LPM

즉, fall-off 값의 범위가 클수록 같은 호칭의 감압밸브로부터 토출될 수 있는 유량은 크다.

37. 참고문헌 19.
38. 참고문헌 17, 참고문헌 18.
39. 참고문헌 12. p.C-719

4.4 감압밸브 선정 및 설치[40]

(1) 감압밸브 크기 선정을 위한 허용범위

1 2차측 압력

감압밸브의 용량은 배관의 크기에 따라서도 달라질 수 있지만, 용도에 가장 적합한 밸브를 선택하는 것은 관지름 보다 감압밸브의 성능과 어떤 용도로 어떻게 사용할 것인가를 기준으로 하여야 한다.

주택, 학교, 아파트, 병원에서와 같이 세면기, 변기, 욕조 및 샤워 등의 위생 기구에 공급하는 일반적인 급수 시스템에서는 1차측압력의 25~30%를 2차측압력으로 하고, 세탁실, 애완동물 목욕설비, 식기 세척기 등의 상업용의 기구나 용도에 대해서는 수압이 다소 높아야 하므로 1차측압력의 10~15%를 2차측압력으로 설정하는 것이 적당하다.

2 캐비테이션

설정압력 즉 2차측압력을 결정하는 데 있어서는 1단 감압으로 가능한지의 여부 즉, 캐비테이션 발생 여부를 검토해야 한다. 식 (19)는 캐비테이션 발생 여부를 판단하는데 사용하는 방정식 즉 캐비테이션 지수(cavitation index) 이다.

$$K = \frac{P_2 + 103}{P_1 - P_2} \tag{19}$$

식에서,

K : 캐비테이션 지수(무차원수)

P_1, P_2 : 입, 출구측 압력(절대압력), kPa

103: 5~20℃ 물에 대한 해면에서의 증발점을 표시하는 정수, kPa

이다.

계산결과 K값이 0.5 미만이면 캐비테이션이 발생하는 구간이다. 따라서 1차측압력에 따른 감압 범위는 $K \geq 0.5$가 되도록 선정되어야 하고, 2차측압력이 너무 낮아서 $K < 0.5$인 경우에는 2단 이상으로 감압하여야 한다.

---

40. 참고문헌 20, 21

(a) 소유량용 (b) 중유량용 (c) 대유량용

그림 29 물용 감압밸브의 예

표 16 감압밸브 유량별 (LPM)

		소유량	중유량	대유량	비고
압력적용 범위	1차측	~2.8 MPa			
	2차측	176~528 kPa			
DN 15		20~70	30~80	60~100	나사식
20		20~80	34~100	90~155	"
25		34~100	53~155	130~250	"
32			83~240	230~500	"
40			120~305	280~530	"
50/50F			170~530	540~1 050	나사식과 플랜지식
65/65F				600~1 250	"
80/80F				790~1 650	"

주 F는 Flange형을 표시함.

(2) 급수용 감압밸브의 유량범위

급수용 감압밸브에 대한 코드에서의 기준은 청동제이어야 한다. 그리고 유량 범위에 따라서 **그림 29**와 같이 소유량, 중유량, 대유량 모델로 구분하여 공급된다. 경제성이 고려된 결과이며, 국제적으로 통용되는 표준적인 모델의 유량 범위는 **표 16**과 같다.

(3) 감압밸브 용량선정

설치해야 할 감압밸브는 계통이나 기구에 공급되는 급수량을 기준으로 하고, **그림 28**의 유량-fall off 선도로부터 적합한 크기를 선정한다.

예제 13

동시사용 유량이 53 LPM(14 GPM)인 150 m^2(45평) 아파트에 설치할 감압밸브의 규격을 선정한다. 다만, 감압밸브의 1차측압력은 690 kPa(100 psi), 설정된 2차측압력은 345 kPa(50 psi) 이다.

풀이 소유량 모델을 기준으로 하고, **그림 28**에서 해당 유량에 적용할 수 있는 규격을 찾으면 DN 15, 20, 25 모두가 해당된다. 그러나 각 크기별 허용 fall- off 범위를 벗어나지 않는다면 가장 작은 규격을 선정한다.

DN		15	20	25	비고
유량	GPM	14	14	14	
	LPM	53	53	53	
fall-off	psi	16	14	12	
	kPa	110	97	83	표준에서의 기준 117 kPa 대비
선정		◎			

예제 14

소유량 모델 DN 20에 1차측압력이 690 kPa(100 psi)이고 유동이 정지 된 상태의 2차측압력이 345 kPa(50 psi)이다. 그리고 감압밸브의 유량은 72 LPM(19 GPM)이 요구된다. 이때의 fall-off를 구하고 결과를 평가한다.

참고 제조자의 허용 fall-off는 137 kPa(20 psi)임.

풀이 (1) fall off를 구한다.

유동이 정지된 상태에서의 압력이 즉 설정된 2차측압력이다. **그림 28**로부터 유량 72 LPM에서의 fall-off는 124 kPa(18 psi) 이므로, 유동 초기의 2차측 압력은 221 kPa(32 psi)까지 낮아 지면서 정상유량 72 LPM에 도달하고, 그 이후 물이 계속 흐르는 상태에서는 345 kPa의 수압으로 72 LPM의 유량이 토출된다.

(2) 표준에서의 용량시험 기준 검토

2차측압력의 강하 범위 즉 fall-off는 117 kPa(17 psi)을 초과하지 않아야 하지만, 계산된 값이 124 kPa로 기준을 초과한다. 따라서 감압밸브는 DN 25로 크기를 조정해야 한다,

그림 28로부터 DN 25의 경우 fall-off는 110 kPa(16 psi)이므로, 유동 초기의 2차측 압력은 235 kPa(34 psi)까지 낮아 지면서 정상유량 72 LPM에 도달하고, 그

이후 물이 계속 흐르는 상태에서는 345 kPa의 수압으로 72 LPM이 유량이 토출 된다.

(4) 감압밸브 크기 선정 시의 유의점

1 유량이 작은 감압밸브

감압밸브를 설치한 계통에서 종종 대두되는 문제는 2차측압력이 공장에서 설정된 압력으로 유지되지 않고 계속 하강하는 현상이다.

밸브자체의 fall-off를 감안 하더라도 설정 압력보다 현저하게 낮은 압력이 작용한다면 이는 밸브의 크기 선정이 잘못된 결과이다.

사용 유량이 밸브 용량보다 크기 때문에 요구 유량에 이를 때까지의 출구 압력은 감소할 수밖에 없다. 즉 실제 유량보다 소용량으로 감압밸브가 선정된 결과이다. 이런 경우는 사용 유량에 맞는 더 큰 용량으로 대체하여야 한다.

2 유량이 과대한 감압밸브

반대로 밸브 용량이 과대하게 선정된 경우는 심한 소음이 발생하며, 특히 최소유량 상태에서는 밸브시트를 손상 시키고 나아가 감압밸브의 기능을 상실하게 된다.

이는 작은 유량에 맞춰 유로 단면적이 줄어들어야 하므로, 포트와 플럭이 거의 밀착되는 상태로 작동하기 때문이다.

(5) 감압밸브 설치

1 1단 감압과 다단 감압

1단 감압은 1차측과 2차측 압력만 존재하도록 감압밸브를 1개만 설치하는 것이다. 주택과 소규모 상업용 건물에 적용하는 방법으로, 1개의 감압밸브가 0에서 최대유량까지의 전체 범위를 감당한다. **그림 30**(a)와 같이 수평, 수직 어느 방향으로도 설치할 수 있다.

다단 감압은 1차측압력의 변동이 대단히 크거나, 1차측압력이 2차측압력의 4배 이상이 되는 경우에 적용한다.

2 직렬설치

직렬설치는(two stage reduction) **그림 30**(b)와 같이 2개의 감압밸브를 앞뒤로 나란하게 일렬로 설치하는 가장 일반적인 방법이다. 밸브와 밸브 사이에는 관지름의 10배 이상의 거리를 두어 상류의 감압밸브가 하류의 감압밸브에 영향을 주지 않도록 해야한다.

3 병렬설치

병렬설치(parallel installation)는 용량이 같거나 다른 2개 이상의 밸브를 옆으로 나란히 설치하고 동시에 사용하는 방식으로 다음과 같은 경우에 적용된다.

1차측압력이 높고 대유량이 요구되는 조건에서는 **그림 30**(c)와 같이 2개 또는 3개의 감압밸브를 병렬설치 한다. 2개나 3개의 감압밸브를 동시에 사용하는 병렬방식의 경우에는 같은 크기를 원칙으로 하며, 감압밸브의 정격유량은 해당 계통에 필요한 유량 이상이 되도록 선정하여야 한다.

다만, DN 100 이상의 급수관에 설치하는 경우 또는 예비용 감압밸브를 설치하지 않는 경우에는 전체 유량을 나누어 2 또는 3개의 밸브를 병렬설치하고 동시에 사용하는 방식으로 한다.

병렬설치가 불가피한 또 다른 경우는, 감압밸브 1개가 최소~최대유량 범위 전체를 감당하기에는 무리가 따를 때이다. 감압밸브는 최대 사용 유량을 기준으로 크기가 결정되므로, 설정압력이 유지되는 상태에서 극히 소유량이 요구될 때, 밸브는 서서히 개방되지만 물 사용이 정지될 때에는 급폐쇄 된다.

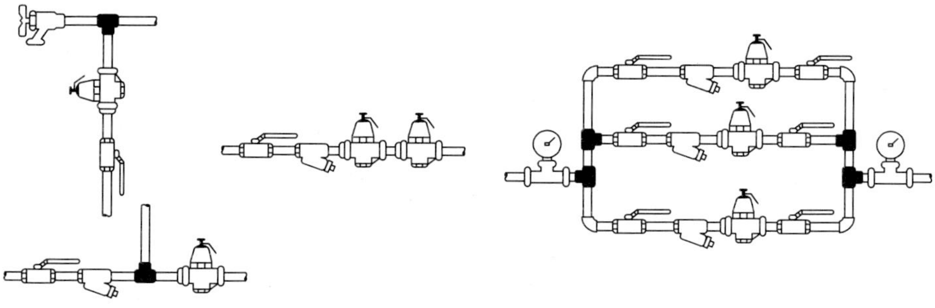

(a) 1단 감압 **(b)** 2단 감압(직렬) **(c)** 병렬설치

그림 30 감압밸브 설치방법

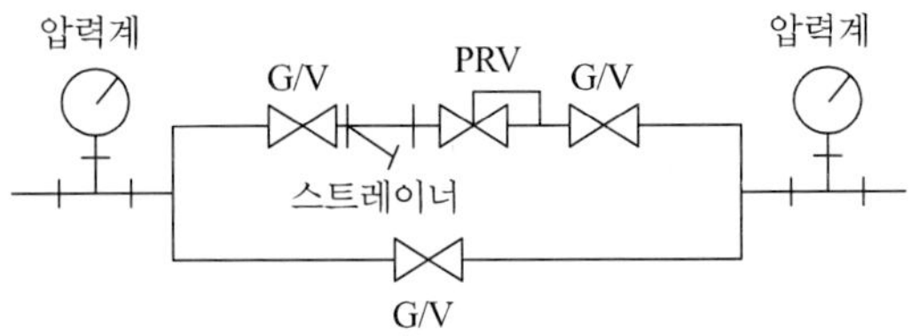

그림 31 감압밸브 주변의 구성

이러한 과정이 반복되면 작동부에 이상이 발생할 수 있다.

그러므로 이러한 경우에는 소유량 용과 대유량 용으로 구분하여 병렬설치하여 시스템에서 소유량이 사용될 때는 소용량 밸브가 적정한 개도로 무리 없이 작동되게 하고, 유량이 증가하여 소유량 용을 초과하게 되면 대용량 밸브가 유량 공급을 담당하도록 하는 것이다. 소유량과 대유량 밸브의 유량 배분은 20:80 정도로 하고, 대유량 밸브는 요구조건의 압력으로, 소유량 밸브는 요구조건의 압력 보다 70 kPa(10 psi) 높게 설정한다.

시스템 운전관리 측면에서 병렬설치의 가장 큰 장점은 전체 시스템 가동을 중단하지 않고 보수유지가 가능하다는 점이다.

4 감압밸브 주변의 구성

감압밸브를 설치하는데 있어서는 압력 확인 및 보수유지의 편의를 위하여 주변을 올바르게 구성해 주어야 한다. **그림 31**에서와 같이 감압밸브를 기준으로 고압측에 압력계, 정지밸브와 스트레너, 저압측에는 정지밸브와 압력계를 설치하고 반드시 바이패스 밸브를 둔다.

또한 고장 시에도 동시사용유량을 충족시켜야 할 필요성이 있는 계통에는 반드시 예비의 감압밸브를 설치해야 한다.

연습문제

01 불쾌성오염과 위해성오염의 차이점은 무엇인가?

02 역류가 발생하는 원인을 설명하라.

03 기본형 역류방지밸브 DCV와 RP의 (1)구조, (2)역류방지 범위 (3)오염방지 범위 간의 차이점을 비교하라.

04 급수배관 계통에 워터해머 대책이 강구되어야 하는 이유를 설명하라.

05 유속이 동일한 조건에서 관의 재질별로 발생할 수 있는 워터해머 압력은 어떻게 다른가?

06 코드로부터 급수관과 급탕관의 보온두께를 결정하라. 다만, 사용하고자 하는 보온재는 열전도율 $k = 0.038$ W/mK 인 셀루라그라스(cellular glass)이며, 급수관 관지름은 DN 100~20이고, 급탕관은 DN 65~20으로 한다. 배관의 위치는 건물의 파이프 샤프트와 지하층이다.

답 **표 11**과 **표 12**로부터

구분	급수관	급탕관
DN 100	40	-
DN 80	25	-
DN 65	25	40
DN 50	25	40
DN 40	25	25
DN 32	25	25
DN 25	25	25
DN 20	25	25

07 건물 지붕에 설치된 급수관의 동결방지를 위해 동결방지밸브를 사용하고자 한다. 배관 거리는 88 m로 Sch40의 NPS 4이며, 동결방지를 위한 퇴수량은 50 LPM, 급수압력은 345 kPa이다. (1)내부 물의 온도 감지형과 (2)외기온도 감지형으로 구분하여 크기와 설치 수량을 구하라.

답 (1) 내부온도 감지형은 **표 14**로부터

DN 20-1개와 DN 15-2개 또는 DN 15-4개

(2) 외기온도 감지형은 **표 14**로부터

DN 20-1개 또는 DN 15-2개

08 1차측 수압이 2 MPa인 배관에서 2차측의 수압을 400 kPa로 감압하고자 한다. 1단 감압으로 가능한지의 여부를 검토하고, 2단 감압이 불가피할 경우 중간압력을 구하라.

답 캐비테인션 지수가 0.377이므로 2단으로 감압해야 하고, 중간압력은 1 050 kPa.

09 수압이 700 kPa인 배관계통을 500 kPa, 400 kPa, 300 kPa, 200 kPa, 100 kPa, 로 감압한다고 할 때, 각각 경우의 캐비테이션 지수를 구하고, 1단 감압이 가능 한지의 여부를 검토하라.

답

P_1, kPa	700				
P_2, kPa	500	400	300	200	100
K	3.52	2.01	1.26	0.81	0.51
감압	1단	1단	1단	1단	1단

참고문헌

1. 건설교통부제정. 건축기계설비설계기준-2010. 제2편 위생설비
2. Foundation for Cross-Connection Control and Hydraulic Research/University of Southern California. The Essentials of Cross-Connection Control.1992
3. PHCC, National Standard Plumbing Code-2009
4. 김영호, 배관공학. ㈜도서출판 북스힐, 2020.11
5. PDI, WH-201, Water Hammer Arresters. 1965
6. 김영호, Water Hammer Arrester 규격해설, 설비공학회 하계특별강연회. 1991.8.17.
7. (사) 한국설비기술협회, 공조냉동위생설비사. 2017.9
8. ASSE 1010 Performance Requirements for Water Hammer Arresters
9. Sioux Chief, Engineering Report, Water Hammer Control
10. Sioux Chief, Mega-Rster
11. 김영호, 노출된 배관 및 장비의 동결 방지기법. 설비공학회 2007 동계학술 대회논문집 07-W-079, pp503-509
12. Mohinder L. Nayyar, Piping Handbook. 7th Edi
13. KSC 31 20 05 보온공사
14. (사)공기조화 냉동학회. 공기조화 냉동 위생공학 편람. 제4판 제4권 공기조화 방식과 장비
15. Therm-Omega-Tech. Freeze Prptection, Locomotive Freeze Protection
16. 기계설비법 제8조 제5호, [별표 5] 급수・급탕설비의 설계 및 시공 기준. 2.1.7 위생기구의 최대급수압력 제한
17. ASSE 1003 Performance Requirements for Water Pressure Reducing Valves-2005
18. ANSI A112.26.2 Water Pressure Reducing Valves
19. Conbraco Ind. Inc. water pressure reducing valves.1996
20. 김영호, 감압밸브종류별 적용특성, 건설기술교육원 강의교재. 2011
21. 김영호, 감압밸브에서의 fall-off, 설비공학회 2012 하계학술대회 논문집 pp287-292(12-S-064)

SANITARY ENGINEERING

7장

위생배수 시스템

1. 위생배수 일반
2. 위생배수관 내의 유동
3. 위생배수 배관의 설계
4. 트랩, 청소구와 배수역류 방지밸브

1 위생배수 일반

1.1 위생배수의 구분

(1) 위생배수

주로 사람이 사용하는 위생기구 및 기타 장비로부터 발생되는 배수를 특히 위생배수(sanitary drainage)라고 한다.

크게 ①변기와 소변기 및 이것과 유사한 용도를 갖는 기구로부터 배출되는 오수(汚水, waste 또는 soiled water)와 ②싱크로 대표되는 주방배수[1], 세면기, 욕조, 세탁기 등의 기구로부터의 배수[2]로 구분된다.

이 책에서는 특별히 구분할 필요가 없는 경우 배수라는 명칭으로 사용된다.

NSPC에서는 건물 내 오수와 배수를 합쳐서 1개 배관으로 통합하는 방식을 위주로 다루지만, 국내에서는 건물 내에서도 오수와 배수를 분리하여 배관하고 있으므로 약간의 차이가 있다. 이는 피트 등의 배관을 위한 공간의 확보문제와 관련이 있다.

미국의 경우 주택이나 건물에서 기둥이나 주요 구조체 이외의 부분, 즉 칸막이나 내장재 등으로는 목재를 많이 사용하므로 배관 공간확보가 쉬울 수 있다. 반면에, 국내에서는 시멘트 벽돌이나 콘크리트를 주로 사용하므로 외형이 큰 배수관이나 통기관을 벽속에 넣어 배관하기가 불편하다.

오수와 배수의 통합방식과 분리방식 간에는 우열이 아닌 장단점이 있을 뿐이다. 차이점은 **표 1**과 같다.

---

1. 주방 배수는 BOD 및 부유물질 농도, 오일의 함량이 높다. 따라서 그대로 배출할 경우에는 건물 내의 배수관이나 하수관이 막힐 수 있으므로, 주방에는 이를 분리하여 제거할 수 있도록 포집기를 설치해 주어야 한다.
2. 비교적 양호한 수질이다. 배수 재이용 시설이 있을 경우는 처리 후 재사용될 수 있다.

표 1 위생배수관 통합과 분리방식의 차이

구분	통합배관	분리배관	비고
배수용 입상관 설계개요	· 중앙에 배수입상관을 설치하고, 오수나 배수 지관을 모두 수용	· 화장실에 오수, 배수입상관을 별도 설치하고, 오수와 배수지관을 분리 수용. · 주방과 세탁실용 입상관은 별도 설치	배관 설치를 위한 공간(벽체나 바닥 등의 두께)와 관련이 있음
통기관	· 일반적으로 별도의 전용 통기관 설치 (배수관 겸용의 신정 통기관을 설치 하는 경우도 있다)	· 일반적으로 신정 통기관(별도의 전용 통기관을 설치하는 경우도 있다)	
장점	· 배관재 소요량이 작다	· 지관(기구배수관) 설치 거리가 짧다 · 배수 처리시설 용량이 작다	벽체나 바닥 등의 재료(목재, 콘크리트)와도 관련이 있다.
단점	· 지관(기구배수관) 설치 거리가 길다. · 배수 처리시설 용량이 크다	· 배관재 소요량이 많다	

(2) 기타배수

1 잡배수

잡배수는 위생배수를 제외한 ①기계실 배수로 설비기기 등의 운전이나 유지관리 과정에서 발생하는 퇴수나 오버플로 수, ②주차장 배수, ③용수(湧水) 등이다.

①은 일반적으로 양호한 수질이나, 기계의 청소나 유지 보수 작업 등으로 오염된 물을 배출할 수도 있다. ②의 주차장 배수에는 우수는 물론, 청소 후의 오염된 물과 이물질, 오일 등의 인화성 물질이 포함될 수 있으므로, 분리하여 제거하기 위한 오일 포집기를 설치해야 한다. ③은 지하, 슬래브나 벽체의 틈새나 구멍으로 유입되는 물로, 수질은 양호하다. 건물이나 시설에 따라서는 용수가 없을 수도 있다.

2 특수배수

특수배수는 화학물질이 포함된 배수, 세탁장의 배수, 방사성 물질이 포함된 배수, 전염병동 배수 등이다.

유해하거나 유독한 물질을 포함한 배수이므로 일반 배수계통이나 하수도에 바로 배출할 수 없다.

이러한 배수는 적절한 처리장치를 거쳐서 규정된 수질 이상의 상태로 만든 후에 일반 배수계통으로 배출시켜야 한다.

1.2 위생배수 시스템

(1) 통기이론 확립 전후의 명칭

1 오·배수 시스템

오수와 배수를 모아 정해진 지점 즉 가정용 정화조나 공공 하수도로 보내 제거하기 위해 설치되는 배수관과 이에 관련된 모든 시설을 말한다.

오·배수 유동의 기본은 중력에 의존하므로 배관은 직선이어야 한다. 오·배수는 악취문제가 있으므로 특히 시스템에서의 누설은 방지되어야 한다.

이 분야에 대한 명칭은 통기이론이 확립[3]되기 이전과 이후가 다르다.

이전에는 단순히 오수와 배수만을 다루었으므로, 오·배수 시스템(drain-waste-system)이라고 하였다.

2 오·배수 통기 시스템

통기이론 확립 이후에는, 통기가 포함 됨으로서 봉수파괴로 인한 하수가스의 실내 유입이 방지되어 냄새의 문제를 해결할 수 있게 되었다. 그래서 명칭도 이에 맞게 오·배수·통기 시스템(drain-waste-vent-system) 이라고 수정하여 불리게 되었다. 약식으로 DWV 시스템으로 표기된다.

배수 시스템에 통기의 추가는, 건물 밖에 설치되던 변기가 실내에 자리를 잡을 수 있는 계기가 되었으며, 내부에 욕실과 주방을 갖춘 완전한 주택 건설이 가능하게 되었다. 그래서, 통기관이 설치되는 오·배수 통기 시스템을 특별히 '현대적인 위생배수 시스템'[4] 이라고 정의하고, 오·배수 통기 시스템을 줄인 표현이 오늘날의 '위생배수 시스템'이 되었다.

---

3. 제1장 "통기이론의 확립" 참조
4. ①관로를 통한 배수, ②수봉식 트랩에 의한 하수 가스의 실내 유입 차단, ③통기관에 의한 봉수 보호, ④관경 결정이론을 적용하여 구성된 시스템으로 정의 한다(제1장 참조).

(2) 위생배수 시스템의 요건

1 시스템의 구성

위생배수 시스템은 일반적으로 ①기구배수관(fixture drain)을 포함한 횡지관(橫支管, branches), ②입상관(立上管, vertical stacks), ③횡주관(橫主管, building drain) 및 ④하수관(building sewer)으로 구성된다.

하수관은 위생배수를 부지배수관(sanitary sewer)으로 배출되도록 연결하는 구간이며, 위생배수의 종착점은 폐기지점 (예 종말 하수 처리장)이 되고, 부지배수관으로부터 폐기지점까지의 배관이 토목에서의 하수도(또는 하수도관)이다.

그리고 위생배수 시스템을 구성하는 주요소인 관은 코드에서 허용하는 한 가장 작은 크기로 선정하여 경제적인 설계가 되도록 해야 한다.

2 4가지 요건

위생배수 시스템은 ①배관계통이 막히거나, ②배관 내에 고형물이 잔류 되거나, ③기구배수관 또는 횡지관과 배수입상관의 연결지점에 과도한 압력이 생성되지 않고, ④과도한 소음이 발생하지 않으면서 각 위생기구의 오염된 물을 신속하게 제거할 수 있어야 한다.

즉, ①과 ②는 관이나 기구 등 구성요소를 비롯하여 시스템이 적정한 크기로 이루어져야 한다는 것이다. 배수관이 배수량에 비하여 작지 않아야 함은 당연 하지만, 배수량에 비하여 너무 커도 안된다.

③과 ④는 트랩 설치의 중요성 즉, 트랩의 봉수를 유지해야 하는 이유이다. 입상관으로 배수가 유입될 때 과도한 압력이 방생하면 트랩의 봉수가 밀려 나가 감소되므로 하수 가스가 실내로 유입되는 원인이 되기 때문이다. 그리고 이 트랩의 봉수를 유지하기 위해서는 통기관의 설치가 필수적임을 뜻하는 것이다.

3 통기관 설치

통기이론이 확립됨으로써 배수관에 통기관 설치는 기본원칙이 되었다. 배수관에 통기관이 설치되면 트랩 봉수면 양쪽에 가해지는 공기압이 균형을 이루게 된다. 그러므로 트랩의 봉수가 쉽게 손실되지 않는다.

2 위생배수관 내의 유동

2.1 배수관 내 공기압력

(1) 허용 압력

입상관과 횡주관 내는 공기압력의 조건이 유지되면, 배수나 오수가 관의 단면을 만수 상태로 만들지 않고, 공기가 물과 함께 자유롭게 유동할 수 있다.

입상관의 벽을 타고 흐르는 물은 마찰에 의해 공기를 끌어당겨 횡주관과 이후 배관을 통해 하수관으로 운반되도록 한다. 그런 다음 하수 시스템을 통해 대기로 방출되므로 위험할 정도의 압력으로 누적되지 않는다.

일반적으로 배수관 내에 허용되는 압력은 수두±25 mmAq 이다. 공기가 입상관 상단으로 들어가 물과 함께 운반되는 공기를 대체하면 입상관 내부의 압력이 감소한다. 그러나 공기를 가속하고 입구에서의 에너지 손실 즉, 수두 손실이 발생하게 되므로 압력 감소는 무시할 수 있을 정도인 25 mmAq의 아주 작은 값에 불과하다.

공기 흐름이 수력도약이나 배수횡주관 및 하수관의 침수에 의해 완전히 차단되지 않더라도 횡주관에서는 공기압이 약간 증가된다. 이는 배수관을 흐르는 물이 배수관의 기울기와 지름에 맞게 적응되면서 공기 흐름에 사용될 수 있는 단면 영역이 감소되기 때문이다.

(2) 중립기압 유지

위생배수 시스템은 배수관 내 압력이 중립기압[5]으로 유지되며, 중력만으로 오·배수가 관을 따라서 자유로운 흐름이 이루어져야 한다. 액체와 오물이 섞인 상태로 이러한 흐름이 되도록 하기 위해서는 충분한 하향 기울기를 유지하는 것이 중요하다.

어떤 상황에서 배수관을 하향 기울기를 만들 수 없을 경우라면 오·배수를 모으는

---

5. neutral air pressure: 양압보다는 낮고 음압보다는 높은 공기압력. 배수관 내의 공기압력은 음압(negative air pressure)도 양압(postive air pressure)도 생성될 수 있다. 음압 시는 외부에서 통기관으로 공기가 유입되고, 양압 시는 반대로 통기관 내 공기가 외부로 방출된다.

피트와 이로부터 오·배수를 위로 퍼 올리는 펌프가 필요하게 된다.

이것이 급수 시스템과 다른 점이다. 급수 시스템은 가압을 통하여 공급이 이루어지므로 배관에 연속적인 하향 기울기가 필요치 않다.

(3) 양압과 음압

배수가 기둥의 형태로 입상관을 꽉차게 흐르게 될 때는 물기둥 앞의 공기가 압축되므로 양압(陽壓)이 생성된다. 이로 인하여 트랩의 봉수가 밀려나가 파괴되는 것이다.

그러므로 이 양압은 방출되지 않으면 안 된다. 즉 통기관이 설치 됨으로서 양압 방출이 가능해진다.

또한 물기둥이 지나갈 때 공기는 배수 흐름의 뒤쪽으로 자유롭게 유동될 수 있어야 한다. 그렇지 않으면 물기둥 뒤쪽에는 음압(陰壓) 즉 진공이 발생하므로 역시 트랩의 봉수가 파괴된다. 이 또한 통기관으로부터의 공기 유입에 의해 해결된다.

배수관 내의 공기는 양압 → 중립기압 → 음압으로 유동하기 때문에 배수관 내부가 중립기압이 되어야 하는 이유이고, 이러한 압력 변동의 정도는 배출량에 의해 결정된다.

2.2 단상류와 2상류

(1) 기체-액체의 유동

상(相, phase)은 단순히 물질 상태 중 하나이며 기체, 액체 또는 고체일 수 있다. 급수나 냉난방 배관 내의 유체는 온도만 다를 뿐 액상의 물만 흐르기 때문에 이를 단상유동이라 하고, 배수관 내의 흐름은 액상과 기상의 유체가 뒤섞기는 매우 복잡한 흐름이 되므로 이를 2상유동(二相流動)이라고 한다.

오수의 경우는 물과 공기 외에도 오물이 추가되지만 물이 차지하는 체적에 비하여 극히 미미함으로 이 또한 2상유동으로 간주된다.

유체역학적인 2상유동의 범주에는 기체-액체, 기체-고체 및 고체-액체 흐름이 포함되며, 배수관 내의 유동은 기체-액체 2상유동의 대표적인 경우이다. 유동 상태는 배수가 차 있는 정도에 따라 변화되는데, 이러한 사실은 헌터의 연구[6]로 밝혀진 것이다.

2상유동에 대해서는 최초의 시각적 관찰 이후, 자연적인 다양한 유동형태가 있다는 것이 밝혀졌다. 그러나 이는 각 유동을 구성하는 임의 특성만을 알게 된 것일 뿐이고 2상유동에 대하여 모든 것이 개발된 것은 아니다.

실제로 기상(공기)은 관 내 압력강하로 인하여 체적이 팽창하여 유동 구조가 바뀌게 된다. 유동형태는 배관 형상의 변화(엘보나 벤드, 티, 밸브 등에 의함), 흐름 방향(상향, 하향, 병류, 역류)에 따라 달라진다.

그래서 배수관 내 유동형태는 중력의 가속에 비하여 유동방향에 따라 분류 되는 것이다.

(2) 유동에 영향을 미치는 요소

1 배수량

유량이 많아지면 관 벽을 따른 흐름도 달라져 배수 중에 공기가 다량 혼입된 흐름이 되며, 관의 코어에서는 불안정한 맥류(脈流, pulse flow)가 형성된다.

유입된 공기는 배수와 일체로 흐르는 흐름과 배수에 유인된 흐름으로 분류된다. 이를 슬러그[7]류라고 한다.

공극(空隙) 비율이 늘어나면서 기포가 뭉쳐져서 더 커다란 플러그[8]와 슬러그가 형성되기 때문이다.

2 통기량

유량이 적으면 배수횡지관으로부터 배수입상관으로 유입되는 배수는 완전히 관 벽에 달라붙는 형상 즉, 환상(環狀, annular)를 형성하게 되고 수직관의 중앙에는 코어(core, 중심부)가 형성되어 여기로 공기가 흐른다. 이 상태에서는 배수에 공기가 유인되어 같이 흐르게 되므로, 통기량 대 배수량의 비는 커진다.

이는 물과 공기의 경계면(interface)에 작용하는 마찰력으로 인하여 공기가 아래쪽으로 유인(誘引, inducement)되기 때문이다.

---

6. 참고문헌 1.
7. slug, 짧은 둥그스름한 막대 모양.
8. plug, 관 끝을 막는데 사용되는 관이음쇠. 여기서는 배수관 내의 공기 덩어리 형태가 이와 유사함을 뜻함

2.3 입상관 내의 유동

(1) 터미널속도와 터미널길이

1 입상관에서의 배수유속

배수횡지관으로부터의 배수는 분기점에 사용된 관이음쇠(Y나 장반지름 YT)의 형상을 따라 곡선으로 배수입상관에 유입된다.

배출량, 입상관의 크기, 배수관 이음쇠의 유형 및 더 높은 층에서의 배출량(있는 경우)에 따라 입상관의 단면을 꽉 채울 수도 있고 그렇지 않을 수도 있다.

어떤 상태가 되었든 간에, 배수는 입상관으로 유입되자마자 중력에 의해 빠르게 아래쪽으로의 흐름이 가속된다. 그러나 아주 멀리 떨어지기 전에 물은 관벽에 달라붙어 얇은 층을 형성하여 흐르게 되므로 배수관의 중심에는 코어(core)가 형성되어 공기가 유동하는 공간이 된다.

물이 흘러 내리는 속도는 중력과 입상관 벽의 마찰력이 균형을 이룰 때까지 계속하여 가속된다. 그러므로 물은 입상관의 최하부에 도달할 때까지 두께와 속도가 변하지 않는다.

이는 고층 건물에서와 같이 아주 높은 입상관에서 떨어지는 물이 입상관 저부에 사용된 관이음쇠를 파괴할 것 같은 의구심을 해소시키는 것이다. 100층 건물 입상관 저부에서의 배수 유속이나 3층 입상관 저부에서의 배수 유속은 거의 같다. 약간 더 빠를 정도에 불과하다.

문제가 될 수 있는 것은 입상관 자체의 중량이다. 그러므로 각각의 입상관은 저부가 위치하는 높이에서 행어나 서포트 등으로 적정하게 지지 되어야 한다.

2 Wyly · Eaton의 공식

관 벽에 달라붙은 얇은 층의 물이 도달하는 최종적인 수직 속도를 터미널속도(terminal velocity), 그리고 이 속도에 도달할 때까지 얇은 층의 물이 떨어져야 하는 거리를 터미널길이(terminal length)라고 하며[9], 종국속도(終局速度)와 종국길이로 사용되

9. 참고문헌 2

기도 한다.

유량이 증가되면 슬러그의 형성도 많아지게 되며, 설계 허용 유량을 넘게 된다. 슬러그류의 단속적인 흐름은 배수계통이 급격한 압력변동 상태에 이르는 원인이 된다.

유량이 더욱 증가하면, 배수 유입점 및 그 아래쪽에서의 배수는 관단면 전체로 흘러내리게 되며, 공기와 물이 혼합된 흐름이 된다.

1940년대 헌터의 연구에서 처음 다루어진 이후, 1950년대에 들어 Wyly · Eaton에 의해서 터미널속도와 터미널길이에 대한 이론이 발표 되었다[10].

식 (1)과 (2)는 이를 계산하기 위해 개발된 것이다.

배수입상관에서의 터미널속도는

$$V_t = 0.635\left(\frac{Q}{D}\right)^{\frac{2}{5}} \tag{1}$$

와 같이 표시되고, 터미널길이는

$$L_t = 0.144\,V_t^2 \tag{2}$$

로 표시된다.

식에서

V_t : 터미널속도, m/s

L_t : 터미널길이, m

Q : 유량, L/s

D : 관지름, m

이다.

3 터미널속도와 길이의 범위

터미널속도는 주로 환상류 형태의 소유량일 때에 나타나며, 유량이 증가하면 관내 코어를 낙하하는 부분의 유속은 식 (1)보다 상당히 큰 값이 된다.

그림 1은 부분적으로 충만된 상태로 흐르는 입상관에서의 터미널속도와 터미널길이의 관계를 보여주는 것이다.

10. 참고문헌 3

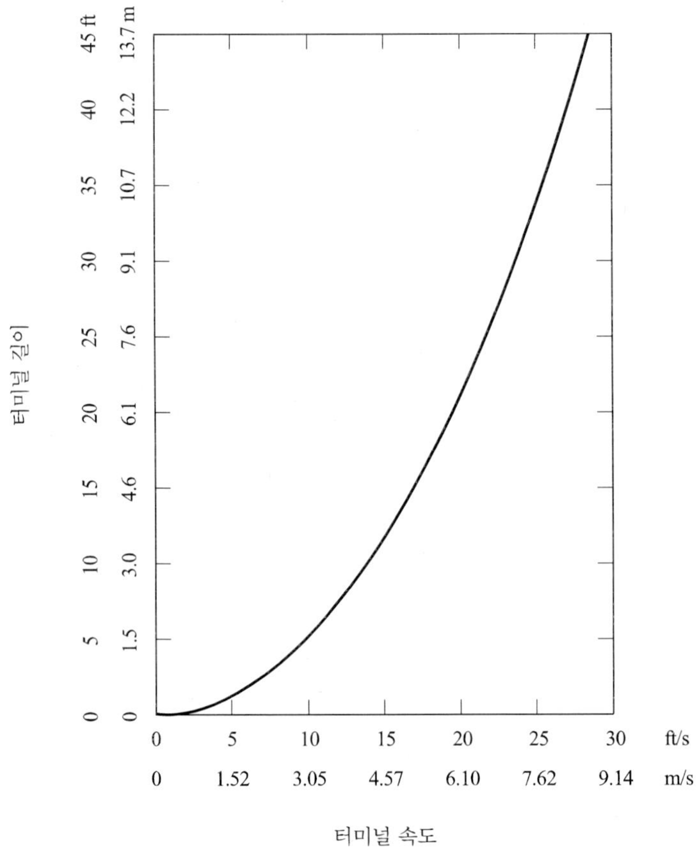

자료 참고문헌 2, Fig 6에 의거 재작성.

그림 1 부분 충만 상태로 흐르는 입상관에서의 터미널속도에 대한 터미널길이

환상류에서의 터미널속도는 3.05~4.57 m/s(10~15 ft/s)의 범위로, 배수횡지관이나 기구배수관의 배수가 입상관에 유입되는 지점에서 밑으로 3.05~4.57 m(10~15 ft) 이내에서 도달된다.

(2) 대표적인 유동형태

1 입상관 내 5가지 유동형태

배수가 입상관으로 배출되면 그 지점(분기점)으로부터 약 1m 후에는 배수관 벽에 달라붙어 흐르게 된다.

배수입상관 내의 유동형태[11]는 **그림** 2와 같이 대표적인 5가지 형태로 설명되지만, 이

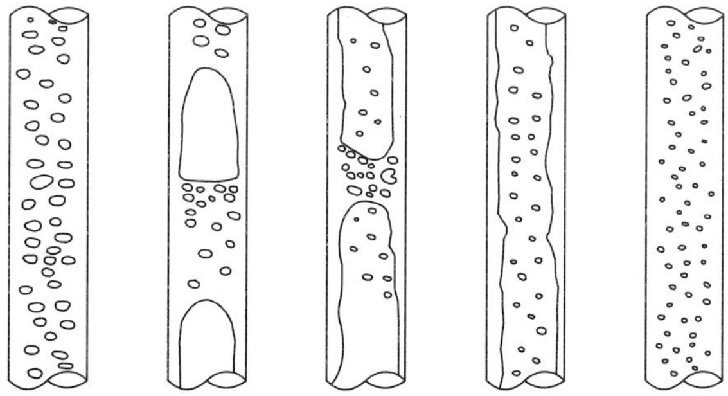

(a) 기포류 (b) 슬러그류 (c) 프로스류 (d) 환상류 (e) 분무류

그림 2 입상관내의 유동형태

외에도 더 복잡하고 구분이 어려운 여러 형태가 있다는 점에 유의 하여야 한다. 각각의 형태별 특성은 다음과 같다.

2 기포류(氣泡流, bubbly flow)

그림 2(a)와 같이 액상 중에 작은 기포가 분산되어 있는 흐름으로, 액체의 중량유속은 기체를 기포로 분해할 만큼 충분히 높지만, 기포가 액체상에 잘 섞일 정도로 높지는 않다. 기포는 크기와 모양이 매우 다양하지만 가장 일반적인 형태는 구(球)형이며 관의 직경 보다는 훨씬 작다.

3 슬러그류(slug flow)

그림 2(b)와 같이 관의 단면에 가득한 흐름으로 액막을 가진 포탄형의 큰 기포와 작은 기포가 교대로 나타난다. 공극 비율이 증가하면 기포가 더 큰 플러그와 슬러그로 응집된다. 이 슬러그의 크기는 관지름과 유사하며 간헐적으로 발생하지만, 거의 기체 유속에 해당할 정도로 빠르게 이동한다. 대형 기체 슬러그는 액체 슬러그에 의해 서로 분리되기 때문에 큰 압력과 액체 유량에 변동을 일으킨다. 어떤 경우에는 유체의 흐름이 상향이더라도 관 벽 근처에서는 하향 흐름이 관찰될 수 있는데 이는 중력에 기인한 것이다. 슬러그 뒤에 과도한 음압은 위생기구 트랩에 사이펀작용을 일으켜 봉수를 파괴시킨다. 일반적으로 변기의 트랩은 가장 짧은 봉수깊이를 가지고 있어서 유도사이펀 작용에

---

11. 참고문헌 3

의한 봉수파괴에 가장 취약하다. 봉수가 없는 빈 트랩은 유해한 하수가스의 건물 내 유입을 허용하는 것이다.

4 프로스류(froth flow 또는 churn flow)

그림 2(c)와 같이 액체 슬러그 부분이 짧고 이 부분에 기체 함유량이 많다. 2상유동의 매우 교란된 형태로, 슬러그 유동 속도가 증가하면 액체가 종종 위아래로 진동하는 매우 두껍고 불안정한 필름이 존재하는 것이 특징이다.

거의 혼란스러운 특성으로 인해 2상유동 중에서 가장 이해하기 어려운 형태 중의 하나이다.

5 환상류(環狀流, annular flow)

그림 2(d)와 같이 관 벽에 액막이 형성되어 있고 중심부에는 물방울이 함유되어 있다. 배수입상관 내에서는 대부분 이러한 유동형태가 된다.

관 벽에 액막(액체의 환형고리)의 형태로 흐르고, 공기는 코어를 형성하여 연속된 형태로 관 중심를 따라 유동하는 것이 특징이다. 중심의 공기 유동부에는 액체 방울이 포함될 수 있다. 공기 유동 속도는 매우 빠르고, 크기 또한 계면[12] 상에서 고주파 파동을 일으킬 만큼 충분히 크다. 이러한 유동 형태는 특히 안정적이라 2상유동의 이상적인 형태이다.

6 분무류(噴霧流, mist flow)

그림 2(e)와 같이 관 벽에는 연속한 액막이 없고 공기 중에 물방울이 포함 된다. 분무류는 유체 유속이 매우 빠를 때 발생한다.

이러한 조건은 관 벽을 따라 흐르는 액막이 계면에서 공기 코어에 의한 전단 때문에 액막이 얇아지고 불안정해져서 파괴되기 때문이다.

분무류에서의 공기 코어는 액체를 기체 상태의 방울로 동반한다. 물방울이 관 벽을 적실 수 있지만 이는 간헐적이며 국부적으로만 발생한다.

---

12. interface, 액막과 공기 코어가 접촉하는 경계면(界面), 상호 영향을 미친다.

2.4 횡주관 내의 유동

(1) 배수의 유동경로

1 유동 방향의 전환

위생기구는 종류별로 각각 다른 배수특성을 갖는다. 그러나 기구를 사용함에 따라서 발생한 부하는 기구배수관 → 횡지관 → 입상관 → 횡주관의 경로를 따라 방향을 전환해 가면서 흘러가고, 최대유량은 하류로 갈수록 평균화 된다.

입상관을 따라 흐르던 배수가 저부의 곡관(벤드 또는 엘보)부에 도달하면 거의 직각 방향으로 흐름이 전환되고, 입상관에서의 유속을 유지할 수 없게 된다. 그러나 균일한 흐름에서 보다는 빠른 속도로 횡주관에 들어간다.

2 수력도약

유속이 급격하게 떨어지면 수심이 증가하고 부분적으로 배수관 단면이 물로 꽉 채워지게 된다. 이러한 현상을 수력도약(水力跳躍, hydraulic jump)이라고 한다. **그림 3**에서와 같이 최대 수심이 발생하는 지점 즉 임계거리(critical distance)는 유입속도, 유량, 관지름, 배관의 기울기, 곡관부의 이음형상 등에 따라 다르나, 최대로는 입상관 지름의 10배 거리이다.

수력도약으로 배수관이 꽉 채워진 상태는 마찰저항에 의해 유속이 감소하여 균일한 흐름으로 억제될 때까지 유지되는 경향이 있다. 횡주관의 크기가 입상관 보다 크면 수

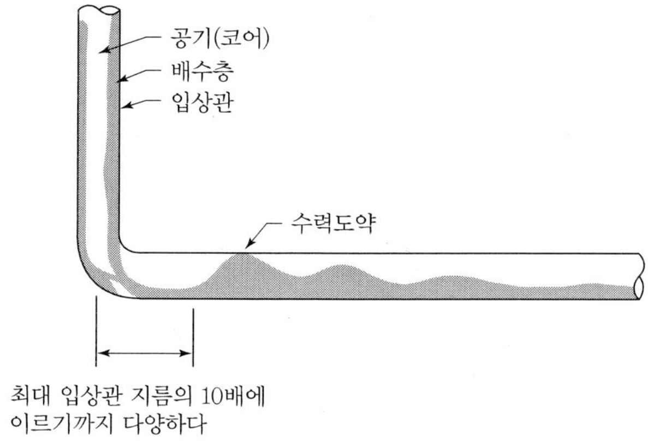

그림 3 입상관 저부에서의 수력도약

력도약은 덜 발생한다.

일반적으로 횡주관 내의 배수는 관 단면의 일부로만 흐르게 되므로 개수로의 흐름이다.

수력도약은 부분적으로 수봉트랩의 봉수 유지에 영향을 미친다. 수력도약은 배수관 내에 양압 또는 음압을 생성하여 드랩의 봉수를 밀어내기 때문이다.

DFUs = 4(30 GPM = 114 LPM = 1.9 L/S) 처럼 최소 배수량을 기준으로 선정된 입상관(DN 40)에도 수력도약이 일어난다.

수력도약 때문에 임계거리의 배수횡주관에는 안정적인 흐름이 되지 않는다. 그러므로 이 구간에 ①배수횡지관을 연결해서는 안 된다. ②배수횡주관에서 통기관을 인출할 경우에는 임계거리 이내이어야 한다. 통기가 원할하게 이루어져 음압이나 양압이 형성되지 않도록 함이다.

(2) 대표적인 유동형태

1 횡주관 내 7가지 유동형태

수평방향의 배수관 특히 횡주관에서의 배수량은 배수 유속과 압력에 따라 달라진다. 배수횡주관 내의 주요 유동형태[13]는 **그림 4**와 같이 구분이 확실한 7가지 형태로 설명될 수 있다. 역시, 이 외에도 더 복잡하고 구분하기 어려운 여러 형태가 있을 수 있다는 점에 유의하여야 한다.

횡주관에서의 경우 중력은 배수를 관의 바닥 쪽으로 배출되게 하여 계층(階層)화된 흐름을 만든다. 액체상에 작용하는 중력은 높은 유량의 운동량으로 극복될 수 있으며, 이로 인해 층상류가 환상류로 되돌아간다. 매우 높은 유량에서, 환상의 액막은 공기 코어의 전단(剪斷, shear)에 의해 얇아지고, 액체는 기상에서 물방울로 변형된다. 각각의 형태별 특성은 다음과 같다.

2 기포류(bubbly flow)

배수입상관에서의 기포류와 달리 횡주관에서의 기포류는 중력의 영향을 크게 받는다. 부력으로 인해 기포는 배수관의 상반부에 더 높은 농도로 액체에 분산된다. 이 형태는

13. 참고문헌 3

일반적으로 높은 유속에서 발생되며, 낮은 유속에서는 중력에 의해 배수를 환형으로 만들어 바닥으로 배출되게 하는 경향이 있으므로 계층화된 흐름이 발생하기 때문이다.

3 슬러그와 플러그류(slug & plug flow)

공기 유동 속도가 더 증가하면 파동이 관의 상단에 도달한다. 슬러그류는 큰 기포와 액체 슬러그가 번갈아 나타나며, 슬러그 부분에 작은 기포가 많이 함유 된다. 플러그류는 유로 상부에 길고 큰 기포가 존재한다. 슬러그나 프러그류는 기포가 더 큰 슬러그와 플러그로 응집되는 공극 비율에 따라 다르다.

슬러그류에서는 슬러그가 관의 지름과 유사함에 비하여 플러그류에서 기포의 지름은 관지름 보다 작다. 슬러그는 공기 유속이 상당 부분을 차지하는 속도로 이동하며 간헐적으로 발생한다.

이러한 대형 공기 슬러그는 액체 슬러그에 의해 서로 분리되기 때문에 큰 압력 및 액체의 유량 변동을 일으키는 원인이 된다.

4 환상류(annula flow)

입상관 내 유동에서의 흐름과 유사하게, 더 큰 공기 유속에서 액체는 관 벽에 연속적인 환형 필름을 형성한다. 횡주관에서의 환상류는 관 벽의 바닥에 흐르는 두꺼운 액체층이 존재하는 것이 특징이다. 공기는 관의 중심부를 통하여 연속적인 형태로 유동한다. 유동하는 공기 코어는 액체 방울을 포함할 수 있다.

공기 코어의 유속은 매우 빠르고, 계면에서 고주파와 물결을 일으킬 만큼 충분히 크다. 환상류는 안정적이며 고속 2상유동의 바람직한 형태이다.

5 층상류(stratified flow, stratified-wavy flow)

공기와 액체가 상하 2층으로 완전히 나누어져 거의 평활한 경계면을 가진 흐름으로, 배수관 내에서 흔히 볼 수 있다.

2상유동에서는 밀도가 낮은 유체 즉 공기가 항상 밀도가 높은 유체보다 위에 있기 때문에 중력이 매우 중요한 역할을 하게 된다.

계층화된 흐름은 바다와 대기와 같이 자연에서 매우 흔한 형태이다. 관 내 흐름에서

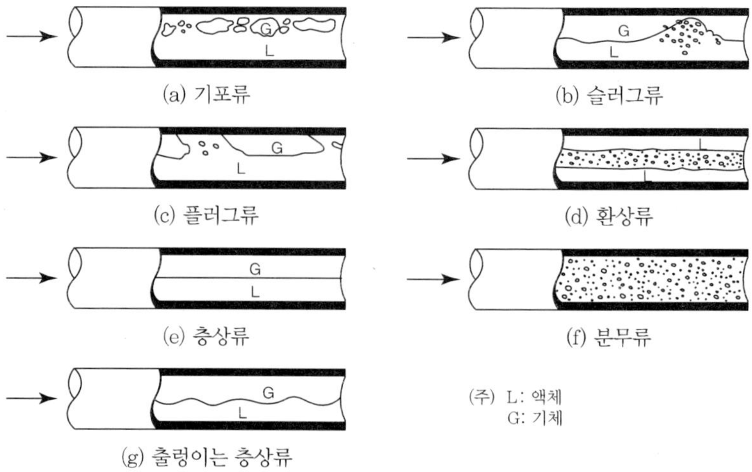

그림 4 횡주관 내의 유동형태

층상류가 되는 이유는 물과 공기의 유속이 낮기 때문이다. 그러므로 공기 유속이 증가하게 되면 수평 계면이 더 교란되고 파동이 형성될 수 있다.

6 분무류(mist flow)

분무류는 매우 빠른 유속과 질이 좋은 유체의 유동 시에 발생한다. 이러한 조건은 관벽에 흐르는 액체 막이 공기 코어의 전단에 의해 얇아지고 불안정해져 파괴되기 때문이다.

분무류 내에서의 유동 코어는 액체를 기체 상태의 방울로 동반한다. 물방울이 관 벽을 적실 수 있지만 이는 간헐적이며 국부적으로만 발생한다.

3 위생배수 배관의 설계

3.1 위생기구의 배수특성

(1) 변기

과거에는 변기로부터 배수입상관까지의 기구배수관 길이가 매우 길었다. 그래서 변기에서 배수 즉, 급증흐름(surging flow)이 있을 때마다 기구배수관은 만수 상태로 입상관에 도달하는 것이 일반적인 현상이었다.

이러한 현상은 기구배수관의 길이가 짧아진 현재에도 여전히 발생한다. 기구배수관 길이를 짧게 하는 것만으로는 해결될 수 없다.

동일한 현상이 발생하지 않도록 배수량이 작은 이중 세척식 변기[14]를 사용하는 방법이 있으나, 이를 위해서는 수평배수관의 설계를 변경해야 한다.

실제로, 변기의 배수가 기구배수관을 통해 배수횡지관 또는 배수입상관에 도달하기까지의 유속은 변기 세척 시의 배수 유속과 동일하지 않다.

대부분 변기의 보울에 대한 배출 특성곡선(시간 대 배수량)은 일반적으로 모양이 동일하지만, 일부는 훨씬 낮은 피크와 긴 배출시간을 보여준다.

다양한 유형의 보울, 특히 저유량 변기의 배수특성은 위생배수 시스템의 용량을 추정하는 데 상당한 영향을 미친다.

(2) 기타 기구

싱크, 세면기 및 욕조와 같은 기구에서도 변기와 유사한 급증흐름이 생성될 수 있고, 기구배수관의 일부 또는 전체 길이가 만수 상태의 흐름이 될 수 있지만 배수 시스템에 변기 만큼의 영향을 미치지는 않는다.

기구배수관의 만수흐름 현상은 여러 가지 이유로 발생 된다. 트랩으로부터 물이 배수구로 흘러 들어가도록 하는 수직 구성요소[15]는 물이 배수구의 상부 요소에 달라붙게 하는 경향이 있고, 그 지점에서 배수관을 꽉 채우는 슬러그가 형성되기 때문이다. 그러므로 오버플로 구를 통해서 충분한 공기가 들어오지 않으면 기구배수관 길이의 일부는 만수 상태가 되며, 흐름의 평균유속은 주어진 기울기에서의 배수량에 대한 정상 속도 보다 작다.

---

14. low-flow and dual-flush toilets. 소유량 변기의 성능을 향상 시킨 것으로, 액체 폐기물 세척 시에는 3.6 L(0.8 갤런), 고체 폐기물의 경우는 6 L(1.6 갤런) 사용.

15. pop up drain assembly.

3.2 배수부하

(1) 배수부하의 특성

1 모든 설비가 동시에 배수될 확률

주택에는 기본적으로 3개의 물사용 그룹이 있다. 욕실그룹 1 이상, 주방 그룹, 그리고 세탁실 그룹이다.

욕실은 변기, 세면기, 욕조(또는 샤워)로, 주방은 싱크와 식기 세척기, 세탁실은 세탁기 및 의류건조기 등으로 구성된다.

대형 건물에는 슬롭싱크[16]나 식수 냉각기와 같이 주택에는 없는 기구도 설치 되지만, 이런 기구들의 중요한 특징은 지속적으로 사용되지 않는다는 점이다. 오히려 낮시간에는 크게 변하는 불규칙한 빈도로 사용된다. 또한 여러 기구별 1회사용 당의 평균 배수량과 배수시간은 매우 다른 특성을 가진다.

결과적으로 건물의 모든 설비가 동시에 배수될 확률은 거의 없다.

2 건물이나 시설별 배수량

표 2는 다양한 건물에서 1일 또는 단위시간 동안의 배수량을 보여주는 것으로, 건물이나 시설에 대한 하수량 설계기준 이다. 이를 토대로 배수주관이나 부지 배수관을 설계할 수 있다.

참고 이 자료는 급수량 계산에도 유용하게 사용된다. 총급수량은 24시간 동안 사용에 지장이 없어야 하므로 **표** 2의 배수량 보다는 작지 않아야 하기 때문 이다.

(2) 배수부하 계산

1 기구배수 부하단위법

배수부하란 단위 시간당의 배수량, 오수량 등으로, 각종 장비나 기구 및 관의 크기를

16. slop sink. 지저분하고 더러운 작업을 위해 특별히 설계된 것으로, 더러워진 도구를 씻거나 걸래를 빨거나 더러운 물을 버리는 용도로 사용되는 보울이 깊은 싱크.

표 2 건물이나 시설의 유형별 배수량

용도	하수량	용도	하수량
학교(화장실1)	57 L/(인.일)	식당(주방과 화장실)	95 L/(인.일)
학교(화장실1과 간이식당)	95 L/(인.일)	주방배수	38 L/(인.일)
학교(화장실2와 간이식당)	130 L/(인.일)	모텔	190 L/bed
학교와 사무소의 주간 근로자	57 L/(인.일)	모텔(욕실, 화장실, 주방배수)	230 L/(일, 베드 면적)
주간 캠프장	95 L/(인.일)	드라이브인 극장	19 L/(일.카 면적)
트레일러 공원, 관광 캠프장 (내장 욕조 포함)	190 L/(인.일)	상점	1 500 L/(일, 화장실)
트레일러 공원, 관광 캠프장 (중앙 목용탕 포함)	130 L/(인.일)	주유소	38 L/(일, 카)
작업 또는 건설 캠프	190 L/(인.일)	서비스 스테이션(2)	3 800 L/(베이.일) 1 900 L/(추가 베이)
공공 소풍 공원(오수배수)	19 L/(인.일)	공항	10~20 L/(승객,일)
공공 소풍 공원(목욕탕, 샤워 및 화장실)	38 L/(인.일)	집회시설	7.5 L/(좌석,일)
수영장과 해수욕장	38 L/(인.일)	볼링장	284 L/(레인,일)
골프장	95 L/(인.일)	교회(소규모)	10~20 L/(예배석.일)
고급주택	570 L/(인.일)	교회(주방 있는 대규모)	20~26 L/(예배석.일)
루밍하우스(1)	150 L/(인.일)	댄스홀	7.5 L/(인.일)
기숙학교	190 L/(인.일)	세탁소(동전 주입식)	1 500 L/(세탁기.일)
호텔(공용 욕실 사용)	190 L/(인.일)	다세대 또는 단독 주택	280 L/(인,일)
호텔(욕실 있는 2인실)	380 L/(인.일)	배의 수세식 화장실 소변기 세면기 샤워	140 L/(기구.h) 38 L/(기구.h) 57 L/(기구.h) 570 L/(기구.h)
공장(1교대 당 1인당, 산업 폐기 물 제외)	95 L/(인.일)		
요양원	284 L/(인.일)		
병원	570 L/(인.일)		
공공기관(병원 제외)	380 L/(인.일)		

주 화장실1: 변기와 세면기만 설치됨, 화장실2: 변기, 세면기 및 샤워가 설치됨,
(1) Rooming house: 방만 따로 쓰고 거실, 화장실, 주방, 식당은 공용
(2) Service stations

자료 참고문헌 3, Table 16.3.7에 의거 재작성

선정하기 위한 기본자료이다.

부하계산은 모든 공학 설계에서의 최초 단계이며, 부하계산이 정확하게 이루어 져야 효율적인 시스템이 갖추어질 수 있고, 라이프 사이클 동안의 경제적인 운전이 가능하다. 건물이나 시설에서의 오수나 배수의 순간 흐름은 구조물이나 시설의 유형, 용도, 점유율 및 사용 시간 등에 따라 다양하다.

오랜 동안 올바른 배수부하 계산을 위하여 수많은 공학적인 방법이 고안되고 제안되었지만, 개발된 후 100여 년 동안 사용되고 있는 유일한 방법은 기구배수 부단위법이다.

이는, 해당 구간이나 배수관이 감당해야 하는 DFUs를 기준으로 배수관의 크기를 결정하는 방법이다. 급수·급탕 시스템에서 WSFUs를 기준으로 부하를 계산하는 방법과 같은 것이다.

2 기구배수 부하단위

제안 당시에 사용된 용어는 기구 배수단위(unit of fixture discharge, 1923) 였다. 주택 배수 시스템의 용량을 연구하기 위해서는 배수량(배수 체적)과 배수 시간을 포함하는 단위를 설정하는 것이 바람직하다고 판단하고 이를 기구 배수단위라고 하였다.

NPS 1-1/4 트랩이 달린 배수구를 사용하는 일반 세면기의 배수속도는 약 7.5 GPM으로, 이는 1 ft^3/min에 가까운 수치였으므로 1 $ft^3/min = 1$ Fixture Unit로 정의한 것이다. 따라서 다른 기구의 최대 배수량도 이 단위로 표시할 수 있다. **표 3**에서와 같이, 배수구가 1-1/2인치인 싱크는 1.52 유닛, 1-1/2 인치 배수구를 가진 욕조는 2 유닛, 변기는 6 유닛에 해당한다.

이 개념을 도입한 시기에는 기구별 배수단위와 급수단위로 같은 값을 사용했다. 1940년에 보완된 기준에 따라서 기구 급수단위는 기구급수 부하단위(water supply fixture unit, WSFU)로, 기구 배수단위는 기구배수 부하단위(drainage fixture unit, DFU)로 변경되고, 각각 다른 값을 사용되게 되었다.

전에는 1~6 범위였던 부하생성 효과는 0.5~8로 확장되어 세척밸브식 변기는 8, 세

표 3 위생기구의 배수량

기구	배수관 크기	트랩과 배수관 크기	유량 GPM	FU 또는 ft^3/min	배수속도 ft/s	기구를 완전히 비우데 걸리는 시간
싱크	1-1/4	1-1/4	7.5	1	1.9	12 sec
	1-1/2	1-1/2	11.3	1.52	2.0	30 sec
욕조	1-1/2	1-1/2	15.0	2	2.7	1.5~2 min
	2	2	26.3	3.5	2.0	1~1-1/3 min
세탁 욕조	1-1/2	1-1/2	22.5	3	4.0	20 sec
트랩이 있는 기구	1-1/2	1-1/2	22.5	3	4.0	20 sec, 40 sec(2개)
변기	3	3	45.1	6	2.0	6~10 sec

자료 참고문헌 1. p91 Table 1에 의거 재작성.

척탱크식 변기는 4, 세면기는 1, 그리고 배수량이 가장 작은 수세기와 음수기에는 0.5 등으로 단일 값이 부여된 것이다.

현재는 1993년에 개정된 ①개별 주거단위, ②3 이상의 주거단위, ③주거용 이외의 건물(상업용 건물) 및 ④다중이용시설 등으로의 세분된 기준이 적용된다.

위생기구별 DFU는 **표 4**와 같으며, 급수가 공급되는 않는 위생기구나 장비로부터의 배출량이 있을 경우에는 1 GPM(3.785 LPM)을 2 DFU로 하여 전체 부하에 가산해 주어야 한다.

표 4 각종 위생기구별 DFU

(a) 주거시설의 욕실군

기구명		단독 주택	아파트등 공동주택	주거용 이외의 건물	다중 이용시설
욕실그룹 (6 L/회 세정탱크식 변기 사용)	1/2 욕실, 파우더룸	3.0	2.0		
	1.0 욕실	5.0	3.0		
	1.5 욕실	6.0			
	2.0 욕실	7.0			
	2.5 욕실	8.0			
	3.0 욕실	9.0			
	추가 1/2 욕실	0.5			
	추가 1.0 욕실	1.0			
욕실그룹 (13 L/회 세정탱크식 변기 사용)	1/2 욕실, 파우더룸	3.0	2.0		
	1.0 욕실	6.0	4.0		
	1.5 욕실	8.0			
	2.0 욕실	10.0			
	2.5 욕실	11.0			
	3.0 욕실	12.0			
	추가 1/2 욕실	0.5			
	추가 1.0 욕실	1.0			
욕실그룹(6 L/회 세정밸브식 변기 사용)		5.0	3.0		
욕실그룹(13 L/회 세정밸브식 변기 사용)		6.0	4.0		

(b) 개별기구

기구명	단독 주택	아파트등 공동주택	주거용 이외의 건물	다중 용시설
욕조 또는 욕조/샤워(DN 40 트랩)	2.0	2.0		
비데(DN 32 트랩)	1.0	1.0		
세탁기(가정용, DN 50 배수관)	3.0	3.0	3.0	
식기세척기(가정용, 별도 배수)	2.0	2.0	2.0	
음수기 또는 냉각기			0.5	

기구명	단독 주택	아파트등 공동주택	주거용 이외의 건물	다중 용시설
음식 찌거기 분쇄기(food-waste-grinder, 상업용) (최소 DN 50 트랩)			3.0	
바닥배수구, 비상용			0.0	
싱크(가정용)	2.0	2.0	2.0	
싱크(가정용, 음식 찌거기 분쇄기 부착)	2.0	2.0	2.0	
싱크(가정용, 식기 세척기 부착)	3.0	3.0	3.0	
싱크(가정용, 음식 찌거기 분쇄기와 식기 세척기 부착)	3.0	3.0	3.0	
세탁용 싱크(1 또는 2칸) (DN 40 배수관)	2.0	2.0	2.0	
세탁용 싱크(세탁기 배수관으로 배수)	2.0	2.0	2.0	
세면기(DN32 배수관)	1.0	1.0	1.0	1.0
걸래 대야(mop basin) (DN 80 트랩)			3.0	
서비스 싱크(DN 80 트랩)			3.0	
샤워부스(DN 40 트랩)	2.0	2.0	2.0	
샤워부스(DN 50 트랩)	2.0	2.0	2.0	
샤워(그룹, 연속 사용)			5.0	
싱크(DN 40 트랩)	2.0	2.0	2.0	
싱크(DN 50 트랩)	3.0	3.0	3.0	
싱크(DN 80 트랩)			5.0	
트랩(DN 32 트랩)	1.0	1.0	1.0	
트랩(DN 40 트랩)	2.0	2.0	2.0	
트랩(DN 50 트랩)	3.0	3.0	3.0	
트랩(DN 80 트랩)			5.0	
트랩(DN 100 트랩)			6.0	
소변기(소형, 3.8 L/회)			4.0	5.0
소변기(중형이상, 3.8L이상/회)			5.0	6.0
대형 세면대(wash fountain)			2.0	
대형 세면대(wash fountain)			3.0	
세면대(wash sink), 수도꼭지 2				
변기(세척밸브, 13 L/회)	4.0	4.0	6.0	8.0
변기(세척탱크, 13 L/회)	4.0	4.0	6.0	8.0
변기(세척밸브, 6 L/회)	3.0	3.0	4.0	6.0
변기(세척탱크, 6 L/회)	3.0	3.0	4.0	6.0
월풀 욕조 또는 욕조/샤워, (DN 40 트랩)	2.0	2.0		

주 (1) 욕실그룹은 변기 1개 이상, 세면기 2개까지, 욕조나 욕조/샤워 또는 샤워 1개로 구성된 욕실. 그 외 기구 설치시는 이에 해당하는 DFU를 가산한다.

(2) 1/2 욕실이나 파우더룸은 변기 1개와 세면기 1개만 설치된 욕실.

(3) 명시되지 않은 기구에 대해서는 사용빈도와 물소비 정도가 유사한 기구의 값을 적용한다.

(4) 합산된 DFUs를 표 10 또는 표 11에 적용하여 배수계통이나 어떤 구간의 배수관과 통기관의 크기를

선정한다. 합산된 값이 0.5 이상이면 위쪽으로 가장 근사한 값(9.5 = 10 DFU)을, 0.4 이하는 아래쪽으로 가장 근사한 값(9.4 = 9 DFU)을 취한다.

(5) 주거용 이외의 건물이란 다중이용시설로 정의되는 건물 이외의 상업용, 산업용과 복합적인 용도의 건물을 말한다. 호텔이나 모텔과 다세대용 주택 등의 공공 및 공용 장소 등도 이에 포함된다.

(6) 다중이용시설이란 화장실 사용이 시간대별로 단시간에 집중되어 줄을 서 기다리는 학교, 강당, 운동경기장, 레이스 경기장, 터미널, 극장 및 유사 용도로 사용되는 건물이나 사설을 말한다.

(7) 기타 물이 공급되지 않는 기구나 장치로부터 배수량이 있는 경우에는 1 GPM을 2 DFU로 환산한다.

3 특수성 고려

병원, 연구소 같은 건축물이나 그 외 특수한 용도로 사용되는 건물에서 위생기구 사용 비율이 높고 DFUs가 1 000을 초과하는 경우, 설계자는 특수성을 고려하여 횡지관, 입상관과 횡주관의 지름을 더 크게 선정할 수 있다.

설치할 위생기구 수는 인원수를 기준으로 결정되므로, 통상적인 설계보다 배수 계통이 많은 경우에는 그 특수성을 고려해야 한다. 예로, 병원 건물의 경우, 환자의 편의를 위하여 병실마다 화장실을 설치하지만, 배수부하는 설치된 기구수가 아니라 사용하는 사람 수에 따라서 발생한다. 따라서 이러한 경우는 배수관의 크기를 크게 할 것인지의 여부를 판단해야 한다.

3.3 배수관 크기 선정기준

(1) 사전 고려사항

1 배수관 지름 선정기준

배수 시스템의 요건인 오염된 물을 빨리 배출하기 위해서는 기본적으로 배수관의 관지름과 기울기가 적정해야 한다.

배수횡주관의 경우 관지름이 크면 배수는 관의 저부(低部)에 얇은 깊이로 흐르게 되고, 공기는 관 단면적의 대부분을 차지하는 형태로 흘러 배수 중의 오물이 관 벽에 달라붙기 쉬운 조건이 된다. 일단 오물이 한곳에 고착되면 이를 핵으로 하여 점점 커져서 결과적으로 관이 막힐 수 있다.

반대로 관지름이 작을 경우에는 배수가 만수 상태의 유동이 되므로 역시 관이 막히기가 쉽다. 따라서 배수관의 지름은 크지도 않고 작지도 않아야 한다.

표 5 배수관의 기울기

배수관 지름, DN	최소 기울기	배수관 지름, DN	최소 기울기
65 이하 80, 100	1/50 1/100	125 150 이상	1/150 1/200

배수관 내의 유동은 단상이 아닌 2상 또는 3상 유동이 될 수 있으므로 공학적으로 적정한 관지름을 선정하는 것이 쉬운 일은 아니다. 그러나 1920년 대에 이루어졌던 수많은 연구결과로 간단히 관지름을 결정할 수 있는 방법이 확립 되었으므로, 코드의 기준을 올바르게 활용하는 것이 즉 적정 관지름 선정법이 된다.

2 배수관의 기울기

배수량은 관지름과 유속에, 유속은 배수관의 기울기에 따라 달라진다. 수평 배수관은 배관 내에서의 기압변동의 최소화를 위해 등류 조건에서 관지름의 1/2 흐름의 용량을 기준으로 기울기가 지정된다.

표 5는 배수 시스템에 주로 사용되는 관의 크기별 기울기이다. 표에서의 최소 기울기는 세류(洗流)에 필요한 0.61 m/s(2 ft/s) 이상의 유속을 유지하기 위함이다. 이 기울기는 급하거나 속도가 빠른 기준이 아니며, 비정상적인 조건에서는 더 작게 할 수도 있다. 유성 배수의 경우는 최소 1.2 m/s(4 ft/s)가 권장된다.

3 조도 기준 관의 종류

수평방향의 배수관에서 배수량과 유속은 관의 종류, 즉 배수와 접촉하는 관 내면의 조도에 영향을 받는다.

초기의 연구에서는 관의 재질별 종류가 다양하지 않았기 때문에 조도를 기준으로 ①동관을 가장 매끄로운관(smooth pipe)으로 하고, ②대체로 매끄러운관(fairly smooth pipe), ③대체로 거친관(fairly rough pipe) 및 ④거친관(rough pipe) 등 4가지로 구분하여 유량-관마찰 선도를 사용했다[17].

재질별 선도를 사용할 수 없었던 당시의 편의상 구분이었지만 아직도 이 기준은 그대로 사용되는 경우가 많다

17. 참고문헌 4

(2) 수직, 수평배수관

1 관지름 선정 기준

필요한 배수관의 크기를 결정하는 것은 비교적 간단하다. 기구배수관은 기구로부터의 배수를 운반하는 데 적합하면 된다. 다만 자기 사이펀작용이 발생하지 않도록, 기구에 가해질 수 있는 최대 배수 조건에서 배수관 지름 1/2 이상의 수위로 흐를 정도의 크기로 선택한다.

배수관 지름을 선정하는 절차는 ①계통별로 설치된 위생기구별 DFU를 집계하고, ② 그 값을 **표 10**과 **표 11**에 적용하여 적정한 관지름을 가결정 한다. ③가결정 된 관지름은 다음과 같은 기준에 따른 검증을 거쳐 그대로 확정할 것인지 아니면 한 단계 크게 조정해야 할 것인지를 확정한다.

2 가결정 관지름에 대한 검토

①배수관 지름은 하류쪽를 축소하지 않는다. ②개별 기구의 배수관 지름은 연결되는 트랩의 최소 크기 이상이어야 한다(**표 13** 참조). ③입상관 지름은 그 입상관에 연결된 가장 큰 횡지관 이상이어야 한다. ④시스템에 앞으로 추가 해야 할 위생기구가 확정되어 있을 경우에는 배수관 및 통기관의 지름을 이에 맞게 수정(확대)한 크기로 선정해야 한다. ⑤배수관의 일부분이 매설되어야 하는 경우, 매설되는 관지름은 DN 50 이상으로 한다. ⑥DN 80인 오수 횡지관에 연결할 수 있는 변기(또는 욕실그룹)은 4 이하로 한다. ⑦DN 80인 오수 입상관에 연결되는 횡지관은 변기(또는 욕실그룹) 4 이하 또는 12 DFUs 이하로 한다.

⑧입상관은 위로 갈수록 감당하는 DFUs가 감소하므로, 이에 맞춰 관지름을 축소 할 수 있다. 다만 입상관 하부지름의 1/2 이하로 축소된 부분은 없어야 한다.

(3) 옵셋 배수관

1 옵셋 설치의 필요성

옵셋은 배관이 어떤 이유로, 예를 들면 배관을 가로막는 지장물을 뚫고 지나갈 수 없다거나, 구조체의 형태상 배관의 각도를 변경할 수밖에 없는 경우에 설치되는 것으로, 배관 중심선의 평행 이동이다. **그림 5**는 수직배관 즉 입상관에 설치된 수평옵셋의 예로,

어떤 형태로 옵셋이 설치되느냐에 따라서 통기관, 도피 통기관(또는 결합 통기관)이 추가되어야 하고, 또한 이들의 인출지점과 연결 지점에 대한 위치가 결정된다.

2 옵셋의 관지름과 결정 기준

수평과 45도 이상의 옵셋이 들어가는 경우 그 옵셋의 크기 결정을 위하여 **표 10**을 적용할 때에는 입상관으로 간주해야 한다. 수직옵셋은 배수입상관 크기에 영향을 미치지 않아야 하며, 횡지관이 10개 이상 연결되는 배수입상관에 수직 옵셋 있고, 이 옵셋의 위 또는 아래로 0.6 m(2 ft) 이내에서 위생기구나 횡지관이 연결되어야 하는 경우에는 아래쪽 배수입상관에 도피 통기관을 설치해야 한다.

그리고 **그림 5**의 각 구간에 대한 관지름 선정기준은 다음과 같다.

①옵셋 윗부분의 입상관 지름(Ⓐ~Ⓑ)은 각 횡지관의 DFUs 또는 윗부분의 전체 배수부하 중의 한 가지를 기준으로 하며(**표 10** 적용), 위로 가면서 축소할 수 있다. ②수평옵셋의 관지름(Ⓑ-Ⓒ)은 옵셋 위부분의 DFUs를 **표 11**에 적용하여 구한다. ③옵셋 하부입상관 지름(Ⓒ~Ⓓ)은 전체 DFUs 기준으로 **표 10**에서 선정하고, 위로 가면서 축소할 수 있으나, 수평 옵셋 관지름과 같거나 커야 한다. ④입상관의 옵셋에는 위와 아래에 각각의 통기관을 설치한다. ⑤아래 입상관에는 대체 통기가 가능하도록 결합통기 관을 설

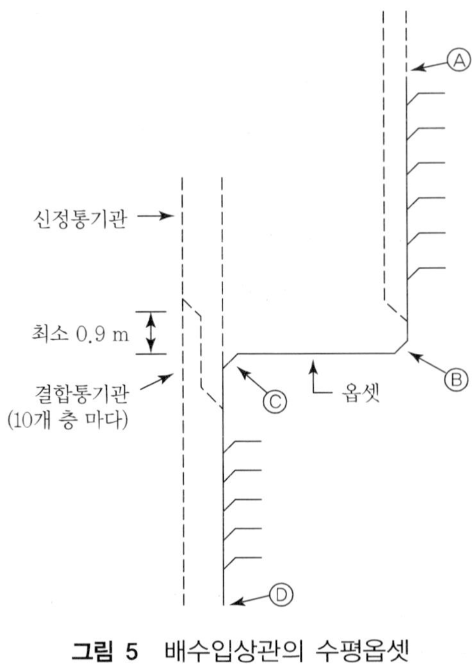

그림 5 배수입상관의 수평옵셋

치할 수 있다. 결합통기관은 옵셋 하부에서 인출하고 옵셋 보다 최소 0.9 m(3 ft) 높은 위치에서 통기입상관에 연결 되어야 한다. 연결지점 위치를 이 보다 낮추면 입상관의 배수가 통기관으로 넘쳐 흐를 수가 있기 때문이다.

3.4 배수관의 용량 계산 1

(1) 배수입상관

배수입상관에서의 유동량 기준은 터미널속도가 존재하는 입상관 단면의 지정된 비율(r_s)로 물이 차지하는 단면을 기준으로 한다. 즉 유동량은 식 (3)과 같이 입상관 지름과 물이 차지하는 단면으로 표시할 수 있다.

$$Q = 27.8 \times r_s^{5/3} \times D^{8/3} \tag{3}$$

식에서

Q : 용량, GPM(×0.063 L/s)

r_s : 입상관의 단면적에 대한 물이 차지하는 단면적의 비율로, 1/4(25%), 7/24 (30%)일 때의 유량 값은 **표 6**과 같다.

D : 입상관 지름, in

이다.

입상관 용량을 예측하는 데 사용되는 식 (3)은 입상관의 크기에 따른 용량 변화에 대

표 6 입상관의 용량

NPS	DN	유량					
		$r_s = 1/4$		$r_s = 7/24$		$r_s = 1/3$	
		GPM	L/s	GPM	L/s	GPM	L/s
2	50	17.5	1.1	23.0	1.45	28	1.77
3	80	52	3.28	70	4.41	85	5.36
4	100	112	7.07	145	9.14	180	11.35
5	125	205	12.93	261	16.5	324	20.44
6	150	330	20.82	424	26.8	530	33.43
8	200	710	44.8	913	57.6	1,140	72
10	250	1,300	82.0	1,655	104.4	2,068	130.5
12	300	2,082	131.4	2,692	170	3,365	212.3

자료 참고문헌 5, Table 1-2에 의거 재작성.

한 명확한 법칙을 제공한다[18]. 코드에서의 입상관 용량표는 $r_s = 1/4$ 일 때와 $r_s = 7/24$ 일 때의 값이다. 그러므로 입상관에 권장되는 최대 허용량은 단면적의 7/24 두께로 물이 흐를 때이다. 따라서 $r_s = 7/24$를 식 (3)에 대입하여 배수관의 크기에 해당하는 최대 허용 배수량을 구할 수 있다.

실무적으로는 기구의 동시사용 가능성을 고려하여 만들어진 **표 10**을 활용하여 입상관의 부하, 즉 DFUs를 기준으로 다양한 크기의 입상관 별 최대 배수량을 구할 수 있다.

예제 1

5층 건물의 입상관을 DN 100으로 할 경우, 이 입상관이 감당할 수 있는 배수부하(DFUs_를 구하라. 다만 변기는 세정밸브형이다.

풀이 **표 10**으로부터 4층 이상 건물의 1개 입상관에 적용하면, 감당할 수 있는 부하는 DFUs = 500이다. 유량으로 환산하려면 500 ft^3/min(14 158 LPM)이 된다.

(2) 수평 배수관

1 수평 배관에서의 배수특성

수평배관에서의 배수특성은 일반 물과 동일하다. 그러나 수평 또는 기울기를 가진 배수관의 용량 계산은 급증하는 흐름[19]으로 인하여 다소 복잡하다.

배수관의 크기는 오수 또는 배수입상관까지 기구의 배수를 운반하는 횡지관에서 유량 변동이 심하거나 급증하는 조건을 기반으로 한다. 배수가 입상관의 아래로 떨어진 이후는 어느 정도 유량 변동이 완화된 상태이지만, 여전히 급증흐름 상태로 배수횡주관에 유입되는 것으로 가정한다.

넓은 지면을 덮고 있는 대형 건물에는 대개 여러 개의 기본적인 배수지관과 적어도 하나 이상의 보조적인 배수지관을 갖추고 있다. 물이 배수횡주관으로 흘러 들어간 후,

18. 격렬한 압력 변동을 수반하는 물 덩어리는, 입상관의 1/4~1/3로 가득 차기 전까지는 발생하지 않는다는 F.M. Dawson과 Hunter의 연구결과를 따른 것.

19. surging flow.

특히 수력도약이 발생한 후에는 급증흐름은 계속해서 안정화 되어 가면서 등류로 변화된다.

보조적 배수관이 충분히 길고 배수관에 많은 수의 기구가 연결된 경우, 실제로는 배수의 흐름이 하수관에 도달하기 전에 균일해질 수 있다.

2 정상류, 등류가 되는 조건

기울기가 있고 급증유량이 존재하는 배수관에 정상류(steady flow)나 등류(uniform flow)의 유량계산식을 적용하여 용량을 결정해서는 안 된다.

그렇지만, 이러한 방정식을 기반으로 계산된 유량은, 실제의 급증흐름이 있는 배관에 더 복잡한 방법을 적용하여 계산된 값을 대략적으로 확인할 수 있다. 그러므로 배수관 내 흐름에 대해 일반적으로 사용되는 Williams-Hazen, Darcy-Weisbach 및 Manning 등 3가지 방정식을 기울기와 급증유량이 있는 배수관에 적용할 수 있다.

Williams-Hazen 방정식은 다음과 같이 표시 된다(**제4장** 식 (30) 참조).

$$v = 0.850\,CR^{0.63}S^{0.54} \tag{4}$$

식에서

- v : 평균 유속, m/s
- C : Williams-Hazen 계수
- R : 수력반지름, m
- S : 단위 길이당 마찰손실(압력 강하)

이다.

식 (4)에서 R과 S의 지수는 서로 다른 관지름과 유량에 대해 계수 C를 가능한 거의 일정한 값이 되도록 해준다. 따라서 C는 주어진 관의 조도에 대해 거의 일정하다.

Darcy-Weisbach 방정식(**제4장** 식 (21)참조)은 다음과 같이 표시되며, 무차원수인 마찰계수 λ는 관의 지름, 유속, 흐르는 유체의 동점도 및 관 벽의 조도에 따라 달라진다.

$$h_f = \lambda \frac{l}{d} \frac{v_2^2}{2g} \tag{5}$$

식에서

- h_f : 압력강하 또는 마찰손실, m
- λ : 관마찰 계수
- l : 관의 길이, m

d : 관의 안지름, m

v : 관내 평균유속, m/s

g : 중력 가속도, 9.8 m/s^2

이다.

Manning의 방정식[20]은 Williams-Hazen 방정식과 유사하지만, 개수로 흐름을 의미하며 다음과 같이 표시된다.

$$v = \frac{1.486}{n} R^{2/3} S^{1/2} = \frac{1.486}{n} R^{0.67} S^{0.50} \tag{6}$$

식에서, n은 관의 조도와 관지름에 따라 달라지는 매닝계수이고, R과 S는 앞의 식에서와 같다.

3 기울기를 가진 수평배수관

기울기를 가진 배수관의 용량 $Q(\mathrm{m}^3/\mathrm{s})$는 앞의 3가지 방정식에서 얻은 유속과 흐름의 단면적의 곱으로 다음과 같이 표시된다.

$$Q = Av$$

Manning의 방정식의 유속을 식에 대입하여 얻은 식 (7)을 사용하면 다양한 크기의 배수관에 대한 용량을 계산할 수 있다.

$$Q = A\left(\frac{1.486}{n}\right) R^{2/3} S^{1/2} \tag{7}$$

이 방정식은 기울기를 가진 배수관에서의 문제를 해결하기 위해 사용되며, 식에 사용된 중요한 변수에 대한 값은 **표 7**과 같다.

4 관종별 기울기별 유량과 유속

표 8은 관지름의 1/2 흐름 및 n = 0.015에 대한 매닝 방정식을 기준으로 수평배수관

20. Manning's formula. 대기압 상태의 개방된 수로나 배수관에서 물이 일정한 방향으로 흐를 때 평균 유속을 추정하고 시뮬레이션하기 위한 방정식. 밀폐된 일반 배관에서의 유속을 구하는 것과는 차이가 있으므로 방정식 사용 시에는 유의하여야 한다.

표 7 R, $R^{2/3}$, A_F 및 A_H 값

NPS	DN	R=1/4		$R^{2/3}$		A_F (만수 흐름 시 단면적)		A_H (1/2 흐름 시 단면적)	
		ft	mm	ft	mm	ft^2	m^2	ft^2	m^2
1-1/2	40	0.0335	1.02	0.1040	3.17	0.01412	0.0013	0.00706	0.00065
2	50	0.0417	1.27	0.1200	3.66	0.02180	0.0020	0.01090	0.0009
2-1/2	65	0.0521	1.59	0.1396	4.24	0.03408	0.0031	0.01704	0.0015
3	80	0.0625	1.90	0.1570	4.78	0.04910	0.0046	0.02455	0.0023
4	100	0.0833	2.54	0.1910	5.82	0.08730	0.0081	0.04365	0.0040
5	125	0.1040	3.17	0.2210	6.74	0.13640	0.0127	0.06820	0.0063
6	150	0.1250	3.81	0.2500	7.62	0.19640	0.0182	0.09820	0.0091
8	200	0.1670	5.09	0.3030	9.23	0.34920	0.0324	0.17460	0.0162
10	250	0.2080	6.33	0.3510	10.70	0.54540	0.0506	0.27270	0.0253
12	300	0.2500	7.62	0.3970	12.10	0.78540	0.0730	0.39270	0.0364
15	350	0.3125	9.53	0.4610	14.05	1.22700	0.0379	0.61350	0.0570

자료 참고문헌 5, Table 1-4에 의거 재작성.

에서 기울기별, 관지름별 대략적인 유량과 속도이다.

0.61 m/s의 유속은 관 내의 고형물이 침전되어 시스템의 가동이 중단되는 것과 같은 일이 발생하지 않는 범위이다. 배수나 오수관에 통기관이 올바로 설치된 경우를 전제로 한 것이며, 일반적인 배수, 그리고 매끄러운 관이나 거친 관이 아닌 중간급 조도를 갖는 관을 기준으로 한 것이다.

그러므로 매끄러운 관도 **표 8**(b)에서와 같이 NPS 2 이하 배수관은 1/50 이상, NPS 3 이상의 배수관은 1/100 이상의 기울기가 되어야 한다.

1/50 기울기에서도 NPS 1-1/4, 1-3/8 및 1-1/2의 유속은 0.61 m/s 미만이다.

이러한 경우에는 기울기를 더 주거나, 배수관 길이가 최소화 된 단거리 배관에서도 오물을 흘려보낼 수 있는 유속이 유지되어야 한다.

관의 조도가 0.015인 대체로 거친 관을 기반으로 한 **표 8**(a)로부터 대체로 매끄러운 관을 사용할 때의 값으로 환산할 경우에는 유량과 속도에 0.015를 곱하고, 대체로 매끄러운 관의 조도로 나누어 주면 된다.

수평방향의 오수관 및 배수관의 크기는 설계부하에서 관지름의 1/2 수위로 물이 흐를 때를 기준한 것이다.

표 10에서의 횡지관과 **표 11**에서의 배수횡주관 및 하수관은 대체로 매끄러운 관에 대한 값인 **표 8**(b)를 기반으로 한 것이다.

표 8 관종별 기울기별 개략적인 유량과 유속

(a) 대체로 거친관($\varepsilon = 0.015$ 기준)

관지름		1/200		1/100		1/50		1/25	
NPS	DN	유량, LPM	유속, m/s	유량, LPM	유속, m/s	유량, LPM	유속, m/s	유량, LPM	유속, m/s
1-1/4	32					9	0.38	13	0.54
1-3/8	-					12	0.41	17	0.58
1-1/2	40					15	0.43	21	0.61
1-5/8	-					18	0.46	26	0.65
2	50					32	0.53	45	0.74
3	80			66	0.49	94	0.69	132	0.98
4	100	101	0.41	143	0.59	202	0.83	286	1.17
5	125	183	0.48	259	0.68	366	0.96	519	1.36
6	150	298	0.55	420	0.77	594	1.09	844	1.54
8	200	640	0.66	908	0.93	1 283	1.32	1 813	1.87
10	250	1 162	0.77	1 646	1.08	2 328	1.53	3 289	2.16
12	300	1 893	0.87	2 676	1.22	3 781	1.73	5 348	2.44
15	380	3 429	1.00	4 849	1.42	6 858	2.01	9 701	2.84

(b) 대체로 매끄로운관($\varepsilon = 0.011$ 기준)

관지름		1/200		1/100		1/50		1/25	
NPS	DN	유량, LPM	유속, m/s	유량, LPM	유속, m/s	유량, LPM	유속, m/s	유량, LPM	유속, m/s
1-1/4	32					12	0.52	18	0.74
1-3/8	-					16	0.56	23	0.79
1-1/2	40					20	0.59	29	0.83
1-5/8	-					26	0.62	35	0.88
2	50					44	0.72	61	1.01
3	80			90	0.66	128	0.94	181	1.33
4	100	138	0.56	195	0.80	276	1.13	390	1.60
5	125	250	0.66	353	0.93	500	1.31	708	1.86
6	150	405	0.74	575	1.05	814	1.48	1 147	2.10
8	200	874	0.90	1 238	1.27	1 749	1.80	2 475	2.55
10	250	1 586	1.04	2 245	1.48	3 172	2.08	4 485	2.95
12	300	2 578	1.18	3 649	1.67	5 159	2.36	7 294	3.33
15	380	4 678	1.37	6 612	1.94	9 353	2.74	13 229	3.87

주 (1) ε: 관의 조도

(2) 관지름의 1/2 수위로 물이 흐를 때의 매닝공식 기준이므로, 만수 흐름의 경우에 대해서는 표의 유량에 2.00, 속도에 1.00을 곱한다.

관 지름의 1/4 수위 흐름의 경우에는 대해서는 유량에 0.274, 속도에 0.701을 곱한다.

관 지름의 3/4 수위 흐름의 경우에는 대해서는 유량에 1.82, 속도에 1.13을 곱한다.

자료 참고문헌 6, Table K-1, K-2에 의거 재작성.

표 9 오·배수용 주철관의 기울기별 유량

(자체 세척 속도 0.61 및 0.77 m/s<2.0 및 2.5 ft/s>)

NPS	유속		1/4 수위		1/2 수위		3/4 수위		만수상태	
	ft/s	m/s	기울기	유량, LPM	기울기	유량, LPM	기울기	유량, LPM	기울기	유량, LPM
2	2.0	0.61	0.0313	17.7	0.0186	35.4	0.0148	53.3	0.0186	71.0
	2.5	0.77	0.0489	19.1	0.0291	44.2	0.0231	66.7	0.0291	88.8
3	2.0	0.61	0.0178	40.5	0.0107	81.2	0.0085	122.0	0.0107	162.4
	2.5	0.77	0.0278	51.0	0.0167	100.8	0.0133	152.5	0.0167	203.0
4	2.0	0.61	0.0122	72.0	0.0073	144.1	0.0058	215.8	0.0073	287.8
	2.5	0.77	0.0191	90.1	0.0114	180.1	0.0091	269.7	0.0114	359.8
5	2.0	0.61	0.0090	113.1	0.0054	226.3	0.0043	339.1	0.0054	452.3
	2.5	0.77	0.0141	141.5	0.0085	282.9	0.0067	423.9	0.0085	565.4
6	2.0	0.61	0.0071	163.4	0.0042	326.9	0.0034	490.3	0.0042	653.8
	2.5	0.77	0.0111	204.3	0.0066	385.9	0.0053	613.0	0.0066	817.2
8	2.0	0.61	0.0048	292.2	0.0029	584.1	0.0023	876.4	0.0029	1,168.3
	2.5	0.77	0.0075	365.3	0.0045	730.2	0.0036	1,095.5	0.0045	1,460.3
10	2.0	0.61	0.0036	457.7	0.0021	915.5	0.0017	1,373.2	0.0021	1,830.9
	2.5	0.77	0.0056	572.1	0.0033	1,144.3	0.0026	1,716.5	0.0033	2,288.6
12	2.0	0.61	0.0028	660.6	0.0017	1,321.2	0.0013	1,981.8	0.0017	2,566.7
	2.5	0.77	0.0044	825.8	0.0026	1,651.5	0.0021	2,477.3	0.0026	2,318.8
15	2.0	0.61	0.0021	1,042.5	0.0012	2,085.1	0.0010	3,127.6	0.0012	4,170.2
	2.5	0.77	0.0032	1,303.2	0.0019	2,606.4	0.0015	3,909.6	0.0019	5,212.7

주 매닝의 방직식 n = 0.012 기준임.
자료 참고문헌 5, Table 1-6에 의거 재작성.

표 9는 오·배수용 주철관에서 0.61 m/s의 자체적인 세척 속도와 좀 더 빠른 0.77 m/s(2.5 ft/s)에서 수위별 기울기에 따른 유량을 보여주는 것이다.

3.5 배수관의 용량 계산 2

(1) DFUs 기준의 배수관 선정 절차

여러가지 수식을 활용하여 배수관의 용량을 계산했던 방법에 대하여, 여기서는 DFUs를 기준으로 간단하게 배수관의 지름을 선정하는 NSPC의 방법과 그 절차를 다룬다.

DFUs를 기준으로 배수관 용량을 구하는 절차는 WSFUs를 기준으로 급수·급탕부하를 구하는 방법과 같은 것이다. 다만, 양자 간의 차이점은 급수 시스템에서는 WSFUs →동시사용유량→관지름 결정의 과정을 거치지만, 배수 시스템에서는 DFUs →배수관지름 결정의 과정으로 이루어져 유량 선정과정이 생략되는 것이다.

이는 1 WSFU의 유량이 변화되는 값임에 비하여 1 DFU 유량은 ft^3/min로 고정된 값이기 때문이다. 그러므로 배수량을 계산할 필요가 없기 때문에 배수부하 계산은 급수

표 10 배수횡지관 및 입상관의 허용 최대 기구배수 부하단위(Loop 통기 기준)

관지름		허용 최대 배수단위			
		배수 횡지관[(1)]	3층 이하 건물의 1개 입상관	4층 이상인 경우	
NPS	DN			1입상관에 대한 합계	1개층의 합계
1-1/4	32	1	1	1	1
1-1/2	40	3	4	8	2
2	50	6	10	24	6
3	80	20[(2)]	48[(3)]	72[(3)]	20[(3)]
4	100	160	240	500	90
5	125	360	540	1 100	200
6	150	620	960	1 900	350
8	200	1 400	2 200	3 600	600
10	250	2 500	3 800	5 600	1 000
12	300	3 900	6 000	8 400	1 500
15	380	7 000	-	-	-

주 (1) 횡주관에는 적용하지 않는다.

(2) 입상관이 DN 80인 경우 변기(또는 욕실그룹) 4 이상인 횡지관은 연결할 수 없다. 횡지관의 DFUs는 12 이하로 한다. 다만, 1회당 세척량이 13 L 이상인 변기(또는 욕실그룹)은 2 이하 즉 횡지관의 DFU는 6 이하로 한다.

(3) 횡주관이나 하수관이 DN 80인 경우

① 단독주택으로써 변기(또는 욕실그룹) 6 이상인 횡지관은 연결할 수 없다.
다만, 1회당 세척량이 13 L 이상인 변기나 욕실그룹은 3 이하로 한다.

② 단독주택 이외의 건물로 변기(또는 욕실그룹) 4 이상인 횡지관은 연결할 수 없다.
다만, 1회당 세척량이 13 L 이상인 변기(또는 욕실그룹)은 2 이하로 한다.

자료 참고문헌 6. Table 11.5.1B에 의거 재작성.

량 계산보다 더 단순하다. 다만, 급수가 공급되는 않는 위생기구나 장비로부터의 배수량이 있을 경우는 1 GPM(3.785 LPM)을 2 DFU로 환산하여 전체 부하에 합산해 준다(3.2 배수부하 참조).

(2) 횡지관과 입상관

표 10은 루프통기관을 설치한 경우를 기준한 배수횡지관 및 입상관의 용량이다. 건물에서의 횡지관은 일반적으로 천정 내부에 배관되므로 횡주관처럼 일정한 기울기를 유지할 공간의 확보가 어렵다. 그러므로 기구배수관을 포함한 횡지관의 거리를 가능한 한 짧게하고, 특히 필요할 경우에는 관의 크기를 크게 선정해야 한다.

(3) 배수횡주관과 하수관

표 11은 배수횡주관(building drain), 하수관(building sewer)의 용량이다. 횡주관은 천정 내부에 들어가는 횡지관과 달리 공간이 확보된 지하실에 설치되므로 관의 크기에 따라 적정한 기울기를 고려할 수 있다.

표 11 배수횡주관, 하수관[(1)]의 허용 최대 기구배수 부하단위

관지름		배수횡주관 및 부지 배수관에 접속 가능한 허용 최대배수단위			
		배관 기울기*			
NPS	DN	1/200	1/100	1/50	1/25
2	50	–	–	21	26
3	80	–	36[(2)]	42[(2)]	52[(2)]
4	100	–	180	216	250
5	125	–	390	480	575
6	150	–	700	840	1 000
8	200	1 400	1 600	1 920	2 300
10	250	2 500	2 900	3 500	4 200
12	300	3 900	4 600	5 600	6 700
15	380	7 000	8 300	10 000	12 000

* NSPC의 1ft당 1/16, 1/8, 1/4 및 1/2 인치를 환산한 것으로, 1/192은 1/200, 1/96은 1/100, 1/48은 1/50, 1/24은 1/25로 표시한 것이다.

주 (1) 단일 부지 내 1동 이상의 건물용 부지배수관(sanitary sewer)의 지름은 하수 조례에 따른다.
(2) DN 80인 위생배수관에 6 L(1.6 GPF) 용과 13 L(3.5 GPF)용 변기가 같이 연결되는 경우, 기구수를 계산할 때에는 13 L 용은 6 L 용 2개로 간주한다.

자료 참고문헌 6. Table 11.5.1A에 의거 재작성.

표의 값을 적용하는 방법은 1차적으로 해당부하(DFUs)를 감당할 수 있는 가장 작은 관지름과 그때의 기울기를 선택하는 것이다. 그러나 배수관의 길이와 공간의 조건 등을 고려할 때 그 기울기를 적용할 수 없을 경우가 있다. 이럴 때는 2차적으로 적용 가능한 기울기로 수정해야 하고, 이 경우 처음에 선정된 크기 보다는 관지름이 커질 수도 있다.

예제 2

3층과 6층짜리 공항 터미널 건물이 있다. 1~3층까지는 세척밸브식 변기가 10개, 4~6층은 5개씩 그룹설치 되는 경우 배수관의 크기를 구하라.

풀이 (1) DFUs기준으로 각 횡주관의 크기를 구한다.

표 4로부터 다중이용시설에 설치된 세척밸브식 변기의 DFU = 8이므로 WC 5개씩 설치된 횡지관의 부하는 DFUs = 40으로, **표 10**의 첫째줄 배수횡지관을 적용하면 DN 100이 된다.

WC 10개씩 설치된 횡지관의 부하는 DFUs = 80이므로, **표 10**의 첫째줄 배수횡지관을 적용하여 DN 100이 된다.

(2) 입상관 각 구간이 감당하는 부하 및 관지름을 구한다.

① 입상관 별 부하는 다음과 같다.

3층건물			6층건물		
구간	기구수	DFUs	구간	기구수	DFUs
			6F-5F	5	40
			5F-4F	10	80
			4F-3F	15	120
3F-2F	10	80	3F-2F	25	200
2F-1F	20	160	2F-1F	35	280
1F-횡주관	30	240	1F-횡주관	45	360

② 입상관 별 관지름을 구한 결과는 다음과 같다.

3층건물				6층건물			
구간	DFUs	DN	비고	구간	DFUs	DN	비고
				6F-5F	40	80	표 10의 셋째줄
				5F-4F	80	100	
				4F-3F	120	100	
3F-2F	80	100	표 10의 두째줄	3F-2F	200	100	
2F-1F	160	100		2F-1F	280	100	
1F-횡주관	240	100		1F-횡주관	360	100	

(3) 배수횡주관의 관지름을 구한다.

3층 건물에서는 DFUs = 240이고, 6층 건물에서는 DFUs = 360이므로, 이 부하를 감당할 수 있는 관지름은 **표 11**로부터 3층건물은 1/25 기울기로 DN 100, 6층 건물은 1/100 기울기로 DN 125을 선정한다.

만약 해당 기울기를 적용할 수 없을 경우에는 관지름이 달라질 수 있다.

3층건물		6층건물	
DFUs = 240		DFUs = 480	
기울기	DN	기울기	DN
1/200	–	1/200	–
1/100	125	1/100	125
1/50	125	1/50	125
1/25	100	1/25	125

예제 3

상업용 건물의 배수관에 대한 관지름을 구한다. 배수배관 계통은 **그림 6**과 같으며, 입상관, 횡지관, 회주관의 구간별 DFUs는 표에 주어진 값을 사용한다. 다만, 예제는 오수와 배수를 합산하지만 국내에서는 건물 내에서 오수와 배수배관을 구분하는 점이 다르다. 그러나 DFUs를 기준으로 관지름을 선정하는 방법은 동일하다.

| 입상관, 횡지관, 횡주관의 구간별 DFUs

입상관 A		입상관 B		입상관 C		입상관 D	
층별	DFUs	층별	DFUs	층별	DFUs	층별	DFUs
5	90	5	90	5	200	3	20
4	90	4	90	4	90		
3	90	3	85	3	18	2	8
2	90	2	85	2	6		
1	90	1	100	1	90	1	20
	450		450		404		48

풀이 (1) 배수 관지름 결정을 위한 계산순서.

말단 즉 최상층이나 가장 먼 거리로부터 시작하여 하부층으로 내려오면서 DFU를 집계한다. 그러기 위해서는 위생기구를 표시하여 배수계통도를 그리고 구간을 확인하기 위하여 적당한 번호나 기호를 부여한다(계통도 참조).

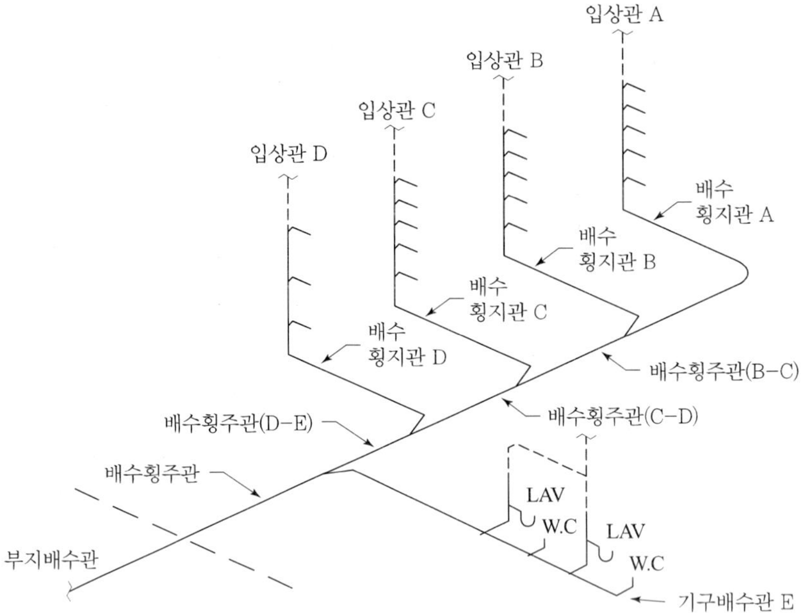

그림 6 배수관 계통도

(2) 입상관 별 DFUs를 집계하면 다음가 같다.

Ⅰ 입상관 별 DFUs

입상관 A		입상관 B		입상관 C		입상관 D	
구간(층)	DFUs	구간(층)	DFUs	구간(층)	DFUs	구간(층)	DFUs
5-4	90	5-4	90	5-4	200	3-2	20
4-3	180	4-3	180	4-3	290		
3-2	270	3-2	265	3-2	308	2-1	28
2-1	360	2-1	350	2-1	314		
1-횡주관	450	1-횡주관	450	1-횡주관	404	1-횡주관	48

(3) 기구배수관 E에 대한 DFUs를 구한다.

세면기 2개와 변기(세척밸브식, 6L/회) 2개 이므로 표 4로부터 DFU는 각각 1과 4이므로 DFUs = 10을 적용한다.

(4) 횡주관에 대한 DFUs를 구한다.

Ⅰ 구간별 DFUs

구간	DFUs	비고
B-C	900	입상관 A와 입상관 B의 DFUs
C-D	1 304	입상관 A, 입상관 B와 입상관 C의 DFUs
D-E	1 352	입상관 A, 입상관 B, 입상관 C와 입상관 D의 DFUs
E-횡주관	1 362	입상관 A, 입상관 B, 입상관 C, 입상관와 기구배수관 E의 DFUs

(5) 이상의 각 구간별 DFUs를 기준으로 **표 10**으로부터 횡지관과 입상관의 구간별 관지름을 결정한다. 이 경우 4층 이상 건물의 값을 적용한다.

| 각 입상관에 연결된 횡지관의 관지름

입상관 A			입상관 B			입상관 C			입상관 D		
층별	DFUs	NPS	층별	DFUs	NPS	층별	DFUs	NPS	층별	DFUs	NPS
5	90	4	5	90	4	5	200	5	3	20	3
4	90	4	4	90	4	4	90	4			
3	90	4	3	85	4	3	18	3	2	8	3
2	90	4	2	85	4	2	6	2			
1	90	4	1	100	5	1	90	4	1	20	3

| 각 입상관별 구간별 관지름 1/2

입상관 A			입상관 B		
구간(층)	DFUs	NPS	구간(층)	DFUs	NPS
5-4	90	4	5-4	90	4
4-3	180	4	4-3	180	4
3-2	270	4	3-2	265	4
2-1	360	4	2-1	350	4
1-횡주관	450	4	1-횡주관	450	4 (5)

| 각 입상관별 구간별 관지름 2/2

입상관 C			입상관 D		
구간(층)	DFUs	NPS	구간(층)	DFUs	NPS
5-4	200	4 (5)	3-2	20	2 (3)
4-3	290	4 (5)			
3-2	308	4 (5)	2-1	28	3
2-1	314	4 (5)			
1-횡주관	404	4 (5)	1-횡주관	48	3

주 (1) 입상관 B의 각구간별 관지름은 모두 NPS 4이지만, 이 입상관에 연결된 1층의 횡지관 지름이 NPS 5 이므로, 입상관의 지름은 NPS 5로 수정해 주어야 한다.
(2) 입상관 C의 각구간별 관지름은 모두 NPS 4이지만, 이 입상관에 연결된 5층의 횡지관 지름이 NPS 5 이므로, 입상관의 지름은 NPS 5로 수정해 주어야 한다.
(3) 입상관 D의 3-2 구간의 관지름은 NPS 2이지만, 이 입상관에 연결된 최상층 횡지관 지름이 NPS 3 이므로, 입상관의 지름은 NPS 3로 수정해 주어야 한다.

이상의 내용을 정리한 것이 **그림 7**이다.

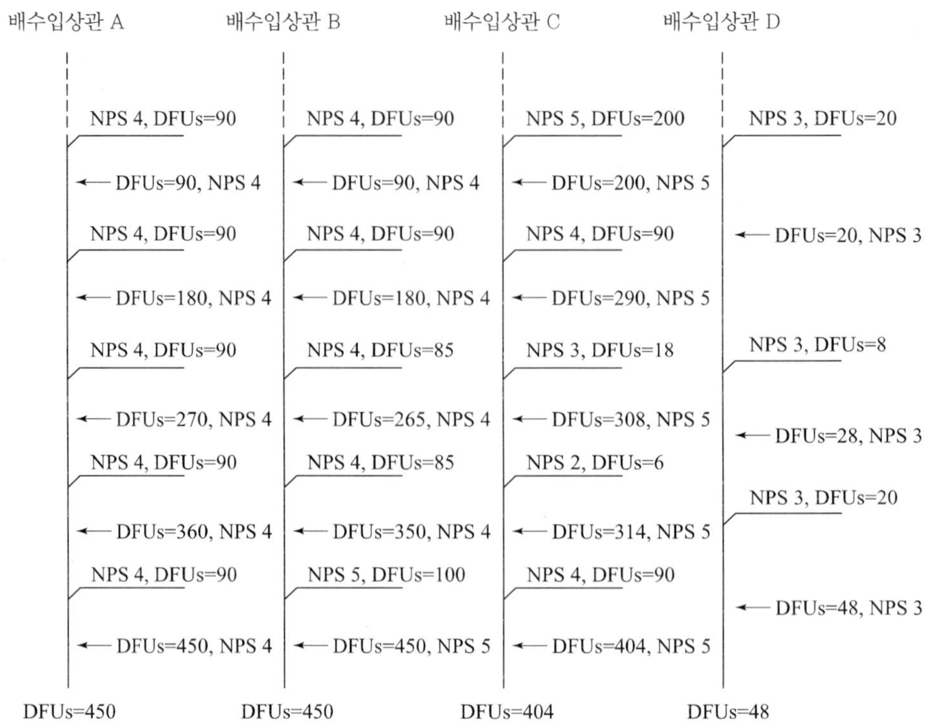

그림 7 횡지관과 입상관 각 구간의 DFUs와 관지름

(6) 배수횡주관 관지름을 구한다.

마지막 단계인 횡주관은 어떤 기울기를 적용할 것이냐에 따서 관지름이 달라 질 수 있다. **표** 11을 적용한 결과는 다음과 같다. 표에서의 참고는 **표** 8의 유속과 유량과의 비교로 어떤 방식을 적용하던 결과는 크게 차이가 없음을 보여주기 위한 것이다. **그림** 8은 횡주관 선정결과를 표시한 것이다.

I 배수황지관 및 횡주관의 관지름

구간	DFUs	유량 LPM	기울기별 관지름, NPS				참고(유속과 유량 분석) m/s, LPM			
			1/200	1/100	1/50	1/25	1/200	1/100	1/50	1/25
배수횡지관 A	450	501.5		(6)	5			1.05/575	1.31/500	
배수횡지관 B	450	501.5		(6)	5			1.05/575	1.31/500	
배수횡지관 C	404	476.2		(6)	5			1.05/575	1.31/500	
배수횡지관 D	48	190.0			(4)	3			1.13/276	1.33/181
기구배수관 E	10	102.2			3				0.94/128	
B-C	900	741.9	(8)	8			0.90/874	1.27/1238		
C-D	1,304	940.2	(8)	8			0.90/874	1.27/1238		
D-E	1,352	958.4	(8)	8			0.90/874	1.27/1238		
E-배수횡주관	1,362	967.4	(8)	8			0.90/874	1.27/1238		
	부록 2		표 11				표 8(b) eocpfh 매끄로운관 사용 시			

주 (1) 배수횡지관 A, B, C의 경우 **표 11**로부터 기울기를 1/50일 때 NPS 5가 되지만, 기울기를 맞출 수 없는 조건이라면 1/100로 하고 NPS 6으로 하여야 한다. 두 경우 모두 유속과 유량은 적당하다.

(2) 배수횡지관 D의 경우 **표 11**로부터 기울기를 1/25일 때 NPS 3이 되지만, 기울기를 맞출 수 없는 조건 이라면 1/50로 하고 NPS 4로 하여야 한다. 이 경우 1/50의 NPS 4로 하는 것이 유속, 유량 모두에 적합하다.

(3) 기구배수관 E의 경우 WC가 2개이므로 **표 11**로부터 NPS 3을 선택하고, 기울기는 1/25, 1/50 모두 가능하다.

(4) 주관구간 B-C, C-D, D-E, E-F의 경우 **표 11**로부터 기울기를 1/100일 때 NPS 8이 되지만, 기울기를 맞출 수 없는 조건이라면 관지름은 그대로 두고 기울기만 1/200로 할 수 있다. 그러나 1/200로 하면 유량이 약간 부족하다.

(5) **표 8**의 유량은 관지름의 1/2 수위 기준임을 감안하면 선정된 관지름을 그대로 사용할 수 있다.

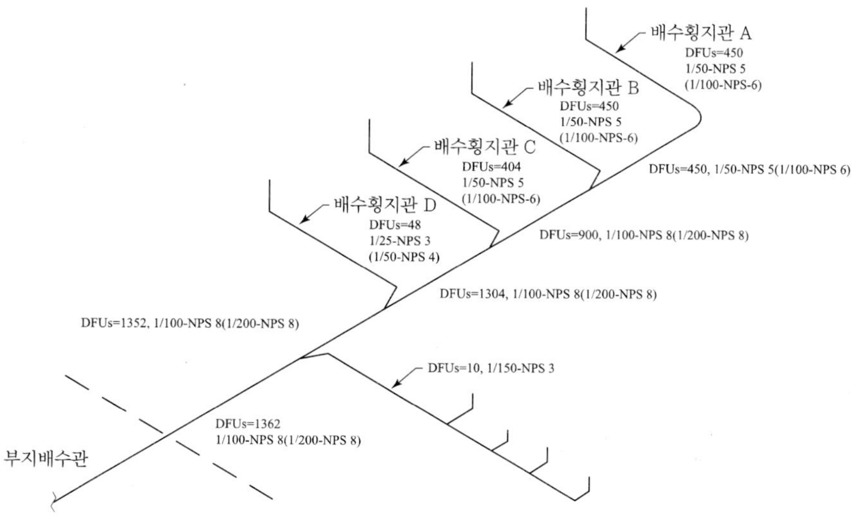

주 ( )는 선정된 기울기를 적용할 수 없을 경우를 대비한 값임.

그림 8 횡주관의 구간별 DFUs와 기울기별 관지름

4 트랩, 청소구와 배수역류 방지밸브

4.1 트랩

(1) 트랩의 용도와 조건

1 트랩의 용도

트랩(trap)은 하수 또는 폐수의 흐름에는 영향을 미치지 않으면서 하수가스 방출을 방지하기 위해 사용되는 피팅 또는 장치를 말한다. 일반적으로 수봉(水封, water seal)에 의하여 기능이 유지되므로 수봉(水封)트랩이라고 한다. **그림 9**는 수봉트랩의 주요부 명칭을 보여주는 것이다.

수봉트랩에서 봉수깊이가 얕으면 봉수가 쉽게 파괴되고, 반대로 깊으면 자정 작용이 약해져 트랩 딥에 고형물이나 유지 등이 부착되어 미생물이 번식할 수 있다. 또한 너무 깊으면 위생기구로부터의 배수가 불가능하게 된다.

일반적인 용도의 트랩은 봉수깊이가 50~100 mm이지만, 특수한 용도의 건물이나 시설에 사용되는 트랩의 경우에는 더 큰 봉수깊이가 요구될 수 있다.

중력식 배수방식이 주로 사용되는 배수 시스템에서는 하수가스 침입 방지를 위한 가장 안전하고 경제적이며 신뢰성이 있는 방법이 수봉트랩을 사용하는 것이다. 또한 배수 시스템의 제반 데이터는 수봉트랩을 사용하는 경우를 기준으로 하여 정해진 것이다.

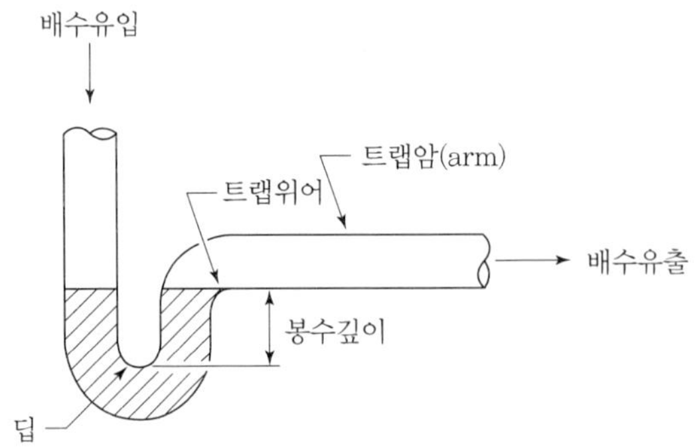

그림 9 트랩의 주요부 명칭

2 수봉트랩의 조건

트랩은 봉수유지, 자정작용, 청소의 용이성 등의 기능을 필요로 하므로 다음과 같은 조건을 갖추어야 한다.

①배수관 내의 취기, 해충 등의 침입을 유효하게 방지할 수 있는 구조일 것.

②오수에 포함된 오물 등이 부착되거나 침전하기 어려운 구조일 것. ③봉수층의 깊이는 50 mm 이상 100 mm 이하일 것. ④청소가 용이한 구조일 것. ⑤기구에 내장된 붙박이 트랩의 경우는 내벽 및 배수로의 단면형상에 급격한 변화를 주지 않을 것. ⑥봉수부에는 금속제 이음쇠를 사용할 것. ⑦보수점검이 용이한 곳에 설치하거나 그 공간을 확보할 것. ⑧봉수부의 청소구는 나사식 플럭 및 적절한 개스킷을 사용한 구조일 것. ⑨자정작용(自淨作用)이 가능해야 하며, 기구에 내장된 트랩이나, 플라스틱, 유리 등의 내식성 재질을 사용한 경우 이외에는 트랩 내부에 격벽이 없어야 한다.

시스템 압력이 400 Pa(40 mmAq)를 초과하면 트랩 봉수는 음압 또는 양압의 영향을 받아 감소하거나 비워지게 된다.

(2) 트랩의 종류

1 기구트랩과 빌딩트랩

트랩은 **표 12**와 같이 기구 내부나 기구 가까이에 설치하는 기구트랩(기구의 구성 부품으로 포함된 붙박이 트랩 포함)과 빌딩트랩으로 대별된다.

개별 기구트랩은 위생기구를 구성하는 부품으로 기구의 몸통에 내장되는 것, 즉 기구와 트랩이 일체로 되어 있는 것과 기구와는 별도로 외부에 설치되는 것으로 구분된다. 실무적으로 사용되는 대부분의 트랩이 이에 해당한다.

변기는 **그림 10**과 같이 내장된 트랩을 갖는 대표적인 기구이다.

빌딩(building)트랩은 과거 배수나 우수 횡주관과 부지배수관 연결지점에 설치하던

표 12 트랩의 종류

구분	작동원리	설치위치	종류
개별 기구트랩	사이펀식 비사입펀식	기구나 기구 부근 바닥 배수주관	P, S, U 트랩, 바닥트랩, 드럼트랩, 벨트랩
빌딩트랩			

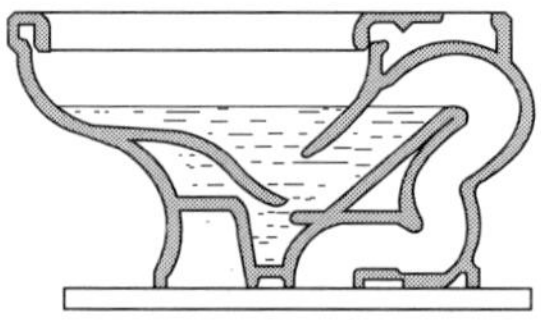

그림 10 변기의 내장 트랩

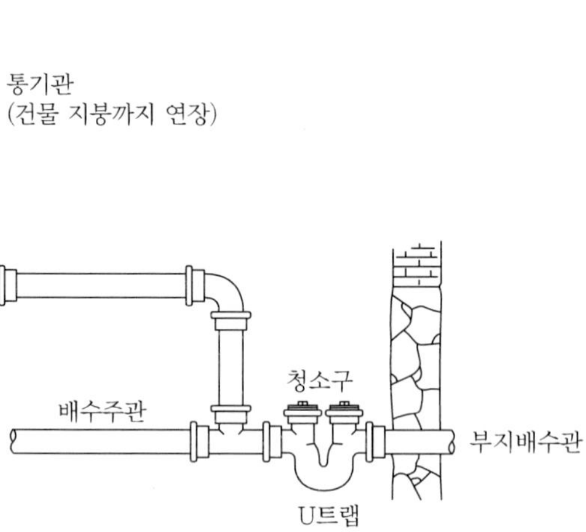

그림 11 빌딩트랩 설치 상세

것이나, 현대의 배수시스템에서는 특별한 경우가 아니고서는 설치하지 않는다[21]. 꼭 설치해야 할 경우는 **그림** 11과 같이 각각의 빌딩트랩(그림에서는 U 트랩)에 청소구와 트랩의 입구측에 통기관 또는 신선공기 유입용 통기관를 두어야 한다. 통기관이나 공기유입관의 크기는 트랩에 연결되는 배수관 지름의 1/2 이상이어야 하고, 건물 외부로 연장되어야 하며, 관의 끝에는 방충망을 씌워야 한다. 그리고 수시로 트랩을 청소하여 이물질에 의한 막힘이 없도록 하여야 한다.

21. 통기이론 확립 전에는 빌딩트랩을 설치했었지만 그 후에는 설치하지 않는다. 빌딩트랩이 오히려 고형물에 의해서 막히거나 건물의 통기 시스템에 지장을 주기 때문이다. 현재는 하수가스가 심한 부식성이거나 건물의 배수나 폐수 및 통기관을 손상시킬 수 있는 경우에 한해서만 설치된다.

2 사이펀식 트랩

사이펀식은 트랩이 만수 상태에서의 사이펀작용으로 배수와 함께 포함된 고형물을 배출하게 되므로 붙여진 이름이다. 특히 형태가 영문자의 모양을 하고 있어서 P트랩, S트랩, U트랩 등으로 불린다. 또한 이들은 주로 관(管)을 굽혀서 제작되므로 관트랩이라고도 부른다.

위생기구에는 동관으로 제작된 P트랩이나 S트랩이 주로 사용되고, U트랩은 주철제로 배수나 우수 주관이 부지배수관에 연결되는 지점에 설치되는 대표적인 빌딩트랩이다.

3 비사이펀식 트랩

드럼(drum)트랩은 봉수부에 다량의 물을 채울 수 있고, 단면적비(평균 유출측 단면적/평균 유입측 단면적)이 커서 봉수가 파괴되기 어렵다. 또 필요시 스트레이너를 추가하여 소형의 포집기를 겸할 수 있다. 배수 중의 오물이 트랩 내에 퇴적하기 때문에 청소가 가능한 구조로 되어 있다. 몸통 안지름은 배수관 지름의 2.5배를 표준으로 하고, 스트레이너를 설치하는 경우 유효면적은 유입관의 단면적 이상, 봉수깊이는 50 mm 이상이어야 한다. 탕비실 싱크, 실험용 싱크 등에 사용된다.

벨(bell)트랩은 싱크 배수나 바닥배수 등에 사용되지만 벨에 의하여 트랩의 역할이 수행되므로, 청소 등에 의해 벨이 제 위치를 이탈하는 경우에는 하수가스 차단이 불가해질 수 있다는 점에 유의하여야 한다.

바닥트랩(floor trap)은 물이 흐를 수 있는 바닥 즉, 화장실이나 상업용 주방의 바닥배수에 사용되는 것이다. 바닥 트랩으로 흐르는 배수에는 물 이외의 물질들이 포함될 수 있으므로 트랩의 재질은 내열, 내수, 내노화성 이어야 하고 분리 할 수 있는 스트레이너를 설치하여야 한다. 스트레이너의 개구 유효면적은 유출측 배수관의 단면적 이상이어야 한다. 특히, 증발의 위험성이 있는 경우는 트랩 프라이머 설치를 원칙으로 한다.

바닥트랩에 대하여 형태는 유사하지만 트랩의 기능을 갖지 않은 것이 바닥 배수구(floor drain)이다. 바닥 마감면에 맞춰 높이를 조절할 수 있는 기능을 갖는 것이 특징이며, 배수구 하부에 별도의 관 트랩이 설치된다(**그림 15** 참조).

이 외에도 여러가지 트랩이 있을 수 있으므로, 언급되지 않은 트랩을 사용하고자 할 경우에는 제조자의 자료를 참고하여야 한다.

(3) 트랩의 크기와 설치기준

1 기구트랩의 최소 크기

기구트랩 크기(명목상의 지름)는 기구의 배수가 신속하게 이루어질 수 있도록 충분해야 하며, **표 13**에 제시된 것 보다 작지 않고, 배수관 보다 크지 않아야 한다. 기구의 구성부품으로 부착되어 나오는 붙박이 트랩은 해당 표준에 합당해야 한다.

표 13 붙박이 이외 트랩의 최소 크기

위생기구 별	트랩 크기, DN
욕조(샤워 유무와 무관)	40
비데	32
의류 세탁기 대관	50
음식물 찌꺼기 분쇄기가 달린 복합싱크, 세탁싱크	40
복합 주방싱크, 가정용 식기 세척기 및 음식물 찌꺼기 분쇄기	32
치과 유니트, 타구대(cuspidor)	32
치과 세면기	32
음수기	32
식기 세척기(상업용)	50
가정용 식기 세척기(붙박이 트랩 없음)	40
바닥 드배수구(drain)	50
음식물 찌꺼기 분쇄기(상업용)	50
음식물 찌꺼기 분쇄기(가정용)	40
싱크(가정용), 음식물 찌꺼기 분쇄기 있음	40
싱크(가정용)	40
세면기(개인용 및 공용)	32
세면기(이발소, 미용실 또는 외과 의사용)	40
세면기(복합형, 세탁대 또는 세면대)	40
세탁대(1 또는 2구획)	40
샤워(실)(단일 헤드)	40
샤워(실)(다수 헤드)	50
싱크(외과 의사)	40
싱크(프러쉬림형, 플러쉬밸브형)	80
서비스싱크(바닥 트랩을 통한 배출)	80
서비스싱크(P 트랩을 통한 배출)	50
상업용싱크(원통형, 스컬러리(scullery) 또는 이와 유사한 형태)	50
상업용싱크(식품 분쇄기 포함)	50

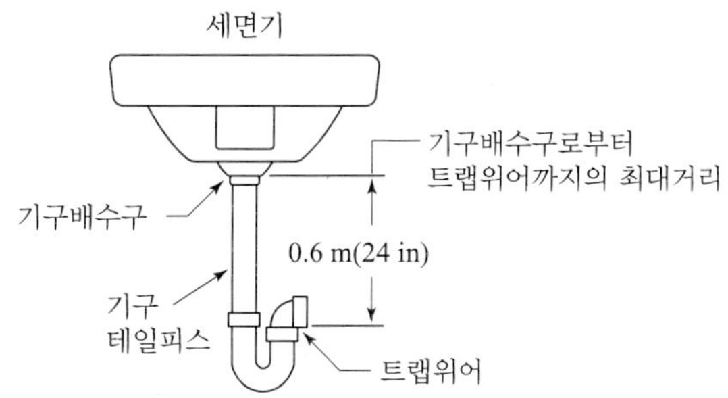

그림 12 기구 배수구로부터 트랩위어까지의 수직거리

2 설치기준

위생기구에는 개별적으로 기구 배출구 가까이에 트랩을 설치하여야 한다. 기구 배출구에서 트랩 위어까지의 수직거리는 **그림 12**에서와 같이 0.6 m(24 in)를 초과하지 않아야 하고, 위생기구에는 이중으로 트랩 작용이 있도록 해서는 안 된다[22]. 다만 두 개의 트랩 사이에 도피통기관이 설치되는 경우에는 예외로 한다. 또한 트랩은 봉수층이 수평이 유지되도록 설치되어야 하며, 필요한 경우에는 동결방지가 되어야 한다.

배수관과 연결되는 트랩의 입·출구측 및 봉수부는 솔더링과 같은 견고한 이음이 되도록 하거나 분해와 결합이 용이한 스립조인트 또는 커플링조인트 중의 한가지 또는 복수의 방법을 겸용한다.

(4) 트랩의 봉수 손실의 원인과 방지

1 봉수유지 원칙

트랩을 자주 사용하지 않아 증발 등의 이유로 봉수가 손실될 수 있는 트랩은 접근하여 트랩 봉수를 보충할 수 있거나 또는 트랩 프라이머[23]에 연결할 수 있어야 한다.

특정한 계절이나 기간에만 사용되는 건물의 트랩, 물을 자주 사용하지 않는 시설이나 건물의 바닥배수구 또는 간접배수구에 연결된 배수트랩은 봉수의 보충이 일정하지 않

22. 하나의 배수관에 직렬로 2개 이상의 트랩을 설치하는 것을 2중 트랩 이라고 한다. 2중 트랩 상태가 되면 2개의 트랩 사이의 배수관이 폐쇄 상태가 되어 기구에서의 배수와 함께 유입하는 공기가 그 곳에 체류하게 되어 트랩의 배수나 오수의 흐름에 영향을 미친다.

23. 참고문헌 7, 8

다. 따라서 트랩의 역할을 할 수 없게 된다.

특히, 유독가스나 화학물질을 취급하는 실험실 등에서는 트랩의 봉수가 손실될 경우 트랩을 통하여 유독가스 등이 다른 곳으로 전파될 수 있다. 그러므로 트랩은 어떤 경우라도 봉수강도를 유지할 수 있어야 한다.

2 봉수강도

트랩의 봉수는 여러 가지 현상으로 파괴될 수 있다. 주요 원인은 트랩에 작용하는 압력의 불균형 때문이다. 이를 바로잡기 위하여 통기관을 설치하는 것이다. 통기관은 배수관 내에서의 압력 변동을 완화시켜 주므로 트랩에 작용하는 압력의 균형을 이루게 한다.

봉수강도(seal strength)란 배수관 내에 양압 또는 음압이 발생할 때 트랩의 봉수를 보호하고 유지하는 능력이다. 트랩은 여러 가지 형태와 구조를 가지고 있어서 관내 압력 변동이 동일한 조건에서도 봉수깊이, 단면적비, 봉수량 등의 차이에 따라 봉수 손실량이 다르다.

트랩의 봉수가 손실되거나 파괴되는 현상으로는 ①자기사이펀(self-siphon) 작용, ② 유도사이펀(induced siphon) 작용, ③취출(吹出, blowout) 현상, ④증발(evaporation) 및 ⑤모세관 현상(capillary action) 등이다.

이와 같은 주된 원인 외에도, 강풍이 불 때의 봉수의 진동이나, 기기에서의 진동이 전달되어 배수관이 진동 함으로서 트랩의 봉수가 손실된다.

3 자기사이펀 작용

기구배수관이 만수 상태로 배수되는 경우 사이펀 작용에 의해 트랩의 봉수까지 빨려나가는 현상이다. 예를 들면 세면기나 싱크와 같은 물받이 용기에 물을 가득 채운 상태로 사용하다가 배수시킬 경우에 발생하기 쉽다.

이러한 현상을 방지하기 위해서는 기구별로 각개통기관을 설치하는 것이다. 그렇게 하지 못할 경우에는 사이펀 현상이 발생하기 어려운 트랩 즉 유출측 단면적이 유입측 단면적보다 큰 트랩을 사용하는 것이다. 또한 위생기구 바닥의 기울기가 완만하면 마지막의 소량 배수는 봉수를 보충해주므로 자기사이펀 작용 후의 봉수유지에 효과적이다.

4 유도사이펀 작용과 취출현상

유도사이펀 작용과 취출현상은 다른 기구에서의 배수 시 관 내의 압력이 변동되고, 이로 인하여 사용되지 않은 기구의 봉수가 손실되거나 파괴되는 현상이다. 특히 음압이 되는 경우는 흡인(吸引, aspiration)되고, 배수구 내의 기압이 주변 환경보다 갑자기 높아져 양압이 되면 배수가 기구로 밀려 나오는 현상 즉 분출(噴出 eruption)되어 심각한 위생 및 건강상의 결과를 초래할 수 있다.

이러한 현상을 방지하기 위해서는 기구별 각개통기 또는 회로통기 방식을 적용하는 것이다. 특히 고층 건물일수록 이러한 문제에 취약하므로, 적정 크기의 통기관을 배수관과 병행으로 설치하여야 한다.

5 증발

증발은 액체가 끓지 않고 기체로 변하는 현상으로 기화의 특정 유형이며, 통상적으로 액체의 표면에서 발생한다. 바닥에 엎질러진 물이 말라버리는 것이 증발의 대표적인 예이다.

봉수의 증발은 사용빈도가 작은 트랩에서 발생하는 현상이다. 일반적인 경우라면 증발에 의한 손실량이 20~25 mm/월 정도 이므로, 봉수가 손실되는 기간을 쉽게 추정할 수 있다.

봉수가 증발하여 하수가스의 악취가 퍼지는 예도 많다. 특히 봉수깊이가 짧은 화장실 바닥트랩 경우는 하수가스의 악취가 유입되지 않도록 유의하여야 한다.

특정 계절에만 사용되는 건물이나 시설에 설치되는 트랩이나. 보통 건물에서도 사용빈도가 낮은 공간에 설치되는 트랩의 경우에는 **그림 14**와 같이 트랩 프라이머를 설치하거나 봉수깊이가 큰 트랩을 설치하는 등의 고려가 필요하다.

6 모세관 현상

모세관 현상은 트랩 위어에 실이나 미세한 천 조각 또는 모발이 걸려있을 경우, 이들이 모세관을 형성함으로써 봉수가 감소되는 것이다. 이를 피하기 위해서는 청소를 자주 해주어 기구의 배수구로부터 이러한 물질들을 걸러내는 것이다. 트랩의 내면을 매끄럽게 하여 이물질이 걸리지 않고 쓸려 나도록 할 수도 있다. 그러나 이 경우 즉 트랩에 걸리지 않으면 배수관의 어떤 취약 구간에 모이게 되고 이로 인하여 배관을 막히게 할 수도 있다.

그러므로 모발이나 실 등이 다량으로 배출되는 장소나 기구의 경우에는 트랩에 추가하여 포집기를 설치해야 한다.

7 진동과 풍압 등의 영향

배수의 낙하에 의하거나, 기기에서의 진동이 전파되어 배수관이 진동하면 트랩의 봉수가 손실된다. 특히 봉수와 배수관의 고유진동 주기가 가까워지면 공진현상을 일으켜 봉수의 손실이 크게 된다.

강풍이 불어도 봉수가 진동하므로 봉수의 손실이 발생하게 된다.

(5) 트랩 프라이머에 의한 봉수강도 유지

1 트랩 프라이머

트랩 프라이머(primer)는 트랩의 봉수를 유지시키는 기구로 트랩 보급수 밸브라고도 부른다. 바닥배수구에 물을 자동적으로 보급하여 하부의 트랩이 항상 필요한 봉수강도를 유지하도록 하여 배수관으로부터의 하수가스나 질병을 옮길 수 있는 곤충들의 침입을 방지한다.

특히 독가스 등의 유독물질을 다루는 실험실이나 연구시설에서는 트랩의 봉수가 파괴될 경우 독성의 가스가 인접 실로 유출되어 인명피해 등의 사고가 발생할 수 있으므로 필수적으로 사용되어야 하는 기구이다.

건조한 지역이나 습도가 낮은 계절에 특히 효과적이다.

2 구조와 작동원리

구조의 예는 **그림 13**에서와 같이 다이아프램 밸브의 형태를 취하고 있으며 하부에 진공브레이커가 부착된 자동밸브이다. 수압, 다이아프램과 스프링이 연동하여 밸브스템을 이동시켜 그 하부의 디스크가 개폐된다. 입출구 접속구경은 NPS 1/2 기준이며 상용압력 범위는 2 000~1 724 kPa(30~250 psi), 작동압력 69 kPa(10 psi)이다.

봉수를 보호해야 하는 트랩이 설치된 공간에서 위생기구(보통 세면기)가 사용되면 급수관 내의 수압이 변동되므로, 이러한 수압의 변동을 감지하여 작동되며, 진공브레이

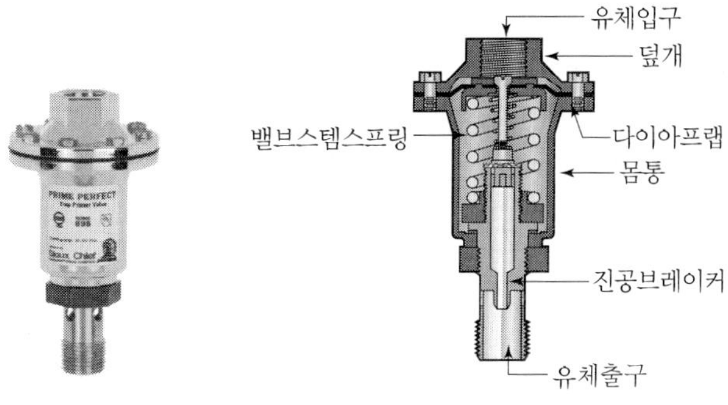

(a) 조립된 상태 **(b)** 구조 및 주요부 명칭

그림 13 트랩 프라이머의 예

커에 의하여 역사이펀 현상이 차단된다.

트랩 프라이머의 성능은 70 kPa의 압력강하 당 7 g(0.25 oz)의 물이 보충된다. 물 공급량은 공장에서 설정되어 출고되므로 현장에서의 재조정은 불필요하다.

3 설치방법

물을 보충받을 트랩과 가까이에 있는 급수배관(DN 15~40)에 **그림 14**와 같이 수직 방향으로 설치하고 이로부터 바닥배수구까지 배관으로 연결한다. 배관재는 시공이 편리하도록 연질동관을 사용하는 것이 좋다.

트랩 프라이머 중심으로부터 바닥배수구 접속구까지의 거리는 최소 300 mm(12 in), 바닥트랩 걸음판(screen)까지는 최소 125 mm(5 in)가 유지되도록 한다.

급수관의 상부로부터 지관을 분기하여 루프 배관으로 트랩 프라이머에 연결하여 이물질의 유입을 방지한다. 이와 같은 조건이 만족되면, 1개의 트랩 프라이머는 8개까지의 바닥배수구 봉수를 보호할 수 있다.

바닥배수구나 간접배수구와 배수트랩의 조합은 **그림 15**과 같다. 바닥배수구는 ①배리어형(barrier type)형[24]이어야 하고, ②몸통에는 관을 연결할 수 있는 접속구(DN 15 플럭)가 있어야 한다. 그러므로 몸통의 재질은 주철이나 플라스틱, 걸음판은 청동이 주로 사용된다. 트랩 프라이머로부터의 급수관(통상 DN 15 동관)을 연결할 때는 플럭을 제

24. 참고문헌 9, 바닥 깊이에 따른 높이 조정이 가능하다.

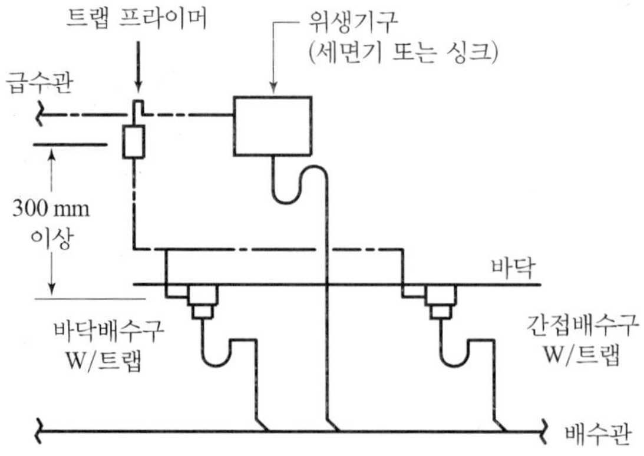

그림 14 배수 빈도가 낮아 봉수 보급이 부족한 바닥 배수구용 트랩 프라이머

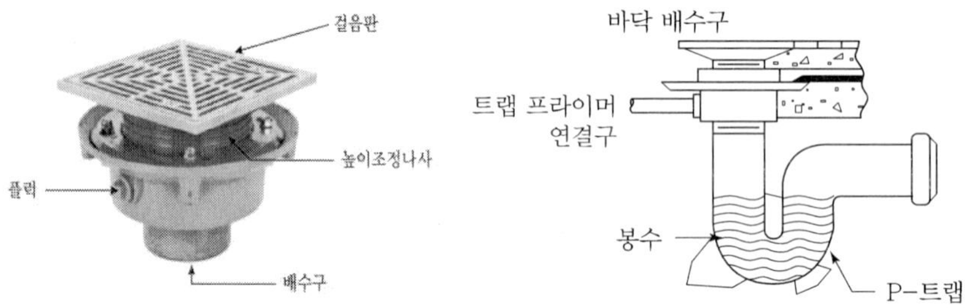

(a) 바닥배수구 **(b)** 배수구와 트랩의 조합

그림 15 바닥배수구와 트랩 설치 상세

거하고 그 자리에 어댑터를 끼운 후 동관을 솔더링이나 브레이징 한다.

4.2 배수관용 청소구

(1) 청소구

1 청소구를 두는 이유

2상 또는 3상의 유동이 이루어지는 배수배관은 단상류 배관에 비하여 막힘(backup 또는 clogs)이 쉽다. 그래서 배수배관 계통에는 이를 방지할 수 있는 여러 가지 방식과 안전장치(fail-safes)가 사용된다.

배수(sump)펌프, 통기관, 트랩과 같은 기구나 설비는 모두 배수관의 막힘을 억제

(discourage)하기 위하여 사용되는 것들이다.

그럼에도 불구하고 청소구(cleaanout, CO)를 설치하는 것은 건강한 배수 시스템 유지를 위하여 필수적인 조건이다. 만약 기구배수관과 입상관이 연결되는 측면티(Y 또는 YT) 부분이 막혀서 배수가 차단되면 매우 심각한 상황이 된다. 즉시 처리되지 않으면 위해성오염 문제로도 확대되어 사람의 건강이 위험하게 된다.

이런 경우 막힌 부분을 뚫기 위한 전용기구[25]를 배관 내부로 집어넣을 수 있어야 한다. 그것이 청소구 이다.

2 청소구의 구성

청소구는 본체와 나사이음 되는 캡(또는 플럭)으로 구성된 관이음쇠이다. 주로 측면티 측, Y관이나 YT관 또는 장반지름 엘보의 한쪽을 연장하고 여기에 캡이 씌워진다. 배관이 막일 경우 쉽게 캡을 분리할 수 있도록 설계되었다. 본체는 일반적으로 배수관과 동일지름이다. 캡은 최종 바닥면 보다 50 mm(2 in) 더 높아야 한다.

캡을 쉽게 분리하고, 공구를 집어넣기에 편리해야 하기 때문이다. 사용하는 배관재와 동일한 재질이어야 하며, 주철제나 PVC제가 주로 사용된다. 특히 주절제의 경우는 실제 사용시 편의를 위하여 청동제의 플럭을 사용하는 것이 일반적이다.

(2) 설치기준

1 일반적인 기준

청소구는 건물의 배수관에 접근하여 막힘과 잔해물을 제거할 수 있는 편리한 장소에 설치되어야 한다. 청소구는 건물 내부 또는 외부에 위치할 수 있으며, 건물 외부에 설치되는 청소구는 벽으로부터 1 m 이내의 기초(바닥)면에 위치 하도록 한다. 청소구 설치에 대한 일반적인 기준은 다음과 같다.

①접근이 쉽고 작업할 공간이 있는 위치에 설치한다. ②**그림 16**과 같이 배관의 방향이 전환될 때마다 설치하며, 캡의 분리, 전용공구 삽입과 막힘부를 뚫는 작업이 쉽게 이루어질 수 있도록 배수관의 흐름 방향 또는 직각으로 열리도록 설치한다. ③**그림 17**과

---

25. 오거((plumbing auger)와 같은 전용 공구.

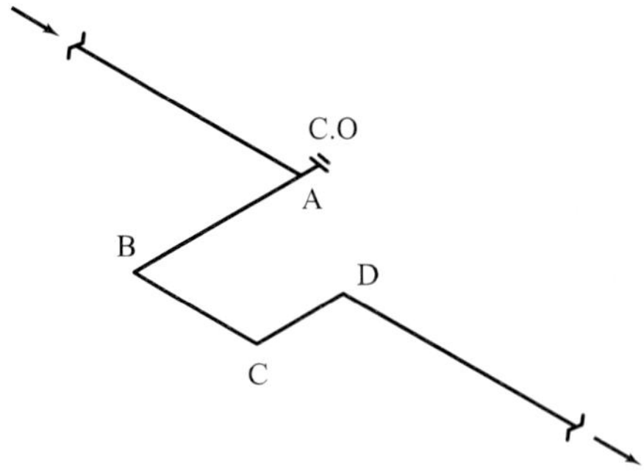

주 A~D의 거리가 12 m(40 ft) 미만일 때는 B, C, D 지점에 청소구를 설치하지 않아도 된다.

그림 16 배수관 방향이 전환되는 경우의 청소구 설치지점

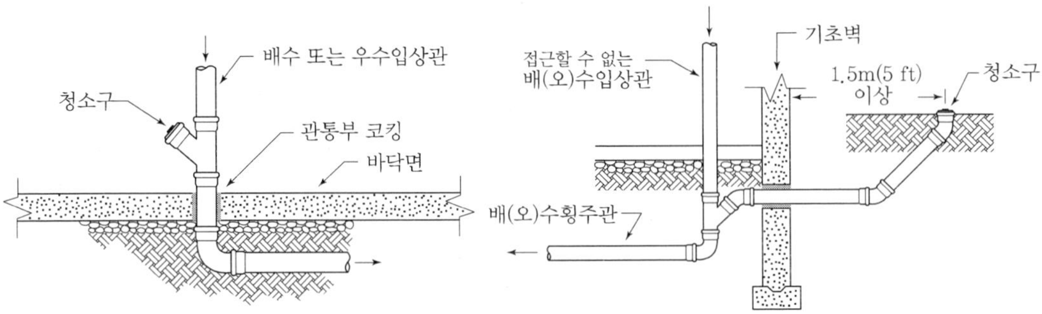

(a) 매설 배수관과 연결된 입상관 저부의 청소구 **(b)** 건물 외부까지 연장하여 설치된 청소구

그림 17 매설되는 배수관(하수관)용 청소구

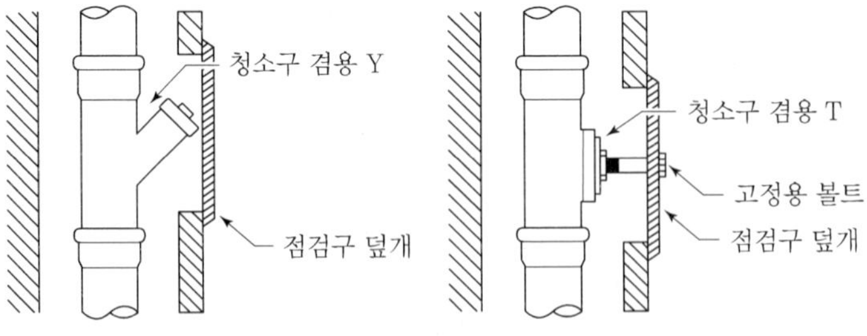

그림 18 은폐 배관의 청소구용 점검구

같이 매설되는 배수(하수)관용 청소구는 사용이 쉽도록 지상으로 연장하여 설치한다. ④청소구는 항상 사용이 가능하여야 한다. 그러므로 청소구 캡은 시멘트, 석고 또는 기

타 영구 마감재로 덮여서는 안 된다. 청소구 캡을 은폐해야 할 필요가 있는 경우에는 조적이나 기타 재료로 은폐시킨 다음 **그림 18**과 같이 접근하여 사용할 수 있는 점검구(access door)를 설치해야 한다. ⑤스트레이너를 제거할 수 없는 바닥배수구에는 바로 하류에 청소구를 설치해야 한다.

2 청소구 설치 간격

청소구를 설치해야 하는 구체적인 위치와 방법은 **표 14**와 같다.

3 청소구와 벽체 등과의 이격거리

그림 19에서 벽체와의 거리는 NPS 2 이하의 배수관은 X = 0.3 m(12 in), NPS 3 이상은 0.45 m(18 in) 이상이 되어야 한다.

표 14 청소구 설치 부위별 설치기준

구분	기준	설치 간격 또는 설치 여부	비고
수평방향 배수관	NPS 4 이하 NPS 5 이하	23 m(75 ft) 이내 30 m(100 ft) 이내	
하수관	수직으로 연장	캡이 지면에 위치하도록 설치	벽으로부터 1 m 이내의 바닥면
배관 방향이 전환되는 경우	· 60°, 70° 및 90° · 22.5° 또는 45°로(관 이음쇠에 의해) 1회 이상 방향 전환	· 바뀔 때마다 설치 불필요	방향이 여러번 전환되는 경우의 설치 간격은 12 m(40 ft) 이내(**그림 16** 참조)
은폐 배관		연장하여 완성된 벽이나 바닥에 설치	관통부는 플래싱 한다(**그림 17** 참조)
배수입상관의 하부	· 각 배수 및 오수입상관의 하부 부근에 설치	· 최하층의 가장 낮은 기구의 물넘침선으로부터 150 mm 높은 위치	
우수 횡주관에 연결된 우수 입상관 또는 홈통	건물 하수관과 연결되기 전	우수 입상관의 하부 또는 내부 홈통에 설치	

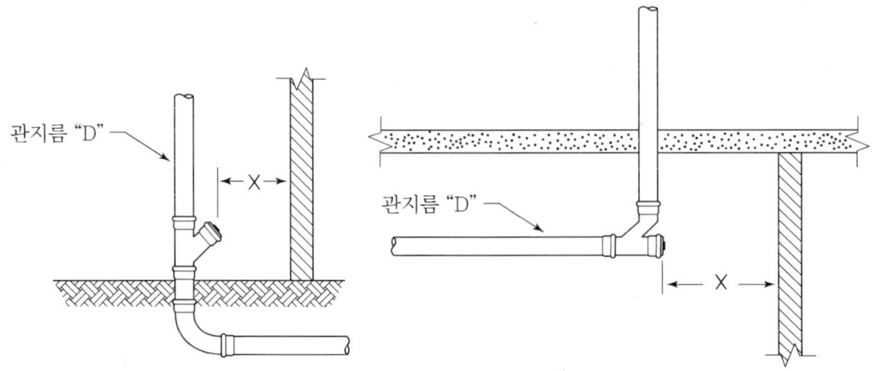

(a) 지상 설치 시 **(b)** 지하 설치 시

그림 19 벽체 등과의 거리

(3) 청소구의 크기

1 배수관에 대한 청소구 크기

청소구 크기는 **표 15**와 같다. 은폐 배관에 설치된 기구 트랩이나 일체형 트랩을 가진 위생기구가 배수배관이나 주변에 영향을 미치지 않고 트랩을 분리할 수 있고, 분리된 상태에서 개구부의 크기가 **표 15**의 요구에 합당하면 이 트랩은 청소구로 인정된다.

2 대형 배수관용 맨홀

NPS 12 이상의 하수관에는 청소구 대신 맨홀을 설치한다. 맨홀은 관의 크기가 변경되거나, 정렬이 바뀌거나, 방향의 전환, 배관재의 등급 또는 설치 깊이가 변경되는 곳마다 설치하며, 맨홀 간의 거리는 90 m(300 ft)를 초과하지 않아야 한다.

NPS 8 이상의 배수횡주관이나 지관 및 하수관이 지하에 매설되는 경우에도 청소구

표 15 청소구 크기

배관 크기, NPS(DN)	청소구 크기, in (mm)
1-1/4 (32)	1-1/4 (32)
1-1/2 (40)	1-1/2 (40)
2 (50)	2 (50)
3 (80)	3 (80)
4, 6 (100, 150)	4 (100)
8, 10 (200, 250)	6 (150)
12, 15 (300, 350)	8 (200)

대신 맨홀을 설치할 수 있다. 이 경우 맨홀의 위치가 실내인 경우에는 맨홀 뚜껑을 볼트 조임하여 하수가스의 유출을 방지하여야 한다.

4.3 배수역류 방지밸브

(1) 하수의 역류

1 배수관으로의 하수 역류

급수·급탕배관에서 역사이펀이나 역압에 의하여 역류가 발생하는 것과 마찬가지로 오·배수 배관을 통해서도 역류가 발생한다.

가장 흔한 예가 범람(氾濫)이나 장마철 폭우와 같은 비정상적인 조건이다. 도시의 하수도가 많은 강우량을 처리할 수 없는 경우 하수가 건물로 역류하는 현상이다. 발생원인은 역압의 작용이다.

2 배수역류 방지밸브의 구조

음용수 오염방지를 위하여 역류방지밸브(BFP. **제6장** 참조)를 사용하는 것과 같이, 일단 건물 외부로 배수된 오염된 물이 하수와 혼합되어 다시 건물내로 역류하는 것을 방지하기 위한 것이 배수역류 방지밸브(backwater valve)이다. 응용수 오염방지용 역류방지밸브와는 근본적으로 다르다.

작동원리로는 스윙첵밸브에 해당한다. 밸브에는 물이 빠져나 갈 수 있지만 다시 흘러들어오는 것을 막아주는 역할의 메카니칼씰[26]이 포함되어 있다. 구조의 예는 **제1장 그림 8**과 같다.

---

26. 이는 코드에서의 명칭이며, 제조자에 따라서는 플랩(flap 또는 flapper)라고도 한다.
밸브공학에서 Flap 또는 Flapper는 시트를 막아 유동을 차단하는 기구이다. 글로브 밸브에서는 플럭, 게이트와 첵밸브에서는 디스크, 볼과 버터플라이 밸브에서는 디스크나 베인(vane)이라 부른다.
참고문헌 10. p422, p459.

(2) 배수역류 방지밸브에 대한 요구조건

1 계단식 설계

배수역류 방지밸브는 밸브 몸체를 통해 배수가 적절하게 낙하(落下, fall)하여 흐름이 촉진되도록 계단형의 설계로 되어있다. 일반적인 배수의 흐름은 만수 상태가 아니며, 배수관의 저부에 얇은 층으로 흐르기 때문이다.

2 메카니칼씰

메카니칼씰은 스윙첵밸브에서와 같이 위쪽에 힌지가 달리고 여기에 디스크가 매달린 것이다. 탈착식이며 포트를 정확하게 폐쇄시킬 수 있도록 키-슬롯[27] 형상을 취한다.

디스크는 일체형으로 영구적인 씰링 표면을 가지며 자유롭게 한 방향으로의 흐름이 허용되어야 한다. 즉 배수는 이물질을 포함하고 있으므로 포트와 디스크 사이에 배수에 포함된 이물질이 끼거나 걸려서 밸브가 차단(full-close)되지 못하여 역류가 허용되어서는 안 된다,

3 몸통과 덮개의 밀봉

비금속 재질을 사용할 경우, 몸통과 덮개의 밀봉은 충격과 용제(solvent)에 강한 재질의 O-링을 사용하여 완전하게 밀봉되어야 한다.

4 매설심도에 대한 고려

배수역류 방지밸브는 얕은 깊이만이 아니라 지하의 깊은 위치에 설치될 수도 있으므로 이에 적합하도록 표준[28]에 합당하게 설계되어야 한다.

---

27. key-to-slot. 자물쇠의 구멍과 열쇠가 정확히 맞아야 잠김이 풀리는 것처럼 암수가 꼭 맞음.
28. 참고문헌 11.

(3) 설치

1 설치기준

하수가 역류하거나 오버플로될 수 있는 기구나 배수구가 연결된 배수관에는 배수역류 방지밸브를 설치해야 한다.

이와 같은 대상에는 오버플로 될 수 있는 하수구 맨홀의 물넘침선 보다 낮은 위치에 설치된 기구나 배수구(물넘친선 기준)가 포함된다.

배수역류 방지밸브는 주기적인 청소와 수리 또는 교체가 가능하도록 설치해야 한다.

역류가 발생할 수 없는 배수관은 배수역류 방지밸브를 통해서 배수되지 않고, 공공하수도로 직접 배수시킨다.

2 설치지점

음용수 오염방지를 위해 크로스커넥션부에 역류방지밸브를 설치하는 원리와 같다. 배수횡주관(building drain)과 하수관(building sewers)에 설치한다.

배수역류 방지밸브는 설치지점이 지상이나 지하에 구분 없이 수평방향으로 설치해야 한다.

배수 시스템에서 공공 하수의 역류가 가능한 배수관 즉, 각 기구나 배수구가 연결된 배수관 및 배수지관에는 그 배수관 및 배수지관 마다 설치해야 한다.

3 설치위치 표식

배수역류 방지밸브는 사후관리가 필수적이므로, 건물의 배수 시스템에 설치되는 경우에는, 건물에 인입되는 상수도관의 차단밸브 설치 위치를 알리는 것과 마찬가지로, 관리자가 쉽게 찾을 수 있도록 잘 보이는 위치에 배수역류 방지밸브 설치지점에 대한 안내나 표식을 부착하여야 한다.

(4) 제품 공급 범위

배수역류 방지밸브는 국제적으로 주철제와 비금속제로는 PVC와 ABS 제품이 널리 사용된다. 건물의 배수관에 설치되는 용도로는 NPS 2~8까지로 표준화 되어 있으며, 토목 배수관용으로는 NPS 4~26 범위이다.

역류방지 능력(압력)은 70 kPa(10 psi) 정도이다.

배수 시스템에 배수역류 방지밸브를 설치해야 해야 함은 코드[29]에 명시되어 있음에도 불구하고, 국내에서는 아직까지 사용된 예가 극히 미미하다. 그러나 배수계통에서의 역류방지는 국민의 안전과 보건을 위해 필수적으로 이루어져야 할 일임을 간과 해서는 안된다.

29. 참고문헌 6. 참고문헌 12

연습문제

01 배수관에 허용되는 압력은 얼마인가?

답 대기압 ±25 mmAq

02 중립기압이란 무엇이며, 배수관 내 압력이 중립기압이 유지되어야 하는 이유를 설명하라.

03 학생 수가 1 200인 학교건물에서 1일간의 배수량을 구하라. 다만, 화장실은 변기와 세면기만이 갖추어져 있고, 간이식당이 있다.

답 95 L/인·일 ×1 200인 = 115 200 L/일

04 세척밸브식 변기(13 L/회)가 10개씩 설치된 (1)공항건물과 (2)오피스 빌딩에 대한 DFUs를 구하라.

답 **표 4(b)로 부터**

구분	공항	오피스 빌딩	비고
기구수	10	10	변기(세척탱크, 13 L/회)
DFU	8	6	
DFUs	80	60	
적용	다중 이용시설	주거용 이외의 건물	

05 DN 100과 DN 200인 배수 입상관에서, 단면적의 25%(1/4)와 30%(7/24)를 차지하여 배수된다고 할 때 각 배수 입상관에서의 배수량을 구하라.

답 **표 6으로부터**

DN	물이 차지하는 단면적 비율		비고
	25%	30%	
100	7.07 L/s	9.14 L/s	
200	44.8 L/s	57.6 L/s	

02 상업용 건물의 배수 횡주관으로 NPS 8의 주철관을 사용할 때와 PVC관을 사용할 경우의 유량과 유속을 비교하라. 다만 기울기는 1/100로 한다.

답 **표 8로부터**

NPS	CIP		PVC		비고
	유량	유속	유량	유속	
8	908 LPM	0.93 m/s	1 238 LPM	1.27 m/s	
적용	대체로 거친관		대체로 매끄로운관		

07 건물별 설치기구 수가 다음과 같다. 각각에 대한 전체 배수량과 기울기를 1/100로 할 경우의 배수 횡주관의 크기를 구하라.

(1) 10층의 업무용 빌딩

구분	변기(TK)	소변기(중형)	세면기	음수기	서비스싱크	비고
기구수	90	30	110	40	10	

답 **표 4로부터**

구분	변기(TK)	소변기(중형)	세면기	음수기	서비스싱크	계
DFU	6.0	5.0	1.0	0.5	3.0	
DFUs	540.0	150.0	110.0	20.0	30.0	850.0
배수관						DN 200

(2) 고정 좌석이 1 000석인 극장

구분	변기(FV)	소변기(중형)	세면기	음수기	서비스싱크	계
기구수	9	2	9	10	1	

답 **표 4로부터**

구분	변기(FV)	소변기(중형)	세면기	음수기	서비스싱크	계
DFU	6.0	5.0	1.0	0.5	3.0	
DFUs	54.0	10.0	9.0	5.0	3.0	81.0
배수관						DN 100

08 1일 10 000명이 이용하는 여객 터미널의 설치기구 수가 다음과 같다. 남녀 화장실의 배수주관의 크기를 구하라. 다만, 변기는 탱크식이며 소변기는 중형으로 한다. 배관의 기울기는 1/100 이다.

구분		변기(TK)	소변기(중형)	세면기	음수기	서비스싱크	계
남	기구수	12	13	40	5	1	
여	기구수	48	–	43	5	1	

답 **표 4**의 다중이용시설 적용.

구분		변기(TK)	소변기(중형)	세면기	음수기	서비스싱크	계
남	기구수	12	13	40	5	1	
	DFU	8.0	6.0	1.0	0.5	3.0	
	DFUs	96.0	78.0	40.0	2.5	3.0	219.5
	배수관						DN 125
여	기구수	48	–	43	5	1	
	DFU	8.0	–	1.0	0.5	3.0	
	DFUs	384.0		43.0	2.5	3.0	432.5
	배수관						DN 150

09 물사용 그룹이 3인 15층 아파트 1세대에 다음과 같은 기구가 설치된다. 배수입상관은 (1)변기용, (2)욕조/샤워와 세면기용, (3)주방 싱크와 세탁기로 구분한다. 15층 각 구간별 입상관의 크기와 기울기를 1/100과 1/50로 할 경우의 횡주관의 크기를 구하라.

구분	입상관1	입상관2		입상관3		비고
기구	변기(TK)	욕조/샤워	세면기	싱크	세탁기	
수량	1	1	1	1	1	

답

(1) 표 4의 개별기구를 적용한 세대당 DFUs

구분	입상관1	입상관2		입상관3		비고
기구	변기(TK)	욕조/샤워	세면기	싱크	세탁기	
수량	1	1	1	1	1	
DFU	4.0	2.0	1.0	2.0	2.0	
DFUs	4.0	3.0		4.0		

(2) 15층으로부터 배수 횡주관까지의 구간별 입상관에서의 DFUs와 이에 대한 입상관의 크기

구간(층)	입상관1		입상관2		입상관3		비고
	DFUs	DN	DFUs	DN	DFUs	DN	
15-14	4	40	3	40	4	40	
14-13	8	50	6	40	8	50	
13-12	12	50	9	50	12	50	
12-11	16	50	12	50	16	50	
11-10	20	50	15	50	20	50	
10-9	24	50	18	50	24	50	
9-8	28	80	21	50	28	80	
8-7	32	80	24	50	32	80	
7-6	36	80	27	80	36	80	

구간(층)	입상관1		입상관2		입상관3		비고
	DFUs	DN	DFUs	DN	DFUs	DN	
6-5	40	80	30	80	40	80	
5-4	44	80	33	80	44	80	
4-3	48	80	36	80	48	80	
3-2	52	80	39	80	52	80	
2-1	56	80	42	80	56	80	
1-횡주관	60	80	45	80	60	80	
	표 10						

(3) **표** 11로부터 횡주관의 크기

구간(층)		입상관1	입상관2	입상관3	비고
DFUs		60	45	60	
DN	1/100	100	100	100	
	1/50	100	100	100	
	1/25	100	80	100	

10 일반적인 용도로 사용되는 트랩의 봉수깊이는 얼마인가?

답 50~100 mm

참고문헌

1. Recommended minimum requirements for plumbing(BH 13, BH 2의 개정), 1932

2. Robert S. Wyly and Hebert N. Eaton, Capacities of plumbing stacks in buildings. BMS Report 132. 1952.5.28

3. J. Weisman. Two-phase flow patterns. Chapter 15 in Handbook of Fluids in Motion, N. P. Cheremisinoff and R. Gupta. 1983, Ann Arbor Science Publishers

4. BMS 79(1941) Water-Distributing Systems for Buildings

5. ASPE 2010. Plumbing Engineering Handbook. Vol. 2

6. National Standard Plumbing Code-2009

7. ASSE 1018 Trap Seal Primer Valves, Potable Water Supplied

8. ASSE 1044 Trap Seal Primer Devices- Drainage and Electronic Types

9. ASSE 1072 Barrier Type Floor Drain Trap Seal Protection Devices

10. 김영호, 배관공학. 도서출판 북스힐, 2021.1.10.

11. ASME A112.14.1 Backwater valves

12. 건설교통부. 건축기계설비 설계기준-2010

SANITARY ENGINEERING

8장

우수배수 시스템

1. 우수배수 일반
2. 우수배수 방식
3. 건물 우수배수 시스템 설계

1 우수배수 일반

1.1 우수배수

(1) 우수배수의 범위

우수배수는 건물의 지붕과 벽체를 타고 흘러내리는 우수와 건물의 바닥이나 기초 및 지하에 떨어지는 우수를 합친 것이다.

우수배수 시스템(storm drainage system)은 어떠한 방법으로 든지 우수를 하수도 또는 관계기관[1] 조례에 따른 배출지점이나 처리장 또는 재사용 지점으로 수송하는 것이다. 다만, 단독 주택의 우수는 특별한 문제가 발생하지 않는 한 잔디밭이나 거리로 흘려보낼 수 있다.

(2) 위생배수 계통과의 구분

우수배수관이 일반 배수계통 즉 위생배수 계통에 연결되면 기구 트랩의 봉수 유지에 악영향을 미칠 수 있으므로, 우수배수관은 위생배수 계통이 아닌 부지 배수관에 합류시켜야 한다. 위생배수에 대하여 우수배수라는 표현이 사용되는 이유이다.

지역에 따라서는 맑은물 배수시스템[2]에 우수배수의 연결을 허용하거나 또는 의무화하고 있다. 이러한 경우, 우수배수는 지하수 또는 지표수 기준을 초과하는 오염물질이 포함되지 않아야 한다.

건물부지에는 포장된 구역, 주차장, 식생구역(vegetated areas) 및 빗물이 구조물을 손상하거나 대중에게 건강 또는 안전에 위험을 줄 수 있는 기타 모든 지역의 우수배수를 수송할 수 있는 배수관이 부설될 수도 있다.

그러나 이 장에서는 건물의 우수배수를 모아 토목 시공분의 부지 배수관으로 배출하

---

1. authority having jurisdiction(AHJ).
2. clear water waste. 하수 또는 우수가 포함되지 않은 물. 폐수 오염원과 접촉하지 않은 냉장 및 공조 장비의 냉각수, 응축수 배수, 증기 가열 시스템의 냉각된 응축수, 제빙공정의 잔여물과 같이 유해하다고 간주하는 농도보다 낮은 불순물 수준의 폐수.

거나 또는 우수 저수탱크(있는 경우)까지의 범위에 국한한다.

(3) 우수배수관

1 우수배수관의 구성

우수배수관은 일반적으로 ①우수 배수구를 포함한 횡지관, ②입상관, ③횡주관 및 ④ 하수관(building sewer)으로 구성된다.

하수관은 우수배수를 부지 배수관으로 배출되도록 연결하는 구간이며, 우수 배수의 종착점은 강이나 바다가 되거나 재이용시설이 있을 경우는 우수 저수 탱크까지이다.

우수배수 시스템의 주요 구성 요소인 관은 코드에서 허용하는 한 가장 작은 크기로 선정하여 경제적인 설계가 되도록 해야 한다. 우수 배수구와 우수 입상관의 크기별 최대 배수량은 **표 1**과 같다.

2 우수배수관 재료

우수배수관 재료에는 배관, 관이음쇠 등의 부속품, 지지대(서포트 및 행어), 고정장치 및 조절장치가 포함된다.

노출 설치되는 우수 입상관 또는 홈통(downspouts)은 예상되는 모든 가혹한 조건 즉 부식, 강풍, 온도변화에 따른 수축팽창 등에 견딜 수 있어야 한다. 우수 배수용 입상관 수직홈통의 크기는 **표 2**와 같다.

1.2 1차와 2차 지붕배수 시스템

(1) 1차 지붕배수 시스템

1차 지붕배수 시스템이란 한 벌의 우수배수관으로 지붕에 떨어지거나 모이는 우수를 배수하는 일반적으로 적용해 오는 방법이다. 기본적인 우수배수(primary roof drainage) 시스템이라고도 부르며, 2차 지붕배수 시스템과 구분하기 위하여 사용되는 표현이다.

이 방식에서는 우수가 지붕에 고이지 않도록 적시에 배수시키는 것이 목표이다. 따라서 배수구[3]를 포함한 배관의 크기가 적정해야 한다.

1차 지붕배수 시스템에 사용하는 지붕배수구나 스쿠퍼[4], 수평 및 수직 배수관(또는 홈통) 등의 크기에 대한 코드에서의 선정기준은 100년 주기의 60분지속 폭우 기준이지만, 관할지역별 지붕면적을 기준한 규정 값에 맞게 설계하여야 한다. 국내 설계에서는 10년 주기, 10분기준이 주로 사용되지만, 역시 관할 지역별 지붕면적을 기준한 규정 값에 맞아야 한다.

표 1 우수 배수구와 입상관의 크기

NPS 또는 가로×세로(in)	단면적		배수 접촉면적		최대 배수량[1]			
	in^2	cm^2	in^2	cm^2	GPM	L/s	L/10분	L/15분
2	3.14	20.3	6.28	40.5	30	1.9	1 140	1 710
2×2	4.00	25.8	8.00	51.6	30	1.9	1 140	1 710
1-1/2×2-1/2	3.75	24.2	8.00	51.6	30	1.9	1 140	1 710
2-1/2	4.91	31.7	7.85	50.6	54	3.4	2 040	3 060
2-1/2×2-1/2	6.25	40.3	9.00	58.1	54	3.4	2 040	3 060
3	7.07	45.6	9.42	60.8	92	5.8	3 480	5 220
2×4	8.00	51.6	12.00	77.4	92	5.8	3 480	5 220
2-1/2×3	7.50	48.4	11.00	71.0	92	5.8	3 480	5 220
4	12.57	81.1	12.57	81.1	192	12.1	7 260	10 890
3×4-1/4	12.75	82.3	14.50	93.6	192	12.1	7 260	10 890
3-1/2×4	14.00	90.3	14.00	90.3	192	12.1	7 260	10 890
5	19.06	123.0	15.07	97.2	360	22.7	13 620	20 430
4×5	20.00	129.0	18.00	116.1	360	22.7	13 620	20 430
4-1/2×4-1/2	20.25	130.6	18.00	116.1	360	22.7	13 620	20 430
6	28.27	183.4	18.85	121.6	563	35.5	21 300	31 950
5×6	30.00	193.5	22.00	141.9	563	35.5	21 300	31 950
5-1/2×5-1/2	30.25	195.2	22.00	141.9	563	35.5	21 300	31 950
8	50.27	324.3	25.14	162.2	1 208	76.2	45 720	68 580
6×8	48.00	309.7	28.00	180.6	1 208	76.2	45 720	68 580

주 (1) 배수의 수두 45 mmAq(1-3/4 inAq) 기준
자료 참고문헌 1, Table 4-6에 의거 재작성.

예제 1

상가 건물로 지붕의 크기가 30 m × 25 m 이다. 건물이 들어설 지역의 강우량은 10년 주기 15분기준 23 mm/m^2이다. (1)배수시켜야 하는 배수량을 구하고, (2)지붕배수구를 3개소에

3. roof drain.

4. scuper, 갑판형이라고 하는 앵글형 배수구.

만 설치할 경우 NPS 4인 배수관 사용이 가능 한지의 여부를 검토한다.

풀이 (1) 우수 배수량

① 지붕 면적을 구한다.

$30\ \text{m} \times 25\ \text{m} = 750\ \text{m}^2$

② 15분 간의 배수량은

$23\ \text{mm/m}^2 \times 750\ \text{m}^2 = 17\,250\ \text{mm}$

지붕 면적 1 m^2당 고인 물의 높이가 17 250 mm이므로 이를 유량으로 환산하면 17 250 L가 된다.

(2) NPS 4인 배수구 3개소 설치로 우수배수가 가능한지의 여부 검토

① 1개 지붕배수구가 배출시켜야 할 유량

$17\ 250\ \text{L} \div 3\ \text{개} = 5\,750\ \text{L/15분·개}$

② NPS 4 배수구의 최대 배수량과 감당해야 할 배수량과의 비교

NPS 4 배수구의 최대 배수량은 **표 1**로부터 10 890 L/15분이고, 감당해야 할 배수량은 5 750 L/15분 이므로 NPS 4 배수구는 사용할 수 있다.

참고 사무실 및 소규모 상점 지역에서는 NPS 4인 배수구가 표준이다.
더 큰 상점과 개방된 공간이 넓은 경우에는 NPS 6을 사용하는 것이 가장 좋다.
작은 입구나 로비 이외에는 일반적으로 NPS 2와 NPS 3의 사용은 피하는 것이 좋다. 마찬가지로 더 큰 NPS 8인 지붕배수구는 절대적으로 필요한 경우에만 사용해야 한다.

예제 2

쇼핑센터 건물로 지붕의 크기가 213 m×43 m 이다. 건물이 들어설 지역의 강우량은 10년 주기 15분기준 12.5 mm/m^2이다.

(1) 설치해야 할 배수구의 수를 구하라. 다만 크기는 NPS 6으로 한다..

(2) 지붕면적을 기준으로 설치해야 할 배수구 수량을 구하고, (3)두 경우의 결과를 비교 분석한다.

풀이 (1) 배수량

① 지붕 면적은

$213\ \text{m} \times 43\ \text{m} = 9\,159\ \text{m}^2$

② 15분간의 배수량은

$12.5\ \text{mm/m}^2 \times 9\,159\ \text{m}^2 = 114\,487.5\ \text{mm} \rightarrow\ 114\,488\ \text{L}$

③ NPS 6인 배수구 설치 수량

표 1로부터 NPS 6인 배수구의 유량은 31 950 L/15분 이므로

114 488 L÷31 950 L/개 = 3.58 개 → 4 개

(2) 지붕면적 기준, 설치해야 할 배수구 수량

① 배수량 환산

15분간의 강우량이 12.5 mm/m^2이므로 이를 1시간당의 강우량으로 환산하면 12.5 mm/m^2 · 15분×4 = 50 mm/h.m^2이 된다.

② NPS 6인 배수구당 감당할 수 있는 지붕면적

표 2로부터 1 895 m^2이므로

9 159 m^2÷1 895 m^2/개 = 4.83개 → 5개

(3) 유량 기준과 지붕면적 기준의 결과 비교

① 강우량을 기준으로 지붕배수구(우수입상관 동일)를 선정하는 경우가 설치 수량이 작게 된다.

② 원형의 우수입상관의 용량 검토

표 1로부터 NPS 6인 관의 최대 배수량은 31 950 L/15분 이고, 이 유량은 1개 배수구가 감당해야 하는 유량 28 622 L/15분 보다 크다. 그러므로 NPS 6인 배수관을 사용할 수 있다.

표 2 우수 배수용 임상관, 수직홈통의 크기

관지름		유량	시간당 강우량(mm)에 따른 허용 수평 지붕면적 (m^2)									
NPS	DN	L/s	50	75	100	125	150	175	200	225	250	300
2	50	1.5	101	67	51	41	34	29	25	22	20	17
3	80	4.2	299	199	149	119	100	85	75	66	60	50
4	100	9.1	643	429	321	257	214	184	161	143	129	107
5	125	16.5	1 166	777	583	466	339	333	291	259	233	194
6	150	26.8	1 895	1 264	948	758	632	542	474	421	379	316
8	200	57.6	4 082	2 721	2 041	1 633	1 361	1 166	1 021	907	816	680
10	250	105	7 401	4 934	3 700	2 961	2 467	2 115	1 850	1 645	1 480	1 233
12	300	170	12 035	8 023	6 018	4 814	4 012	3 439	3 009	2 674	2 407	2 006
15	375	308	21 822	14 547	10 911	8 729	7 274	6 235	5 455	4 849	4 364	3 637

주 (1) 유량은 입상관 단면적의 30%(7/24) 만큼 차서 흐르는 것을 기준으로 한 것이다.
(2) 중간 값은 보간법을 적용하여 구한다.

자료 참고문헌 1. Table 13.6.1에 의거 재작성.

(2) 2차 지붕배수 시스템

2차 지붕배수(secondary roof drainage) 시스템은 1차 지붕배수 시스템이 막힐 경우 또는 예상치 못한 호우로 인하여 감당이 어렵게 될 경우에 대비한 비상 배수시스템으로, 지역별에 따라서는 의무화될 수도 있다.

어떠한 이유로든 1차 배수관이 막히거나 배수가 어렵게 되면 우수는 지붕을 넘쳐 흐르게 되므로 건물 내부에 심각한 피해를 줄 수 있기 때문이다.

2차 지붕배수 시스템은 건물 측면에 설치하는 홈통(스쿠퍼) 또는 1차 지붕 배수구 보다 높게 설치되는 별도의 지붕배수로 구성된다.

스쿠퍼를 사용하는 경우 지정된 최대 헤드보다 12.7 mm(1/2 in) 위 또는 지붕 바닥보다 100 mm(4 in) 위에 위치해야 하며, 지붕배수구 마다 보조 배수구를 1개씩 추가해야 한다.

2차 지붕배수 시스템은 100년 주기, 15분폭우를 기준으로 선정하며, 1차 지붕배수 시스템의 용량은 고려하지 않는다. 또한 2차 지붕배수 시스템은 1차 지붕배수 시스템과 분리되어야 하며, 정해진 지점까지 별도로 배수되어야 한다.

2차 지붕배수 시스템의 설계, 크기 및 배치는 해당 지역별 조례에 맞게 설계되어야 한다. 배수구와 입상관으로 표준화된 원형 또는 각형관의 크기별 배수량은 **표 1**과 같다.

2차 지붕배수구 및 스탠드 파이프[5]는 **표 2**의 자료를 사용하여 크기를 결정한다. 스탠드 파이프가 사용되는 경우 지붕 위로 연장되는 높이는 40 mm(1-1/2 in) 이상이 되어야 하며, 지붕의 최대 허용 수위를 초과하지 않아야 한다.

(3) 지붕배수구

1 기본형 지붕배수구

지붕배수구(roof drain)는 지붕면의 우수를 모아 우수 배수관으로 인도하는 기구로, 기본형 지붕배수구 또는 1차 지붕배수구는 **그림 1**에서와 같이 ①돔형 스트레이너, ②자갈을 걸러낼 수 있는 물막이[6], ③배수구 몸통 등 3가지 기본 부품으로 구성된다.

5. stand pipe. 지붕에 우수가 가득 찼을 때 오버플로 되도록 설치하는 관,
6. flashing ring with gravel stop.

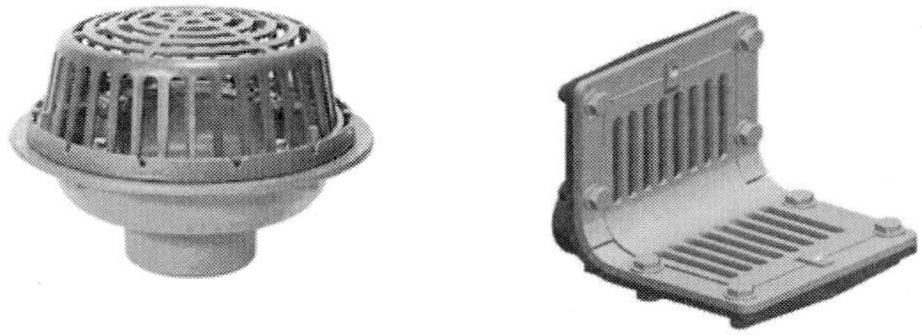

(a) 수직형 (b) 긱형

그림 1 전통적인 기본형 우수 배수구의 예

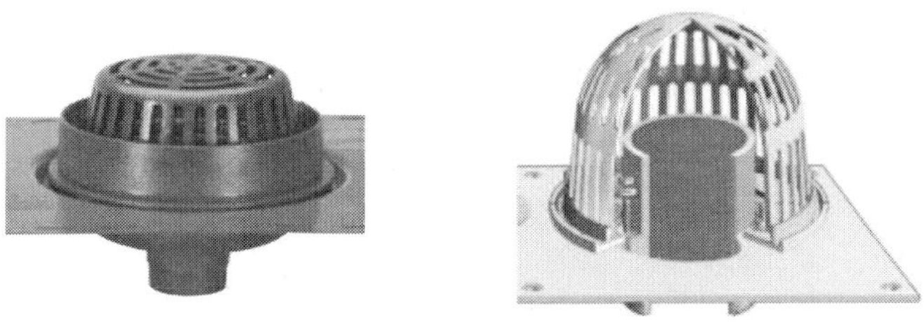

그림 2 2차 우수배수구의 예

스트레이너는 주철로 코팅되거나 폴리에틸렌 돔형(나무 잎이 쌓일 수 있는 곳에 사용)이 주로 사용되지만, 지붕 위로 사람이 통행(areaways)하거나 지붕이 주차 용도로 사용되는 부분에는 돔이 없는 평평한 모양이 될 수도 있다.

사용할 배수구 유형을 선택할 때 설계자는 지붕의 구조와 그 두께를 확인해야 한다.

2 2차 지붕배수구

2차 우수 배수구는 **그림 2**에서와 같이 우수가 넘쳐 흐르도록 돔형 스트레이너 외부에 넘침턱을 두거나 배수관을 위로 연장한 것만 다를 뿐 구조 및 구성 요소는 동일하다. 1차 지붕배수구로 배출될 수 있는 유량보다 강우량이 많거나, 1차 배수관의 막힘으로 인하여 지붕에 고인 우수의 높이가 물넘침턱 이상이 되는 경우에 2차 배수구로 우수가 넘쳐 흐르게 된다.

1차 배수구로 정상 배수가 되면서 지붕에 우수가 고여 2차 배수구로도 배수가 되어야 한다면 예상외의 폭우가 있는 경우이다.

(4) 배수역류 방지밸브와 배수트랩

지붕 배수관, 지역 배수관 또는 기타 우수 배수관에서의 우수는 중력에 의해 흐름이 유지되어 입상관, 우수 횡주관, 우수 하수관을 거쳐서 부지 배수관으로 흐른다.

우수 횡주관이 우수 하수관(또는 부지 배수관)과 연결되는 지점 직전에는 배수역류 방지밸브를 설치해야 한다.

또한 우수배수 시스템에도 트랩(**제7장 그림 11** 참조)이 설치되어야 한다. 트랩은 접근이 가능한 장소에 위치해야 하며 동결이 가능한 장소는 피해야 한다. 트랩에는 청소구 또는 기타 트랩을 청소할 수 있는 수단이 포함되어야 하고, 우수배수관과 동일한 크기여야 한다.

2 우수배수 방식

2.1 중력식 배수 방식

(1) 기본 원리

위생배수 시스템과 마찬가지로 우수배수관 내를 중립기압으로 유지하여 중력 만으로 우수가 관을 따라서 아래로 자유로운 흐름이 이루어지도록 하는 일반적인 하향식 배수방법이다.

수평배관의 경우에는 우수와 오물이 섞인 상태로 자연 유하가 유지되어야 하므로 충분한 하향 기울기를 가져야 한다. 만약 하향 기울기를 만들 수 없을 경우라면 우수를 모으는 피트 또는 탱크와 이로부터 우수배수를 높은 곳으로 퍼 올려 배출하기 위한 우수배수펌프가 필요하다.

우수배수 입상관 내의 양압과 음압의 생성과 작용은 위생배수 입상관에서와 같다.

(2) 배수량 제어방식

1 작동 원리

배수량 제어방식(controlled-flow storm drainage system)은 기존의 중력식 자연유하 우수배수방식의 변형으로, 지붕에 빗물을 고이게 만들고 배수는 천천히 이루어지게 하는 것이다.

2 지붕에 적용되는 강도 및 수심

이 방식 적용을 위한 지붕 설계는 0.75 kPa(15.6 lb/ft^2) 이상의 안전 계수를 제공하기 위해 1.44 kPa(30 lb/ft^2)의 하중을 기반으로 한다.

수심은 76 mm(3 in) 이다. 지붕은 수평이어야 하며 모든 벽이나 난간에 45도 캔트[7]가 설치되어야 한다. 플래싱은 지붕 높이에서 150 mm(6 in) 이상으로 확장 되어야 한

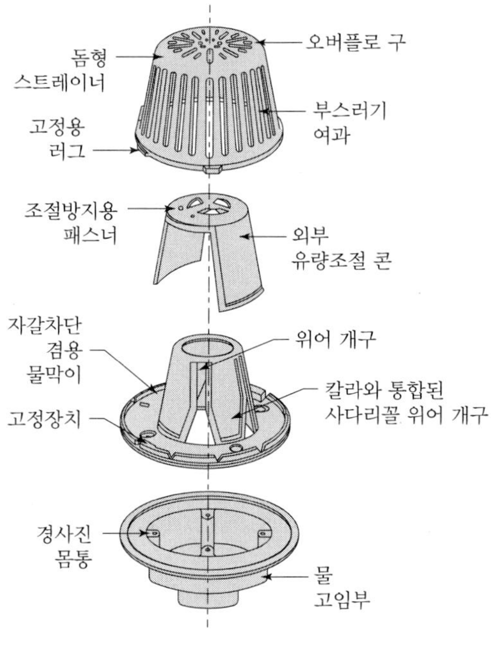

그림 3 배수량 제어용 우수 배수구

---

7. cants(또는 cant strips)은 내장 루핑의 구성 요소. 지붕 바닥이 지붕보다 높게 솟은 난간 벽과 교차하는 지점에 배치되며 일반적으로 삼각형 모양의 작은 블록으로 방수용 루핑 재료를 지지하고 틈이나 공극을 방지하는 데 사용된다.

다. 지붕으로 열리는 문에는 최소 100 mm(4 in) 높이의 물막음 턱이 있어야 한다. 배수량 제어 시스템은 스트레이너로 보호해야 하며, 어떤 경우에도 우수 배수구 근처의 지붕 표면을 움푹 패이게 하여 물이 고일 수 있도록 해서는 안된다.

적용 시에는 사용하고자 하는 지붕배수구 제조자의 자료.를 참조하여야 한다.

3 적용상의 장단점

이 시스템의 장점은 지붕배수구, 수평 수직 배관 및 관이음쇠 등의 크기를 작게 할 수 있어서 시설비용이 적게 든다는 것이다. 또한 폭우시 규모가 고정되어 있는 공공 우수하수도 또는 배수로에서의 홍수를 완화시키며, 우수와 위생하수를 혼합처리(허용되는 경우) 하는 하수 처리장에 미치는 영향도 상당히 감소시키는 효과가 있다.

대신, 지붕에 물을 가두게 되면 구조 비용이 증가하고, 일반적인 건물과 다른 방수 및 마감 재료를 사용해야 할 수도 있다. 또한 구조적으로 건물의 지붕은 활하중(live loads)과 사하중(dead loads)이 합쳐진 하중을 고려하여 설계 되므로 최대 우수의 하중은 활하중에 추가 되어야 한다.

4 전용의 지붕배수구

이 시스템은 일반적으로 사용되는 지붕배수구(**그림 1**) 대신 **그림 3**에서와 같이 물이 흘러 들어가는 개구 면적을 작게 조절할 수 있는 기능의 부품(위어 개구와 유량조절 콘)이 추가된 지붕배수구를 사용한다.

이것은 우수가 지붕에 고이는 것을 의미한다. 최대 투영 지붕면적을 기준으로 우수배수 시스템의 크기를 조정하는 대신, 지붕에 떨어지는 우수의 일부를 저장하는 식으로 유량을 제어함으로써, 동등하거나 조정된 최대 투영 지붕면적에 따라 크기를 조정할 수 있다. 이를 대신하기 위해서 지붕에 우수가 저장되도록 하는 유량 제어 기능을 가진 지붕배수구가 사용되는 것이다.

적용시에는 사용하고자 하는 지붕배수구 제조자의 자료를 참조하여야 한다.

지붕이 선데크(sundeck)나 주차 층과 같은 물 저장을 방해하는 용도로 사용 되거나 관계기관에서 허용하지 않는 경우에는 이 시스템을 사용해서는 안 된다.

2.2 사이펀식 방식

(1) 작동 원리

사이펀식 우수배수(siphonic roof drains) 방식 역시 기존의 중력식 자연유하 우수배수 방식의 변형으로, 배관계통에서 사이펀 작용이 발생하도록 하여 마치 물기둥을 밑에서 끌어당기는 것과 같은 작용으로 배수되도록 하는 것이다.

이 방식에서도 **그림 4**와 같이 특수한 기능이 부여된 부품을 포함하는 지붕배수구가 사용된다. 지붕배수구에는 배수배관 내를 음의 대기압으로 유지하며, 공기 유입을 억제하여 만수상태의 흐름과 더 많은 유량 및 더 높은 유속을 발생시키는 배플[8]을 포함한다.

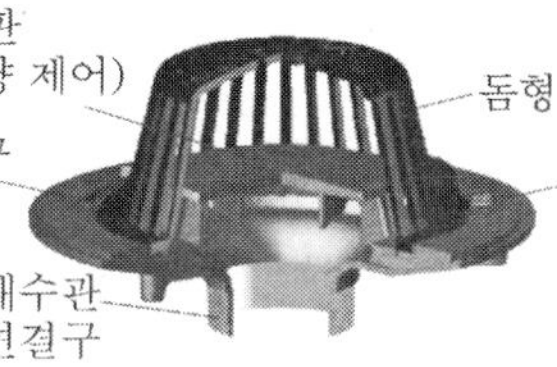

그림 4 사이펀식 지붕배수구의 구성예

(2) 압력 균형

사이펀식 지붕배수 시스템에서의 압력균형은 프로그램을 사용하여 보통 정도의 폭우에서 배관계통이 자동적으로 가득 채워지게 함으로서 이루어진다.

결과적으로 유량 또는 사이펀 작용으로 인해 여러 지붕배수구를 매니폴드까지 연결하는 수평 배수지관을 설치해야 한다.

(3) 적용상의 이점

수평 배수지관에는 기울기를 주지 않아도 되므로 전통적인 우수배수 방식을 적용할 경우 기울기가 문제되는 대형 건축물에서는 유리한 점이 될 수 있다. 지붕에 고인 우수의 깊이는 시스템을 제공하는 업체가 배수구에 할당한 저항값에 의해서만 결정된다.

---

8. baffle. 수류(水流)의 정류(整流) 장치.

3 건물 우수배수 시스템 설계

3.1 설계 원칙과 기준

(1) 효율적인 우수배수

과거에는 기본적인 우수배관 원칙 중의 하나가 현장의 우수 유입구로부터 배출지점까지 신속하게 송수할 수 있는 시스템의 설계였다. 그러나 이러한 원칙은 현재의 우수처리 과정에서는 적용되지 않는다. 우수배수에 관한 문제를 적절하게 해결하지 못하기 때문이다.

우수배수 시스템에 대한 요구사항은 '빠른 배수'에서 '효율적 배수'로 변화되고 있다. 과거처럼 우수배수를 흘려보내는 것이 목적이 아니라 수자원으로의 활용을 고려하여 모으고 저장하는 경우가 많아졌기 때문이다.

(2) 기후조건 및 지붕 구조

우수배수 시스템 설계를 위한 최우선 검토사항은 기후 조건과 이에 대응하는 지붕의 구조이다.

기후 조건으로는 강우율, 강설량, 결빙 및 융설(融雪)조건을 확인하는 것이다.

지붕의 구조에 대해서는 ①강우를 받는 지붕의 유형, 기울기, 수직벽의 높이, 난간(parapet)의 높이, 배수구 크기 및 위치(제공된 경우), ②비상배수(2차 우수배수)에 대한 요구사항 등을 확인한 다음, ③배관을 위한 천정공간, 벽 및 벽면의 홈(chase)이 있는 위치. ④지붕의 활용여부 즉, 레인가든이나 녹색지붕[9]과 같은 조경 또는 휴식공간으로 이용할 것인지의 여부 등을 확인하여야 한다.

---

9. rain gardens, 원래는 빗물을 모아 땅속으로 스며들게 하는 낮고 폭이 넓은 지역을 나타내는 말 이었으나, 지붕에 만든 정원도 포함된다. 지붕에 흙을 깔고 잔디와 다년생 풀과 꽃을 심어 빗물의 유출을 줄이기 위해 고안된 방법. 생물 저류시설이라고도 불린다.
   green roof, 부분적으로 또는 완전히 식물과 나무를 심어 프르게 만든 지붕.

(3) 다른 공정과의 협의

우수배수관 설계시는 건축, 구조 및 전기 등 다른 공정과 협의하여 입상관(또는 홈통)의 설치위치, 배수관의 지지방법, 배수관이 통과해야 하는 기초의 두께 등을 결정하고, 전선관이나 덕트의 위치 등과 겹치지 않도록 해야 한다.

3.2 우수배수관

(1) 설계 기준

1 강우강도

우수배수 시스템의 설계 즉, 지붕 배수관 크기를 선정하기 위한 강우율(rainfall rates)은 해당지역의 조례와 설계자의 건전한 판단을 기반으로 해야 한다.

코드에서는 지리적 영역과 강우가 집중되는 시간을 기반으로 우수관 크기를 결정하는 기준을 제시하고 있으므로 설계자가 최대 우수량을 계산할 필요가 없다. 계산없이 자주 사용되는 다양한 강우강도(기간, 길이 및 주기)에 대한 비율도 제시된다. 설계자는 사용 가능한 표로부터 5분, 15분 및 60분의 시간으로 10년 또는 100년 주기의 강우빈도를 선택할 수 있다. 그러나 더 긴 강우 시간이 허용되는 경우, 홍수에 대비하여 더 큰 용량의 시스템을 갖추어야 하는 특별한 요인이 없는한 건물 지붕과 부지에 대해서는 10년-5분 또는 10년-10분 폭우기준으로 설계한다. **표 3**은 지역별 10년 주기의 10분간 강우량을 보여주는 것이다.

설계 매뉴얼에서는 5분 또는 이보다 더 짧은 집중시간을 권장하기도 한다. 그러나 이러한 코드나 매뉴얼의 값들은 최소한의 기준이라는 점을 명심해야 한다. 모든 설계는 조례상의 요건을 충족하거나 초과 되도록 해야 한다.

우수배수 설계에 관한 한 경제적으로 정당화 될 수 있는 최소값이란 있을 수가 없기 때문이다.

표 3 지역별 최대 강우량(mm/m²)

지명	강우량 시간(1)	강우량 10분(2)	지명	강우량 시간(1)	강우량 10분(2)	지명	강우량 시간(1)	강우량 10분(2)
강릉	100.5	25.5	부안	82.5	31.0	인제	86.0	24.5
강진군	63.0	21.0	부여	116.0	35.0	인천	103.3	24.8
강화	123.5	31.0	북강릉	67.3	19.8	임실	85.0	29.5
거제	96.5	24.5	북창원	108.5	28.5	장수	63.0	34.5
거창	83.0	26.0	북춘천	66.5	23.0	장흥	95.5	26.0
경주시	42.5	13.5	산청	84.5	22.5	전주	109.6	29.5
고산	62.8	30.0	상주	46.9	25.5	정선군	59.0	20.5
고창	60.9	25.6	서귀포	120.7	28.6	정읍	83.5	29.5
고창군	74.4	22.5	서산	99.5	24.0	제주	105.0	33.0
고흥	106.6	27.5	서울	118.6	47.2	제천	92.5	22.5
광양시	106.5	68.5	성산	101.0	28.0	진도	115.5	38.0
광주	86.5	26.7	속초	70.1	24.5	진도군	41.5	15.5
구미	58.6	25.7	수원	92.5	28.0	진주	80.0	29.5
군산	81.0	23.5	순창군	68.5	19.0	창원	102.0	38.0
금산	75.0	33.0	순천	82.5	35.5	천안	90.0	27.0
김해시	72.0	25.5	안동	65.5	23.0	철원	74.0	39.0
남원	84.3	25.0	양산시	119.5	25.0	청송군	48.5	25.0
남해	112.5	28.0	양평	97.0	27.0	청주	91.8	25.0
대관령	67.5	18.5	여수	77.4	30.8	추풍령	57.0	23.6
대구	80.0	25.0	영광군	76.0	21.0	춘천	62.0	33.0
대전	79.1	29.6	영덕	69.5	22.0	충주	89.5	24.5
동두천	86.0	25.0	영월	76.0	19.0	태백	75.5	33.0
동해	62.4	17.2	영주	86.0	29.0	통영	86.5	29.2
목포	64.5	26.5	영천	61.5	25.0	파주	66.5	21.0
문경	64.5	30.0	완도	86.0	25.5	포항	93.4	27.0
밀양	70.0	28.0	울릉도	81.6	25.5	함양군	62.5	18.5
백령도	59.5	16.4	울산	104.2	26.1	합천	74.9	23.5
보령	98.0	31.5	울진	53.5	20.0	해남	80.5	32.0
보성군	67.0	21.0	원주	79.5	33.7	홍성	75.6	17.2
보은	95.0	32.0	의령군	62.5	17.5	홍천	89.0	25.0
봉화	83.5	26.0	의성	58.0	33.0	흑산도	66.5	21.0
부산	106.0	40.0	이천	98.0	26.0			

주 (1) 장시간 강우 기록, 넘쳐흐름이 발생하지 않은 구간(콘크리트 구조)
(2) 단시간 강우 기록, 넘쳐 흐름이 발생한 구간(거터 처마지붕 구조)

자료 기상청(2017.7)

2 수직 벽면에 대한 고려

지붕구역으로 배출되는 펜트하우스나 인접한 수직벽이 있을 경우는 여기에 부딪친 우수도 지붕에 모이게 된다. 코드는 수평 지붕면적에 두 개의 인접한 수직벽면 영역의 50%를 추가하도록 한다.

또한 다양한 벽체 형태가 있음을 감안하여 적용할 수 있는 공식을 제시한다. 이러한 공식을 두 개 이상의 수직벽 또는 수평지붕 표면으로 떨어지는 유출물이 있는 다층벽에 적용하면 결과가 다소 과다하게 된다. 강우의 대부분은 완전한 수직방향이 아니다. 떨어지는 각도는 풍향에 따라 수직 또는 그 이상일 수도 있다. 바람의 강도에 따라서 특히 고층건물의 경우 건물표면에서 멀리 떨어진 수직벽에서 우수를 날릴 수 있다.

설계자는 배수관이 지붕의 낮은 부분에 위치하도록 하여 지붕의 낮은 지점에 우수의 고임이나 유동에 따른 관의 처짐을 제한하고, 수평배관 흐름이 최소화 되도록 해야 한다.

3 배수구 위치 및 설치수량

배수구 위치는 건축설계에 맞춰 조정되어야 하며, 규정상 한 개의 지붕당 두개 이상의 지붕배수구를 설치하여야 한다.

4 건물 내부에 우수 입상관 설치의 장단점

건물 내부에 우수 입상관을 설치하면 편의성, 안전성, 외관 및 동파방지 등의 장점이 있다. 그러나 비용면에서는 건물의 외부에 노출설치하는 것이 훨씬 저렴하고, 바닥 공간의 활용도가 높다.

5 우수 입상관과 횡주관의 연결지점

건물 내부 바닥에 설치된 바닥배수구, 낮은 지붕이 갖는 건물의 배수관, 맑은 물 배수관 또는 지붕 통로의 배수구가 건물 내부의 우수배수 시스템에 연결되어 있는 경우(또는 연결이 허용되는 경우), 이 우수 배수관은 우수 입상관의 마지막 오프셋 관이음쇠로부터 최소한 배수관 지름의 10배 거리 또는 3 m(10 ft)의 하류에 연결해야 한다.

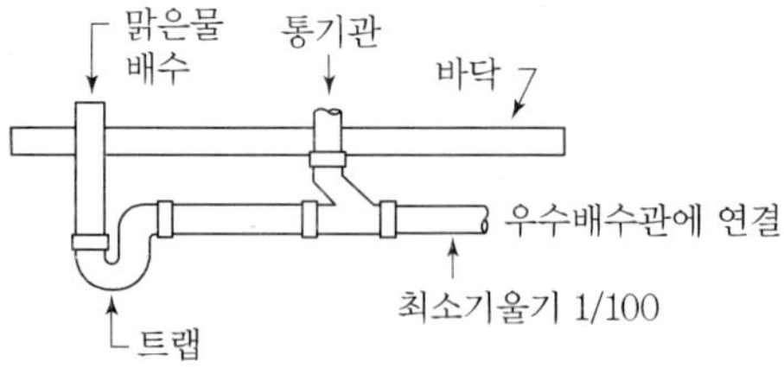

그림 5 우수배수 횡주관에 맑은물 배수관의 연결

우수 횡주관에 배수되는 맑은 물 배수관의 경우에는 **그림** 5와 같이 통기가 되는 트랩을 거친 다음 우수 횡주관에 연결되어야 한다. 이 때 트랩의 크기는 연결된 수평 배수관 크기와 동일하고, 트랩의 봉수깊이는 100 mm(4 in) 이상 이어야 한다.

예제 3

지붕면적이 730 m^2인 건물이 있다. 강우량이 82 mm/h인 경우에 대비한 지붕우수 배관을 설계한다.

풀이 (1) 배수량 계산

① 배수시켜야 할 유량은

$$82\ \text{mm/h} \times 730\ \text{m}^2 = 59.86\ \text{m}^3/\text{h} = 59\ 860\ \text{L/h} = 16.63\ \text{L/s}$$

(2) 우수 배수구 수량

표 1로부터 NPS 3을 사용할 경우 16.63 L/s÷5.8 L/s = 2.87 개 → 3개

NPS 4을 사용할 경우 16.63 L/s÷12.1 L/s = 1.37 개→2개

NPS 5을 사용할 경우는 최대 배수량이 22.7 L/s이므로 1개를 설치하면 된다.

(3) 우수 입상관의 크기

우수 배수구와 같은 크기로 한다.

(4) 우수 횡주관(만수 흐름기준)

표 4로부터

① 관의 기울기를 1/50, 강우량 100 mm/h에 대하여 관지름 NPS 8을 선정하면 허용 수평지붕면적은 1 516m^2이 되므로 안전하다.

② 관의 기울기를 1/25로 하고, 강우량 100 mm/h에 대하여 관지름을 NPS 6으로 선정하면 허용 수평지붕면적 995m^2가 되므로 역시 안전하다.

(5) 선정

배수구는 한 개 지붕당 2개 이상이어야 하므로 **표** 1로부터 배수구는 배수량이

12.1 L/s인 NPS 4 2개로하고, 입상관은 배수구 크기와 같이 NPS 4 2개로 한다. 2개의 입상관이 연결되는 횡주관은 배수량이 35.5 L/s인 NPS 6으로 한다.

(2) 우수배수관의 강도

1 배수관에 작용하는 압력

입상관이 막히는 등의 배수 시스템에 사고가 발생하는 경우는 배관의 취약 부분인 이음부에 설계 압력보다 더 높은 압력이 가해질 수 있다. 그러므로 이음쇠의 고장이나 이완을 방지하기 위해 우수 배관 시스템에 사용되는 배관재는 압력 파이프 사용을 고려해야 할 경우도 있다.

2 배수관의 열팽창과 수축

우수 입상관은 열에 의한 팽창과 수축에 따른 변형이 잘 흡수될 수 있도록 설치하여야 한다. 부적절한 고정(anchoring)으로 인해 지붕배수구가 지붕바닥 위로 밀려나와 방수층이 파괴될 수 있기 때문이다.

이러한 예는 고층건물에서는 물론 일반 건물에서도 우수 입상관을 노출하여 설치하도록 설계된 경우에는 흔히 발생되는 현상이다. 온도가 낮은 우수는 물론 지붕에 쌓여 있던 눈이나 얼음이 녹아서 형성된 물이 모두 노출 설치된 입상관으로 흘러 들어가기 때문이다.

지붕배수구 또는 우수배수관의 수평배관에 설치된 익스펜션조인트는 지붕배수구에 영향을 주지않고 입상관의 변위를 흡수할 수 있도록 설치되어야 한다.

(3) 응축수 발생 제어

수평 배수관의 냉수 구간과 배수구 몸통은 보온하여 응축수 발생을 방지해야 한다. 배수관에 저온의 물이 흐르면 외부에 응축수가 형성되어 천장을 얼룩지게 하거나, 노출된 경우 바닥재에 물방울 자국을 남길 수 있다.

이 응축현상은 지붕배수구로부터 4.5 m(15 ft) 거리까지 확대된다. 이 거리를 지나면 배수는 더 이상 수분을 응축시킬 만큼 차갑지 않게 된다.

3.3 우수배수관의 크기

(1) 건물 내 우수배관

1 결정 과정

건물 내 우수배수 시스템은 건축설계 정보를 활용하여 설계하여야 한다. 그리고 다음과 같은 사항을 고려해야 한다.

①각 지붕배수구가 담당해야 할 지붕 면적을 구한다. ②지붕배수구와 배수 입상관의 크기는 감당할 지붕면적에 따라 크기가 지정되므로, 배수구 제조자가 제시하는 크기 및 유속 정보를 잘 활용해야 한다. ③인접한 수직벽이 있는 경우, 배수구의 크기는 수평면적에 인접한 두 수직벽 면적에 대한 가산 비율을 더한 값을 기준으로 하여야 한다.

이러한 과정을 거쳐 배수구 및 수평 우수배수관에 대한 배치 및 크기 조정이 일단락되면, 설계자는 설치의 용이성, 재료 및 비용관계, 다른 공정(건축, 전기)과의 상충부분의 존재여부 등을 검토하여 배치를 수정하거나 시스템을 개선할 필요가 없는지의 여부를 결정해야 한다.

2 유량

횡주관의 크기는 상류 우수 배수구 및 입상관 유량의 누적값을 기준으로 한다. 우수배수 시스템에 배수펌프, 에어컨 또는 유사한 장치로부터 연속 또는 간헐적인 배수를 받게 되는 경우에는, 이 유량을 우수배수 시스템 결정을 위한 전체 유량에 포함시켜야 한다.

3 유속

최소 0.61 m/s(2 ft/s)의 유속을 유지하여 모래, 이물질 등이 배수와 함께 쓸려나가도록 해야 한다[10].

---

10. 경우에 따라서는 침전물을 쓸려나가도록 하기 위해 최소 0.91 m/s(3 ft/s)의 유속이 권장되기도 한다.

(2) 수직 우수관과 홈통

옵셋이 45도 이하이면 입상관의 크기를 수직관으로 지정해도 된다. 수직의 우수관 및 홈통은 **표 2**로부터 크기를 선정한다.

수직 구간의 우수관 크기가 연결될 수평 우수관의 크기보다 작을 경우에는 관지름이 변동되는 지점(레듀서 설치지점)은 수직 구간에 있도록 한다.

입상관은 구경수 3인 Y관(single-wye)를 사용하여 횡주관에 연결되어야 한다. 구경수 4인 Y관(double-wye)은 사용하지 않는다.

별도의 2차 우수배수 시스템이 필요한 경우, 건물 우수배수관의 크기는 상류 배수입상관으로부터 축적된 흐름을 기준으로 선정한다. 오버플로 배수를 함께 처리하는 경우는 해당지역 조례상의 요건을 충족해야 한다.

(3) 수평 우수관

수평 우수관은 **표 4**로부터 크기를 선정한다. 또한 옵셋이 45도 보다 크면 역시 수평관 기준으로 크기를 선정하여야 한다.

표 4의 자료는 만수흐름[11]의 상태이며, 매닝의 마찰계수 $n = 0.015$(대체로 거친관)를 기준으로 하여 작성된 것이다(**제7장 표 8**(a) 참조).

대상에는 우수 홈통에서의 수평옵셋, 건물 배수구, 하수관 및 그 분기관이 포함된다. 수평 배수관은 흐름 방향으로 관지름을 축소해서는 안 된다.

(4) 우수배수 펌프

1 펌프의 용량

우수배수 펌프를 설치해야 하는 경우 펌프 유량은 해당 계통의 전체 배수량을 기준으로 하고, 펌프 토출관의 크기는 일반적으로 배수관의 크기와 동일하게 한다. 동시에 가동되는 병렬 펌프의 경우, 병렬운전 유량을 기준으로 한다.

---

11. 위생배수관의 경우는 관지름의 1/2 수위로 물이 흐를 때를 기준으로 함.

표 4 우수 수평관의 크기

관지름		유량	시간당 강우량(mm)에 따른 허용 수평 지붕면적 (m^2)								
NPS	DN	L/s	50	75	100	125	150	175	200	225	250
기울기 1/200											
4	100	3.3	237	158	118	95	79	68	59	53	47
5	125	6.1	434	289	217	173	145	124	108	96	87
6	150	9.9	702	468	351	281	234	201	175	156	140
8	200	21.4	1 516	1 010	758	606	505	433	379	337	303
10	250	38.8	2 750	1 833	1 375	1 100	917	786	687	611	550
12	300	63.0	4 466	2 978	2 233	1 787	1 488	1 276	1 117	993	893
15	375	114.0	8 101	5 401	4 051	3 241	2 700	2 315	2 025	1 800	1 620

관지름		유량	시간당 강우량(mm)에 따른 허용 수평 지붕면적 (m^2)								
NPS	DN	L/s	50	75	100	125	150	175	200	225	250
기울기 1/100											
3	80	2.2	156	104	78	63	52	45	39	35	26
4	100	4.7	335	224	168	134	112	96	84	75	56
5	125	8.6	613	408	306	245	204	–	–	–	–
6	150	14.0	997	665	499	399	332	285	249	222	166
8	200	30.2	2 142	1 428	1071	857	714	612	535	476	357
10	250	54.8	3 885	2 590	1 943	1 554	1 295	1 068	971	863	648
12	300	89.1	6 317	4 212	3 159	2 527	2 106	1 155	1 579	1 404	1 053
15	375	161.0	11 459	7 639	5 730	4 584	3 820	3 274	2 865	2 546	1 910

관지름		유량	시간당 강우량(mm)에 따른 허용 수평 지붕면적 (m^2)								
NPS	DN	L/s	50	75	100	125	150	175	200	225	250
기울기 1/50											
2	50	1.1	76	51	38	30	25	22	19	17	15
3	80	3.2	224	149	112	89	75	64	56	50	45
4	100	6.8	478	319	239	191	159	137	120	106	96
5	125	12.2	867	578	434	347	289	248	217	193	173
6	150	19.9	1 408	939	704	563	469	402	352	313	282
8	200	42.8	3 031	2 021	1 516	1 213	1 010	866	758	674	606
10	250	77.5	5 495	3 663	2 747	2 198	1 832	1 570	1 374	1 221	1 099
12	300	126.0	8 937	5 958	4 469	3 575	2 979	2 554	2 234	1 986	1 787
15	375	228.0	16 207	10 805	8 104	6 483	5 402	4 631	4 052	3 602	3 241

관지름		유량	시간당 강우량(mm)에 따른 허용 수평 지붕면적 (m^2)								
NPS	DN	L/s	50	75	100	125	150	175	200	225	250
기울기 1/25											
2	50	1.5	107	72	54	43	36	31	27	24	21
3	80	4.4	313	209	156	125	104	89	78	70	63
4	100	9.5	675	450	338	270	225	193	169	150	135
5	125	17.3	1 225	817	613	490	408	350	306	272	245
6	150	28.1	1 990	1 326	995	796	663	568	497	442	398
8	200	60.5	4 288	2 858	2 144	1 715	1 429	1 225	1 072	953	857
10	250	109.0	7 771	5 180	3 885	3 108	2 590	2 220	1 943	1 727	1 554
12	300	178.0	12 639	8 426	6 320	5 056	4 213	3 611	3 160	2 809	2 528
15	375	323.0	22 918	15 279	11 459	9 167	7 639	6 548	5 730	5 093	4 584

자료 참고문헌 2. Table 13.6.2 Part1 & 2에 의거 재작성.

펌프의 토출량을 우수배수 횡주관으로 배출 할 경우에는 수력도약으로 인해 그 영역에 고압이 존재할 수 있으므로, 입상관의 저부로부터 3 m(10 ft) 이후의 하류에 연결해야 한다.

2 펌프 토출관 이후의 배관

배수펌프 하류의 주관의 크기는 상류의 누적된 중력 배수량과 펌프의 토출량을 합한 유량을 기준으로 결정한다.

(5) 우수배수관 설치의 유의점

1 1차 및 2차 배수관

2차 배수관은 1차 배수 시스템과는 별도로 공공 우수 하수도로 연결해야 한다. 1차 2차 시스템을 동일한 맨홀로 연결될 수 있지만 입구는 각각 분리되어야 한다.

2 지지 및 청소구

수평 우수배수관 재료로 벨-스피곳 주철관을 사용하는 경우는 적절히 지지되어야 하며, 필요한 개소에는 청소구를 설치해야 한다.

청소구는 45도를 초과하는 방향 변경부 및 관의 크기가 변경되는 부위에 설치되어야 하며, 청소구 간 거리, 기울기면, 바닥 또는 벽면까지의 연장에 대한 것은 **제7장**을 참조한다.

3 설치 장소의 제한

다음과 같은 부위나 장소에는 우수배수관이 통과하거나 설치되어서는 안된다.

①컴퓨터 실, 주방 및 음식준비 구역의 천장 위, ②건물 슬라브 밑. 특히 스라브 하부의 우수배관은 누설로 인해 슬라브 하부 채움부가 침식되어 스라브가 깨질 수 있기 때문이다.

4 노출배관의 손상 방지

저층부에는 주차 또는 트럭의 화물 적재구역에서 발생할 수 있는 손상을 방지하기 위하여 모든 외부 입상관은 다음과 같은 방법으로 보호되어 한다.

①금속 또는 콘크리트로 감싸거나, ②홈이 만들어진 벽체 내에 설치되도록 하거나, ③지상 1.5 m까지는 주철과 같은 금속제 관을 사용한다.

3.4 우수의 이용

(1) 우수 재이용 현황

우리나라 연평균 강우량은 1 341 mm로 세계평균 880 mm의 약 1.5배이나 국민 1인당으로 환산한 강우량은 년 2 591 m^3으로 세계평균 19 635 m^3의 약 13%에 불과 하다고 한다[12]. 이는 강우량을 모아 둘 수 있는 시설이 부족하여 대부분을 바다로 흘려 보내기 때문이다.

이러한 우수를 수자원으로 재 활용하기 위한 노력은 오래전부터 있어 왔지만 시설이 갖추어지기 시작한 것은 2000년 이후이고, 2008년 현재 총 212개소에 설치되어 사용되고 있는 미미한 정도이다.

(2) 우수 집수

1 우수 재이용 여부의 결정

우수를 모으고 어떤 용도로 든지 사용하도록 하는 것은 설계상의 옵션이다.

우수 재이용 시스템을 프로젝트에 포함 시킬지의 여부는 경제성 분석 결과에 달려 있다.

그리고 분석을 위해서는 해당지역의 물 부족으로 인한 불편함의 유무, 정부 보조금 유무, 세제 혜택의 유무, 지방정부의 시설에 대한 제한 및 인구 증가율 등등의 제반 여건을 고려하여야 한다. 그 결과에 따라서 우수 재사용 시설을 추가 할 것인지 또는 우수 집수 시스템만을 포함시킬 것인지를 결정할 수 있다.

우수 집수(rainwater harvesting, RWH) 또는 우수 재이용은 최종 재사용을 위해 우수를 수집, 축적, 처리 또는 정화하고 저장하는 것이다. 그러므로 우수 집수 시스템 설

12. 참고문헌 3

계에는 토목과 기계 설계자 간의 협력이 절대적으로 필요하다.

2 재이용 용도

우수는 지붕과 같은 표면에서 수집되어 저수탱크, 시스턴, 깊은 구덩이(우물, 수갱 또는 수공), 대수층(帶水層) 또는 여과가 있는 저장소로 모아진다.

그런 다음의 용도는 ①정원이나 목축용, ②농작물, ③적절한 처리를 거쳐 주택의 위생용수나 난방수 등으로 사용된다. 모아진 물은 장기 저장이나 지하수 재충전에도 사용될 수 있다.

우수 집수는 소규모 즉, 단독 주택에서 빗물을 받아 두었다가 사용하는 방식으로부터 학교, 병원 및 기타 시설에 대한 대규모 시스템까지 다양하다.

전자는 가정에 물을 자가 공급하는 가장 간단하고 오래된 방법 중 하나이며 사용자가 직접 비용을 들여 만드는 주거 및 가정 규모의 시설이다.

그러나 후자의 대규모 시스템은 막대한 비용이 수반됨으로 소유주, 기관 또는 국가 차원에서의 자금조달이 가능 할 경우에만 실행할 수 있다.

일반적으로 대소변기의 세척수 및 정원이나 목축용 등에 사용할 경우는 중수도처럼 처리절차를 거치지 않도 된다.

표 5는 우수에 포함될 수 있는 오염 성분의 예이다.

(3) 시스템 설정

우수집수 시스템은 최소한의 기술로 설치할 수 있는 시스템으로부터 고급 설정 및 설치가 필요한 자동화된 시스템에 이르기까지 다양하다.

건물 지붕이나 테라스에서 나오는 우수는 배수구와 관을 통하여 우수 저장소 즉 지하탱크로 연결되므로, 기본적인 우수집수 시스템은 기술적인 작업이라기 보다는 배관작업에 가깝다.

이러한 시스템에는 프리필터, 배수구, 배수관, 저장용기 등 공통의 구성 요소가 있으며, 시스템의 가압 여부에 따라 펌프 및 UV조명, 염소처리 장치 및 후 여과장치와 같은 처리장치도 포함된다. 국내에서도 우수처리장치(rain treatment system)라는 명칭으로 시스템화 되어 보급되고 있다.

시스템의 이상적인 크기는 건기 내내 1일의 물 소비량을 충족시킬 수 있어야 한다.

표 5 도시 우수의 오염 물질 농도

오염 물질	단위	평균 농도
총 부유물질	mg/L	80
총 인	mg/L	0.3
총 질소	mg/L	2
총 유기탄소	mg/L	12.7
대변 대장균	MPN/100 mL	3 600
대장균	MPN/100 mL	1 450
석유 탄화수소	mg/L	3.5
카드뮴	ug/L	2
동	ug/L	10
납	ug/L	18
아연	ug/L	140
염소산염(겨울)	mg/L	230
살충제	ug/L	0.1~2
제초제	ug/L	1~5

주 농도는 일반적인 현장에서 측정된 평균 또는 중간정도의 폭우 농도를 나타내며 개별 폭우의 경우 더 클 수 있다. 또한 폭풍우 또는 중위수 유출 농도는 표의 값보다 2~10배 높다.
단위: mg/L: 리터당 밀리그램, ug/L: 리터당 마이크로그램, MPN: 가장 개연성이 높은 물.

자료 참고문헌 1. Table 4-2에 의거 재작성.

특히, 건물 지붕과 같은 강우를 포착하는 면적은 물의 적절한 흐름을 유지 할 수 있을 만큼 충분히 커야 하고, 저수탱크 역시 크기는 수집된 우수를 수용할 수 있을 정도로 커야 한다.

연습문제

01 우수배수관 설계에서 1차 지붕배수 시스템에 사용하는 지붕배수구나 스쿠퍼, 수평 및 수직 배수관(또는 홈통) 등의 크기를 선정할 때, (1)국제 코드에서의 강우량 기준과 (2)국내 설계의 기준은 어떻게 다른가?

답 (1) 100년 주기의 60분지속 시의 폭우 (2) 10년 주기의 5분지속 시의 폭우 또는 10년 주기의 10분지속 시의 폭우

02 우수 배수구는 일반적으로 어떤 크기가 사용되는가?

답 NPS 4와 NPS 6

03 수평 지붕면적이 3 300 m^2인 상가용 건물이 있다. 이 지역의 시간당 강우량이 100 mm인 경우, 우수 배수용 입상관으로 NPS 4 또는 NPS 6을 사용하고자 한다. 각각 설치해야 할 수량을 구하라. 다만 유량은 입상관 단면적의 30% 만큼 차서 흐르는 것을 기준으로 한다.

답 NPS 4–11개, NPS 6–4개

04 2차 지붕배수 시스템이란 무엇이며. 설치할 경우의 기준을 설명하라.

05 사이펀식 우수배수 방식에 대하여 설명하라.

06 국내의 우수배수 설계기준으로 사용되는 10년 주기 10분지속 시의 폭우량이(mm/m^2) 많은 순서로 5위까지의 지역은 어디인가?

07 건물 내 우수관 설계를 위한 우수배수의 최소 유속기준을 설명하라.

답 최소 0.61 m/s(2 ft/s)

참고문헌

1. ASPE 2010. Plumbing Engineering Handbook. Vol.2
2. National Standard Plumbing Code-2009
3. 환경부, 물 재이용 기본계획, 2011.9
4. Smith Mfg. Co. Siphonic Roof Drains, SPM1104-1402 Roof Drain Technical Data Section. PM2052

SANITARY ENGINEERING

9장

통기 및 통기시스템

1. 통기 이론
2. 기구 통기의 종류
3. 통기 시스템 설계
4. 통기관의 설치

1 통기 이론

1.1 개요

(1) 통기

1 통기에 대한 정의

통기(vent)는 배수를 원활하게 하고, 동시에 배수에 의해 생기는 기압변동으로부터 트랩의 봉수를 보호할 목적으로 공기를 유통 시키는 것이다.

통기는 또한 공기 순환을 허용하여 배수 시스템에 휘발성 물질이 축적되는 것을 방지한다.

이러한 공기의 순환은 포집기가 설치되는 경우를 포함하여 모든 물을 사용하는 건물이나 시설 및 주택에 설치된 트랩의 기능 유지를 위하여 반드시 필요하다.

2 통기의 기능

통기란 오로지 하수가스나 불쾌한 냄새를 동반하는 기체를 외부로 빼내서 소멸시키는 것으로 생각하기 쉽다. 물론 통기의 범위에는 그러한 역할도 포함되는 것이 사실이다.

그러나 통기의 주요 기능은 오수 및 배수가 시스템 내에서 자유롭게 흐를 수 있도록 하는 것이다. 즉 공기가 배수 시스템으로 흘러들어와 배수관 내의 압력을 균등화(equalizing) 되도록 하는 것이다.

(2) 통기에 대한 연구

통기에 대한 연구와 통기관에 대한 개발은 아주 오래전부터 세계 광범위한 지역에서 이루어졌다. 그러나 통신기술이 발달하지 못했기 때문에 다른 지역 연구 간의 교류가 느리거나 불가능했다.

이러한 이유로 통기에 관한 세부사항에는 다양한 해석이 존재한다.

후에 프러밍코드[1]를 통해서 체계적인 정리가 이루어졌지만, 아직도 코드 간에는 크게 다른 부분이 남아 있다.

1800년대 후반에 들어 배관 전문가들은 배수 시스템에 별도의 관을 추가하여 공기가 배수계통으로 흘러들어 오도록 함으로써 이전에 사용되던 트랩의 비효율성을 교정할 수 있음을 발견했다. 그리고 이러한 원리는 통기이론(venting theory)로 알려지게 되었다.

이 이론에 대한 실질적인 입증이 이루어진 1874년(**제1장** 통기이론의 확립 참조) 이후에는 그동안 통상적으로 사용되던 오 · 배수 시스템(drain-waste- system)이라는 표현에 '통기'가 추가되었으며, 공칭 용어도 오 · 배수 및 통기 시스템(drain-waste-vent-system, DWV system)으로 변경되었다.

(3) 통기 시스템의 구성

1 통기 시스템

통기 시스템(vent system)은 배수 시스템으로 공기가 유입되게 하는 관 또는 배관이다. 유입된 공기가 유동되거나 순환됨으로써 트랩의 봉수는 사이펀 작용이나 역압으로부터 보호된다.

통기 시스템은 위생통기(plumbing vents) 라고도 하며, 일반적으로 지붕 위로 노출되는 통기터미널(vent terminal)에 여러 지관이 이어지는 식으로 구성된다.

통기 시스템의 설치는 과거 건물 내로 배출되던 하수가스를 외부로 배출시키는 수단이 되었다. 특히 오수계통의 통기는 산소를 공급하여 호기성 소화[2]를 돕고, 유해한 혐기성 물질의 분해[3]를 방지한다.

2 통기입상관

통기 시스템의 주요 부분은 통기입상관(vent stack)이다. 통기입상관은 나무 기둥에 비교된다. 통기횡지관은 기둥으로부터 세탁기, 샤워, 싱크, 변기 등 다양한 기구로 뻗어 있는 나뭇가지나 마찬가지이다.

---

1. Plumbing Code
2. 好氣性 消化(aerobic sewage digestion). 산소가 있을 때 유기물이 이산화탄소, 물, 단당류 및 무기염과 같은 단순 유기물 또는 무기물로 분해되는 과정.
3. 嫌氣性 分解(anaerobic decomposition). 미생물이 산소가 없는 상태에서 생분해성 물질을 분해하는 과정.

통기관은 트랩 양쪽의 압력을 균등화하여 트랩의 효과를 유지하는데 필요한 봉수를 보호하고, 그렇지 않으면 발생할 수 있는 "트랩 봉수가 빨려 나가는 현상(trap suckout)"을 피할 수 있게 한다.

중력배수 시스템의 구성 요소인 통기관은 통기입상관(vent stack)과 통기 수평지관으로 구성되며 배수배관 내의 기압을 제한하며 배수관과 평행으로 설치된다. 즉 통기관은 특정 연결지점으로부터 배수 시스템에 결합된 별도의 배관 시스템이며, 배수관 내의 기압이 기구트랩의 봉수를 유지 시킬 수 있는 크기이어야 한다.

3 통기터미널

통기터미널(vent terminal)은 통기입상관이 연장되어 지붕 위로 돌출된 부분을 말한다. 끝(開口)은 일반적으로 지붕 바닥 위, 파라펫이나 벽면으로부터 일정거리 떨어진 곳에 위치해야 한다.

4 통기헤더

통기헤더(vent header)는 두 개 이상의 통기지관이 연결된 통기횡주관을 말한다. 두 개 이상의 통기입상관이 연결되는 통기관 역시 통기헤더라 한다.

통기관은 하나 이상의 입상관 상단에 설치한 공통 헤더에 연결하고, 한 지점에서 대기에 개방되도록 할 수 있다.

5 통기지관

통기지관(vent brench)은 기구배수관으로부터 인출되어 통기입상관에 연결되는 통기관을 말한다. 각각의 통기지관의 지름은 통기관의 길이와 트랩의 크기에 따라 결정된다. 두 개 이상의 기구통기관이 연결되는 통기관도 통기지관 이라고 한다. 위생기구용 통기관은 수평으로 설치할 수 있다.

1.2 통기 시스템에 작용하는 기압

(1) 기압의 한계

일반적으로 기압의 한계는 대기압보다 높거나 낮은 25 mmAq(1 inAq)의 수두(水頭, head)이다. 통기관의 지름이 충분하고, 배관 길이가 제한범위 이내에 있으면 배수관 내 허용되는 기압에 도달할 수 있다.

통기관의 설치는 위생배수 시스템에만 국한되지 않는다. 화학 폐기물, 중수 폐기물 및 맑은물 배수와 같은 다른 배수 시스템에도 필수적으로 적용된다.

(2) 부압의 작용

1 부압의 영향

배수관을 통하여 흐르는 물 즉 배수는, 병 속의 음료를 빨대로 빨아 마실 때 생성되는 압력과 유사한 부압(負壓) 즉 진공이 생성된다. 그리고 이로 인하여 배수의 흐름이 늦어지거나 완전히 멈추게 될 수도 있다.

또한, 부압은 각종 위생기구, 이를테면 싱크, 욕조, 샤워 등의 기구배수관에 설치되는 트랩의 봉수를 비워버릴 수도 있다.

2 부압 생성의 저지

이러한 배수관 내 부압은 통기관을 설치함으로써 없앨 수 있다. 따라서 모든 주거용을 포함한 건물이나 시설의 배수 시스템에는 통기 시스템이 포함되어야 완벽해지는 것이다.

위생기구에서 물을 내려 배수관으로 물이 흐르게 되면 통기관을 통하여 공기가 배수관으로 들어가 부압을 저지하기 때문이다.

1.3 배수관 내 기압변동이 트랩 봉수에 미치는 영향

(1) P 트랩 발명의 효과

과거 3층 이하의 건물이 주류이던 시대에는 단독주택을 대상으로 하여 모든 오·배수 시스템이 연구되고 개발되었다. 그리고 그 결과로 주택에 적용할 수 있는 오·배수 및 통기 시스템이 완성된 것은 19세기에 들어와서이다.

P 트랩은 배관산업 분야의 매우 중요한 발명품이었다. P 트랩이란 형태가 배수관의 곡선 부분이었지만, 이것을 설치함으로써 하수가스가 집안으로 유입(backing up) 되는 것을 방지할 수 있었기 때문이다.

현재는 모든 배수관에 이 곡선을 사용하고 있지만, 당시에는 보편적으로 사용되는 기구가 아니었다.

P 트랩 발명 이전에도 트랩이 사용되었다. 그러나 이 초기의 트랩은 위생기구를 사용한 후 물을 배출할 때마다 봉수가 딸려 나가 비워지는 문제가 있었다.

(2) 배수관 내의 기압변동

1 P 트랩에 작용하는 3가지 압력 상태

기구트랩은 배수량에 크게 영향을 주지 않으면서 봉수를 유지한다. **그림 1**은 배수 시스템 내에서 발생할 수 있는 대표적인 압력 상태 3가지의 예를 보여주는 것이다.

위생기구를 기준으로 설명하면, 기구가 배수되지 않는 상태로부터 기구의 배수구가 완전히 개방된 상태 사이에서 트랩 설계의 원칙은 변기와 같이 의도적으로 사이펀 작용이 있어야 하는 기구를 제외한 대부분의 다른 기구에 적용될 수 있다.

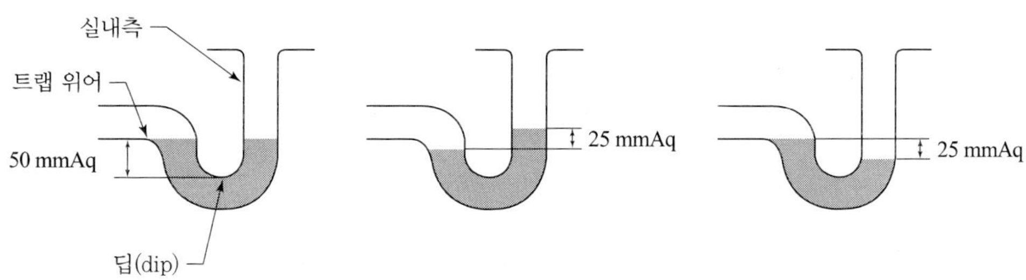

그림 1 트랩에서의 3가지 압력상태

그림 1의 ①첫 번째 트랩에서 봉수의 높이는 트랩의 양쪽이 같다. 즉, 배수 시스템 측의 기압은 실내 측 기압과 동일한 대기압이다. ②두 번째 트랩은 배수 시스템 쪽의 대기압이 물을 상류쪽으로 12.5 mm 밀어 올릴 만큼 증가하는 경우 수위에 미치는 영향을 보여준다. 수위는 실내 쪽에서도 같은 양만큼 상승하므로 25 mm의 압력차이가 발생하게 된다. 압력이 50 mm 이상으로 증가하면 봉수층이 사라지게 되므로 공기 및 기타 하수가스가 실내로 유입된다. ③마지막 트랩은 배수 시스템에 부압이 작용하는 경우의 영향을 보여주는 것으로, 트랩의 실내 측 기압이 봉수 수위를 25 mm 낮춘 것이다. 반대편에 있는 25 mm의 물은 배수구를 통해 손실된다.

배수 시스템의 압력이 다시 중립기압으로 돌아오면 수위는 딥 포인트로부터 37.5 mm 높이가 된다. 이후 부압이 37.5 mmAq로 지속되면 역시 봉수층이 사라지게 되고, 실내 측 공기가 트랩으로 빨려 들어가게 된다.

2 트랩의 봉수손실

트랩에서의 다른 문제는, 기구 배수의 운동량이 트랩 봉수의 대부분을 빠져 나가게 만드는 원인이 되는 것이다(**제7장** 자기사이펀 작용 참조).

배수관의 압력이 중립기압으로 돌아오면 봉수의 깊이는 딥 밑으로 내려갈 수 있으며, 그런 상황이 되면 하수 가스가 배수 시스템으로부터 실내로 자유롭게 이동할 수 있게 된다.

이러한 트랩 봉수 손실 문제는 기구통기관을 설치하는 것으로 방지할 수 있다. 트랩 봉수의 변위가 25 mmAq이면 0.25 kPa(0.036 psi)의 압력차가 발생한 것이다. 잘 설계된 통기 시스템에서는, 기구배수관에 연결된 통기관이 일반적으로 수직 또는 수직으로부터 최대 45도 이내의 각도로 유지되는 것이다.

2 기구 통기의 종류

2.1 전통적인 통기방식

(1) 배관을 통한 통기

위생배수 시스템에는 일반적으로 개별 기구통기와 다양한 대체 통기방식이 사용된다. 그 중 일부는 기계적인 방법이고, 다른 방법들은 정상적인 배수관 보다 큰 지름을 사용하는 것인데, 이 방식에서 유의해야 할 사항은 개인 욕실에 대한 사용형태를 파악하는 것이다.

또 한 가지는 아일랜드 싱크에 대한 통기관을 기본 통기 시스템에 연결하는 문제 및 한계를 해결하는 것이다.

기존의 전통적인 통기방식은 배관을 통하여 외부 공기가 배수 시스템으로 들어가 적절한 기압을 유지되도록 하여 건물로부터 오수나 배수가 외부로 잘 배출되록 하는 것이다.

배수는 변기, 싱크, 샤워 같은 위생기구에서 발생되고, 기구로부터 물의 흐름이 끝나면 배수관이 진공상태가 된다. 이를 방지하기 위하여 통기가 이루어져야 하고, 필요한 공기는 통기터미널을 통하여 배수관으로 유입된다.

전통적인 통기 방식은 다음과 같은 방법들이 복합적으로 사용된다.

(2) 공용통기

공용통기(common vent, **제1장 그림 4** 참조)는 두 개의 기구를 묶어서 하나의 통기관을 사용하는 가장 일반적인 통기방식이다. 벽을 사이에 두고 나란히 설치된 변기, 사워(또는 욕조)와 바닥트랩, 싱크와 세탁기처럼 인접한 두 기구에 하나의 통기관을 사용하는 방법이다.

두 기구와 통기관 겸 배수관과의 연결은 이중 Y관이나 YT관을 사용하여 동일한 높이에서 이루어지도록 한다.

단일의 Y관이나 YT관을 위 아래로 설치하여 두 기구를 다른 높이로 연결할 수도 있다. 이런 경우는 상부 기구의 배수가 하부 기구의 통기관을 막을 수 있어 하부 기구의 통기가 어렵게 되거나 불가능 해질 수 있다. 그러나 두 기구 연결부 사이 배수관의 크기를 한 단계 크게하는 경우에는 수직 습식통기가 되므로 코드상으로는 이 방식도 허용된다.

통기관의 크기는 연결되는 두 기구의 DFUs에 의하여 결정된다.

(3) 습식통기

1 배수와 통기 겸용

습식통기(wet venting)는 건식통기(dry vent)와 대비되는 용어로, 설치 높이가 서로 다른 2개 이상의 기구를 하나의 통기관으로 통기할 때, 높은 위치의 기구배수관이 낮은 위치에 있는 기구의 통기관으로 겸용되는 경우를 말한다.

그림 2에서와 같이 하나 또는 두 개의 욕실 그룹의 통기를 하나의 통기관으로 통기하는 경우가 대표적인 예이다[4]. 욕실 그룹에는 변기, 세면기, 욕조, 샤워 또는 비데와 같은 기구들이 배치되어 있고, 이러한 모든 기구를 하나의 건식통기관을 사용하여 통기할 수 있다.

그림에서 점선으로 표시된 부분은 건식통기관이 되고, 욕조(또는 샤워)의 통기 관은 세면기 배수관을 겸용하게 되므로 습식통기관이 된다. 즉 습식통기관은 다른 기구의 배수관이다.

또 다른 습식통기 설계는 개별 기구그룹에 사용되는 것이다. 즉, 공용 화장실에 비해 개인욕실은 2~3 개의 기구가 동시에 배수될 가능성이 작다. 변기, 세면기 및 욕조 등으로 기구설치가 제한되며, 변기에 대한 통기관은 다른 기구의 하류 및 습식통기와 무관한 입상관 또는 기구의 상류에 연결된다.

개별통기관은 화장실에만 설치되며, 세면기의 배수관은 다른 기구의 통기관이 된다.

2 통기관의 최대 거리

그림 2에서 욕조의 통기관 전체 길이는 욕조 배수관-세면기 배수관-건식 통기지관-통기입상과-통기터미날까지의 거리가 된다.

---

4. 우리나라는 오수와 배수를 분리 배관하는 기준이 적용되므로, 그림에서 변기는 동일한 크기의 배수관을 갖는 다른 위생기구로 대체하여 기준을 이해하면 된다.

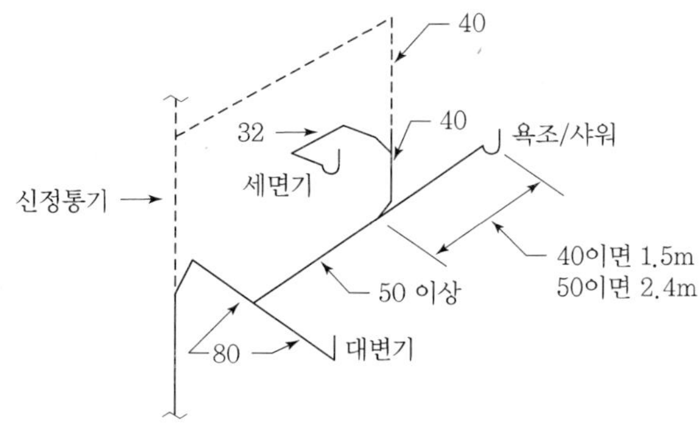

주 욕실그룹의 통기관은 배수관의 1/2 이상이어야 한다

그림 2 욕실그룹의 습통기(예)

3 설치기준

여러 코드에서 습식통기관의 크기를 규정하고 있다. 어떤 코드는 공용통기관에 적용이 허용된다. 다른 코드에서는 싱크를 그룹에 연결할 수 있도록 허용하고, 또 다른 코드에서는 두 개의 욕실그룹이 합쳐진 배수관에 도피통기관 설치를 요구한다.

코드의 기준으로 욕실그룹의 통기관은 배수관의 1/2 이상이 되어야 한다. **그림 2**에서 배수관이 DN 80이므로 통기관은 DN 40이 된 것이다. 만약 배수관이 DN 100이었다면 통기관은 DN 50이 되어야 한다.

습식통기의 문제를 방지하려면 코드의 기준보다 배수관의 크기를 한 단계 더 크게 한다. 그리고 가능한 경우 배수지관 겸 습통기관의 크기도 최소 DN 50으로 한다. 배수관으로부터 습식통기관 인출 각도는 배수관의 절단된 선에서 측정하여 건식통기관은 45도 이상, 습식통기관은 물과 공기를 운반하기 때문에 45도 미만의 각도로 연결한다.

4 습식통기에 대한 유의점

습식통기에 대한 유의점은, 욕조의 경우는 기구배수관이 배수횡지관에 수평으로 연결되고, 세면기 배수관은 배수횡지관에 수직 또는 수평으로 연결된다. 즉 배수관이 수평으로 연결되는 경우에는 수직으로 연결되는 경우처럼 배수가 배수 주관으로 잘 흘러가지 않는다.

이러한 점을 고려하여, 모든 기구배수관을 수직방향으로 배수되도록 배관한다면 배수는 잘 되지만 대신 습식통기는 불가능하게 된다.

통기의 원리는 주 배관에서의 수평흐름을 기반으로 한 것이기 때문이다. 욕실그룹에서 기구배수관이 수직으로 연결되는 것은 세면기나 비데뿐이다. 그 외의 기구는 모두 바닥에 설치되므로 주 배수관까지는 수평으로 연결될 수 밖에 없다. 그래서 습통기를 현재는 horizontal wet venting으로 표기 한다.

(4) 회로통기

1 원리

모든 기구가 자체 통기관을 가져야 하지만 특정한 경우에는 회로통기 시스템이 허용된다. 회로통기(circuit vent, **제1장 그림 14** 참조)는 같은 기구가 여러개 설치되는 경우에 사용되는 방법으로, 하나의 통기관은 최초기구의 상류에서 인출되고 다른 통기관은 마지막 기구의 하류에서 인출된다. 두 통기관은 합쳐져서 최종으로 통기입상에 연결된다.

보통 2개~8개의 기구 트랩을 보호하기 위한 통기방식이다. 공중화실과 같이 여러개의 변기가 일렬로 설치되고 기구배수관도 동일한 크기인 경우에 주로 사용된다.

이러한 통기방식은 회로통기 외에도, 루프통기 및 배터리통기를 포함하여 여러 가지 표현이 사용된다.

2 설치기준

설계의 세부사항에 따라 다르지만, 코드의 기준은 일반적으로 8개의 바닥 배수구를 갖는 기구 즉 변기용으로 제한하고 있지만, 실무적으로는 아파트에서와 같이 다수의 기구가 설치되는 건물에서 효과적인 통기방법으로 사용된다.

일부 코드에서는 세면기 배수관이 배수관 겸 통기관 또는 둘 다의 역할을 할 수 있도록 허용한다(습식통기 참조). 따라서 회로통기도 습식통기가 된다..

공통 배수횡지관의 크기가 넉넉하면 배수관 단면의 상반부의 공기가 과도한 압력이 된다하더라도 그룹 내 비유동 중인 기구의 트랩 봉수에 영향을 미치지 않는다.

여러 회로통기관은 상호 연결될 수 있다.

(5) 신정통기

1 배수와 통기의 결합

벽에 의해 제한을 받거나 수직통기관 설치가 어려운 상황에서, 다른 전통적인 통기 설계는 배수와 통기의 결합(combination drain and vent) 즉, 배수입상관의 지름을 더 크게하여 통기 겸용으로 사용하는 것이다(**제1장 그림 10** 참조).

개별통기관이 설치되는 배수 시스템과 달리, 배수와 통기 겸용 시의 배수입상관 지름은 일반적으로 호칭지름 기준으로 한 단계 커져야 한다. 그러면 코드의 기준으로 배수입상관은 통기입상관이 된다.

통기관은 배수입상관(waste stack)의 맨 윗부분만 해당되며, 이 부분을 수직으로 지붕 위까지 연장한 것이 신정통기관(伸頂, stack vent)이다.

2 적용

배수입상관에 옵셋이 포함되어 있는 경우 입상관 내 공기 코어의 압력이 제한되므로 더 큰 입상관 지름의 이점은 없어지게 된다.

배수입상관은 다층 건물이라도 매 층에 동일한 위치에 설치되지만 층별로 설치위치가 다르면 통기관 겸용으로는 사용할 수 없다.

일반적으로 코드에는 각 기구배수관이 배수입상관에 개별적으로 연결되어야 하며, 입상관의 지름은 저부로부터 통기입상관까지 일정하도록 규정하고 있다. 그리고, 변기 배수는 배수입상관에 연결되는 것을 금지한다. 변기 배수는 오수입상관으로만 배수되어야 한다.

이러한 설계는 기둥이 없는 창고와 같이 바닥배수구만 있는 지하실에 이상적이다. 일반적으로 주거용 건물에서 지하 바닥 배수관의 통기에 사용된다.

(6) 아일랜드 기구통기

1 동떨어져 설치된 싱크 통기

대부분의 위생기구들은 벽에 기댈 수 있도록 설치되거나 다른 물사용 기구들과 함께 설치되는 것이 일반적이다. 그리고 배수나 통기관은 그 벽체 내부에 배관된다.

그러나 레스토랑, 특수 매장, 카페 같은 곳에서는 작업과 대고객 편의를 고려하여 위생기구를 벽과 동떨어지게 설치는 경우가 있다[5]. 주로 싱크가 해당되며, 이 싱크에는 반드시 개별통기관을 설치해야 한다. 그러나 설치 위치상 노출 배관이 불가능하므로, 싱크의 상판 밑에서 배관이 이루어지지 않으면 안 된다.

기본 통기 시스템으로는 모든 기구를 효과적으로 통기할 수 없다. 또한 좁은 공간에서 이루어진 배관이라도 통기의 원리가 정확하게 실현되어야 한다. 그러므로 당연히 배관이 복잡할 수밖에 없다.

이런 경우에 적용하는 통일된 통기방식이 아일랜드 기구통기[6]이다.

2 배관방식과 통기의 원리

그림 3과 같이 통기관이 기구의 물넘침선 보다 150 mm(6 in) 높이로 올라갈 공간이 없기 때문에 싱크 아래에 통기관이 설치된다. 그런 다음 바닥으로 내려가서 통기지관은 수평방향으로 통기입상관에 연결된다.

모든 배수관과 마찬가지로 아일랜드 싱크에서도 배수가 원할하게 이루어져 하수가스를 대체하고 관을 따라 아래로 배수되면서 부압이 형성되지 않아야 하므로 통기가 되어야 한다. 아일랜드 기구통기는 싱크의 배수구가 열리면 하수 가스는 P 트랩 암에 연결된 티를 통하여 통기관 위쪽 엘보에 몰려있는 동안 물이 아래로 흐른다. 그리고 통기관에 생성된 음압으로 인하여 공기가 들어올 수도 있다.

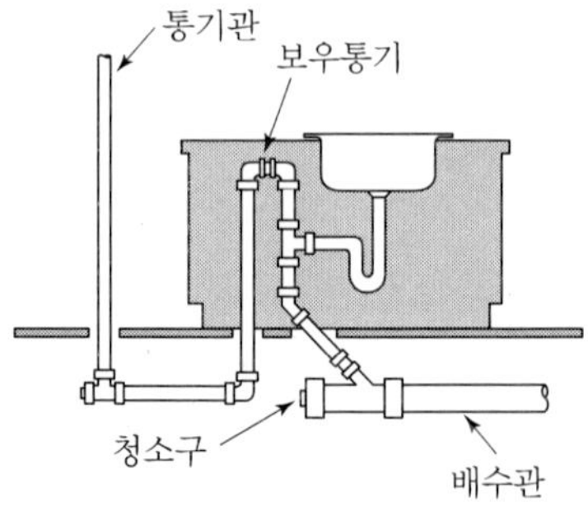

그림 3 아일랜드 기구 통기

5. island fixture. 싱크의 경우를 island sink라고 한다.
6. island fixture vent. 아일랜드 싱크에 대한 통기방식으로, “chicago loop”, “boston loop” 또는 “bow vent”라고도 한다.

아일랜드 기구통기의 핵심은 상단 엘보가 적어도 싱크의 물넘침선(또는 싱크에 물을 채울 수 있는 최대높이)보다 높은 위치에 있어야 한다는 것이다. 이는 실제 배수관이 막히더라도 통기관 쪽으로 배수구가 되지 않도록 하기 위한 것이다. 코드에서는 특정 상황에서 개별 기구배수관을 통기관으로의 겸용을 허용한다. 이러한 통기관은 습식통기가 된다.

2.2 대체 통기방식

(1) 전제 조건

기존의 통기 시스템을 대체하는 방식에 대해서는 이미 프러밍코드의 한 부분으로 규정되어 있다.

표준화되지 않은 통기방식을 실무에 적용하기 위해서는 관계기관의 사용 승인이 필요할 수도 있다. 승인을 받기 위해서는 사용하고자 하는 시스템에 대하여 기술적으로 가능함을 평가할 수 있는 자료를 제출해야 한다.

1회 사용을 위한 경우가 될 수도 있고, 승인받은 다음에는 다는 설계에도 적용하기 위한 경우일 수도 있다.

제출자료에는 관계기관이 인정하는 코드상의 목적에 필요한 모든 엔지니어링 자료가 포함되어야 한다.

대체 통기방식으로 적용할 수 있는 범위는 ①공기 유입 밸브를 사용하는 방법과 ② 소벤트 시스템을 적용하는 것이다.

(2) 공기 유입 밸브

1 구성요소와 설치기준

개별통기관을 설치하는 대신 통기관 연결부에 특수 첵밸브(air-admittance valves)를, 배수입상관의 저부 근처에 압력 감쇠기(pressure attenuator)를 설치하여 통기관 역할을 하도록 하는 설계 방법이다.

공기 유입 밸브의 위치는 기존의 통기방식과 유사하게 각 기구 또는 기구 그룹에 설치한다. 밸브는 배관 주변의 공간에 설치할 수 있지만 공기 취입구(louver)가 없는 벽체 내부와 같은 밀폐된 공간에는 설치할 수 없다.

압력 감쇠기는 10층 이상 건물의 경우 3~5층마다 설치한다. 공기 유입 밸브를 사용하는 환기 시스템의 경우라도, 양압의 통기압력을 완화시키기 위해서 주 통기관이 배수 횡주관에 연결되어 있어야 한다.

배수펌프의 토출배관에는 사용할 수 없다. 펌프가 간헐적으로 작동되어 배수관 내 압력 변동 폭이 크므로 전통적인 통기방식 적용이 안전하기 때문이다.

이 밸브는 개별통기관을 대체하며, 브랜치간격이 6 이하인 경우에는 신정 통기관을 생략할 수 있다.

제품에 따라 여러 가지 특정한 설치 제한 사항이 있을 수 있으므로, 상세한 내용은 제조자의 자료를 참고하여야 한다.

2 작동 원리

첵밸브 또는 공기 유입 밸브는 부압 조건이 발생할 때는 공기를 배수관으로 유입시키고, 양압 또는 중립기압이 되면 닫치는 원리이다.

배수입상관의 저부에 양압이 발생하면 압력 감쇠기는 근처의 기구 트랩에 영향을 미치기 전에 압력 증가분을 순간적으로 흡수한다. 내부에 공기주머니(butylene bladder)가 있어 최대 3.78 L(1 갤런)까지 확장되어 압력을 효과적으로 완화시킨다.

(3) 소벤트 시스템

소벤트 시스템(sovent system)은 에어레이터(aerator)와 디에어레이터 (deaerator)라는 특수한 배수관 이음쇠를 사용하여 배수입상관으로 유입되는 고 유속을 완화시켜 1개의 관으로 배수와 통기를 겸하도록 하는 특허권을 가진 통기 시스템이다. 개별통기관과 통기입상관을 별도로 설치할 필요가 없으며 다층 건물에 적용성이 좋다.

매 층에 설치되는 에어레이터는 터미널 속도의 발생을 방지하고, 변기로부터의 배수 흐름이 공기 코어를 방해하지 않고 입상관 흐름에 합류할 수 있도록 한다.

입상관 저부에 설치되는 디에어레이터는 공기 코어 압력을 배수횡주관으로 배출되게 한다. 디에어레이터는 또한 수평 옵셋의 상류 끝에도 설치된다.

변기 배수관이 입상관에 연결되지 않은 경우, 터미널속도는 바닥 높이에 설치 된 45도 엘보 2개를 사용하는 입상관 옵셋이나 또는 배관자체의 옵셋에 의하여 제어된다.

배수횡주관에 직접 연결된 기구에는 개별통기관이 필요하고 배수횡지관에 연결된 기구라도 소벤트 설계(제조의 설계 설명서에 명시)의 한계를 초과하는 경우에는 개별통기관이 필요하다. 그러나 이러한 개별통기관은 별도의 통기 입상관이 아닌 소벤트 시스템의 배수입상관에 연결할 수 있다.

적용할 수 있는 DFUs, 입상관 용량, 횡지관 용량, 통기헤더의 크기, 배수횡주관 크기 등의 자료는 제조자의 설계 매뉴얼에 따라야 한다.

(4) 단일 입상관 시스템

단일 입상관(single stack)은 배수나 오수관의 입상관을 지붕 위로 연장하여 배수관 겸 통기관으로 겸용하는 것이다.

원리는 신정통기관과 같으나, 앞에서 설명된 신정통기관과는 약간의 차이가 있다. 신정통기관은 일반적으로 여러 개의 배수횡지관이 연결된 배수입상관의 상부를 연장하여 집봉 위로 노출시켜 대기 통기가 가능하게 한 것을 말한다.

그러나 여기서의 단일 입상관은 배수입상관 뿐만 아니라 기구배수관 이라도 모든 수직 구간을 지붕 위까지 연장한 것을 말한다. 필라델피아 코드[7]에 규정된 방법이라 필라델피아 입상관(Philadelphia stack) 또는 연속통기(continuous vent) 라고도 부른다.

이 방식은 개별통기관과 통기입상관 등을 없앨 수 있는 경제성과, 다층 건물에서의 공간 절약에 효과적이라는 장점이 있다.

그러나 한가지 용도로만 사용할 때보다 관지름이 커져야 한다. 건축물의 높이 가 22 m(75 ft) 이상인 경우는 관의 크기를 한 단계 크게 하여야 한다.

입상관의 지름이 더 커지므로 공기 코어의 압력이 완화되고, 더 큰 지름의 횡지관과 트랩을 사용함으로써 기구 트랩의 봉수가 잘 유지된다.

다른 기능으로는 트랩에 물을 보충하는 트랩 프라이머를 포함할 수도 있다.

이상 설명된 통기방식은 독립적으로 사용되는 경우보다도 다른 통기방식과 함께 사용된다. **그림 4**는 혼동할 수 있는 부분과 배수관과 통기관 간의 크기를 이해하기 쉽게 표시한 것이다.

---

7. Philadelphia Plumbing Code

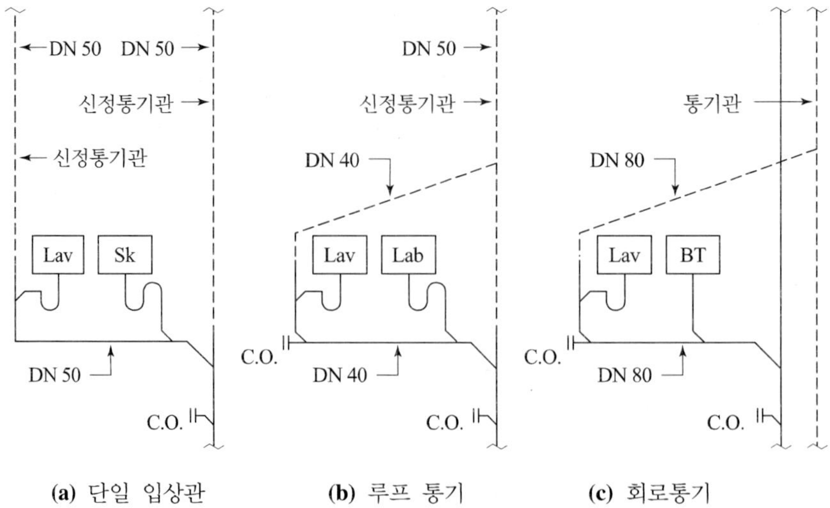

주 Lav: 세면기, Sk: 싱크, BT: 욕조, C.O: 청소구

그림 4 유사한 통기방식별 비교

3 통기 시스템 설계

3.1 배수 시스템과의 관계

(1) 배수 시스템의 영향

통기 시스템은 배수 시스템과 밀접한 관련이 있다. 즉, 배수 시스템에서의 허용 유속과 최대 유량은 통기관의 지름에 영향을 미친다. 일반적으로 통기관 크기는 배수관 지름에 대한 통기관 지름의 비율에 따라 변하게 된다.

싱크의 배수구가 비표준 크기이거나 기구 배수구와 트랩 배출구 사이의 수직 거리가 너무 길면 전체 배수 시스템의 유속은 통기관 크기 선정표에서 가정한 유속보다 크게 된다.

급수·급탕이나 난방 시스템에서와 같은 움직이는 부품[8]이 없기 때문에 통기 시스템은 조용하며 일반적으로 오랜 기간 동안 완벽하게 작동할 수 있다는 장점이 있다. 그러

8. moving parts

나 이러한 두 가지 장점은 통기 시스템의 특정 오류를 알지 못할 경우, 배수 및 통기 시스템의 결함으로 착각할 수 있다. 이러한 오류는 일반적으로 통기횡지관이 입상관에 연결되는 지점의 높이와 관련이 있다.

이 장에서는 NSPC의 통기관 크기 선정표 등의 설계 기준을 따르지만, 관계 기관에서 특별히 요구하는 사항이 있을 때에는 별도의 기준을 적용할 수 있다.

(2) 기구배수관과 통기관의 연결

기구배수관과 통기관(배수도 겸함)과의 연결지점은, 기구로부터의 배수에 의하여 트랩이 세척되어 씻겨나온 이물질로 막힐 정도로 너무 가깝거나 트랩의 하류 배관이 축적된 물로 막힐 정도로 거리가 멀어서도 안 된다.

그림 5는 기구배수관과 통기관(배수관 겸용) 사이(트랩 위어로부터 Y관 사이. 약간의 기울기를 가짐)가 채워진 물에 의해 막혀서 통기가 차단된 경우를 보여 주는 것이다. 그러므로 트랩과 통기관의 거리에는 제한이 따른다. 여기에는 기구트랩의 자기사이펀 현상을 방지하기 위한 목적도 포함된다.

통기관의 개구는 트랩 위어보다 위에 있어야 한다.

통기관 연결 위치가 **표 1**의 거리보다 짧으면, 다양한 방향으로 연결이 되어도 통기관이 축적된 물에 의해 막히지 않는다. 또한 수직관과 수평지관의 연결부는 YT나 Y관 외에도 장반지름엘보를 사용할 수도 있다. 장반지름의 배수관 이음쇠를 사용하는 경우는 **표 1**의 제한규정이 적용되지 않는다[9].

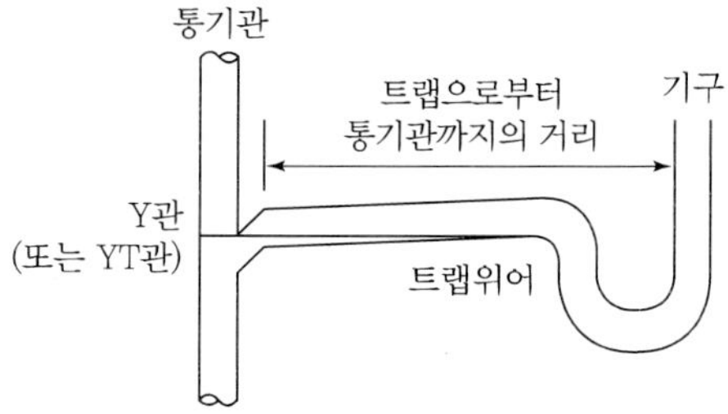

그림 5 Y관에 의한 통기관의 막힘

9. 참고문헌 2, Fig.12.8.1-A. Note 2.

표 1 통기관으로부터 기구배수관까지의 최대 거리

기구배수관지름		기울기	YT관까지의 거리(1)		Y관까지의 거리	
NPS	DN		ft	m	ft	m
1-1/4	32	1/50	3.5 (3.6)	1.0 (1.1)	1.5	0.4
1-1/2	40	1/50	5.5 (5.0)	1.7 (1.5)	4.0	1.2
2	50	1/50	6.0 (8.0)	1.8 (2.4)	4.5	1.4
3	80	1/50	8.0 (10.0)	2.4 (3.0)	6.0	1.8
3	80	1/100	10.0	3.0	8.0	2.4
4	100	1/50	10.0	3.0	8.0	2.4
4	100	1/100	12.0 (12)	3.6 (3.6)	10.0	3.0

주 (1) NSPC에서는 이를 트랩암(trap arm)으로 표시하고, 거리는 ( )의 값과 같다.
자료 참고문헌 1, Table 3-1 및 참고문헌 2, Table 12.8.1에 의거 재작성.

3.2 통기관 설계

(1) 수직과 수평 배수 주관 내의 흐름

1 물과 공기의 유동 속도

배수 시스템에서 물흐름의 특성은 어떤 기구에서 배수되는지와 시간에 따라 다르며 일시적이라는 것이다. 그러나 설계자의 관심은 최대유량이다.

최대유량은 일반적으로 기구에서 배수가 시작될 때이다. 각 기구에서의 물과 고체의 배수가 배수관에 가까워지면서 통기관 연결부의 기압이 증가한다.

그리고 대부분의 물이 통과하고 나면 기압이 주변보다 낮아지고 공기량은 배수량에 걸맞게 된다.

물과 공기의 이러한 유동형태는 특히 긴 배수횡지관에서 잘 나타난다. 물의 흐름은 배수관 단면의 아래쪽 절반을 차지하는 등류로 안정화 되고, 상반부는 같은 속도로 움직이는 공기로 가득 차 있는 상태이다. 따라서 흐름의 속도는 물과 공기가 동일하다.

2 개수로 흐름으로의 전환

배수수직주관 내 흐름은 고체, 내부 표면 주변의 물막(film), 중앙의 가운데가 빈 공기코어로 구성된다. 대략 낙하거리 15 m(50 ft)에서 속도는 최대에 도달하고 나머지 하강 거리에서는 일정하게 유지된다.

배수수직주관 저부에서 물막은 배수횡주관 단면의 아래쪽 절반을 차지하는 개수로 흐름으로 전환되고 공기는 위쪽 절반을 차지한다.

배수 흐름의 전환이 이루어지는 부분은 얕고 유속이 빠른 수로와 더 깊고 유속이 느린 수로로 구성된다. 이 부분에서 발생하는 급격한 고도 변화를 수력도약이라고 한다.

수력도약 전에 수직과 수평관이 연결되는 엘보나 벤드의 안쪽 부분에서 떨어지는 물막은 수평주관의 공기로부터 수직주관의 공기 코어를 분리하는 커튼을 만든다. 수력도약은 또한 공기의 핵심을 격리시킬 수 있다. 따라서 기압이 완화되지 않으면 코어에 축적된다.

3 브랜치간격

배수배관을 기준으로 할 때 층고는 배수입상관에 연결된 배수횡지관 간의 거리 즉 브랜치간격으로 볼 수 있다. 이러한 브랜치간격은 통기 시스템에 요구되는 기초적인 사항이며, 이 용어는 배수횡지관이 연결되지 않은 배수입상관의 경우 몇 개 층의 높이로 간주할 것인지를 판단하는 기준이 된다.

브렌치 간격이 4개 이하인 건물의 경우 **그림 6**과 같이 각 배수입상관 상단을 수직으로 연장하면 신정통기관이 되고, 지붕에 노출된 부분이 통기터미널이 된다. 신정통기관만으로 코어의 공기 압력을 완화시킬 수 있기 때문이며, 신정통기관의 지름은 통기입상관 지름과 같아야 한다.

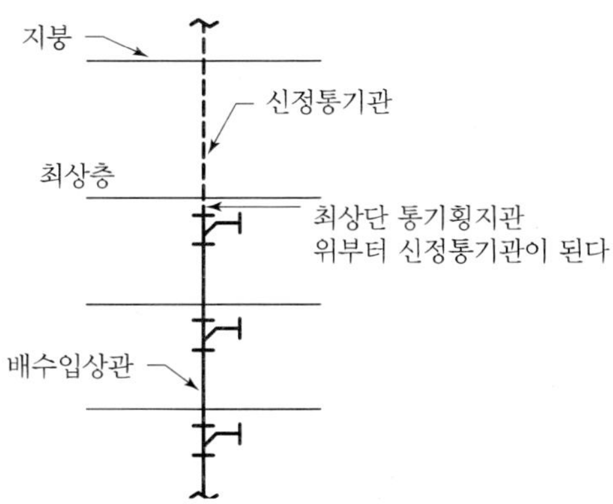

그림 6 배수입상관이 연장된 신정통기관(4층 이하 건물)

4 통기관 인출지점

브랜치간격이 5개 이상인 고층 건물에서는 각 배수입상관과 평행하게 통기관을 설치하여 코어 공기압력을 완화시킨다.

배수입상관에서 통기관을 인출할 때에는 배수횡주관으로 방향전환이 이루어지기 전의 배수입상관의 저부에서, 배수횡주관으로부터 인출할 때에는 배수입상관 지름의 10배가 되는 거리 이내에서 이루어져야 한다(**제1장 그림 10** 참조).

5 통기관 상단의 확관

통기관의 상단을 직접 지붕위로 돌출시키지 않고 신정통기관에 연결할 수 있다. 연결지점은 배수입상관 상단의 확관된 부분(**그림 11** 참조)이어야 하며, 확관된 부분의 관지름은 수직통기주관과 같거나 커야 한다.

6 결합통기관 추가

브랜치간격이 10개 이상인 건물의 경우는 통기의 안전을 위하여 위로부터 10개의 브랜치간격마다 결합통기관(yoke vents)을 설치한다.

결합통기관은 **그림 7**에서와 같이 해당 층 배수횡지관 보다 낮은 높이의 배수입상관에

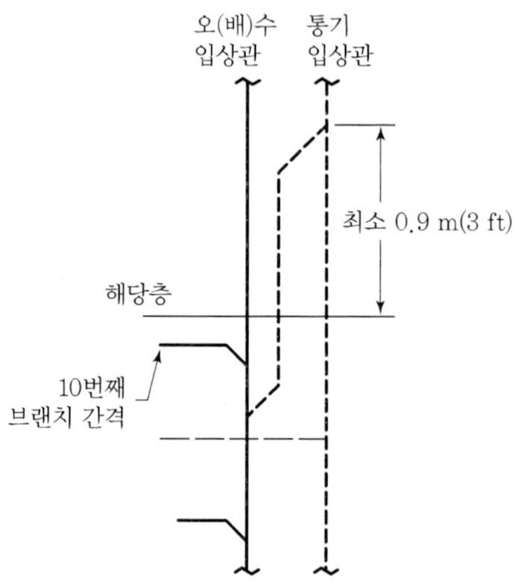

그림 7 결합통기관 설치 상세

서 인출하여 바닥으로부터 0.9 m 이상 높은 지점의 통기관에 연결한다. 결합통기관을 바닥면으로부터 0.9 m 이상 높게 설치하는 것은 기압의 변동이 없도록 하여 오(배)수 입상관에서 배수가 넘쳐 통기입상관으로 흘러 들어가지 못하도록 하기 위함이다.

(2) 통기입상관(통기주관)의 크기 선정

1 통기주관

배수횡주관을 위한 통기관을 통기주관 이라고 한다. 통기주관(main vent)은 배수횡주관에서 분기되어 통기터미널 또는 통기헤더로 연결되며, 배수횡주관 내의 압력 변화를 완화시켜 준다. 배수입상관(신정통기관) 또는 통기입상관이 통기주관 역할을 할 수도 있다.

특별히 통기주관을 설치하지 않는 한, 일반적으로는 통기입상관이 즉 통기 주관이 된다.

2 통기입상관에서의 공기량

통기입상관의 크기 즉 지름과 길이는 배수입상관에서 바닥 쪽으로 흐르는 최대 유량과 공기량을 기본으로 하여 결정된다. 코어에서 하향 이동하는 공기 속도는 물막의 터미날속도와 같다.

전체 관지름에 대한 물의 단면적 비율에서 통기입상관을 통과하는 공기의 유량을 결정할 수 있다. 통기입상관의 지름이 충분한 경우 길이에 따른 마찰로 인한 압력 변화는 25 mmAq(1 inAq) 이하이다.

3 방정식 이용 시의 전제조건

방정식을 이용하여 통기량, 통기관의 길이 등을 계산하는 것은 다음과 같은 가정을 전제로 하는 것이다.

①공기의 특성은 표준 압력과 10℃(50 °F) 온도이다. ②압력강하는 25 mmAq(0.036 psi, 250 Pa) 이다. ③터미널속도가 발생한다. ④관은 지름이 균일한 직선이고, 관이음쇠는 사용되지 않았으며 내부 거칠기는 0.000 30(ft 단위 기준) 또는 0.000 091(m 단위 기준)로 신품 강관의 2배를 기준으로 한다. ⑤호칭지름은 실제 안지름을 기준으로 한다. 실제 안지름은 **예제 1**에서의 식 (3)에서 처럼 5제곱으로 증가하기 때문에 배관길이 결정

에 영향을 미친다. ⑥통기입상관의 공기 속도는 배수입상관에서와 동일하다. 그러나 실제로 통기입상관에서의 공기 속도는 배수입상관에서의 공기 속도와 다를 수 있다. ⑦공기 순환은 배수입상관 아래로, 통기입상관 위로 올라간다. 순간적으로 과도한 물흐름으로 인한 배수입상관 내의 공기체적 변화는 통기터미널 안팎의 공기 흐름이 포함되기 때문이다. ⑧입상관 높이는 허용 압력강하에 비해 무시할 수 있다.

통기관의 길이를 보다 정확하게 계산해야 할 필요가 있을 경우에는 이러한 가정치를 실제 조건으로 바꾸어 주어야 한다.

예제 1

물이 터미날속도로 흐르고, 배수입상관 단면적의 7/24를 덮고 있는 DN 100의 배수입상관에서 배수량과 공기량을 구하라.

풀이 (1) 입상관의 유량을 구한다.

① 계산식을 사용할 경우

제7장의 배수입상관의 용량 계산식 (3)을 사용하고, 단면적의 비율은 7/24 즉 0.292이므로.

$$Q = 27.8 \times r_s^{5/3} \times D^{8/3}$$

$$= 27.8 \times (0.292)^{5/3} \times (4)^{8/3}$$

$$= 144.05(\text{GPM})$$

$$= 9.08(\text{L/s})$$

② 표의 값을 사용할 경우

제7장 표 6으로부터, NPS 4에서의 유량은 9.14 L/s(145 GPM)이 된다.

(2) 터미널속도를 구한다.

제7장 식 (1)을 사용하여 최종속도 즉 터미널속도를 구하면

$$V_T = 0.635(\frac{Q}{d})^{2/5}$$

$$= 0.635(9.08 \div 0.1)^{0.4}$$

$$= 3.84(\text{m/s}) = 12.6\ \text{ft/s}$$

(3) 공기 코어의 단면적을 구한다.

공기 코어의 단면적은 전체 관 단면적에서 물의 면적을 제외한 것이므로

$$A_p = \frac{\pi}{4} D^2$$

$$= 0.785 \times 4^2 (\text{in}^2) = 12.6 (\text{in}^2)$$

$$[= 0.785 \times 100^2 (\text{mm}^2) = 7\,850 (\text{mm}^2)]$$

$$A_w = 0.292 \times A_p$$

$$= 0.292 \times 12.6 = 3.68 (\text{in}^2)$$

$$[= 0.292 \times 7\,850 = 2\,292.2 (\text{mm}^2)]$$

$$A_a = A_p - A_w$$

$$= 12.6 - 3.68 = 8.92 (\text{in}^2)$$

$$[= 7\,850 - 2\,292.2 = 5\,557.8 (\text{mm}^2)]$$

(4) 공기량을 구한다.

공기량은 속도와 단면적의 곱이므로,

$$Q_a = A_a \times v$$

$$= 8.92\ \text{in}^2 \times 12.6\ \text{ft/s} \times 12\ \text{in/ft} \times 60\text{s/min} \div 231\ \text{in}^3/\text{gallon}$$

$$= 350.31\ \text{GPM}$$

$$[= 5\,557.8\ \text{mm}^2 \times 9.14\ \text{L/s} \div 2\,291\ \text{mm}^2$$

$$= 22.17\ \text{L/s}]$$

(5) 통기관의 길이를 구한다.

통기입상관의 크기는 배수입상관과 통기입상관 내에서 순환하는 공기에너지의 양에 따라 결정된다. 배관 내에서의 공기가 이상적인 흐름이라고 가정하고, 두 지점 사이에 Bernoulli 방정식을 적용하면

$$\frac{p_1}{d} + h_1 + \frac{v_1^2}{2g} = \frac{p_2}{d} + h_2 + \frac{v_2^2}{2g}$$

이 된다.

식에서 p는 압력, d는 공기의 밀도, h는 높이, v는 유속이며 g는 중력 가속도이다. 실제 흐름에서는 두 지점 사이의 마찰저항을 감안해야 하므로 방정식의 오른쪽에 관마찰저항 h_f를 추가해야 한다. 배수입상관 하단 즉 통기관 인출 지점을 1, 통기입상관의 맨 끝점을 2로 하면 다음과 같이 수정된다.

$$\frac{p_1}{d} + h_1 + \frac{v_1^2}{2g} = \frac{p_2}{d} + h_2 + \frac{v_2^2}{2g} + h_f$$

통기입상관의 지름이 배관 길이에 따라 변화되지 않으면 속도 항은 생략할 수 있고, $h_1 = 0$, p_2는 대기압, 관마찰저항은 $h_f = \lambda \frac{L}{D} \frac{v_2^2}{2g}$ 이므로, 이를 위 식에 대입하면 다음과 같이 변경된다.

$$\frac{p_1}{d} = h_2 + \lambda \frac{L}{D} \frac{v_2^2}{2g}$$

식에서 λ는 Darcy-Weisbach 방정식에서의 마찰계수, L은 점1과 점2 사이의 관의 길이이며 D는 통기입상관의 지름이다. 주어진 지름에 대한 최대 통기입상관의 길이를 찾기 위해 방정식의 항을 재정렬하면, 주어진 공기 속도와 허용 압력강하에 대한 적절한 통기관의 길이와 지름을 구할 수 있는 식 (1)을 찾을 수 있다.

$$L = \frac{(p_1/d - h_2)D}{\lambda v_2^2/2g} \tag{1}$$

이 일반적인 방정식은 ft-lb 단위와 SI 단위 모두에 적용할 수 있다.

식 (1)는 공기량 $q(=\frac{\pi}{4}D^2 v)$로 표현될 수도 있고, 이로부터 유속 $v = \frac{q}{\pi D^2/4}$가 되므로, $h_2 = 0$인 경우 다음의 식 (2)을 얻을 수 있다.

$$L = \frac{(p_1/d)D}{\lambda(q/D^2\pi/4)^2/2g)} = \frac{2g(p_1/d)D^5(\pi/4)^2(1\,000)}{\lambda q^2} \tag{2}$$

여기에 표준 공기의 밀도를 적용하여 식을 단순화할 수 있다. 표준 공기의 밀도 $d = 1.218$ kg/m^3(0.000 044 lb/인치^3, 0.011 9 N/l)이고, 통기관 내의 압력강하 즉 $p_1 = 250$ Pa(0.036 psi) 이므로

$$L = \frac{(250/0.0119) \times (2 \times 9.8) \times D^5 \times (\pi/4)^2 \times (1000)}{\lambda q^2}$$

또는

$$L = \frac{2.54 \times 10^8 \times D^5}{\lambda q^2} \tag{3}$$

이 된다. 식에서 길이는 m, 지름은 mm, 공기량은 L/s이고 λ는 무차원수이다.

예제 2

터미널속도에서 유량이 22 L/s인 DN 100 통기관의 경우 내부 표면의 마찰계수 f와 통기관의 최대 길이를 구하라. 다만, 배관재는 거친 금속관을 사용하며, 통기관의 두 끝점 간의 압력차는 25 mmAq이고, 공기는 10℃에서의 표준 압력으로 가정하여, 공기의 밀도는 1.218 kg/m^3, 점도는 0.000 019 N-s/m^{2}이다.

풀이 (1) 유속을 구한다.

$$v = \frac{q}{\pi D^2/4} = \frac{0.022}{0.785(0.1)^2} = 2.8(\mathrm{m/s})$$

(2) 레이놀드수를 구한다.

$$R = \frac{DV\rho}{\mu} = \frac{0.1 \times 2.8 \times 1.128}{0.000019} = 16623$$

(3) 상대조도 즉 조도(ϵ) 대 지름(D) 비율을 구한다.

$$\frac{\epsilon}{D} = \frac{0.000\,091}{0.1} = 0.000\,91$$

이므로

Moody의 선도로부터 $\lambda = 0.029$가 구해진다.

(4) 방정식 (3)을 사용하여 통기관의 길이를 구한다.

$$L = \frac{2.53 \times 10^8 D^5}{\lambda q^2}(\mathrm{m})$$

$$= \frac{2.53 \times 10^8 \times 0.1^5}{0.029 \times 22.0^2} = 180.25(\mathrm{m})$$

---

(3) 옵셋의 설계

옵셋(offset)은 배수입상관이 어떤 이유로 직진할 수가 없어서 불가피하게 평행 이동시킨 부분이다(**제1장 그림 11** 참조).

배수입상관이 상단 배수횡주관 연결지점으로부터 배수횡주관까지가 수직이 아닌 각도로 입상관이 방향을 변경하는 경우 다른 기압 제한조건이 발생한다.

각 옵셋의 상류 끝에서 공기는 배수입상관의 저부에서 막히는 것과 같은 방식으로 차단된다. 따라서 오셋 아래에 배수횡지관이 연결되는 경우 도피통기관(relief vent) 연결지점이 배수입상관에 추가된다. 90도 옵셋의 경우 **그림 8**과 같이 옵셋의 수평 부분의 상류 및 하류에, 30도 및 45도 옵셋의 경우 상류에 도피통기관이 설치되어야 한다. 옵셋의 도피통기관의 지름은 통기입상관과 같아야 한다. 두 경우의 도피통기관 상부 연결점은 바닥으로부터 일정 높이 위에 있어야 한다.

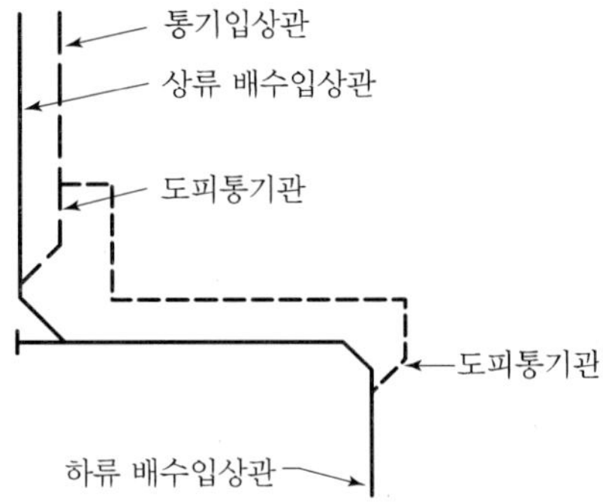

그림 8 옵셋 배수관에 대한 도피통기관 설치

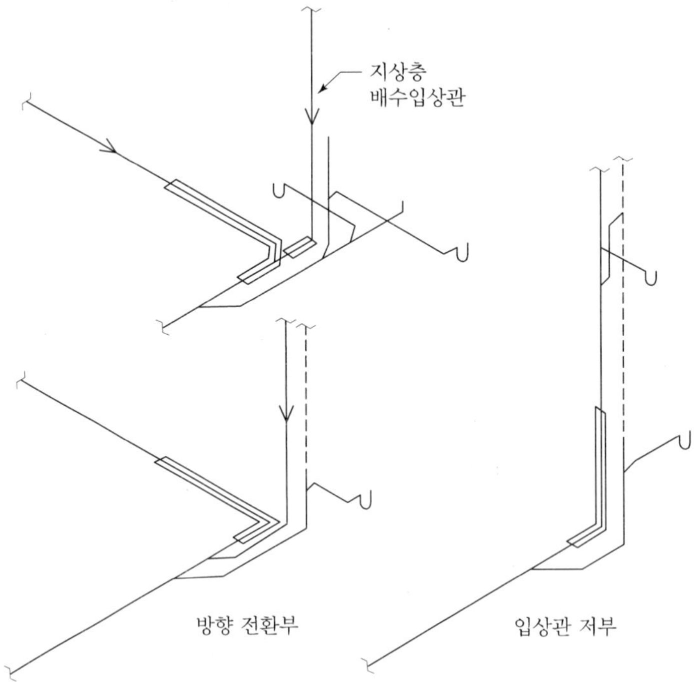

그림 9 비누거품 압력작용 영역

(4) 비누거품 압력작용 영역에 대한 통기관 추가

배수배관에 공기 흐름을 방해하는 또 다른 요인은 배수입상관의 저부, 옵셋 및 배수횡주관의 방향전환 구간에 모이는 세제나 비누의 거품[10]이다. 영향을 받는 영역은 **그림 9**에서 이중선으로 표시된 구간으로, 이를 비누거품 압력작용 영역(suds pressure zones)이라고 한다. 비눗물은 공기가 아닌 물이나 고체에 의해서만 대체될 수 있다.

따라서 세탁기의 배수횡지관은 이러한 구역에 연결되지 않도록 하여야 한다. 즉, 압력영역을 벗어난 지점에 연결되어야 하고, 압력작용 영역 위쪽의 입상관 저부에는 통기관이 추가되어야 한다.

비누거품 도피용 통기관은 배수관을 기준으로 **표 2**와 같이 최소 DN 50 이상으로 하며 배수지관 보다 한 단계 이상 작지 않도록 선정하여야 한다.

표 2 비누거품 도피용 통기관

배수관 구경, DN	도피 통기관 구경, DN
40	50
50	50
80	50
100	80
125	100
150	125
200	150

자료 참고문헌 2, Table 12.15.1에의거 재작성,

3.3 DFUs 기준의 통기관 선정

(1) 통기관의 주경로

1 통기관의 최대 길이

통기입상관 크기에서와 같이 개별 기구통기관의 크기는 공기 유속, 통기관 지름 및 통기터미널까지의 길이에 따라 결정된다.

방향이 바뀐 통기관의 경우에는 배관계통에 사용된 관이음쇠의 상당길이를 감안하여야 한다. 즉 통기관의 전체 길이는 실제 직관 길이에 상당길이를 더한 것이 된다.

10. 비누거품 압력 도피용 통기관은 비누거품이 공기보다 무겁기 때문에 일반적인 배수 계통의 통기관보다 크다. 비누거품의 무게는 m^3 당 32 kg에서 많게는 304 kg까지도 될 수 있다.

예제 3

변기가 DN 80의 배수횡지관으로 배수되고, 여기에 DN 40의 통기관이 설치되는 경우 연장할 수 있는 통기관의 최대 길이를 구하라. 다만, 배수횡지관의 기울기는 1/100이고 관지름의 1/2수위로 유량은 2.84 L/s(45 GPM) 이하라고 가정한다.

풀이 (1) 배수횡지관의 1/2에 배수가 채워져 흐르므로, 배수량과 공기량은 2.84 L/s로 동일하다. DN 40의 안지름은 38.1 mm이므로 통기관 내 공기 속도는

$$v = \frac{q}{\pi D^2/4}$$
$$= \frac{0.00284}{0.785(0.0381)^2} = 2.49(\text{m/s})$$

(2) Reynolds 수를 구한다.

[예제 2]에서와 같이 공기의 밀도는 1.218 kg/m³, 점도는 0.000 019 N-s/m² 이다.

$$R = \frac{DV\rho}{\mu} \text{ 이고, } \rho = \frac{\gamma}{g}$$

이므로

$$R = \frac{0.038\,1 \times 2.49 \times 1.218}{0.000\,019} = 6\,082$$

(3) 상대 조도를 구한다,

$$\frac{\epsilon}{D} = \frac{0.000\,091}{0.0381} = 0.000\,498$$

그러므로, Moody리 선도로부터 $\lambda = 0.038\,5$가 된다.

(4) 식 (3)을 사용하여 통기관의 최대 전개 길이를 구한다.

공기압이 25 mmAq를 초과하기 전의 통기관의 최대 전개 길이는

$$L = \frac{2.53 \times 10^8 \times D^5}{\lambda q^2}(\text{m}) = \frac{2.53 \times 10^8 \times 0.0381^5}{0.0385 \times 2.84^2} = 63.07(\text{m})$$

참고 표 3을 기준으로 할 경우, 유량 2.84 L/s는 6 ft³/min이므로 DFUs = 6이 된다. 배수관 DN 80에 사용할 수 있는 최소 통기관은 DN 40이고, 최대 거리는 9 m이다. 그러므로, 만약 허용되는 배관 거리가 짧을 경우에는 DN 50을 사용할 수 있고 최대 거리는 30 m가 된다.

예제 4

DFUs = 12를 감당해야 하는 통기지관의 경우, 총 길이가 30 m이고 이 중 14 m가 수평인 경우 통기관의 최소 크기를 선정한다.

풀이 **표 3**에서 DFUs = 12를 감당할 수 있는 배수관은 DN 50이고, 이에 대한 통기관은 DN 32~50 이다. 그러나 DN 32나 DN 40은 최대길이가 짧아 사용할 수 없고, DN 50은 최대 길이 61 m이므로 사용 가능한 최소 크기가 된다.

2 주경로

배수횡주관에서 통기관을 인출하는 것도 배수횡지관에서 인출할 때와 다르지 않다. 마찬가지로 횡주관 내 물의 흐름은 관 단면의 아래쪽 절반을 차지하는 균일한 형태로 안정되고, 상반부의 공기는 하반부의 물과 같은 속도로 흐른다.

[예제 3]에서와 같이 기구가 배수횡지관이 아닌 배수횡주관에 연결된 경우에도 통기관 길이를 결정하는 방법은 동일하게 식 (3)을 사용한다.

두 개의 기구의 개별통기관이 연결된 통기지관의 공기량은 각 기구의 공기량을 합친 것이 된다.

주경로(index circuit)란 통기터미널로부터 가장 먼곳에 위치한 기구까지의 거리이다. 통기관의 최대거리는 이를 기준으로 결정한다. 이는 99% 확률 즉, 여러 기구가 혼재해 있는 일반적인 배수 시스템에서 대부분의 기구는 복합적으로 효과가 있다는 것을 기준으로 한 것이며, 극히 드물게 문제가 되는 기구도 있을 수는 있지만 무시할 수 있다고 가정한 것이다.

예제 5

DN 125인 배수횡주관의 기울기 1/100일 때의 배수량과 공기량을 구한다.

풀이 (1) 감당할 수 있는 최대 DFUs를 구한다.

제7장 표 11로부터 DFUs = 390이다.

(2) 등류로 안정화된 상태에서 배수유량과 공기유량은 같으므로 매닝 공식(n = 0.013)이 적용된 **제7장 표 8**(a)로부터

$$259 \text{ LPM} \times 0.015 \div 0.013 = 299\text{LPM} \rightarrow 4.98 \text{ L/s}$$

가 된다.

따라서 FUD 390을 감당하는 모든 배수관에 대한 통기관은 식 (3)에 유량 4.98 L/s을 적용하여 크기를 결정할 수 있다.

(2) 통기관 선정표

1 방정식을 이용한 통기관 계산결과 분석

앞의 **[예제 1]**, **[예제 2]**, **[예제 3]**은 공학적인 방정식을 이용하여 통기관을 선정하는 방법을 설명한 것이다. 매우 복잡한 과정을 거쳐야 통기관의 통기량, 적정한 크기와 거리를 구할 수 있음을 보여준 것이다.

실무적으로는 코드에 제시된 표를 사용하여 간단하게 선정작업을 끝내지만, 사용된 모든 자료는 공학적 이론을 토대로 한 것이며, 가장 보편타당한 결과치를 제시한 것이다. 코드의 존재 목적 자체가 실무에서의 복잡하고 어려운 계산을 생략하고 간단히 답을 찾을 수 있도록 함이기 때문이다.

2 통기관 선정표의 구성

표 3은 배수관이 감당하는 DFUs를 기준으로 이에 적합한 통기관의 지름과 최대거리를 선정하는 표이다. 배수부하는 해당 배수관에 연결된 기구배수 부하단위 합계(DFUs)를 기준으로 결정한다(**제7장 표 10**과 **표 11**참조). 그리고 이 방법은 모든 기구그룹 또는 전체 건물에 적용된다.

통기 시스템의 부하도 이와 같은 방식으로 결정된다. 즉, 통기관이 감당하는 구간의 DFUs를 기준으로 크기를 결정 할 수 있다.

식 (3)은 공기량, 통기관 지름 및 길이 간의 관계를 제시한 것에 비하여, 통기관 용량 선정표는 DFUs, 통관 크기 및 길이 값을 제공한다.

배수횡주관의 지름은 DFUs를 기준으로 선정되고, L/s 단위의 배수 용량은 관지름의 1/2 수위로 흐를 때의 매닝공식(**제7장 표 8** 참조)이 적용된 것이다.

따라서 표준화된 관지름에 대해서는 DFUs에 해당하는 배수량(L/s, GPM)을 동일한 양의 공기량으로 대체시킬 수 있다.

표 3 통기관의 관지름과 최대길이

배수 관지름	DFU	통기관의 관지름								
		32	40	50	65	80	100	125	150	200
		최대 배관길이, m								
32	1	(1)	–	–	–	–	–	–	–	–
40	8	15	46	–	–	–	–	–	–	–
50	12	9	23	61	–	–	–	–	–	–
50	20	8	15	46	–	–	–	–	–	–
80	10	–	9	30	30	183	–	–	–	–
80	30	–	–	18	61	152	–	–	–	–
80	60	–	–	15	24	122	–	–	–	–
100	100	–	–	11	30	79	305	–	–	–
100	200	–	–	9	27	76	274	–	–	–
100	500	–	–	6	21	55	213	–	–	–
125	200	–	–	–	11	24	107	305	–	–
125	500	–	–	–	9	21	91	274	–	–
125	1,100	–	–	–	6	15	61	213	–	–
150	350	–	–	–	8	15	61	122	396	–
150	620	–	–	–	5	9	38	91	335	–
150	960	–	–	–	–	7	30	76	305	–
150	1,900	–	–	–	–	6	21	61	213	–
200	600	–	–	–	–	–	15	46	152	396
200	1,400	–	–	–	–	–	12	30	122	366
200	2,200	–	–	–	–	–	9	24	107	335
200	3,600	–			–	–	8	18	76	244
250	1,000	–	–	–	–	–	–	23	38	305
250	2,500	–	–	–	–	–	–	15	30	152
250	3,800	–					–	9	24	107
250	5,600	–	–	–	–	–	–	8	18	76

주 (1) 통기관의 길이에 제한이 없다.
자료 참고문헌 2, Table 12.16에 의거 재작성.

3 통기관 선정의 조건

건물의 배수계통에는 하나 이상의 통기관을 지붕 위로 연장하여 대기로 통기 할 수 있어야 한다.

표를 활용하여 통기관을 선정하는 기준은 ①통기관은 해당 기구배수관 관지름의 1/2 이상으로 하며, 최소 DN 32 이상이어야 한다. ②두 개 이상의 기구를 연결하는 통기관의 크기는 연결하는 배수관의 DFUs를 기준으로 한다. ③회로통기관이나 루프통기관은 담당하는 배수횡지관의 1/2 이상의 크기로 하여야 한다. ④브랜치간격이 10 이상인 입상관의 도피통기관과 그 입상관의 수평옵셋에 대한 도피통기관은 연결하는 통기입상관과 같은 크기로 한다.

4 통기터미널의 크기

신정통기관이나 통기입상관의 관지름은 **표 3**에 의하여 선정되어야 하며, 최대길이는 배수관의 통기관 인출지점으로부터 통기헤더(있을 경우)를 거쳐 통기터미널까지의 직관 길이와 상당길이를 합한 길이로 한다

건물 하수관에 연결되는 모든 통기터미널의 총 단면적은 부지배수관에 연결되는 배수횡주관의 총 단면적보다 커야 한다. 다만, 이 경우에도 앞에서 설명된 서리막힘 방지 요구사항(**그림 11** 참조)을 충족시켜야 한다.

하나 이상의 통기터미널이 있고, 각각의 단면적을 합친 것이 DN 80에 해당하는 단면적이 된다면, 이는 DN 100인 배수횡주관의 통기관으로 사용할 수 있다. 다만, DN 100 배수횡주관이 감당하는 DFUs나 욕실그룹 수가 DN 80 배수횡주관에 허용되는 최대 숫자를 넘지 않는 경우에 한한다.

배수관 지름별 단면적은 **표 4**와 같다.

표 4 배수관의 단면적

DN	단면적, cm^2	호칭지름	단면적, cm^2
32	7.7	125	126.5
40	11,6	150	182.5
50	20.0	200	324.5
65	31.6	250	506.0
80	45.8	300	729.7
100	81.3	375	1 140.0

예제 6

부지배수관에 연결되는 배수횡주관이 DN 150 2개 일 경우 통기터미널의 크기를 구한다.

풀이 (1) 배수횡주관 DN 150의 관단면적은 $182.5 \times 2 = 365(\text{cm}^2)$이다.

그러므로 통기터미날이 각 통기입상관의 최고층 천정에 설치된 통기헤더에 연결되고, 통기헤더로부터 1개의 통기터미날이 설치되는 경우라고 가정하면 통기터미널의 단면적은 365 cm^2 보다 커야 하므로, 배수관과 동일한 재질의 사용한다고 할 때 DN 250이 되어야 한다.

(2) DN 250이 지붕방수 등의 문제가 있어 작은 관을 복수로 설치한다고 하면, DN 150 2개 또는 DN 125 3개의 통기터미날이 설치되어야 한다.

4 통기관 설치

4.1 통기 배관망

(1) 일반 사항

1 통기관 설치기준

통기관은 배수관에서의 인출지점으로부터 횡지관과 입상관 및 통기헤더(있을 경우)를 거쳐 통기터미널까지 배관망을 구성한다.

브랜치간격이 5 이상인 건축물의 배수관에는 배수관과 별도의 통기관을 설치해야 한다. 5층 이하의 건물에서는 별도의 통기관을 두지 않는 대신 배수관이 통기관을 겸하게 되므로 배수입상관의 상단은 신정통기관으로 사용되어여 한다.

통기관의 인출부는 배수입상관의 저부 또는 입상관 저부로부터 입상관 지름의 10배 이내 거리의 배수횡주관이 된다.

입상관의 저부와 도피통기관 사이에 횡지관을 연결해서는 아니 된다.

2 배수와 통기 겸용 배관의 관지름

배수와 통기를 겸용하는 배관은 **표 5**로부터 배관이 감당하는 DFUs와 배관 기울기를 기준으로 크기를 선정한다.

표 5 배수와 통기 겸용 배관의 관지름, DN

부하(DFUs) \ 기울기	1/100	1/50	1/32	1/25
3	100	50	25	50
12	100	100	80	80
20	125	100	100	100
180	125	125	100	100
218	150	125	125	125
390	200	200	125	125
480	200	200	150	150
700	200	200	150	150
840	250	200	200	200
1 600	250	250	200	200
1 920	300	250	250	250

자료 참고문헌 2, Table 12.17.4에 의거 재작성.

(2) 통기지관

기울기가 거의 없는 매우 긴 배수횡지관에 통기관을 설치하면 배수 흐름이 원활해 진다. 통기지관 지름은 통기관의 길이와 트랩의 크기에 따라 결정되며, 일반적으로 DN 32~50이 사용된다.

위생기구용 통기관이 수평으로 설치되는 경우에는 최소한 1/50의 기울기를 가지도록 하여야 하며, 배관거리 기준으로 각 기구별 통기관 연결지점이 결정된다.

통기관의 연결지점은 기구의 물넘침선으로부터 150 mm(6 in) 이상 높이 이어야 한다. 또한 연결지점은 P 트랩으로부터의 지정된 거리를 초과하지 않아야 한다. 그 거리는 통기관의 크기에 따라 달라진다.

통기지관이 DN 32이면 최대 1.5 m(5 ft), DN 50이면 최대 2.5 m(8 ft) 이내 있는 트랩에만 연결되어야 한다.

(3) 통기입상관

배수시스템에 최소 두 개의 위생기구가 설치되는 경우, 통기입상관의 크기는 DN 65 이상, 단독 주택의 경우는 DN 80~100으로 하여야 한다.

통상적인 통기 시스템에서는 한 곳의 연결지점으로부터 시작된 통기관은 배관망을 통해 실외까지 확장된다.

통기입상관은 배수기구(싱크, 변기, 샤워 등)로부터 1.5 m(5 ft) 반경 내에 있어야 한다. 지붕을 뚫고 나가는 통기입상관(통기터미널)이 하나가 되도록 건물 내부에 통기헤더를 둘 수 있다.

(4) 통기헤더

각각의 배수입상관 상단을 연장한 신정통기관을 지붕위까지 연장하여 통기 터미널로 사용할 수 있다. 그러나 이 경우 지붕을 뚫어야 하는 개소가 많아 지므로 통기의 이점보다는 방수층을 고려해야 하는 단점이 더 클 수 있다.

그러므로 **그림 10**과 같이 신정통기관의 상단을 묶어 하나가 되도록 하고 이를 연장하여 한 곳에서만 지붕 위의 대기에 노출되는 통기터미널이 되도록 한다. 각각의 신정통기관이 연결된 통기관을 통기헤더(vent header 또는 common vent header)라고 한다.

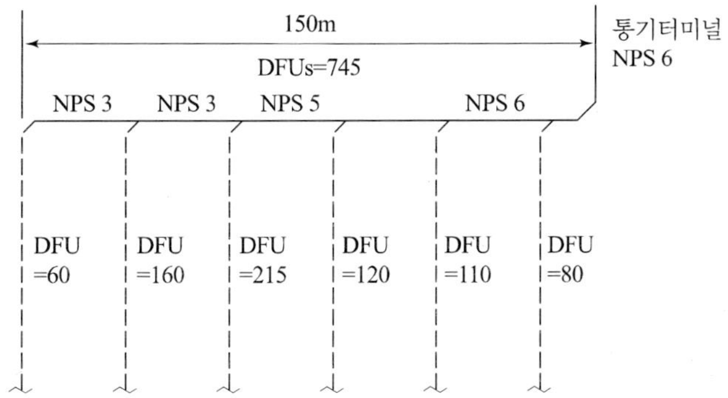

그림 10 통기헤더

이러한 헤더도 **표 3**에 따라 크기가 선정되어야 한다. 통기헤더의 크기는 각 신정통기관 크기 이상이어야 하고, 합산된 DFUs를 기준으로 크기가 결정된다.

예제 7

그림 10과 같이 6개의 신정통기관이 연결된 통기헤더와 통기터미널의 크기를 구한다. 다만 통기헤더의 길이는 150 m이고, 각각의 신정통기관의 부하는 DFUs = 60, 160, 215, 120, 110, 80이다.

풀이 (1) 각 신정통기관의 크기를 구한다.

통기부하에 따른 신정통기관의 크기는 **표 3**로부터 다음과 같이 선정된다.

DFUs	60	160	215	120	110	80
NPS	3	4	4	4	4	4

(2) 구간별 통기헤더의 크기를 구한다

구간	DFUs 60	~DFUs160	~DFUs 215	~DFUs 120	~DFUs 110	~DFUs 80
DFUs	60	220	435	555	665	745
NPS	3	4	4	5	6	6

(3) 통기터미널의 크기를 구한다.

통기헤더의 최대크기가 NPS 6이므로, 이를 그대로 연장한다.

(5) 통기터미널

1 통기터미널의 위치

통기터미널의 끝(開口)은 일반적으로 지붕 바닥으로부터 0.3~0.6 m(1~2 ft)의 높이에 있어야 하며, 지름은 넉넉한 크기가 되도록 하여 서리가 쌓여 관의 단면이 막히는 것을 방지해야 한다.

통기터미널 위치는 일반적으로 공기 흡입구, 문, 창문 및 산책로로부터 멀리 떨어져 있어야 한다. 또한 지붕 방수층의 멤브레인에 영향을 미칠 수 있는 통기 터미널의 수축 팽창에 대한 대책이 고려되어야 한다.

2 통기터미널의 크기

통기터미널의 크기는 DN 50 이상이어야 한다. 크기가 DN 80 이하인 경우, 특히 서리로 통기구가 막힐 우려가 있는 지역에서는 **그림 11**과 같이 관을 한 단계 이상 크게 하여야 한다. 확관은 단열이 되어있고 동결 온도 이상으로 유지되는 공간 즉 지붕이나 천정의 최소 300 mm 아래 지점부터 시작되어야 한다.

3 지붕 관통부 플래싱

통기관이 관통하는 지붕의 주위는 금속제 방수판을 사용하여 방수처리를 하여야 한다. 플래싱(flashing)은 원래 불침투성 재료의 얇은 조각을 뜻하지만, 건축에서는 금속제의 판을 사용하는 지붕방수를 의미한다.

현대의 건물에서 플래싱은 굴뚝, 통기터미널, 벽, 창문, 문 개구부와 같은 부분에서의 수분 침투율을 낮춰 건물의 내구성을 높이고 실내 곰팡이 문제를 줄이기 위한 것이다.

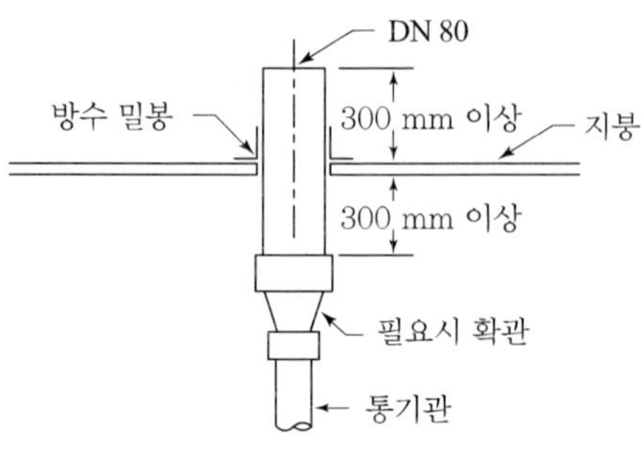

그림 11 서리 막힘 방지를 위한 통기관 말단의 확관

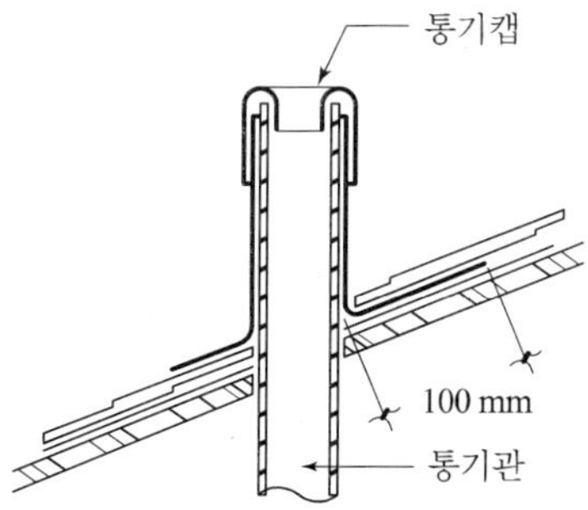

그림 12 통기터미널의 지붕 관통부 카운터 플래싱

통기터미널의 플래싱에는 공장에서 제조된 통기관 전용제품[11]을 사용할 수 있다. 플래싱 재료로는 동, 납, 알루미늄, 스테인리스강 등이 사용된다.

그림 12와 같이 통기터미날 높이까지 플래싱하고 통기관과 플래싱 사이로 빗물이 흘러 들어가지 않도록 통기캡(vent cap)을 씌우는 방법을 특히 카운터 플래싱(counter flashing 또는 cap flashing)이라고 한다. 이 경우 캡을 씌운 후의 통기터미널의 개구가 유효단면적 아하로 줄어들지 않아야 한다.

4.2 두 개 통기관의 연결지점

(1) 물 넘침선 기준

기구통기관의 경우 통기관의 수평 부분의 높이는 일반적으로 기구의 물넘침 선보다 50~150 mm(2~6 in) 위에 있어야 한다. 마찬가지로, 통기지관도 **그림 13**에서와 같이 가장 높은 위치에 있는 기구의 물넘침선 보다 50~150mm 위에 배관되도록 하여야 한다.

이러한 통기관 개구의 높이 제한은 통기관 연결지점보다 하류의 배수관에 장애물의 발생을 방지하기 위한 것이다. 장애물은 기구의 배수가 올바르게 이루어지지 못하게 하기 때문이다.

통기지관이 위쪽 기구의 물넘침선 보다 낮은 위치에 있으면 위쪽 기구의 배수가 하

11. 후래싱 스리브(flashing sleeve), 루프 커플링(roof coupling) 또는 통기관용 후래싱(no-caulk roof vent flashing)

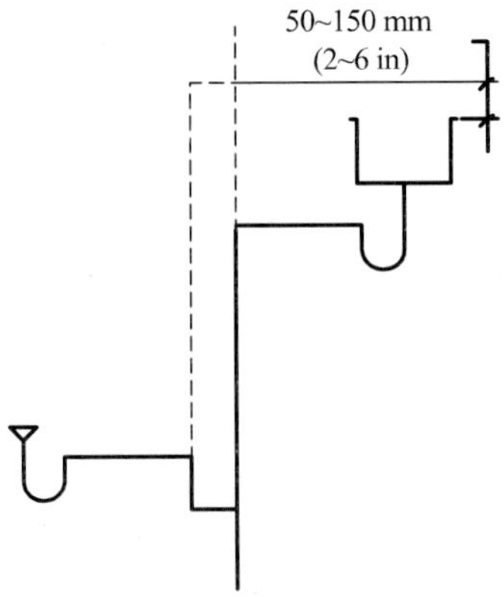

그림 13 두 개의 통기관의 연결지점

부 기구의 통기관으로 쪽으로 흐르게 되므로 하부 배수관의 장애물은 계속 감춰지게 된다.

(2) 통기지관 길이 제한

통기횡지관을 통기입상관 쪽으로 기울도록 설치하면 배수가 통기관으로 들어가 갇히지 않게 된다. 통기횡지관의 길이에 대한 여러 가지 제한을 두는 이유는, 트랩의 봉수를 유지하기 위해 지속적으로 공기 흐름이 필요하다는 이전 이론에 대한 신뢰를 기반으로 한 것이었다.

그러나 현재는 반증되어, 특정 포집기 또는 도시 하수관과 같이 휘발성 물질이 있는 경우 이외에는 지속적인 공기 흐름이 없어도 문제가 없다.

4.3 통기 시스템의 배관 재료와 테스트방법

배수 시스템과 동일할 수 있다. 배수 시스템에 대한 압력 테스트는 몇 가지 차이점을 제외하고 동시에 통기 시스템에도 그대로 적용된다.

결로가 발생하기 쉬운 배수관에는 결로방지용으로 단열재를 사용하지만 통기관에는 필요가 없다.

통기관에 사용되는 엘보, Y 및 YT 등은 일반적으로 사용되는 배수관용 보다 곡률반지름이 작아도 된다. 통기관은 특히 표면의 조도값을 필요로 할 경우가 있다. 이 책에서는 **표** 6의 값을 표준으로 사용하였다.

표 6 관종별 조도

관재료	ft	m	mm
인발 황동관, 동관	0.000 005	0.000 001 524	0.001 524
PVC관	0.000 005	0.000 001 524	0.001 524
강관	0.000 150	0.000 045 720	0.045 720
철관	0.000 150	0.000 045 720	0.045 720
아스팔트 코팅 주철관	0.000 400	0.000 121 920	0.121 920
아연도강관	0.000 500	0.000 152 400	0.152 400
주철관	0.000 850	0.000 259 080	0.259 080
콘크리트관	0.001~0.01	0.000 304 8~0.003 048	0.304 800~3.048 000

4.4 통기구 막힘

(1) 막힘의 원인

1 이물질에 의한 막힘

통기관도 배수관처럼 막힐 수 있다.

막힌 통기관은 낙엽, 죽은 동물, 매우 추운 날씨의 얼음 덩어리나 그 파편 또는 눈이 쌓이기 때문이다.

2 수평 부분의 기울기

또 다른 이유는 통기 시스템의 수평 부분이 잘못된 방향으로 기울어져 빗물이나 결로로 인해 물이 가득 차서 발생하는 비교적 일반적인 문제이다.

통기구의 막힘은 통기지관에서도 발생할 수 있다.

(2) 통기구 막힘의 징후

1 육안으로 확인할 수 있는 현상

통기구가 막히면 변기를 세척 할 때 보울에 거품이 일거나, 느린 배수, 하수가스의 실내 유입을 허용하는 트랩의 봉수 파괴에 이르기까지 다양한 현상이 나타나게 된다.

2 배수 흐름 속도

특히 배수의 흐름이 느려지면 대부분 배수관이 막힌 것으로 오판하는 경향이 있다. 그러나 통기관에 문제가 있는 경우가 더 많다. 일반적으로 다음과 같은 징후를 사용하여 통기관의 막힘을 식별할 수 있다.

①한 배수구에서는 콸콸(gurgling)거리는 소리가 나고 다른 배수구에서는 물이 흐른다. 삑삑하는 소리는 트랩으로 공기가 빨려들어 갈 때 발생한다. ②하수가스 냄새가 심하다. 이는 부압의 결과로 트랩의 봉수가 파괴된 결과이다. ③배수구를 청소해도 문제가 해결되지 않는다.

통기 시스템이 확실하게 작동하게 하는 방법은 통기관 막힘의 원인에 따라 달라진다. 때로는 통기관의 개구를 막은 얼음 파편이나 제설 이외에 더 큰 작업을 해야 할 수도 있다.

(3) 통기가 정상임을 보여주는 현상

기구 트랩이 제대로 통기 되었으면, 기구는 정상 작동 중에 신속하게 배수가 이루어지게 되며 종종 공기를 빨아들이는 “삑” 소리가 들릴 수 있다.

이는 전혀 문제가 되지 않는 현상이며, 한 기구에서의 배수 시 다른 기구에 영향을 미치는 상호작용이 허용되어서는 안 되는 시스템에서 다른 기구가 배수 될 때의 압력 변동 즉, 유도사이펀 작용에 의한 봉수파괴(trap suckout)와는 다른 것이다.

변기는 특별한 경우이다. 일반적으로 내용물을 완전히 배출하기 위해 자체 사이펀(self-siphon) 작용이 일어나도록 설계된 기구이기 때문이다. 배수된 다음에는 특수 밸브 메커니즘에 의해 자동으로 봉수가 채워진다.

연습문제

01 건물의 통기 시스템에 작용하는 기압의 한계는 얼마인가?

답 ±25 mmAq

02 배수 횡주관 지름이 DN 100이고 감당하는 부하는 DFUs = 500이다. 건물 높이가 75 m일 경우 사용할 수 있는 통기관의 크기를 결정하라.

답 DN 100

03 세척밸브식 변기(13 L/회)가 층당 10개씩 설치된 (1)공항건물과 (2)오피스 빌딩이 있다. 1개층 WSFUs = 100 및 80 이다. 공항건물은 4개 층으로 20 m이고 오피스 빌딩은 4개 층으로 12 m라고 할 때 각 경우의 통기관 크기를 결정한다.

답 공항: DN 80(배수관은 DN100), 오피스 빌딩: DN 65(배수관은 DN100)

04 4개의 신정통기관이 연결된 통기헤더와 통기터미널의 크기를 구한다. 다만 통기헤더의 길이는 80 m이고, 각각의 신정통기관의 부하는 DFUs = 60, 120, 110, 80이다.

답 신정통기관: DN 80, DN 100, DN 100, DN 100
통기헤더: DN 80, DN 100, DN 100, DN 100
통기터미널: DN 100

05 DFUs = 500인 배수관에 별도의 통관을 설치할 경우와 배수관을 통기관으로 겸용할 경우, 배수관의 크기를 비교하라. 다만 건물 높이는 75 m이다.

답 별도 통기관 설치시: 배수관은 DN 100, 통기관은 DN 100
배수 통기겸용 시: DN 200(기울기 1/100, 1/50) 또는 DN 150(기울기 1/32, 1/25)

참고문헌

1. ASPE 2010. Plumbing Engineering Handbook. Vol. 2
2. National Standard Plumbing Code
3. R. Dodge Woodson, National Plumbing Code Handbook 2nd Edition. Book 1998

SANITARY ENGINEERING

10장

의료시설에 대한 특수요구

1. 공통사항
2. 특수 기구나 장비

1 공통사항

1.1 일반사항

(1) 다루는 범위

이 장에서는 NSPC[1]를 기준으로, 의료시설 및 이와 유사한 시설에 사용되는 특수기구 및 시스템의 위생설비 배관에 대한 특별한 요구사항에 대하여 설명한다. 앞의 여러 장에서 다룬 일반적인 내용은 의료시설에도 동일하게 적용되지만, 그 외에도 환자의 안전을 위해서는 특별히 요구되는 사항들이 있기 때문이다.

(2) 급수계통

1 급수계통의 복선화

관계기관의 요구가 있는 경우, 병원 및 이와 유사한 보건의료시설에는 상수도 본관(또는 수원)이나 급수 주관에서의 이상 발생 시에도 급수를 유지할 수 있도록 이중으로 급수계통을 설치한다.

2 주관과의 연결지점

가능한 경우, 두 급수계통은 급수 주관으로부터의 분기점을 달리한다. 한쪽 급수계통에 이상이 발생할 경우, 다른 계통으로 급수가 가능하게 함으로써 전체시설에 대한 급수를 차단하지 않고 고장 난 급수계통을 수리할 수 있도록 하기 위함이다.

---

1. Chapter 14. Special Requirements for Health Care Facilities

1.2 안전을 위한 조치

(1) 벽면의 돌출부

1 돌출 설치 제한

음수기, 제어밸브, 의료 가스공급용 토출구, 진공청소기 연결구, 입상관, 청소구 마개 및 기타 기구들은 환자가 이동할 수 있는 장소나 공간의 벽이나 바닥 등에 돌출되도록 설치해서는 안 된다.

이러한 기구들은 벽체선 안으로(fully-recessed) 들어가도록 배치되어야 하고, 필요한 경우는 보호용 가드를 설치해야 한다.

2 환자가 이동할 수 있는 장소

병상용 침대에 누운 상태로 또는 휠체어로 이동할 수 있는 복도 및 기타 구역을 말한다.

(2) 정신병 환자실의 배관 등

정신병 환자용 병실의 배관 및 배수트랩은 은폐되도록 설치되어야 하며, 기구 및 이음 쇠류는 파손방지(vandal-proof)가 되어있어야 한다.

1.3 오염방지

(1) 제빙기 또는 얼음 저장고 설치장소에 대한 제한

제빙기 또는 얼음 저장고는 위해성오염이 가능한 오염물 보관실(soiled utility room) 또는 이와 유사한 장소에 배치되지 않아야 한다.

(2) 크로스커넥션 및 역류방지

1 역류방지

급수·급탕 계통의 역류 방지는 **제6장** 1절(음용수 오염방지)에 따른다.

2 진공브레이커 설치 높이

환자변기 세척기[2]용 진공 브레이커는 바닥면에서 1.5 m(5 ft) 이상의 높이에 설치되어야 한다.

2 특수 기구나 장비

2.1 병상싱크 및 환자변기 세척기

(1) 국소 통기

병상싱크, 환자변기 세척기, 수세식 변기, 서비스 싱크[3]는 변기와 동일한 방식으로 설치해야 한다. 그러한 기구에는 트랩의 입구측 배관에 개별통기관이 설치되어 국소통기가 이루어지도록 해야 한다.

(2) 대체사용 제한

병상싱크를 비수세식 서비스싱크[4] 대신으로 사용하거나, 비수세식 서비스 싱크를 환자변기 세척용으로 사용해서는 안된다.

(3) 개별통기관 및 입상관

1 개별통기관

병상싱크 또는 환자변기 세척기에 개별통기관을 설치하는 경우, 개별통기관은 지붕 위의 실외로 확장되어야 한다.

---

2. bedpan washers
3. flushing-rim service sinks. 'hopper'라고도 하며, 혈액 또는 체액 처리(예: 변기 세척)에 사용된다. 참고문헌 1.
4. non-flushing service sinks.

표 1 국소 통기입상관의 크기별 연결 가능 기구수

국소통기관, DN	연결가능 기구수	비고
50	최대 3	기구는 입상관을 기준으로 양쪽에 또는 위아래로 설치할 수 있다.
80	최대 6	
100	최대 12	

2 개별통기관 연결의 제한

국소통기관은 **제9장** 4절(통기관 설치)에 따른다. 병상싱크 또는 환자변기 세척기의 개별통기관은 살균기용 통기관 또는 위생배수 시스템용 통기관에 연결해서는 안 된다.

3 재료

개별통기관의 재질은 위생배수 시스템용 통기관에 허용되는 재질이어야 한다.

4 필요한 크기 및 배열

단일 병상싱크 또는 환자변기 세척기용 국소통기관의 크기는 DN 50 이상 이어야 한다. 이러한 기구가 양쪽(back-to-back)에 설치되거나 2개 이상의 층에 위아래로 설치되는 경우 통기입상관의 크기에 따라 **표 1**과 같이 여러 기구를 연결할 수 있다.

5 국소 통기입상관에 개별통기관의 연결

다중 설치에서 국소 통기입상관에 개별통기관을 연결할 때는 **그림 1**과 같이 위쪽으로 향하는 Y 또는 YT를 사용한다. 국소 통기입상관에 대한 개별통기관을 연결할 때 수평통기관의 거리는 1.5 m(5 ft)를 넘지 않아야 하며, 기구와 입상관 사이의 수평통기관은 1/50 이상의 기울기를 가져야 한다.

(a) Y관

(b) Y-T관

그림 1 국소 통기입상관에 개별통기관 연결부

6 배수관

국소통기를 적용하는 배관에서는 증기 응축수 배출을 위한 조치도 취해져야 한다. 단일 기구용으로 국소통기관을 설치하는 경우, 배수가 기구로 되돌아올 수 도 있다. 그러므로 하나 이상의 기구를 대상으로 하는 국소통기 입상관의 저부는 트랩이 갖추어져 있고 통기가 되는 위생배수 시스템의 지관에 직접 연결되어야 한다.

트랩 및 배수지관은 국소통기 입상관과 동일한 크기이어야 하며, 트랩의 봉수깊이는 80 mm(3 in) 이상이어야 한다.

배수지관용 통기관의 크기는 최소 DN 32이지만, 배수지관 크기의 1/2 이상 이어야 한다.

7 트랩 프라이밍

배수트랩은 국소통기관에 연결된 병상싱크나 환자변기 세척기 중 하나 이상의 기구로부터 프라이밍[5] 되어야 한다. 특히, 봉수 깊이가 80 mm 이상인 트랩은 위생기구가 사용될 때마다 보급이 이루어져 항상 봉수깊이를 유지할 수 있도록 하여야 한다.

트랩 프라이머는 위생기구 급수관으로부터 분기된 지관에 설치하며, 이로부터 트랩 또는 바닥배수구까지 보급수관(priming line)을 연결한다. 보급수 배관의 크기는 DN 8(NPS 1/4) 이상이어야 한다(**제7장 그림 14 및 15**참조).

2.2 살균기 및 환자변기용 스티머

(1) 설치기준

1 제조자의 설치지침

살균기(sterilizers) 및 환자변기용 스티머(bedpan steamers)는 제조자의 지침과 다음의 방법과 기준에 따라 설치하여야 한다.

---

5. priming. 트랩의 봉수강도(봉수깊이) 유지를 위한 급수보급.

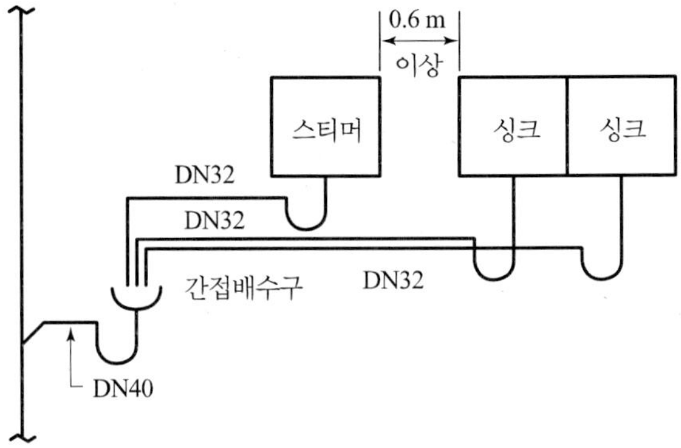

그림 2 간접배수의 예

2 간접 배수

살균기 및 환자변기 스티머의 모든 오수배수관은 **그림 2**의 예와 같이 배수구 공간을 두어 위생배수 시스템에 간접배수 되도록 설치한다. 간접 배수관의 크기는 기구배수관보다 작아서는 안 된다.

3 기구별 별도 배수관 설치

각 기구 마다 별도의 배수관이 설치되어야 한다. 다만, 살균기 3대까지는 전개 길이가 2.5 m(8 ft)를 초과하지 않는 경우 공통 간접배수관을 설치할 수 있다. 이러한 일반적인 간접배수관의 크기는 개별 살균기 배수 연결구의 총 단면적 이상이어야 한다.

환자변기 스티머을 제외한 간접 배수관에는 트랩을 설치하지 않아도 된다.

4 환자변기 스티머의 트랩

환자변기 스티머의 간접 배수관에는 80 mm(3 in)의 봉수깊이를 가진 트랩이 설치되어야 한다.

(2) 바닥배수구

1 바닥배수구의 크기

살균기가 벽체선 안으로 쏙 들어가게 설치되도록 만들어진 실이나 공간에는 바닥배수구를 설치해야 한다. 바닥배수구에는 드랩과 통기관이 설치되어야 하고 배수관은 DN

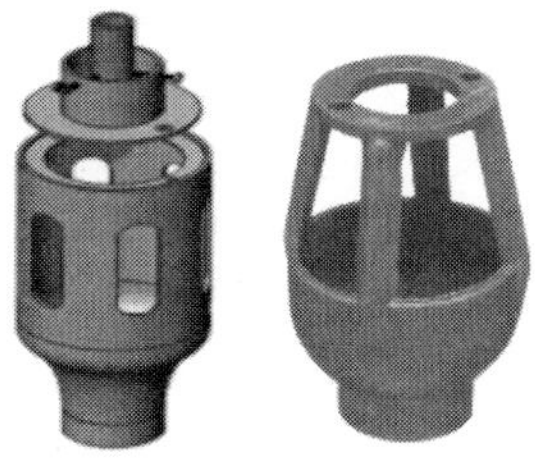

그림 3 에어갭 피팅의 예

80 이상이어야 한다

바닥배수구는 바닥면적 전체의 배수와 최소한 살균기 1대의 간접배수를 받아야 한다. **그림 3**과 같은 에어갭 피팅(air-gap fitting)이 사용되는 경우 피팅의 배수관은 트랩의 봉수층 위 바닥배수구 본체에 연결할 수 있다.

② 설치 위치

살균기 제조자가 요구하는 경우 바닥배수구는 살균기가 설치되는 바로 밑 바닥에 위치해야 한다.

(3) 냉각 후 배수

응축기 또는 스팀 트랩에서의 배수는 60℃(140°F) 미만으로 냉각시킨 후 위생배수 시스템에 간접배수 되어야 한다.

2.3 살균기용 통기 및 통기입상관

(1) 일반사항

① 독립 설치

제조자에 의해 살균기에 증기 통기관이 요구되는 경우, 이 증기 통기관은 지붕 위의 실외로 확장되어야 하며, **제9장**의 '통기터미널'에 따라 마감되어야 한다.

병상싱크나 환자변기 세척기용 국소통기관은 물론 어떠한 위생배수 시스템에도 연결되어서는 안되며, 독립적으로 설치되어야 한다.

2 재료

살균기 증기 통기관은 **제2장**에서 위생배수 배관재로 허용되는 재질이어야 한다.

(2) 크기 및 배열

1 통기관의 크기

개별 살균기용 증기 통기관 및 통기입상관은 살균기 통기구의 크기보다 커야 한다. 그러나 통기입상관의 크기는 DN 40 이상이어야 한다.

증기 통기관이 1대 이상의 살균기용으로 설치되는 경우, 통기입상관의 단면적은 연결된 모든 살균기의 증기 배출구의 총 단면적보다 커야 한다.

2 통기입상관과의 연결

1대 또는 여러 대를 같이 설치할 때의 증기 통기관을 통기입상관에 연결할 때는 **그림 1**과 같이 위쪽으로 향하는 Y 또는 YT를 사용한다. 국소통기 입상관에 개별통기관을 연결할 때 수평관은 1.5 m(5 ft)를 넘지 않아야 하며, 기구와 입상관 사이에는 1/50 이상의 기울기가 있어야 한다.

(3) 배수관

살균기 증기 통기관 내에서의 증기 응축수를 배출 할 수 있도록 배수관이 있어야 한다. 배수입상관의 저부는 에어갭을 두어 트랩과 통기관이 설치된 위생배수 시스템에 간접배수 되어야 한다.

2.4 중앙집중식 진공시스템의 배수

(1) 일반사항

의료, 외과, 치과 및 이와 유사한 시설의 중앙집중식 진공시스템의 배수 장치는 코드[6]의 요구사항에 합당하여야 한다. 또한 침 등이 섞인 액체 폐수를 중앙집중식으로 수집하는 치과 및 기타 진공시스템의 배수는 다음의 (2)~(4) 항의 기준을 준수해야 한다.

(2) 치과용 진공시스템의 공기-폐수 분리기의 양압 배수

1 사용해야 할 트랩

진공 펌프 또는 송풍기의 토출구 측에 있는 공기-폐수 분리기(air-waste separator)의 폐수 배출구는 트랩을 거쳐 일반적인 위생배수 시스템에 직접연결 한다. 다만, 트랩은 통기관이 설치되고 깊은 봉수깊이를 갖는 것(deep-seal trap)[7]이어야 한다.

트랩의 통기관은 분리기 상단으로부터 수직으로 150 mm 이상 올라간 다음 수평으로 통기입상관에 연결되어야 한다. 분리기에서 나오는 진공 배기는 코드[8]의 규정에 따라 별도로 외부에 배출되어야 한다.

2 관의 크기와 봉수깊이

트랩 및 배수지관은 분리기의 배수관보다 2단계 크게 선정하되, DN 40 이상 이어야 하며, 통기관은 트랩 및 배수구의 크기여야 한다.

봉수깊이는 분리기 배기압력의 2배 이상이어야 하지만, 100 mm 보다 작아서는 안된다.

(3) 치과용 진공시스템의 폐수 저장 탱크의 중력 배수

1 트랩과 통기관 설치

폐수 저장 탱크의 배수관은 탱크의 폐기물 배출구에 있는 진공 첵밸브로부터 연결되어 확장되어야 하며, 트랩을 거쳐 일반적인 위생배수 시스템에 직접 연결한다. 다만, 트랩에는 통기관이 설치되고 깊은 봉수깊이를 갖어야 한다.

또한, 폐수 저장 탱크가 진공 상태에서 작동하고 폐수를 수거할 때 첵밸브가 닫치도록 진공 첵밸브와 배수트랩 사이에 통기관을 설치한다.

---

6. 참고문헌 2. 환자, 직원 또는 방문객이 처할 수 있는 위험을 기반으로 화재, 폭발 및 전기의 위험 최소화를 위한 의료서비스 또는 시스템 수준에 대한 기준.
   참고문헌 3. 의료시설에서 화재, 폭발 및 전기의 위험을 최소화할 수 있는 기준.
7. 보통 트랩의 봉수깊이는 50~100 mm 임에 비하여, 100 mm 이상의 봉수깊이를 갖는 트랩.
8. 주기 6)과 동일함.

이 통기관은 위생배수 시스템의 통기계통에 연결되어야 한다. 양자 모두 통기관은 폐수 저장 탱크로부터 150 mm 이상 수직으로 올라간 다음 수평으로 통기입상관에 연결되어야 한다.

2 트랩, 배수관과 통기관의 크기

트랩 및 배수관은 폐기물 배출구 및 진공 첵밸브 보다 최소 2단계 크게 선정하되, DN 50 보다 작아서는 안 된다.

트랩의 봉수깊이는 100 mm 이상이어야 한다. 진공 첵밸브용 통기관은 첵밸브 크기 이상이어야 하며 트랩용 통기관은 트랩 및 배수지관 크기의 1/2 이상이어야 한다.

(4) 치과용 진공 시스템의 하수 넘침으로부터 보호

치과용 공기-폐수 분리기 또는 폐기물 저장 탱크에서 위생배수 시스템으로의 연결부 근처에 바닥배수구 또는 기타 트랩 및 통기관이 있는 수용기가 설치되어야 한다. 이는 위생배수 시스템의 배수가 넘칠 경우 공기-폐수 분리기용 트랩 또는 폐기물 저장 탱크 배수용 첵밸브의 높이까지 도달하지 않도록 하기 위함이다.

간접 폐수 배출을 받지 않는 바닥배수구 또는 수용기의 트랩은 프라이밍이 되어야 한다.

2.5 흡출기

(1) 설치 조건

흡출기(aspirators) 또는 기타 급수식 흡입장치[9]에 대한 설비는 관계기관의 특정 승인이 있어야만 설치할 수 있다.

흡출기가 체액을 제거하는 데 사용되는 경우에는 수집 병 또는 유사한 유체 트랩이 포함되어야 한다. 흡출기는 에어갭을 통해 위생배수 시스템으로 간접배수 되어야 한다.

---

9. water-supplied suction devices, 제6장 그림 4 참조.

(2) 역류방지

흡출기에 대한 급수계통에는 진공브레이커 또는 이와 동등한 기구로 역류를 차단하여 음용수를 오염으로부터 보호하여야 한다.

연습문제

01 일반 건물이나 시설물에 비하여 보건의료시설의 급수계통을 달리해야 하는 점은 무엇인가.

답 급수계통을 2중으로 하는 것

02 보건의료시설에 설치하는 물받이 용기 즉, 세면기, 욕조, 병상 싱크 등이 일반 건물이나 시설용에 비하여 구조적으로 달라져야 하는 점은 무엇인가?

답 오버플로구가 없는 것을 사용

03 Vandal-proof를 설명하라.

04 병상싱크, 환자변기 세척기용 개별통기관은 어떻게 설치되어야 하는가?

05 국소 통기관을 설치해야 특수기구 즉, 병상싱크, 환자변기 세척기, 환자변기 스티머 등의 배수트랩과 봉수 깊이가 80 mm 이상인 배수트랩에서의 봉수 깊이를 유지하는 방법을 설명하라.

참고문헌

1. FGI(Facilities Guidelines Institute), Guidelines for Design and Construction of Hospitals
2. NFPA 99. Health Care Facilites Code
3. NFPA 99C, Standard on Gas and Vacuum Systems

SANITARY ENGINEERING

11장

검사 및 시험

1. 공통사항
2. 급·배수 시스템의 검사 및 시험

1 공통사항

1.1 검사

(1) 인스펙션과 이그재머네이션

1 검사의 의미

통상적으로 사용하는 '검사(檢査)'는 영어의 두 가지 용어 즉, 인스펙션(inspection)과 이그재머네이션(examination) 모두를 포함하는 의미이다. 그러나 두 용어가 같은 뜻이 아니므로, 국제적으로 통용되는 기준에 맞게 사용하기 위해서는 각각의 차이점을 이해하여야 한다.

2 인스펙션

인스펙션은 건물주[1](또는 건물주가 지정한 자[2]. 이하 동일함)에 의한 검사로 품질보증의 기능으로 시행된다.

인스펙션을 담당하는 사람을 인스펙터라고 하며, 인스펙터는 시공자가 시행하는 모든 검사 및 시험결과를 감사하고, 설계에 명시된 검사방법을 사용하여 시공결과를 검사하며, 공사에 관한 모든 인증 및 기록을 검토할 권리가 있다.

인스펙터는 공사가 시행되는 모든 장소[3]에 출입할 수 있다.

3 이그재머네이션

이그재머네이션은 시공자(또는 시공자가 지정한 자[4]. 이하 동일함)가 시행 하는 검사로 품질관리의 기능으로 시행된다.

---

1. owner, 시설주나 건물주 또는 발주처
2. 시공자(제조자, 제작자 또는 설치업자 등)는 지정자가 될 수 없다.
3. 제조, 제작, 조립, 설치, 시공자 검사 및 시험과정 등 전 공정이 포함된다.
4. 시공자를 대리하는 검사자는 해당 공사에 대한 전문적인 지식을 갖춘 경험이 있는 유능한 사람이어야 한다.

시스템 운전을 시작하기 전에 행하는 모든 검사는 시공자에 의하여 이루어지는 품질관리 차원의 검사이다.

(2) 건물주와 시공자의 책임

1 건물주

시스템의 운전을 시작하기 전에, 시공자에 의해 필요한 모든 검사 및 시험이 완료되었는지 확인하고, 배관계통이나 필요한 범위 내에서 직접 공사결과를 검사하는 것은 건물주(인스펙터)의 책임이다. 그 결과는 코드의 기준 및 설계의 요구시항을 충족해야 한다.

2 시공자

검사자는 재료, 구성부품, 조인트, 지지대 및 기타 시스템 구성요소들의 제조, 제작, 조립 및 설치 전, 또는 후에 노출된 부분을 관찰하여 이상 유무를 확인하고, 수정이나 보완된 부분에 대한 결과를 정확히 기록해 두어야 한다.

즉, 모든 필수 검사를 수행하고 건물주가 사용하기에 적합한 기록을 준비하는 것은 시공자(제조업체, 제작자 또는 설치자)의 책임으로 이루어져야 하지만, 그렇다고 인스펙터에 의한 검사가 완화 또는 생략되는 것은 아니다.

(3) 품질관리를 위한 검사방법

1 육안검사

품질관리를 위한 검사는 육안검사로 하며, 육안검사는 재료, 구성부품, 조인트, 지지대 및 기타 배관요소를 제조, 제작, 조립 및 설치 전, 또는 후에 노출되어 있는 부분을 관찰하는 것이다.

이 검사는 재료 및 구성요소, 치수, 이음 준비, 배열, 이음방법, 지지, 조립 및 설치 등이 코드 및 설계 요구시항에 적합한지를 검증하는 것이다.

2 합격 기준

검사 항목별 검사에 의해 드러난 결함 또는 결함 가능 부분에 대한 평가기준은 **표**

표 1 검사 항목별 평가 기준

검사대상	평가기준
(1)온둘레 용접, 그루브 용접부	① 균열은 허용되지 않는다. ② 용입부족 즉 비융착 지역의 길이는 관 둘레의 20% 또는 용접부 전체 길이의 20% 이하로 하며, 용접부 150 mm(6 in))당 25% 이하로 한다. ③ 불완전한 침투. 총 용입부는 불완전한 루트를 제외하고 결합되는 요소의 얇은 두께 이상이어야 한다. 그 범위는 용접부 150 mm당 25% 이하로 한다. ④언더컷 및 보강. 언더컷은 1 mm를 초과하지 않아야 한다. 용접 보강재의 두께는 4.8 mm를 초과하지 않아야 한다. ⑤오목한 루트. 루트 표면의 오목함은 결합되는 구성요소의 보강을 포함한 이음부의 전체 두께 중 얇은 두께보다 깊지 않아야 한다. ⑥루트의 과다 용입. 과다 용입량은 3.2 mm를 초과해서는 안 된다. ⑦ 용접 표면. 겹치거나 급격한 굴곡이 없어야 한다.
(2)필릿 용접부	(1)의 균열, 융입부족, 언더컷 및 용접 표면과 동일하다.
(3)브레이징, 솔더링부	① 필러메탈은 관 두께의 100%를 넘을 정도로 관의 내부로 흘러 들어가서는 안된다. ② 눈에 보일 정도의 용입부족이 없어야 한다. ③ 눈에 보일 정도의 과열된 부분가 없어야 한다.
(4)나사이음부	① 이음부 구성 후 2~6개의 나사산이 보여야 한다. ② 나사산에 눈에 보일 정도의 이빠짐 이나 찢어짐이 있어서는 안 된다.
(5)코킹 또는 리드조인트부	① 완성된 이음부의 납 테두리는 벨 끝에서 6.4 mm(1/4 in) 이내에 있어야 한다. ② 완성된 이음부의 스피곳의 바깥지름과 벨의 안지름 간의 간격은 3.2 mm(1/4 in) 이내 이여야 한다. ③ 이음 시에는 납을 연속적으로 부어 넣어야 한다.
(6)플랜지이음부	① 플랜지 표면은 1도 이내에서 평행해야 하며, 배관 축을 정렬하는 데 필요한 힘은 10 lb(44.5 N)에 파이프 크기(NPS)를 곱한 값을 초과하면 안 된다. ② 너트 및 볼트는 완전히 체결되어야 한다. 볼트가 너트 표면과 같은 높이에 있을 때 완전히 체결된 것으로 간주한다.
(7)플래어링 조인트부	① 플레어링된 튜브에 균열이 없어야 한다. ② 튜브 끝단은 직각으로 절단해야 한다. ③ 튜브 끝단에는 조립 또는 씰링을 방해할 수 있는 변형 또는 홈이 없어야 한다. ④ 끝을 맞추기 위해 적절한 힘이 요구되어야 한다.
(8)솔벤트 시멘트 이음부	① 내부로 흘러나온 솔벤트 시멘트의 경우 벽 두께의 50%를, 접착제 및 열융착의 경우 25%를 초과하지 않아야 한다. ② 눈에 보일 정도의 덜 채워진 부분이나 접착되지 않은 영역이 없어야 한다.
(9)미케니칼 조인트 등의 이음부	미케니칼 조인트 및 독점권을 가지고 있는 이음쇠를 사용하여 이음한 부분에 대한 결함은 제조자가 정한 한계 이내에 있어야 한다.

자료 참고문헌 1.

1과 같다. 발견된 결함 중에서 명시된 한도를 초과하지 않는 것은 합격으로 허용되며, 명시된 한도를 초과하는 결함은 수리하거나 교체하여야 한다.

1.2 시험

(1) 시험의 종류

1 용어

시험(試驗)은 국제 표준에서의 테스팅(testing)을 의미한다. 과거에는 복잡한 형태의 배관계통에 대해서는 용도에 대한 적합성 여부 판단을 위하여 압력시험을 거쳤다. 이때는 구성부품의 사용응력보다 높지만 파열응력 보다는 낮은 압력을 가하는 방법이었다.

현재에는 용도에 대한 적합성보다는 누설에 대한 기밀성을 확인하기 위해 몇 가지 유형의 시험을 요구한다. 배관계통에 대한 누설시험의 가장 일반적인 방법은 주변 온도의 물을 사용하는 압력시험이다. 압력시험이란 정수압(靜水壓)을 가하는 방식의 수압시험을 말한다.

2 압력시험

신설공사는 물론 개조나 수리 등의 공사 결과에 대해서도 시스템이 정격압력을 안전하게 견딜 수 있고, 누설이 없음을 검증하기 위해 압력시험이 요구된다.

압력시험의 목적은 작업자를 보호하고 공공의 안전을 위함이다. 또한 계산방식으로는 안전등급을 설정할 수 없는 구성품 또는 특수 시스템에 대한 압력등급을 설정하기 위한 목적으로도 사용된다.

압력시험은 통상적으로 수압시험으로 한다.

3 누설시험

압력시험은 안전성 확인을 위한 시험으로 배관이나 구성부품에 대한 파단점까지의 수압을 가하는데 비하여, 압력시험의 일종인 누설시험(leak testing)은 설계압력을 기준으로 한 완성된 배관계통에서의 누설 유무를 판단하기 위한 것이다.

시스템의 최초운전 전에 각 배관계통의의 누설 여부를 검사해야 한다. 일반적으로 수압시험 방법을 사용하지만, 경우에 따라서는 공기압시험으로 대체할 수도 있다.

현장에서 사용되는 누설시험 방법은 여러 가지가 있다. 그 중 많이 사용되는 방법으로는 ①압력 상태에서 물이나 다른 액체를 사용하는 정압(靜壓)시험. ②기압을 받는 공기 또는 다른 가스를 사용하는 공압 또는 기체 유동시험. ③공기압시험과 정압시험의 조합으로, 저압 공기를 사용하여 누설 검출. ④최초 사용시험. 이는 시스템이 처음 가동되었을 때의 누설 검사이다. ⑤진공시험, 음(陰)압을 사용한 누설 여부 점검. ⑥만수(滿水)시험. 일반적으로 배수배관에 대해 일정 시간 동안 수직 배관에 물을 채워둔 상태로 수행된다. ⑦할로겐 및 헬륨가스 누출 감지 등이다.

(2) 시험을 위한 준비

1 공사 구간의 노출

신규, 변경, 확장 또는 교체된 배관은 시험 및 승인을 받을 때까지 덮개를 덮거나 매립되지 않은 상태이어야 한다. 또한 용접부를 포함한 모든 이음부는 시험 중 검사를 위해 보온되지 않은 상태로 노출되어야 한다.

2 익스펜션조인트

시험압력으로 인한 반작용을 일으키는 익스펜션조인트에는 임시로 구속장치가 설치되어야 하며, 그렇지 않으면 시험 중에는 시험 구간으로부터 분리된 상태가 되어야 한다.

3 시험 대상이 아닌 기기, 장비 및 기구

시험압력을 받을 수 없거나 시험압력이 가해져서는 안 되는 기기, 장비나 위생기구(이하 기구 등)는 수압시험 중 배관에서 분리되어 있어야 한다. 기구 등이 밸브 잠금에 의하여 배관으로부터 분리되는 경우, 그 밸브는 시험압력에 대해 손상되지 않고 수압을 차단할 수 있는 용량 즉 압력등급을 가져야 한다.

4 과대한 압력에 대한 주의

시험압력이 일정 시간 동안 유지되어야 하는 경우, 시험압력으로 인한 시험 유체의 열팽창 또는 다른 쪽에 과대한 압력을 발생시키는 원인이 될 경우, 그 곳에는 과대한 압력을 도피시킬 수 있는 프레셔 릴리프밸브의 설치와 같은 예방조치를 취해야 한다.

5 시험을 위한 장비, 재료 및 인력

배관계통 또는 그 일부를 시험하는 데 필요한 장비, 재료 및 노동력은 시공자가 제공한다.

(3) 수압시험

1 시험용 매체

동결로 인한 손상의 위험이 있는 경우를 제외하고는 주위 온도의 물을 시험 매체로 사용한다. 작업자에게 안전하고 배관에 영향을 주지 않는 다른 액체도 사용할 수 있다.

2 에어 릴리프밸브와 퇴수밸브

시스템에 시험 매체를 채우는 동안 배관 내 갇혀있던 공기를 방출하기 위해 시스템의 높은 지점에 에어 릴리프밸브를 설치해야 한다. 또한 시험매체를 완전히 제거할 수 있도록 배관의 낮은 곳에는 퇴수밸브를 설치해야 한다.

3 예비 점검

시험압력을 견딜 수 없는 모든 장비와 부품이 제대로 격리되어 있는지, 시험장비는 단단하게 고정되었는지, 저압 계통은 분리되었는지를 확인하고 검사해야 한다.

4 수압시험 압력

시험압력에 대해서는 적용되는 코드에 따라서 약간의 차이는 있지만, **표 2**에서와 같이 금속관에 대해서는 설계압력의 1.25~1.5배, 배수 및 통기 배관에 대해서는 만수압력 또는 최소 3 mAq의 정수압을 규정하고 있다. 그러나 각 경우, 수압시험 시에 분리되지 않은 장비나 배관 구성요소 중의 일부 기능부품에 대한 항복응력 등은 시험수압에 대한 제한 요인이 될 수 있다.

실무적으로 수압시험 압력은 설계압력의 1.5 배 이상이며, 배관계통의 모든 지점에서 이 압력이 검출되어야 한다. 다만, 시험압력은 시험 구간의 모든 용기, 펌프, 밸브 또는 기타 구성요소에 대한 최대 시험압력을 초과해서는 안 된다.

표 2 수압시험 압력

수압시협 압력	유지시간	적용코드	적용
만수 압력 [최소 3 mAq(10 ftAq)]	15분	NSPC	위생배수 및 통기관, 거친관 사용기준
설계압력×1.25	10분 이상	ASME BPVC S-Ⅲ	금속관을 사용하는 배관
설계압력×1.50	10분 이상	ASME B31.1, ASME B31.9	
조정된 설계압력×1.50	10분 이상	ASME B31.3	

주 (1) 조정된 설계압력: 시험 온도에서의 허용응력을 운전 온도에서의 허용응력으로 나눈 값을 기준으로 한 설계압력.
(2) 압력 유지시간: 10분 이상 유지되어야 하지만 해당 코드에서 허용되는 만큼 시간을 단축시킬 수 있다.

5 대체 시험매체

특정 상황에 따라 물 대신 대체 시험액을 사용할 수 있다. 물이나 다른 액체가 허용되지 않거나, 추가되는 중량을 운반하는데 지지대가 충분하지 않을 경우에는 공기압시험으로 대체할 수 있다.

6 시험유지 시간

수압시험 압력을 최소 10분 동안 가한 후, 배관, 관이음쇠 및 이음부 등에서의 누설 여부를 검사한다. 누설이 발견되면 누설부를 적절히 조이고 수리하거나 교체하고 다시 수압시험을 실시한다. 누설이 없어질 때까지 이 과정을 반복하여야 한다.

(4) 공기압시험

1 공기압시험에 대한 제한

공기압시험(空壓, pneumatic test)은 잠재적으로 수압시험보다 위험하므로 시험 시 주의를 기울여야 한다. 압축가스는 저장된 에너지가 갑자기 방출될 위험이 있기 때문이다. 그러므로 다음과 같은 경우에만 공기압시험을 행할 수 있다.

①배관계통에는 취성파단이 가능한 주철관 또는 플라스틱 파이프가 포함되어 있지 않다. ②배관계통의 DN 50 이상의 관에는 솔더링 또는 솔벤트 시멘트 이음부가 없다. ③시험압력은 1 034 kPa(150 psig)를 초과하지 않는다. ④배관 계통이 가스용에 사용되거나 다른 이유로 물로 채워질 수 없다. ⑤시험용 액체가 남아 있으면 배관의 의도된 사

용에 해로울 수 있다.

2 공기압시험 절차

압력을 가할 때는 낮은 압력으로부터 시작하여 여러 단계로 나누어 시험압력에 도달되게 하여야 한다. 즉, 예비시험 후 최대 공기압시험 압력에 도달할 때까지 25% 이하로, 단계적으로 상승시켜야 한다. 즉, 각 단계별로 유지시간을 두어 평형상태에 도달할 수 있도록 하여야 한다.

최소 10분 동안 시험압력을 가한 다음에는 시험압력을 설계압력으로 낮추고 배관 누설에 대한 검사를 실시한다.

누설은 비눗방울, 할로겐 가스, 향기나는 가스, 테스트 게이지 모니터링, 초음파 또는 기타 적절한 수단으로 감지할 수 있다. 누설이 발견되면 압력을 배출하고 적절하게 수리하거나 교체한다. 공기 누출이 발견되지 않을 때까지 공기압시험을 반복해야 한다.

3 공기압시험 압력

공기압시험 압력에 대해서도 적용되는 코드에 따라서 약간의 차이는 있지만, **표 3**에서와 같이 금속관에 대해서는 설계압력의 1.10~1.25배, 배수 및 통기 배관에 대해서는 35 kPa(5 psi)의 정수압을 규정하고 있다. 그러나 각 경우, 수압시험 시에 분리되지 않은 장비나 배관 구성요소 중의 일부 기능 부품에 대한 항복응력 등은 시험압력에 대한 제한 요인이 될 수 있다.

실무적으로 공기압시험 압력은 설계압력의 1.25 배를 초과하지 않아야 한다. 다만, 시험압력은 시험 중인 구간의 모든 용기, 펌프, 밸브 또는 다른 구성요소에 대한 최대 공기압시험 압력을 초과해서는 안된다.

표 3 공기압시험 압력

공압시험 압력	유지시간	적용코드	적용
35 kPa(5 psi) 또는 254 mmHg(10 inHg)	15분	NSPC	위생배수 및 통기관, 플라스틱관
설계압력×1.25	10분 이상	ASME B31.9	금속관을 사용하는 배관
설계압력×1.20	10분 이상	ASME B31.1, ASME BPVC S-Ⅲ	
설계압력×1.10	10분 이상	ASME B31.3	

4 시험용 매체

공기압시험 용으로 사용하는 가스는 불연성이며 무독성이어야 한다.

5 예비시험

완전한 공기압시험 압력을 가하기 전에, 주요 누출 가능성을 밝히기 위해 69 kPa(10 psig) 이하의 예비시험을 실시한다. 이 예비시험은 시험용 매체에 대한 제한을 받지 않으며 수압시험 또는 최초 사용시험과 함께 실시할 수 있다.

(5) 최초 사용을 위한 누설시험

1 시험압력

이 시험은 일반적으로 시스템을 처음 작동할 때 시행된다. 배관계통을 정상 작동압력 또는 설계압력으로 점진적으로 상승시킨다. 그런 다음 누설시험이 수행되는 동안 해당 압력으로 유지한다.

103 kPa(15 psig) 이하의 가스, 증기 및 응축수 용도의 배관과, 689 kPa(100 psig), 93℃(200°F) 이하의 무독성, 불연성 및 비가연성 액체용 배관은 점검용 시험에 명시된 대로 사용 유체를 사용하여 시험할 수 있다.

2 점검용 시험

점검을 위한 시험에는 저압의 공기를 사용할 수 있다. 어떤 경우에도 배관계통은 작동 압력의 1/2~2/3 압력으로부터 시작하여 육안검사를 행하면서 점진적으로 작동압력으로 상승시켜야 한다.

최종시험은 작동압력에서 실시되어야 한다. 배관 시스템에 누설이 없는 경우는 요구시항이 충족되는 것으로 본다.

2 급·배수 시스템의 검사 및 시험

2.1 배관계통에 대한 시험

(1) 적용되는 공사범위

신설배관 및 변경, 확장 또는 기존 배관의 일부를 수리한 부분에 대하여, 관계기관이 요구하는 경우에는, 누설 및 결함 유무에 대한 검증을 위한 시험을 실시 하여야 한다.

(2) 예외 규정

관계기관의 요구에 따라 기존의 은폐된 하수관 또는 배수관이 신설 또는 개조된 배수계통의 일부로 재사용 되는 경우, 그 배관은 시점으로부터 종점까지 구분이 되어야 하며, 시험을 통하여 ①위생배수 또는 우수배수와 같이 확실한 용도로 배수 시스템에 연결되었다. ②누설이 없다. ③자유 흐름이 제한되지 않는다는 것을 입증하여야 한다.

2.2 급수·급탕 시스템

(1) 시험방법

1 안정성 입증

한 구간 또는 전체 급수 시스템이 완료되면 사용되는 작동압력 또는 550 kPa(80 psi) 중 더 높은 압력으로 수압시험을 거쳐 견고함을 입증해야 한다.

2 수압시험 용수

금속관을 시험하는 데 있어서, 관계기관에 의하여 수압시험 용으로 상수도를 공급받을 수 없음을 확인 받은 경우에는, 앞에서 설명된 공기압시험으로 대체할 수 있다.

3 비금속관에 대한 공기압시험 금지

플라스틱 파이프의 경우 압축가스 또는 공기압에 의한 시험은 금지된다.

4 시험 후 프러싱과 소독

배관계통은 시험 후 프러싱과 소독을 해야 한다.

(2) 급수배관의 프러싱[5]

1 프러싱

프러싱(flushing)은 사전에 행하는 시운전으로 정의될 수 있다. 방법은 시험 구간의 배관에 충분한 양의 물 또는 기타 적합한 매체를 채우고 펌프를 가동하여 배관 내부의 녹, 용접 부스러기, 금속 칩, 모래나 먼지 등의 이물질을 강제로 배출시키는 작업으로, 토출구에서 맑고 깨끗한 물이 토출될 때까지 지속해야 한다.

프러싱 중에는 수도꼭지에 부착된 소독장치나 거름망은 분리해 두었다가 해당 공정이 완전히 끝난 다음 재장착한다.

DN 250을 초과하는 큰 지름의 배관을 물로 프러싱하는 것은 실용성이 감소하므로 배관 전체에 대하여 프러싱이 지정되어서는 안 된다. 지름이 큰 배관계통은 일반적으로 진공피그, 하이드로젯 또는 육안검사가 가능하다.

2 프러싱용 유체

배관 재질에 따른 프러싱용 유체의 품질은 **표 4**와 같다.

표 4 후러싱용 유체의 품징

배관재	유체의 품질
스테인리스강	염화물 함량이 20 ppm 미만인 음용수/탈염수.
탄소강 및 합금강	식수/식물용수 또는 기타 사전 승인된 프러싱용 매체.

5. 참고문헌 2, Water supply and distribution, 10.9 Flushing and disinfecting potable water systems.

3 프러싱 유속 및 수압

급수・급탕과 같은 물 배관에 대한 프러싱 유속은 3~4 m/s와 시스템 유속에 1.3를 곱하여 구한 유속 중에서 가장 낮은 유속으로 한다. 다만, 2 m/s 미만의 유속이 되어서는 안된다.

프러싱 유속이 정해지면 이를 기준으로 프러싱 구간에 대한 최대 마찰저항 즉 프러싱에 사용할 펌프의 양정을 구한다. 구한 결과가 현장에 설치된 펌프의 용량 범위이면 현장 펌프를 사용할 수 있고, 그렇지 않으면 별도의 프러싱용 펌프를 사용해야 한다.

프러싱 수압은 시스템의 최대 허용압력을 초과해서는 안 된다.

4 프러싱 지속시간

개방회로 즉 급수・급탕 시스템의 프러싱 시간은 5분 이상으로 하되, 깨끗한 물 즉 잔해물 또는 기타 이물질 배출이 없어야 한다.

폐회로 배관계통에 대해서는 순환펌프의 스트레이너에 이물질(찌꺼기)이 없고 순환수가 맑은 물이 될 때까지 지속한다.

5 프러싱에 대한 기본 지침

배관계통의 프러싱은 적절한 수압으로 충분한 양의 물을 사용할 수 있을 때만 실행해야 하며, 다음과 같은 기본지침을 따라야 한다.

①프러싱 할 각 배관계통에 대해 상세한 프러싱 계획이 작성되어야 하며, 이러한 계획에는 프러싱 시간, 프러싱 유형 및 활동 수행 방법에 대한 참고사항이 포함 되어야 한다. ②프러싱은 청소된 시스템을 검사하고 시험결과를 승인할 권한이 있는 커미셔닝 담당 기술자의 감독하에 수행되어야 한다.

③프러싱은 플랜지를 완전히 풀거나 완전하게 개방된 관의 끝단을 통해 수행되어야 한다. ④배수구 또는 통기구와 같은 작은 개구부를 통한 프러싱은 허용되지 않는다. ⑤가능한 경우 시스템의 정상 흐름 방향에 따라 가장 높은 고도에서 가장 낮은 고도로 프러싱 한다. ⑥프러싱이 완료되면 가능한 한 빨리 시스템에서 물을 제거하고 내부를 건조시켜야 한다.

(3) 소독

1 소독 범위

신설, 보수 또는 교체하는 모든 급수·급탕 배관설비는 프러싱을 한 후 시설을 사용하기 전에 다음과 같은 절차로 소독을 실시하여야 한다.

2 사전 준비

①모든 수도꼭지나 토출구는 소독 중 사용하지 않도록 조치를 취한다. ②소독작업을 수행하는 자는 인증된 자격을 가졌거나, 인증된 자격이 없을 경우에는 경험을 가진 사람이나 업체이어야 한다. ③소독이 완료된 계통이나 구역에 급수를 재개하고자 할 때에는, 영향을 주어서는 안 되는 구간 즉 소독이 안 된 구간, 소독이 불필요한 계통, 급수원, 상수도 계통 등과 완전하게 차단이 이루어져야 한다.

3 소독 약품 및 농도 유지 시간

①배관의 소독약으로는 물-염소 용액을 사용한다. 소독약을 배관계통에 주입하는 동안에는 각 수도꼭지나 토수구의 개폐를 반복하여 물을 흘려주어, 각 기구에서의 염소농도가 50 mg/L 이상으로 유지되도록 한다. 소독약은 최소 24시간 동안 배관 내에 체류하도록 한다. ②24시간 동안 50 mg/L의 염소농도를 유지하는 대신, 3시간 동안 200 mg/L의 염소농도를 유지하는 조건으로 변경할 수도 있다. 그러나 이러한 대체조건을 적용하기 위하여 배관 내에 고농도의 염소를 6시간 이상 체류 시켜서는 안 된다. 또한 이러한 특별한 방법은 고농도 염소가 환경적으로 문제되지 않으며, 인가된 방법을 사용할 때에만 적용해야 한다.

③규정된 유지시간 종료시점에서 각 수도꼭지에서의 잔류염소량[6]이 5 mg/L 이상이어야 한다. 만약 잔류 염소량이 5 mg/L 미만이면, 5 mg/L 이상으로 유지될 때까지 소

---

6. 잔류염소(殘留鹽素, residual chlorine)는 물을 염소로 소독했을 때 특정한 형태 즉 하이포 아염소산과 하이포 아염소산 이온의 형태로 존재하는 염소로, 유리 잔류염소라고도 한다.
이질, 콜레라, 장티푸스, 파라티푸스 등은 잔류염소 0.02 mg/L에서 30분이면 완전 소멸된다.

독과정을 반복하여야 한다.

4 프러싱 및 성능확인

①각 수도꼭지에서의 잔류염소량 요구 수준이 확인된 다음에는 배관계통을 프러싱하여 소독약을 빼낸다. 프러싱하는 기간은 모든 수도꼭지에서의 잔류염소량이 공급되는 상수 자체의 염소농도보다 낮아질 때까지이다. ②프러싱을 위하여 분리 시켰던 수도꼭지용 소독장치나 거름망은 원래대로 재장착한다.

③성능확인서와 작업 시행결과 대장균 유기체가 발견되지 않았다는 보고서를 제출함으로써 배관계통의 소독과정은 완전히 끝난 것이다.

2.3 배수 및 통기 시스템

(1) 주철관과 같은 거친관을 사용한 경우

1 관종별 시험 구분

위생배수 및 통기시스템 배관은 설치 완료 시 누설검사를 실시하여 수밀성을 입증하여야 한다. 시험방법은 주철과과 같은 거친 배관은 수압시험으로, 플라스틱 배관은 공기압시험 방법를 사용한다.

인스펙터는 압력이 시스템의 모든 부분에 도달했는지를 확인하기 위해 청소구 플럭을 분리하게 할 수 있다.

2 수압시험

수압시험은 만수(滿水)시험으로 하며, 전체적으로 또는 거친 배관을 설치한 후 구간별로 실시한다.

①전체 시스템을 일괄적으로 실시할 경우에는 배관계통의 가장 높은 개구를 제외한 모든 개구부를 단단히 밀폐시킨 다음, 가장 높은 개구에서 물이 넘칠 때까지 물을 채운다.

②구간별로 실시하는 경우에는, 시험 중인 구간에서의 가장 높은 개구부를 제외한 모든 개구부를 단단히 밀폐시켜야 하며, 각 구간을 물로 채운다. 다만 어떤 구간도 3 mAq(10 ftAq) 미만으로 시험해서는 안 된다. 구간을 나눈 다음, 한 구간을 끝내고 연

속하여 그다음 구간을 시험할 때, 한 구간은 최소한 3 m 높이가 되어야 하며(계통의 마지막 위쪽 3 m는 제외), 3 mAq 미만의 수압으로 시험된 구간이 있어서는 안된다.

③물은 시험 시작 전 최소 15분 동안 시스템 또는 시험 중인 구간에 채워져 있어야 한다.

④시험결과 시스템의 모든 지점에서 누설이 없어야 한다.

3 공기압 시험

공기압 시험은 적절한 개구부에 공기 압축기 시험장치를 부착하고 시스템의 다른 모든 입구와 출구를 닫은 후 35 kPa 또는 254 mmHg(5 psi 또는 10 inHg)의 압력에 도달할 때까지 공기를 시스템에 가압하는 방법으로 실시한다.

이 압력은 추가 공기 가압 없이 최소 15분 동안 유지되어야 한다.

(2) 완성된 배수관에 대한 연기(또는 박하향) 시험

1 기밀성 확인

거친 배관은 누설시험을 거친 다음, 마지막으로 배수계통과 위생기구의 연결 작업이 이루어지므로, 이 연결부의 기밀이 유지되는지를 확인하기 위해 모든 작업이 완료된 배관계통을 대상으로 최종 시험이 필요할 수 있다.

시험을 해야 하는 경우는, 위생기구을 설치 및 고정하고 트랩에 물을 채운 다음, 연기(smoke) 또는 박하향(peppermint)으로 기밀시험을 실시하여 이음부에 기밀(氣密, gastight) 및 수밀(水密, watertight)이 유지됨을 검증해야 한다.

이전에 작업 현장에서의 수압 또는 공기압시험 한 구간은 제외된다.

2 시험 방법

①연기 시험은 모든 트랩에 물을 채운 다음 하나 이상의 연기 기계에서 생성되는 맵고 짙은 연기를 전체 시스템에 다시 주입하여 수행한다. 연기가 지붕위 입상관 개구에 나타면 개구를 막아 연기가 빠져나가지 않도록 한다. 연기는 25 mmAq(1 inAq)에 해당하는 압력이 시험기간 동안 유지되어야 한다.

②실무상 어려움이나 곤란함으로 인하여 연기시험을 실시할 수 없다고 판단되는 경

우에는 박하향 시험으로 대체할 수 있다. 박하향 시험은 시험대상의 모든 계통 또는 입상관 터미널에 2 온스(60 g)의 박하오일을 주입하여 수행한다. 박하오일은 물에 용해되지 않으므로, 60℃(14O°F)의 뜨거운 물 10 L와 함께 한번에 흘려주어야 하며 모든 루프통기관의 개구는 밀봉되어야 한다.

③이러한 시험은 누출이 나타나야 하는 양성시험이므로, 시스템 내의 어떤 트랩이나 지점에서도 박하 냄새를 감지할 수 있어야 한다. 그러므로 박하오일을 담은 용기나 박하오일이 묻은 옷을 입은 사람은 시험 구역에 있어서는 안된다.

(3) 하수관

1 시험방법

건물 하수관은 공공 하수도, 개인 하수도, 개별 하수 처리시스템 또는 기타 처리 지점과의 연결지점에 테스트 플럭를 삽입하여 시험해야 한다. 그런 다음 3 mAq(10 ftAq) 이상의 압력이 되도록 물을 채워야 한다.

최고 높이에서 15분 동안 시험 수두가 떨어지면 안 된다.

2 대체시험

건물 하수관의 최종 연결부에 대한 수압시험을 합리적으로 수행할 수 없는 경우에는 육안검사로 대체한다.

(4) 결함 있는 배관

건물의 시스템에 결함이 있다고 믿을만한 이유가 있는 경우에는 시험 또는 검사를 거쳐 발견된 결함을 시정해야 한다.

연습문제

01 우리가 흔히 사용하는 "검사"라는 용어는 영어의 Inspection과 Examination을 말한다. 두 가지 검사의 차이점을 비교하여 설명하라.

02 시험이란 무엇이며, 그 종류에는 어떤 것이 있는가?

03 금속관을 사용하는 일반 배관에 대한 수압시험 및 공기압 시험압력 기준을 설명하라.

답

시험 방법	수압시험	공압시험	비고
시험 압력	설계압력×1.25~1.50	설계압력×1.20~1.25	ASME
유지시간	10분 이상	10분 이상	

04 위생배수 및 통기관의 수압시험 및 공기압 시험압력 기준을 설명하라.

시험 방법	수압시험	공압시험	비고
시험 압력	만수 압력 (최소 3 mAq)	35 kPa 또는 254 mmHg	NSPC
유지시간	15분	15분	

05 급수 급탕배관의 플러싱의 필요성과 그 기준에 대하여 설명하라.

06 신설, 보수 또는 교체하는 모든 급수·급탕 배관은 프러싱을 한 후 시설을 사용하기 전에 소독을 실시하여야 한다. 규정된 유지시간 종료 시점에서 각 수도꼭지에서의 잔류염소량은 얼마이어야 하는가?

답 잔류염소량: 5 mg/L 이상

참고문헌

1. ASME B31.9 Building Service Piping
2. National Standard Plumbing Code
3. ASME B31.1 Pressure Piping
4. ASME. BPVC(Boiler and Pressure Vessel Code) Section-Ⅲ
5. ASME B31.3 Process Piping
6. Mohinder L. Nayyar, Piping Handbook 7 Edition. McGraw-Hill
7. 김영호. 배관공학, (주)도서출판 북스힐, 2021.01.10

SANITARY ENGINEERING

APPEXDIX

부록

1. 기구급수 부하단위와 기구배수 부하단위
2. WSFUs에 대한 유량
3. 관의 재질별 치수
4. 관종별 유속기준 관지름 선정표

1 기구급수 부하단위와 기구배수 부하단위

이 부록은 기구급수 부하단위법을 올바르게 사용하도록 하기 위한 것이다.

왜 기구단위라는 용어가 만들어지게 되었는지, 그리고 그것이 어떤 과정을 거쳐서 기구급수 부하단위로 변경되었는지, 그리고 그것을 어떻게 사용해야 올바른 것인지를 이해할 필요가 있다.

그렇지 않으면 부하계산의 표준방법인 이 기구급수 부하단위법을 정확하게 사용하지 못할 뿐만 아니라, 결과적으로 설계를 올바르게 할 수 없기 때문이다.

이 부록에 대한 이해는, 그간의 부하계산 과정에서 NSPC와 HASS의 혼용에 따른 오류를 바로잡는 계기가 되는 것이다.

1.1 기본 개념

(1) 설계의 첫 단계

어떤 분야를 막론하고 설계의 첫 단계는 부하(load)를 계산하는 것이다.

위생설비공학에서의 부하란 유량(frow rate)이다. 급수 급탕, 배수 오수, 우수량 등을 알아야 시스템을 구상할 수 있고, 결정된 시스템을 구성하는 배관이나 용기 등 장비의 용량을 결정할 수 있기 때문이다.

건물이나 시설에서의 급수량은 2가지 경우를 고려하여 결정하여야 한다. ①일정 기간의 총소비량, ②임의 순간의 최대유량(peak demand) 이다.

그리고 이를 정확하게 산출하기 위해서는 유체역학 등의 공학적 방정식과 여러 가지 자료들을 활용하지 않으면 안 된다.

(2) 부하계산 방법

1 표준방법

많은 연구자들이 복잡한 과정을 거치지 않고 간단하고도 정확하게 급수량을 추정하는 방법을 찾으려고 노력해 왔다.

그 결과로 얻어진 개념이 기구급수 부하단위(water supply fixture unit, WSFU) 이고, 이 WSFU로 동시사용유량(water supply demand)을 추정하는 방법이 '기구급수 부하단위법'이며, NSPC에서 말하는 '표준방법(Standard Method)' 이다. 표준방법으로 구한 '동시사용 유량'을 기준으로 급수 시스템을 설계하게 된다.

이 방법은 제안된 이후 오랜 기간 동안 실질적으로 적용해 가면서 보완과정을 거쳤다. 즉 점진적인 발전과정을 거쳐서 일반적으로 적용 가능한 방법이 된 것이다

2 WSFU를 사용할 수 없을 경우

만약, WSFU를 사용할 수 없거나, WSFU 사용하지 않고 급수량을 구해야 할 경우라면 ①위생기구별 토출량 기준이나, ②건물 또는 시설의 유형별 하수량 등의 자료를 유용하게 사용할 수 있다.

(3) 기구급수 부하단위

1 위생기구별 부하생성 효과

기구급수 부하단위는 위생기구별로 '부하생성 효과를 기준으로 부여된 가중치' 이다. 제안 초기로부터 현재까지 여러 차례 보완과정을 거쳤다.

2 최초의 명칭-기구단위

기구급수 부하단위의 최초 명칭은 기구단위(fixture unit, FU)로 1923년에 제안되었다. 기구별 부하생성 효과를 1~6까지로 구분하였으며, 세면기 1, 부엌 싱크 1.5, 욕조, 세탁기, 조합기구(combination fixture), 소변기, 샤워 딸린 욕조, 바닥 드레인 등은 3, 스롭(slop)싱크는 4 그리고 변기는 6을 부여하였다.

그리고 배수단위로도 사용되었다.

3 용어와 부하생성 효과 기준 가중치 변경

기구단위로 사용되던 용어는 1940년에 들어 water supply fixture unit(WSFU)로 변경되고, 부하생성 효과는 1~10이 되었다. 동일한 기구를 공용으로 사용할 때와 개인용으로 사용할 때를 구분하여 **표 1**과 같은 값으로 수정된 것이다. 그리고 이때부터 NBS

표 1 기구급수 부하단위

기구명	수도꼭지	기구급수 부하단위	
		공용	개인용
대변기	세정 밸브식 세정 탱크식	10 5	6 3
소변기	FV TK	5 3	
세면기	수도꼭지	2 (1.5, 1.5)	1 (1, 1)
샤워	혼합수도꼭지	4 (2, 3)	2 (1, 2)
SINK	수도꼭지	4	2
욕조	수도꼭지	4	2
세탁기	수도꼭지	4	2.5

주 ( )는 급수와 급탕을 분리하여 적용할 경우의의 값임

는 공식적으로 위생설비 실무에 적용을 권장 함으로서, 기구급수 부하단위법은 일반적으로 사용되는 부하계산법으로 자리잡게 되었다.

이와 동시에 독립된 기구배수 부하단위(drain fixture unir, DFU)도 사용하게 되었다.

표 1은 급탕을 포함한 경우의 값이며, **표 2**는 급수와 급탕을 구분했을 때의 값이다.

4 현대적 위생기구의 적용특성 추가

개인용과 공용으로만 구분된 WSFU 값은 사실상 최소값과 최대값 임으로 어떤 경우에는 부하가 과대하거나 부족할 수 있다. 이에 따라, 다양해진 현대식 위생기구에 적용해도 이상이 없도록 하기 위한 추가 보완이 이루어졌다.

1994년이 일이며, 이때에 '위생기구에 대한 적용특성'이 추가되었다. 이전의 공용과 개인용으로만 구분된 값으로는 현대의 다양한 건축물에서의 복잡한 용도에 맞도록 적용하기에는 부족한 부분이 있었기 때문이다.

추가된 개념은 위생기구에 의해 생성되는 최대예상수요(maximum probable demand)가 이들이 설치된 곳 즉, 기구가 사용되는 건물이나 시설의 유형에 따라 달라진다는 것을 의미한다.

그리고 이 최대 예상수요라는 개념은 확률이다. 실제로 급수 배관계통의 어느 지점에서 계산된 유량은 시간당 유량의 0.1 %를 초과하지 않는다.

그러므로 이 방법으로 설계되는 대부분 시스템의 경우 ①설계유량에는 도달하지 않으며, ②절대로 과대한 시스템이 되지 않는다.

표 2 기구급수 부하단위(급수, 급탕)

기구	수도꼭지	기구급수단위					
		공용			개인용		
		계	급수	급탕	계	급수	급탕
변기	FV	10	10		6	6	
	TK	5	5		3	3	
비데	수도꼭지				2	1.5	1.5
소변기	1"FV	10	10				
	3/4"FV	5	5				
	TK	3	3				
샤워 헤드	혼합수도꼭지	4	3	3	2	1.5	1.5
세면기	수도꼭지	2	1.5	1.5	1	0.75	0.75
세탁기(자동)	3.6kg(8Lb)	3	2.25	2.25	2	1.5	1.5
	7.3kg(16Lb)	4	3	3			
싱크(가정용)	수도꼭지				2	1.5	1.5
싱크(호텔,식당)	수도꼭지	4	3	3			
싱크(서비스)	수도꼭지	3	2.25	2.25			
욕실 전체	FV				6	3	8
	TK				6	4.5	3
욕조	수도꼭지	4	3	3	2	1.5	1.5
음수기	3/8"밸브	0.25	0.25	0			
접시세척기	자동				1	0	1
혼합기구	혼합수도꼭지				3	2.25	2.25

보완 결과는 **제4장 표 11**에서와 같이 위생기구가 사용되는 형태를 ①개별 주거단위(dwelling units), ②3 이상의 주거단위(more than 3 dwelling units), ③주거용 이외의 건물(other than dwelling units) 및 ④다중이용 시설(heavy-use assembly)로 세분한 것이다.

따라서 모든 유형의 건축물에서 최대수요(peak demand)를 추정할 수 있는 안정적이면서 합리적인 방법으로서의 필요성을 충족하게 되었다.

1.2 WSFUs에 대한 유량 환산

(1) 동시사용 유량

기구급수 부하단위법을 적용한 급수 시스템에서의 유량이란 동시사용유량(water supply demands)을 말하는 것이다.

WSFUs 대 유량은 **부록 2**와 같다.

(2) 1 WSFU의 유량

WSFUs은 유량으로 환산되며, DFU 처럼 단위 유량은 고정된 값이 아니다. 기구수의 합이 작을 때는 단위 유량이 크고, 그 반대의 경우에는 작다.

> **참고** HASS 206에서는 1 FU의 유량을 14 LPM으로 계산한다.
> 이는 기구배수 부하단위의 기준 즉 1 ft^3/min = 1 Fixture Unit로 한 것처럼, 급수에서도 고정값을 사용하도록 한 일본 고유의 방식이다.
> 그러므로 HASS 206 방식으로 급수부하를 계산할 경우에만 적용되는 것이다.

1.3 기구배수 부하단위(DFU)

(1) 배수량 계산을 위해 도입된 개념

1 기구 배수단위

기구배수 부하단위 이전에는 급수에서의 기구단위 명칭을 같이 사용하였다. 그 후 주택 배수 시스템의 용량을 연구하기 위해서는 배수량(배수 체적)과 배수 시간을 포함하는 단위를 설정하는 것이 바람직하다는 결론에 도달하였다. 그래서 기구 배수단위(unit of fixture discharge) 라는 용어를 사용하게 되었다.

2 단위 설정 기준

NPS 1-1/4 트랩이 달린 배수구를 사용하는 일반 세면기의 배수 속도는 약 7.5 GPM 이다. 이는 1 ft^3/min을 약간 초과하는 수치이므로, 계산이나 유량으로의 환산이 편리하도록 7.5 GPM = 1 ft^3/min으로 하고, 1 ft^3/min을 1 Fixture Unit로 정의한 것이다. 그리고 이를 다른 기구에도 적용한 것이다.

표 3에서와 같이, 배수구가 1-1/2" 인 싱크는 1.52 유닛, 1-1/2 인치 배수구를 가진 욕조는 2 유닛, 변기는 6 유닛에 해당한다.

표 3 위생기구의 배수량

기구	배수관 크기	트랩과 배수관 크기	유량 GPM	FU 또는 ft^3/min	배수속도 ft/s	기구를 완전히 비우데 걸리는 시간
싱크	1-1/4	1-1/4	7.5	1	1.9	12 sec
싱크대	1-1/2	1-1/2	11.3	1.52	2.0	30 sec
욕조	1-1/2	1-1/2	15.0	2	2.7	1.5~2 min
	2	2	26.3	3.5	2.0	1~1-1/3 min
세탁 욕조	1-1/2	1-1/2	22.5	3	4.0	20 sec
트랩이 있는 기구	1-1/2	1-1/2	22.5	3	4.0	20 sec, 40 sec(2개)
변기	3	3	45.1	6	2.0	6~10 sec

자료 NBS, Recommened minimum requirements for plumbing in dwellings and similar buildings. 1923.7.3. 1. p91 Table 1에 의거 재작성

(2) 보완된 기준

1940년부터 독립된 기구배수 부하단위(Drainage Fixture Unit, DFU)가 사용 되었다. WSFU와 상대되는 개념으로, 이전의 1~6 범위였던 부하생성 효과는 0.5~8로 확장되어, 세척밸브식 변기는 8, 세척탱크식 변기는 4, 세면기는 1, 그리고 배수량이 가장 작은 수세기와 음수기에는 0.5 등으로 단일값이 부여되었다.

현재의 사용기준(**제7장 표 4**) 즉, 급수에서와 같이 ①개별 주거단위(dwelling units), ②3 이상의 주거단위(more than 3 dwelling units), ③주거용 이외의 건물(other than dwelling units) 및 ④다중이용 시설(heavy-use assembly)로 세분화된 자료를 사용할 수 있게 된 것은 1993년 이후이다.

(3) DFUs에 대한 배수량

1 WSFU의 유량은 변동되는 값임에 비하여, 1 DFU의 유량은 고정된 값이다. 급수에서와 같은 유량 환산표는 불필요하므로, 관지름 결정 과정은 더 단순하다.

급수·급탕의 경우는 인원수 산정 → WSFUs → 동시사용유량 계산 → 관지름 결정의 단계를 거치지만, 배수·오수·통기관 결정 과정에서는 인원수 산정 → DFUs → 관지름 결정의 과정이 된다.

2 WSFUs에 대한 유량

이 표는 **제4장 표 12**를 확대한 것으로, 보간법을 적용하지 않고 바로 WSFUs 값에 대한 유량을 찾아 사용할 수 있도록 한 것이다.

계산된 WSFUs 값에 해당하는 유량이 없을 때에는 위로 근접하는 자료를 사용한다.

WSFU	TK형 변기사용		FV형 변기사용	
	GPM	LPM	GPM	LPM
1	1.0	3.8	–	
2	2.0	7.6	–	
3	3.0	11.4	–	
4	4.0	15.1	–	
5	4.5	17.0	22.0	83.3
6	5.0	18.9	23.0	87.1
7	6.0	22.7	24.0	90.8
8	7.0	26.5	25.0	94.6
9	7.5	28.4	26.0	98.4
10	8.0	30.3	27.0	102.2
11	8.5	32.2	28.0	106.0
12	9.0	34.1	29.0	109.8
13	10.0	37.9	29.5	111.7
14	10.5	39.7	30.0	113.6
15	11.0	41.6	31.0	117.3
16	12.0	45.4	32.0	121.1
17	12.5	47.3	33.0	124.9
18	13.0	49.2	33.5	126.8
19	13.5	51.1	34.0	128.7
20	14.0	53.0	35.0	132.5
21	14.6	55.3	35.6	134.7
22	15.2	57.5	36.2	137.0
23	15.8	59.8	36.8	139.3
24	16.4	62.1	37.4	141.6
25	17.0	64.3	38.0	143.8
26	17.6	66.6	38.6	146.1
27	18.2	68.9	39.2	148.4
28	18.8	71.2	39.8	150.6
29	19.4	73.4	40.4	152.9
30	20.0	75.7	41.0	155.2
31	20.5	77.6	41.6	157.5
32	21.0	79.5	42.2	159.7
33	21.5	81.4	42.8	162.0
34	22.0	83.3	43.4	164.3
35	22.5	85.2	44.0	166.5
36	23.0	87.1	44.6	168.8
37	23.5	88.9	45.2	171.1
38	24.0	90.8	45.8	173.4
39	24.5	92.7	46.4	175.6
40	25.0	94.6	47.0	177.9
41	25.4	96.1	47.4	179.4
42	25.8	97.7	47.8	180.9
43	26.2	99.2	48.2	182.4
44	26.6	100.7	48.6	184.0
45	27.0	102.2	49.0	185.5

WSFU	TK형 변기사용		FV형 변기사용	
	GPM	LPM	GPM	LPM
51	29.4	111.3	51.4	194.5
52	29.8	112.8	51.8	196.1
53	30.2	114.3	52.2	197.6
54	30.6	115.8	52.6	199.1
55	31.0	117.3	53.0	200.6
56	31.4	118.8	53.4	202.1
57	31.8	120.4	53.8	203.6
58	32.2	121.9	54.2	205.1
59	32.6	123.4	54.6	206.7
60	33.0	124.9	55.0	208.2
61	33.3	126.0	55.4	209.7
62	33.6	127.2	55.7	210.8
63	33.9	128.3	56.1	212.3
64	34.2	129.4	56.4	213.5
65	34.5	130.6	56.8	215.0
66	34.8	131.7	57.1	216.1
67	35.1	132.9	57.5	217.6
68	35.4	134.0	57.8	218.8
69	35.7	135.1	58.2	220.3
70	36.0	136.3	58.5	221.4
71	36.3	137.4	58.9	222.9
72	36.6	138.5	59.2	224.1
73	36.9	139.7	59.6	225.6
74	37.2	140.8	59.9	226.7
75	37.5	141.9	60.3	228.2
76	37.8	143.1	60.6	229.4
77	38.1	144.2	61.0	230.9
78	38.4	145.3	61.3	232.0
79	38.7	146.5	61.7	233.5
80	39.0	147.6	62.0	234.7
81	39.3	148.8	62.3	235.8
82	39.5	149.5	62.6	236.9
83	39.8	150.6	62.9	238.1
84	40.0	151.4	63.2	239.2
85	40.3	152.5	63.5	240.3
86	40.5	153.3	63.8	241.5
87	40.8	154.4	64.1	242.6
88	41.0	155.2	64.4	243.8
89	41.3	156.3	64.7	244.9
90	41.5	157.1	65.0	246.0
91	41.8	158.2	65.3	247.2
92	42.0	159.0	65.6	248.3
93	42.3	160.1	65.9	249.4
94	42.5	160.9	66.2	250.6
95	42.8	162.0	66.5	251.7

WSFU	TK형 변기사용		FV형 변기사용	
	GPM	LPM	GPM	LPM
46	27.4	103.7	49.4	187.0
47	27.8	105.2	49.8	188.5
48	28.2	106.7	50.2	190.0
49	28.6	108.3	50.6	191.5
50	29.0	109.8	51.0	193.0
102	44.5	168.4	68.6	259.7
104	45.0	170.3	69.2	261.9
106	45.5	172.2	69.8	264.2
108	46.0	174.1	70.4	266.5
110	46.5	176.0	71.0	268.7
112	47.0	177.9	71.6	271.0
114	47.5	179.8	72.2	273.3
116	48.0	181.7	72.8	275.5
118	48.5	183.6	73.4	277.8
120	49.0	185.5	74.0	280.1
122	49.4	187.0	74.4	281.6
124	49.8	188.5	74.8	283.1
126	50.2	190.0	75.2	284.6
128	50.6	191.5	75.6	286.1
130	51.0	193.0	76.0	287.7
132	51.4	194.5	76.4	289.2
134	51.8	196.1	76.8	290.7
136	52.2	197.6	77.2	292.2
138	52.6	199.1	77.6	293.7
140	53.0	200.6	78.0	295.2
142	53.4	202.1	78.5	297.1
144	53.8	203.6	79.0	299.0
146	53.8	203.6	79.5	300.9
148	54.6	206.7	80.0	302.8
150	55.0	208.2	80.5	304.7
152	55.4	209.7	81.0	306.6
154	55.8	211.2	81.5	308.5
156	56.2	212.7	82.0	310.4
158	56.6	214.2	82.5	312.3
160	57.0	215.7	83.0	314.2
162	57.4	217.3	83.4	315.7
164	57.8	218.8	83.8	317.2
166	58.2	220.3	84.2	318.7
168	58.6	221.8	84.6	320.2
170	59.0	223.3	85.0	321.7
172	59.4	224.8	85.4	323.2
174	59.8	226.3	85.8	324.8
176	60.2	227.9	86.2	326.3
178	60.6	229.4	86.6	327.8
180	61.0	230.9	87.0	329.3
182	61.4	232.4	87.4	330.8
184	61.8	233.9	87.8	332.3
186	62.2	235.4	88.2	333.8
188	62.6	236.9	88.6	335.4
190	63.0	238.5	89.0	336.9
192	63.4	240.0	89.4	338.4
194	63.8	241.5	89.8	339.9
196	64.2	243.0	90.2	341.4
198	64.6	244.5	90.6	342.9
200	65.0	246.0	91.0	344.4

WSFU	TK형 변기사용		FV형 변기사용	
	GPM	LPM	GPM	LPM
96	43.0	162.8	66.8	252.8
97	43.3	163.9	67.1	254.0
98	43.5	164.6	67.4	255.1
99	43.8	165.8	67.7	256.2
100	44.0	166.5	68.0	257.4
205	66.0	249.8	91.8	347.5
210	67.0	253.6	92.6	350.5
215	68.0	257.4	93.4	353.5
220	69.0	261.2	94.2	356.5
225	70.0	265.0	95.0	359.6
230	71.0	268.7	95.8	362.6
235	72.0	272.5	96.6	365.6
240	73.0	276.3	97.4	368.7
245	74.0	280.1	98.2	371.7
250	75.0	283.9	100.0	378.5
255	76.0	287.7	101.0	382.3
260	77.0	291.4	102.0	386.1
265	78.0	295.2	103.0	389.9
270	79.0	299.0	104.0	393.6
275	80.0	302.8	105.0	397.4
280	81.0	306.6	106.0	401.2
285	82.0	310.4	107.0	405.0
290	83.0	314.2	108.0	408.8
295	84.0	317.9	109.0	412.6
300	85.0	321.7	110.0	416.4
305	86.0	325.5	110.8	419.4
310	87.0	329.3	111.5	422.0
315	88.0	333.1	112.3	425.1
320	89.0	336.9	113.0	427.7
325	90.0	340.7	113.8	430.7
330	91.0	344.4	114.5	433.4
335	92.0	348.2	115.3	436.4
340	93.0	352.0	116.0	439.1
345	94.0	355.8	116.8	442.1
350	95.0	359.6	117.5	444.7
355	96.0	363.4	118.3	447.8
360	97.0	367.1	119.0	450.4
365	98.0	370.9	119.8	453.4
370	99.0	374.7	120.5	456.1
375	100.0	378.5	121.3	459.1
380	101.0	382.3	122.0	461.8
385	102.0	386.1	122.8	464.8
390	103.0	389.9	123.5	467.4
395	104.0	393.6	124.3	470.5
400	105.0	397.4	125.0	473.1
405	106.0	401.2	125.8	476.2
410	107.0	405.0	126.5	478.8
415	108.0	408.8	127.3	481.8
420	109.0	412.6	128.0	484.5
425	110.0	416.4	128.8	487.5
430	111.0	420.1	129.5	490.2
435	112.0	423.9	130.3	493.2
440	113.0	427.7	131.0	495.8
445	114.0	431.5	131.8	498.9
450	115.0	435.3	132.5	501.5

WSFU	TK형 변기사용		FV형 변기사용	
	GPM	LPM	GPM	LPM
455	116.0	439.1	133.3	504.5
460	117.0	442.8	134.0	507.2
465	118.0	446.6	134.8	510.2
470	119.0	450.4	135.5	512.9
475	120.0	454.2	136.3	515.9
480	121.0	458.0	137.0	518.5
485	122.0	461.8	137.8	521.6
490	123.0	465.6	138.5	524.2
495	124.0	469.3	139.3	527.3
500	125.0	473.1	140.0	529.9
510	126.8	479.9	141.4	535.2
520	128.6	486.8	142.8	540.5
530	130.4	493.6	144.2	545.8
540	132.2	500.4	145.6	551.1
550	134.0	507.2	147.0	556.4
560	135.8	514.0	148.4	561.7
570	137.6	520.8	149.8	567.0
580	139.4	527.6	151.2	572.3
590	141.2	534.4	152.6	577.6
600	143.0	541.3	152.6	577.6
610	144.8	548.1	155.4	588.2
620	146.6	554.9	156.8	593.5
630	148.4	561.7	158.2	598.8
640	150.2	568.5	159.6	604.1
650	152.0	575.3	161.0	609.4
660	153.8	582.1	162.4	614.7
670	155.6	588.9	163.8	620.0
680	157.4	595.8	165.2	625.3
690	159.2	602.6	166.6	630.6
700	161.0	609.4	168.0	635.9
710	162.8	616.2	169.4	641.2
720	164.6	623.0	170.8	646.5
730	166.4	629.8	172.2	651.8
740	168.2	636.6	173.6	657.1
750	170.0	643.5	175.0	662.4
760	171.6	649.5	176.4	667.7
770	173.2	655.6	177.8	673.0
780	174.8	661.6	179.2	678.3
790	176.4	667.7	180.6	683.6
800	178.0	673.7	180.6	683.6
810	179.6	679.8	183.4	694.2
820	181.2	685.8	184.8	699.5
830	182.8	691.9	186.2	704.8
840	184.4	698.0	187.6	710.1
850	186.0	704.0	189.0	715.4
860	187.6	710.1	190.4	720.7
870	189.2	716.1	191.8	726.0
880	190.8	722.2	193.2	731.3
890	192.4	728.2	194.6	736.6
900	194.0	734.3	196.0	741.9

WSFU	TK형 변기사용		FV형 변기사용	
	GPM	LPM	GPM	LPM
910	195.6	740.3	197.4	747.2
920	197.2	746.4	198.8	752.5
930	198.8	752.5	200.2	757.8
940	200.4	758.5	201.6	763.1
950	202.0	764.6	203.0	768.4
960	203.6	770.6	204.4	773.7
970	205.2	776.7	205.8	779.0
980	206.8	782.7	207.2	784.3
990	208.4	788.8	208.6	789.6
1 000	210.0	794.9	210.0	794.9
1 020	212.4	803.9	212.4	803.9
1 040	214.8	813.0	214.8	813.0
1 060	217.2	822.1	217.2	822.1
1 080	219.6	831.2	219.6	831.2
1 100	222.0	840.3	222.0	840.3
1 120	224.4	849.4	224.4	849.4
1 140	226.8	858.4	226.8	858.4
1 160	229.2	867.5	229.2	867.5
1 180	231.6	876.6	231.6	876.6
1 200	234.0	885.7	234.0	885.7
1 220	236.4	894.8	236.4	894.8
1 240	238.8	903.9	238.8	903.9
1 260	241.2	912.9	241.2	912.9
1 280	243.6	922.0	243.6	922.0
1 300	246.0	931.1	246.0	931.1
1 320	248.4	940.2	248.4	940.2
1 340	250.8	949.3	250.8	949.3
1 360	253.2	958.4	253.2	958.4
1 380	255.6	967.4	255.6	967.4
1 400	258.0	976.5	258.0	976.5
1 420	260.4	985.6	260.4	985.6
1 440	262.8	994.7	262.8	994.7
1 460	265.2	1 003.8	265.2	1 003.8
1 480	267.6	1 012.9	267.6	1 012.9
1 500	270.0	1 022.0	270.0	1 022.0
1 520	272.4	1 031.0	272.4	1 031.0
1 540	274.8	1 040.1	274.8	1 040.1
1 560	277.2	1 049.2	277.2	1 049.2
1 580	279.6	1 058.3	279.6	1 058.3
1 600	282.0	1 067.4	282.0	1 067.4
1 620	284.4	1 076.5	284.4	1 076.5
1 640	286.8	1 085.5	286.8	1 085.5
1 660	289.2	1 094.6	289.2	1 094.6
1 680	291.6	1 103.7	291.6	1 103.7
1 700	294.0	1 112.8	294.0	1 112.8
1 720	296.4	1 121.9	296.4	1 121.9
1 740	298.8	1 131.0	298.8	1 131.0
1 760	301.0	1 139.3	301.0	1 139.3
1 780	303.0	1 146.9	303.0	1 146.9
1 800	305.0	1 154.4	305.0	1 154.4

WSFU	TK형 변기사용		FV형 변기사용	
	GPM	LPM	GPM	LPM
1 820	307.0	1 162.0	307.0	1 162.0
1 840	309.0	1 169.6	309.0	1 169.6
1 860	311.0	1 177.1	311.0	1 177.1
1 880	313.0	1 184.7	313.0	1 184.7
1 900	315.0	1 192.3	315.0	1 192.3
1 920	317.0	1 199.8	317.0	1 199.8
1 940	319.0	1 207.4	319.0	1 207.4
1 960	321.0	1 215.0	321.0	1 215.0
1 980	323.0	1 222.6	323.0	1 222.6
2 000	325.0	1 230.1	325.0	1 230.1
2 020	327.2	1 238.5	327.2	1 238.5
2 040	329.4	1 246.8	329.4	1 246.8
2 060	331.6	1 255.1	331.6	1 255.1
2 080	333.8	1 263.4	333.8	1 263.4
2 100	336.0	1 271.8	336.0	1 271.8
2 120	338.2	1 280.1	338.2	1 280.1
2 140	340.4	1 288.4	340.4	1 288.4
2 160	342.6	1 296.7	342.6	1 296.7
2 180	344.8	1 305.1	344.8	1 305.1
2 200	347.0	1 313.4	347.0	1 313.4
2 220	349.2	1 321.7	349.2	1 321.7
2 240	351.4	1 330.0	351.4	1 330.0
2 260	353.6	1 338.4	353.6	1 338.4
2 280	355.8	1 346.7	355.8	1 346.7
2 300	358.0	1 355.0	358.0	1 355.0
2 320	360.2	1 363.4	360.2	1 363.4
2 340	362.4	1 371.8	362.4	1 371.8
2 360	364.6	1 380.0	364.6	1 380.0
2 380	366.8	1 388.3	366.8	1 388.3
2 400	369.0	1 396.7	369.0	1 396.7
2 420	371.2	1 405.0	371.2	1 405.0
2 440	373.4	1 413.3	373.4	1 413.3
2 460	375.6	1 421.6	375.6	1 421.6
2 480	377.8	1 430.0	377.8	1 430.0
2 500	380.0	1 438.3	380.0	1 438.3
2 520	382.2	1 446.6	382.2	1 446.6
2 540	384.4	1 455.0	384.4	1 455.0
2 560	386.6	1 463.3	386.6	1 463.3
2 580	388.8	1 471.6	388.8	1 471.6
2 600	391.0	1 479.9	391.0	1 479.9
2 620	393.2	1 488.3	393.2	1 488.3
2 640	395.4	1 496.6	395.4	1 496.6
2 660	397.6	1 504.9	397.6	1 504.9
2 680	399.8	1 513.2	399.8	1 513.2
2 700	402.0	1 521.6	402.0	1 521.6
2 720	404.2	1 529.9	404.2	1 529.9
2 740	406.4	1 538.2	406.4	1 538.2
2 760	408.6	1 546.6	408.6	1 546.6
2 780	410.8	1 554.9	410.8	1 554.9
2 800	413.0	1 563.2	413.0	1 563.2

WSFU	TK형 변기사용		FV형 변기사용	
	GPM	LPM	GPM	LPM
2 820	415.2	1 571.5	415.2	1 571.5
2 840	417.4	1 579.9	417.4	1 579.9
2 860	419.6	1 588.2	419.6	1 588.2
2 880	421.8	1 596.5	421.8	1 596.5
2 900	424.0	1 604.8	424.0	1 604.8
2 920	426.2	1 613.2	426.2	1 613.2
2 940	428.4	1 621.5	428.4	1 621.5
2 960	430.6	1 629.8	430.6	1 629.8
2 980	432.8	1 638.1	432.8	1 638.1
3 000	435.0	1 646.5	435.0	1 646.5
3 020	436.8	1 653.3	436.8	1 653.3
3 040	438.6	1 660.1	438.6	1 660.1
3 060	440.4	1 666.9	440.4	1 666.9
3 080	442.2	1 673.7	442.2	1 673.7
3 100	444.0	1 680.5	444.0	1 680.5
3 120	445.8	1 687.4	445.8	1 687.4
3 140	447.6	1 694.2	447.6	1 694.2
3 160	449.4	1 701.0	449.4	1 701.0
3 180	451.2	1 707.8	451.2	1 707.8
3 200	453.0	1 714.6	453.0	1 714.6
3 220	454.8	1 721.4	454.8	1 721.4
3 240	456.6	1 728.2	456.6	1 728.2
3 260	458.4	1 735.0	458.4	1 735.0
3 280	460.2	1 741.9	460.2	1 741.9
3 300	462.0	1 748.7	462.0	1 748.7
3 320	463.8	1 755.5	463.8	1 755.5
3 340	465.6	1 762.3	465.6	1 762.3
3 360	467.4	1 769.1	467.4	1 769.1
3 380	469.2	1 775.9	469.2	1 775.9
3 400	471.0	1 782.7	471.0	1 782.7
3 420	472.8	1 789.5	472.8	1 789.5
3 440	474.6	1 796.4	474.6	1 796.4
3 460	476.4	1 803.2	476.4	1 803.2
3 480	478.2	1 810.0	478.2	1 810.0
3 500	480.0	1 816.8	480.0	1 816.8
3 520	481.8	1 823.6	481.8	1 823.6
3 540	483.6	1 830.4	483.6	1 830.4
3 560	485.4	1 837.2	485.4	1 837.2
3 580	487.2	1 844.1	487.2	1 844.1
3 600	489.0	1 850.9	489.0	1 850.9
3 620	490.8	1 857.7	490.8	1 857.7
3 640	492.6	1 864.5	492.6	1 864.5
3 660	494.4	1 871.3	494.4	1 871.3
3 680	496.2	1 878.1	496.2	1 878.1
3 700	498.0	1 884.9	498.0	1 884.9
3 720	499.8	1 891.7	499.8	1 891.7
3 740	501.6	1 898.6	501.6	1 898.6
3 760	503.4	1 905.4	503.4	1 905.4
3 780	505.2	1 912.2	505.2	1 912.2
3 800	507.0	1 919.0	507.0	1 919.0

WSFU	TK형 변기사용		FV형 변기사용	
	GPM	LPM	GPM	LPM
3 820	508.8	1 925.8	508.8	1 925.8
3 840	510.6	1 932.6	510.6	1 932.6
3 860	512.4	1 939.4	512.4	1 939.4
3 880	514.2	1 946.2	514.2	1 946.2
3 900	516.0	1 953.1	516.0	1 953.1
3 920	517.8	1 959.9	517.8	1 959.9
3 940	519.6	1 966.7	519.6	1 966.7
3 960	521.4	1 973.5	521.4	1 973.5
3 980	523.2	1 980.3	523.2	1 980.3
4 000	525.0	1 987.1	525.0	1 987.1
4 020	526.5	1 992.8	526.5	1 992.8
4 040	528.0	1 998.5	528.0	1 998.5
4 060	529.5	2 004.2	529.5	2 004.2
4 080	531.0	2 009.8	531.0	2 009.8
4 100	532.5	2 015.5	532.5	2 015.5
4 120	534.0	2 021.2	534.0	2 021.2
4 140	535.5	2 026.9	535.5	2 026.9
4 160	537.0	2 032.5	537.0	2 032.5
4 180	538.5	2 038.2	538.5	2 038.2
4 200	540.0	2 043.9	540.0	2 043.9
4 220	541.5	2 049.6	541.5	2 049.6
4 240	543.0	2 055.3	543.0	2 055.3
4 260	544.5	2 060.9	544.5	2 060.9
4 280	546.0	2 066.6	546.0	2 066.6
4 300	547.5	2 072.3	547.5	2 072.3
4 320	549.0	2 078.0	549.0	2 078.0
4 340	550.5	2 083.6	550.5	2 083.6
4 360	552.0	2 089.3	552.0	2 089.3
4 380	553.5	2 095.0	553.5	2 095.0
4 400	555.0	2 100.7	555.0	2 100.7
4 420	556.5	2 106.4	556.5	2 106.4
4 440	558.0	2 112.0	558.0	2 112.0
4 460	559.5	2 117.7	559.5	2 117.7
4 480	561.0	2 123.4	561.0	2 123.4
4 500	562.5	2 129.1	562.5	2 129.1
4 520	564.0	2 134.7	564.0	2 134.7
4 540	565.5	2 140.4	565.5	2 140.4
4 560	567.0	2 146.1	567.0	2 146.1
4 580	568.5	2 151.8	568.5	2 151.8
4 600	570.0	2 157.5	570.0	2 157.5
4 620	571.5	2 163.1	571.5	2 163.1
4 640	573.0	2 168.8	573.0	2 168.8
4 660	574.5	2 174.5	574.5	2 174.5
4 680	576.0	2 180.2	576.0	2 180.2
4 700	577.5	2 185.8	577.5	2 185.8
4 720	579.0	2 191.5	579.0	2 191.5
4 740	580.5	2 197.2	580.5	2 197.2
4 760	582.0	2 202.9	582.0	2 202.9
4 780	583.5	2 208.5	583.5	2 208.5
4 800	585.0	2 214.2	585.0	2 214.2
4 820	586.5	2 219.9	586.5	2 219.9
4 840	588.0	2 225.6	588.0	2 225.6

WSFU	TK형 변기사용		FV형 변기사용	
	GPM	LPM	GPM	LPM
4 860	589.5	2 231.3	589.5	2 231.3
4 880	591.0	2 236.9	591.0	2 236.9
4 900	592.5	2 242.6	592.5	2 242.6
4 920	594.0	2 248.3	594.0	2 248.3
4 940	595.5	2 254.0	595.5	2 254.0
4 960	597.0	2 259.6	597.0	2 259.6
4 980	598.5	2 265.3	598.5	2 265.3
5 000	600.0	2 271.0	600.0	2 271.0
5 020	601.0	2 274.8	601.0	2 274.8
5 040	602.0	2 278.6	602.0	2 278.6
5 060	603.0	2 282.4	603.0	2 282.4
5 080	604.0	2 286.1	604.0	2 286.1
5 100	605.0	2 289.9	605.0	2 289.9
5 120	606.0	2 293.7	606.0	2 293.7
5 140	607.0	2 297.5	607.0	2 297.5
5 160	608.0	2 301.3	608.0	2 301.3
5 180	609.0	2 305.1	609.0	2 305.1
5 200	610.0	2 308.9	610.0	2 308.9
5 220	611.0	2 312.6	611.0	2 312.6
5 240	612.0	2 316.4	612.0	2 316.4
5 260	613.0	2 320.2	613.0	2 320.2
5 280	614.0	2 324.0	614.0	2 324.0
5 300	615.0	2 327.8	615.0	2 327.8
5 320	616.0	2 331.6	616.0	2 331.6
5 340	617.0	2 335.3	617.0	2 335.3
5 360	618.0	2 339.1	618.0	2 339.1
5 380	619.0	2 342.9	619.0	2 342.9
5 400	620.0	2 346.7	620.0	2 346.7
5 420	621.0	2 350.5	621.0	2 350.5
5 440	622.0	2 354.3	622.0	2 354.3
5 460	623.0	2 358.1	623.0	2 358.1
5 480	624.0	2 361.8	624.0	2 361.8
5 500	625.0	2 365.6	625.0	2 365.6
5 520	626.0	2 369.4	626.0	2 369.4
5 540	627.0	2 373.2	627.0	2 373.2
5 560	628.0	2 377.0	628.0	2 377.0
5 580	629.0	2 380.8	629.0	2 380.8
5 600	630.0	2 384.6	630.0	2 384.6
5 620	631.0	2 388.3	631.0	2 388.3
5 640	632.0	2 392.1	632.0	2 392.1
5 660	633.0	2 395.9	633.0	2 395.9
5 680	634.0	2 399.7	634.0	2 399.7
5 700	635.0	2 403.5	635.0	2 403.5
5 720	636.0	2 407.3	636.0	2 407.3
5 740	637.0	2 411.0	637.0	2 411.0
5 760	638.0	2 414.8	638.0	2 414.8
5 780	639.0	2 418.6	639.0	2 418.6
5 800	640.0	2 422.4	640.0	2 422.4
5 820	641.0	2 426.2	641.0	2 426.2
5 840	642.0	2 430.0	642.0	2 430.0
5 860	643.0	2 433.8	643.0	2 433.8
5 880	644.0	2 437.5	644.0	2 437.5

WSFU	TK형 변기사용		FV형 변기사용	
	GPM	LPM	GPM	LPM
5 900	645.0	2 441.3	645.0	2 441.3
5 920	646.0	2 445.1	646.0	2 445.1
5 940	647.0	2 448.9	647.0	2 448.9
5 960	648.0	2 452.7	648.0	2 452.7
5 980	649.0	2 456.5	649.0	2 456.5
6 000	650.0	2 460.3	650.0	2 460.3
6 020	651.0	2 464.0	651.0	2 464.0
6 040	652.0	2 467.8	652.0	2 467.8
6 060	653.0	2 471.6	653.0	2 471.6
6 080	654.0	2 475.4	654.0	2 475.4
6 100	655.0	2 479.2	655.0	2 479.2
6 120	656.0	2 483.0	656.0	2 483.0
6 140	657.0	2 486.7	657.0	2 486.7
6 160	658.0	2 490.5	658.0	2 490.5
6 180	659.0	2 494.3	659.0	2 494.3
6 200	660.0	2 498.1	660.0	2 498.1
6 220	661.0	2 501.9	661.0	2 501.9
6 240	662.0	2 505.7	662.0	2 505.7
6 260	663.0	2 509.5	663.0	2 509.5
6 280	664.0	2 513.2	664.0	2 513.2
6 300	665.0	2 517.0	665.0	2 517.0
6 320	666.0	2 520.8	666.0	2 520.8
6 340	667.0	2 524.6	667.0	2 524.6
6 360	668.0	2 528.4	668.0	2 528.4
6 380	669.0	2 532.2	669.0	2 532.2
6 400	670.0	2 536.0	670.0	2 536.0
6 420	671.0	2 539.7	671.0	2 539.7
6 440	672.0	2 543.5	672.0	2 543.5
6 460	673.0	2 547.3	673.0	2 547.3
6 480	674.0	2 551.1	674.0	2 551.1
6 500	675.0	2 554.9	675.0	2 554.9
6 520	676.0	2 558.7	676.0	2 558.7
6 540	677.0	2 562.4	677.0	2 562.4
6 560	678.0	2 566.2	678.0	2 566.2
6 580	679.0	2 570.0	679.0	2 570.0
6 600	680.0	2 573.8	680.0	2 573.8
6 620	681.0	2 577.6	681.0	2 577.6
6 640	682.0	2 581.4	682.0	2 581.4
6 660	683.0	2 585.2	683.0	2 585.2
6 680	684.0	2 588.9	684.0	2 588.9
6 700	685.0	2 592.7	685.0	2 592.7
6 720	686.0	2 596.5	686.0	2 596.5
6 740	687.0	2 600.3	687.0	2 600.3
6 760	688.0	2 604.1	688.0	2 604.1
6 780	689.0	2 607.9	689.0	2 607.9
6 800	690.0	2 611.7	690.0	2 611.7
6 820	691.0	2 615.4	691.0	2 615.4
6 840	692.0	2 619.2	692.0	2 619.2
6 860	693.0	2 623.0	693.0	2 623.0
6 880	694.0	2 626.8	694.0	2 626.8
6 900	695.0	2 630.6	695.0	2 630.6
6 920	696.0	2 634.4	696.0	2 634.4

WSFU	TK형 변기사용		FV형 변기사용	
	GPM	LPM	GPM	LPM
6 940	697.0	2 638.1	697.0	2 638.1
6 960	698.0	2 641.9	698.0	2 641.9
6 980	699.0	2 645.7	699.0	2 645.7
7 000	700.0	2 649.5	700.0	2 649.5
7 020	700.6	2 651.8	700.6	2 651.8
7 040	701.2	2 654.0	701.2	2 654.0
7 060	701.8	2 656.3	701.8	2 656.3
7 080	702.4	2 658.6	702.4	2 658.6
7 100	703.0	2 660.9	703.0	2 660.9
7 120	703.6	2 663.1	703.6	2 663.1
7 140	704.2	2 665.4	704.2	2 665.4
7 160	704.8	2 667.7	704.8	2 667.7
7 180	705.4	2 669.9	705.4	2 669.9
7 200	706.0	2 672.2	706.0	2 672.2
7 220	706.6	2 674.5	706.6	2 674.5
7 240	707.2	2 676.8	707.2	2 676.8
7 260	707.8	2 679.0	707.8	2 679.0
7 280	708.4	2 681.3	708.4	2 681.3
7 300	709.0	2 683.6	709.0	2 683.6
7 320	709.6	2 685.8	709.6	2 685.8
7 340	710.2	2 688.1	710.2	2 688.1
7 360	710.8	2 690.4	710.8	2 690.4
7 380	711.4	2 692.6	711.4	2 692.6
7 400	712.0	2 694.9	712.0	2 694.9
7 420	712.6	2 697.2	712.6	2 697.2
7 440	713.2	2 699.5	713.2	2 699.5
7 460	713.8	2 701.7	713.8	2 701.7
7 480	714.4	2 704.0	714.4	2 704.0
7 500	715.0	2 706.3	715.0	2 706.3
7 520	715.6	2 708.5	715.6	2 708.5
7 540	716.2	2 710.8	716.2	2 710.8
7 560	716.8	2 713.1	716.8	2 713.1
7 580	717.4	2 715.4	717.4	2 715.4
7 600	718.0	2 717.6	718.0	2 717.6
7 620	718.6	2 719.9	718.6	2 719.9
7 640	719.2	2 722.2	719.2	2 722.2
7 660	719.8	2 724.4	719.8	2 724.4
7 680	720.4	2 726.7	720.4	2 726.7
7 700	721.0	2 729.0	721.0	2 729.0
7 720	721.6	2 731.3	721.6	2 731.3
7 740	722.2	2 733.5	722.2	2 733.5
7 760	722.8	2 735.8	722.8	2 735.8
7 780	723.4	2 738.1	723.4	2 738.1
7 800	724.0	2 740.3	724.0	2 740.3
7 820	724.6	2 742.6	724.6	2 742.6
7 840	725.2	2 744.9	725.2	2 744.9
7 860	725.8	2 747.2	725.8	2 747.2
7 880	726.4	2 749.4	726.4	2 749.4
7 900	727.0	2 751.7	727.0	2 751.7
7 920	727.6	2 754.0	727.6	2 754.0
7 940	728.2	2 756.2	728.2	2 756.2
7 960	728.8	2 758.5	728.8	2 758.5

WSFU	TK형 변기사용		FV형 변기사용	
	GPM	LPM	GPM	LPM
7 980	729.4	2 760.8	729.4	2 760.8
8 000	730.0	2 763.1	730.0	2 763.1
8 020	730.6	2 765.3	730.6	2 765.3
8 040	731.2	2 767.6	731.2	2 767.6
8 060	731.8	2 769.9	731.8	2 769.9
8 080	732.4	2 772.1	732.4	2 772.1
8 100	733.0	2 774.4	733.0	2 774.4
8 120	733.6	2 776.7	733.6	2 776.7
8 140	734.2	2 778.9	734.2	2 778.9
8 160	734.8	2 781.2	734.8	2 781.2
8 180	735.4	2 783.5	735.4	2 783.5
8 200	736.0	2 785.8	736.0	2 785.8
8 220	736.6	2 788.0	736.6	2 788.0
8 240	737.2	2 790.3	737.2	2 790.3
8 260	737.8	2 792.6	737.8	2 792.6
8 280	738.4	2 794.8	738.4	2 794.8
8 300	739.0	2 797.1	739.0	2 797.1
8 320	739.6	2 799.4	739.6	2 799.4
8 340	740.2	2 801.7	740.2	2 801.7
8 360	740.8	2 803.9	740.8	2 803.9
8 380	741.4	2 806.2	741.4	2 806.2
8 400	742.0	2 808.5	742.0	2 808.5
8 420	742.6	2 810.7	742.6	2 810.7
8 440	743.2	2 813.0	743.2	2 813.0
8 460	743.8	2 815.3	743.8	2 815.3
8 480	744.4	2 817.6	744.4	2 817.6
8 500	745.0	2 819.8	745.0	2 819.8
8 520	745.6	2 822.1	745.6	2 822.1
8 540	746.2	2 824.4	746.2	2 824.4
8 560	746.8	2 826.6	746.8	2 826.6
8 580	747.4	2 828.9	747.4	2 828.9
8 600	748.0	2 831.2	748.0	2 831.2
8 620	748.6	2 833.5	748.6	2 833.5
8 640	749.2	2 835.7	749.2	2 835.7
8 660	749.8	2 838.0	749.8	2 838.0
8 680	750.4	2 840.3	750.4	2 840.3
8 700	751.0	2 842.5	751.0	2 842.5
8 720	751.6	2 844.8	751.6	2 844.8
8 740	752.2	2 847.1	752.2	2 847.1
8 760	752.8	2 849.3	752.8	2 849.3
8 780	753.4	2 851.6	753.4	2 851.6
8 800	754.0	2 853.9	754.0	2 853.9
8 820	754.6	2 856.2	754.6	2 856.2
8 840	755.2	2 858.4	755.2	2 858.4
8 860	755.8	2 860.7	755.8	2 860.7
8 880	756.4	2 863.0	756.4	2 863.0
8 900	757.0	2 865.2	757.0	2 865.2
8 920	757.6	2 867.5	757.6	2 867.5
8 940	758.2	2 869.8	758.2	2 869.8
8 960	758.8	2 872.1	758.8	2 872.1
8 980	759.4	2 874.3	759.4	2 874.3

WSFU	TK형 변기사용		FV형 변기사용	
	GPM	LPM	GPM	LPM
9 000	760.0	2 876.6	760.0	2 876.6
9 020	760.6	2 878.9	760.6	2 878.9
9 040	761.2	2 881.1	761.2	2 881.1
9 060	761.8	2 883.4	761.8	2 883.4
9 080	762.4	2 885.7	762.4	2 885.7
9 100	763.0	2 888.0	763.0	2 888.0
9 120	763.6	2 890.2	763.6	2 890.2
9 140	764.2	2 892.5	764.2	2 892.5
9 160	764.8	2 894.8	764.8	2 894.8
9 180	765.4	2 897.0	765.4	2 897.0
9 200	766.0	2 899.3	766.0	2 899.3
9 220	766.6	2 901.6	766.6	2 901.6
9 240	767.2	2 903.9	767.2	2 903.9
9 260	767.8	2 906.1	767.8	2 906.1
9 280	768.4	2 908.4	768.4	2 908.4
9 300	769.0	2 910.7	769.0	2 910.7
9 320	769.6	2 912.9	769.6	2 912.9
9 340	770.2	2 915.2	770.2	2 915.2
9 360	770.8	2 917.5	770.8	2 917.5
9 380	771.4	2 919.7	771.4	2 919.7
9 400	772.0	2 922.0	772.0	2 922.0
9 420	772.6	2 924.3	772.6	2 924.3
9 440	773.2	2 926.6	773.2	2 926.6
9 460	773.8	2 928.8	773.8	2 928.8
9 480	774.4	2 931.1	774.4	2 931.1
9 500	775.0	2 933.4	775.0	2 933.4
9 520	775.6	2 935.6	775.6	2 935.6
9 540	776.2	2 937.9	776.2	2 937.9
9 560	776.8	2 940.2	776.8	2 940.2
9 580	777.4	2 942.5	777.4	2 942.5
9 600	778.0	2 944.7	778.0	2 944.7
9 620	778.6	2 947.0	778.6	2 947.0
9 640	779.2	2 949.3	779.2	2 949.3
9 660	779.8	2 951.5	779.8	2 951.5
9 680	780.4	2 953.8	780.4	2 953.8
9 700	781.0	2 956.1	781.0	2 956.1
9 720	781.6	2 958.4	781.6	2 958.4
9 740	782.2	2 960.6	782.2	2 960.6
9 760	782.8	2 962.9	782.8	2 962.9
9 780	783.4	2 965.2	783.4	2 965.2
9 800	784.0	2 967.4	784.0	2 967.4
9 820	784.6	2 969.7	784.6	2 969.7
9 840	785.2	2 972.0	785.2	2 972.0
9 860	785.8	2 974.3	785.8	2 974.3
9 880	786.4	2 976.5	786.4	2 976.5
9 900	787.0	2 978.8	787.0	2 978.8
9 920	787.6	2 981.1	787.6	2 981.1
9 940	788.2	2 983.3	788.2	2 983.3
9 960	788.8	2 985.6	788.8	2 985.6
9 980	789.4	2 987.9	789.4	2 987.9
10 000	790.0	2 990.2	790.0	2 990.2

3 관의 재질별 치수

3.1 강관과 스테인리스강관

NPS (DN)	두께 등급			OD, mm	Thk, mm	안지름과 단면적				겉표면적, m^2/m	중량		
	강관		SS			ID		단면적			관	물	관+물
	중량계	Sch No	Sch No			mm	m	cm^2	m^2		kg/m	kg/m	kg/m
1/8 (6)	…	…	10S	10.287	1.245	7.798	0.00780	0.48	0.000048	0.032	0.283	0.048	0.330
	STD	40	40S		1.727	6.833	0.00683	0.37	0.000037		0.357	0.036	0.393
	XS	80	80S		2.413	5.461	0.00546	0.23	0.000023		0.461	0.024	0.485
1/4 (8)	…	…	10S	13.716	1.651	10.414	0.01041	0.85	0.000085	0.043	0.491	0.085	0.576
	STD	40	40S		2.235	9.246	0.00925	0.67	0.000067		0.625	0.067	0.692
	XS	80	80S		3.023	7.671	0.00767	0.46	0.000046		0.804	0.046	0.850
3/8 (10)	…	…	10S	17.145	1.651	13.843	0.01384	1.50	0.000150	0.054	0.625	0.150	0.775
	STD	40	40S		2.311	12.522	0.01252	1.23	0.000123		0.848	0.124	0.972
	XS	80	80S		3.200	10.744	0.01074	0.91	0.000091		1.101	0.091	1.192
1/2 (15)	…	…	5S	21.336	1.651	18.034	0.01803	2.55	0.000255	0.067	0.804	0.256	1.060
	…	…	10S		2.108	17.120	0.01712	2.30	0.000230		0.997	0.231	1.228
	STD	40	40S		2.769	15.799	0.01580	1.96	0.000196		1.265	0.196	1.461
	XS	80	80S		3.734	13.868	0.01387	1.51	0.000151		1.622	0.152	1.774
	…	160	…		4.750	11.836	0.01184	1.10	0.000110		1.949	0.110	2.060
	XXS	…	…		7.468	6.401	0.00640	0.32	0.000032		2.545	0.033	2.578
3/4 (20)	…	…	5S	26.670	1.651	23.368	0.02337	4.29	0.000429	0.084	1.027	0.429	1.455
	…	…	10S		2.108	22.454	0.02245	3.96	0.000396		1.280	0.396	1.676
	STD	40	40S		2.870	20.930	0.02093	3.44	0.000344		1.682	0.344	2.025
	XS	80	80S		3.912	18.847	0.01885	2.79	0.000279		2.188	0.278	2.466
	…	160	…		5.563	15.545	0.01554	1.90	0.000190		2.887	0.189	3.076
	XXS	…	…		7.823	11.024	0.01102	0.95	0.000095		3.631	0.095	3.726
1 (25)	…	…	5S	33.401	1.651	30.099	0.03010	7.11	0.000711	0.105	1.295	0.711	2.006
	…	…	10S		2.769	27.864	0.02786	6.09	0.000609		2.083	0.610	2.694
	STD	40	40S		3.378	26.645	0.02664	5.57	0.000557		2.500	0.558	3.058
	XS	80	80S		4.547	24.308	0.02431	4.64	0.000464		3.229	0.464	3.694
	…	160	…		6.350	20.701	0.02070	3.36	0.000336		4.226	0.336	4.563
	XXS	…	…		9.093	15.215	0.01521	1.82	0.000182		5.447	0.182	5.628

NPS	두께 등급			OD, mm	Thk, mm	안지름과 단면적				겉표면적, m^2/m	중량		
	강관		SS			ID		단면적			관	물	관+물
	중량계	Sch No	Sch No			mm	m	cm^2	m^2		kg/m	kg/m	kg/m^2
1-1/4 (32)	…	…	5S	42.164	1.651	38.862	0.03886	11.86	0.001186	0.133	1.652	1.186	2.838
	…	…	10S		2.769	36.627	0.03663	10.53	0.001053		2.694	1.054	3.747
	STD	40	40S		3.556	35.052	0.03505	9.64	0.000964		3.378	0.966	4.344
	XS	80	80S		4.851	32.461	0.03246	8.27	0.000827		4.464	0.827	5.292
	…	160	…		6.350	29.464	0.02946	6.81	0.000681		5.595	0.682	6.277
	XXS	…	…		9.703	22.758	0.02276	4.07	0.000407		7.753	0.406	8.160
1-1/2 (40)	…	…	5S	48.260	1.651	44.958	0.04496	15.87	0.001587	0.151	1.905	1.588	3.493
	…	…	10S		2.769	42.723	0.04272	14.33	0.001433		3.110	1.433	4.543
	STD	40	40S		3.683	40.894	0.04089	13.13	0.001313		4.048	1.314	5.362
	XS	80	80S		5.080	38.100	0.03810	11.40	0.001140		5.402	1.140	6.542
	…	160	…		7.137	33.985	0.03399	9.07	0.000907		7.203	0.906	8.109
	XXS	…	…		10.160	27.940	0.02794	6.13	0.000613		9.539	0.613	10.152
2 (50)	…	…	5S	60.325	1.651	57.023	0.05702	25.53	0.002553	0.190	2.396	2.554	4.950
	…	…	10S		2.769	54.788	0.05479	23.56	0.002356		3.929	2.359	6.287
	STD	40	40S		3.912	52.502	0.05250	21.64	0.002164		5.432	2.165	7.597
	XS	80	80S		5.537	49.251	0.04925	19.04	0.001904		7.471	1.906	9.377
	…	160	…		8.738	42.850	0.04285	14.41	0.001441		11.102	1.442	12.544
	XXS	…	…		11.074	38.176	0.03818	11.44	0.001144		13.438	1.144	14.583
2-1/2 (65)	…	…	5S	73.025	2.108	68.809	0.06881	37.17	0.003717	0.230	3.691	3.719	7.410
	…	…	10S		3.048	66.929	0.06693	35.16	0.003516		5.253	3.520	8.773
	STD	40	40S		5.156	62.713	0.06271	30.87	0.003087		8.616	3.089	11.706
	XS	80	80S		7.010	59.004	0.05900	27.33	0.002733		11.399	2.735	14.135
	…	160	…		9.525	53.975	0.05398	22.87	0.002287		14.897	2.289	17.185
	XXS	…	…		14.021	44.983	0.04498	15.88	0.001588		20.373	1.589	21.962
3 (80)	…	…	5S	88.900	2.108	84.684	0.08468	56.29	0.005629	0.279	4.509	5.634	10.143
	…	…	10S		3.048	82.804	0.08280	53.82	0.005382		6.444	5.386	11.829
	STD	40	40S		5.486	77.927	0.07793	47.67	0.004767		11.280	4.771	16.051

NPS	두께 등급			OD, mm	Thk, mm	안지름과 단면적				겉표면적, m^2/m	중량		
	강관		SS			ID		단면적			관	물	관+물
	중량계	Sch No	Sch No			mm	m	cm^2	m^2		kg/m	kg/m	kg/m
3 (80)	XS	80	80S	88.900	7.620	73.660	0.07366	42.59	0.004259	0.279	15.254	4.262	19.516
	…	160	…		11.125	66.650	0.06665	34.87	0.003487		21.311	3.490	24.800
	XXS	…	…		15.240	58.420	0.05842	26.79	0.002679		27.650	2.680	30.330
3-1/2 (90)	…	…	5S	101.600	2.108	97.384	0.09738	74.45	0.007445	0.319	5.179	7.450	12.629
	…	…	10S		3.048	95.504	0.09550	71.60	0.007160		7.396	7.166	14.562
	STD	40	40S		5.740	90.119	0.09012	63.75	0.006375		13.557	6.380	19.937
	XS	80	80S		8.077	85.446	0.08545	57.31	0.005731		18.602	5.735	24.337
4 (10)	…	…	5S	114.300	2.108	110.084	0.11008	95.13	0.009513	0.359	5.834	9.520	15.353
	…	…	10S		3.048	108.407	0.10841	92.25	0.009225		8.349	9.231	17.580
	STD	40	40S		6.020	102.260	0.10226	82.09	0.008209		16.057	8.215	24.272
	XS	80	80S		8.560	97.180	0.09718	74.14	0.007414		22.293	7.418	29.711
	…	120	…		11.125	91.973	0.09197	66.40	0.006640		28.275	6.645	34.920
	…	160	…		13.487	87.325	0.08733	59.86	0.005986		33.499	5.991	39.490
	XXS	…	…		17.120	80.061	0.08006	50.32	0.005032		40.984	5.036	46.020
5 (125)	…	…	5S	141.300	2.769	135.763	0.13576	144.69	0.014469	0.444	9.465	14.478	23.943
	…	…	10S		3.404	134.493	0.13449	141.99	0.014199		11.563	14.209	25.772
	STD	40	40S		6.553	128.194	0.12819	129.00	0.012900		21.757	12.910	34.667
	XS	80	80S		9.525	122.250	0.12225	117.32	0.011732		30.924	11.740	42.664
	…	120	…		12.700	115.900	0.11590	105.45	0.010545		40.240	10.553	50.793
	…	160	…		15.875	109.550	0.10955	94.21	0.009421		49.050	9.428	58.477
	XXS	…	…		19.050	103.200	0.10320	83.60	0.008360		57.369	8.366	65.735
6 (150)	…	…	5S	168.275	2.769	162.738	0.16274	207.90	0.020790	0.529	11.310	20.805	32.115
	…	…	10S		3.404	161.468	0.16147	204.66	0.020466		13.825	20.480	34.305
	STD	40	40S		7.112	154.051	0.15405	186.29	0.018629		28.230	18.642	46.873
	XS	80	80S		10.973	146.329	0.14633	168.09	0.016809		42.517	16.821	59.338
	…	120	…		14.275	139.725	0.13973	153.26	0.015326		55.642	15.337	70.979
	…	160	…		18.263	131.750	0.13175	136.26	0.013626		67.488	13.635	81.123
	XXS	…	…		21.971	124.384	0.12438	121.45	0.012145		79.111	12.154	91.265

NPS	두께 등급			OD, mm	Thk, mm	안지름과 단면적				겉표면적, m^2/m	중량		
	강관		SS			ID		단면적			관 kg/m	물 kg/m	관+물 kg/m
	중량계	Sch No	Sch No			mm	m	cm^2	m^2				
8 (200)	···	···	5S	219.075	2.769	213.538	0.21354	357.95	0.035795	0.688	14.777	35.820	50.598
	···	···	10S		3.759	211.557	0.21156	351.34	0.035134		19.941	35.158	55.099
	···	20	···		6.350	206.375	0.20638	334.34	0.033434		33.275	33.457	66.732
	···	30	···		7.036	205.003	0.20500	329.91	0.032991		36.758	33.013	69.771
	STD	40	40S		8.179	202.717	0.20272	322.59	0.032259		42.487	32.281	74.768
	···	60	···		10.312	198.450	0.19845	309.15	0.030915		53.038	30.937	83.976
	XS	80	80S		12.700	193.675	0.19368	294.45	0.029445		64.571	29.466	94.037
	···	100	···		15.088	188.925	0.18893	280.19	0.028019		75.822	28.038	103.860
	···	120	···		18.263	182.550	0.18255	261.60	0.026160		90.346	26.178	116.525
	···	140	···		20.625	177.825	0.17783	248.23	0.024823		100.838	24.840	125.678
	XXS	···	···		22.225	174.625	0.17463	239.38	0.023938		107.773	23.953	131.726
	···	160	···		23.012	173.050	0.17305	235.08	0.023508		111.151	23.525	134.676
10 (250)	···	···	5S	273.050	3.404	266.243	0.26624	556.45	0.055645	0.858	22.605	55.684	78.289
	···	···	10S		4.191	264.668	0.26467	549.89	0.054989		27.754	55.026	82.781
	···	20	···		6.350	260.350	0.26035	532.09	0.053209		41.728	53.247	94.975
	···	30	···		7.798	257.454	0.25745	520.32	0.052032		50.955	52.068	103.023
	STD	40	40S		9.271	254.508	0.25451	508.48	0.050848		60.241	50.883	111.124
	XS	60	···		12.700	247.650	0.24765	481.44	0.048144		81.462	48.179	129.641
	···	80	80S		15.088	242.875	0.24287	463.06	0.046306		95.882	46.338	142.221
	···	100	···		18.263	236.525	0.23652	439.16	0.043916		114.633	43.947	158.580
	···	120	···		21.438	230.175	0.23017	415.90	0.041590		132.878	41.618	174.496
	XXS	140	···		25.400	222.250	0.22225	387.75	0.038775		154.963	38.802	193.765
	···	160	···		28.575	215.900	0.21590	365.91	0.036591		172.091	36.616	208.708
12 (300)	···	···	5S	323.850	3.962	315.925	0.31593	783.50	0.078350	1.017	31.222	78.405	109.627
	···	···	10S		4.572	314.706	0.31471	777.46	0.077746		35.969	77.801	113.770
	···	20	···		6.350	311.150	0.31115	759.99	0.075999		49.675	76.053	125.728
	···	30	···		8.382	307.086	0.30709	740.27	0.074027		65.137	74.078	139.215
	STD	···	40S		9.525	304.800	0.30480	729.29	0.072929		73.753	72.980	146.733

NPS	두께등급			OD,mm	Thk,mm	안지름과단면적				겉표면적, m^2/m	중량		
	강관		SS			ID		단면적			관	물	관+물
	중량계	Sch No	Sch No			mm	m	cm^2	m^2		kg/m	kg/m	kg/m
12 (300)	⋯	40	⋯	323.850	10.312	303.225	0.30323	721.77	0.072177	1.017	79.647	72.228	151.875
	XS	⋯	80S		12.700	298.450	0.29845	699.22	0.069922		97.356	69.970	167.326
	⋯	60	⋯		14.275	295.300	0.29530	684.54	0.068454		108.859	68.502	177.361
	⋯	80	⋯		17.475	288.900	0.28890	655.18	0.065518		131.896	65.564	197.460
	⋯	100	⋯		21.438	280.975	0.28097	619.73	0.061973		159.710	62.016	221.726
	XXS	120	⋯		25.400	273.050	0.27305	585.27	0.058527		186.750	58.568	245.318
	⋯	140	⋯		28.575	266.700	0.26670	558.36	0.055836		207.852	55.875	263.726
	⋯	160	⋯		33.325	257.200	0.25720	519.29	0.051929		238.508	51.967	290.475
14 (350)	⋯	⋯	5S	355.600	3.962	347.675	0.34768	948.89	0.094889	1.117	34.332	94.955	129.287
	⋯	⋯	10S		4.775	346.050	0.34605	940.04	0.094004		41.267	94.070	135.337
	⋯	10	⋯		6.350	342.900	0.34290	923.01	0.092301		54.631	92.366	146.996
	⋯	20	⋯		7.925	339.750	0.33975	906.13	0.090613		67.875	90.675	158.550
	STD	30	⋯		9.525	336.550	0.33655	889.14	0.088914		81.209	88.976	170.185
	⋯	40	⋯		11.125	333.350	0.33335	872.31	0.087231		94.409	87.291	181.700
	XS	⋯	⋯		12.700	330.200	0.33020	855.90	0.085590		107.282	85.650	192.932
	⋯	60	⋯		15.088	325.425	0.32542	831.33	0.083133		126.568	83.190	209.758
	⋯	80	⋯		19.050	317.500	0.31750	791.33	0.079133		157.939	79.188	237.127
	⋯	100	⋯		23.825	307.950	0.30795	744.44	0.074444		194.697	74.496	269.193
	⋯	120	⋯		27.788	300.025	0.30002	706.62	0.070662		224.400	70.712	295.112
	⋯	140	⋯		31.750	292.100	0.29210	669.78	0.066978		253.405	67.025	320.430
	⋯	160	⋯		35.712	284.175	0.28418	633.93	0.063393		281.427	63.437	344.864
16 (400)	⋯	⋯	5S	406.400	4.191	398.018	0.39802	1 243.58	0.124358	1.277	41.520	124.445	165.965
	⋯	⋯	10S		4.775	396.850	0.39685	1 236.29	0.123629		47.249	123.716	170.965
	⋯	10	⋯		6.350	393.700	0.39370	1 216.75	0.121675		62.577	121.760	184.337
	⋯	20	⋯		7.925	390.550	0.39055	1 197.36	0.119736		77.786	119.820	197.606
	STD	30	⋯		9.525	387.350	0.38735	1 177.81	0.117781		93.129	117.864	210.993
	XS	40	⋯		12.700	381.000	0.38100	1 139.51	0.113951		123.175	114.031	237.206
	⋯	60	⋯		16.662	373.075	0.37308	1 092.60	0.109260		159.978	109.337	269.315
	⋯	80	⋯		21.438	363.525	0.36352	1 037.38	0.103738		203.298	103.810	307.108
	⋯	100	⋯		26.187	354.025	0.35403	983.87	0.098387		245.279	98.457	343.736
	⋯	120	⋯		30.963	344.475	0.34447	931.50	0.093150		286.367	93.216	379.583
	⋯	140	⋯		36.525	333.350	0.33335	872.31	0.087231		332.813	87.291	420.104
	⋯	160	⋯		40.488	325.425	0.32542	831.33	0.083133		364.972	83.190	448.162

자료 ASME B36.10M

3.2 동관

NPS (DN)	형	두께, mm	지름, mm		표면적, m^2/m		단면적, mm^2		중량, kg/m		상용압력[(1) (2) (3)] ~120℃, MPa(g)	
			OD	ID	외표면	내표면	재료	유로	관	물	연질	경질
1/4 (8)	K	0.89	9.53	7.75	0.030	0.0244	24	47	0.216	0.047	5.868	11.004
	L	0.76	9.53	8.00	0.030	0.0250	21	50	0.188	0.050	5.033	9.432
3/8 (10)	K	1.24	12.70	10.21	0.040	0.0320	45	82	0.400	0.082	6.164	11.556
	L	0.89	12.70	10.92	0.040	0.0344	33	94	0.295	0.094	4.399	8.253
	M	0.64	12.70	11.43	0.040	0.0360	24	103	0.216	0.103	3.144	5.895
1/2 (15)	K	1.24	15.88	13.39	0.050	0.0421	57	141	0.512	0.141	4.930	9.246
	L	1.02	15.88	13.84	0.050	0.0436	48	151	0.424	0.151	4.027	7.543
	M	0.71	15.88	14.45	0.050	0.0454	34	164	0.302	0.164	2.820	5.282
5/8 (19)	K	1.24	19.05	16.56	0.060	0.0521	70	215	0.622	0.215	4.109	7.702
	L	1.07	19.05	16.92	0.060	0.0530	60	225	0.539	0.225	3.523	6.605
3/4 (20)	K	1.65	22.23	18.92	0.070	0.0594	106	281	0.954	0.281	4.668	8.757
	L	1.14	22.23	19.94	0.070	0.0628	75	312	0.677	0.312	3.234	6.061
	M	0.81	22.23	20.60	0.070	0.0646	55	333	0.488	0.333	2.303	4.309
1 (25)	K	1.65	28.58	25.27	0.090	0.0792	139	502	1.249	0.502	3.634	6.812
	L	1.27	28.58	26.04	0.090	0.0817	109	532	0.973	0.532	2.792	5.240
	M	0.89	28.58	26.80	0.090	0.0841	77	564	0.691	0.564	1.958	3.668
1 1/4 (32)	K	1.65	34.93	31.62	0.110	0.0994	173	785	1.543	0.785	2.972	5.571
	L	1.40	34.93	32.13	0.110	0.1009	147	811	1.316	0.811	2.517	4.716
	M	1.07	34.93	32.79	0.110	0.1030	114	845	1.015	0.845	1.924	3.599
	DWV	1.02	34.93	32.89	0.110	0.1033	108	850	0.967	0.850	1.827	3.427

NPS (DN)	형	두께, mm	지름, mm		표면적, m^2/m		단면적, mm^2		중량, kg/m		상용압력[1) 2) 3)] ~120℃, MPa(g)	
			OD	ID	외표면	내표면	재료	유로	관	물	연질	경질
1 1/2 (40)	K	1.83	41.28	37.62	0.130	0.1183	226	1 111	2.025	1.111	2.786	5.226
	L	1.52	41.28	38.23	0.130	0.1201	190	1 148	1.701	1.148	2.324	4.351
	M	1.24	41.28	38.79	0.130	0.1219	157	1 181	1.399	1.182	1.896	3.558
	DWV	1.07	41.28	39.14	0.130	0.1228	135	1 203	1.204	1.203	1.627	3.048
2 (50)	K	2.11	53.98	49.76	0.170	0.1564	343	1 945	3.070	1.945	2.455	4.606
	L	1.78	53.98	50.42	0.170	0.1585	292	1 997	2.606	1.997	2.069	3.951
	M	1.47	53.98	51.03	0.170	0.1603	243	2 045	2.171	2.045	1.717	3.220
	DWV	1.07	53.98	51.84	0.170	0.1628	177	2 111	1.585	2.111	1.241	2.331
2 1/2 (65)	K	2.41	66.68	61.85	0.209	0.1942	287	3 004	4.35	3.004	2.275	4.268
	L	2.03	66.68	62.61	0.209	0.1966	413	3 079	3.69	3.079	1.917	3.592
	M	1.65	66.68	63.37	0.209	0.1990	337	3 154	3.02	3.154	1.558	2.917
3 (80)	K	2.77	79.38	73.84	0.249	0.2320	666	4 282	5.96	4.282	2.193	4.109
	L	2.29	79.38	74.80	0.249	0.2350	554	4 395	4.95	4.395	1.813	3.392
	M	1.83	79.38	75.72	0.249	0.2378	446	4 503	3.98	4.503	1.448	2.717
	DWV	1.14	79.38	77.09	0.249	0.2423	281	4 667	2.51	4.667	0.903	1.696
3 1/2 (90)	K	3.05	92.08	85.98	0.289	0.2701	852	5 806	7.62	5.806	2.082	3.903
	L	2.54	92.08	87.00	0.289	0.2733	714	5 944	6.39	5.944	1.738	3.254
	M	2.11	92.08	87.86	0.289	0.2761	596	6 063	5.33	6.063	1.441	2.703
4 (100)	K	3.40	104.78	97.97	0.329	0.3078	1084	7 538	9.69	7.538	2.041	3.827
	L	2.79	104.78	99.19	0.329	0.3115	895	7 727	8.00	7.727	1.675	3.144
	M	2.41	104.78	99.95	0.329	0.3139	776	7 846	6.94	7.846	1.448	2.717
	DWV	1.47	104.78	101.83	0.329	0.3200	478	8 144	4.27	8.144	0.883	1.655
5 (125)	K	4.06	130.18	122.05	0.409	0.3834	1610	11 699	14.39	11.70	1.965	3.682
	L	3.18	130.18	123.83	0.409	0.3889	1266	12 042	11.32	12.04	1.531	2.875
	M	2.77	130.18	124.64	0.409	0.3917	1108	12 201	9.91	12.20	1.338	2.510
	DWV	1.83	130.18	126.52	0.409	0.3975	737	12 572	6.59	12.57	0.883	1.655

NPS (DN)	형	두께, mm	지름, mm		표면적, m^2/m		단면적, mm^2		중량, kg/m		상용압력[1] [2] [3] ~120℃, MPa(g)	
			OD	ID	외표면	내표면	재료	유로	관	물	연질	경질
6 (150)	K	4.88	155.58	145.82	0.489	0.4581	2 309	16 701	20.64	16.70	1.972	3.696
	L	3.56	155.58	148.46	0.489	0.4663	1 698	17 311	15.18	17.31	1.434	2.696
	M	3.10	155.58	149.38	0.489	0.4694	1 484	17 525	13.27	17.53	1.255	2.351
	DWV	2.11	155.58	151.36	0.489	0.4755	1 016	17 993	9.09	17.99	0.855	1.60.0
8 (200)	K	6.88	206.38	192.61	0.648	0.6050	4 314	29 137	38.56	29.14	2.096	3.930
	L	5.08	206.38	196.22	0.648	0.6163	3 212	30 238	28.71	30.24	1.544	2.903
	M	4.32	206.38	197.74	0.648	0.6212	2 741	30 710	24.50	30.71	1.317	2.468
	DWV	2.77	206.38	200.84	0.648	0.6309	1 771	31 680	15.83	31.62	0.841	1.579
10 (250)	K	8.59	257.18	240.00	0.808	0.7541	6 705	45 241	59.93	45.15	2.096	3.937
	L	6.35	257.18	244.48	0.808	0.7681	5 004	46 942	44.73	46.94	1.551	2.910
	M	5.38	257.18	246.41	0.808	0.7742	4 259	47 686	38.07	47.69	1.317	2.468
12 (300)	K	10.29	307.98	287.40	0.968	0.9028	9 621	64 873	85.99	64.87	2.103	3.937
	L	7.11	307.98	293.75	0.968	0.9229	6 722	67 771	60.09	67.77	1.455	2.724
	M	6.45	307.98	295.07	0.968	0.9269	6 112	68 382	54.63	68.38	1.317	2.468

주 (1) 솔더링 또는 브레이징용 관이음쇠를 사용할 때, 관이음쇠에 의해 제한 압력을 결정한다.
(2) 상용압력은 ASME B31.9의 허용 응력을 사용하여 계산된 것이다. 관 두께에 5% 공장 허용오차가 사용되었다. 더 높은 관 등급은 더 낮은 온도에 대한 허용응력을 사용하여 계산될 수 있다.
(3) 솔더링 또는 브레이징용 관이음쇠을 경질의 인발관에 사용하는 경우는 연질등급을 사용한다. 관의 허용압력은 플레어 또는 압축식 관이음쇠에도 그대로 적용된다.

자료 ASTM B88, KS D5301

3.3 주철관(AWWA C-150)

호칭지름		OD	
NPS	DN	in	mm
3	80	3.96	100.6
4	100	4.48	121.9
6	150	6.90	175.3
8	200	9.05	229.9
10	250	11.10	281.9
12	300	13.20	335.3
14	350	15.30	388.6
16	400	17.40	442.0
18	450	19.50	483.9
20	500	21.60	548.6
24	600	25.80	655.3
30	750	32.00	812.8
36	900	38.30	972.8
42	1050	44.50	1 130.3
48	1200	50.80	1 290.3
54	1350	57.56	1 462.8
60	1500	61.61	1 564.9
64	1600	65.67	1 668.0

자료 AWWA C-150

3.4 PVC, CPVC, PE관

호칭지름		PVC						CPVC		PE					
		D1785 Sch40, 80, 120		D2241 SDR		D2241 SDR/CTS		F442 SDR		D3035 SDR		D2104 Sch40		D2239 SIDR	
		OD		OD		OD		OD		OD		ID		ID	
NPS	DN	in	mm	in	mm	in	mm	in	mm	in	mm	in	mm	in	mm
1/8	6	0.41	10.3	0.41	10.3										
1/4	8	0.54	13.7	0.54	13.7			0.54	13.7						
3/8	10	0.68	17.4	0.68	17.4			0.68	17.4						
1/2	15	0.84	21.3	0.84	21.3	0.625	15.88	0.84	21.3	0.84	21.3	0.109	2.77	0.622	15.80
3/4	20	1.05	26.7	1.05	26.7	0.875	22.22	1.05	26.7	1.05	26.7	0.113	2.87	0.824	20.93
1	25	1.32	33.4	1.32	33.4	1.125	28.58	1.32	33.4	1.32	33.4	0.133	3.38	1.049	26.64
1-1/4	32	1.66	42.2	1.66	42.2	1.375	34.92	1.66	42.2	1.66	42.2	0.140	3.56	1.380	35.05
1-1/2	40	1.90	48.3	1.90	48.3	1.625	41.28	1.90	48.3	1.90	48.3	0.145	3.68	1.610	40.89
2	50	2.38	60.3	2.38	60.3	2.125	53.98	2.38	60.3	2.38	60.3	0.154	3.91	2.067	52.50
2-1/2	65	2.88	73.0	2.88	73.0			2.88	73.0			0.203	5.16	2.469	62.71
3	80	3.50	88.9	3.50	88.9			3.50	88.9	3.50	88.9	0.216	5.49	3.068	77.93
3-1/2	90	4.00	101.6	4.00	101.6			4.00	101.6						
4	100	4.50	114.3	4.50	114.3			4.50	114.3	4.50	114.3	0.237	6.02	4.026	102.26
5	125	5.56	141.3	5.56	141.3			5.56	141.3	5.56	141.3				
6	150	6.63	168.3	6.63	168.3			6.63	168.3	6.63	168.3	0.280	7.11	6.065	154.05
8	200	8.63	219.1	8.63	219.1			8.63	219.1	8.63	219.1				
10	250	10.75	273.1	10.75	273.1			10.75	273.1	10.75	273.1				
12	300	12.75	323.9	12.75	323.9			12.75	323.9	12.75	323.9				
14	350	14.00	355.6	14.00	355.6					14.00	355.6				
16	400	16.00	406.4	16.00	406.4					16.00	406.4				

주 (1) ASRM 표준임.
(2) D2447 Sch40, Sch80의 치수는 PVC관 D1785와 동일. 부록 4. 관종별 유속기준 관지름 선정표

4 관종별 유속기준 관지름 선정표

(1) 용도

이 자료는 급수·급탕 배관에 많이 사용되는 재료별 관지름을 구하는 데 사용한다.

설계 단계에서 구한 계통이나 구간별 유량에 적정 유속을 적용하여 간단히 관지름을 선정할 수 있다.

(2) 유속 범위

건물 배관에서의 경제적인 유속범위는 1.22~2.44 m/s(4~8 ft/s) 이다.

다만, 60℃(140°F)까지의 온수 배관에 동관을 사용하는 경우, 유속은 1.52 m/s(5 ft/s)를 초과하지 않는 것이 좋다.

(3) 유량, 유속 및 압력강하

배관 재료별 유량, 유속 및 압력강하는 **제4장**의 유량-관마찰손실 선도(**그림 10~13**)을 기준으로 한다. 표에서의 압력강하 값은 파이프 및 튜브의 마찰저항을 기준으로 한 것이므로 관이음쇠, 밸브 및 기구에 대한 부차적손실은 포함되지 않는 것이다.

그러므로 배관의 상당관 길이는 **제4장**의 **표 25**의 관이음쇠 및 밸브의 장당관 길이를 추가하여 결정할 수 있다.

배관계통의 정확한 배치를 알 수 없을 경우, 관이음쇠 및 밸브의 부차적손실은 ①동관 및 솔벤트 시멘트 조인트 이음한 플라스틱 배관과 같은 매끄러운 배관에 대해서는 관 길이의 최대 50%, ②나사식 이음쇠를 사용한 강관 등의 금속관 및 플라스틱 배관에 대해서는 배관 길이의 최대 75%를 허용 범위로 한다.

(4) WSFUs에 대한 유량

허용 WSFUs와 이에 따른 유량은 **부록 2**를 기준으로 한다.

표에서 WSFUs는 계통에 포함된 모든 위생기구에 대한 값으로, TK는 중력식 또는 압력식 세척탱크식 변기가, FV는 세척밸브식 변기가 포함된 경우이다.

4.1 아연도 강관(STD)

DN	유속 4 ft/s(1.22 m/s)						유속 8 ft/s(2.44 m/s)					
	WSFUs		유량		압력강하		WSFUs		유량		압력강하	
	TK	FV	GPM	LPM	psi/100ft	kPa/100m	TK	FV	GPM	LPM	psi/100ft	kPa/100m
15	4	-	3.8	14	7.6	171.9	9	-	7.6	29	27.3	617.5
20	8	-	6.6	25	5.5	124.4	19	-	13.3	50	19.7	445.6
25	15	-	10.8	41	4.1	92.7	33	5	21.5	81	14.9	337.0
32	28	-	18.6	70	3	67.9	74	24	37.3	141	10.8	244.3
40	41	8	25.4	96	2.5	56.6	129	49	50.8	192	9.1	205.8
50	91	31	41.8	158	1.9	43.0	293	163	83.7	317	6.8	153.8
65	174	73	59.7	226	1.5	33.9	472	363	119.4	452	5.5	124.4
80	336	207	92.2	349	1.2	27.1	840	817	184.4	698	4.3	97.3
100	687	634	158.7	601	0.9	20.4	1 925	1 925	317.5	1 202	3.1	70.1
125	1 329	1 329	249.4	944	0.7	15.8	3 710	3 710	498.9	1 888	2.4	54.3
150	2 320	2 320	360.2	1 363	0.5	11.3	7 681	7 681	720.4	2 727	1.9	43.0

주 (1) 아연도강관, STD 기준
(2) WSFU의 TK는 세척탱크식 변기, FV는 세척밸브식 변기 포함 경우.
(3) 단위환산기준: psi/100ft = 22.62kPa/100m = 22.62mmAq/m

4.2 동관(K형)

DN	유속 4 ft/s(1.22 m/s)						유속 5 ft/s(1.52 m/s)						유속 8 ft/s(2.44 m/s)					
	WSFUs		유량		압력강하		WSFUs		유량		압력강하		WSFUs		유량		압력강하	
	TK	FV	GPM	LPM	psi/100ft	kPa/100m	TK	FV	GPM	LPM	psi/100ft	kPa/100m	TK	FV	GPM	LPM	psi/100ft	kPa/100m
12			1.6	6	8.4	190.0			2.0	8	12.7	287.3	3		3.2	12	30.4	687.6
15			2.7	10	6.1	138.0	3		3.4	13	9.3	210.4	6		5.4	20	22.1	499.9
20	6		5.4	20	4.1	92.7	8		6.8	26	6.2	140.2	15		10.9	41	14.8	334.8
25	13		9.7	37	2.9	65.6	16		12.1	46	4.4	99.5	29		19.4	73	10.6	239.8
32	22		15.2	58	2.3	52.0	28		19.0	72	3.4	76.9	53	14	30.4	115	8.1	183.2
40	33	5	21.5	81	1.8	40.7	45	10	26.9	102	2.8	63.3	96	33	43	163	6.7	151.6
50	75	24	37.6	142	1.3	29.4	112	40	47.0	178	2.0	45.2	251	126	75.2	285	4.8	108.6
65	165	69	58.1	220	1.0	22.6	238	115	72.6	275	1.6	36.2	456	341	116.1	439	3.7	83.7
80	289	159	82.8	313	0.8	18.1	392	267	103.4	391	1.3	29.4	725	682	165.5	626	3.0	67.9
100	615	541	145.7	552	0.6	13.6	826	801	182.1	689	0.9	20.4	1 678	1 678	291.4	1 103	2.2	49.8
125	1 134	1 134	226.1	856	0.5	11.3	1 605	1 605	282.6	1 070	0.7	15.8	3 191	3 191	452.2	1 712	1.7	38.5
150	1 978	1 978	322.8	1 222	0.4	9.0	2 713	2 713	403.5	1 527	0.6	13.6	5 910	5 910	645.5	2 443	1.4	31.7

주 (1) ASTM B 88, KS D5301 동관 K형 기준.
(2) WSFU의 TK는 세척탱크식 변기, FV는 세척밸브식 변기 포함 경우.
(3) 단위환산기준: psi/100ft = 22.62kPa/100m = 22.62mmAq/m

4.3 동관(L형)

DN	유속 4 ft/s(1.22 m/s)						유속 5 ft/s(1.52 m/s)						유속 8 ft/s(2.44 m/s)					
	WSFUs		유량		압력강하		WSFUs		유량		압력강하		WSFUs		유량		압력강하	
	TK	FV	GPM	LPM	psi/100ft	kPa/100m	TK	FV	GPM	LPM	psi/100ft	kPa/100m	TK	FV	GPM	LPM	psi/100ft	kPa/100m
12			1.8	7	7.8	176.4	2		2.3	9	11.7	264.7	4		3.6	14	28.0	633.4
15	3		2.9	11	5.9	133.5	4		3.6	14	8.9	201.3	7		5.8	22	21.3	481.8
20	7		6.0	23	3.9	88.2	9		7.5	28	5.8	131.2	16		12.1	46	13.9	314.4
25	14		10.3	39	2.8	63.3	18		12.9	49	4.3	97.3	31		20.6	78	10.2	230.7
32	23		15.7	59	2.2	49.8	29		19.5	74	3.3	74.6	56	15	31.3	118	8.0	181.0
40	34	5	22.2	84	1.8	40.7	47	11	27.7	105	2.7	61.1	101	36	44.4	168	6.5	147.0
50	79	26	38.6	146	1.3	29.4	117	43	48.2	182	2.0	45.2	261	136	77.2	292	4.7	106.3
65	173	73	59.5	225	1.0	22.6	247	120	74.4	282	1.5	33.9	470	360	119.0	450	3.7	83.7
80	300	170	84.9	321	0.8	18.1	406	281	106.2	402	1.3	29.4	749	713	169.9	643	3.0	67.9
100	635	567	149.3	565	0.6	13.6	854	833	186.7	707	0.9	20.4	1 739	1 739	298.7	1 131	2.2	49.8
125	1 189	1 189	232.7	881	0.5	11.3	1 674	1 674	290.9	1 101	0.7	15.8	3 338	3 338	465.5	1 762	1.7	38.5
150	2 087	2 087	334.6	1 267	0.4	9.0	2 847	2 847	418.2	1 583	0.6	13.6	6 382	6 382	669.1	2 533	1.4	31.7

주 (1) ASTM B 88, KS D5301 동관 L형 기준.
(2) WSFU의 TK는 세척탱크식 변기, FV는 세척밸브식 변기 포함 경우.
(3) 단위환산기준: psi/100ft = 22.62kPa/100m = 22.62mmAq/m

4.4 동관(M 형)

DN	유속 4 ft/s(1.22 m/s)						유속 5 ft/s(1.52 m/s)						유속 8 ft/s(2.44 m/s)					
	WSFUs		유량		압력강하		WSFUs		유량		압력강하		WSFUs		유량		압력강하	
	TK	FV	GPM	LPM	psi/100ft	kPa/100m	TK	FV	GPM	LPM	psi/100ft	kPa/100m	TK	FV	GPM	LPM	psi/100ft	kPa/100m
12			2.0	8	7.3	165.1			2.5	9	11.1	251.1	4		4.0	15	26.6	601.7
15	3		3.2	12	5.6	126.7	4		4.0	15	8.5	192.3	7		6.3	24	20.2	456.9
20	7		6.4	24	3.7	83.7	10		8.1	31	5.6	126.7	18		12.9	49	13.4	303.1
25	15		10.9	41	2.7	61.1	19		13.6	51	4.1	92.7	34	5	21.8	83	9.9	223.9
32	24		16.3	62	2.2	49.8	30		20.4	77	3.3	74.6	59	17	32.6	123	7.8	176.4
40	36	6	22.8	86	1.8	40.7	49	12	28.5	108	2.7	61.1	107	38	45.7	173	6.4	144.8
50	82	28	39.5	150	1.3	29.4	122	46	49.4	187	2.0	45.2	270	144	79.1	299	4.7	106.3
65	180	77	61.0	231	1.0	22.6	256	131	76.2	288	1.5	33.9	485	380	121.9	461	3.6	81.4
80	310	180	87.0	329	0.8	18.1	419	294	108.8	412	1.2	27.1	775	743	174.0	659	3.0	67.9
100	648	583	151.6	574	0.6	13.6	872	854	189.5	717	0.9	20.4	1 783	1 783	303.3	1 148	2.1	47.5
125	1 215	1 215	235.8	893	0.5	11.3	1 706	1 706	294.8	1 116	0.7	15.8	3 407	3 407	471.6	1 785	1.7	38.5
150	2 125	2 125	338.7	1 282	0.4	9.0	2 894	2 894	423.4	1 603	0.6	13.6	6 548	6 548	677.4	2 564	1.3	29.4

주 (1) ASTM B 88, KS D5301 동관 M형 기준.
(2) WSFU의 TK는 세척탱크식 변기, FV는 세척밸브식 변기 포함 경우.
(3) 단위환산기준: psi/100ft = 22.62kPa/100m = 22.62mmAq/m

4.5 PVC, CPVC, PE 플라스틱 파이프(Sch40)

DN	유속 4 ft/s(1.22m/s)						유속 8 ft/s(2.44 m/s)					
	WSFUs		유량		압력강하		WSFUs		유량		압력강하	
	TK	FV	GPM	LPM	psi/100ft	kPa/100m	TK	FV	GPM	LPM	psi/100ft	kPa/100m
15	4		3.6	14	5.2	117.6	9		7.3	28	18.7	423.0
20	7		6.4	24	3.7	83.7	18		12.9	49	13.4	303.1
25	14		10.5	40	2.8	63.3	32	4	20.9	79	10.1	228.5
32	27		18.2	69	2.0	45.2	71	22	36.4	138	7.3	165.1
40	40	8	24.9	94	1.7	38.5	124	47	49.7	188	6.1	138.0
50	89	30	41.1	156	1.3	29.4	286	157	82.2	311	4.6	104.1
65	168	70	58.5	221	1.0	22.6	460	347	117.1	443	3.7	83.7
80	328	198	90.6	343	0.8	18.1	820	795	181.2	686	2.9	65.6
100	675	618	156.5	592	0.6	13.6	1 881	1 881	313.1	1 185	2.1	47.5
125	1 303	1 303	246.4	933	0.5	11.3	3 642	3 642	492.8	1 865	1.6	36.2
150	2 284	2 284	356.2	1 348	0.4	9.0	7 413	7 413	712.4	2 697	1.3	29.4

주 (1) ASTM D1785(PVC), ASTM F441(CPVC), ASTM B1527(ABS), ASTM D24474(PE) 기준.
(2) WSFU의 TK는 세척탱크식 변기, FV는 세척밸브식 변기 포함 경우.
(3) 단위환산기준: psi/100ft = 22.62kPa/100m = 22.62mmAq/m

4.6 PVC, CPVC, PE 플라스틱 파이프(Sch80)

DN	유속 4 ft/s(1.22 m/s)						유속 8 ft/s(2.44 m/s)					
	WSFUs		유량		압력강하		WSFUs		유량		압력강하	
	TK	FV	GPM	LPM	psi/100ft	kPa/100m	TK	FV	GPM	LPM	psi/100ft	kPa/100m
15	3		2.7	10	6.1	138.0	7		5.5	21	22.1	499.9
20	6		5.1	19	4.2	95.0	14		10.3	39	15.3	346.1
25	11		8.6	33	3.1	70.1	25		17.2	65	11.3	255.6
32	22		15.4	58	2.2	49.8	55	15	30.8	117	8.1	183.2
40	33	4	21.3	81	1.9	43.0	95	33	42.7	162	6.7	151.6
50	70	21	35.8	136	1.4	31.7	233	112	71.7	271	4.9	110.8
65	132	51	51.4	195	1.1	24.9	389	264	102.7	389	4.0	90.5
80	277	149	80.3	304	0.9	20.4	698	648	160.7	608	3.1	70.1
100	585	503	140.4	531	0.6	13.6	1 590	1 590	280.7	1 063	2.2	49.8
125	1 105	1 105	222.6	843	0.5	11.3	3 114	3 114	445.3	1 686	1.7	38.5
150	1 942	1 942	319.2	1 208	0.4	9.0	5 767	5 767	638.3	2 416	1.4	31.7

주 (1) ASTM D1785(PVC), ASTM F441(CPVC), ASTM B1527(ABS), ASTM D2447(PE) 기준.
(2) WSFU의 TK는 세척탱크식 변기, FV는 세척밸브식 변기 포함 경우.
(3) 단위환산기준: psi/100ft = 22.62kPa/100m = 22.62mmAq/m

4.7 CPVC 플라스틱 튜빙(동관과 같은 치수) SDR 11

DN	유속 4 ft/s(1.22 m/s)						유속 8 ft/s(2.44 m/s)					
	WSFUs		유량		압력강하		WSFUs		유량		압력강하	
	TK	FV	GPM	LPM	psi/100ft	kPa/100m	TK	FV	GPM	LPM	psi/100ft	kPa/100m
15	2		2.4	9	6.6	149.3	6		4.8	18	23.9	540.6
20	6		4.9	19	4.4	99.5	13		9.8	37	15.8	357.4
25	10		8.1	31	3.3	74.6	24		16.2	61	11.8	266.9
32	16		12.1	46	2.6	58.8	38	7	24.2	92	9.3	210.4
40	25		16.9	64	2.1	47.5	62	18	33.7	128	7.7	174.2
50	50	12	28.9	109	1.6	36.2	164	68	57.8	219	5.6	126.7

주 (1) ASTM F442 기준.
(2) WSFU의 TK는 세척탱크식 변기, FV는 세척밸브식 변기 포함 경우.
(3) 단위환산기준: psi/100ft = 22.62kPa/100m = 22.62mmAq/m

4.8 H-PEX 플라스틱 튜빙(동관과 같은 치수) SDR 9

DN	유속 8 ft/s(2.44 m/s)					
	WSFUs		유량		압력강하	
	TK	FV	GPM	LPM	psi/100ft	kPa/100m
12	1		2.4		35.3	798.5
15	5		4.5	17	24.8	561.0
20	11		8.8	33	16.8	380.0
25	21		14.5	55	12.5	282.8
32	33		21.6	82	9.9	223.9
40	53	14	30.2	114	8.2	185.5
50	134	52	51.7	196	6.0	135.7

주 (1) ASTM F442 기준.
(2) WSFU의 TK는 세척탱크식 변기, FV는 세척밸브식 변기 포함 경우.
(3) 단위환산 기준: psi/100ft = 22.62kPa/100m = 22.62mmAq/m

4.9 복합 플라스틱 파이프(PE-AL-PE, PEX-AL-PEX)

DN	유속 4 ft/s(1.22 m/s)						유속 8 ft/s(2.44 m/s)					
	WSFUs		유량		압력강하		WSFUs		유량		압력강하	
	TK	FV	GPM	LPM	psi/100ft	kPa/100m	TK	FV	GPM	LPM	psi/100ft	kPa/100m
12	1		1.1	4	10.3	233.0	1		2.2	8	37.0	836.9
15	2		2.4	9	6.6	149.3	5		4.7	18	23.9	540.6
20	7		6.2	23	3.8	86.0	17		12.4	47	13.7	309.9
25	13		10.1	38	2.9	65.6	31		20.3	77	10.3	233.0
32	22		15.5	59	2.2	49.8	55	15	30.9	117	8.1	183.2
40	41	5	25.3	96	1.7	38.5	128	49	50.7	192	6.0	135.7
50	81	27	39.2	148	1.3	29.4	267	142	78.4	297	4.7	106.3
65	147	58	54.2	205	1.1	24.9	417	292	108.4	410	3.9	88.2

주 (1) ASTM F1974 기준.
(2) WSFU의 TK는 세척탱크식 변기, FV는 세척밸브식 변기 포함 경우.
(3) 단위환산 기준: psi/100ft = 22.62kPa/100m = 22.62mmAq/m

연습문제 해답

1장 I 총론

1. Plumbing Code(Hoover Code, 1932)-National Plumbing Code, NPC, 1955. ASA A40. 8)-National Standard Plumbing Code, NSPC, 1993. ANSI A40.8)

2. 완속모래여과법는 영국에 의하여 1804년, 급속모래여과법은 미국에의하여 1884년에 도입되었다.

3. 1874년 미국에서 처음으로 발표되고 1875년 통기관을 갖춘 배수시스템이 소개되었다. 트랩을 설치하므로서 냄새의 실내 유입이 차단되어 위생설비의 난점이 사라지게 되었다.
   이로써 집단주택이나 학교의 건물 밖에 두었던 화장실이 실내로 들어오는 계기가 되었다.

4. 1569년의 최초의 발명품인 변기의 명칭을 water closet(수세식 변기)이라고 하고, 이를 줄여서 WC로 표기한 것에서 기원 한다. 오늘날과 같은 변기로 완성 되기까지는 4세기 약 300여년이 걸렸다.

5. 변기는 보울에 물을 잡아둠으로써 냄새를 막아 주는 수봉트랩의 형태에 따라 구분되며 S, U, J, P 등 4가지 형태로 보편화 되어있다.

6. 현대적인 배수 시스템이란 ①관로를 통해서 배수가 이루어지고, ②수봉식 트랩응 설치하여 하수 가스가 실내로 유입되지 않도록 하며, ③통기관을 설치하여 트랩의 봉수를 보호할 수 있어야 하고, ④관경 결정이론을 적용하여 적정한 크기로 배관의 크기가 구성된 배수 시스템을 말한다. 즉 통기 시스템이 반드시 들어가야 한다.

7. 코드는 규약, 규범, 관례, 법도 등으로 법의 일종이다. 설계로부터 준공에 이르기까지 전 공정에 대한 일반적인 기준이다. 그러므로 적용 범위는 법과 같다. 즉 국가 전역에서 이루어지는 관련 공사 모두에 적용된다.

8. 클래스(class) 또는 PN(pression nominal)으로 구분한다. 클래스는 $ft-lb$ 단위계에서 사용하며 7가지 등급으로 구분한다. PN은 메트릭 단위계에서 클래스에 대체되는 압력등급 표시 방법이다. 클래스나 PN은 무차원으로 표기 되지만 의미는 psi와 bar이다. 양자 간의 관계는 다음과 같다.

클래스	150	300	400	600	900	1 500	2 500
PN	20	50	68	110	150	260	420

9. NPS 또는 DN으로 표시된다. NPS는 Nominal pipe size의 첫 글자를 딴 것으로 ft-lb 단위계에서 사용하며, DN은 Diameter norminal의 첫 글자를 딴 것으로, mm 단위로 관의 호칭지름을 표시하는 방법이다. ISO에서 정한 기준이다. 모두 숫자 다음에는 단위(inch, mm)를 붙이지 않고 사용한다.

10. Dia, = Diameter, ID = Inside Diameter, OD = Outside Diameter, Stl, = Steel, CIP = Cast iron pipe, Thk = Thickness, PVC = Polyvinyl Chloride

2장 | 재료와 표준

1. ASME: American Society of Mechanical Engineers

   ASTM: American Society of Testing and Materials
   ASSE: American Society of Sanitary Engineers
   AWWA: American Water Works Association
   PDI: Plumbing & Drainage Institute
   SAREK: Society of Air-Conditioning, Refrigerating Engineers of Korea
   KARSE: Korean Association of Air-Conditioning, Refrigerating and Sanitary Engineers.

2. 역류방지밸브 기본형 2종류: ASSE 1015 복식 첵밸브형 역류방지밸브
   ASSE 1013 감압형 역류방지밸브
   누설탐지형 2종류: ASSE 1048 복식 첵밸브 누설탐지형 역류방지밸브
   ASSE 1047 감압식 누설탐지형 역류방지밸브

3장 | 위생기구 및 설치기준

1. 수도미터에 적용되는 계량(측정) 기술은 ①한 번의 회전으로 배출되는 유체의 양을 기준으로 하는 용적(容積)식과, ②일정 크기의 단면적을 통과하는 유체의 속도를 측정하고 이를 유량으로 변화하는 속도식, 그리고 ③용적식과 속도식 두 가지 원리를 적용하는 복합식 등으로 대별된다.

   용적식 미터로는 회전디스크식, 진동피스톤식 등이 있으며, 속도식 미터로는 멀티제트, 터빈식, 프로펠러식 등이 있다.

   복합식 미터로는 터빈 미터(고유량 측정 요소)에 다중 제트(또는 용적식) 미터(저유량 측정 요소)가 합해진 것과 같은 미터가 사용된다.

2. 변기의 종류는 세척방식을 기준으로 할 때 ①사이펀식 변기과 ②중력식 변기로 구분 된다.

① 사이펀식 변기

사이펀작용으로 세척되는 형태이므로, 변기의 구조가 사이펀작용이 잘 일어 나도록 S자 모양의 배수로 되도록 구성되어 있다. 대표적으로 적용되는 방식은 ①단일트랩 사이펀식과 ②이중트랩 사이펀식이다.

② 중력식 변기

사이펀작용이 아닌 중력에 의하여 세척되는 변기이다, 그래서 비사이펀식 변기라고도 한다. 대표적으로 적용되는 방식으로는 ①washdown 식과 ②washout 식이 있다.

3. 물받이 용기에는 일반적으로 오버플구가 있다, 주택이나 사무실 건물용으로는 오버플구가 있는 것이 사용되지만, 병원과 같은 곳에는 오버플로구가 없는 것을 사용해야 한다. 이는 오버플로 배수로 표면에 오물이나 찌꺼기가 끼어도 눈에 보이지 않을 뿐만 아니라, 오버플로 배수계통을 청소하기도 어렵거나 불가능 하기 때문에 비위생적이기 때문이다.

4. 두 용어 모두 수도꼭지로 사용할 수 있으나, faucet는 욕실이나 주방 등의 건물 내에 설치되는 수도꼭지에 대한 대표적인 표현이다.

이에 비하여 tap은 이음쇠(fitting)의 의미가 있다. 즉 나사가 나 있어서 호스를 연결할 수 있다. 그리고 실내뿐만 아니라 정원이나 외벽과 같이 건물 외부에 설치되어 사용된다. 다른 표현으로는 spigot, silcock, bib(hose bibb), wall hydrant 등으로도 사용된다.

국내에서 사용되는 예로는, ball-tap이 있다.

5. **그림 16**을 사용한다.

(1) 볼탭에 작용하는 수압

상수도 본관의 압력은 0.4 MPa 이지만, 관마찰과 부차적 손실을 합한 총 손실을 감안하면 볼탭에 작용하는 수압은 0.3 MPa이 된다.

(2) 볼탭의 크기

0.3 MPa 수압에서 유입량이 795 LPM이 되기 위해서는 DN 65의 볼탭을 선정하여야 한다.

(3) 선정결과 분석

수압이 0.3 MPa이 작용할 때 DN 65 볼탭을 통한 상수도 실제 유입량은 그림으로부터 1 000 LPM이 됨을 알수 있다. 그러므로 선정결과는 안전하다.

6. **표 5**를 사용한다.

(1) 업무용 빌딩 1개 층. 상주 인원은 층당 360명(남 180, 여 180)이다.

① **표** 5의 No.2로부터 1개 층에 설치해야 할 기구 수를 구한다.

구분	남자용	여자용	비고
변기 (TK)	· 75인까지 3개 · 75인 초과 시 60인당 1개 추가 · (180−75)/60 = 1.75≒2 그룹 2×1 = 2개 합계 5개	· 75인까지 3개 · 75인 초과 시 60인당 2개 추가 · (180−75)/60 = 1.75≒2 그룹 2×2 = 4개 합계 7개	
소변기	· 변기 수의 50%까지는 소변기로 대체할 수 있다. 5×0.5 = 2.5≒3개	-	
세면기	· 75인까지 2개 · 75인 초과 시 60인당 1개 추가 · (180−75)/60 = 1.75≒2 그룹 2×1 = 2 합계 4개	· 75인까지 3개 · 75인 초과 시 60인당 2개 추가 · (180−75)/60 = 1.75≒2 그룹 2×2 = 4개 합계 7개	
음수기	· 100인당 1 · 180/100 = 1.8≒2(대)	· 100인당 1 · 180/100 = 1.8≒2(대)	
서비스싱크	층당 1개		

② 집계표

구분		변기	소변기	세면기	음수기	서비스싱크	비고
층별	남	2	3	4	2	1	
	여	7	-	7	2		

(2) 고정 좌석이 1 000석(남녀 각 500석)인 극장.

① 표 5의 No.1 a)로부터 설치해야 할 기구 수를 구한다.

구분	남자용	여자용	비고
변기 (TK)	· 300인까지 4개 · 300인 초과 시 300인당 1개 추가 · (500−300)/300 = 0.67≒1 합계 4개	· 300인까지 5개 · 300인 초과 시 300인당 2개 추가 · (500−300)/300 = 0.67≒1 1×2 = 2개 합계 7개	
소변기	· 변기 수의 50%까지는 소변기로 대체할 수 있다. · 4×0.5 = 2개	-	
세면기	· 300인까지 2개 · 300인 초과 시 300인당 1개 추가 · (500−300)/300 = 0.67≒1 합계 3개	· 300인까지 4개 · 300인 초과 시 300인당 2개 추가 · (500−300)/300 = 0.67≒21 · 1×2 = 2 합계 6개	

구분	남자용	여자용	비고
음수기	· 100인당 1 · 500/100 = 5	· 100인당 1 · 500/100 = 5	
서비스싱크	층당 1개		

② 집계표

구분	변기	소변기	세면기	음수기	서비스싱크	비고
남	2	2	3	5	1	
여	7	-	6	5		

(3) 1일 10 000명이 이용하는 여객 터미널.

① **표 5**의 No.1 e)로부터 설치해야 할 기구 수를 구한다.

구분	남자용	여자용	비고
변기 (TK)	· 400인까지 6개 · 2 600인까지 200인당 1개 추가 · (2 600-400)/200 = 11 · 2 600인 이상은 300인당 1개 추가 · (5 000-2 600/300 = 8 합계 25개	· 400인까지 10개 · 2 600인까지 200인당 2개 추가 · (2 600-400)/200 = 11 11×2 = 22개 · 2 600인 초과 시 300인당 2개 추가 · (5 000-2 600)/300 = 8 · 8×2 = 16개 합계 48개	
소변기	· 변기 수의 50%까지는 소변기로 대체할 수 있다. · 25×0.5 = 13개	-	
세면기	· 400인까지 2개 · 2 600인까지 200인당 2개 추가 · (2 600-400)/200 = 11 11×2 = 22개 · 2 600인 이상은 300인당 2개 추가 · (5 000-2 600/300 = 8 · 8×2 = 16개 합계 40개	· 400인까지 5개, · 2 600인까지 200인당 2개 추가 · (2 600-400)/200 = 11 11×2 = 22개 · 2 600인 초과 시 300인당 2개 추가 · (5 000-2 600)/300 = 8 · 8×2 = 16개 합계 43개	
음수기	· 1 000인당 1 · 5 000/1000 = 5	· 1 000인당 1 · 5 000/100 = 5	
서비스싱크	층당 1개		

② 집계표

구분	변기	소변기	세면기	음수기	서비스싱크	비고
남	12	13	40	5	1	
여	48	-	43	5		

4장 I 급수 시스템

1. 주경로(主經路, index circuit)는 급수원으로부터 가장 멀리 떨어져 있는 수도꼭지까지의 구간을 말한다. 펌프 또는 유체의 출발점으로부터 관마찰 손실이 가장 크게 발생하는 구간이다. 일반적으로 최고층 또는 최원거리에 있는 물사용 기구까지의 경로가 되며, 설계 시 이 구간을 기준으로 급수 조건을 맞추게 된다. 그러므로, 낮은 층일수록 과대한 수압이 작용하게 된다.

2. 경제적인 급수 시스템이란, 코드에서 허용하는 최소한의 관지름과 압력등급의 배관 구성요소를 사용하는 최단 거리 배관이다.
   이러한 시스템이 되기 위해서는 급수량을 정확하게 추정하여야 한다.

3. 동시사용유량(同時使用流量)이란 여러 종류의 위생기구가 설치된 장소에서 단위시간에 공급되어야 할 급수량이다. WSFU를 기준으로 구한 유량이 즉 동시사용유량이 된다.

4. 건물별 설치기구 수가 다음과 같은 경우, 각각에 대한 급수부하를 구하라.

(1) 업무용 빌딩

① 설치기구수

구분	변기	소변기	세면기	음수기	서비스싱크	비고
남	20	30	40	20	10	
여	70	–	70	20		
계	90	30	110	40	10	

② WSFU

업무용빌딩은 **표 11**에서 주거용 이외의 건물에 해당하므로, 기구별 WSFU를 적용하여 집계하면 다음과 같다.

기구별	수량	WSFU	WSFUs	동시사용유량	비고
변기(TK)	90	5.5	495.00		
소변기	30	5.0	150.00		
세면기	110	0.75	82.50		급탕 제외
음수기	40	0.5	20.00		
서비스싱크	10	3.0	30.00		청소용싱크 적용
계	280		777.50	661.6 LPM	**부록 2**, WSFUs = 780적용

(2) 고정 좌석이 1 000석인 극장

① 설치기구수

구분	변기	소변기	세면기	음수기	서비스싱크	비고
남	2	2	3	5	1	
여	7	-	6	5		
계	9	2	9	10	1	

② WSFU

극장은 **표** 11에서 다중이용시설에 해당하므로, 기구별 WSFU를 적용하여 집계하면 다음과 같다.

기구별	수량	WSFU	WSFUs	동시사용유량	비고
변기(FV)	9	10.0	90.00		
소변기	2	5.0	10.00		
세면기	9	0.75	6.75		급탕 제외
음수기	10	0.75	7.50		
서비스싱크	1	3.0	3.00		청소용 싱크 적용
계	31		117.25	277.8 LPM	**부록** 2, WSFUs = 118 적용

(3) 1일 10 000명이 이용하는 여객 터미널. 다만 남녀 비율은 같다.

① 설치기구수

구분	변기	소변기	세면기	음수기	서비스싱크	비고
남	12	13	40	5	1	
여	48	-	43	5		
계	60	13	83	10	1	

② WSFU

여객터미널은 **표** 11에서 다중이용시설에 해당하므로, 기구별 WSFU를 적용하여 집계하면 다음과 같다.

기구별	수량	WSFU	WSFUs	동시사용유량	비고
변기(FV)	60	10.0	600.00		
소변기	13	5.0	65.00		
세면기	83	0.75	62.25		급탕 제외
음수기	10	0.75	7.50		
서비스싱크	1	3.0	3.00		청소용 싱크 적용
계	167		737.75	657.1 LPM	**부록** 2, WSFUs = 740 적용

5. **표** 11과 **부록** 2를 사용하여 WSFUs와 이에 대한 유량을 구한다.

(1) 중앙집중식 난방인 경우(급수, 급탕 별도 배관)

그룹	욕실			주방	세탁실	계	비고
기구	변기	욕조/샤워	세면기	싱크	세탁기		13 L/회 세척 탱크식 변기 사용
수량	1	1	1	1	1	5	
WSFU	3.0	2.25 (3*0.75)	0.375 (0.5*0.75)	0.75 (1*0.75)	1.875 (2.5*0.75)	8.25	WSFUs = 8 적용
동시사용유량						26.5 LPM	

참고 이 경우 급탕량은 욕조/샤워, 세면기, 싱크, 세탁기용으로(WSFUs = 5.25) 17 LPM이 별도로 공급된다.

(2) 개별난방식인 경우(급수에 급탕량 포함)

그룹	욕실			주방	세탁실	계	비고
기구	변기	욕조/샤워	세면기	싱크	세탁기		13 L/회 세척 탱크식 변기 사용
수량	1	1	1	1	1	5	
WSFU	3.0	3.0	0.5	1.0	2.5	10.0	WSFUs = 10 적용
동시사용유량						30.3 LPM	

6. (1) 상수도의 능력 검토

1인 1일 평균사용 수량을 200 L로 가정하고 1일 사용수량(Q_d)을 구한다.

$$Q_d = 4 \text{ 인/세대} \times 200 \text{ L/인.일} \times 2\ 500\text{세대} = 2\ 000\ 000 \text{ L/d} = 2\ 000 \text{ m}^3\text{/d}$$

상수도 인입관의 능력(Q_s)은

$$Q_s = 2\ 000 \text{ L/min} \times 60 \times 24 \text{ h} = 2\ 880\ 000 \text{ L/d} = 2\ 880 \text{ m}^3\text{/d}$$

즉, $Q_d(2\ 000 \text{ m}^3\text{/d}) < Q_s(2\ 880 \text{ m}^3\text{/d})$ 이므로 수도 인입관의 능력은 충분하다.

(2) 저수탱크의 용량

저수탱크의 용량은 식 (9)를 적용하며 $T = 10$으로 하면

$$Q_s = 2\ 000 \text{ L/min} \times 60 = 120\ 000 \text{ L/h} = 120 \text{ m}^3\text{/h}$$

이므로

$$V_s \geq Q_d - Q_s T = 2\ 000 \text{ m}^3\text{/d} - 120 \text{ m}^3\text{/h} \times 10 \text{ h} = 800 \text{ m}^3$$

이 된다.

그러므로 지하 저수탱크 용량은 이의 80%인 640 m^3으로 하고 고가탱크의 용량은 160 m^3이 되도록 배분한다.

(3) 야간의 상수도관의 능력(저수탱크 만수 시)은 식 (10)을 사용하여 구한다.

$$V_s \le Q_s(24-T) = 120\ \mathrm{m^3/h} \times (24-10)\mathrm{h} = 1\,680\ \mathrm{m^3}$$

이 되므로 저수탱크 용량이 800 m^3이면 이상이 없다.

참고 수도법에서 아파트의 저수탱크 용량(고가탱크 포함)은 3 m^3(1991년) → 1.5 m^3(1994년) → 1 m^3(2012년) → 0.5 m^3(2014년)으로 변화되었다. 이 기준을 따르면 1 250 m^3이 되어야 하고, 이 중 80%를 지하 저수탱크로 하면 1 000 m^3이 된다. 공학적인 계산 결과와 법규상의 기준과는 많은 차이가 있음을 알 수 있다.

7. **그림 4**로부터 1동당 거주 인원이 400인의 경우 탱크 용량 결정을 위한 기준으로의 물소비량은 40 L/인이므로 고가탱크의 용량은

$$40\ \mathrm{L/인} \times 400\mathrm{인} = 16\ 000\ \mathrm{L} = 16\ \mathrm{m^3}$$

이 된다.

8. 30층 아파트가 있다. 최고층 세대의 유동수압을 100 kPa로 유지하고자 한다.
층별 높이는 3 m, 펌프실은 1층 바닥으로부터 10 m 아래에 위치한다. 펌프 토출구로부터 최고층까지의 관 마찰손실(부차적 손실 포함)은 20 m 이다.
부스터 펌프시스템을 적용할 경우 펌프의 양정을 구하라.
식 (8-1)을 사용하여

$$H \ge H_1 + H_2 + H_3$$

이므로
주경로 상 최고의 높이 $H_1 = (3\ \mathrm{m/층} \times 30\mathrm{층}) + 10\ \mathrm{m} = 100\ \mathrm{m}$
샤워에서의 유동압력 $H_2 = 100\ \mathrm{kPa}(10\ \mathrm{m})$
주경로에서의 관마찰손실 $H_3 = 20\ \mathrm{m}$을 식에 대입하면

$$H_1 + H_2 + H_3$$
$$= 100\ \mathrm{m} + 10\ \mathrm{m} + 20\ \mathrm{m}$$
$$= 130\ \mathrm{m}(1\,300\ \mathrm{kPa})$$

9. **표 19**를 사용하여 구한다.

	호텔	병원	고등학교	산업용건물	사무실
WSFUs	1 200	1 000	500	500	1 000
고가탱크 용량	1 200×0.95 LPM×25 = 28 500 L	1 000×1.51 LPM×25 = 37 750 L	500×1.51 LPM×30 = 22 650 L	500×2.27 LPM×25 = 28 375 L	1 000×1.14 LPM×25 = 28 500 L
펌프의 유량	852 LPM	795 LPM	416 LPM	625 LPM	1 022 LPM

10. **그림 10~13**과 **표 4**를 활용한다. 급수관이고 수압은 1 MPa이하로 가정한다.

배관재	유량 L/s	마찰손실수두, kPa/100m	유속, m/s	관지름, NPS	비고
동관(L)	5.0	432.4	4.6	1-1/2	마찰손실 과대 ☞그림 10
	2.22	113.1	1.95	1-1/2	적합 ☞그림 10
PVC관	4.7	113.1	2.15	2	적합 ☞그림 11
	50.4	339.3	6.1	4	유속 과대 ☞그림 11
강관	25.2	135.7	3.1	4	적합 ☞그림 12
	2.5	124.4	2.15	1-1/2	적합 ☞그림 12
주철관	157.5	339.3	5.2	8	유속과대 ☞그림 13
	18	135.7	2.25	4	접합 ☞그림 13

5장 I 온수공급 시스템

1. **제4장 표** 11로부터

기구	설치장소	WSFU	비고
변기(세척탱크, 13 L/회)	공항	0	급탕 불필요
변기(세척밸브, 13 L/회)	공항	0	급탕 불필요
세면기	사무실	0.75	1.0×0.75
음수기	사무실	0.375	0.5×0.75
주방싱크	아파트	0.75	1.0×0.75
세탁기	아파트	1.875	2.5×0.75
욕조/샤워	아파트	2.25	3.0×0.75
월풀욕조	단독주택	3	4.0×0.75

2. **제4장 표** 11과 **제4장 그림** 10을 사용한다.

(1) **제4장 표** 11을 사용하여 WSFUs와 동시사용유량을 구한다.

그룹	욕실1, 2		주방	세탁실	계	비고
기구	욕조/샤워	세면기	싱크	세탁기		
수량	2	2	1	1	6	
WSFU	2.25 (3×0.75)	0.375 (0.5×0.75)	0.75 (1×0.75)	1.875 (2.5×0.75)		
WSFUs	4.5	0.75	0.75	1.875	7.875	WSFUs = 8 적용
동시사용 유량					26.5 LPM	

(2) **제4장 그림 10**으로부터 26.5 LPM(0.442 L/s)에 대한 관지름은 DN 15나 DN 20를 사용할 수 있으나, DN 15의 경우 마찰저항이 크고 유속도 과대하여 소음의 발생이 예상되므로 안전하게 DN 20으로 한다.

DN	20	15	비고
관마찰저항, kPa/100m	135	780	
유속, m/s	1.4	3.1	
선정	O		

3. **제4장 표** 11과 **부록** 2를 사용한다.

(1) **제4장 표** 11로부터 1세대당 WSFUs를 구한다.

그룹	욕실1, 2		주방	세탁실	계	비고
기구	욕조/샤워	세면기	싱크	세탁기		
수량	2	2	1	1	6	
WSFU	2.25 (3×0.75)	0.375 (0.5×0.75)	0.75 (1×0.75)	1.875 (2.5×0.75)		
WSFUs	4.5	0.75	0.75	1.875	7.875	WSFUs = 8 적용

(2) 100가구에 대한 WSFUs를 구하고, 이를 기준으로 **부록** 2에서 유량을 구한다.

7.875×100 = 787.5 이므로 위로 근접하는 WSFUs = 790에 해당하는 값을 취하면, 유량은 661.6 LPM이 된다.

4. 개별난방 방식을 적용하는 세대 규모 85 m^2의 아파트에서, 급탕을 위한 열원으로 난방용 보일러를 겸용하고자 한다. (1)급탕량, (2)급탕 가열부하 및 (3)급탕 난방 겸용 보일러의 용량을 구하라. 다만, 설치기구는 변기-1, 욕조/샤워-1, 세면기-1, 싱크-1, 세탁기-1이며, 난방 전용으로의 용량은 15 kW 이다. 그리고 냉수 공급온도는 15℃, 급탕온도는 40℃, 급탕가열 효율은 87% 이다.

(1) 급탕 온도를 40℃로 할 때의 급탕량을 구한다.

WSFUs = 2.25(욕조/샤워)+0.375(세면기)+0.75(싱크)+1.875(세탁기) = 5.16 이므로 **부록** 2로부터 동시사용 급탕량은 18.9 LPM = 0.315 L/s(WSFUs = 6)가 된다.

(2) 급탕가열 부하를 구한다.

제4장 표 2로부터 40℃ 온수의 비중량은 0.9923 kg/L 이므로 급탕 가열부하 는 식 (1)을 사용하여

$$\{0.315\ \text{L/s} \times 4.1868\ \text{kJ/(kg℃)} \times 0.9923\ \text{kg/L} \times 25\text{℃}\} \div 0.87$$
$$= 37.61\ \text{kW} \rightarrow 38\ \text{kW}$$

(3) 급탕 경용 보일러용량을 구한다.

그림 21로부터

비율 = 온수부하÷난방부하 = 38 kW÷15 kW = 2.55

이므로 계수는 0.88이 된다. 그러므로 겸용보일러의 용량은

$$15\ \text{kW}+(38\ \text{kW}\times 0.88) = 48.44\ \text{kW}$$

5. 식 (1)을 사용하여

$$\begin{aligned} q_i &= (Q_h c_p \rho \Delta t)/\eta \\ &= [(2.27\times 1000)\div 3\,600\times 4.1688\times(0.9998+0.9831)/2\times 50]\div 0.85 \\ &= 153.305\,(kW) \end{aligned}$$

6. **제4장 표 2**로부터 60℃, 55℃와 50℃ 물의 비중량은 각각 983.1 kg/m^3, 985.6 kg/m^3, 988.00 kg/m^{3}이므로, 식 (2)로부터

$$\begin{aligned} P &= (\rho_1-\rho_2)gH \\ &= (985.6-983.1)\times 9.8\times 1 \\ &= 24.5\,(Pa) \end{aligned}$$

$$\begin{aligned} P &= (\rho_1-\rho_2)gH \\ &= (988.0-983.1)\times 9.8\times 1 \\ &= 48.02\,(Pa) \end{aligned}$$

7. 온수 가열기를 가동시켰을 때 최초 1시간 동안에 공급할 수 있는 이론적 최대 온수공급량이며, 이는 온수 가열기의 성능특성을 표시하는 것이다.

8. **표 7**로부터 해당되는 값을 구한다.

구분	가스보일러	전기보일러	비고
저탕량, L	190	250	
입력, kW	13.8	5.5	
사용량, L	341	334	
가열량, mL/s	42	23	

6장 | 온수공급 시스템의 보호

1. 불쾌성오염과 위해성오염의 차이점

구분	불쾌성오염	위해성오염	비고
오염의 정도	질병이나 사망의 원인이 되지는 않는다.	질병이나 사망의 원인이 된다.	
영문표기	pollutant	contaminant	

2. 역류가 발생하는 원인

역사이펀 작용(back-siphonage)과 역압(back-pressure)이 각각 또는 동시에 작용하기 때문이다.

3. 기본형 역류방지밸브 DCV와 RP의 (1)구조, (2)역류방지범위 (3)오염방지 범위

구분	DCV	RP	비고
구조	밸브본체(첵밸브 2), 테스트콕 4, 정지밸브 2	밸브본체(첵밸브 2, 다이어프램 밸브 1), 테스트콕 4, 정지밸브 2	
역류방지 범위	역압, 역사이펀	역압, 역사이펀	
오염방지 범위	불쾌성오염 방지	위해성오염 방지	
영문 표기	Double Check Valve Backflow Prevention Assembly	Reduced Pressure Principle Backflow Prevention Assembly	

4. 워터해머 대책이 강구되어야 하는 이유는

(1) 배관계통을 구성하는 주요 요소인 관 및 관이음쇠는 재질에 따라 각각 상용압력에 대한 제한이 있다. 따라서 워터해머로 인한 높은 충격압력으로부터 보호하기 위함이다.

(2) 소음과 진동이 발생하지 않도록 함이다.

5. 유속이 동일한 조건에서 관의 재질별 워터해머 압력은 식 (5)와 같이 압력파의 전파속도에 비례하고, 압력파의 전파속도는 식 (6)과 같이 배관재의 탄성계수에 비례한다.
그러므로 탄성계수가 큰 재료를 사용한 배관계통에서 더 높은 워터해머 압력이 발생한다.
유동조건아 같고 재질별 관의 두께가 동일하다고 가정할 때 급폐쇄에 의한 워터해머 압력이 높게 발생하는 순서는 강관〉 주철관〉 스테인리스강관〉 동관〉 PVC관의 순서가 된다.

5. 코드로부터 급수관과 급탕관의 보온두께를 결정하라. 다만, 사용하고자 하는 보본재는 열전도율 $k = 0.038\,\mathrm{W/mK}$ 인 셀루라그라스(cellular glass)이며, 급수관 관지름은 DN 100~20이고, 급탕관은 DN 65~20으로 한다.
배관의 위치는 건물의 파이프 샤프트와 지하층이다.

구분	급수관(mm)	급탕관(mm)
DN 100	40	-
DN 80	25	-
DN 65	25	40
DN 50	25	40
DN 40	25	25
DN 32	25	25
DN 25	25	25
DN 20	25	25
DN 15	25	25
비고	**표 11** 일반조건. 보온재 등급 "나"	**표 12** 보온재 등급 "나"

6. **그림 25**에서 Δp는 345 kPa과 퇴수량 76 LPM의 교차점은 $Cv = 2.0$ 이므로

① 내부온도 감지형은 **표 14**로부터

DN 15: 2.0÷0.6 = 3.33(개)

DN 20: 2.0÷1.3 = 1.54(개)

∴ DN 20-1개와 DN 15-2개 또는 DN 15-4개

② 외기온도 감지형은 **표 14**로부터

DN 15: 2.0÷1.3 = 1.54(개)

DN 20: 2.0÷2.0 = 1.0(개)

∴ DN 20-1개 또는 DN 15-2개

7. 1차측 수압 2 MPa을 400 kPa로 감압 시, 1단 감압 가능 여부 및 2단 감압시 중간압력은 구한다.

(1) 2 MPa을 400 kPa로 감압할 경우에 대한 캐비테이션 지수를 구한다.

식 (19)에 각각의 입력(절대압력)을 대입하면

$$K = \frac{P_2 + 103}{P_1 - P_2} = \frac{500 + 103}{2\,100 - 500} = 0.377$$

$K < 0.5$ 이므로, 2단 감압이 불가피하다.

(2) $P_1(2\text{ MPa})$에서 P_2로 감압할 때의 캐비테인션 지수를 K_1,

P_2에서 $P_3(400\text{ kPa})$로 감압할 때의 캐비테인션 지수를 K_2라고 하면

$$K_1 = \frac{P_2 + 103}{P_1 - P_2},\ K_2 = \frac{P_3 + 103}{P_2 - P_3}$$ 이 되고, $K_1 = K_2$

라고 하면

$$P_2 = \left\{0.5\sqrt{4P_k^2 + 4(P_3P_1 + P_kP_1 + P_kP_3)}\right\} - P_k$$

가 된다. 식에 각각의 압력을 대입하면 중간압력 $P_2 = 1\,050\text{ kPa}$이 된다

8. 700 kPa인 배관계통을 500 kPa, 400 kPa, 300 kPa, 200 kPa, 100 kPa로 감압시 캐비테이션 지수를 식 (19)를 사용하여 구하면 다음과 같다.

P₁, kPa	700				
P₂, kPa	500	400	300	200	100
K	3.52	2.01	1.26	0.81	0.51
감압	1단	1단	1단	1단	1단

7장 | 위생배수 시스템

1. 배수관에 허용되는 압력은 얼마인가?

   대기압 ±25 mmAq

2. 중립기압과 중립기압이 유지되어야 하는 이유

   (1) 중립기압
   양압도 아니고 음압도 아닌 양압보다는 낮고 음압보다는 높은 압력이다.

   (2) 배수관 내 압력이 중립기압으로 유지되어야 하는 이유
   입상관으로 유입된 공기는 배수와 함께 횡주관과 이후 배관을 통해 하수관으로 하수 시스템을 통해 대기로 방출되어야 한다. 유체는 높은 압력에서 낮은 압력 쪽으로 흐른다. 즉 배수관 내 공기는 양압 → 중립기압 → 음압으로 유동하기 때문에 배수관 내부가 중립기압이 되어야 하는 것이다.

3. 학생 수가 1 200인 학교건물의 1일간의 배수량. 화장실은 변기와 세면기만이 갖추어져 있고, 간이식당이 있을 경우

   표 2에서 학교(화장실1과 간이식당)의 경우 배수량 기준은 1인당 1일 95 L 이므로 총배수량은

   $$95\ \text{L/인·일} \times 1\,200\text{인} = 115\,200\ \text{L/일}$$

   참고 학교에는 교직원도 있고, 방문객도 있으므로 이 값에 적당한 여유율을 가산하여야 한다.

4. 세척밸브식 변기(13 L/회)가 10개씩 설치된 (1)공항건물과 (2)오피스 빌딩에 대한 DFUs는 **표 4**(b)를 사용하여 구한다.

구분	공항	오피스 빌딩	비고
기구수	10	10	변기(세척탱크, 13 L/회)
DFU	8	6	
DFUs	80	60	
적용	다중 이용시설	주거용 이외의 건물	

5. DN 100과 DN 200인 배수 입상관에서, 단면적의 25%(1/4)와 30%(7/24)를 차지하여 배수된다고 할 때 각 배수 입상관에서의 배수량을 구하라.

표 6으로부터 각 경우에 대한 배수량은 다음과 같다.

DN	물이 차지하는 단면적 비율		비고
	25%	30%	
100	7.07 L/s	9.14 L/s	
200	44.8 L/s	57.6 L/s	

6. 상업용 건물의 배수 횡주관, NPS 8의 주철관과 PVC관을 사용 경우의 유량과 유속(기울기는 1/100)

표 8로부터 각 경우에 대한 유량과 유속은 다음과 같다.

NPS	CIP		PVC		비고
	유량	유속	유량	유속	
8	908 LPM	0.93 m/s	1 238 LPM	1.27 m/s	
적용	대체로 거친관		대체로 매끄로운관		

7. 각각에 대한 배수량과 배수 횡주관의 크기(기울기는 1/100)

(1) 10층의 업무용 빌딩

구분	변기(TK)	소변기(중형)	세면기	음수기	서비스싱크	비고
기구수	90	30	110	40	10	

표 4로부터

구분	변기(TK)	소변기(중형)	세면기	음수기	서비스싱크	계
기구수	90	30	110	40	10	
DFU	6.0	5.0	1.0	0.5	3.0	
DFUs	540.0	150.0	110.0	20.0	30.0	850.0
배수관						DN 200

(2) 고정 좌석이 1 000석인 극장

구분	변기(FV)	소변기(중형)	세면기	음수기	서비스싱크	계
기구수	9	2	9	10	1	
DFU	6.0	5.0	1.0	0.5	3.0	
DFUs	54.0	10.0	9.0	5.0	3.0	81.0
배수관						DN 100

8. 1일 10 000명이 이용하는 여객 터미널. 남녀 화장실의 배수주관 크기.
변기는 탱크식, 소변기는 중형, 배관의 기울기는 1/100

구분		변기(TK)	소변기(중형)	세면기	음수기	서비스싱크	계
남	기구수	12	13	40	5	1	
여	기구수	48	–	43	5	1	

표 4의 다중이용시설을 적용한다.

구분		변기(TK)	소변기(중형)	세면기	음수기	서비스싱크	계
남	기구수	12	13	40	5	1	
	DFU	8.0	6.0	1.0	0.5	3.0	
	DFUs	96.0	78.0	40.0	2.5	3.0	219.5
	배수관						DN 125
여	기구수	48	-	43	5	1	
	DFU	8.0	-	1.0	0.5	3.0	
	DFUs	384.0		43.0	2.5	3.0	432.5
	배수관						DN 150

9. 물사용 그룹이 3인 15층 아파트 1세대에 다음과 같은 기구가 설치된다. 배수입상관은 (1)변기용, (2)욕조/샤워와 세면기용, (3)주방 싱크와 세탁로 구분한다. 15층 각 구간별 입상관의 크기와 기울기를 1/100과 1/50로 할 경우의 횡주관의 크기를 구하라.

구분	입상관1	입상관2		입상관3		비고
기구	변기(TK)	욕조/샤워	세면기	싱크	세탁기	
수량	1	1	1	1	1	

(1) **표 4**의 개별기구를 적용하여 세대당 DFUs를 구한다.

구분	입상관1	입상관2		입상관3		비고
기구	변기(TK)	욕조/샤워	세면기	싱크	세탁기	
수량	1	1	1	1	1	
DFU	4.0	2.0	1.0	2.0	2.0	
DFUs	4.0	3.0		4.0		

(2) 15층으로부터 1층까지 구간별 입상관에서의 DFUs와 DN

구간(층)	입상관1		입상관2		입상관3		비고
	DFUs	DN	DFUs	DN	DFUs	DN	
15-14	4	40	3	40	4	40	
14-13	8	50	6	40	8	50	
13-12	12	50	9	50	12	50	
12-11	16	50	12	50	16	50	
11-10	20	50	15	50	20	50	
10-9	24	50	18	50	24	50	
9-8	28	80	21	50	28	80	
8-7	32	80	24	50	32	80	
7-6	36	80	27	80	36	80	
6-5	40	80	30	80	40	80	
5-4	44	80	33	80	44	80	
4-3	48	80	36	80	48	80	
3-2	52	80	39	80	52	80	
2-1	56	80	42	80	56	80	
1-횡주관	60	80	45	80	60	80	
	표 10						

(3) **표** 11로부터 횡주관의 크기를 구한다.

구간(층)		입상관1	입상관2	입상관3	비고
DFUs		60	45	60	
DN	1/100	100	100	100	
	1/50	100	100	100	
	1/25	100	80	100	

10. 일반적인 용도로 사용되는 트랩의 봉수깊이는 50~100 mm

8장 | 우수배수 시스템

1. 1차 지붕배수 시스템에 사용하는 지붕배수구나 스쿠퍼, 수평 및 수직 배수관(또는 홈통) 등의 크기 선정시 강우량 기준

구분	국제 코드	국내 기준
강우량 기준	100년 주기의 60분지속 시의 폭우	10년 주기의 5분지속 시의 폭우 또는 10년 주기의 10분지속 시의 폭우

2. 우수 배수구 크기

구분	사무실 및 소규모 상점 지역	더 큰 상점, 개방된 넓은 공간	비고
NPS	4	6	NPS 3 이나 NPS 2는 피하는 것이 좋다. NPS 8은 절대적으로 필요한 경우에만 사용

3. **표** 2로부터 강우량 100 mm/h일 때 배수관(배수구)별 허용 수평 지붕면적을 기준으로 설치 수량을 구한다.

NPS	허용 수평 지붕면적, m^2	입상관 설치수량	비고
4	321	10.28	11개 설치
6	948	3.48	4개 설치

4. 2차 지붕배수 시스템과 그 설치기준.

(1) 2차 지붕배수 시스템

1차 지붕배수 시스템이 막힐 경우 또는 예상치 못한 호우로 인하여 감당이 어렵게 될 경우에 대비한 비상 배수 시스템이다.

(2) 설치대상

지역별에 따라서는 의무화될 수도 있지만, 1차 배수 시스템이 막히거나 배수가 어렵게 되어 우수가 지붕을 넘쳐 흐르게 될 경우 건물 내부에 심각한 피해가 발생 할 수 있는 건물에서는 필수적으로 설치해 주어야 한다.

(3) 설계 및 설치기준

구분	설계 및 설치 기준	비고
강우량	100년 주기, 15분지속 시의 폭우	
1차 지붕배수 시스템의 용량	고려치 않은	
1차 지붕배수 시스템과의 연결 여부	별도(분리 배관)	
홈통(스쿠퍼) 사용 경우	지정된 헤드 보다 12.7 mm 또는 지붕바닥 보다 100 mm 위에 설치	
스탠드 파이프를 설치하는 경우	지붕바닥 보다 40 mm 위에 설치	지붕의 최대 허용 수위를 초과하지 않아야 한다.

5. 사이펀식 우수배수 방식

일반적으로 적용되는 중력식 자연유하 우수배수 방식의 변형으로, 배관계통에서 사이펀 작용이 발생하도록 하여, 물기둥을 밑에서 끌어당기는 것과 같은 작용으로 배수되도록 하는 시스템이다.

중력식과의 차이점은 특수한 기능이 부여된 지붕배수구가 사용되는 점이다. 즉 중력식 배수 시스템에 사용되는 지붕배수구는 우수가 흘러들어오는 대로 배수 되지만, 사이펀식에서는 배수구로 들어오는 우수를 모아서 피스톤 형태 즉 물기둥의 형태가 되도록 하는 것이다.

6. 국내의 우수배수 설계기준, 10년 주기 10분지속 시의 폭우량(mm/m^2) 순위

표 3으로부터

순위	1	2	3	4	5	비고
지역	광양시	서울	부산	철원	진도, 창원	
폭우량, mm/m^2	68.5	47.2	40.0	39.0	38.0	

7. 건물 내 우수관 설계를 위한 우수배수의 최소 유속기준은

최소 0.61 m/s(2 ft/s)의 유속을 유지되도록 해야 한다. 이는 모래, 이물질 등이 배수와 함께 쓸려나가도록 하기 위함이다. 다만 우수배수관에 침전물이 쌓이는 경우에는 이 침전물이 쓸려나가도록 하기 위해 최소 0.91 m/s(3 ft/s)의 유속이 권장되기도 한다.

9장 | 통기 및 통기시스템

1. 건물의 통기 시스템에 작용하는 기압의 한계

±25 mmAq로, 이는 배수관에 허용되는 압력과 같다.

2. 배수 횡주관 지름이 DN 100, DFUs = 500, 건물 높이가 75 m일 경우 통기관의 크기.

표 3으로부터 DN 100, DFUs = 500인 배수관에 사용할 수 있는 통기관의 크기별 연장 가

능 거리는 DN 65-21 m, DN 80-55 m, DN 100-213 m 이다.
그러므로 통기관은 건물의 높이를 고려할 때 DN 100이 되어야 한다.

3. 세척밸브식 변기(13 L/회)가 층당 10개씩 설치된 (1)공항건물과 (2)오피스 빌딩. 1개층 DFUs = 100 및 80. 공항건물은 4개 층-20 m, 오피스 빌딩은 4개 층-12 m일 때의 통기관 크기.

표 3으로부터

구분	공항	오피스 빌딩	비고
1층당 DFUs	100	80	
4개층 DFUs	400	320	
건물 높이, m	20	12	
배수관의 크기	DN 100	DN 100	
통기관의 크기	DN 80	DN 65	
통기관 연장가능 거리, m	55	21	

4. 4개의 신정통기관, 통기헤더와 통기터미널의 크기, 통기헤더의 길이: 80 m 각 신정통기관의 부하는 DFUs = 60, 120, 110, 80.

(1) 각 신정통기관의 크기

통기부하에 따른 신정통기관의 크기는 **표** 3로부터 다음과 같이 선정된다.

DFUs	60	120	110	80
DN	80	100	100	100

(2) 구간별 통기헤더의 크기

구간	DFUs 60	~DFUs 120	~DFUs 110	~DFUs 80
DFUs	60	180	280	380
NPS	80	100	100	100

(3) 통기터미널의 크기

통기헤더의 최대크기가 DN 100이므로, 이를 그대로 연장한다.

5. 배수관 DFUs = 500, 별도의 통기관을 설치할 경우와. 통기관으로 겸용할 경우, 배수관의 크기. 건물 높이: 75 m

구분	배수관과 별도 통기관 설치	배수와 통기 겸용 배수관
배수관의 크기	DN 100 (DFUs = 500)	DN 200(기울기 1/100, 1/50) DN 150(기울기 1/32, 1/25)
통기관의 크기	DN 100 (DFUs = 500)	-
비고	배수 입상관은 최저부에서 최상층으로 갈수록 축소가 가능하다. **표** 3 참조	배수와 통기 겸용 입상관은 최저부에서 최상층까지 동일한 크기이어야 한다. **표** 5 참조

10장 | 의료시설에 대한 특수요구

1. 보건의료시설의 급수계통의 다른점

   급수계통을 2중으로 하는 것이다. 관계기관이 요구하는 경우라는 단서가 붙긴 하지만, 요구가 없는 경우라도 안전을 위하여 2중으로 설치하여야 한다.

   다른 설비시스템도 중요하지만 특히 급수 시스템이 정지되어 화장실을 사용할 수 없게 되면 매우 심각한 위생상의 피해가 발생할 수 있기 때문이다.

   2중으로 하면 한쪽 급수계통에 이상이 발생할 경우, 다른 계통으로 급수가 가능하게 함으로써 전체시설에 대한 급수를 차단하지 않고도 고장이나 이상이 발생한 급수계통을 수리 또는 정상화 시킬 수 있다.

2. 보건의료시설에 설치하는 물받이 용기의 구조적 차이점

   주택용을 비롯하여 일반 건축물 용으로는 오버플구가 있는 것이 사용되지만, 병원과 같은 곳에는 오버플로구가 없는 것을 사용해야 한다. 오버플로 배수로 표면에 오물이나 찌꺼기가 끼어 비위생적이기 때문이다.

3. Vandal-proof란

   정신병 환자용 병실의 기구 및 이음쇠류에 대한 파손방지 조치를 말한다. 배관 및 배수 트랩은 은폐되도록 설치해야 하며, 기구 및 이음쇠류는 쉽게 잡아 떼거나 뜯어낼 수 없는 형태를 사용하거나, 그럴 수 없도록 설치하는 것이다.

4. 병상싱크, 환자변기 세척기용 개별통기관

   독립적으로 설치되어야 한다. 즉, 살균기용 통기관 또는 위생배수 시스템용 통기관에 연결해서는 안 된다.

5. 병상싱크, 환자변기 세척기, 환자변기 스티머 등의 배수트랩과 봉수 깊이가 80 mm 이상인 배수트랩에서의 봉수 깊이를 유지하는 방법.

   트랩 프라이머를 설치하여 기구를 사용할 때마다 자동으로 트랩에 봉수 보급이 이루어져 항상 봉수 깊이가 유지되도록 한다.

11장 | 검사 및 시험

1. Inspection과 Examination의 차이점

구분	Inspection	Examination	비고
검사 주체	건물주 또는 건물주가 지정한 자	시공자 또는 시공자가 지정한 자	
검사 목적	품질보증	품질관리	

2. 시험이란 무엇이며, 그 종류에는 어떤 것이 있는가?

(1) 시험

국제 표준에서의 테스팅(testing)을 말한다. 과거에는 강도를 확인하기 위한 압력시험이었고, 현재에는 누설여부 확인을 위한 정수압을 가하는 방식의 수압 시험을 말한다.

(2) 시험의 종류

① 압력시험: 수압시험

② 누설시험: 수압시험, 공압 또는 기체 유동시험, 공압시험과 정압시험의 조합, 진공시험, 만수시험, 할로겐 및 헬륨가스 누출시험 등.

3. 금속관을 사용하는 일반 배관에 대한 수압시험 및 공기압 시험압력 기준

시험 방법	수압시험	공압시헙	비고
시헙 압력	설계압력×1.25 ~ 1.50	설계압력×1.20 ~ 1.25	ASME
유지시간	10분 이상	10분 이상	

4. 위생배수 및 통기관의 수압시험 및 공기압 시험압력 기준

시험 방법	수압시험	공압시헙	비고
시헙 압력	만수 압력 (최소 3 mAq)	35 kPa 또는 254 mmHg	NSPC
유지시간	15분	15분	

5. 급수 급탕배관의 플러싱의 필요성과 그 기준

(1) 프러싱

프러싱은 배관공사가 끝난 구간별로 배관 내부의 녹, 용접 부스러기, 금속 칩, 모래나 먼지 등의 이물질을 강제로 배출시키는 작업이다. 대상 구간의 배관에 충분한 양의 물 또는 기타 적합한 매체를 채우고 펌프를 작동시켜 토출구에서 맑고 깨끗한 물이 토출될 때까지 지속한다.

(2) 기준

유속	수압	시간	비고
3~4 m/s와 시스템 유속×1.3으로 구한 유속 중 낮은 유속. 다만, 2 m/s 이상 이어야 한다.	시스템의 최대 허용압력을 초과하지 않는 압력.	5분 이상, 깨끗한 물이 토출될 때까지.	NSPC

6. 배관 프러싱 후 소독할 때, 규정된 유지시간 종료 시점에서 각 수도꼭지에서의 잔류염소량.
규정된 유지시간 종료 시점에서 잔류염소량은 5 mg/L 이상이어야 한다.
만약 기준에 미달하면 5 mg/L 이상으로 유지될 때까지 소독과정을 반복하여야 한다.

찾아보기

ㄱ

가압식 305
가압탱크방식 139
가압펌프 181
가열량 256, 267
가열량 계산 284
가열방식 280
간접가열식 235
간편식 164
감압 348
감압밸브 91, 167, 199, 350
감압밸브 용량선정 358
감압밸브의 구조 352
감압밸브의 유량범위 358
감압의 원리 353
감압형 301
감압형 역류방지밸브 52, 72
강우강도 449
강우율 449
강제순환 237
개별통기관 511
개수로 482
개스킷 66
건물의 유형 121
건물주 526
건축기계 설비 설계기준 30
격막식 밀폐탱크 198
결합통기관 40, 484
경계면 375
경계조건 313
고가탱크 168, 170, 174
고가탱크 용량 175
고가탱크방식 139
고유유량 특성 112
고정유량 시스템 342
공급압력 166, 232
공기 압축식 탱크 197
공기-폐수 분리기 517
공기압시험 압력 532
공용통기 471
공용통기관 40
공중보건법 9
과열방지밸브 52
관 균등표 214
관마찰저항 201
관에서의 열손실량 336
관이음쇠 63
관종별 조도 503
관할기관(관청) 34
국제표준 63
권장 유속 141
균등화 465
그룹감압 200
금주운동 119
급배수위생설비 코드 9

급속모래여과법 8
급수계통의 복선화 509
급수량 144
급수량 추정곡선 16, 152
급탕 223
급폐쇄 조건 314
기구급수 부하단위 39, 158, 260
기구급수 부하단위법 151, 157, 260, 265
기구단위 158
기구배수 부하단위 106, 388
기구배수 부하단위법 386
기구배수관 481
기구수 154
기구통기관 470
기구트랩 411, 469
기술기준의 아버지 15
기압변동 469
기울기별 유량 401
기체의 압력 132
기포류 379

ㄴ

난간 448
난류 유동 135
남북전쟁 119
내장형 350
노출배관 457
녹색지붕 448
누설시험 528

ㄷ

다단 감압 360
다이어프램밸브 303
단관식 237
단상유동 4
단일트랩 사이펀식 97
단체코드 25, 27
대기 시간 230
대기압식 305
데이비드 뷰익 107
도피통기관 41, 394, 489
돔형 스트레이너 442, 443
동결 332
동결 피해 333
동결방지 120, 332
동결방지 플럭 343
동결방지 밸브 51, 343
동결의 원리 332
동기속도 186
동시사용유량 39, 152, 158, 161
등류 397

ㄹ

라바레 93
랑겔리어 지수 142
래버토리 93, 105
레인가든 448
레지오넬라균 228
레지오넬라증 228
로베르트 코프 7
로탱크 115
루프통기 42
리더 42

ㅁ

마찰손실 203
마찰저항 201
막힘의 징후 503
만수시험 529

매설심도 426
맥류 375
맨홀 424
멀티 제트 미터 87
모터동력 182
물 넘침선 42, 501
물막 482
물사용 비용 138
물의 물리적 성질 136
물의 비열 224
물의 성질 137
물의 특성 131
미군정기 28, 29
미터박스 91
밀폐식 팽창탱크 247

ㅂ

바닥배수구 419, 514
바닥트랩 413
박하향 시험 540
배수 통기 시스템 371
배수관의 열팽창 453
배수량 375
배수량 제어방식 445
배수부하 386
배수역류 방지밸브 43, 71, 425, 444
배수유속 376
배수트랩 444
배수특성 384, 396
배수횡주관 403
배신 109
밸런싱 밸브 245
법랑 108
베르누이 방정식 95, 135
변기의 성능 96, 97
변기의 완성 11
변기의 크기 94
병렬설치 361
병상싱크 511
보온 334
보온 두께 기준 339
보우통기 476
보울 12
보일러 280
복관식 238
복식첵밸브형 역류방지밸브 51, 72
복합식 미터 89
볼탭 115, 117
볼탭의 용량 117
볼탭의 유량선도 118
봉수 44
봉수강도 44, 416
봉수깊이 410, 517
봉수부 413
봉수손실 470
봉수파괴 504
부스터 펌프시스템 185
부스터펌프 192
부식 141, 227
부식방지 226
부압 248
부차적손실 168, 203
부하 151
부하계산 151
부하요소 350
부흥부 29
분무류 380
분자 운동 332
불쾌성오염 48, 291

브랜치간격 44, 483
비 사이펀식 97
비누거품 490
비데 104
비데 샤워 104
비등점 224
비사이펀식 트랩 413
비상배수 448
비압축성 134
비중량 223
비체적 223
빌딩트랩 411, 412

ㅅ

사용량 지침 255
사이클링 188
사이펀 제트식 97
사이펀식 우수배수 447
사이펀식 트랩 413
사하중 446
살균기 513
상 374
상당관 길이 204
상수 137, 138
상수도직결방식 139
상용압력 52
상향식 239
새니터리 엔지니어링 3
생활용 급수량 144
생활용수 144
선데크 446
설계 유속 140
설계기준 24
설비 4
세면기 105
세발기 106
세이프티 샤워 342
세척방법 103
세척밸브 113
세척작용 98
세척탱크 103, 115
소독 537
소방용 미터 89
소벤트 시스템 478
소변기 102
속도식 미터 87
수도꼭지 111, 143, 232
수도미터 85
수도밸브 110
수동력 182
수력도약 381
수력반지름 35
수봉 410
수봉식 트랩 13, 410
수세기 106
수세식 변기 92
수세식 변기의 시작 11
수세식 변기의 아버지 11
수압 133, 143, 232
수압시험 530
수압시험 압력 531
수주분리 현상 192
수치료기(水治療器) 150
수평옵셋 394
순간식 233, 281
순환계통 243
순환작용 223
순환펌프 244
스케일 225

스택　46
스테이징　188
스팀 트레이싱　340
스팀트랩　341
슬러그류　379
습식통기　472
시공자　526
시험　528
시험매체　531
시험용 유량　354
식생구역　437
신정통기관　46
신정통기　475
싱크　109

ㅇ

아일랜드 기구통기　475
압력　132
압력 제한　167
압력강하　355
압력배관코드　19
압력비　195
압력시험　528
압력탱크　193, 197
압력탱크의 체적　194
압력파　311
압력파의 전파속도　315
압축과정　320
압축성　134
양극　227
양압　374, 444
얼음 저장고　510
에어 릴리프　617
에어 릴리프밸브　240, 530
에어갭 피팅　515
에어러졸　228
역류　9, 293
역류방지　139, 510, 519
역류방지기　192, 299
역류방지밸브　51, 116, 299, 300
역사이펀　293
역사이펀역류　296
역압역류　294
연속통기　479
연통관　292
열선　340
열손실량　245
염소농도　537
예비시험　533
오·배수 및 통기 시스템　466
오·배수 시스템　371, 466
오물싱크　109
오버플로관　172
오염　291
오염물 보관실　510
오염방지　9, 91, 298
오염의 원인　292
오일러 방정식　135
온수 공급량　232
온수 사용량　251
온수가열기　252
온수공급량　244
온수기　283
온수부하　270
온수온도　228
옵셋　47, 489
옵셋 배수관　393
완속모래여과법　8
욕실　93

욕실그룹 47
욕조 107
용적식 미터 85
용존산소 225
우수 재이용 458
우수 집수 458
우수배수 437
우수배수 시스템 437
우수배수관 438
우수배수관의 강도 453
우수처리장치 459
운동에너지법 323
워시다운식 97
워시아웃식 97
워터 쿨러 119
워터해머 140, 310, 327
워터해머 압력 312
워터해머 흡수기 52, 71, 318
워터해머 흡수기 용량 322
위생기구 배터리 47
위생배수 369
위생설비공학 3
위생통기 466
위해성오염 48, 291, 510
유도사이펀 작용 416
유동수압 134
유량-fall off 선도 355
유량-관마찰손실 선도 206
유량계산식 205
유량계수 35, 345
유량선도 206, 212
유량조절 밸브 341
유량특성 112
유리탄소 225
유체 동역학 131
유체 정역학 131
유체의 품질 535
육안검사 526
융설 448
음극보호 226
음수기 119
음암 374, 444
음용수 138, 145
음용수의 보호 139
응축수 발생 453
의료시설 509
이그재머네이션 525
이렉션 35
이상유체 132
이음 재료 66
이중트랩 사이펀식 97
익스펜션조인트 453, 529
인구 산정 밀도 153
인스펙션 525
인스펙터 525
입상관 35
입상관의 용량 395

ㅈ

자기사이펀 작용 416
자연순환 수두 223
자연순환식 236
작용수압 348
잔류염소량 537
잡배수 370
잡용수 145
재압축 과정 320
저수탱크 168, 169, 170
저수탱크의 용량 172

저탕량 267
저탕식 233, 281
저탕탱크 용량 256
적정온도 229
전기 트레이싱 340
전압 134
전염병 7
정상류 397
정압 133
정압시험 528
정압제어 188
정역학 시험 2 354
정역학시험 1 354
제닝 101
제빙기 510
제한요소 350
조도계수 202
주경로 143, 232, 493
주관감암 200
주코프스키 311
주코프스키 방정식 314
주파수 변환기 189
중립기압 373, 444, 470
중앙 집중식 234
증기 319
지붕배수구 442
지수밸브 116
직동식 351
직렬설치 361
직접가열식 234
진공 248
진공 릴리프밸브 240
진공 브레이커 139
진공방지 대책 249
진공방지밸브 49, 52
진공브레이커 51, 52, 120, 299, 305, 419, 511
진공시스템 516

ㅊ

청소구 420, 421, 457
청소구 크기 424
체적비 195
체적탄성계수 224
체절양정 188
최고사용압력 166
최대 강우량 450
최대 예상수요 158
최대수요 151
최저 감압능력시험 354
최초1시간가열등급 253
축동력 182
충별감압 200
취출 현상 416
층류 유동 135
층상류 383
치과 유닛 297
침식 141, 227

ㅋ

카운터 플래싱 501
캐비테이션 357
캐비테이션 지수 357
커플링 66
코드 6, 13, 18
코드의 할아버지 22
코르테베그 311
콜러 107
콜레라 7

퀵오프닝 특성 112
크로스커넥션 9, 50, 139, 292, 510
크린렛 105
클래스 36

ㅌ

터미널길이 18, 376
터미널속도 18, 376, 478
터빈식 미터 88
턴키공사 30
테스팅 528
토일렛 93
토출량 149
통 94
통기 465
통기관 선정표 494
통기관의 최대 길이 491
통기구 막힘 503
통기량 375
통기이론 10, 371
통기입상관 466, 498
통기주관 485
통기지관 467, 498
통기캡 501
통기터미널 467, 496, 497, 500
통기헤더 467, 497, 498
퇴수밸브 530
트랩 50, 107, 410
트랩 위어 481
트랩 프라이머 415, 418
트랩 프라이밍 513
트랩의 최소 크기 414
트레이싱 340
특수배수 370

ㅍ

파마키안 311
파손방지 510
파우더룸 106, 159
파일럿식 351
팽창탱크 223, 246
펌프직송방식 139
평판에서의 열손실량 335
포트 351
포펫 301
표준 6, 19
표준 유속 141
표준대기압 133
표준방법 157
품질관리 525
품질보증 525
프라이밍 518
프러밍 코드 14
프러싱 535
프레셔 릴리프밸브 349
프로스류 380
프로펠러식 미터 89
플래싱 500
플로트 디스크 305
플로트 스위치 115
피스톤식 86
필라델피아 입상관 479
필요 수압 150, 165

ㅎ

하링톤 11
하바드탱크 258
하수관 403, 438
하수량 386
하향식 240

합격 기준 526
허용압력차 50
헌터곡선 263
홈통 438
화장실 93
화장지 94
환상류 380
환수관 243
환자변기 세척기 511
환자변기용 스티머 513
활성오니법 8
활하중 446
회로통기 50, 474
회전 디스크식 미터 86
회전수 제어방식 188
후버코드 29
휠체어 510
흡입 양정 225
흡출기 518

A

A40 15
A40.8 21
Aesthetic Effects 70
Ajax 11
ANSI 60
areaways 443
ARV 249
ASME 60
ASPE 60
aspirator 99
ASSE 60
ASSE 1010 321
ASTM 60
AVB 51, 305
AWWA 60

B

bedpan steamers 513
BFP 51, 299
BH 13 16
BMS 14
BMS 65 16
BMS 79 17, 206
BPVC 19, 280
building drain 45
building sewer 45

C

cants 445
circuit vent 474
CO 421
Colebrook 방정식 202
common vent header 498
C값 207

D

Darcy-Weisbach 공식 201, 205
DCDA 51
DCV 51, 302, 304
deep-seal trap 517
DFU 17, 23, 38, 158, 388, 389
DN 37
domestic hot water 223
drawdown volume 194
dry vent 472
DWV 13

E

Eaton 18

F

fall-off 355
Faucet 111
FHR 253
fill valve 115
flashing 500
flow pressure 38, 134
flush valve 113
FPV 343
fully-recessed 510

G

green roof 448

H

HASS 206 24, 29
Health Effects 70
Hoover 15
Hoover Code 14
horizontal wet venting 474
HUD 252
Hunter 15
Hunter Curve 17, 152

I

IAPMO 24, 60
index circuit 143
IPC 26

J

Joukowsky 방정식 314

K

KCS 31 25
KDS 31 25
KS 63

L

LCC 5
load 151
Local Code 21, 27

M

Manning의 방정식 398
MSS 60

N

National Code 21, 27
NBS 15
NPC 13, 14, 21, 22, 26
NPS 36
NSPC 14, 23, 157, 263

P

P 트랩 469
PDI 60
PDI WH-201 318
PHCC 23
PN 36
PVB 305

R

rain gardens 448
RP 304
RP(RPZ) 52
RPDA 52
RWH 458

S

sanitary drainage 45
SAREK 60

SDR 37
SHASE 24, 60
SIDR 37
single stack 479
sitting toilet 7, 93
SPC 21, 26
squatting toilets 7, 93
stack vent 475
sterilizers 513

T

Tap 111
trap suckout 467

U

UPC 21, 25, 26
USOM 30

V

vacuum relief valve 250
vandal-proof 510
VB 52
vent brench 467
vent header 467
vent stack 466
vent terminal 467
VRV 52, 249

W

waste stack 475
water closet 11
water hammer arrester 318
WC 11
wet venting 472
WHA 52
Williams-Hazen 17, 205, 206
Williams-Hazen 방정식 202
WSFU 23, 39, 157, 388
WSFUs 158, 322
Wyly 18

Y

yoke vents 484

기타

1/2 욕실 159
1단 감압 360
1인당 점유 면적 152
1차 지붕배수 438
2상유동 4, 374
2차 지붕배수 442
3도 화상 228
給排水衛生設備規準 30

위생설비공학

인쇄 | 2022년 01월 10일
발행 | 2022년 01월 15일

지은이 | 김 영 호
펴낸이 | 조 승 식
펴낸곳 | (주)도서출판 북스힐

등 록 | 1998년 7월 28일 제 22-457호
주 소 | 서울시 강북구 한천로 153길 17
전 화 | (02) 994-0071
팩 스 | (02) 994-0073

홈페이지 | www.bookshill.com
이메일 | bookshill@bookshill.com

정가 30,000원

ISBN 979-11-5971-401-6

Published by bookshill, Inc. Printed in Korea.